高等学校"十三五"规划教材

煤化工工艺学

宋永辉　汤洁莉　主编

化学工业出版社

·北京·

《煤化工工艺学》是在全国高校化工工艺类专业教学指导委员会确定的"煤化工工艺学教材编写大纲"的基础上，结合目前煤化工专业的教学实际与新技术、新工艺发展趋势来编写的，建议教学时数为60～120学时，可根据本专业的实际需求进行学时调整。

　　《煤化工工艺学》重点阐述了煤的低温干馏、炼焦、炼焦产品回收与精制、气化、液化及碳素材料的制备与应用，同时对煤炭资源、性质特点及煤化工生产过程中的污染与防治进行了介绍。全书共分为10章，其中主要章节都根据行业的发展丰富了数据并增加了相关工艺与设备等的最新成果，以更好地适应能源化工（煤化工）行业的发展和相关专业教学的需要。本书既考虑了先期开设《煤化学》课程的专业教学，同时也充分考虑了部分先期没有开设相关课程的专业教学，适应面比较广。

图书在版编目（CIP）数据

　　煤化工工艺学/宋永辉，汤洁莉主编. —北京：化学工业
出版社，2016.6（2025.1重印）
　　高等学校"十三五"规划教材
　　ISBN 978-7-122-26798-6

　　Ⅰ．①煤…　Ⅱ．①宋…②汤…　Ⅲ．①煤化工-工艺学-高等学校-教材　Ⅳ．①TQ53

　　中国版本图书馆 CIP 数据核字（2016）第 078411 号

责任编辑：陶艳玲　　　　　　　　　　　　装帧设计：孙远博
责任校对：王素芹

出版发行：化学工业出版社（北京市东城区青年湖南街 13 号　邮政编码 100011）
印　　装：北京科印技术咨询服务有限公司数码印刷分部
787mm×1092mm　1/16　印张 25¾　字数 672 千字　2025 年 1 月北京第 1 版第 7 次印刷

购书咨询：010-64518888　　　　　　　售后服务：010-64518899
网　　址：http://www.cip.com.cn
凡购买本书，如有缺损质量问题，本社销售中心负责调换。

定　　价：58.00 元　　　　　　　　　　　　　　版权所有　违者必究

前　言

　　《煤化工工艺学》是我国高等院校相关化工专业必修的专业骨干课程。本书在全国高校化工工艺类专业教学指导委员会确定的"煤化工工艺学教材编写大纲"的基础上，结合目前煤化工专业的教学实际与新技术、新工艺发展趋势来编写的，建议教学时数为 60～120 学时，可根据本专业的实际需求进行学时调整。

　　本书重点阐述了煤的低温干馏、炼焦、炼焦产品回收与精制、气化、液化及碳素材料的制备与应用，同时对煤炭资源、性质特点及煤化工生产过程中的污染与防治进行了介绍。全书共分为十章，其中主要章节都根据行业的发展丰富了数据并增加了相关工艺与设备等的最新成果，以更好地适应能源化工（煤化工）行业的发展和相关专业教学的需要。本书既考虑了先期开设《煤化学》课程的专业教学，同时也充分考虑了部分先期没有开设相关课程的专业教学，适应面比较广。

　　本书第 1 章绪论部分概括性地介绍了煤化工的发展历程以及煤化工工艺学的主要内容。第 2 章主要介绍了煤炭资源概况及煤炭组成、分类与性质特点等。第 3 章主要介绍了低温干馏工艺原理、产品及主要影响因素，重点对低温干馏炉型及现有典型工艺进行了系统阐述。第 4 章阐述了炼焦原料、炼焦原理、工艺特点、焦炉结构及炼焦新技术，进一步介绍了炼焦技术的发展。第 5 章主要介绍了炼焦过程化学产品的回收与精制技术原理与工艺、设备等，重点涵盖炼焦化学产品的产生、组成及影响因素，粗煤气的初冷、输送及初净化，氨和粗轻吡啶、粗苯回收以及焦油的加工利用等。第 6 章主要介绍煤的气化技术原理、分类、工艺及设备等，重点介绍了固定床、流化床与气流床气化的原理、工艺特点及影响因素等，另外对煤炭地下气化技术、工艺及发展进行了介绍。第 7、10 章主要讲述煤直接液化与间接液化技术原理、技术特点、工艺及设备等。第 9 章主要讲述了煤碳素制品的分类、特点及应用等。第 10 章对煤化工生产过程污染和防治技术的原理、工艺及设备进行介绍。

　　本书可以作为普通高等院校、高职院校化学工艺、能源化工（煤化工）等专业的专业教材，亦可供从事能源、煤炭、化工、电力、环境保护等专业设计、生产、科研的技术人员及相关专业师生参考。

　　本书由西安建筑科技大学宋永辉、汤洁莉任主编。第 1、2、3 章及第 6 章由西安建筑科技大学宋永辉、榆林学院苏婷编写；第 4、5 章由西安建筑科技大学汤洁莉、邢相栋编写；第 7、8、9 章和第 10 章由咸阳职业技术学院蒋绪、西安建筑科技大学田宇红编写。

　　由于水平有限，书中难免有不妥之处，希望使用本书的读者批评指正。

编者

2016.2

目　录

第1章　绪论 ·· 1

1.1　煤在社会发展中的地位 ··· 1

1.2　煤化工的发展历程 ·· 2

1.3　煤化工的范畴 ··· 3

  1.3.1　煤的干馏 ·· 4

  1.3.2　煤的气化 ·· 4

  1.3.3　煤的液化 ·· 4

  1.3.4　煤基碳素材料 ·· 5

1.4　主要教学内容 ··· 5

习题 ·· 6

第2章　煤炭资源特点及性质 ·· 7

2.1　煤炭资源概况 ··· 7

  2.1.1　世界煤炭资源 ·· 7

  2.1.2　中国煤炭资源 ·· 8

2.2　煤的形成 ·· 10

2.3　煤岩学基础 ··· 12

  2.3.1　宏观特征 ·· 12

  2.3.2　显微组成 ·· 13

  2.3.3　煤中的矿物质 ·· 14

2.4　煤的分类及用途 ·· 14

  2.4.1　煤的分类 ·· 14

  2.4.2　主要煤类特征和用途 ······································ 15

  2.4.3　煤的质量分级 ·· 17

2.5　煤的组成和性质 ·· 17

  2.5.1　煤的化学组成 ·· 17

  2.5.2　煤的物理性质 ·· 18

  2.5.3　煤的化学性质 ·· 20

  2.5.4　煤的工艺性质 ·· 22

2.6　煤的工业分析与元素分析 ·· 25

  2.6.1　煤炭分析的基准 ··· 25

  2.6.2　工业分析 ·· 26

  2.6.3　元素分析 ·· 29

习题 ·· 31

第3章　低温干馏 ··· 32

3.1　概述 ·· 32

3.2　煤的炭化热解原理 ··· 32

  3.2.1 煤中的官能团 ··· 33

  3.2.2 炭化热解机理 ··· 33

  3.2.3 煤炭化热解中的化学反应 ··· 34

  3.2.4 低变质煤的炭化热解过程 ··· 35

 3.3 低温干馏产品 ··· 36

  3.3.1 半焦/兰炭 ··· 36

  3.3.2 煤焦油 ·· 37

  3.3.3 煤气 ··· 39

 3.4 低温干馏产品的影响因素 ·· 39

  3.4.1 原料煤的影响 ··· 39

  3.4.2 加热条件的影响 ··· 43

  3.4.3 压力 ··· 45

  3.4.4 停留时间 ··· 45

 3.5 低温干馏主要炉型 ·· 46

  3.5.1 内热式与外热式炉的特点 ··· 47

  3.5.2 典型炉型 ··· 47

 3.6 国外典型工艺 ··· 52

  3.6.1 COED 工艺 ··· 52

  3.6.2 鲁奇-鲁尔工艺 ··· 53

  3.6.3 Coalcon 加氢干馏工艺 ··· 54

  3.6.4 Toscoal 工艺 ··· 54

  3.6.5 美国的 LFC 技术 ·· 55

 3.7 国内典型工艺 ··· 57

  3.7.1 固体热载体干馏工艺 ··· 57

  3.7.2 SJ 型系列内热式直立炉干馏工艺 ··· 57

  3.7.3 流化床热解热电气焦油联产工艺 ·· 59

  3.7.4 多段回转炉温和气化工艺 ··· 59

 习题 ··· 60

第4章 炼焦 ··· 62

 4.1 概述 ··· 62

 4.2 焦炭的性质及其用途 ·· 62

  4.2.1 物理性质及力学性能 ··· 62

  4.2.2 焦炭的化学组成 ··· 64

  4.2.3 焦炭的反应性及反应后强度 ·· 64

  4.2.4 焦炭的用途及其质量指标 ··· 64

 4.3 炼焦用煤及其成焦理论 ·· 67

  4.3.1 炼焦用煤及其特点 ·· 67

  4.3.2 配煤炼焦 ··· 68

  4.3.3 煤的黏结成焦机理 ·· 70

 4.4 炼焦炉及其设备 ··· 72

  4.4.1 焦炉结构 ··· 72

4.4.2　焦炉炉型 ··· 79

4.4.3　筑炉材料 ··· 86

4.4.4　护炉设备 ··· 89

4.4.5　焦炉机械 ··· 90

4.5　焦炉加热理论 ··· 92

4.5.1　煤气的燃烧与热工评定 ·· 92

4.5.2　焦炉传热 ··· 97

4.5.3　焦炉的流体力学基础及其应用 ··· 98

4.6　炼焦新技术 ·· 102

4.6.1　配煤的预处理技术 ·· 102

4.6.2　熄焦新技术 ··· 109

4.6.3　型焦 ·· 112

习题 ··· 115

第5章　炼焦化学产品的回收与精制 ··· 116

5.1　炼焦化学产品 ··· 116

5.1.1　炼焦化学产品的产生、组成及产率 ······································· 116

5.1.2　炼焦化学产品的用途 ·· 118

5.1.3　炼焦化学产品的回收与精制 ·· 118

5.2　粗煤气的初冷、输送及初净化 ·· 120

5.2.1　粗煤气的初步冷却 ·· 120

5.2.2　焦油与氨水的分离 ·· 125

5.2.3　煤气的输送 ··· 126

5.2.4　煤气的初净化 ··· 128

5.2.5　焦炉煤气的利用 ·· 136

5.3　氨和粗轻吡啶的回收 ·· 138

5.3.1　氨的回收 ··· 138

5.3.2　粗轻吡啶的回收 ·· 143

5.3.3　剩余氨水的处理 ·· 145

5.4　粗苯的回收与精制 ··· 150

5.4.1　粗苯的回收 ··· 150

5.4.2　粗苯的精制 ··· 159

5.5　焦油的加工 ·· 172

5.5.1　焦油蒸馏前的准备 ·· 174

5.5.2　焦油蒸馏 ··· 175

5.5.3　焦油馏分的加工 ·· 182

5.5.4　焦油沥青的加工 ·· 187

习题 ··· 189

第6章　煤的气化 ··· 190

6.1　概述 ··· 190

6.1.1　煤气化技术分类 ·· 190

6.1.2 煤气化设备 ·· 191
6.1.3 煤的气化评价指标 ····································· 195
6.1.4 装料和排灰 ··· 197
6.2 煤的气化原理 ··· 198
6.2.1 煤气化的基本原理和过程 ···························· 198
6.2.2 煤气化工艺的原则流程 ······························ 199
6.3 气化过程相关计算及影响因素 ····························· 200
6.3.1 煤的气化产物 ··· 200
6.3.2 煤气平衡组成 ··· 200
6.3.3 煤气的热值及计算 ····································· 202
6.3.4 煤气化过程的物料衡算与热量衡算 ················· 203
6.3.5 煤气化过程的影响因素 ······························ 206
6.4 固定床气化 ··· 209
6.4.1 常压固定床气化 ·· 209
6.4.2 加压固定床气化 ·· 224
6.5 流化床气化 ··· 231
6.5.1 流化床气化的特点 ····································· 231
6.5.2 工艺过程 ··· 232
6.5.3 常压温克勒气化 ·· 232
6.5.4 高温温克勒气化 ·· 234
6.5.5 灰熔聚流化床气化 ····································· 235
6.5.6 循环流化床气化 ·· 240
6.5.7 恩德炉粉煤气化 ·· 242
6.6 气流床气化 ··· 243
6.6.1 气流床气化的特点 ····································· 244
6.6.2 气流床气化原理 ·· 245
6.6.3 常压气流床粉煤气化 ·································· 245
6.6.4 加压气流床粉煤气化 ·································· 248
6.6.5 其它干法粉煤加压气化工艺 ·························· 250
6.6.6 水煤浆加压气化 ·· 253
6.7 煤的地下气化 ··· 258
6.7.1 定义及特点 ··· 259
6.7.2 气化原理 ··· 259
6.7.3 地下气化技术 ··· 261
6.7.4 影响因素 ··· 262
6.8 煤气化联合循环发电 ······································· 265
6.8.1 煤气化联合循环发电的特点 ·························· 265
6.8.2 整体煤气化联合循环发电工艺流程 ················· 266
6.8.3 煤气化联合循环发电技术的发展 ···················· 266
6.9 煤气的净化 ··· 267
6.9.1 煤气中的杂质及其危害 ······························ 267
6.9.2 煤气中杂质的脱除方法 ······························ 268

6.10　煤气的甲烷化 ·········· 270
　　6.10.1　甲烷化基本原理 ·········· 271
　　6.10.2　甲烷化催化剂 ·········· 272
　　6.10.3　甲烷化工艺流程 ·········· 272
　习题 ·········· 273

第7章　煤间接液化 ·········· 275
　7.1　费托合成 ·········· 275
　　7.1.1　合成原理 ·········· 275
　　7.1.2　催化剂 ·········· 276
　　7.1.3　反应器 ·········· 277
　　7.1.4　主要影响因素 ·········· 282
　　7.1.5　F-T 合成的典型工艺 ·········· 283
　　7.1.6　Sasol 的煤间接液化工业化生产 ·········· 286
　　7.1.7　兖矿集团 F-T 合成技术 ·········· 289
　7.2　合成甲醇 ·········· 292
　　7.2.1　合成原理 ·········· 293
　　7.2.2　催化剂 ·········· 293
　　7.2.3　反应条件 ·········· 294
　　7.2.4　反应器 ·········· 294
　　7.2.5　甲醇合成的典型工艺 ·········· 296
　7.3　甲醇转化为汽油 ·········· 300
　　7.3.1　合成原理 ·········· 300
　　7.3.2　催化剂 ·········· 300
　　7.3.3　反应器 ·········· 301
　　7.3.4　典型工艺 ·········· 301
　　7.3.5　新西兰工业化生产 ·········· 303
　7.4　甲醇利用进展 ·········· 304
　　7.4.1　甲醇燃料 ·········· 304
　　7.4.2　甲醇裂解制烯烃 ·········· 306
　　7.4.3　合成二甲醚 ·········· 309
　7.5　煤制醋酐 ·········· 312
　　7.5.1　合成原理 ·········· 312
　　7.5.2　工艺流程 ·········· 312
　7.6　合成气两段直接合成汽油 ·········· 313
　　7.6.1　两段固定床合成工艺 ·········· 313
　　7.6.2　丹麦两段组合合成工艺 ·········· 314
　　7.6.3　浆态床 F-T 与 Mobil 法组合工艺 ·········· 315
　习题 ·········· 316

第8章　煤直接液化 ·········· 317
　8.1　发展历程 ·········· 317

8.2　煤直接液化原理 ··· 318
　8.2.1　过程反应 ··· 318
　8.2.2　反应历程 ··· 321
8.3　工艺过程及产物 ··· 321
　8.3.1　基本工艺流程 ··· 321
　8.3.2　直接液化产物 ··· 322
8.4　直接液化过程影响因素 ··· 323
　8.4.1　原料煤 ··· 323
　8.4.2　溶剂 ··· 324
　8.4.3　工业催化剂 ··· 325
　8.4.4　反应温度 ··· 326
　8.4.5　反应压力 ··· 327
　8.4.6　反应时间 ··· 327
　8.4.7　气液比 ··· 328
8.5　主要设备 ··· 328
　8.5.1　高压煤浆泵 ··· 328
　8.5.2　煤浆预热器与煤浆加热炉 ··· 328
　8.5.3　液化反应器 ··· 329
8.6　德国煤加氢液化老工艺 ··· 330
　8.6.1　第一段液相加氢 ··· 330
　8.6.2　第二段气相加氢 ··· 333
　8.6.3　主要工艺条件和产品收率 ··· 334
8.7　直接液化的其它典型工艺 ··· 335
　8.7.1　溶剂精炼煤法 ··· 335
　8.7.2　氢煤法 ··· 337
　8.7.3　埃克森供氢溶剂法 ··· 339
　8.7.4　催化两段液化工艺 ··· 340
　8.7.5　液体溶剂萃取工艺 ··· 341
　8.7.6　德国煤液化精制联合工艺 ··· 342
　8.7.7　我国神华煤直接液化工艺 ··· 343
　8.7.8　中国煤炭直接液化工艺 ··· 344
　8.7.9　煤油共处理技术 ··· 345
8.8　煤液化油的提质加工 ··· 349
　8.8.1　液化油的组成及特点 ··· 349
　8.8.2　液化粗油提质加工化学品 ··· 350
　8.8.3　液化粗油提质加工工艺 ··· 352
习题 ··· 353

第9章　煤的碳素制品 ··· 355
9.1　概述 ··· 355
　9.1.1　碳素制品的性质 ··· 355
　9.1.2　碳素制品的种类和用途 ··· 355

9.2 电极炭 ·········· 357
　9.2.1 原材料及其质量要求 ·········· 357
　9.2.2 石墨化过程 ·········· 359
　9.2.3 电极炭生产工艺过程 ·········· 360
　9.2.4 碳电极和不透性石墨材料 ·········· 363
9.3 活性炭 ·········· 364
　9.3.1 概述 ·········· 364
　9.3.2 活性炭的种类 ·········· 365
　9.3.3 活性炭的结构与性质 ·········· 365
　9.3.4 活性炭的制备 ·········· 367
　9.3.5 活性炭的再生 ·········· 371
　9.3.6 活性炭的应用及发展 ·········· 372
9.4 碳分子筛 ·········· 372
　9.4.1 碳分子筛分离原理 ·········· 373
　9.4.2 碳分子筛的特点 ·········· 373
　9.4.3 碳分子筛的制备 ·········· 373
　9.4.4 碳分子筛的应用 ·········· 375
9.5 碳素纤维 ·········· 375
　9.5.1 碳素纤维的种类和性能 ·········· 375
　9.5.2 工艺流程 ·········· 376
　9.5.3 碳素纤维的应用 ·········· 377
习题 ·········· 378

第 10 章　煤化工生产过程污染与防治 ·········· 379
10.1 概述 ·········· 379
　10.1.1 环境污染 ·········· 379
　10.1.2 环境污染的严重性 ·········· 380
10.2 煤化工主要污染物 ·········· 380
　10.2.1 大气污染物 ·········· 380
　10.2.2 液态污染物 ·········· 381
　10.2.3 固态污染物 ·········· 383
10.3 废气处理技术 ·········· 383
　10.3.1 烟尘治理 ·········· 384
　10.3.2 烟气脱硫 ·········· 386
　10.3.3 烟气脱硝 ·········· 387
　10.3.4 废气燃烧 ·········· 388
10.4 废水处理技术 ·········· 388
　10.4.1 废水处理概述 ·········· 389
　10.4.2 焦化废水处理 ·········· 390
　10.4.3 气化废水处理 ·········· 393
10.5 二氧化碳减排和利用 ·········· 395
　10.5.1 提高能源利用率，实现 CO_2 减排 ·········· 395

  10.5.2 CO$_2$ 捕集与分离技术 ·· 395

  10.5.3 二氧化碳埋存技术·· 396

  10.5.4 气驱采油技术 ·· 397

  10.5.5 二氧化碳利用技术 ·· 397

 10.6 洁净煤技术的推广应用 ··· 398

 习题··· 398

参考文献·· 399

第1章 绪　　论

煤是一种可燃的有机矿产，在地质历史时期由植物通过生物和地球化学作用转变而成的，由许多复杂的有机物和天然化合物组成的一种混合物。煤中有机质的化学结构是以芳香族为主的稠环为单元核心，以桥键互相连接并带有各种功能团的大分子结构。

以煤为原料，经化学加工使其转化为气体、液体和固体燃料以及化学产品的过程称之为煤化工，主要包括煤的低温干馏、炼焦、气化、液化以及焦油加工等。在煤的各种化学加工过程中，炼焦是应用最早的工艺，并且至今仍然是化学工业的重要组成部分。煤焦化的主要目的是制取冶金用焦炭，同时副产煤气和苯、甲苯、二甲苯、萘等芳烃；煤气化主要用于生产城市煤气及各种燃料气（广泛用于机械、建材等工业），也可用于生产合成气（作为合成氨、合成甲醇等的原料）；煤低温干馏、煤直接液化及间接液化等过程主要生产液体燃料，目前已经开始在国内外推广应用，前景广泛；煤的其它直接化学加工，如生产褐煤蜡、磺化煤、腐殖酸及活性炭等，仍有小规模的应用。

1.1　煤在社会发展中的地位

煤炭作为重要的能源和工业原材料，在人类文明的发展史上起着不可估量的作用。目前，世界上主要能源包括煤、石油、天然气、水能和核能，另外还有太阳能、风能、地热、海洋能、生物质能和低热值矿物能源（如油页岩、泥炭和石煤）等。图1.1为能源的基本分类。

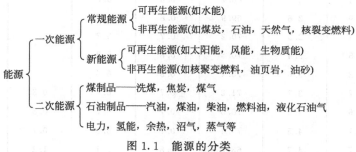

图1.1　能源的分类

目前，人类所使用的能源主要是非再生能源，如石油、天然气、煤炭和裂变核燃料约占能源总消费量的90%左右，而再生能源如水力、植物燃料等只占10%左右。世界能源储量最多的是太阳能，在再生能源中占99.44%，而水能、风能、地热能、生物能等则不到1%。

世界上原煤消费量最多的国家是中国、美国、印度、日本和俄罗斯，其原煤消费量占全球的76.5%。世界上再生能源最多的国家是美国、中国、德国、西班牙和巴西，其再生能源占全球的57.7%。根据BP公司《Statistical Review of World Energy》历年的统计数据，世界一次能源消费结构如表1.1所示。

表1.1　世界一次能源消费结构

年份	一次能源总量/ 百万吨油当量	一次能源结构中的份额/%					
		原油	天然气	原煤	核能	水力发电	再生能源
2005年	10537.1	36.1	23.5	27.8	6.0	6.3	
2006年	10878.5	35.8	23.7	28.4	5.8	6.3	

年份	一次能源总量/ 百万吨油当量	一次能源结构中的份额/%					
		原油	天然气	原煤	核能	水力发电	再生能源
2007 年	11099.3	35.6	23.8	28.6	5.6	6.4	
2008 年	11294.9	34.8	24.1	29.2	5.5	6.4	
2009 年	11164.3	34.8	23.8	29.4	5.5	6.6	
2010 年	12002.4	33.6	23.8	29.6	5.2	6.5	1.3
2011 年	12225.0	33.4	23.8	29.7	4.9	6.5	1.7
2012 年	12476.6	33.1	23.9	29.9	4.5	6.7	1.9
2013 年	12730.4	32.9	23.7	30.1	4.4	6.7	2.2

中国是世界第一产煤大国，煤炭产量占全世界的 37%。作为中国的主要能源，煤炭在全国能源消费总量中所占比例一直维持在 65% 以上，并且在未来相当长的时期内，中国的能源消费结构仍将保持煤炭占据主导地位的状况。而化石能源的日渐枯竭和环境问题的逐步加剧，使我国能源消费结构必须向降低一次性能源比重的方向发展，因此，当务之急就是加快推广先进、清洁的煤炭转化技术，提高煤炭产业附加值和使用效率，有效保护生态环境。中国一次能源的消费结构如表 1.2 所示。

表 1.2 中国一次能源消费结构   单位：%

年份	原油	天然气	煤	核能	水力发电	再生能源	能源消费总量/ 百万吨油当量
2003 年	22.1	2.4	69.3	0.8	5.3		1204.2
2004 年	22.4	2.5	68.7	0.8	5.6		1423.5
2005 年	20.9	2.6	69.9	0.8	5.7		1566.7
2006 年	20.4	2.9	70.2	0.7	5.7		1729.8
2007 年	19.5	3.4	70.5	0.7	5.9		1862.8
2008 年	18.8	3.6	70.2	0.7	6.6		2002.5
2009 年	17.7	3.7	71.2	0.7	6.4	0.3	2187.7
2010 年	17.6	4.0	70.5	0.7	6.7	0.5	2432.2
2011 年	17.7	4.4	70.4	0.7	6.0	0.7	2613.2
2012 年	17.7	4.7	68.5	0.8	7.1	1.2	2735.2
2013 年	17.8	5.1	67.5	0.7	7.2	1.5	2852.4

1.2 煤化工的发展历程

中国是使用煤最早的国家之一，早在公元前就用煤冶炼铜矿石、烧陶瓷，至明代已开始用焦炭冶铁。但是，煤作为化学工业的原料加以利用并逐步形成工业体系，则是在近代工业革命之后。

萌芽期（18 世纪中叶）18 世纪中叶由于工业革命的进展，对炼铁用焦炭的需要量大幅度地增加，炼焦炉应运而生。18 世纪末，煤逐步用于生产民用煤气。1850—1860 年，法国及欧洲其它国家相继建立了炼焦厂。这时的炼焦炉就是现代炼焦炉的雏形，同时炼焦化学品的回收也引起人们的重视。19 世纪 70 年代德国成功地建成了有化学品回收装置的焦炉，由煤焦油中提取了大量的芳烃，作为医药、农药、染料等工业的原料。

第一次世界大战期间，钢铁工业高速发展，同时作为火炸药原料的氨、苯及甲苯也很急需，这促使炼焦工业进一步发展，并形成炼焦副产化学品的回收和利用工业。1925 年，中国在石家庄建成了第一座焦化厂，满足了汉冶萍炼铁厂对焦炭的需要。1920—1930 年间，煤低温干馏的研究得到重视并较快发展，所得半焦可作民用无烟燃料，低温干馏焦油则进一步加工成液体燃料。1934 年，在中国上海建成拥有直立式干馏炉和增热水煤气炉的煤气厂，生产城市煤气。

全面发展时期（18 世纪末—20 世纪 40 年代）第二次世界大战前夕及大战期间，煤化工取得了全面而迅速的发展。由于炼焦和冶金工业的迅速发展，使焦化工业得以起步，成为炼焦工业、冶金工业的辅助产业。20 世纪 20、30 年代以煤为原料制取液体燃料的技术已经成熟，德国最早开始研究煤制油技术，并于 1927 年建立了世界上第一座商业化的煤炭直接液化工厂。此后，出现了世界煤化工迅速发展的新态势，煤成为有机化学工业的主要原料。以煤为原料，运用分离和合成技术，为化学工业提供了苯、焦油、焦炉气、合成气、乙炔等化学品。

萧条时期（20 世纪 50~60 年代）第二次世界大战后，由于大量廉价石油和天然气的开采，除炼焦工业随钢铁工业的发展而不断发展外，工业上大规模由煤制取液体燃料的生产暂时中止，不少工业化国家用天然气代替了民用煤气。以石油和天然气为原料的石油化工飞速发展，致使以煤为基础的乙炔化学工业的地位大大降低。值得提出的是南非由于其所处的特殊地理和政治环境以及资源条件，以煤为原料合成液体燃料的工业一直在发展。1955 年 SASOL-Ⅰ费托合成法工业装置建成。1977 年，又开发了大型流化床反应器，并先后开发 SASOL-Ⅱ、SASOL-Ⅲ，1982 年相继建成两座规模为年产 1.6Mt 的人造石油生产工厂。

技术开发时期（20 世纪 80 年代至今）1973 年中东战争以及随之而来的石油大幅度涨价，使由煤生产液体燃料及化学品的方法又重新受到重视。欧美等国对此又进行了开发研究工作，并取得了进展。如在煤直接液化的方法中发展了氢煤法、供氢溶剂法（EDS）和溶剂精炼煤法（SRC）等；在煤间接液化法中发展了 SASOL 法，将煤气化制得合成气，再经合成制取发动机燃料；亦可将合成甲醇再转化生产优质汽油，或直接作为燃料甲醇使用。

我国煤化工的发展始于 20 世纪 40 年代，在南京、大连建成了两个以煤为原料的化工基地，生产合成氨、化肥、焦炭、苯、萘、沥青、炸药等产品。20 世纪 50 年代建成了吉林、兰州、太原三大煤化工基地，生产合成氨、甲醇、化肥、电石、染料、酒精、合成橡胶等产品。60~70 年代，随着化肥工业的发展在全国各地建成了一批以煤为原料的中型氮肥厂，在生产化肥的同时还生产多种化工产品，初步形成了我国煤化工生产的基础。

20 世纪 70 年代以后，我国石油化工崛起，煤化工一度受到冷落，我国的化学工业也已转到以石油化工为主的结构，石油化工已成为我国支柱性产业。进入 21 世纪后，随着石油价格的不断高涨，煤化工再次引起重视，并在我国掀起新一轮煤化工热潮。煤制油、煤制烯烃、联产甲醇等煤化工技术取得重大突破，一批大型现代煤化工项目在建设和规划当中，我国煤化工产业已开始由传统煤化工产业向现代煤化工产业转变。

1.3 煤化工的范畴

煤化工包括煤的一次化学加工、二次化学加工和深度化学加工，可分为传统煤化工和现代煤化工。煤的焦化、气化、液化，煤的合成气化工、焦油化工和电石乙炔化工等都属于煤化工的范畴。其中，焦炭、氮肥、电石等属于传统煤化工的范畴，而煤制油、煤制烯烃、煤制二甲醚、煤制乙二醇和煤制甲烷气等属于现代煤化工的范畴。

1.3.1 煤的干馏

煤的干馏（coal carbonization）是在隔绝空气条件下加热煤，使其分解生成固体、液体、气体产品的过程。

煤的高温干馏（炼焦），是指煤在炼焦炉中隔绝空气加热至 900～1100℃，产生焦炭、焦炉气、粗苯、氨和煤焦油的过程。焦炉气主要成分是氢（54%～63%）和甲烷（20%～32%）；粗苯中主要含苯、甲苯、二甲苯、三甲苯、乙苯等单环芳烃以及少量不饱和化合物（如戊烯、环戊二烯、苯乙烯等）和含硫化合物（二硫化碳、噻吩等），还有很少量的酚类和吡啶等；煤焦油中含有多种重芳烃、酚类、烷基萘、吡啶、咔唑、蒽、菲、苊等及杂环有机化合物，目前已被鉴定的有 400～500 种，是制取塑料、染料、香料、农药、医药、溶剂等的原料。其中含量最大且应用最广的是萘，目前工业萘来源仍以煤焦油为主。

煤的低温干馏，是指低阶煤在较低终温（500～600℃）下进行的干馏过程，产生半焦、低温焦油和煤气等产物。由于终温较低，分解产物的二次热解少，故产生的焦油中除含较多的酚类外，烷烃和环烷烃含量较多而芳烃含量很少，是人造石油的重要来源之一。低阶煤既含有以无定型碳与灰为代表的固体成分（60%～80%），又含有高达 10%～40% 的由链烷烃、芳香烃、碳氧支链构成的代表煤本身固有油气成分的挥发分。依据煤的组成和结构特征，将煤本身含有的油气挥发分先经热解提取出来，热解油气中既含有大量的 CO、H_2 和 CH_4，也含有大量的脂肪烃和芳香烃，通过加氢处理可以得到性能良好的燃料油。这不仅可以避免资源浪费，而且可以节约大量水资源和降低 CO_2 排放，同时热解后残渣的气化性能又远优于原煤，是我国当前煤炭利用产业的战略需求，也是解决我国油气资源短缺的可行和有效途径。

1.3.2 煤的气化

煤的气化（coal gasification）是指在高温（900～1300℃）下使煤、焦炭或半焦等固体燃料与气化剂反应，转化成主要含有氢、一氧化碳等气体的过程。生成的气体组成随固体燃料性质、气化剂种类、气化方法、气化条件的不同而有差别。气化剂主要是水蒸气、空气或氧气。煤干馏制取化工原料只能利用煤中一部分有机物质，而气化则可利用煤中几乎全部含碳、氢物质。煤气化生成的 H_2 和 CO 是合成氨、合成甲醇以及 C1 化工的基本原料，还可用来合成甲烷，称为替代天然气（SNG），可作为城市煤气。

1.3.3 煤的液化

煤的液化（coal liquefaction）是指煤经化学加工转化为液体燃料的过程，可分为直接液化和间接液化两大类过程。

煤的直接液化是采用加氢方法使煤转化为液态烃，所以又称为煤的加氢液化。液化产物亦称为人造石油，可进一步加工成各种液体燃料。加氢液化反应通常在高压（10～20MPa）、高温（420～480℃）下，在催化剂的作用下进行，具有氢耗高、压力高、能耗大、设备投资大及成本高等特点。氢气通常用煤与水蒸气气化制取。由于供氢方法和加氢深度的不同，直接液化的工艺有所不同。

煤的间接液化是预先制成合成气，然后通过催化剂作用将合成气转化为烃类燃料、含氧化合物燃料（如低碳混合醇、二甲醚等）。甲醇、低碳醇的抗爆性能优异，可替代汽油，而二甲醚的十六烷值很高，是优良的柴油替代品。近年来还开发了甲醇转化为高辛烷值汽油的技术，促进了煤间接液化的进展。

1.3.4 煤基碳素材料

煤基碳素材料（coal carboneous materials）是由各种以碳元素为主的原料（如无烟煤、焦炭等）经过一系列加工（煅烧、焙烧和石墨化等炭化过程）所形成的一种高附加值材料。原料在高温炭化过程中发生缩聚、脱氧等反应，使其结构中的非碳杂原子脱除，以碳为主的结构逐渐稠环化，从而转变为分子结构排列较整齐的碳制品及分子结构排列整齐的人造石墨。碳素制品广泛地用于冶金工业、化学工业、机械工业、建筑材料和国防尖端工业等各个部门。

传统的碳素材料指的是具有从无定形碳到石墨、金刚石结晶的一大类物质形成的材料，包括金刚石、石墨、卡宾、炭黑、碳纤维、活性炭。20世纪80年代以后陆续发现的以纳米炭管、炭葱为代表的富勒烯，是继石墨、金刚石之后发现的纯炭的第三种独立形态，在物理、化学、材料和生命科学等众多领域有着巨大的应用前景。

1.4 主要教学内容

《煤化工工艺学》在对煤炭资源概况进行介绍的同时，重点讲述了煤的低温干馏、炼焦、炼焦化学产品回收和精制、煤的气化、煤的间接液化、煤的直接液化、煤的碳素制品和煤化工生产的污染和防治等的生产原理、产品特性、生产方法及主要设备。煤化工主要的技术工艺路线如图1.2所示。

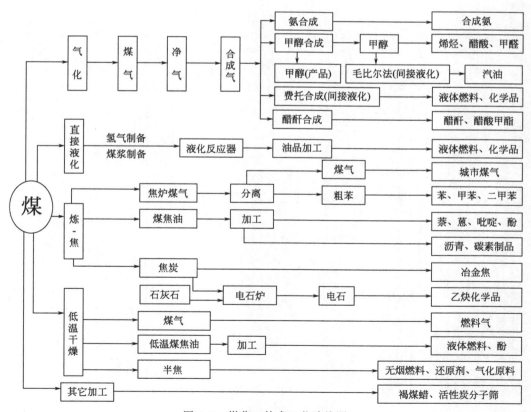

图1.2 煤化工技术工艺路线图

习 题

1. 简述煤及煤化工的基本概念。
2. 简述煤在我国能源结构中的地位。
3. 简述煤化工的发展历程，并简单介绍其所包含的主要范畴。
4. 主要的煤化工工艺都包括哪些？简述各自的概念及主要产品。

第2章 煤炭资源特点及性质

2.1 煤炭资源概况

2.1.1 世界煤炭资源

截至 2011 年末，全球煤炭经济可开采储量为 8609.4 亿吨，其中无烟煤和肥煤可采储量 4047.6 亿吨，占总储量的 47.0%；瘦煤和褐煤可采储量 4561.8 亿吨，占总储量的 53.0%。按当前的开采速度，全球的煤炭资源预计还可开采 112 年。

世界上的煤炭资源主要分布在亚太地区、欧洲及欧亚大陆、北美洲，其可开采储量分别占全球可采储量的 30.9%、35.4% 与 28.5%。亚太地区的无烟煤和肥煤最为丰富，占全球储量的 39.4%。瘦煤和褐煤主要集中于欧洲及欧亚大陆地区，占全球储量的 46.4%。世界煤炭资源主要分布在北半球，以亚洲和北美洲最为丰富，分别占全球储量的 51.0% 和 28.5%，欧洲仅占 15.2%。世界煤炭资源可采储量分布详见图 2.1。已探明的煤炭可开采储量在全球位于前 15 位的国家如表 2.1 所示，其储量总和占世界的 94.8%。

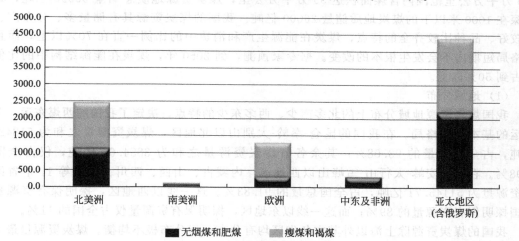

图 2.1 世界煤炭资源可开采储量（亿吨）

表 2.1 已探明的煤炭可开采储量在全球位于前 15 位的国家

国家/地区	无烟煤和肥煤 /亿吨	瘦煤和褐煤 /亿吨	总量 /亿吨	所占份额 /%	续采比 /年	人均拥有量 /吨
美国	1085.0	1287.9	2373.0	27.6	239	765.5
俄罗斯	490.9	1079.2	1570.1	18.2	471	1118.6
中国	622.0	523.0	1145.0	13.3	33	85.4
澳大利亚	371.0	393.0	764.0	8.9	184	3437.4
印度	561.0	45.0	606.0	7.0	103	49.8
德国	1.0	406.0	407.0	4.7	216	498.7
乌克兰	153.5	185.2	338.7	3.9	390	744.8
哈萨克斯坦	215.0	121.0	336.0	3.9	290	2156.1
南非	301.6	0	301.6	3.5	118	604.2
哥伦比亚	63.7	3.8	67.5	0.8	79	148.2

续表

国家/地区	无烟煤和肥煤/亿吨	瘦煤和褐煤/亿吨	总量/亿吨	所占份额/%	续采比/年	人均拥有量/吨
加拿大	34.7	31.1	65.8	0.8	97	193.3
波兰	43.4	13.7	57.1	0.7	41	149.9
印尼	15.2	40.1	55.3	0.6	17	23.6
巴西	0	45.6	45.6	0.5	>500	23.6
希腊	0	30.2	30.2	0.4	53	270
世界	4047.6	4561.8	8609.4	1	112	126.2

2.1.2　中国煤炭资源

中国煤炭探明可采储量 1145 亿吨，仅次于美国（2373 亿吨）和俄罗斯（1570 亿吨），是世界第三大煤炭资源国，占世界煤炭资源的 13.3%。但中国煤炭资源的人均占有量不足美国人均的 1/9、俄罗斯的 1/13、澳大利亚的 1/40。中国煤炭储采比仅为 33 年，远低于全球平均 112 年的可开采年限水平。

中国是世界上五大聚煤集中带之一，煤炭资源十分丰富。据地质部门的普查和勘探，960 万平方公里范围内含煤面积达 55 万平方公里，煤炭资源地质总储量 50592 亿吨，其中埋深在 1000 米以下的煤炭地质储量 26000 亿吨。我国的煤炭资源具有储量多、分布广、煤质较好、品种比较齐全的特点，煤炭在能源生产和消费中的比例一直在 70% 以上，而且这种格局短期内不会发生根本的改变。据专家预测，到 2050 年，煤炭在能源结构中的比例仍可占到 50% 以上。

（1）地域分布

我国煤炭资源地域分布上的北多南少、西多东少的特点，决定了我国的西煤东运、北煤南运的基本生产格局。在我国的昆仑-秦岭-大别山以北地区，煤炭资源量之和为 51842.82 亿吨，占全国总量的 93.08%；其余各省煤炭资源量之和为 3854.67 亿吨，仅占全国的 6.98%。在大兴安岭-太行山-雪峰山以西地区，内蒙古、山西、四川、贵州等 11 个省区煤炭资源量为 51145.71 亿吨，占全国总量的 91.83%。这一线以西地区，探明保有资源量占全国探明保有资源量的 89%；而这一线以东地区，探明保有资源量仅占全国的 11%。

我国的煤炭资源除上海以外其它各省区均有分布，但分布极不均衡。煤炭资源量最多的是新疆（19193.53 亿吨），而最少为浙江省（0.50 亿吨）。煤炭资源量大于 10000 亿吨的有新疆、内蒙古两个自治区，二者之和为 33650.09 亿吨，占全国总量的 60.42%；探明保有资源量之和为 3362.35 亿吨，占全国的 33.04%。煤炭资源量大于 1000 亿吨以上的有新疆、内蒙古、山西、陕西、河南、宁夏、甘肃、贵州等 8 个省区，总和为 50750.83 亿吨，占全国的 91.12%，探明保有资源量之和为 8566.24 亿吨，占全国的 84.18%。煤炭资源量在 500 亿吨以上的有 12 个省区，这 12 个省区包括 1000 亿吨的 8 个省区和安徽、云南、河北、山东四省，其煤炭资源量之和为 53773.78 亿吨，占全国的 96.55%，探明保有资源量之和为 9533.22 亿吨，占全国的 93.68%。除台湾以外，煤炭资源量小于 500 亿吨的 17 个省区之和为 1929.71 亿吨，仅占全国的 3.45%，探明保有资源量仅为 643.23 亿吨，占全国的 6.32%。

（2）煤类分布

在我国，褐煤资源量 3194.38 亿吨，占我国煤炭资源总量的 5.74%，探明保有资源量 1291.32 亿吨，占全国煤炭探明保有资源量的 12.69%，主要分布于内蒙古东部、黑龙江东部和云南东部。

低变质烟煤（长焰煤、不黏煤、弱黏煤）资源量 28535.85 亿吨，占全国煤炭资源总量的 51.23%。探明保有资源量 4320.75 亿吨，占全国煤炭探明保有资源量的 42.46%。主要分布于我国新疆、陕西、内蒙古、宁夏等省区，甘肃、辽宁、河北、黑龙江、河南等省低变质烟煤资源也比较丰富。成煤时代以早、中侏罗纪为主，其次是早白垩纪、石炭二叠纪。

中变质烟煤（气煤、肥煤、焦煤和瘦煤）资源量为 15993.22 亿吨，占全国煤炭资源总量的 28.71%，探明保有资源量 2807.69 亿吨，占全国煤炭探明保有资源量的 27.59%，主要分布于华北石炭二叠纪和华南二叠纪含煤地层中。其中，气煤资源量为 10709.69 亿吨，占全国煤炭资源总量的 19.23%，气煤探明保有资源量 1317.31 亿吨，占全国探明保有资源量的 12.94%。焦煤资源量 2640.21 亿吨，占全国煤炭资源总量的 4.74%，焦煤探明保有资源量 682.92 亿吨，占全国探明保有资源量的 6.71%。

高变质煤资源量为 7967.73 亿吨，占我国煤炭资源总量的 14.31%，探明保有资源量 1756.43 亿吨，占全国探明保有资源量的 17.26%，主要分布于山西、贵州和四川南部。

（3）煤质特征

在我国，褐煤的最大特点是水分、灰分含量高，发热量低。据统计资料，褐煤全水分高达 20%～50%，灰分一般为 20%～30%，收到基低位发热量一般为 11.71～16.73MJ/kg。

低变质烟煤资源量丰富，灰分低、硫分低、发热量高、可选性好，煤质优良。各主要矿区原煤灰分均在 15% 以内，硫分小于 1%。其中不黏煤的平均灰分为 10.85%，平均硫分为 0.75%；弱黏煤平均灰分为 10.11%，平均硫分为 0.87%。据统计资料，长焰煤收到基低位发热量为 16.73～20.91MJ/kg；弱黏煤、不黏煤收到基低位发热量为 20.91～25.09MJ/kg。

中变质烟煤原煤灰分一般在 20% 以上，基本无特低灰煤和低灰煤，硫分也较高，已发现保有资源量的 20% 以上的硫分均高于 2%。我国华北是中变质煤的主要分布地区，其中山西组煤的灰分、硫分相对较低，可选性较好，是我国炼焦用煤的主要煤源。

在高变质煤中，贫煤的灰分和硫分都较高，如山西西山贫煤灰分为 15%～30%，硫分 1%～3%；贵州六枝贫煤灰分为 17%～36%，硫分高达 3%～6%。贫煤属中高热值煤，其收到基低位发热量一般可达 23.00～27.18MJ/kg。我国无烟煤的特点是低中灰、中灰、低硫-中硫、煤灰熔融温度高、块煤机械强度高、热稳定性中等、热稳定性高和化学反应性较差，收到基低位发热量一般高达 22.70～22.70MJ/kg。

综上所述，我国煤炭资源的煤类齐全，包括了从褐煤到无烟煤各种不同煤化阶段的煤，但是其数量和分布极不均衡。褐煤和低变质烟煤资源量占全国煤炭资源总量的 50% 以上，动力燃料煤资源丰富。而中变质煤，即传统意义的"炼焦用煤"数量较少，特别是焦煤资源更显不足。就煤质而言，我国低变质烟煤煤质优良，是优良的燃料、动力用煤，有的还是生产水煤浆和水煤气的优质原料。中变质烟煤主要用于炼焦，在我国，因灰分、硫分、可选性的原因，炼焦用煤资源不多，优质炼焦用煤更显缺乏。高变质煤煤质的主要不足是硫分高。表 2.2 为我国主要煤炭资源的基本特征。

表 2.2 我国主要煤炭资源及主要特征

产地	煤种	煤质分析					适用范围
		水分/%	灰分/%	硫分/%	挥发分/%	发热量/MJ·kg⁻¹	
山西潞安	瘦、焦煤	≤6	≤17	<1	12～14	>25.1	电力及动力用煤

产地	煤种	煤质分析					适用范围
		水分/%	灰分/%	硫分/%	挥发分/%	发热量/MJ·kg⁻¹	
山西长治	贫煤、一般烟煤	≤6	≤16	<1	10～16	22.2～24.3	电力、冶金及动力用煤
山西晋城	无烟煤（块） 无烟煤（末）	≤6 ≤9	≤18 ≤22	<1 <1	6～8 6～8	>28 24.2～25.9	适用于化肥、生活用煤 冶金、水泥及生活用煤
河南平顶山	1/3焦煤、肥气煤	≤7	≤23	<1	>24	20.9～22.6	电力、动力用煤及各种工业、锅炉、烤烟烤茶
河南郑州	无烟煤、贫煤	≤4.5	≤25	<1.2	6～10	24.2～25.9	适用于发电及生活用煤
河南义马	长焰煤	≤11	≤33	<1.2	>37	21.3～23	适用于建材业及部分工业锅炉
山西大同	弱黏结、烟块	≤7	≤18	<1.2	>35	>29.3	适用于玻璃、锻造、轧钢行业
陕西铜川	长焰煤	≤11	≤27	<1.2	>37	26.4～28	适用于发电、建材及部分工业锅炉
陕西榆林	长焰煤、弱黏煤、不黏煤	≤10	≤5	<0.6	>30	26.4～28	适用于动力、民用、气化等

我国低变质烟煤（长焰煤、不黏煤、弱黏煤、1/2中黏煤）资源蕴藏量占煤炭储量的52%以上，产量占目前总量的30%，在我国煤炭资源中占有重要地位。在地域分布上，储量大部分集中在内蒙古、陕西、新疆、甘肃、山西、宁夏六个省（区），我国低变质煤的主要产地分布如表2.3所示。成煤时代以早、中侏罗纪为主，其次为早白垩纪和石炭二叠纪。

表2.3　我国低变质烟煤的主要产地分布

省、市	矿区及煤产地
内蒙古	准格尔 东胜、大青山、营盘湾、阿巴嘎旗、昂根、北山、大杨树 双辽、金宝屯、拉布达林
新疆	乌鲁木齐、乌苏、干沟、南台子、西山、南山、鄯善、巴里坤 艾格留姆、他什店、伊宁、哈密、克尔碱、布雅、吐鲁番七泉湖、哈南、和什托洛盖
陕西	神木、榆林、横山、府谷、黄陵、焦坪、彬长
山西	大同
宁夏	碎石井、石沟驿、王洼、炭山、下流水、窑山、灵盐、磁窑堡
河北	蔚县、下花园
黑龙江	集贤、东宁、老黑山、宝清、柳树河子、黑宝山—罕达气 依兰
辽宁	阜新、八道壕、康平、铁法、宝力镇—亮中、谢林台、雷家、勿欢池、冰沟 抚顺
河南	义马

2.2　煤的形成

煤是植物遗体经过复杂的生物、地球化学、物理化学作用转变而成的。从植物死亡、堆积到转变为煤经过了一系列的演化过程，这个过程称为成煤过程。

成煤过程大致可分为两个阶段。第一阶段是植物在泥炭沼泽中不断繁衍，其遗体在微生物参加下不断分解、化合和聚集。在此过程中起主导作用的是生物地球化学作用，在这个作用下低等生物形成腐泥，高等植物形成泥炭，此阶段称为泥炭化阶段。当泥炭和腐泥由于地壳下沉等原因被上覆沉积物掩埋时，就转入第二阶段——煤化作用阶段，即泥炭和腐泥在温度和压力作用下转变为煤的过程。这个阶段包括成岩作用和变质作用，起主导作用的是物理化学作用。泥炭先变成褐煤（成岩阶段），再由褐煤变成烟煤（变质阶段）。煤生成过程中的成煤植物来源与成煤条件的差异造成了煤种类的多样性和煤基本性质的复杂性，并直接影响煤的开采、洗选和综合利用。表 2.4 列出了泥炭和腐泥的一些主要特征。

表 2.4　泥炭和腐泥的主要区别

项目	泥炭	腐泥
原始质料	高等植物	低等植物
宏观特征	褐色、黑褐色松软有机质的堆积物	暗褐色和灰色有机软泥
元素组成	H 含量低，C 含量高，H/C 原子比值低	H 含量高，C 含量低，H/C 原子比值高
有机组成	富含腐殖酸	富含沥青质
工艺特点	焦油产率低	焦油产率高
形成过程	先氧化分解，后在厌氧条件下由合成作用形成	先在厌氧细菌作用下，经过分解、聚合或缩聚作用形成

根据成煤植物种类的不同，煤主要可分为两大类，即腐植煤和腐泥煤。

由高等植物形成的煤称为腐植煤。腐植煤是因为植物的部分木质纤维组织在成煤过程中曾变成腐殖酸这一中间产物而得名。它在自然界分布最广，储量最大。绝大多数腐植煤都是由植物中的木质素和纤维素等主要组分形成的，亦有少量腐植煤是由高等植物中经微生物分解后残留的脂类化合物形成的，称为残殖煤。单独成矿的残殖煤很少，多以薄层或透镜状夹夹在腐植煤中。我国江西乐平煤田和浙江长广煤田有典型的树皮和角质残殖煤，大同煤田发现有少量孢子残殖煤。

由低等植物和少量浮游生物形成的煤称为腐泥煤。腐泥煤包括藻煤和胶泥煤等。藻煤主要由藻类生成，山西浑源有不少藻煤，山东兖州、肥城也有发现。胶泥煤是无结构的腐泥煤，植物成分分解彻底，几乎完全由基质组成。这种煤数量很少，山西浑源有少量存在。胶泥煤中的矿物质含量较高时即称为油页岩，我国辽宁抚顺、吉林桦甸、广东茂名和山东黄县等地有丰富的油页岩资源。

此外，还有腐植煤和腐泥煤的混合体，有时单独分类成与腐植煤和腐泥煤并列的第三类煤，称为腐植腐泥煤。主要有烛煤和煤精，前者与藻煤很相似，宏观上几乎难以区分，易燃，用火柴即可点燃，燃烧时火焰明亮，好像蜡烛一样；煤精盛产于我国抚顺，结构细腻，质轻而有韧性，因能雕琢工艺美术品而驰名。表 2.5 给出了腐植煤和腐泥煤的主要特征。

表 2.5　腐植煤和腐泥煤的主要特征

特征	腐植煤	腐泥煤
颜色	褐色或黑色，多数为黑色	多数为褐色
光泽	光亮者居多	暗
用火柴点燃	不燃烧	能燃烧，有沥青气味
H 含量/%	<6	>6
低温干馏焦油产率/%	<20	>25

2.3　煤岩学基础

煤是一种固体可燃有机岩，由于自然界成煤物质的不同及聚积环境的多样化和各自不同的煤化途径，其岩石组成比较复杂。用肉眼观察时，可以看出煤大多数是不均一的，通常可分出不同的煤岩成分和煤岩类型；在显微镜下，更可以揭示煤组成的细节，进一步区分出各种显微组分和显微煤岩类型。不同煤层由于成煤原始物质及聚积环境不同，其岩石组成也不一样。在煤化过程中，各种煤岩成分又进一步发生了深刻的变化。所以应用煤岩学方法确定煤的煤化特性及煤岩组成等特征，是评价煤的性质和用途的重要依据，是解决实际问题的重要基础。

2.3.1　宏观特征

2.3.1.1　煤岩成分

煤岩成分是指肉眼可区分的基本组成单元，亦称煤岩组分。在条带状烟煤中有镜煤、亮煤、暗煤和丝炭四种煤岩成分。

镜煤（Vitrain）是煤中颜色最黑、光泽最亮的成分，质地均匀，具有贝壳状断口，以垂直于条带的内生裂隙发育为特征。内生裂隙面常呈眼球状，优势裂隙面上常有方解石或黄铁矿薄膜。镜煤性脆，易破碎成棱角状小块，在煤层中常呈透镜状或条带状。四种煤岩成分中，镜煤的挥发分高，黏结性强。

亮煤（Clarain）是最常见的煤岩成分，不少煤层以亮煤为主组成较厚的分层，甚至整个煤层。它的光泽仅次于镜煤，较脆，内生裂隙也较发育，但程度次于镜煤，密度较小，有时也有贝壳状断口。亮煤的均一程度不如镜煤，表面隐约可见细微的纹理。显微镜下观察，亮煤组成以镜质组为主，含有一定数量的惰质组和壳质组。

暗煤（Durain）一般呈灰黑色，光泽暗淡，密度大，内生裂隙不发育，断面粗糙，致密坚硬具韧性。常以较厚的分层出现，甚至单独成层。显微镜下观察，暗煤的组成复杂多样，其特征和性质取决于显微组成。富含惰质组的暗煤，往往略带丝绢光泽，挥发分低，黏结性弱；富含壳质组的暗煤，略带油脂光泽，挥发分和含氢量较高，黏结性较好；含大量矿物的暗煤，则密度大，灰分产率高。

丝炭（Fusain）外观像木炭，颜色灰黑，具有明显的纤维状结构和丝绢状光泽。它疏松多孔，性脆易碎，能染指。丝炭的空腔常被矿物充填成矿化丝炭，坚硬致密，密度大。在煤层中，一般丝炭的数量不多，常呈扁平透镜状沿层理面分布，有时也能形成不连续的薄层。丝炭的氢含量低、碳含量高，不具黏结性；由于孔隙度大、吸氧性强，容易受氧化而自燃。

2.3.1.2　煤的宏观结构

煤的宏观结构是指煤岩成分的形态、大小所表现的特征，最常见的有以下几种。

① 条带状结构煤岩成分多呈条带在煤层中相互交替组成条带状结构。按条带的宽度，可分为：细条带状，宽1～3mm；中条带状，宽3～5mm；宽条带状，大于5mm。条带状结构在烟煤中表现明显，尤其在半亮煤和半暗煤中最常见。

② 线理状结构镜煤、丝炭及黏土矿物等常以厚度小于1mm的线理断续分布在煤层中，呈现出线理状结构，常见于半暗煤、暗淡煤。

③ 透镜状结构镜煤、丝炭及黏土矿物、黄铁矿透镜体散布在比较均一的暗煤或亮煤中，呈现透镜状结构，常见于半暗煤、暗淡煤。

④ 均一状结构是指组成较均匀。镜煤的均一状结构较典型，某些腐泥煤、腐植腐泥煤也具有均一状结构。

⑤ 粒状结构煤中散布着大量壳质组分或矿物呈粒状，某些暗淡煤中含有大量小孢子和树皮体呈粒状结构，而有些半亮煤中含有同生黄铁矿呈粒状结构。

此外，还可见到木质结构，多见于褐煤中的木煤和低煤化烟煤中的镜煤；纤维状结构，多见于丝炭；叶片状结构，当煤中大量的角质层沿层面分布，具有纤细的页理，能分成叶片状或纸状，中国泥盆纪角质残植煤具有典型的叶片状结构。

2.3.2　显微组成

煤的显微组分是指煤在显微镜下能够区分和辨识的基本组成成分。按其成分和性质可分为有机显微组分和无机显微组分。有机显微组分是指在显微镜下能观察到的煤中由植物有机质转变而成的组分，无机显微组分是指在显微镜下能观察到的煤中矿物质。显微镜下通常用两种方法鉴定煤片：一种是透射光下观察煤的薄片，鉴定标志主要是透光色、形态和结构等；另一种是在反射光下观察煤的光片和煤砖光片，鉴定标志除反射色、形态和结构外，还有突起等。反射光下常用油浸物镜进行观察，20 世纪 80 年代广泛使用了荧光显微镜，发现了一些新的仅在荧光下才能识别的显微组分，获得了荧光色、荧光强度、荧光变化的新的标志，深化了对显微组分的认识。在涉及煤的显微组分的组成、超微结构等研究时，应用电子显微镜和电子探针等微束分析，亦取得了良好的效果。

国际煤岩学会（ICCP）的硬煤显微组分分类方案是国际上广泛应用的分类，已被国际标准化组织（ISO）在煤岩分析中采用，适用于烟煤和无烟煤。该分类将所有的显微组分分为三个组：镜质组、壳质组（稳定组）和惰性组。

在煤的三大显微组分中，镜质组是世界大多数煤田煤中最主要的显微组分，也是决定煤工艺性质的主要成分。镜质组的化学性质随煤化程度的加深变化规律很明显，因此已经进行了大量的研究。镜质组与惰质组相比，挥发分、氢含量、氧含量高，同时水分、氮含量、焦油产率亦高。在煤化过程中，随着煤级增高，镜质组的挥发分、氧含量、氢碳原子比和氧碳原子比明显减少，而碳含量、芳香度增高。在煤化过程中，镜质组随着芳香稠环侧链羟基、羧基、甲氧基、羰基以及环氧的脱落和芳香稠环缩合程度的增高，碳含量随之增高。值得注意的是，镜质组的化学性质受聚煤环境和成煤植物的影响明显。惰质组的挥发分、氢含量和氢碳原子比最低，而碳含量最高。在煤化过程中，随着煤级增高，惰质组的挥发分、氢含量、氧含量、氢碳原子比亦降低，碳含量、芳香度增高，但与镜质组相比，其变化幅度小；壳质组化学性质的特点是挥发分和氢含量最高，氢碳原子比大多在 1 以上，而芳香度低。在中煤级烟煤中，壳质组的化学性质变化很快，逐渐与镜质组的化学性质趋于一致。我国某些煤样的显微组分分析结果如表 2.6 所示，三类显微组分的化学组成和其它性质如表 2.7 所示。

表 2.6　我国某些煤样的显微组分分析　　　　　　　　　　　单位：%

煤样	镜质组	半镜质组	丝质组＋半丝质组	稳定组	矿物组
本溪	85～86	—	11～12	0	2～4
鹤岗	70～83	—	9～15	1～4	6～11
北票	50～63	3～10	17～26	3～6	5～15
抚顺	90～93	—	0～1	3～8	0～3
峰峰	77～85	—	15～23	0～1	—
贾江	66～81	1～10	7～20	4～9	0～6
淮南	50～60	7～13	9～20	8～20	2～7

表 2.7 三类显微组分的化学组成和其它性质

| 镜质组含碳量/% | 显微组分[①] | 元素组成/% | | | | | | 相对密度 | 挥发分/% | $R_{max}/\%$ |
		C	H	O	N	S	H/C			
81.5	V	81.5	5.15	11.7	1.25	0.4	0.753	1.259	39	0.67	7.91
	E	82.2	7.40	8.5	1.3	0.6	1.073	1.120	79	0.13	5.71
	M	83.6	3.95	10.5	1.5	0.0	0.563	1.380	30	1.27	9.70
85.0	V	85.0	5.4	8.0	1.2	0.4	0.757	1.240	34	0.92	8.52
	E	85.7	6.5	5.8	1.4	0.6	0.906	1.168	55	0.24	6.32
	M	87.2	4.16	6.7	1.35	0.6	0.566	1.357	34	1.50	10.31
89.0	V	89.0	5.1	4.0	1.3	0.6	0.683	1.262	26	1.26	9.62
	E	89.6	5.2	3.3	1.3	0.6	0.691	1.255	29	0.82	8.30
	M	90.8	4.1	3.2	1.3	0.6	0.637	1.353	16	1.90	11.15
91.2	V	91.2	4.56	2.6	1.15	0.5	0.594	1.314	18	1.64	10.63
	E	91.5	4.5	2.3	1.2	0.6	0.586	1.320	18	1.64	10.63
	M	92.2	3.65	2.2	1.35	0.6	0.471	1.415	11	2.44	11.81

①V—镜质类；E—稳定类；M—丝质类中的微粒体

2.3.3 煤中的矿物质

通常把煤中矿物质理解为煤中伴生的一切无机组分，既包括肉眼和显微镜下可识别的矿物，又包括显微镜下难以鉴别的且与有机质结合的金属和阴离子。煤中矿物质的多少，不仅直接影响煤炭发热量的高低，而且还会影响煤炭的加工利用特性。

① 黏土矿物　黏土矿物是世界和中国大多数煤中最主要的矿物。研究表明，黏土矿物占煤中矿物总量的 60%～80%。煤中黏土矿物以高岭石、伊利石为主，而蒙皂石和伊利石-蒙皂石混层黏土矿物等比较少。由于黏土矿物常见的粒径大多小于 2μm，在光学显微镜下，一般难以确切识别各种黏土矿物，必须用差热分析、X 射线衍射、电镜等分析方法进行鉴定。

② 氧化物和氢氧化物矿物　氧化物和氢氧化物矿物在煤中常见的有石英，还有金红石、玉髓（石髓）、蛋白石、赤铁矿、褐铁矿、磁铁矿等。世界上已发现的其它氧化物、氢氧化物矿物，还有锐钛矿、板钛矿、钛磁铁矿、铬铁矿、针铁矿及锡石等。

③ 硫化物矿物　煤中常见的硫化物矿物主要是黄铁矿，还有白铁矿、胶黄铁矿、闪锌矿、方铅矿、黄铜矿、硫镍钴矿、雄黄、雌黄、辰砂等。据统计，煤中已经鉴定出的硫化物矿物已有 30 余种。

④ 碳酸盐类矿物　煤中常见的碳酸盐类矿物有方解石和菱铁矿；此外，还有白云石、文石（霰石）和铁白云石等。煤中碳酸盐矿物对于火力发电厂煤的结渣性和熔渣特征研究有重要意义。

⑤ 煤中其它矿物质　煤中硫酸盐矿物比较少，通常石膏发育在风化带，黄钾铁矾见于氧化带，水绿矾或绿矾与石膏充填在煤的裂隙和空洞中；磷酸盐矿物主要为磷灰石，在中国见于煤层中黏土岩夹矸层，热变煤的热液脉以及早古生代石煤中；有些地区的石炭系煤中盐含量相当高，被称为含盐煤，高盐会造成选煤时的困难，并会引起锅炉的腐蚀。

2.4 煤的分类及用途

2.4.1 煤的分类

为了合理进行煤炭分类，必须选择合适的分类指标，目前的分类指标主要包括两方面，一是反映煤化程度的指标，另一是反映煤的热加工特性的指标。

反映煤的煤化程度的指标很多，有根据煤的元素分析所得的碳含量、氧含量、氢含量、碳氧比、碳氢比和氢氧比，有根据煤的工业分析所得的挥发分产率，有根据煤的发热量等。一般来说，挥发分能反映烟煤的煤化程度，测定方法简单又比较正确。

反映煤的热加工特性的指标：结焦性指数是用慢速加热的方法所得的指标，如胶质层厚度、葛金指数、奥亚膨胀度、基氏流动度等。黏结性指数是用快速加热的方法所得的指标，如自由膨胀序数、罗加指数、黏结指数等。

中国煤分类方案以炼焦煤为主，以煤的可燃基挥发分产率 V 和最大胶质层厚度 Y 为分类指标，把从褐煤至无烟煤之间的所有煤种，划分为 14 个大类和 24 个小类。数字代码中，灰分指十位数，数字越大，灰分越大；黏结性指数指个位数，数字越大，黏结性指数越大。1986 年 10 月 1 日，国务院批准的新的煤炭分类标准，从煤的黏结性方面采用了黏结指数为主的指标。我国煤炭的分类情况如表 2.8 所示。

表 2.8　煤炭分类总表

类别	符号	数码	分类指标	
			$Wr/\%$	G
无烟煤	WY	01,02,03	≤10.0	
贫煤	PM	11	10.0～20.0	≤5
贫瘦煤	PS	12	10.0～20.0	5～20
瘦煤	SM	13,14	10.0～20.0	20～65
焦煤	JM	24,15,25	20.0～28.0	50～65
			10.0～28	>65[①]
肥煤	FM	16,26,36	10.0～37.0	(>85)[①]
1/3 焦煤	1/3JM	35	28.0～37.0	>65[①]
气肥煤	QF	46	37.0	(>85)[①]
气煤	QM	34,43,44,45	28.0～37.0	50～60
			>37	>35
1/2 中黏煤	1/2ZN	23,33	20.0～37	30～50
弱黏煤	RN	22,33	20.0～37.0	5～30
不黏煤	BN	21,31	20.0～37.0	≤5
长焰煤	CY	41,42	>37.0	≤35
褐煤	HM	51,52	>37.0,37.0	

① 当烟煤的黏结指数测值 G 小于或等于 85 时，用干燥无灰基挥发分 V 和黏结指数 G 来划分煤类。当黏结指数测值 G 大于 85 时，则用干燥无灰基挥发分 V 和胶质层最大厚度 Y，或用干燥无灰基挥发分 V 和奥亚膨胀度 b 来划分煤类。

2.4.2　主要煤类特征和用途

无烟煤：WY，数字代码 01，02，03，它是煤化程度最高的煤。挥发分低，密度大，硬度高，燃烧时烟少火苗短，火力强。含碳量（C_{daf}）高达 90%～98%，可燃基氢含量（H_{daf}）小于 4%，化学反应性较低。光泽强，硬度高，纯煤相对密度 1.4～1.9，无烟煤一般用于民用燃料、粮食加工业。目前还大量用于水煤气炉，生产合成氨工业用原料气。质量好的无烟煤可作气化原料、高炉喷吹和烧结铁矿石的燃料以及制造电石、电极和碳素材料等。

贫煤：PM，数字代码 11，是变质程度较深的煤种，具有一定的挥发分，但加热时不产生胶质体，没有黏结性或只有微弱的黏结性，燃烧火焰短，炼焦时不结焦。主要用于动力和民用燃料。在缺乏瘦料的地区，也可充当配煤炼焦的瘦化剂。

贫瘦煤：PS，数字代码12，是高变质、低挥发分、弱黏结性的一种烟煤。结焦较典型瘦煤差，单独炼焦时，生成的焦粉较多。

瘦煤：SM，数字代码13，14，具有较低挥发分和中等黏结性，加热时产生的胶质体少且软化温度高，可用作炼焦配煤，以增加焦炭的块度和减少焦炭的裂纹。由于胶质体熔融差，单独炼焦时，能形成块度大、裂纹少、抗碎强度较好但耐磨性较差的焦炭。

焦煤：JM，数字代码15，24，25，具有中低等挥发分和中高等黏结性，受热时产生的胶质体较多且热稳定性好，单煤炼焦能形成结构致密、块度大、强度高、耐磨性好、裂纹少、不易破碎的焦炭。但因其膨胀压力大，易造成推焦困难，损坏炉体，故一般都作为炼焦配煤使用。

肥煤：FM，数字代码16，26，36，属中变质程度煤种。具有很好的黏结性和中等及中高等挥发分，加热时产生大量胶质体，加热时能产生大量的胶质体，形成大于25mm的胶质层，结焦性最强，且其软化温度低，固化温度高。肥煤单独炼焦时可获得熔融良好的焦块，但有较多横裂纹，且焦根部分常有蜂焦，易碎成小块，焦块强度较焦煤焦块差。一般作炼焦配煤的主要成分。

1/3焦煤：1/3JM，数字代码35，一种新煤种，是中高挥发分、强黏结性的一种烟煤，又是介于焦煤、肥煤、气煤三者之间的过渡煤。单独炼焦能生成熔融性较好、强度较高的焦炭。

气肥煤：QF，数字代码46，是一种挥发分和胶质层都很高的强黏结性肥煤类，有的称为液肥煤。炼焦性能介于肥煤和气煤之间，单独炼焦时能产生大量的气体和液体化学产品。

气煤：QM，数字代码34，43，44，45，挥发分高，胶质层较厚，热稳定性差。能单独结焦，但炼出的焦炭细长易碎，收缩率大，且纵裂纹多，抗碎和耐磨性较差，故只能用作配煤炼焦，还可用来炼油、制造煤气、生产氮肥或作动力燃料。

1/2中黏煤：1/2ZN，数字代码23，33，是一种中等黏结性的中高挥发分烟煤。其中有一部分在单独炼焦时能形成一定强度的焦炭，可作为炼焦配煤的原料。黏结性较差的一部分煤在单独炼焦时，形成的焦炭强度差，粉焦率高。

弱黏煤：RN，数字代码22，32，属低中变质煤种。水分大，黏结性较弱，挥发分较高，加热时能产生较少的胶质体，能单独结焦，但结成的焦块小而易碎，粉焦率高。这种煤主要用作气化原料和动力燃料。

不黏煤：BN，数字代码21，31，是成煤初期曾受相当程度氧化的低、中变质程度的煤种。煤的分析基水分（M_{ad}）有时高达10%以上，没有黏结性，加热时基本上不产生胶质体，燃烧时发热量比一般烟煤低，有时还含有较多的次生腐殖酸，主要用作制造煤气和民用或动力燃料。

长焰煤：CY，数字代码41，42，是最年轻的烟煤，挥发分含量很高，不具有黏结性或有极弱的黏结性，胶质层厚度不超过5mm，易燃烧，燃烧时有很长的火焰，故得名长焰煤。其与褐煤的主要区别是不含有原生腐殖酸，但其中最年轻的往往含有次生腐殖酸，弱黏结的长焰煤低温干馏时能析出较多的焦油。可作为气化和低温干馏的原料，也可用于动力及民用燃料。

褐煤：HM，数字代码51，52，多呈褐色，少数呈褐黑色和黑色。它是煤化程度最低的煤。其特点是水分高、密度小、挥发分高、不黏结、化学反应性强、热稳定性差、发热量低，含有不同数量的腐殖酸，含氧量（O_{daf}）高达15%~30%。褐煤多被用作燃料、气化或低温干馏的原料，也可用来提取褐煤蜡、腐殖酸，制造磺化煤或活性炭。有时可用作化工原料制取腐殖酸肥料、黏结剂。

2.4.3 煤的质量分级

煤的质量分级标准主要包括煤炭灰分分级、硫分分级与发热量分级三个标准，分别如表 2.9～表 2.11 所示。

表 2.9 煤炭灰分分级标准 [BG/T 15224.1—1994 按干燥基灰分分级]

序号	级别名称	代号	灰分(A_d)/%	序号	级别名称	代号	灰分(A_d)/%
1	特低灰煤	SLA	≤5.00	4	中灰分煤	MA	20.01～30.00
2	低灰煤	LA	5.01～10.00	5	中高灰煤	MHA	30.01～40.00
3	低中灰煤	LMA	10.01～20.00	6	高灰煤	HA	40.01～50.00

表 2.10 煤炭硫分分级标准 [BG/T 15224.2—1994 按干燥基硫分分级]

序号	级别名称	代号	硫分($S_{t,d}$)/%	序号	级别名称	代号	硫分($S_{t,d}$)/%
1	特低硫煤	SLS	≤0.50	4	中硫煤	MS	1.51～2.00
2	低硫煤	LS	0.51～1.00	5	中高硫煤	MHS	2.01～3.00
3	低中硫煤	LMS	1.01～1.50	6	高硫煤	HS	>3.00

表 2.11 发热量分级标准 [BG/T 15224.3—1994 按收到基低位发热量分级]

序号	级别名称	代号	发热量($Q_{net,ar}$)/MJ·kg^{-1}	序号	级别名称	代号	发热量($Q_{net,ar}$)/MJ·kg^{-1}
1	低热值煤	IQ	8.50～12.5	4	中高热值煤	MHQ	21.01～24.00
2	中低热值煤	MLQ	12.51～17.00	5	高热值煤	HQ	24.01～27.00
3	中热值煤	MQ	17.01～21.00	6	特高热值煤	SNQ	>27.00

2.5 煤的组成和性质

将煤炭作为燃料、气化和化工原料，就必须了解其化学组成与性质，它不仅是工艺过程的计算基础，而且对于设备的设计、运行、管理和技术改进以及对环境保护，都具有重要意义。

任何煤种都是由无机物和碳氢化合物组成，在高温下与氧作用可以燃烧，放出大量的热量；在隔绝空气或缺氧的条件下，将其加热可分解为可燃气体，将这些气体作为原料，进一步加工可获得某些化工产品；经过一定的物理和化学加工过程，也可以将其变为液体燃料。

2.5.1 煤的化学组成

煤的化学组成很复杂，但归纳起来可分为有机质和无机质两大类，以有机质为主体。煤中的有机质主要由碳、氢、氧、氮和有机硫等五种元素组成。其中，碳、氢、氧占有机质的95％以上，此外，还有极少量的磷和其它元素。

煤中有机质的元素组成，随煤化程度的变化而有规律地变化。一般来讲，煤化程度越深，碳含量越高，氢和氧含量越低，氮含量也稍有降低，硫含量则与煤的成因类型有关。碳和氢是煤炭燃烧过程中产生热量的重要元素，氧是助燃元素，三者构成了有机质的主体。煤炭燃烧时，氮不产生热量，常以游离状态析出，但在高温条件下，一部分氮转变成氨及其它含氮化合物，可以回收制造硫酸铵、尿素及氮肥。硫、磷、氟、氯、砷等是煤中的有害元素。含硫多的煤在燃烧时生成硫化物气体，不仅腐蚀金属设备，与空气中的水反应形成酸雨，污染环境，危害植物生长，而且将含有硫和磷的煤用作冶金炼焦

17

时，煤中的硫和磷大部分转入焦炭中，冶炼时又转入钢铁中，严重影响焦炭和钢铁质量，不利于钢铁的铸造和机械加工。用含有氟和氯的煤燃烧或炼焦时，各种管道和炉壁会遭到强烈腐蚀。将含有砷的煤用于酿造和食品工业作燃料，砷含量过高，会增加产品毒性，危及人民身体健康。

煤中的无机质主要是水分和矿物质，它们的存在降低了煤的质量和利用价值，其中绝大多数是煤中的有害成分。

另外，还有一些稀有、分散和放射性元素，例如，锗、镓、铟、钍、钒、钛、铀等，它们分别以有机或无机化合物的形态存在于煤中。其中某些元素的含量，一旦达到工业品位或可综合利用时，就是重要的矿产资源。

2.5.2 煤的物理性质

煤的物理性质是煤的一定化学组成和分子结构的外部表现，是由成煤的原始物质及其聚积条件、转化过程、煤化程度和风化、氧化程度等因素所决定的，主要包括密度、孔隙率、颜色、光泽、粉色、硬度、脆度、断口及导电性等。煤的物理性质可以作为初步评价煤质的依据，并用以研究煤的成因、变质机理和解决煤层对比等地质问题。

2.5.2.1 煤的密度

由于煤是具有裂隙的疏松结构的固体，因此煤的密度应考虑裂隙、孔隙等所占体积的影响，这使密度的概念多样化。

（1）煤的真密度

煤的真密度是计算煤平均质量与研究煤炭性质的一项重要指标。它是指在 20℃时单位体积（不包括煤的内部孔隙、裂隙）煤的质量和同温度、同体积水的质量之比。以符号 TRD 来表示，国家标准测定煤的真密度采用密度瓶法，以水作置换介质，根据阿基米德定律进行计算。

（2）煤的视密度

煤的视密度又叫容重或假密度。是指在 20℃时煤（包括煤的内外表面孔隙和裂隙）的质量与同温度、同体积水的质量之比。以符号 ARD 来表示，测定煤视密度的基本原理和测定煤真密度的基本原理是一样的，但由于煤的视密度中包含煤的孔隙和裂隙，因此必须在测定时使介质不进入孔隙中。为此，目前都用蜡涂敷于煤样的表面，即所谓的涂蜡法。

（3）煤的堆密度

煤的堆密度又叫煤的堆积密度和散密度，它是单位容积所装载的散装煤炭的质量。由于各种散煤的粒度组成不同，因而即使是同一煤层开采出来的煤，其堆密度也会有很大的差异。堆密度测定容器的大小应视煤炭粒度的大小而定。

2.5.2.2 煤的孔隙度和孔径分布

煤的内部存在许多孔隙，孔隙体积占煤总体积的百分数为煤的孔隙度或孔隙率。也可用单位质量煤包含的孔隙体积（cm^3/g）来表示。

孔隙度与煤化程度的关系，如图 2.2 所示。煤

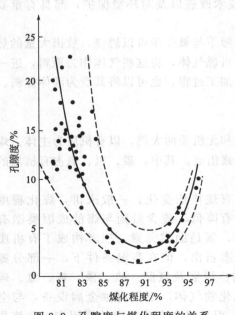

图 2.2 孔隙度与煤化程度的关系

的孔隙度的大小除受煤化程度影响外，还受成煤条件、煤岩显微组成等因素的影响，所以同一煤化程度的煤，其孔隙度都有一个波动的范围。

2.5.2.3　煤的比表面积

所谓煤的比表面积是指单位质量煤的总表面积，包括外表面积和内表面积两部分。煤的比表面积主要指的是内表面积，外表面积占的比例较小。煤的比表面大小不仅对了解煤的生成过程和煤的微观结构是重要的，而且与煤的吸附、真空热分解、溶剂抽提、气相氧化等性质密切相关，是煤的重要物理性质之一。

随着煤化程度的变化，煤的比表面积具有一定的变化规律。即煤化程度低的煤和煤化程度高的煤比表面积大，而中等煤化程度的煤比表面积较小，反映了煤化过程中，分子空间结构的变化。在不同气体和不同温度下所测得的结果各不相同，大多无可比性。

2.5.2.4　硬度和脆度

（1）硬度

煤的硬度是指其抗外来机械作用的能力。不同外加机械作用下，煤的硬度表现不同。硬度可有多种方法测定，根据不同的原理可分为划痕（莫氏）硬度、弹性回跳（肖氏）硬度、压入硬度（包括努普硬度、显微硬度或维氏硬度）等。常用的有划痕硬度和显微硬度。

划痕硬度是用标准矿物刻画煤所测定的相对硬度，测值称为莫氏硬度。在各种宏观煤岩成分中，暗煤比亮煤和镜煤硬。煤的硬度与煤化程度有关，煤化程度低的褐煤和焦煤的硬度最小，约 2～2.5，无烟煤硬度最大，接近 4。显微硬度是在显微镜下根据具有静载荷的金刚石压锥压入显微组分的程度来测定。压痕越大，则煤的显微硬度越低，压痕较小，则煤的显微硬度较高。煤的硬度大小与机械的应用范围、各种机械和载齿的磨损情况有关，同时还决定了煤的破碎、成型加工的难易程度。显微硬度与煤化程度的关系如图 2.3 所示。

（2）脆度

煤的脆度又叫脆性，它表征煤的抗碎强度。脆度大的煤，其块煤的破碎概率大，会产生较多的粉煤。煤的脆度测定方法有抗碎强度法和抗压强度法。

抗压强度法是以显微脆度来表征煤的脆度，显微脆度是在显微镜下根据金刚石压锥压入显

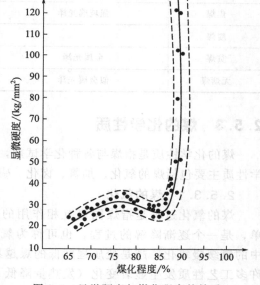

图 2.3　显微硬度与煤化程度的关系

微组分后压痕产生裂纹的程度来测定。以一定的静载荷下，每 100 个压痕中出现裂纹的压痕数值来表示。

煤的脆度与煤的煤岩成分和煤化程度有关。在各种宏观煤岩成分中，镜煤和丝炭最脆，而暗煤的韧性较大。一般当稳定组分增多时，其韧性亦增强；通常以肥煤和焦煤的脆度最大，煤化程度往瘦煤、贫瘦煤、贫煤和无烟煤方向增高时，煤的脆度就以上述顺序降低。当煤化程度向气煤、弱黏煤、不黏煤、长焰煤方向降低时，其脆性也逐渐降低。

2.5.2.5　煤的表面性质

颜色是指新鲜煤表面的自然色彩，是煤对不同波长的光波吸收的结果。煤的颜色随着煤

化程度的增高而变化，暗褐煤可由褐色变成深褐色、黑褐色；烟煤呈黑色；无烟煤呈灰黑色，常带有古铜色和钢灰色色彩。

条痕色又称粉色，指将煤研成粉末的颜色或煤在抹上釉的瓷板上刻划时留下的痕迹，它反映了煤的真正的颜色。一般是煤化程度越高，粉色越深。

光泽是指煤表面的反光能力，是肉眼鉴定煤的主要标志之一。光泽首先与成煤原始物质及其聚积环境有关。腐植煤4种宏观煤岩成分中镜煤光泽最强，亮煤次之，暗煤和丝炭光泽暗淡。随着煤化程度的增高，各种宏观煤岩成分中的光泽有不同程度的增强，暗煤的光泽变化不明显，而镜煤和较纯净的亮煤变化显著，可以用沥青质、玻璃、金刚、似金属等光泽来形象地表示，所以在确定煤化程度时，必须以镜煤和较纯净的亮煤作依据。

不同煤化程度煤的光泽、颜色和条痕色如表2.12所示。

表 2.12 不同煤化程度煤的光泽、颜色和条痕色

煤化程度	光泽	颜色	条痕色
褐煤	无光泽或暗淡的沥青光泽	褐色、深褐色、黑褐色	浅棕色、深棕色
长焰煤	沥青光泽	黑色、带褐色	深棕色
气煤	沥青光泽、弱玻璃光泽	黑色	棕黑色
肥煤	玻璃光泽	黑色	黑色、带棕色
焦煤	强玻璃光泽	黑色	黑色、带棕色
瘦煤		黑色	黑色
贫煤	金属光泽	黑色、有时带灰	黑色
无烟煤	似金属光泽	灰黑色、带有古铜色、刚灰色色彩	灰黑色

2.5.3 煤的化学性质

煤的化学性质是指煤与各种化学试剂，在一定条件下产生不同化学反应的性质。煤的化学性质主要包括煤的氧化、加氢、卤化、磺化、水解和烷基化等。

2.5.3.1 煤的氧化

煤的氧化过程是指煤同氧互相作用的过程。同时，氧化过程使煤的结构从复杂到简单，是一个逐渐降解的过程，也可称为氧解。煤在空气中堆放一段时间后，就会被空气中的氧缓慢氧化，越是变质程度低的煤越易氧化。氧化会使煤失去光泽，变得疏松易碎，许多工艺性质发生显著变化（发热量降低、黏结性变差甚至消失等）。缓慢氧化所产生的热量，还会引起自燃。煤与双氧水、硝酸等氧化剂反应，生成各种有机芳香羧酸和脂肪酸，这是煤的深度氧化。若煤中可燃物质与空气中氧进行迅速地发光、发热的氧化反应，即是燃烧。

用各种氧化剂对煤进行不同程度的氧化，可以得到不同的氧化产物，这对于研究煤的结构和煤的工业应用都具有极其重要的意义。

根据煤氧化程度的不同，煤的氧化过程可分为以下5个阶段，见表2.13。通常将第Ⅰ阶段称为表面氧化阶段，第Ⅱ阶段叫再生腐殖酸阶段，第Ⅲ、Ⅳ阶段叫苯羧酸阶段。到第Ⅱ阶段为止称轻度氧化，一直进行到第Ⅳ阶段则称深度氧化。氧化的第Ⅴ阶段即燃烧阶段，与燃料煤的反应性有关。

表 2.13　煤氧化的阶段

氧化阶段	主要氧化条件	主要氧化产物
Ⅰ	从常温到 100℃ 左右,空气或氧气氧化	表面碳氧络合物
Ⅱ	100～300℃ 在碱溶液中,被空气或氧气氧化 80～100℃ 被硝酸氧化等	可溶于碱的高分子有机酸(再生腐殖酸)
Ⅲ	200～300℃ 在碱溶液中,空气或氧气加压氧化,碱性介质中被 $KMnO_4$ 氧化,双氧水氧化等	可溶于碱的高分子复杂有机酸
Ⅳ	与Ⅲ不同,增加氧化剂用量,延长反应时间	可溶于水的苯羧酸
Ⅴ	完全氧化	二氧化碳和水

工业上常用轻度氧化方法,由褐煤和低变质烟煤(长焰煤、气煤)制取腐殖酸类的物质,并广泛地应用于工农业和医药业领域。另外,因为轻度氧化可破坏煤的黏结性,所以工业上对黏结性较强的煤,有时需要对它们进行轻度氧化,以防止该类煤在炉内黏结挂料而影响操作。

2.5.3.2　煤的加氢

煤样与液体烃类的主要差别在于,煤的 H/C 原子比相对石油原油、汽油低很多,而比沥青低一些。因此,要使煤液化转变为石油原油,需要深度加氢,而转变为沥青质类物质需要轻度加氢。煤的加氢需要供氢溶剂、高压下的氢气及催化剂等。通过煤的加氢可以对煤的结构进行研究,并且可使煤液化,制取液体燃料或增加黏结性、脱灰、脱硫,制取溶剂精制煤以及制取结构复杂和有特殊性质的化工中间物。从煤的加氢能得到产率很高的芳香性油状物,已分离鉴定出 150 种以上的化合物。

煤加氢分为轻度加氢和深度加氢两种。①轻度加氢是在反应条件温和的条件下,与少量氢结合。煤的外形没有发生变化,元素组成变化不大但不少性质发生了明显的变化,如低变质程度烟煤和高变质程度烟煤的黏结性、在蒽油中的溶解度大大增加,接近于中等变质程度烟煤。②深度加氢是煤在激烈的反应条件下与更多的氢反应,转化为液体产物和少量气态烃。

煤加氢中包括一系列的非常复杂的反应,有平行反应也有顺序反应,到目前为止还不能够完整地描述。其中有热解反应、供氢反应、脱杂原子反应、脱氧反应、脱硫反应、脱氮反应、加氢裂解反应、缩聚反应等。

热解反应:现在已经公认,煤热解生成的自由基,是加氢液化的第一步。热解温度要求在煤的开始软化温度以上。热解生成的自由基在有足够的氢存在时便能得到饱和而稳定下来,没有氢供应就要重新缩合。

供氢反应:煤加氢时一般都用溶剂作介质,溶剂的供氢性能对反应影响很大。因为研究证明反应初期使自由基稳定的氢主要来自溶剂而不是来自氢气。具有供氢能力的溶剂主要部分是四氢萘、9,10 二氢菲和四氢喹啉,供氢溶剂给出氢后又能从气相吸收氢,如此反复起了传递氢的作用。

加氢裂解反应:包括多环芳香结构饱和加氢,环破裂和脱烷基等。随着这一反应进行,产品分子量逐步降低,结构从复杂到简单。缩聚反应在加氢反应中如温度太高,氢供应不足和反应时间过长也会发生逆方向的反应,即缩聚生成分子量更大的产物。

2.5.3.3　煤的其它化学性质

因为结构原因,煤芳核外侧官能团的行为能力决定了煤的化学性质和能力。例如,煤能与卤素化合物进行卤化反应,生成卤化物,磺化条件下能生成磺化物。煤的一些其它化学反应列于表 2.14。

表 2.14 煤的一些其它化学反应

名称	主要试剂和反应条件	主要产物
磺化	浓硫酸或发烟硫酸,110~160℃,数小时	磺化物
氯化	氯气,水介质,≤100℃,数小时	氯化物
解聚	苯酚为溶剂,BF_3 为催化剂,120℃	酚、吡啶、四氢呋喃可溶物
水解	NaOH 水溶液或 NaOH 醇溶液,200~350℃	吡啶、乙醇可溶物
烷基化	四氢呋喃作溶剂,卤代烷、萘、	吡啶、乙醇可溶物
酰基化	CS_2 作溶剂,酰氯作反应剂	吡啶、乙醇可溶物

2.5.4 煤的工艺性质

为了提高煤的综合利用价值,必须了解、研究煤的工艺性质,以满足各方面对煤质的要求。煤的工艺性质主要包括黏结性和结焦性、发热量、化学反应性、热稳定性、透光率、机械强度和可选性等。

2.5.4.1 黏结性和结焦性

煤的黏结性是指煤在干馏时黏结其本身或外界惰性物质的能力,以黏结性指数($G_{R.I}$)表示。我国标准规定,在一定的条件下,以烟煤在加热后黏结专用无烟煤的能力来表征烟煤黏结性的指标。煤的黏结性是煤在干馏时,形成的胶质体所显示的一种塑性。

结焦性是指煤在干馏时能否生成优质焦炭的性能。黏结性是结焦性存在的前提。结焦性包括了保证结焦过程能顺利进行的所有性质,而黏结性只是反映了结焦性的一个重要因素。因此,黏结性好的煤结焦性不一定就好,结焦性好的煤一定具有良好的黏结性。

黏结性是进行煤工业分类的主要指标,一般用煤中有机质受热分解、软化形成的胶质体的厚度来表示,常称胶质层厚度。胶质层越厚,黏结性越好。测定黏结性和结焦性的方法很多,除胶质层测定法外,还有罗加指数法、奥亚膨胀度试验等。黏结性受煤化程度、煤岩成分、氧化程度和矿物质含量等多种因素的影响。煤化程度最高和最低的煤,一般都没有黏结性,胶质层厚度也很小。

煤的黏结性和结焦性的表示方法很多,以下就几种主要测试指标作一些简要介绍。

(1)煤的胶质层指数(plastometer indices)

煤的胶质层指数,又称为煤的胶质层最大厚度(Y 值),是将一定粒度和数量的烟煤加热,按一定升温速度,加热至 730℃,经过一系列的物理和化学变化,形成胶质层和半焦层,并经过软化、膨胀、熔融、固化和收缩,最终形成半焦。在加热过程中,用特定的探针测定胶质层顶面至底面距离的最大值,即胶质层的厚度值。它是原苏联、波兰等国家煤的分类指标之一,也是我国煤的现行分类中区分强黏结性的肥煤、气肥煤的一个分类指标。

(2)煤的黏结指数(caking index)

煤的黏结指数($G_{R.I}$ 或 G),是我国现行煤的分类国家标准(GB 5751—86)中代表烟煤黏结力的主要分类指标之一。其方法测试要点是:将 1g 煤样与 5g 标准无烟煤混合均匀,在规定条件下焦化,然后把所得到的焦渣在特定的转鼓中转磨两次,测试焦渣的耐磨强度,规定为煤的黏结指数,其计算公式如式(2.1)所示。

$$G=10+\frac{30m_1+70m_2}{m} \tag{2.1}$$

式中　m_1——第一次转鼓试验后过筛，其中大于 10mm 的焦渣重量，g；

　　　m_2——第二次转鼓试验后过筛，其中大于 10mm 的焦渣重量，g；

　　　m——焦化后焦渣总重量，g。

当测得的 $G<18$ 时，需要重新测试，此时煤样和标准无烟煤样的比例为 3：3，即 3g 煤样和 3g 无烟煤，其它条件不变。计算公式如式（2.2）所示。

$$G=\frac{30m_1+70m_2}{5m} \qquad\qquad (2.2)$$

（3）罗加指数（roga index）

罗加指数（R.I），是波兰煤化学家罗加教授 1949 年提出的测试烟煤黏结力的指标。现已为国际硬煤分类方案所采用。我国 1985 年颁发了烟煤罗加指数测试的国家标准（GB 5549—85），但在我国现行煤的分类中，罗加指数不作为分类指标。

罗加指数的测试要点：将 1g 煤样和 5g 标准无烟煤样（宁夏汝箕沟矿专用无烟煤标样，下同）混合均匀，在规定的条件下焦化，然后把所得焦渣在特定的转鼓中转磨 3 次，测试焦块的耐磨强度，规定为罗加指数。其计算公式如式（2.3）所示。

$$R.I=\frac{(a+d)/2+b+c}{3Q}\times100 \qquad\qquad (2.3)$$

式中　a——焦渣过筛，其中大于 1mm 焦渣的重量，g；

　　　b——第一次转鼓试验后过筛，其中大于 1mm 焦渣的重量，g；

　　　c——第二次转鼓试验后过筛，其中大于 1mm 焦渣的重量，g；

　　　d——第三次转鼓试验后过筛，其中大于 1mm 焦渣的重量，g；

　　　Q——焦化后焦渣总量，g。

罗加指数表征煤的黏结力的优点是煤样量少，方法简便易行。它的缺点是规范性很强，对标准无烟煤的要求很严，区分强黏煤灵敏度不够。

（4）奥压膨胀度（audibert'-arnu dilatation）

奥压膨胀度是以煤样干馏时，体积的膨胀度（b）或收缩度（a）等参数表征煤的膨胀性和黏结性的指标。我国 1985 年以国标（GB 5450—85）发布，并与 Y 值并列作为我国煤炭现行分类中区分肥煤的指标之一。

奥亚膨胀度的测定方法是将煤样制成一定规格的煤笔，置入一根标准口径的膨胀管内，按规定的升温速度加热，压在煤笔上的压杆记录煤样在管内的体积变化，以体积膨胀曲线上升的最大距离占煤笔原始长度的百分数，来表示煤的膨胀度 b 值的大小。以膨胀杆下降的最大距离占煤笔原始长度的百分数，来表示煤的收缩度 a 值的大小。奥亚膨胀度曲线如图 2.4 所示。

（5）坩埚膨胀序数（crucible swelling number：free swelling index）

坩埚膨胀序数是表征煤的膨胀性和黏结性的指标，以 CSN 表示。其测定方法是称取 1g 的煤样，粒度小于 0.2mm，放入有盖的坩埚中，按规定方法加热至 820℃±5℃，可得到不同形状的焦炭，将其与一组标准图形进行对比，即可以得到坩埚膨胀序数。具体测定方法可按照标准 GB/T 5448—1997 的规定进行。

（6）葛金干馏试验（gray-king assay）

葛金干馏试验，是用标准焦炭型号作为参照物来判断结焦性的一种指标，同时也表征煤的塑性行为。其测定方法是将一定量的煤样装入一个特定的干馏管中，以一定的升温速度加热到 600℃，并保持一定时间，将所得到的焦炭与一组标准焦炭型号进行比较，并确定结焦性的型号。葛金干馏试验是沿用英国煤炭分类的指标操作，测定需较长时间，国内很少

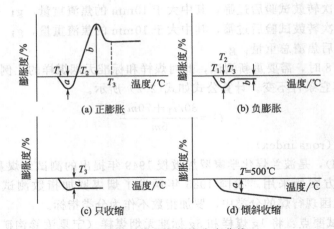

图 2.4　煤的典型膨胀度曲线

T_1—软化点，体积曲线开始下降达 0.5mm 时的温度，℃；

T_2—开始膨胀点，体积曲线下降到最低点后开始膨胀上升的温度，℃；

T_3—固化点，体积曲线膨胀上升达最大值时的温度，℃；

a—最大收缩度，体积曲线收缩下降的最大距离占煤笔长度的百分数，%；

b—最大膨胀度，体积曲线上升的最大距离占煤笔长度的百分数，%

应用。

2.5.4.2　化学反应性

煤的化学反应性又称为反应活性，是指在一定温度条件下，煤与不同的气体介质（CO_2、O_2 和 H_2O 蒸气）相互作用的反应能力。它是评价气化用煤和动力用煤的一项重要指标，对研究煤炭的燃烧和气化机理有一定的价值。我国以高温下煤或焦炭还原二氧化碳的能力，即 CO_2 的还原率来表示煤或焦炭的反应活性。

反应后，生成的 CO_2 产率越高，表明煤的反应活性越强，在气化和燃烧过程中反应速度越快。在煤炭气化反应过程中，尤其是流态化气化工艺，煤的反应活性直接影响流化床内的反应过程，涉及耗煤量、耗氧量和产气成分。

煤的反应活性与煤的变质程度有关，褐煤的反应活性最强，烟煤居中，无烟煤最差。除此以外，煤的反应活性与煤中矿物质的含量也有一定的关系，通常矿物质含量高，有机质相对就含量少，反应活性则会降低。

2.5.4.3　热稳定性

煤的热稳定性（TS），又称耐热性，是指煤在高温下燃烧或气化过程中，对温度剧烈变化的稳定程度，即一定粒度的煤受热后保持原有粒度的性能。它是评价气化用煤和动力用煤的又一项重要指标。热稳定性的好坏，直接影响炉内能否正常生产以及煤的气化和燃烧效率。煤的热稳定性测定按标准（GB/T 1573—2001）进行。

热稳定性好的煤，在气化或燃烧过程中不发生破碎；热稳定性差的煤，在气化或燃烧过程中常会发生破碎。对固定床设备来说，稳定性差的煤可使床层阻力加大，降低煤燃烧和气化效率，粉煤增加到一定程度，可能造成在炉算上结渣，影响正常操作。故煤的热稳定性是煤炭加工利用的重要参数之一。

2.5.4.4　透光率

透光率是指低煤化程度的煤（褐煤、长焰煤等）在规定条件下用硝酸与磷酸的混合液处理后，所得溶液对光的透过率，是我国煤的现行分类标准中用以区分褐煤和长焰煤的主要指标。随着煤化程度加深，透光率逐渐加大。实际操作中，透光率是根据年轻煤与混合酸反应生成的溶液由黄到红的颜色，用目视比色法测试的。褐煤透光率低，溶液通常成棕色；长焰煤透光率高，溶液成浅黄色。混合酸中的磷酸主要是为了掩蔽三价铁对比色液颜色的干扰。

2.5.4.5　抗碎强度

煤的抗碎强度是指规定粒度的块煤，从规定高度自由落下到专用试验钢板上（重复 3 次）的抗破碎能力。试验用块煤粒度为 $60\sim100mm$，落体高度为 2m，以规定粒度破碎的百分数表示。通常将抗碎强度作为确定加工工艺的重要依据之一，也是型煤质量的一个重要指标。测定方法按 GB/T 15459—1995 进行，型煤抗碎强度的测定也按此标准进行。煤炭的抗碎强度与其含有的矿物数量及其结构和抗断裂能力有直接的关系。

2.5.4.6　煤的可磨性

煤的可磨性，又称为煤的粉碎性，是指煤磨碎成粉的难易程度和煤的耐磨特性。常采用可磨性指数表示煤粉碎的难易程度。实验室中可磨性的测定方法，主要是参照工业磨煤机原理和结构进行的。目前应用最为广泛的是美国的哈德格罗夫法（简称哈氏法），并被列入国际标准（ISO 1980），中国也采用此法。可磨性指数测定的原理是，根据磨碎定律，在研磨煤粉时所消耗的功与煤所产生的新表面面积成正比。哈氏法采用美国某矿易磨碎的烟煤作为标准煤，其可磨性作为 100。测定时使煤样在规定条件下，经过一定破碎功的研磨，用筛分方法测定新增的表面积，由此来计算煤的可磨性指数。

2.5.4.7　煤灰熔融性和结渣性

煤灰不是单一的物质，其成分变化很大，严格地说，没有一定的熔点，而只有熔化温度范围。煤灰的熔融特性，是指煤灰在熔融过程中形态变化与温度之间的关系。其测试方法是将煤灰做成高 25mm、底边为 7mm 的三角形角锥体，将其在弱还原性介质中加热。当角锥体顶部变成弧状或发生倾斜时的温度称为变形温度，用 t_1（对应 DT）表示。继续加热，当角锥体顶部熔化成球状或逐渐弯曲，直至顶部坍塌时的温度称为软化温度，用 t_2（对应 ST）表示。再进一步加热，当煤灰可以流动时的温度称为熔化温度，用 t_3（对应 FT）表示。灰渣在熔融时，温度越高其流动性越好，也就是黏度越小。当灰渣的动力黏度为 $10Pa \cdot s$ 时，具有较好的流动性，此时的温度称为灰渣的自由流动温度，用 t_4 表示。在工业生产中，一般以煤灰的软化温度 t_2 作为衡量其熔融性的主要指标，用 ST 评定煤灰熔融性。煤灰熔融性不能反映煤在气化炉中的结渣性，通常可用煤的结渣性来判断。将煤样送入炉内与空气气化，燃尽后冷却称重，筛分出大于 6mm 的渣块占总重量的百分数，称做结渣率。

煤灰的熔融性是动力和气化用煤的重要指标，主要用于固态排渣炉和液态排渣气化炉的设计和运行操作。固态排渣炉，要求灰熔融的温度越高越好，以免炉内局部温度过高造成结渣影响正常运行。某些链条式炉排锅炉，则需要较低的灰熔融温度，使其形成适当的熔渣，以保护炉栅。以液态排渣操作的设备，则希望灰熔融温度越低越好。

2.6　煤的工业分析与元素分析

2.6.1　煤炭分析的基准

在煤的分析中，由于煤中含有的水分和灰分变化较大，因此在分析时必须有一个公认的基准；另外根据使用的需要也要有相应的参照基准，煤质指标与各种不同基准之间的关系如图 2.5 所示。这些基准通称为"基"，它表示分析是在什么样的基础条件下进行的。通常采用的分析基有以下几种：空气干燥基、干燥基、收到基、干燥无灰基、干燥无矿物质基、恒湿无灰基和恒湿无矿物质基等（可参阅国家标准 GB 3715—91）。上述各种"基"的基本含义如下。

空气干燥基是以煤中的水分与空气中水分达到平衡时为基准，用 ad（air dry basis）表示；

干燥基以煤中不存在水分为基准，用 d（dry basis）表示；

收到基以收到时煤的状态为基准，用 ar（as received）表示；

干燥无灰基以煤中无水、无灰为基准，用 daf（dry ash free）表示；

干燥无矿物质基以煤中无水、无矿物质为基准，用 dmmf（dry mineral matter free）表示；

恒湿无灰基以假想含最高内在水分、无灰状态的煤为基准，用 maf（moist ash free basis）表示。

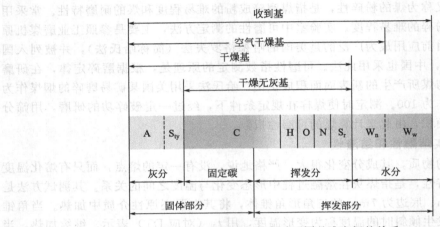

图 2.5　煤质指标与各种不同基准之间的关系

2.6.2　工业分析

煤的工业分析，又叫煤的技术分析或实用分析，是评价煤质的基本依据。在国家标准中，煤的工业分析通常是指煤的水分、灰分、挥发分和固定碳等指标的测定。广义上讲，煤的工业分析还包括煤的全硫分和发热量的测定，又叫煤的全工业分析。

2.6.2.1　水分

① 煤中游离水和化合水　煤中水分按存在形态的不同分为两类，即游离水和化合水。游离水是以物理状态吸附在煤颗粒内部毛细管中和附着在煤颗粒表面的水分；化合水也叫结晶水，是以化合的方式同煤中矿物质结合的水。如硫酸钙（$NaSO_4 \cdot 2H_2O$）和高岭土（$Al_2O_3 \cdot 2SiO_2 \cdot 2H_2O$）中的结晶水。游离水在 $105 \sim 110℃$ 的温度下经过 $1 \sim 2h$ 可蒸发掉，而结晶水通常要在 $200℃$ 以上才能分解析出。煤的工业分析中只测试游离水，不测结晶水。

② 煤的外在水分和内在水分　煤的游离水分又分为外在水分和内在水分。外在水分是附着在煤颗粒表面的水分。外在水分很容易在常温下的干燥空气中蒸发，直至煤颗粒表面的水蒸气压与空气的湿度平衡。内在水分是吸附在煤颗粒内部毛细孔中的水分。内在水分需在 $100℃$ 以上的温度经过一定时间才能蒸发。当煤颗粒内部毛细孔内吸附的水分达到饱和状态时，这时煤的内在水分达到最高值，称为最高内在水分（MHC）。最高内在水分与煤的孔隙度有关，而煤的孔隙度又与煤的煤化程度有关，所以，最高内在水分含量在相当程度上能表征煤的煤化程度，尤其能更好的区分低煤化度煤。如年轻褐煤的最高内在水分多在 25% 以

上，少数的（如云南弥勒褐煤）最高内在水分达 31%。最高内在水分小于 2% 的烟煤，几乎都是强黏性和高发热量的肥煤和主焦煤。无烟煤的最高内在水分比烟煤低，因为无烟煤的孔隙度比大于烟煤。

③ 煤的全水分　煤的全水分是煤炭按灰分计价中的一个辅助指标，是指煤中全部的游离水分，即煤中外在水分和内在水分之和。必须指出的是，化验室里测试煤的全水分是指所测的煤的外在水分和内在水分，与上面讲的煤中不同结构状态下的外在水分和内在水分是完全不同的。化验室里所测的外在水分是指煤样在空气中并同空气湿度达到平衡时失去的水分（这时吸附在煤毛细孔中的内在水分也会相应失去一部分，其数量随当时空气湿度的降低和温度的升高而增大），这时残留在煤中的水分为内在水分。显然，化验室测试的外在水分和内在水分，除与煤中不同结构状态下的外在水分和内在水分有关外，还与测试时空气的湿度和温度有关。表 2.15 为煤的最高内在水分和分析基水分含量。

表 2.15　煤的最高内在水分和分析基水分含量/%

项目	泥炭	褐煤	长焰煤	不黏煤	弱黏煤	气煤	肥煤	焦煤	瘦煤	贫煤	无烟煤
MHC	30~50	15~30	5~20	5~20	3~10	1~6	0.5~4.0	0.5~4.0	1~3.0	1~3.5	1.5~10
Mad	30~50	10~28	3~12	3~15	0.5~5	1~6	0.3~2.0	0.3~2.0	0.4~1.8	0.5~2.5	6.7~9.5

2.6.2.2　灰分

煤的灰分，是指煤完全燃烧后剩下的残渣。因为这个残渣是煤中可燃物完全燃烧，煤中矿物质（除水分外所有的无机质）在煤完全燃烧过程中经过一系列分解、化合反应后的产物，所以确切地说，灰分应称为灰分产率。

煤中矿物质分为内在矿物质和外在矿物质。内在矿物质，又分为原生矿物质和次生矿物质。原生矿物质，是成煤植物本身所含的矿物质，其含量一般不超过 1%~2%；次生矿物质，是成煤过程中泥炭沼泽液中的矿物质与成煤植物遗体混在一起成煤而留在煤中的。次生矿物质的含量一般也不高，但变化较大。内在矿物质所形成的灰分叫内在灰分，内在灰分只能用化学的方法才能将其从煤中分离出去。外来矿物质，是在采煤和运输过程中混入煤中的顶、底板和夹石层的矸石。外在矿物质形成的灰分叫外在灰分，外在灰分可用洗选的方法将其从煤中分离出去。

煤中灰分来自矿物质。煤中矿物质燃烧后形成灰分，如黏土、石膏、碳酸盐、黄铁矿等矿物质在煤的燃烧过程中发生分解和化合，有一部分变成气体逸出，留下的残渣就是灰分。灰分通常比原物质含量要少，因此根据灰分，用适当公式校正后可近似地算出矿物质含量。我国某些煤样的灰分组成如表 2.16 所示。

表 2.16　我国某些煤样的灰分组成/%

煤产地	SiO_2	Al_2O_3	Fe_2O_3	CaO	MgO	TiO_2	K_2O、Na_2O	SO_2
阳泉无烟煤	52.66	33.58	7.01	0.23	1.27	0.81	1.99	0.45
晋城无烟煤	47.39	33.59	4.73	6.46	0.85	0.90	3.34	2.70
西山贫瘦煤	56.33	31.38	6.94	2.18	0.43	1.03	0.46	1.20
灵武不黏煤	37.93	14.52	16.41	10.93	4.97	0.90	2.50	11.81
长广气煤	46.05	29.73	15.17	0.50	0.50	1.60	1.11	2.41
大同弱黏煤	57.79	18.44	13.13	3.44	0.65	1.25	—	3.23
扎赉诺尔褐煤	41.11	13.60	12.44	13.98	3.03	1.23	2.99	9.45

煤中灰分是煤炭计价指标之一。在灰分计价中，灰分是基础指标，在发热量计价中，灰分是辅助指标。灰分是煤中的有害物质，同样影响煤的使用、运输和储存。煤用作动力燃料

时，灰分增加，煤中可燃物质含量相对减少。矿物质燃烧灰化时要吸收热量，大量排渣要带走热量，因而降低了煤的发热量，影响了锅炉操作（如易结渣、熄火），加剧了设备磨损，增加排渣量。煤用于炼焦时，灰分增加，焦炭灰分也随之增加，从而降低了高炉的利用系数。还必须指出的是，煤中灰分增加，增加了无效运输，加剧了我国铁路运输的紧张。

2.6.2.3 挥发分

煤的挥发分，即煤在一定温度下隔绝空气加热，逸出物质（气体或液体）中减掉水分后的含量。挥发分不是煤中固有的，而是在特定温度下热解的产物，所以确切地说应称为挥发分产率。煤的挥发分不仅是炼焦、气化要考虑的一个指标，也是动力用煤的一个重要指标，是动力煤按发热量计价的一个辅助指标。

煤的挥发分反映了煤的变质程度，挥发分由大到小，煤的变质程度逐渐增大。如泥炭的挥发分高达 70%，褐煤一般为 40%～60%，烟煤一般为 10%～50%，高变质的无烟煤则小于 10%。煤的挥发分和煤岩组成有关，角质类的挥发分最高，镜煤、亮煤次之，丝炭最低。所以世界各国和我国都以煤的挥发分作为煤分类的最重要指标。

2.6.2.4 固定碳

煤中去掉水分、灰分、挥发分，剩下的就是固定碳。煤的固定碳与挥发分一样，也是表征煤的变质程度的一个指标，随变质程度的增高而增高。所以一些国家以固定碳作为煤分类的一个指标。固定碳是煤发热量的重要来源，所以有的国家以固定碳作为煤发热量计算的主要参数。固定碳也是合成氨用煤的一个重要指标。

2.6.2.5 发热量

煤的发热量，又称为煤的热值，即单位质量的煤完全燃烧所产生的热量，是按热值计价的基础指标。煤作为动力燃料，主要是利用煤的发热量，发热量愈高，其经济价值愈大。同时发热量也是计算热平衡、热效率和煤耗的依据及锅炉设计的参数。低煤化度煤的发热量随煤化度的变化较大，一些国家常用煤的恒湿无灰基高位发热量作为区分低煤化度煤类别的指标。我国采用煤的恒湿无灰基高位发热量来划分褐煤和长焰煤。

煤的发热量表征了煤的变质程度（煤化度），这里所说的煤的发热量，是指用 1.4 比重液分选后的浮煤的发热量（或灰分不超过 10% 的原煤的发热量）。煤化程度最低的泥炭发热量最低，一般为 20.9～25.1MJ/kg，随着煤化程度的增加，褐煤发热量增高到 25～31MJ/kg，烟煤发热量则继续增高，但是到烟煤中的焦煤和瘦煤阶段，碳含量虽然增加了，挥发分却减少，特别是其中氢含量急剧降低，其发热量也有所下降，所以发热量最高的煤还是烟煤中的某些煤种。

① 弹筒发热量（Q_b） 是单位质量的煤样在热量计的弹筒内，在过量高压氧（25～35atm）中燃烧后产生的热量（燃烧产物的最终温度规定为 25℃）。

由于煤样是在高压氧气的弹筒里燃烧的，因此发生了煤在空气中燃烧时不能进行的热化学反应。如：煤中氮以及充氧气前弹筒内空气中的氮，在空气中燃烧时，一般呈气态氮逸出，而在弹筒中燃烧时却生成 N_2O_5 或 NO_2 等氮氧化合物。这些氮氧化合物溶于弹筒水中生成硝酸，这一化学反应是放热反应。另外，煤中可燃硫在空气中燃烧时生成 SO_2 气体逸出，而在弹筒中燃烧时却氧化成 SO_3，SO_3 溶于弹筒水中生成硫酸。SO_2、SO_3 以及 H_2SO_4 溶于水生成硫酸水化物都是放热反应。所以，煤的弹筒发热量要高于煤在空气中、工业锅炉中燃烧是实际产生的热量。为此，实际中要把弹筒发热量折算成符合煤在空气中燃烧的发热量。

② 恒容高位发热量（Q_{gr}） 单位质量的试样在充有过量氧气的氧弹内燃烧，其燃烧产物组成为氧气、氮气、二氧化碳、二氧化硫、液态水以及固态灰时放出的热量称为恒容高位

发热量。实际上是由实验室中测得的煤的弹筒发热量减去硫酸和硝酸生成热后得到的热量。

应该指出的是，煤的弹筒发热量是在恒容（弹筒内煤样燃烧室容积不变）条件下测得的，所以又叫恒容弹筒发热量。由恒容弹筒发热量折算出来的高位发热量又称为恒容高位发热量。而煤在空气中大气压下燃烧的条件是恒压的（大气压不变），其高位发热量是恒压高位发热量。恒容高位发热量和恒压高位发热量两者之间是有差别的。一般恒容高位发热量比恒压高位发热量低 8.4~20.9J/g，实际中当要求精度不高时，一般不予校正。

③ 恒容低位发热量（Q_{net}）　单位质量的试样在充有过量氧气的氧弹内燃烧，其燃烧产物组成为氧气、氮气、二氧化碳、二氧化硫、气态水以及固态灰时放出的热量称为恒容低位发热量。低位发热量也即由高位发热量减去水（煤中原有的水和煤中氢含量燃烧生成的水）的气化热后得到的发热量。表 2.17 列出了几种煤的发热量（$Q_{gr,v,daf}$）。

表 2.17　几种煤的发热量　　　　　　单位：MJ·kg^{-1}

煤种	$Q_{gr,v,daf}$	煤种	$Q_{gr,v,daf}$
褐煤	25.12~30.56	长焰煤	30.14~33.49
气煤	32.24~35.59	肥煤	34.33~36.84
焦煤	35.17~37.05	瘦煤	34.96~36.63
贫煤	34.75~36.43	无烟煤	32.24~36.22

2.6.3　元素分析

煤的元素组成是研究煤的变质程度、计算煤的发热量、估算煤的干馏产物的重要指标，也是工业中以煤作燃料时进行热量计算的基础。

煤的基本结构单元是以碳为骨架的多聚芳香环系统，在芳香环周围有碳、氢、氧及少量的氮和硫等原子组成的侧链和官能团，如羧基（—COOH）、羟基（—OH）和甲氧基（—OCH$_3$）等，这就说明了煤中有机质主要由碳、氢、氧、氮和硫等元素组成。煤的变质程度不同，其结构单元不同，元素组成也不同。一般情况下，碳含量随变质程度的增加而增加，氢、氧含量随变质程度的增加而减少，氮、硫则与变质程度无关系（但硫含量与成煤的古地质环境和条件有关）。表 2.18 为不同变质程度煤的碳、氢、氧、氮、硫含量。

表 2.18　不同变质程度煤的碳、氢、氧、氮、硫含量　　　　　　单位：%

编号	煤的类别	M_{ad}	A_d	V_{daf}	C_{daf}	H_{daf}	N_{daf}	S_{daf}	O_{daf}
1	褐煤	7.24	3.50	42.38	72.23	5.55	2.05		20.17
2	长焰煤	5.54	1.94	41.89	79.23	5.42	0.93	0.35	14.17
3	气煤	3.28	1.63	40.49	81.57	5.78	1.96	0.66	10.03
4	肥煤	1.15	1.29	32.69	88.04	5.52	1.80	0.42	4.22
5	焦煤	0.95	0.92	21.91	89.26	4.92	1.33	1.51	2.98
6	瘦煤	1.33	1.06	17.88	90.73	4.82	1.69	0.78	2.38
7	贫煤	1.08	2.81	13.49	91.31	4.37	1.52	0.78	2.02
8	无烟煤	4.70	3.18	4.66	96.14	2.71			

2.6.3.1　碳和氢

随着煤化程度的增加，C、H、O 含量均呈现出一定规律的变化，C 基本是均匀增加，H 在中等煤化程度以前大致不变或变化幅度很小，进入无烟煤阶段后明显减小；O 和 C 的情况正好相反，随煤化程度的增加而逐渐降低，N 和 S 则无定性变化。

煤中碳含量和氢含量一般认为具有可加性，二者通常在同一实验操作中测定。由于碳含量随煤化过程呈现出有规律的变化，在煤的科学分类中常用来表示煤阶，并作为分类指标。煤中氢含量在评价煤液化和焦化工艺性质时极为重要。

燃烧法是目前测定煤中碳和氢的最通用的方法。其原理是：将盛有分析煤样的瓷舟放入燃烧管中，通入氧气，在800℃温度下使煤样充分燃烧，煤中的氢和碳分别会生成水和二氧化碳，用装有无水氯化钙或过氯酸镁的吸收管先吸收水，再以装有碱石棉或钠石灰的吸收管吸收二氧化碳，根据吸收管的增重就可计算出煤中碳和氢的含量。

2.6.3.2 氧和氮

氧含量是煤化学特性中的重要特征，氧含量一般随煤化程度加深而降低。测定方法比较成熟的是舒兹法。原理为：有机物在纯氮气流中于1120℃高温裂解，纯碳和裂解产生的氧或水中存在的氧结合生成一氧化碳，一氧化碳与五氧化二碘定量反应，析出碘，生成二氧化碳，根据生成的碘或二氧化碳量，即可计算出试样中的氧。

煤中氮含量一般较少，通常在$1\% \sim 2\%$之间，主要由成煤植物中的蛋白质转化而来，随煤化程度增高略有降低，其与煤阶的关系没有特定的规律可循。氮在煤中的主要存在形式有胺基、亚胺基、五元杂环（吡咯、咔唑）和六元杂环（吡啶、喹啉）。

测定时，使用浓硫酸、硫酸钾和硫酸铜将煤中的碳和氢转化为二氧化碳和水，氮转化为氨，后转化为硫酸氢铵，然后加入过量碱并蒸出氨，用硼酸吸收，用标准酸滴定。

2.6.3.3 硫

煤中各种形态硫的总和称为煤的全硫（S_t）。煤中的硫按其存在形态可分为有机硫和无机硫两种，见图2.6，有的煤中还有少量的单质硫。有机硫是指以有机物的形态存在的硫，大体包括硫醇类、疏基类、噻吩类、硫蒽类等。无机硫是以无机物形态存在的硫，又可分为硫化物硫和硫酸盐硫。硫化物硫绝大部分是黄铁矿硫，少部分为白铁矿硫，两者是同质多晶体，还有少量的ZnS、PbS等，硫酸盐硫主要存在于$CaSO_4$中。

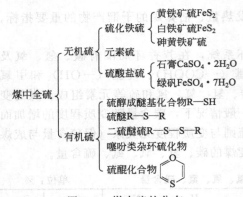

图2.6 煤中硫的分布

按其在空气中能否燃烧又分为可燃硫和不可燃硫。有机硫、硫铁矿硫和单质硫都能在空气中燃烧，都是可燃硫。硫酸盐硫不能在空气中燃烧，是不可燃硫。煤燃烧后留在灰渣中的硫（以硫酸盐硫为主），或焦化后留在焦炭中的硫（以有机硫、硫化钙和硫化亚铁等为主）称为固体硫。煤燃烧逸出的硫或煤热解后随煤气和焦油析出的硫称为挥发硫（以硫化氢和硫氧化碳为主）。煤的固定硫和挥发硫不是不变的，而是随燃烧或热解温度、升温速度和矿物质组分的性质和数量等而发生变化。

煤作为燃料在燃烧时生成的SO_2和SO_3不仅会腐蚀设备，而且严重污染空气，甚至会形成酸雨，严重危及植物生长和人的健康。煤用于合成氨制半水煤气时，由于煤气中硫化氢等气体较多不易脱净，易使催化剂中毒而影响正常生产。炼焦时煤中硫会进入焦炭，随后又进入钢铁，使钢铁变脆，钢铁中硫含量大于0.07%时就成了废品。为了减少钢铁中的硫，在高炉炼铁时需加石灰石，这就降低了高炉的有效容积，而且还增加了排渣量。煤中硫化铁含量高时，在储运过程中会因氧化、升温而自燃。

煤中全硫的测定方法有重量法、库仑滴定法和高温燃烧中和法三种。

① 重量法 将1g煤样与2g艾氏剂混合，在850℃灼烧，生成硫酸盐，然后使硫酸根离子生成硫酸钡沉淀，根据硫酸钡的质量计算煤中全硫的含量。

② 库仑滴定法　煤样在不低于 1150℃ 高温和催化剂作用下，在净化的空气流中燃烧分解。生成的二氧化硫以电解碘化钾和溴化钾溶液所产生的碘和溴进行库仑滴定。碘和溴所消耗的电量由库仑积分仪积分，并显示煤样中所含硫的毫克数。

③ 高温燃烧中和法　将煤样在氧气流中进行高温燃烧，使煤中各种形态硫都氧化分解为硫的氧化物，然后捕集在过氧化氢溶液中，使其形成硫酸溶液，用氢氧化钠溶液进行滴定，计算煤样中全硫含量。

习　题

1. 简述中国煤炭资源的分布及其特点。
2. 简述煤的形成过程，并对比泥炭和腐泥的主要区别。
3. 简述煤的分类标准及其主要分类。
4. 简述煤的宏观特征及显微组成。
5. 煤中的矿物质都包括哪些？
6. 简述煤的化学组成及特点。
7. 简述煤的物理性质及工艺性质。
8. 根据所学的知识分析说明煤的主要化学性质。
9. 什么是煤的工业分析与元素分析？
10. 简述煤中硫的存在形态及煤中全硫的测定方法？

第3章 低温干馏

一般情况下，煤的干馏也称为煤的热解或者热分解。按照加热终温的不同，可分为高温干馏或炼焦、焦化（900～1100℃）、中温干馏（700～900℃）和低温干馏（500～600℃）。

低温干馏是指煤在较低温度下，隔绝空气受热分解生成半焦/兰炭、低温煤焦油、煤气和热解水的过程。该过程仅是一个热加工过程，常压生产，不用加氢，不用氧气，即可制得煤气和焦油，实现了煤的部分气化和液化。褐煤、长焰煤和高挥发分的不黏煤等低阶煤，均适用于低温干馏。与煤的气化和液化相比，加工过程简单、条件温和、投资少、生产成本低，经济竞争能力强。

3.1 概述

煤低温干馏技术的应用始于19世纪，当时主要用于制取灯油（或称煤油）和蜡。19世纪末，因电灯的发明而趋于衰落。第二次世界大战前夕及大战期间，纳粹德国基于战争的目的，建立了大型低温干馏工厂，生产低温干馏煤焦油，再经高压加氢制取汽油、柴油。战后，大量廉价石油的开采，使煤低温干馏工业再次陷于停滞状态，各种新型低温干馏的方法多处于试验阶段。近几年，由于煤炭资源的大量开发以及新技术的不断发展，为了合理利用低变质煤资源，延长产业链提高附加值，增强技术经济竞争力，在一些低变质煤种资源丰富的地区和国家，煤的低温干馏技术得到了前所未有的蓬勃发展。

我国是一个以煤炭为主要能源的国家，煤炭在能源生产和消费中的比例一直在60%以上。在我国，低变质烟煤（长焰煤、不黏煤、弱黏煤）资源量28535.85亿吨，主要分布于我国新疆、陕西、内蒙古、宁夏等省区。该煤种具有低灰、低硫、低磷、低灰熔点和高发热量、高挥发分含量、高氧化钙含量的特点，是优质的化工用煤和动力用煤，适合于采用低（中）温干馏工艺进行热解分级提质，获得半焦、煤焦油和煤气。由于获得的半焦产品具有低灰、低硫、低磷、高固定碳、高电阻率及高化学活性的特点，同时其与高温热解得到的半焦有着本质的区别，因此，我们将其作为一种全新的碳素产品，称之为兰炭。

2008年12月，兰炭产业被国家工业和信息化产业部正式列入国家产业目录，《焦化行业准入条件》（2008年修订本）中指出，从2009年1月1日起，兰炭正式纳入焦化类产品管理，这标志着兰炭产业获得了国家产业政策的支持与认可，迎来了新的发展机遇。2011年2月1日，正式颁布实施的"兰炭用煤技术条件"、"兰炭产品品种及等级划分"及"兰炭产品技术条件"三项国家标准，标志着具有中国特色的中低温干馏技术及装备的系统化、规范化，揭开了我国兰炭产业蓬勃发展的序幕。经过二十多年的不断探索和发展，兰炭产业已经成为上接原煤生产、下连煤化工及载能工业的，具有明显地域特色的支柱产业。

3.2 煤的炭化热解原理

原料煤在不同温度下发生一系列的变化和反应，其过程既涉及到煤的热分解、官能团交联反应等化学变化，又涉及到热量传递、气体逸出、产品回收等化工单元操作过程，因此是一个极其复杂的非均相反应过程。通常可以通过煤在不同分解阶段的元素组成、化学特征和物理性质来对炭化热解过程进行表述。

3.2.1　煤中的官能团

煤是由多种有机高分子化合物和矿物质组成的复杂混合物，在化学上和物理上是非均相的矿石和岩石，主要含有碳、氢和氧，还有少量硫和氮，其它组成是无机化合物，以矿物质颗粒形式分布在整个煤中。煤的有机分子结构很复杂，普遍观点认为煤是由彼此相似且又存在差异的结构单元构成，其分子量达 1000～5000，基本结构单元的核心部分主要是缩合芳环，环数一般为 3～5 个，也有少量氢化芳香环、脂环和杂环。基本结构单元的外围连接有烷基侧链和一些较小的官能团，烷基侧链主要有甲基（—CH_3）、乙基（—CH_2—CH_2—）等，官能团以含氧官能团为主，包括酚羟基、醚基、甲氧基和羰基等，此外还有少量含硫官能团和含氮官能团。并且各个结构单元之间通过各种桥键（如亚甲基、亚乙基、醚键、双硫键和芳香碳-碳键等）连接成三维空间网状结构。

此外，随着对煤结构认识的深化，发现煤的聚合物主体结构中还分散着一定量低分子化合物。主要可分为两大类，即含氧化合物和烃类。煤中低分子化合物是煤的有机质整体结构中不可分割的一部分，它们以不同形式与煤的大分子骨架相互作用，其作用形式可表现为氢键、范德华力、弱络合键作用等。年轻煤中低分子化合物含量较高。对煤中低分子化合物的组成性质存在形态及其对煤转化的影响还有待进一步研究。

3.2.2　炭化热解机理

煤的热解产物主要分为两个部分，一是富氢的挥发分，包括气体烃类、氢气、一氧化碳、二氧化碳和液体焦油，另外是富碳的固体残渣，即半焦。一般认为，煤在 350～400℃间即开始分解为富碳的残渣和富氢的挥发分，分解可能持续到 950℃左右，如果保持足够长的时间或再增高温度，残渣将形成结构类似于石墨的物质。

Given 根据其研究的煤结构模型，认为干馏热解过程可能包括以下 4 个步骤：①低温（400～500℃）脱除羟基；②某些氢化芳香结构的脱氢反应；③在次甲基桥键处分子断裂；④脂环断裂。Wiser 等人假定了一系列热解过程，它是从形成芳香簇键的热解形成两个自由基开始，这些自由基将通过以下方式达到稳定：碎片内的原子重排，或与其它自由基碰撞，取决于其蒸汽压不同，最终稳定化的产物成为挥发分，或留作半焦的一部分。

目前人们对热解行为的理解一般可以描述为：在热解反应中，煤结构中不太稳定的键首先断裂，比如联结芳香结构单元的亚甲基、氧或硫桥键等，这些桥键断裂的结果是煤分子被分裂成许多基本的芳香/氢化芳香结构单元，或称为自由基基团，相应的脂肪族结构则反应生成小的脂肪烃。自由基非常的活跃，还会进行二次裂解，在煤粒子的外部和内部形成挥发分，同时自由基之间也会缩聚，析出氢并形成比原煤芳香性更高的半焦。

3.2.2.1　键的断裂

煤的炭化热解开始于键的断裂。一般来说，在低于 300℃，主要是脱羧基阶段，气体产物主要是 CO_2 和 H_2O，残煤的 H/C 值和 O/C 值降低；在 300～400℃，进入脱甲氧基、乙基阶段，主要生成 CO_2、H_2O、C_2H_6 和 H_2，H/C 值和 O/C 值进一步降低；超过 500℃，进入到以生成甲烷为主的阶段，残煤缩合程度更大。

研究表明，甲基会形成甲烷，羟基会形成 CO_2 和热解水；羧基会形成 CO_2。一般情况下，含氧官能团的热解反应性大小次序为：—OH＞＝C＝O＞—COOH。不同温度下键的断裂程度不同，煤在低温（350～400℃）处理时，红外分析结果表明发生了脱羧基作用和含氧方式的重排，自由基的浓度缓慢增加；在达到热分解的较高温度阶段（400～600℃），主要析出焦油、轻油和烃类气体。

键的断裂不仅是共价键的断裂，低温下的转变归因于非共价键结合力，如氢键和芳香环簇结合力的断裂，而高温下转变则归因于共价键的断裂。桥键的断裂产生大量的分子碎片，最后发生内部氢的重排而使自由基稳定，也可能从其它分子碎片夺取氢或者重新无序结合而使自由基稳定，剩下的是与煤不尽相同的固体残渣。存在于芳香环簇之间最丰富的桥键是亚甲基（—CH_2—）和醚键（—CO—），其次有亚乙基（—CH_2—CH_2—）。一般认为桥键的断裂速率与热解温度和升温速率有关；而桥键的断裂数目受到可供氢的控制，氢的提供可以稳定桥键断裂形成的自由基。

3.2.2.2 交联过程

在炭化热解过程中，键断裂的同时也发生着交联过程，即芳香环簇之间新键的形成。交联是指高分子之间通过化学键和非化学键在某些点相互键合和联接，形成网状或空间结构。交联后分子的相对位置固定，故聚合物具有一定的强度、耐热性和抗溶剂性能。从煤具有相当大的机械强度、耐热性和抗溶剂性能等特征，可以证明煤分子中存在交联。

不同等级的煤交联情况有所区别，这不仅仅与煤分子结构有关，而且与煤的物理结构有关。煤的大分子结构的交联程度可以用交联密度表征。一般认为煤中的交联有共价交联和非共价交联，共价交联主要是共价键，非共价交联有诸如氢键和 π-π 键的相互作用。交联密度越低，大分子结构开放程度越大。

测试熔融膨胀度的技术常被用来确定热解和液化过程中交联度的变化。Green 等人研究表明，不同煤阶的煤交联反应差异甚大，对低阶煤，交联反应发生在桥键断裂之前；对高阶煤，交联反应发生在绝大多数桥键断裂之后。热解过程中交联反应伴随着气体的放出，在低温阶段交联反应随煤中氧含量的增加而增加，但由于甲基化的作用而减弱，其过程伴随 CO_2 和 H_2O 的释放，而且低温交联反应伴随焦油产率低、焦油分子量低和油流动性低。Nomura 和 Thomas 的研究表明，在热塑性状态下，交联度的增加，伴随着与芳香物质相连的脂肪物质的失去（脂肪链上亚甲基的丢失是煤失重的主要原因）。在热塑性状态下，伴随着交联反应的发生，芳香结构失去取代物质，芳香碳结构逐渐变大。

3.2.2.3 游离相的热解行为

煤是由大分子交联网络结构和低分子量物质组成，其中大分子网络为固定相，小分子为流动相，也称游离相。煤中分子既有共价键合，也有物理缔合（分子间力）。其中低分子量分子占有相当部分，Marzec 研究表明高挥发性烟煤中低分子量分子（$M<800$）占煤有机质的 30% 之多，充填在煤的大分子网络中间的的确是大量分子量较小的分子，有些用普通溶剂可在 25～250℃ 的条件下提取，显然这一部分是以物理方式限制在煤分子的孔隙中。但是，有一部游离相物质是难以提取的，这可能是它们与大分子网络以较强的键连接，或者是被限制在孔隙里。

目前，有关煤中游离相热解行为研究很少。一般来说，在煤的热解过程中，一方面是游离相受热释放出内存物质，另一方面是网络的破裂释放出部分碎片，毫无疑问，游离相的成分和含量对挥发分析出特征的影响是至关重要的。游离相的量随煤阶的增高而趋于减少；在同种煤中不同有机显微组分中游离相的含量是不同的。

3.2.3 煤炭化热解中的化学反应

煤炭化热解过程中的化学反应是非常复杂的，包括煤中有机质的裂解，裂解残留物的缩聚，挥发产物在逸出过程中热分解及化合，缩聚产物的一步分解、再缩聚等过程。从煤的分子结构看，热解过程是基本结构单元周围的侧链和官能团，对热不稳定成分不断裂解，形成低分子化合物并挥发出去，基本结构单元的缩合芳香核部分对热稳定，互相缩聚形成固体产物。

（1）有机化合物热裂解的一般规律

有机化合物对热的稳定性，决定于组成分子的各原子间结合键的形成及键能大小，键能大的，难断裂，即热稳定性高；反之，键能小的，易分解，即热稳定性差。烃类热稳定性的一般规律是：

① 缩合芳烃＞芳香烃＞环烷烃＞烯烃＞炔烃＞烷烃。

② 芳环上侧链越长，侧链越不稳定；芳环数越多，侧链也越不稳定。

③ 缩合多环芳烃的环数越多，其热稳定性越大。

（2）煤炭化热解中的主要化学反应

煤的基本结构单元主要是缩合芳环，环数一般为 3～5 个，也有少量氢化芳香环、脂环和杂环；基本结构单元的外围连接有烷基侧链和一些较小的官能团；并且各个结构单元之间通过各种桥键连接成三维空间网状结构。因此煤炭化热解的反应其实是桥键断裂、芳核交联、自由官能团之间的相互作用。

目前为止，还不能确定桥键和氢化芳香结构的相对含量和类型。为描述简便，往往需要对煤的结构特性加以简化，最重要的是必须限制官能团的数目而又能描述主要的化学过程。据此，Gavalas 归纳出煤热解过程中的化学反应有键断裂生成两个自由基（或双键）、自由基缩合反应、析氢反应、加成取代反应、羟基的反应及羧基的反应。具体说来，煤炭化热解中化学反应可分为以下几种。

① 煤热解中的裂解反应。煤的结构单元之间的桥键会断裂生成自由基，主要包括：

A 不稳定桥键，如 $-CH_2-$、$-CH_2-CH_2-$、$-CH_2-CH_2-O-$、$-O-$、$-S-$、$-S-S-$ 等，受热易断裂成自由基碎片；

B 脂肪侧链受热易裂解，生成气态烃，如 CH_4、C_2H_6、C_2H_4 等；

C 含氧官能团的裂解，含氧官能团的热稳定性顺序为，$-OH>-CO->-COOH$。羧基热稳定性低，200℃就开始分解，生成 CO_2 和 H_2O；羰基在 400℃左右裂解生成羟基不易脱落，到 700～800℃以上，有大量氢存在，可氢化生成 H_2O。含氧杂环 500℃以上也可能断开，生成 CO_2；

D 煤中低分子化合物的裂解，以脂肪结构的低分子化合物为主，其受热后可分解成挥发性产物。

② 一次热解产物的二次热解反应。煤样热解的一次产物，在析出过程中在高温下会发生二次热解，主要包括：裂解反应、脱氢反应、加氢反应、缩合反应、桥键分解等。

③ 煤炭化热解中的缩聚反应。煤热解的前期以裂解反应为主，而后期则以缩聚反应为主。缩聚反应是芳香结构脱氢，对煤的热解生成固态产物半焦/焦炭影响较大。

3.2.4 低变质煤的炭化热解过程

在隔绝空气条件下加热至较高温度，低变质煤将发生一系列复杂的物理和化学反应，形成气态（煤气）、液态（焦油）和固态（半焦/兰炭）产物。由于黏结性差，热解过程不会产生胶质体，因此其热解过程与炼焦过程存在明显的差异，大致可分为以下三个阶段。

第一阶段：室温～300℃为干燥脱气阶段。这一阶段煤的外形基本无变化，主要从煤中析出蓄存的气体和非化学结合水。脱水主要发生在 120℃前，而脱气（主要脱除煤吸附和孔隙中封闭的 CO_2、CH_4 和 N_2 等气体）大致在 200℃前后完成。褐煤在 200℃以上发生脱羧反应，约 300℃左右开始热解。

第二阶段：300～600℃为半焦/兰炭形成阶段。对低变质煤而言，这一阶段不产生胶质体或产出量很少，过程以裂解反应为主。主要包括不稳定桥键断裂生成自由基碎片、脂肪侧链受热裂解生成气态烃以及含氧官能团、脂肪结构的低分子化合物的裂解。450℃前后焦油的产出量最大，在450～600℃气体析出量最多。

第三阶段：600～800℃为低温半焦的收缩稳定阶段。在这一阶段以缩聚反应为主，半焦的挥发分进一步降低，芳香结构脱氢产生的挥发分主要是煤气（700℃后煤气成分主要是氢气），其组成为 H_2 及少量的 CH_4。

3.3 低温干馏产品

低温干馏的产品主要包括半焦、煤焦油和煤气。低温干馏产物的产率和组成取决于原料煤性质、干馏炉结构和加热条件。一般焦油产率为6%～25%，半焦产率50%～70%，煤气产率80～200m³/t（以原料干煤计）。

3.3.1 半焦/兰炭

低温干馏生产的半焦/兰炭是低变质煤经低（中）温干馏工艺生产的一种低灰分、高固定碳含量的固体物质，具有较大的比表面积和丰富的微孔，化学活性较大。低变质煤在隔绝空气的条件下升温，过程中由于大量挥发分的析出，会形成一系列不同大小的孔隙，同时也打开了煤粒中原有的封闭孔。煤与反应体系中存在的一氧化碳、二氧化碳及水蒸气等介质进一步发生活化反应，使半焦产品的孔隙更加发达。低温干馏半焦的孔隙率为30%～50%，反应性和比电阻都比高温焦炭高得多。原料煤的煤化度越低，半焦的反应能力和比电阻越高。由于原料黏结性较差，半焦的机械强度一般不高，低于高温焦炭。不同类型半焦和焦炭的性质如表3.1所示。

表 3.1 不同类型半焦和焦炭性质

炭料名称	孔隙率/%	反应性/1050℃,mL·(g·s)⁻¹	比电阻/Ω·cm	强度/%
褐煤中温焦	35～45	13.0	—	70
苏联列库厂半焦	38	8.0	0.921	61.8
长焰煤半焦	50～55	7.4	6.014	66～80
英国气煤半焦	48.3	2.7	—	54.5
60%气煤配煤焦炭	49.8	2.2	—	80
冶金焦(10～25mm)	44～53	0.5～1.1	0.012～0.015	77～85

由我国晋陕蒙宁地区的侏罗纪煤经低（中）温干馏工艺生产的兰炭，具有低灰、低硫、低磷、高固定碳、高电阻率及高化学活性的特点，由于其燃烧时无烟，不形成焦油，含硫比原煤低，有利于环境保护，反应性好，热效率比煤高，块度均匀，因而作为一种用途广泛的工业原料和燃料，可应用于电石、铁合金、化肥造气、高炉喷吹和城市居民洁净用煤等生产生活领域。其与国家焦炭标准的对比结果如表3.2所示。

表 3.2 兰炭与国家焦炭标准对比表

序号	项目	焦炭国家标准				兰炭
		指标	优级	一级	二级	
1	灰分 A_d/%	≯	9.0	13.0	16.0	6.57
2	Al_2O_3/%	≯	3.0	3.0	5.0	0.2
3	磷 P/%	≯	0.04	0.04	0.04	0.003

序号	项目	焦炭国家标准				兰炭
		指标	优级	一级	二级	
4	电阻率(950℃)(×10⁻⁶)/Ω·m	≥	2200	2000	1100	6583
5	硫 $S_{t,d}$/%	≤	0.8	0.9	1.3	0.18
6	水分 M_t/%	≤	8.0	8.0	8.0	5.21
7	固定碳(FC_d)/%	≥	86	83	80	83.4
8	挥发分 V_{daf}/%	—				4.59
9	抗碎强度 M_{40}/%	—				3.0
10	耐磨强度 M_{10}/%	—				31.2
11	显气孔率/%					41.57
12	密度 d_A/g·cm⁻³					0.9016

3.3.2　煤焦油

　　低温干馏过程中产生的焦油、热解挥发分及加热的废气一起由炉顶排出，煤气经文氏管初冷塔、旋流板终冷塔和电捕焦油器冷却分离回收煤焦油。由于热解温度为500～750℃，获得的焦油是煤受热的初步分解产物，未受到深度裂化，一般称为低温焦油或者初生焦油。

　　低温煤焦油是黑褐色黏稠液体，相对密度小（0.95～1.10g/cm³），闪点为100℃，其产率和组成与煤的变质程度有关。主要组分为脂肪烃、烯烃、酚属烃、环烷烃、碱类、芳香族和类树脂物，其中以脂肪烃、酚属烃为主，而芳香烃很少，酚属烃中以高级酚为主，具有较高的 H/C 比，低沸点组分含量较高，高沸点组分含量低。

　　低温焦油对光和热不稳定，在储油过程中由于光以及空气中氧的作用使焦油的黏度增加，颜色变深，胶质、沥青质成分增加，遇热易于分解。化学组成变化较大，不仅随干馏煤种的性质变化，而且与干馏条件（温度、压力、收集条件等）、储存条件有较大关系。因此，不同阶段的两次取样检测结果的重现性较差。低温焦油中高沸点酚类以及酸性沥青在热加工（蒸馏、裂化、焦化）过程中极易分解、缩合生焦，不饱和物质的存在会使生焦的速度加快。低温焦油相对密度较小，芳烃含量低，而酚含量高于高温焦油，而且大部分为高级酚。低温焦油含碳量低，含氢量高，氢碳比大，表明低温焦油的芳构化程度低。

　　从利用角度讲，低温焦油具有以下特点。

　　① 低温焦油中的苯不溶物含量低，一般不高于2%，基本不含喹啉不溶物，有利于用焦油沥青制取沥青。

　　② 低温焦油中的酚含量高，一般含量为14%（无水基），其中甲酚、二甲酚含量约占30%～50%。

　　③ 低温焦油＜330℃的馏分中除酚类含量较高外（20%），其它组分中的酚含量均较低，这有利于集中提取酚类物质。

　　④ 低温焦油中含有较多的脂肪烃，一般在15%左右，所含芳烃中的侧链也较多，因此在热缩聚过程中发生聚合反应，生成黏结性较强的中等分子的组分，这一性质对制取沥青黏合剂有重要意义。

　　由于低温煤焦油的组分与一般高温煤焦油明显不同，故不能与高温煤焦油一起加工，二者的性质对比见表3.3，某种低温焦油的常规分析和元素分析结果见表3.4。

表 3.3　低温焦油与高温焦油的性质

类别	低温焦油	高温焦油
收率/%	10.0	3.0
相对密度	0.85~1.05	1.18~1.22
水分/%	1.1~2.0	4.0~6.0
馏程/%		
<170℃	9.0	1.5~3.0
170~230℃	21.7	3.5~8.0
230~270℃	13.2	4.0~6.0
270~330℃	20.7	21.0~31.0
>330℃	35.7	55.0~64.0
酚/%	15.7	1.5~3.0
萘/%	2.2	5.0~9.0
蒽/%	1.6~1.8	3.0~6.0
游离碳/%	0.6~0.8	5.0~10.0

表 3.4　低温焦油的常规分析和元素分析

常规分析		元素分析/%	
密度/g·cm⁻³	0.99	C	82.0
凝点/℃	11.5	H	8.9
残碳量/%(质量分数)	5.94	O	1.3
灰分/%(质量分数)	1.25	N	8.2
甲苯不溶物/%(质量分数)	25.2	S	0.6
吡啶不溶物/%(质量分数)	8.8	H/C	1.3

　　煤焦油中的萘可用来制取邻苯二甲酸酐，供生产树脂、工程塑料、染料、油漆及医药等。酚及其同系物可生产合成纤维、工程塑料、农药、医药、燃料中间体、炸药等。蒽可制蒽醌染料、合成鞣剂及油漆。菲是蒽的同分异构体，含量仅次于萘，有不少用途，由于产量大，还待进一步开发利用。咔唑是染料、塑料、农药的重要原料。沥青是焦油蒸馏残液，为多种多环高分子化合物的混合物，用于制屋顶涂料、防潮层和筑路、生产沥青焦和电炉电极等。

　　由表 3.4 可以看出，低温焦油与高温焦油相比有较低的密度和较高的 H/C 原子比和凝固点，杂原子 N 含量中含量较高，(O+S) 含量很低，是适宜进一步加工利用的优良焦油原料。

　　色质联用 (GC-MS) 分析表明，低温焦油主要成分是长链脂肪烃化合物、酚类化合物、芳香烃及其衍生物，而且分布相对集中。脂肪族化合物主要分布在萘油、洗油和蒽油中，其含量均为最高 (38%、70% 和 55%)，酚类化合物主要分布于轻油和酚油中，其含量分别是 63% 和 71%；萘的衍生物主要存在于萘油中 (37%)，在洗油和蒽中也有较高的分布 (13% 和 6%)；含氧化合物醇 (肪醇为主) 主要布于萘油 (8%)、洗油 (4%) 和蒽油 (16%)中；含氮化合物在各馏分中都有分布，但含量都很少。煤轻质焦油指标、低温焦油的物质含量及低温焦油中粗酚的基本组成分别如表 3.5~表 3.7 所示。

表 3.5　煤轻质焦油指标

运动黏度/Mm²·S	<6(40℃)	密度(20℃)/kg·m⁻²	<0.95
灰分/%(质量分数)	<0.02	闪点/℃	>60
硫含量(质量分数)/%	<0.2	凝点/℃	≤8
机械杂质/%	0.05	热值/kcal·kg⁻¹	≥9500

表 3.6 低温焦油的物质含量 单位：%

物质	含量	物质	含量
烷属烃（链烷烃）	8.0	酸性化合物（酚类）	18.1
烯属烃（链烯烃）	2.8	碱性化合物	1.8
烷基取代芳香族化合物	53.9	树脂物	14.4

表 3.7 低温焦油中粗酚基本组成 单位：%

酚类	含量	酚类	含量
苯酚	15.5～16	间位甲酚与对位甲酚之和	35
邻甲酚	13.5～14.0	二甲酚异构体之和	34

3.3.3 煤气

低温干馏煤气密度一般为 $0.9～1.21g/cm^3$，一氧化碳含量较高，热值低，氢气、甲烷含量较低。煤气的组成因原料煤的性质及干馏工艺的不同而有较大差异。

我国晋陕蒙宁地区的长焰煤、弱黏煤及不黏煤目前主要采用内热式的低温干馏工艺，由于采用净煤气循环空气助燃的技术，因此干馏煤气中除了含有 CH_4、CO、H_2 以外，还含有较大比例的氮气，煤气热值较低。几种不同加热方式得到的煤气的典型组成如表 3.8 所示。

表 3.8 低温干馏煤气与焦炉煤气的组成

项目	煤气组成/%							热值/MJ·m^{-3}
	H_2	CH_4	CO	C_mH_n	CO_2	N_2	O_2	
外热式	48	19	20	1.5	6	5	0.5	15.5
气体热载体	28	8.8	12	1.0	2	48	0.2	7.5～8.4
固体热载体	23.46	26.78	13.73	5.47	25.76	4.07	0.51	18.0
焦炉	54～59	23～28	5.5～7	2～3	1.5～2.5	3～5	0.3～0.7	18～19

一般情况下，低温干馏煤气主要用作本企业的加热燃料，多余的煤气也可做民用煤气或化学合成原料气。

① 工业燃气、民用燃气和煤气发电 作为工业燃气可用于生产铝矾土、金属镁、水泥、建材、耐火材料和钢铁企业的轧钢，在使用过程中可降低污染和提高产品质量。

② 用作化工原料 低温干馏煤气中含有 30%～50%的氢气、一氧化碳和甲烷，通过重整反应将甲烷转化为氢气和一氧化碳即得到合成气，进而可用于生产化工产品。

3.4 低温干馏产品的影响因素

煤热解过程中，挥发分会从煤基体中挥发出来形成初始热解产物，随后在温度继续升高的情况下，发生分解、加氢、脱氢、缩聚等二次反应。一般来说，在 600℃ 以下，气相的二次反应基本不发生，但随着热解温度的升高，气体产品的产率上升，而液体产品的产率下降。

热解过程的影响因素很多，主要有原料煤性质与组成的影响，它包括煤化程度、煤岩组成、煤的粒度等；还有其它外界条件的影响，包括干馏炉的型式、加热条件、装煤条件、添加剂、预处理、产品导出方式等。

3.4.1 原料煤的影响

3.4.1.1 原料煤种及煤化程度

原料煤煤阶的不同影响着煤热解产物的差异，根本原因归结为煤中组成元素所占比例的不同。高阶煤煤化程度大，C元素的含量大，H和O元素所占比例小，其芳香层的排列更工整有序化，煤分子结构稳定性好，热解过程中半焦的产率大，水以及碳氧化合物生成量较少。中低阶煤H和O元素含量多，煤中氧碳比较大、挥发分高，热解气和焦油的产率大。在实验室条件下采用铝甑干馏试验测定低温干馏产品的产率，结果见表3.9。

表3.9　不同煤低温干馏试验的产品产率　　　　　　　　单位：%

煤样名称	半焦	焦油	热解水	煤气
伊春泥炭	48.0	15.4	15.9	20.7
桦川泥炭	50.1	18.5	14.3	17.1
吕宁褐煤	61.0	15.5	8.0	15.5
大雁褐煤	67.7	15.3	4.0	13.0
苏联坎阿褐煤	65~75	8~12	5~8	12~15
苏联切矿长焰煤	73.8	10.1	9.7	6.4
神府长焰煤	76.2	14.8	2.8	7.0
铁法长焰煤	82.3	11.4	2.6	3.8
大通弱黏煤	83.5	7.7	1.0	7.8
苏联切矿腐泥煤	39.4	39.1	5.6	15.9

由表3.9中的数据可以看出，低温干馏产品产率与原料煤种及变质程度有关。不同煤种的煤化程度不同，可直接影响煤开始热解的温度、热解产物、热解反应活性、黏结性和结焦性等。随着煤化程度增加，煤开始热解温度逐渐升高，反应活性降低。煤中有机质开始分解温度如表3.10所示。由于煤开始热解温度难于准确测定，同类煤的分子结构和生成条件也有较大差异，故表中给出的开始热解温度只是煤类间的相对参考值。

表3.10　煤中有机质开始分解温度　　　　　　　　单位：℃

| 煤种 | 泥炭 | 褐煤 | 烟煤 | | | | | 无烟煤 |
			长焰煤	气煤	肥煤	焦煤	瘦煤	
开始分解温度	<160	200~290	300	320	350	360	360	380

在同一热解条件下，由于煤化程度的不同，其热解产物及产率也不同。煤化程度低的煤（褐煤），热解时煤气、焦油和热解水产率高，但没有黏结性（或很小），不能结成块状焦炭；中等变质程度烟煤，热解时煤气、焦油产率较高，而热解水少，黏结性强，能形成强度高的焦炭；煤化程度高的煤（贫煤以上），煤气量少，基本没有焦油，也没有黏结性，生成大量焦粉（脱气干煤粉）。而且不同种类褐煤低温干馏的焦油产率差别也较大，可变动于4.5%~23%。烟煤低温焦油产率与煤的结构有关，其值介于0.5%~20%之间，由气煤到瘦煤，随着变质程度增高，焦油产率下降，但肥煤加热到600℃时生成的焦油量等于或高于气煤的。腐泥煤低温干馏焦油产率一般较高。

同时，原料煤种类对低温干馏煤气的组成有较大的影响。例如当干馏温度达到600℃时，不同煤种的低温干馏煤气组成如表3.11所示。

表3.11　不同煤种的低温干馏煤气组成　　　　　　　　单位：%

组分	泥炭	褐煤	烟煤
CO	15~18	5~15	1~6
$CO_2 + H_2S$	50~55	10~20	1~7
C_nH_m	2~5	1~2	3~5
CH_4	10~12	10~25	55~70

续表

组分	泥炭	褐煤	烟煤
H_2	3～5	10～30	10～20
N_2	6～7	10～30	3～10
NH_3	3～4	1～2	3～5
低热值/MJ·m⁻³	9.64～10.06	14.67～18.85	27.24～33.52

3.4.1.2　煤岩组成

煤岩成分不同，热解产物的产率也不同。煤气产率以稳定组最高，惰质组最低，镜质组居中；焦油产率以稳定组最高（同时其中性油含量高），惰质组最低，镜质组焦油产率居中（其酸性油和碱性油含量高）；焦产量惰质组最高，镜质组居中，稳定组最低。镜质组和稳定组为活性组分，惰质组和矿物质为惰性成分。从煤的岩相组分来看，暗煤的焦油产率最高，亮煤、镜煤次之，丝炭的焦油产率最低，见表 3.12。

表 3.12　不同岩相煤的热解产物产率　单位：%

干馏产物	暗煤	亮煤	镜煤	丝炭
低温焦油	12.1	8.9	7.7	3.6
半焦	62.3	65.4	58.7	80.3
水	5.9	7.5	8.8	4.8
气体/m³·t⁻¹（煤）	35.8	33	34.7	24

3.4.1.3　煤中氧含量

煤中的主要元素是碳、氢、氧、氮和硫，对绝大多数煤而言，氮和硫含量之和不足4%。氧是煤中第二重要元素，并且煤中氧的存在形式非常复杂，主要存在形式有羧基、羟基、羰基、醌基、甲氧基、醚键和杂环氧（主要是呋喃环）。氧的存在是使煤分子结构复杂的重要因素。氧含量增加会使其黏结性和结焦性大大降低，甚至失去黏结性。此外不同煤阶氧的含量和存在形式有很大不同，且煤中的氧在炼焦过程中几乎全部随挥发物逸出，因此其对热解过程，特别是对煤气组成有很大影响。表 3.13 为煤中氧含量对煤气组成的影响结果。

表 3.13　煤中氧含量与煤气组成的关系　单位：%

煤气组成	煤中含氧量				
	5～5.5	6.5～7.5	7.5～9	9～11	11～12
CO_2	1.47	2.58	1.72	2.29	3.13
CO	6.68	7.19	8.21	9.06	11.93
C_2H_4	2.48	3.02	9.98	4.44	4.76
CH_4	34.47	34.48	35.03	36.42	35.14
H_2	54.21	52.70	50.10	45.45	42.26
苯族碳氢化合物	0.75	0.99	0.66	1.04	0.88
煤气的密度/kg·m⁻³	0.352	0.376	0.799	0.441	0.482

3.4.1.4　煤的水分含量

煤料的水分对半焦/兰炭的质量和产量也有很大影响。水分含量直接影响装煤的堆密度，干燥煤料可以使堆密度增加，从而改善煤料的黏结性，提高生产能力。由于炭与水蒸气易反应生成水煤气，这将影响炭化煤气的组成，如图 3.1 所示为煤气产率随煤中水分变化，在一定水分范围内煤气产率随煤中水分增加而提高，当水分超过一定限度后，煤中水分增加时煤中有机物含量会减少，反而使煤气产率降低。

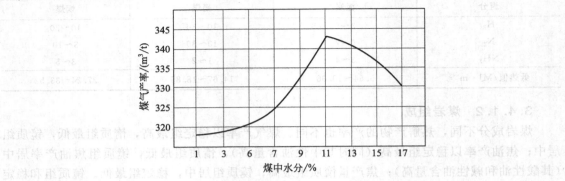

图 3.1　煤气产率与水分的关系

另外，水分的增加促进水煤气反应和变换反应的进行，增加了煤气中 CO 和 H_2 的含量。煤气组成与煤中水分的关系如表 3.14 所示。

表 3.14　煤气组成与煤中水分关系　　　　　　　　单位：%

煤气组成	煤中水分含量				
	0	5.7	10.2	13	16.7
CO_2	3.3	3.9	4.2	4.3	4.4
CO	5.1	6.5	6.7	7.1	7.0
H_2	50.4	49.3	52.0	52.2	52.4
CH_4	27.8	27.4	24.6	24.0	25.6
C_2H_4	2.9	2.9	2.4	2.5	2.6

3.4.1.5　煤中挥发分

煤中挥发分约有 $60\% \sim 65\%$ 进入热解煤气，其余部分生成焦油、粗苯、氨和水等。一般情况下煤气的产率随煤中挥发分的增加而增加，但也应考虑煤的岩相组成及其它特性的影响。煤中挥发分与煤气热值的关系如图 3.2 所示。

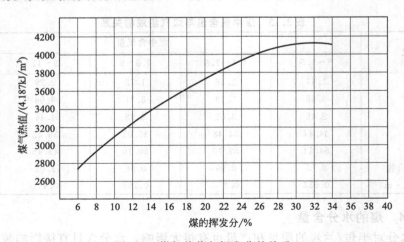

图 3.2　煤气热值与挥发分的关系

原料煤的挥发分与半焦产率成反比，如表 3.15 所示。原料煤氢含量愈高，焦油收率愈高。氧含量愈高焦油收率愈低。

表 3.15　煤中挥发分对热解的影响

原料	挥发分 V_r /%	元素分析/%			铝甑干馏产物/%			
		C	H	O	水	焦油	煤气	固体焦
褐煤	45.4	73.3	4.14	21.1	11.0	7.4	9.5	74.0
长焰煤	42.5	77.1	5.6	14.3	8.5	12.3	5.2	71.5
气煤	41.4	82.3	6.1	8.4	4.5	16.6	7.1	72.0

3.4.1.6　煤的粒度

煤的粒度对热解产物有很大影响。一般煤的粒度增加，挥发物由煤块内部向外部析出时受到的阻力增大，气体产物在高温区停留时间增长，加深了二次热解的程度，焦油产率降低。其影响关系如表 3.16 所示。

表 3.16　煤的粒度对低温干馏产品产率的影响

煤粒度/mm	20～30	100～120
半焦产率/%	41.4	46.5
焦油产率/%	10.3	8.1
半焦挥发分/%	8.8	10.3

3.4.2　加热条件的影响

3.4.2.1　炭化终温

煤干馏终温是产品产率和组成的重要影响因素，也是区别干馏类型的标志。随着温度升高，使得具有较高活化能的热解反应有可能进行，与此同时生成了多环芳烃产物，它具有高的热稳定性。对于兰炭生产，一般采用中低温干馏。炭化终温不同，热解反应的深度也不同。温度不仅影响生成初级分解产物的反应，而且影响生成挥发分的二次反应。在不存在二次反应的情况下，某一挥发性组分的产率随温度的升高而单一地增加。当存在大量二次反应的情况下，二次反应的速率增加，导致焦油发生裂解和再聚合反应。因此炭化终温直接影响热解焦油和兰炭的组成。结果见表 3.17。

表 3.17　不同终温下干馏产品的分布与性状

产品分布与性状			最终温度		
			600℃	800℃	1000℃
固体产品			兰炭	中温焦	高温焦
焦产率		焦/%	80～82	75～77	70～72
		焦油/%	9～10	6～7	3.5
		煤气/m³(标)·t⁻¹(干煤)	120	200	320
焦性状		焦炭着火点/℃	450	490	700
		机械强度	低	中	高
		挥发分/%	10	5	<2
焦油		相对密度	<1	1	>1
		中性油/%	60	50.5	35～40
		酚类/%	25	15～20	1.5
		焦油盐基/%	1～2	1～2	2
		沥青/%	12	30	57
		游离碳/%	1～3	5	4～7
		中性油成分	脂肪烃,芳烃	脂肪烃,芳烃	芳烃

续表

产品分布与性状		最终温度		
		600℃	800℃	1000℃
固体产品		兰炭	中温焦	高温焦
煤气主要成分	氢/%	31	45	55
	甲烷/%	55	38	25
	煤气中回收的轻油	气体汽油	粗苯-汽油	粗苯
	产率/%	1.0	1.0	1～1.5
	组成	脂肪烃为主	芳烃50%	芳烃90%

随着热解最终温度的升高，固体焦和焦油产率下降，煤气产率增加，但煤气中氢含量增加，而烃类减少，因此其热值降低；焦油中芳烃和沥青增加，酚类和脂肪烃含量降低。可以看出，由于热解的终温的不同，所以煤热解的深度就不同，其产品的组成和产率也不同。

实际生产过程的气态产物产率和组成与实验室测定值有较大出入，因为煤在工业生产炉中热加工时，一次热解产物在出炉过程中经过较高温度的料层、炉空间或炉墙，其温度高于受热的煤料，发生二次热解。当煤料温度高于600℃，半焦有进一步焦化的趋势，气态产物中氢气含量增加。当高于600℃时，如提高干馏终温，则兰炭和焦油产率会降低，煤气产率增加。结果如表3.18所示。

表3.18 加热终温对一次焦油的影响 单位：%

指标		加热终温/℃		
		400	400～500	>500
焦油产率		3.62	9.68	1.20
焦油组成/%	酚类	20.20	14.90	16.40
	烃类(溶于石油醚)	37.2	28.4	13.8
	中性含氧化合物	6.85	6.63	8.65
	沥青烯	4.16	5.92	7.60
	羧酸	0.21	0.18	0.51
	有机碱	2.18	2.08	2.42
	其它重质物	30.25	43.89	40.62

3.4.2.2 加热升温速率

升温速率是影响煤热解的一个重要因素，它通过二次反应对热解的温度与时间历程有明显的影响。热解产物依赖于温度和在此温度下的停留时间，而不是升温速率。一般随升温速率的增加，最大热解速率也随之增加，热解气体的析出速率越大。根据煤的升温速度，一般可将热解分为四类：慢速加热，$<5K/s$；中速加热，$5～100K/s$；快速加热，$100～10^6K/s$；闪激加热，$>10^6K/s$。现有的炭化工艺属慢速加热。

改变加热速率对挥发分产率影响并不十分明显，但是对热解产物的组成有明显的影响，提高煤的加热速度能降低半焦产率，增加焦油产率，煤气产率稍有减少。加热速度慢时，煤质在低温区间受热时间长，热解反应的选择性较强，初期热解使煤分子中较弱的键断开，发生了平行的和顺序的热缩聚反应，形成了热稳定性好的结构，在高温阶段分解少，而在快速加热时，相应的结构分解多。所以慢速加热时固体残渣产率高。一些研究者认为加热速率不是直接的影响因素，其主要会改变热解反应的温度-时间历程。

随着煤加热速度的增加，气体开始析出的温度和气体析出最大时的温度，向高温侧移动，结果见表 3.19。

表 3.19　加热速度对煤热解的影响

加热速度 /℃·min⁻¹	温度/℃		加热速度 /℃·min⁻¹	温度/℃	
	气体开始析出	气体最大析出		气体开始析出	气体最大析出
5	255	435	40	347	503
10	300	458	50	355	515
20	310	486	—		

煤的热解是一个吸热反应过程，其自身的导热性较差，故反应的进行和气体的析出，需要一定的热作用时间。当提高加热速度时，煤的部分结构来不及分解，已经分解的挥发分也来不及导出，因此会产生一种滞后现象。

3.4.3　压力

压力对热解的影响一般认为是由于二次反应造成的。压力的提高使产物的逸出受阻，使产物特别是焦油经历更为复杂的二次反应。一般情况下，压力增大焦油产率减少，半焦和气态产物产率增加，煤气中 H_2 产率会下降，这是由于增加压力引起煤粒内部传质阻力增加，从而影响了初级热解产物的释放而进一步参与二次反应。Stanislaw 等认为随热解压力升高，CH_4 产率会增加，而 H_2、CO 和 CO_2 产率下降，对 C_2、C_3 烃类气体没有显著影响。但是，压力的增加会引起 CH_4 及 C_2、C_3 的初始生成温度的升高。压力对低温干馏产物产率的影响结果见表 3.20。

表 3.20　压力对低温干馏产物产率影响　　　　　单位：%

干馏产物	压力/MPa				
	常压	0.5	2.5	4.9	9.8
兰炭	67.3	68.8	71.0	72.0	71.5
焦油	13.0	7.9	5.1	3.8	2.2
煤气	7.7	11.1	11.5	12.1	15.0
焦油下水	12.0	11.7	12.4	12.1	11.3

3.4.4　停留时间

停留时间的影响与温度的影响是相互关联的，如果反应速率是化学反应控制，温度的影响将占据主导地位。考虑传热、传质等因素时，停留时间的重要性就大大增加了。停留时间对煤热解气体产物的影响与压力相似，延长停留时间和增加热解压力实际上都是由于焦油分子进一步发生二次反应造成的。停留时间增加，将促进芳烃的缩聚，半焦中残留的挥发分减少，H/C 下降。同时加强了热解挥发分，特别是焦油的二次热解，因此直接影响着炭化过程和热解产品的产率和组成。

采用煤快速加氢热解时，载气的停留时间也是影响热解的重要因素之一。气体停留时间对液态轻质芳烃产率的影响如图 3.3 所示。随停留时间的增加，三苯中的苯和三酚中的二甲酚含量逐渐提高，60s 以后，苯和二甲酚分别在三苯和三酚中几乎占了 95% 以上。由此，调节停留时间可控制加氢二次反应进程，改变生成物的产率和组成。气态生成物产率与停留时间关系如图 3.4 所示。甲烷产率随停留时间的延长而增加，长停留时间促进了加氢二次反应，有利于气态生成物（尤其是甲烷）产率的增加。

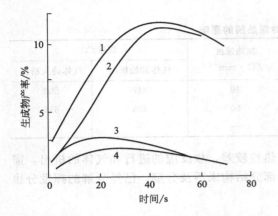

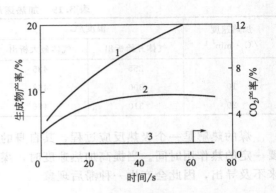

图 3.3　液态生成物产率与气体停留时间的关系　　　图 3.4　气态生成物产率与气体停留时间的关系
1—BTX；2—苯；3—PCX；4—二甲酚　　　　　　　　1—甲烷；2——氧化碳；3—二氧化碳

3.5　低温干馏主要炉型

低温干馏生产的主要设备为干馏炉，其设计要求为：过程效率高；操作方便可靠；物料加热均匀；干馏过程易于控制。根据不同的工艺可以按操作条件、热载体的类型、加热方式及原料运行状态等进行分类。

根据供热方式不同，一般可分为外热式、内热式和内外混热式干馏炉。内热式炉的加热介质与原料直接接触，而外热式采用的加热介质与原料不直接接触，热量由管壁传入。外热式与内热式炉的热传递如图 3.5 所示。

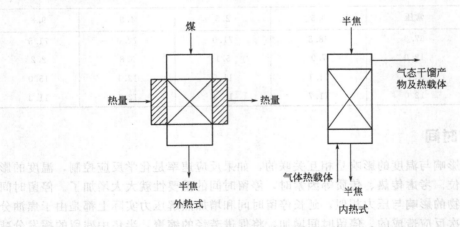

图 3.5　外热式与内热式炉的热传递示意图

根据热载体不同，可分为气体和固体热载体干馏。固体热载体由加热后的瓷球、瓷环以及热解生产的半焦或热灰渣等作为循环热载体，气体热载体则由高温热烟气或惰性气作为循环的热载体。

根据固体物料在反应器内的运行状况，一般可分为旋转床、固定床、流化床、气流床及滚动床（回转炉/窑）等。

3.5.1 内热式与外热式炉的特点

3.5.1.1 外热式

外热式的煤料干馏过程所需要的热量，通过回炉煤气在燃烧室燃烧后，将热量由炉壁传入炭化室，煤料是在隔绝空气条件下，以热传导为主的传热方式受热。炭化室内的煤料自上而下，经预热、干馏、冷却三个过程使煤料进行热解。煤料由炉顶部连续进入，干馏煤气由炉顶逸出，炉底则将冷却的半焦连续排出。煤料在炭化室内的总停留时间为 12～16h，燃烧室所生成的废气可通过不同的废热回收方式排空。

外热式干馏炉的特点：半焦的产品质量稳定，炭化煤气不被燃料气稀释，可燃烧组分（H_2、CO、CH_4）含量高、煤气热值高（13.8～15.5MJ/m^3），吨煤产气量可达 380～450m^3。煤气既可供城市煤气作燃料用，也可作为提取氢的原料气或合成甲醇、合成氨的化工原料气。但存在的主要问题是热效率低，煤料加热不均匀，挥发产物的二次热分解严重。

3.5.1.2 内热式

内热式炉一般可分为气体热载体和固体热载体两种。

（1）气体热载体

气体热载体是指热解过程中煤热解炉气燃烧后的高温烟气直接进入炭化室干馏段内与煤料接触加热。以对流传热为主导进行干馏炭化，大大强化了煤料的加热速率，炭化周期短，炭化室单位容积的产焦能力大。存在的主要问题是，由内热炉炭化室送出的煤气虽然产气量高达 900～1100m^3，但由于 N_2 和 CO 组成高达 50%～60%，煤气热值低（一般为 7.5～8.4MJ/m^3），只能作为一般工业装置的燃料，不能直接作为化工用气，能源利用率低，污染严重。

（2）固体热载体

固体热载体热解工艺是利用高温半焦或其它的显热将煤热解，与气体热载体热解工艺相比，固体热载体热解避免了煤热解析出的挥发物被烟气稀释，同时降低了冷却系统的负荷。以陕西榆林地区的侏罗纪煤为原料进行热解，不同热解工艺吨煤产气量、煤气热值及焦油产量如表 3.21 所示。从表 3.21 可以看出，固体热载体煤热解技术副产的煤气热值高于外热式及气体热载体。

表 3.21 不同加热方式下吨煤产气量、煤气热值及焦油产量

热解工艺	煤气量/m^3	热值/MJ·m^{-3}	焦油量/t
外热式	430	15.5	0.06～0.08
内热式			
气体热载体	1000	7.5～8.4	0.06～0.08
固体热载体	143	18.0	0.08～0.12

3.5.2 典型炉型

3.5.2.1 鲁奇三段炉

鲁奇干馏炉（Lurgi）是由德国鲁奇公司设计开发的一种用于黏结性不大的块煤和型煤（约 25～60mm）干馏的连续内热式干馏炉，主要由干燥、干馏、冷却三段组成，故又称三段或多段外燃内热式干馏炉。其基本结构如图 3.6 所示。

固体原料由炉顶皮带送入煤斗，均匀地分布在干燥段贮煤层，下移入干燥层，可燃气在干燥燃烧室与吹入的空气混合燃烧，并和从中间拱道抽出的循环干燥气混合后成为热载体，

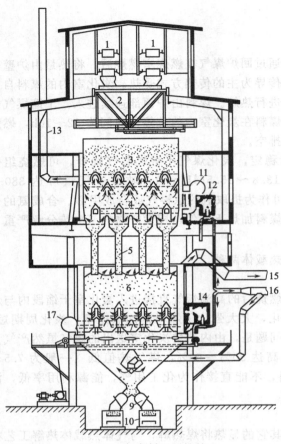

图 3.6　鲁奇低温干馏炉

1—来煤；2—加煤车；3—煤槽；4—干燥段；5—通道；
6—低温干馏段；7—冷却段；8—出焦机构；9—焦炭
闸门；10—胶带运输机；11—干燥段吹风机；
12—干燥段燃烧炉；13—干燥段排气烟囱；
14—干馏段燃烧炉；15—干馏段出口煤气管；
16—回炉煤气管；17—冷却煤气吹风机

用干燥循环鼓风机经干燥层下部拱道送入干燥层，用来干燥原料煤。废气经干燥层上拱道，由烟囱放空。干燥后的煤，经四个中间层孔道，进入干馏段。可燃气与空气在干馏段燃烧室燃烧后的热气约1100℃，与二次煤气混合后成为700～800℃的热载体，与煤接触在450～500℃干馏，蒸出油气。煤块烧成半焦进入冷却段，经三次煤气冷却后落入出焦斗，再落入出焦皮带，送往焦场。油气进入油气排出管，到除焦粉盘，再进入直接冷却塔，洗下重油。而后进入电捕焦油器，焦油送入焦油罐。油气又进入两个间接冷却器冷出中油，进入中油罐。剩余油气经煤气鼓风机送入填料式吸收塔，用贫油把轻油吸收下来，送入富油罐。空气鼓风机与煤气鼓风机用电动机带动。

该炉主要结构特征：①整个炉体分上、下两室，即上室为干燥段，下室为干馏段、冷却段，其间由若干直立管连通，使得干燥段产生的蒸汽不会稀释荒煤气；②上、下两室分别用两个独立的燃烧炉燃烧净煤气分段供热，热煤气与煤直接换热；③干燥段和干馏段分别设置有排气烟囱和出口荒煤气管，分别用于排放干燥段的废气、水蒸气和引出干馏段生成的荒煤气，降低了废水量。鲁奇三段炉采用热载气体向煤料直接传热，热效率高，低温干馏耗热量低；所有装入料在干馏不同阶段加热均匀，消除了部分料块过热现象；内热式炉没有加热的燃烧室或火道，简化了干馏炉结构，没有复杂的加热调节设备。

该炉型不足在于：①对原料煤的粒度（20～80mm）和煤质要求高，单台处理能力小；②采用湿法熄焦，环保性差，且半焦必须重新干燥；③煤气中含 N_2 高，热值低。一台处理褐煤型煤 300～500t/d 的鲁奇三段炉，可得型焦 150～250t/d，焦油 10～60t/d，剩余煤气 180～220m³/t 煤。对于含水 5%～15% 的褐煤耗热量为 1050～1600kJ/kg。

鲁奇炉干馏段的热载体实际上是由下列三种煤气组成的：①在干馏燃烧室中燃烧生成的燃烧废气；②向干馏燃烧室吹入的二次煤气；③冷却半焦用的冷却煤气。其中，用于干燥的约为 15%～30%，用于干馏的约为 20%～40%，剩余每吨煤的煤气产率通常在 200～300m³ 之间。在鲁奇炉中加工吨煤需要 850～1000m³ 的干馏热载体。其中 570～600m³ 是干馏煤气，300m³ 是燃烧后的烟道气。干燥段需要 240～280m³ 的气体，干馏段需要 850～1000m³ 热载体。

(1) 鲁奇三段炉的操作参数（表 3.22）

表 3.22 鲁奇三段炉的操作参数

项目	指标	项目	指标
单炉处理能力/t·d⁻¹	450	冷却煤气压力/MPa	1100～2400
原料煤性质		干馏煤气高热值/MJ·m⁻³	7.8
焦油铝甑试验产率/%	14.8	氮气含量/%	42.2
水分/%	16.3	气体流量/m³·h⁻¹	
灰分/%	10.3	干馏段燃烧空气	3300
强度/MPa	4.2	干馏段燃烧煤气	3000
干馏段煤气循环量/m³·h⁻¹	16500	干燥段燃烧空气	2400
干馏段混合气入口温度/℃	750	干燥段燃烧煤气	1500
干馏段气体出口温度/℃	240	焦炭冷却用煤气	3500
干燥段混合气体入口温度/℃	300	焦油产率(对铝甑试验值)/%	88

(2) 物料平衡和热量平衡

以 100kg 湿型煤为基准，含水 15% 的褐煤型煤，鲁奇三段炉中低温干馏的物料平衡与热量平衡计算结果如表 3.23、表 3.24 所示。

表 3.23 鲁奇三段炉内的物料平衡表

收入			支出		
项目	质量/kg	比例/%	项目	质量/kg	比例/%
湿型煤	100	53.36	型焦	45.5	24.28
燃烧煤气	16.2	8.65	焦油	11.2	5.98
其中:干燥段用	8.0	4.27	气体汽油	1.3	0.69
干馏段用	8.2	4.38	焦油下水	9.0	4.80
燃烧用空气	30.7	16.38	煤气	84.9	45.30
其中:干燥段用	15.0	8.00	其中:低温干馏煤气	19.0	10.14
干馏段用	15.7	8.38	燃烧产生烟气	25.4	13.55
焦炭冷却煤气	27.6	14.73	焦炭冷却煤气	27.6	14.73
下部补充煤气	12.9	6.88	下部补充煤气	12.9	6.88
			干燥段排出的烟气	21.5	11.47
			干燥段排出的水汽	14.0	7.4
收入合计	187.4	100	支出合计	187.4	100

表 3.24 鲁奇三段炉内的热量平衡表

热收入			热支出		
项目	热量/MJ	比例/%	项目	热量/MJ	比例/%
加热煤气燃烧热	114.806	90.30	型焦焓	9.532	7.50
其中:干燥段	56.695	44.59	焦油和汽油焓	6.285	4.94
干馏段	58.111	45.71	煤气焓	32.451	25.52
空气带入焓(30℃)	1.152	0.91	焦油下水焓	9.553	7.51
其中:干燥段	0.565	0.44	干燥段排气焓	33.177	26.12
干馏段	0.587	0.47	烟气	1.855	1.49
焦炭冷却用煤气焓(30℃)	1.320	1.04	水汽散热	31.322	24.63
			其中:干燥段	19.169	15.08
			干馏段	16.948	13.33
收入合计	127.145	100	支出合计	127.145	100

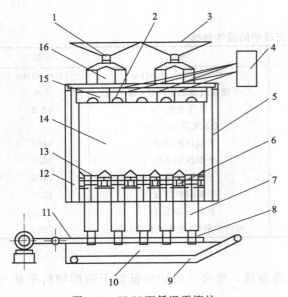

图 3.7　SJ-V 型低温干馏炉

1—放煤阀；2—上升管；3—煤斗；4—桥管；5—炉体；
6—支管混合器；7—排焦箱；8—导焦槽；9—刮板机；
10—水封槽；11—推焦机；12—弓形墙；13—布气花墙；
14—炉腔；15—集气阵伞；16—辅助煤仓

3.5.2.2　SJ 系列低温干馏方炉

SJ 系列低温干馏方炉是在复热式立式炉和三八方炉的基础上经过大量实践设计而成的一种内热式低温干馏炉，是目前国内应用最广，也是最为成功的一种炉型，基本结构如图 3.7 所示。经过多年的实践与改造，该炉型在榆林和东胜地区投产的已超过数百座，2005 年 SJ-Ⅲ 低温干馏炉及工艺成功出口到哈萨克斯坦。块煤经辅助煤箱和集气结构进入炭化室，与经布气花墙均匀进入炭化室的高温废气逆向接触换热，逐段进行干燥和干馏，最后经排焦系统连续地排出。

SJ-V 型干馏炉单炉处理量 1500t/d，干馏炉尺寸为 18800mm×4690mm×8200mm，干馏室的有效容积为 284.03m³。进料处采用集气伞或集气罩和辅助煤箱，出料处采用支管混合器和布气花墙结构，使得系统布料均匀、集气均匀、出料均匀和加热均匀，系统热效率高；炭化室采用大空腔架构，干燥段、干馏段没有严格的界限，炉子单位容积和单位截面的处理能力高；设置护炉钢板，基本杜绝烟气和污水等跑冒滴漏；双层支管供气，加热更均匀，进一步提高了焦炭和焦油产率；上煤、出焦系统使用封闭式皮带通廊输送，减少了粉尘和噪声污染。存在的主要问题是燃烧废气中氮气含量高，煤气热值低，原料煤粒度要求为 20～80mm。

SH 系列直立干馏炉是由陕西冶金研究院设计开发的一种低温干馏炉型，目前也已经在西北地区推广应用，其基本结构如图 3.8 所示，基本原理与 SJ 系列低温干馏方炉类似。

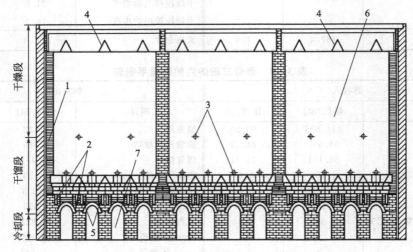

图 3.8　SH2007 型内热式直立干馏炉

1—炉体；2—燃烧室；3—测温孔；4—集气罩；5—布气孔；6—炭化室；7—排焦箱

3.5.2.3　伍德炉

伍德炉是由英国伍德公司在 19 世纪开发设计的一种连续外热式直立炉，其基本结构如图 3.9 所示。20 世纪 80 年代伍德炉被我国引进并改造主要用于生产城市煤气（产率为 350～400m³/t，热值约为 16.74MJ/m³），并副产半焦。

将粒度为 13～60mm 的块煤通过加煤系统进入炭化室的顶部，沿着炭化室连续不断地下降，并与燃烧室的高温废气间接换热，控制煤的下降速度，使煤逐渐炭化，在到达炉底时转化为半焦或焦炭。干馏生成的荒煤气经过上升管和集气管被输送到净化系统。该炉主要结构特征：①炭化室、燃烧室和炉体表面分别用硅砖和黏土砖砌筑而成，增加了炉体整体结构强度；②燃烧室可采用两种结构，直立火道向上或向下加热结构和迂回火道分段加热结构，前者气体流动阻力小，后者气体"蛇形"流动并逐渐传热，缩小了炭化室上下的温差；③该炉还配置有发生炉和废热锅炉，分别用于煤气加热和废气余热回收。以上结构特征使得炉子具有整体结构强度高、温度调节方便、加热均匀、煤气中含 N_2 低和热值高，且焦油产率为 2.66%～5.2%。

该炉型存在砖型复杂、砌筑难度大、炉子底层耐火砖磨损严重、配置发生炉和废气锅炉成本高和系统热效率低（耗热量为 3.2～4.1MJ/kg）等不足。

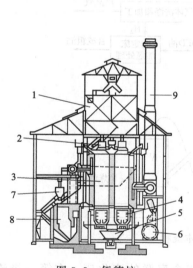

图 3.9　伍德炉

1—煤仓；2—辅助煤箱；3—炭化室；4—排焦箱；
5—焦炭运转车；6—废热锅炉；7—加焦斗；
8—发生炉；9—烟囱

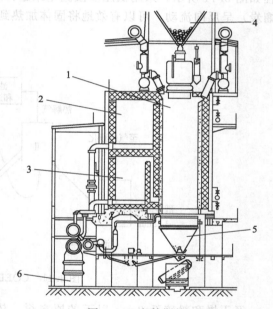

图 3.10　考伯斯炉

1—干馏室；2—上部蓄热室；3—下部蓄热室；
4—煤槽；5—焦炭槽；6—加热煤气管

3.5.2.4　考伯斯炉

考伯斯（Koppers）炉由德国考伯斯公司开发的一种内、外热结合的复热式立式炉，其由炭化室、燃烧室及位于一侧的上、下蓄热室所组成，基本结构如图 3.10 所示。其基本原理是回炉煤气一部分进入立火道燃烧，产生的高温废气通过炉墙与煤料间接换热，然后进入蓄热室与耐火材料换热。另一部分煤气从炉子底部进入，并与熄焦产生的水煤气一道进入炭化室，煤料经过间接换热垂直连续干馏。

结构特征：①采用了直立火道上下交替加热的加热方式，使炭化室竖向温度均匀；②考伯斯炉设置有上下蓄热室，用于回收废气余热；③炭化室采用大空腔结构，增加了炉子的容积；④炉底熄焦系统配置有回炉煤气管路，净煤气经过该管路直接进入炭化室，通过半焦沿炭化室上升，既冷却灼热半焦，又使煤料在炉内受热均匀。该炉不但加热均匀，生产的煤气热值高，而且耗热量低，较旧式伍德炉低27%。

工艺特点：型煤从炭化室顶部的煤槽连续地装入炭化室，炭化后的型焦进入炭化室底部的焦槽，并定期卸入熄焦车。为了预冷型焦，部分净煤气在卸焦点以上部位进入炭化室，同时喷入水，产生的水煤气和返回的净煤气一道通过型焦沿炭化室上升，既冷却灼热型焦，又使其在炉内受热均匀，最后与干馏煤气混合，由炭化室顶部的上升管、集气管引出。但是该炉存在的问题是炉墙耐火砖磨损严重，基建费用高。

3.6 国外典型工艺

3.6.1 COED工艺

COED工艺（The Char Oil Energy Development Process）是由美国能源部与食品机械公司联合开发的一种将煤转化为合成原油、中热值煤气和干馏炭的煤转化工艺，基本工艺流程如图3.11所示。采用低压多段流化床进行煤的炭化，气体热载体与被加热固体（煤和干馏炭）呈反向流动，可以有效地将固体加热到较高的温度。

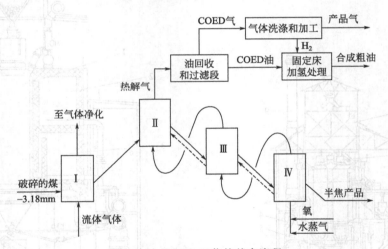

图 3.11　COED工艺的基本流程

经干燥和粉碎至2mm以下的原料煤，依次通过四个串联的流化床。在第一级流化床（煤干燥器）中用温度约480℃、不含氧的废气加热到320℃，以脱除煤中大部分内在水分，并析出部分煤气和约10%的焦油。焦油经冷凝回收，未冷凝气体经再热后返回煤干燥器。初步热解的煤粒由煤干燥器送入二级流化床，在此依靠来自三级流化床的热煤气和部分循环碳加热到约450℃，煤进一步热解析出部分焦油和部分煤气，热解产物经冷却、洗净、过滤后得到油和煤气，油经加氢处理去除杂原子后制得合成原油，煤气经净化、水蒸气处理得到产品气和H_2，由二级流化床得到的干馏炭进入三级流化床，采用来自四级流化床（气化反应器）的热煤气和部分循环气加热到约540℃，析出大部分煤气和存余的焦油气，作为二级流化床的热载气，形成的干馏炭除部分返回二级流化床外，大部分进入最后的四级流化床，在此供入空气或水蒸气-氧混合物，使干馏炭部分燃烧并流化，同时产生整个工艺所需热量和流化气。在四级流化床中，低于煤灰熔点条件下，应尽可能保持较高的温度，一般为

870℃左右。干馏炭在四级流化床中约烧掉5%，约占煤产率60%的干馏炭从四级流化床排出，经冷却或加氢脱硫后得到各种规格要求的干馏炭产品。

3.6.2 鲁奇-鲁尔工艺

鲁奇-鲁尔工艺简称L-R工艺，是鲁奇公司和鲁尔公司共同开发的一种多用途的新工艺，主要以由高挥发分的低煤化度煤制取多量焦油为目的。首先用于煤的低温干馏，将煤蒸脱挥发分生产高热值的煤气，后来用于裂解液态烃生产烯烃。20世纪60年代开始用于页岩或油砂的干馏，也用于石脑油裂解制取烯。1960年后逐渐发展为以生产液体产品为主，副产品为干馏炭和燃气的工艺，其工艺流程如图3.12所示。

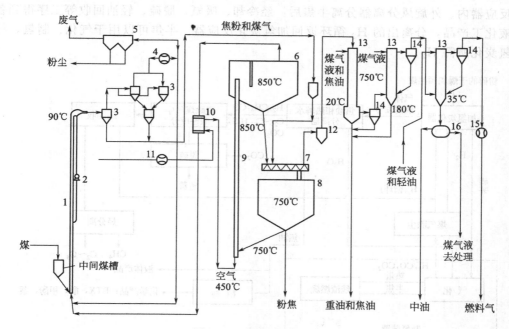

图 3.12 鲁奇-鲁尔工艺

1—干燥管；2—锤式粉碎机；3—旋风分离器；4—干燥管风机；5—电除尘器；6—沉降分离室；
7—混合器；8—炭化室；9—载流加热管；10—空气预热器；11—鼓风机；12—炭化室旋风
分离器；13—三级气体净化冷却器；14—旋风分离器；15—煤气风机；16—分离器

微粉碎的煤与循环的热半焦一起，在机械搅拌的炉中实现快速加热、热解。该搅拌器由两个轴组成，轴上带有径向连接的耙。为了不使煤、半焦粉和焦油附着和凝集，该炉采用轴向回转的双轴混合型反应炉。干馏后半焦的混合物，分成两部分，一部分由微粉末组成的半焦，作为往旋风器去的燃料被加热，用于工业锅炉；另一部分则被送到上升管路里半焦管路下部的空气输送，并与干馏炉中加热的煤进行热交换。生成的燃烧气体和高温半焦在旋风器中分离，燃烧气体用于上升空气的加热和煤的干燥。

干馏煤气中含有的来自原料煤的煤气和蒸汽，在旋风器中最大限度地脱除伴随的固体物，然后被冷却，并在洗涤器中通过气、液接触，使焦油和水凝集，并分别收集。非冷凝性物质即为具有高热值的燃料气，煤气热值随干馏温度降低而增大，其重量随干馏温度的上升而增多。

该工艺混合器的高速干馏，加上缓冲罐的再干馏和气提，使干馏气体导出快，二次裂解少，采油率可达90%；固定碳在提升燃烧管燃烧较好，烟气和灰渣的热量大部分可以利用，故热效率高；煤气不稀释，故煤气热值高；原料粒度相当，干馏采用机械混合，在常压下操作，故能耗较低。

3.6.3 Coalcon 加氢干馏工艺

Coalcon 加氢干馏工艺是由美国联合炭化公司（Union Carbide Co.）于 1960 年开始开发的一种工艺（图 3.13），其目的是将煤转化为化工原料。该工艺的基本流程是将粉煤用锅炉烟道热废气干燥并预热到 330℃后，经料仓加到加氢炭化器中，进入炭化器前预热粉煤先被循环 H_2 转化为稀相，在炭化反应器中煤被约 540℃的氢气进一步流化，并发生加氢热解，由于煤和氢的反应为放热反应，释放出的热量用于加热进入反应器的煤和氢气，干馏气通过炭化反应器内、外旋风分离器分离半焦后，经冷却、吸氨、脱硫、轻油回收等工序得到各种气、液化工产品，分离出的 H_2 循环返回加氢炭化反应器。半焦可以用于气化、制氢，补充煤加氢炭化所需 H_2。

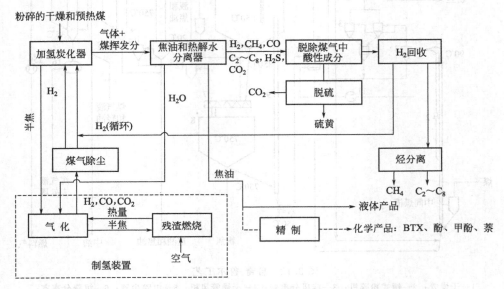

图 3.13 Coalcon 加氢热解工艺流程

3.6.4 Toscoal 工艺

Toscoal 工艺是美国油页岩公司（Oil Shale Corp.）和 Rocky Flats 研究中心开发的。预先制备并预热的煤送入回转炉中（图 3.14），在此与赤热的瓷球热载体接触而发生热解，产品为半焦、油和热值为 22MJ/m³ 的煤气。

该工艺用陶瓷球做热载体，将煤粉快速加热干馏以得到焦油。将粉碎的煤与加热煤气一起经上升管进行预加热，并进入热解鼓里。在这里，煤与被加热的瓷球接触后进行热解。瓷球是靠工艺过程中生成的煤气加热。煤在约 480℃下热解后生成含半焦和焦油的挥发性气体。半焦经过滚筒筛与瓷球分离并由斗子排出。与此同时，瓷球被热解煤气再加热，然后进到热解鼓里。挥发分被冷却后，分离成煤气与焦油。由于瓷球经常被加热到 500℃左右进行循环，因此，其热容量和磨损性上存在问题。另外，具有黏结性的煤受热后黏附于瓷球上，不适合采用此工艺处理。对于膨胀序数为 3.0~4.5 的煤，要通过氧化处理，使其降到 1.0~1.5 后再用。

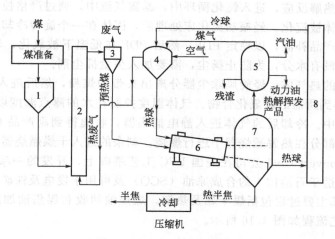

图 3.14　Toscoal 工艺流程

1—给料槽；2—干燥和预热器；3—旋风分离器；4—球预热器；5—分馏塔；6—热解反应器；7—筛；8—提升机

3.6.5　美国的 LFC 技术

LFC（Liquid From Coal）技术又称低阶煤提质联产油技术，是美国 SGI 国际公司研究开发的一种低阶煤提质技术。其实质是利用低阶煤（褐煤、次烟煤）生产低硫、高热值的固态燃料 PDF（Proeess Derived Fuel）和液态燃料 CDL（Coal Derived Liquid）。LFC 技术使低热值原料煤发生化学变化，煤被烘得越干，燃烧值就越高，煤的内部结构就越遭到破坏，从而减少了水分的复吸，其主体工艺流程如图 3.15 所示。

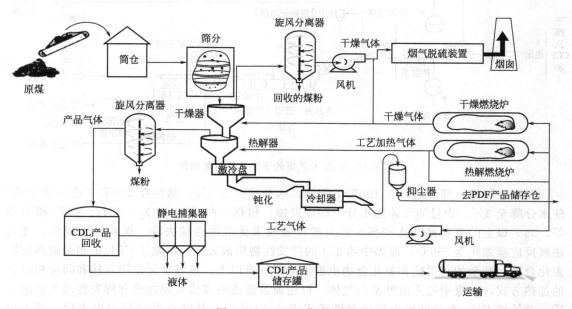

图 3.15　LFC 工艺流程图

原煤经破碎、筛分后，送入旋转的算式干燥器，由 300℃左右的热气干燥至水分几乎为零。然后进入温度大约为 540℃的主旋转算式热解器，被循环的高温气流加热。剩余水分全部脱除，同时发生热解反应，脱除一部分挥发分；从热解器出来的固体，在激冷盘中用工艺水迅速冷却以终止热解反应，进入钝化循环中，暴露气流中，通过严格控制气流的温度和氧气含量，使部分固体被流化。经振动流化床处理后，固体在一个旋转冷却器中间接冷却至常温，喷入工艺水对产品补湿，以稳定 PDF。然后 PDF 在低温下被氧化，转移到一个缓冲仓中。由于固体表面没有水分，为防止扬尘，需要加入少量抑尘剂。

从热解器出来的热气体，经旋风除尘器分离出夹带的煤粉，然后进入 CDL 激冷塔中冷却至 70℃左右，得到所需的碳氢化合物。气体温度控制在水的露点温度以上，以使 CDL 冷凝，水分留在气相中。冷却后的气体进入静电捕集器，收集得到副产品 CDL。经捕集器后的大部分气体，一部分在热解燃烧器中进行燃烧，剩余的进入干燥燃烧器中燃烧。

CCI 工艺是 Convert Coal 公司在美国 LFC 工艺基础上，开发的一项低阶煤转化技术，可将低阶煤转化为适于石油加工的合成原油（SCO）及可用于发电及铁矿石还原的低排放半焦燃料（CCF）。其主要过程包括煤干燥及热解，煤焦油回收和煤焦油加氢处理转化为合成原油（SCO），工艺流程如图 3.16 所示。

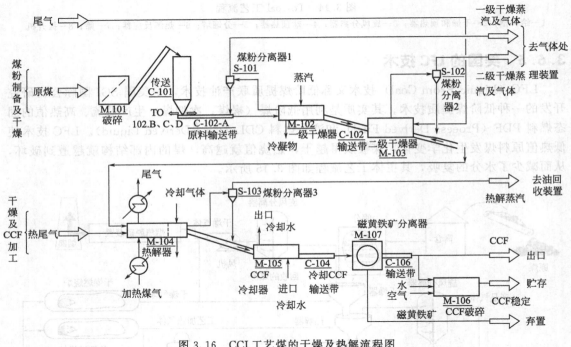

图 3.16　CCI 工艺煤的干燥及热解流程图

原煤经粉碎、筛分后，在 100℃下干燥，水分减少至 8%，然后在 270℃下进一步干燥，使水分降至 3%。少量的气体随水分一起挥发掉，包括一些 CO、CO_2、NH_3、CH_4 和 H_2S等，35% 以上的硫和氮以及 85%～95% 的挥发性汞化合物也被去除。煤粉经干燥后，进入热解反应器加热至 550℃，原煤中约 2/3 的挥发性物质被去除，消除了 CCF 中剩余的挥发性汞化合物，剩余的有机硫和氮化合物也被消除了一半以上。热解单元采用直接和间接相结合的加热方式，在煤中通入惰性清扫气体，以逆流及错流的方式实现加热和挥发性煤焦油的传质。黄铁矿 FeS_2 部分转换为顺磁黄铁矿 FeS_x，CCF 产品从热解反应器中出来后，进入独立的热交换装置内冷却到 50℃，进一步粉碎、筛选，然后经过一个"磁性物质分离"单元除去黄铁矿，降低产品中的灰分和残留的硫含量。成品最终运输到一个中间存储仓，然后进入煤焦稳定单元或直接进入邻近的 PC-电厂粉碎装置。挥发性煤焦油化合物通过热解器中的气体冷凝回收得到。

LFC 工艺及其改进技术经过 20 多年的发展，经历了小试、中试和工业示范装置的逐级放大和验证，证明了该技术的成熟和可靠性，具备了大规模商业化应用的技术基础。该技术适用于我国煤质，推广应用后将有利于推动我国低阶煤加工技术进步，有助于我国提高煤炭资源的利用效率，大大增加国内合成原油供应量，增加发电效率，减少温室气体的排放，带动国内经济发展。

3.7　国内典型工艺

3.7.1　固体热载体干馏工艺

大连理工大学研究开发的固体热载体快速热解工艺，主要装置包括混合器、反应槽、流化燃烧提升管、集合槽和焦油冷凝回收系统等，其工艺流程如图 3.17 所示。将预热过的煤（100～120℃）和 800℃的热载体半焦进行混合，半焦是干燥煤量的 2～6 倍。混合后加热至500～700℃送入反应器中进行热解，热解产物经除尘器去冷却回收系统得焦油、煤气、半焦，部分排出，部分进入提升管内进行部分燃烧，继续作为热载体进行原料煤热解。该工艺的特点是能够实现块煤和粉煤的同时利用，产油多，焦油质量好，半焦活性好，可燃气为中热值煤气，但是要进行冷冻脱除焦油，能耗较高。

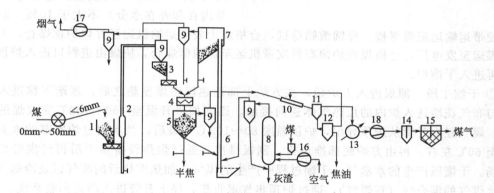

图 3.17　固体热载体快速热解工艺流程图

1—煤槽；2—干燥提升管；3—干煤槽；4—混合器；5—反应器；6—加热提升管；7—热半焦槽；
8—流化燃烧炉；9—旋风分离器；10—洗气管；11—气液分离器；12—焦渣分离器；13—煤气
间冷器；14—除焦油器；15—脱硫箱；16—空气鼓风机；17—烟气风机；18—煤气鼓风机

原煤粉碎后进入干燥预热系统，用热烟气（约 550℃）进行气流干燥预热并提升至干煤贮槽，烟气除尘后经引风机排入大气。干煤（约 120℃）经给料机加入到混合器，在此与来自热焦粉槽的粉焦（约 800℃）混合，然后进入反应器完成快速热解反应（550～650℃），析出热解气态产物。荒煤气经除尘去洗气管，在气液分离器分离出水和焦油，经间冷器分离出轻汽油，煤气经鼓风机加压、除焦油和脱硫后入煤气柜。由反应器出来的半焦部分经冷却后作为产品，剩余半焦（约 600℃）在加热提升管底部与来自流化燃烧炉的含氧烟气发生部分燃烧，半焦被加热至 800～850℃后提升到热焦粉槽作为热载体循环。由热焦粉槽出来的热烟气去干燥提升管，原煤在干燥提升管完成干燥过程。

3.7.2　SJ 型系列内热式直立炉干馏工艺

SJ 型系列内热式直立炉干馏工艺是由神木三江煤化工有限责任公司研究开发的一种兰炭生产工艺，其生产流程如图 3.18 所示。该工艺主要特点为：炉内采用大空腔设计，干燥

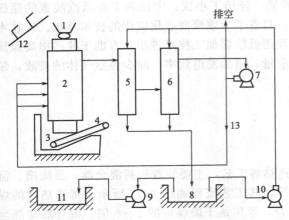

图 3.18　内热式直立炉干馏工艺流程图

1—储煤仓；2—直立干馏炉；3—熄焦池；4—刮板机；
5—文氏管塔；6—旋流板塔；7—鼓风机；8—油水
分离池；9—加油泵；10—氨水泵；11—焦油池；
12—提升机；13—回炉煤气管道

段、干馏段没有严格的界限，干馏、干燥气体与热载体混合；炽热的兰炭进入炉底水封槽，用水冷却，采用拉盘和刮板机导出干馏产品；部分荒煤气和空气混合进入炉内花墙，经花墙孔喷出燃烧，生成干馏用的气体热载体将煤块加热干馏；煤气由炉顶集气伞引出进入冷却系统。整体工艺封闭运行，煤气、焦油经除尘、脱水后全部回收利用，过程能耗低，环境友好无污水外排；但是对原料要求较高，需采用25mm以上块煤。

内热式直立炉生产过程包括备煤、炭化（干馏）、煤气冷凝和筛焦-储焦四个工段。

① 备煤工段　备煤工段要求入炉原料煤为 20～120mm 的块煤，总含水率（包括内在和外在水分）不大于 10%。原料煤通过胶带运输运至筛煤楼，经圆滚筛筛选，合格煤由胶带运输机运至方炉炉顶煤仓，不合格的粉煤运至发电厂，合格煤经炉顶布料皮带机运至炉顶储煤仓，块煤由进料口进入炉顶辅助煤仓再进入干馏炉。

② 干馏工段　原煤进入方炉后，在方炉上部预热段将煤预热之后，逐渐下移进入干馏段，与布气花墙送入炉内的加热气体逆向接触，逐渐加热升温至 650～700℃ 完成煤的低温干馏，煤气经上升管从炉顶导出，炉顶温度 80～100℃。最后，兰炭通过炉底部的水封将温度降至 60℃ 左右，再由方炉底部推焦机、刮板排出，通过烘焦设备烘干后再经皮带机运至储焦场。干馏段产生的水蒸气、干馏过程中产生的煤气、加热燃烧后的废气以及冷却兰炭产生的水煤气的混合气（荒煤气），通过炉顶集气罩收集，经上升管进入净化回收系统。

加热用的煤气是经过煤气净化工段进一步冷却和净化后的煤气，空气由鼓风机供给。煤气和空气经支管混合器混合后，通过炉内布气花墙的布气孔均匀喷入炉内燃烧，给煤加热干馏。采用可逆式胶带机定期、定量向炉顶煤仓加料，煤仓顶安装皮带秤计量。炉底出焦采用可调式推焦机，由一套调速电机传动推焦机将炉内兰炭排出。可灵活地调控炉子运行状况，控制兰炭的质量和产量。

③ 煤气净化（冷凝回收）工段　自炉内出来的荒煤气，通过集气罩由上升管进入文氏管初冷塔，喷洒热循环氨水进行初步冷却，随后进入旋流板终冷塔与通入塔内的冷循环水逆向运行完成最终冷却，冷却后气液分离，冷却下来的液体经管道进入焦油氨水澄清分离池，通过静置沉淀油水分离，焦油由泵打到焦油贮槽，分离出来的氨水经管壳式换热器换热冷却后循环使用，循环水池封闭运行。从冷却塔出来的煤气经管道进入静电捕焦油器吸附气体中携带的小分子焦油及粉尘，回收率达98%，通过静电捕焦油器处理后的煤气纯净度很高。煤气通过煤气鼓风机加压后，一部分返回干馏炉，一部分供给半焦烘干，剩余部分煤气经洗氨、脱硫后进入煤气柜。

④ 储焦工段　从干馏炉炉底通过水封槽刮板机排出的兰炭，因兰炭水分较高需要进行干燥，采用刮板式烘干机进行烘干作业，烘干所需热量由干馏炉自产剩余煤气燃烧供给。烘干后的兰炭进入中间贮焦仓储存，贮焦仓兰炭由胶带运输机运送到筛焦楼进行筛分，将兰炭

筛分为不同粒度等级的成品焦。成品焦分别由胶带运输机送到各自的焦场堆放，小块焦设专门的储焦棚储存。

3.7.3　流化床热解热电气焦油联产工艺

流化床热解热电气焦油联产工艺（ZDL）是由浙江大学与淮南矿业（集团）公司合作开发的。在煤燃烧之前，先低温热解生产煤气和焦油，产生的半焦通过燃烧再去供热和发电，灰渣还可综合利用，从而实现煤的分级转化利用，大幅度提高煤的利用价值。75t/h 循环流化床煤分级转化多联产工业示范装置主要由流化床气化（热解）炉和循环流化床锅炉半焦燃烧发电系统两部分组成，其工艺流程如图 3.19 所示。

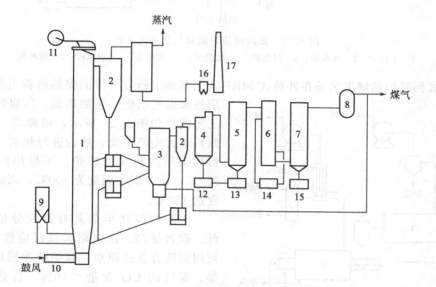

图 3.19　75t/h 循环流化床多联产装置工艺流程

1—锅炉；2—分离器；3—热解炉；4—激冷塔；5—电捕焦油器；6—间冷器；7—二次电捕；8—缓冲罐；9—煤斗；
10—点火器；11—气包；12—水封槽；13—焦油池；14—循环水池；15—轻油池；16—除尘器；17—烟囱

原料煤进入气化炉后与来自锅炉旋风分离器的高温循环灰混合，在 600℃ 左右的温度下进行热解，产生的粗煤气、焦油雾及细灰渣经气化炉旋风分离器除尘进入急冷塔和电捕焦油器，冷却捕集焦油和轻油后由煤气排送机送入缓冲罐，部分煤气送回气化炉作为流化介质，其余进入脱硫等设备净化后再利用。热解半焦和循环灰经返料机构进入锅炉燃烧，高温物料随高温烟气一起通过炉膛出口进入旋风分离器，分离后的烟气进入锅炉尾部烟道，先后经过热器、再热器、省煤器及空气预热器等受热面产生蒸汽用于供热和发电。分离下来的高温灰进入返料机构，部分高温灰进入气化炉，其余则直接送回锅炉炉膛。

3.7.4　多段回转炉温和气化工艺

多段回转炉温和气化工艺（MRF）由煤炭科学研究总院北京煤化工研究分院开发。该工艺主体设备是 3 台串联的卧式回转炉，工艺流程如图 3.20 所示。原料煤在干燥炉经直接干燥脱出 70% 的水分；原料煤热解在外热式热解炉内进行，避免荒煤气被其它气体稀释，热解温度 550～750℃，热解得到的荒煤气经除尘冷却后回收煤气和焦油；热半焦经水力熄焦后排出。辅助工艺包括原料煤储备、焦油分离储存、煤气净化、半焦筛分及储存、锅炉房和质量检验等单元。热解加热炉可以单独或同时使用气体燃料和固体燃料。

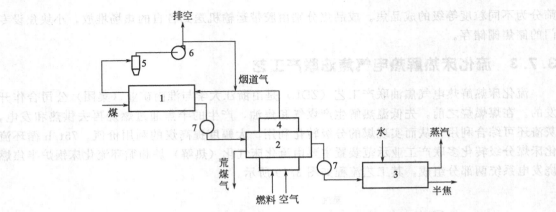

图 3.20　多段回转炉温和气化工艺流程

1—干燥炉；2—热解炉；3—熄焦炉；4—加热炉；5—除尘器；6—引风机；7—排料阀

内热式回转炉热解工艺是在外热式 MRF 工艺基础上研究开发的煤热解新工艺，该工艺用外来煤气燃烧直接加热煤，使煤热解。热解工艺流程如图 3.21 所示，破碎至一定粒度的原料煤首先经干燥，然后进行热解，干燥和热解均采用内热式回转炉。干燥用烟气温度为 300℃，出口烟气温度为 100℃，煤经干燥后温度达 150℃。

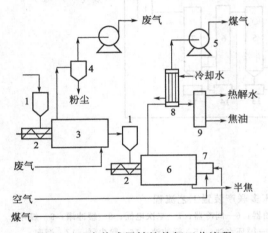

图 3.21　内热式回转炉热解工艺流程

1—煤斗；2—螺旋给料器；3—回转干燥炉；4—旋风除尘器；5—离心式风机；6—回转热解炉；7—燃烧器；8—列管式间冷器；9—油水分离器

生产的粒状半焦具有挥发分低、硫含量低、碳含量高、比电阻大及反应性高等特点，可用做铁合金还原焦、高炉喷吹燃料、吸油剂等。煤气的 CO 含量＜10%、发热量为 5～11MJ/Nm³，可用做燃料气或化工合成原料气。焦油产率达葛金干馏焦油产率的 50%～60%，＜360℃馏分占 45% 左右，焦油可用于催化加氢生产汽、柴油或提取苯、酚等化合物。

我国煤炭资源丰富，品种齐全，尤其是低变质资源蕴藏量占煤炭储量的 40% 以上，在我国煤炭资源中占有至关重要的地位。低变质煤是由芳环、脂肪链等官能团缩合形成的大分子聚集体，既含有以无定型碳与灰为代表的固体成分，又含有由链烷烃、芳香烃、碳氧支链构成的代表煤本身固有油气成分的挥发分。依据煤的组成和结构特征，通过中低温干馏技术将煤本身含有的油气挥发分先提取出来，获得既含有大量的 CO、H_2 和 CH_4，也含有大量的脂肪烃和芳香烃的热解油气，通过加氢处理，得到性能良好的燃料油，不仅可以避免资源浪费，而且可以节约大量水资源和降低 CO_2 排放。因此，大力发展低变质煤的中低温干馏技术，是我国当前煤炭利用产业的战略需求，也是解决我国油气资源短缺的可行和有效途径。

习　题

1. 什么是煤的低温干馏？
2. 我国低变质煤资源的特点及利用情况？

3. 煤炭化热解过程都有哪些化学反应？

4. 简述低温干馏产品、产率及特点。

5. 低温干馏产品的影响因素都有哪些？

6. 简述内热式与外热式炉的特点与区别。

7. 简述鲁奇三段炉的结构特点、气体流动路径及其工作原理。

8. 简述固体热载体干馏的原理及工艺特点。

9. 简述 SJ 型直立方炉的工作原理及工艺特点，分析说明其产品特征以及对原料煤的要求。

10. 简述国内外几种典型的低温干馏工艺，并分别说明其优缺点。

第4章 炼 焦

煤在焦炉中隔绝空气加热至 950～1150℃，经过干燥、热解、熔融、黏结、固化与收缩产生焦炭、焦炉气、粗苯、氨和煤焦油的过程，称为高温干馏或高温炼焦，简称炼焦。本章主要介绍了炼焦用煤的特点、焦炭的性质与用途、炼焦工艺过程及原理、焦炉的基本结构与加热理论及配煤炼焦与炼焦新技术等。

4.1 概述

炼焦炉经历了煤成堆、窑式、倒焰式、废热式和蓄热式等几个主要的发展阶段。16 世纪炼铁工艺的主要原料为木炭，但因为木炭的缺乏，17 世纪英国首先试验用焦炭代替木炭炼铁，中国及欧洲开始生产焦炭。当时将煤成堆干馏，以后演变为窑式炼焦，炼出的焦炭产率低、灰分高、成熟度不均匀。

为了克服上述缺点，18 世纪中叶设计开发了倒焰炉，将成焦的炭化室与加热的燃烧室之间用墙隔开，墙的上部设连通道，炭化室内煤干馏产生的荒煤气经流通道直接进入燃烧室，与来自炉顶通风道的空气相汇合自上而下地边流动边燃烧。这种焦炉的结焦时间长，开停不便。19 世纪，随着有机化学工业的发展，要求从荒煤气中回收化学产品，产生了废热式焦炉，将炭化室和燃烧室完全隔开。炭化室内煤干馏生成的荒煤气，先用抽气机抽出，经回收设备将煤焦油和其它化学产品分离出来，再将净焦炉煤气压送到燃烧室燃烧，以向炭化室提供热源，燃烧产生的高温废气直接从烟囱排出，这种焦炉所产煤气，几乎全部用于自身加热。

为了降低耗热量和节省焦炉煤气，1883 年发展了蓄热式焦炉，增设蓄热室。高温废气流经蓄热室后温度降为 300℃左右，再从烟囱排出。热量被蓄热室储存，用来预热空气。这种焦炉可使加热用的煤气量减少到煤气产量的一半，用来预热高炉煤气时，几乎将全部焦炉煤气作为产品，因而大大降低了生产成本。近百年来，炼焦炉在总体上仍然是蓄热式、间隙装煤、出焦的室式焦炉。

自 19 世纪 90 年代起，砌筑焦炉的耐火砖由黏土砖改为硅砖，使结焦时间从 24～48h 缩短到 15h，使焦炉寿命从 10 年延长到 20～25 年。近年来，随着硅砖的高密度化、高强度化和砖型的合理化，炼焦炉进一步提高了导热性和严密性，缩短了结焦时间，延长了炉龄。

在炼焦过程中，焦炭是烟煤高温干馏的固体产物，主要成分为碳，是具有裂纹和不规则的孔孢结构体。焦炭的 90%以上用于冶金工业的高炉炼铁，其余的用于机械工业、铸造、电石生产原料、气化及有色金属冶炼等。除了产出焦炭（约占 78%，质量分数）外，还产生焦炉煤气（占 15%～18%）和煤焦油（2.5%～4.5%），这两种副产品中含有大量的化工原料，可广泛用于医药、染料、化肥、合成纤维、橡胶等生产部门。回收这些化工原料，不仅能实现煤的综合利用，而且可减轻环境污染。

4.2 焦炭的性质及其用途

4.2.1 物理性质及力学性能

焦炭是以碳为主要成分的银灰色棱块固体，内部有纵横裂纹，沿焦炭纵横裂纹分开即为焦块，焦块含有微裂纹，沿微裂纹分开，即为焦体。焦体由气孔和气孔壁组成，气孔壁即为焦质。焦炭裂纹多少对其粒度和抗碎强度有直接的影响。焦炭微裂纹的多少、孔孢结构与焦炭的耐磨强度、高温反应性能密切相关。

4.2.1.1 真密度、视密度和气孔率

焦炭的真密度是指焦炭排除孔隙后单位体积的质量，通常为 $1.80 \sim 1.95 g/cm^3$，它与炼焦煤的煤化度、惰性组分含量和炼焦工艺有关。视密度是干燥块焦单位体积的质量，一般为 $0.80 \sim 1.08 g/cm^3$，与焦炭的气孔率和真密度有关。气孔率是指气孔体积占总体积的分数，约为 $35\% \sim 55\%$。三者之间的关系为

$$气孔率 = \left(1 - \frac{视密度}{真密度}\right) \times 100\% \tag{4.1}$$

4.2.1.2 裂纹度

裂纹度即焦炭单位面积上的裂纹长度。裂纹又分为纵裂纹和横裂纹两种，规定裂纹面与焦炉炭化室炉墙面垂直的裂纹称为纵裂纹；与炉墙面平行的裂纹称为横裂纹。焦炭中的裂纹有长短、深浅和宽窄的区分，可用裂纹度指标进行评价。焦炭裂纹度常用的测量方法是将方格（$1cm \times 1cm$）框架平放在焦块上，量出纵裂纹与横裂纹的投影长度即得。

4.2.1.3 粒度

因焦炭的外形不规则、尺寸不均一，故一般采用平均直径来表示粒度的大小。用多级振动筛将一定量的焦炭试样筛分，分别称量各级筛上焦炭的质量，得到各级焦炭占试样总量的分数 r_i 和该级焦炭上下两层筛孔的平均尺寸 d_i，则算术平均直径 d_D 为：

$$d_D = \sum r_i d_i \tag{4.2}$$

这样，由 d_D 将焦炭分为不同块度的级别。冶金焦的平均粒径一般大于 25mm，若平均粒径在 $10 \sim 25mm$ 的称为焦粒，多用于动力、燃料；小于 10mm 的称焦粉。

4.2.1.4 机械强度

焦炭的机械强度主要包括耐磨强度和抗碎强度，一般均采用转鼓法进行测定。焦炭在转鼓内随鼓转动时的运动情况可由图 4.1 表示，装入转鼓的焦炭在转鼓内旋转时，一部分被提料板提升，达到一定高度时被抛出下落（位置 A），使焦炭受到冲击力的破碎作用，一部分超出提料板的焦炭在提料板从最低位置刚开始提升时，就滑落到鼓底（位置 B），这部分焦炭仅能在转鼓底部滚动和滑动（位置 C），故破坏作用不大，当到下一块提料板时部分再被提起。此外转鼓旋转时焦炭层内焦炭间彼此相对位移及焦炭与鼓壁间的摩擦，则是焦炭磨损的主要原因，鼓内焦炭的填充量愈多，这种磨损作用就愈明显。

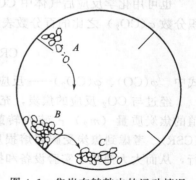

图 4.1 焦炭在转鼓内的运动情况

当焦炭外表面承受的摩擦力超过气孔壁强度时，就会产生表面薄层分离现象，形成碎末，焦炭抵抗这种破坏的能力称耐磨性或耐磨强度。当焦炭承受冲击力时，焦炭裂纹或缺陷处碎成小块，焦炭抵抗这种破坏的能力称抗碎性或抗碎强度。

一般用焦炭在转鼓内破坏到一定程度后，粒度小于 10mm 的碎焦数量占试样的质量分数表示耐磨强度，即 M_{10}

$$M_{10} = \frac{出鼓焦炭中粒度小于 10mm 的质量}{入鼓焦炭质量} \times 100\% \tag{4.3}$$

粒度大于 40mm 的块焦数量占试样的质量分数表示抗碎强度，即 M_{40}。

$$M_{40}=\frac{\text{出鼓焦炭中粒度大于40mm的质量}}{\text{入鼓焦炭质量}}\times100\% \tag{4.4}$$

4.2.2 焦炭的化学组成

① 水分　焦炭水分一般为2%～6%，焦炭水分一般要稳定，否则将引起高炉的炉温波动，并给焦炭转鼓指标带来误差。

② 灰分　灰分是焦炭中的有害杂质，主要成分是高熔点的SiO_2和Al_2O_3。因此，焦炭的灰分越低越好，灰分每增加1%，高炉焦比约提高2%，渣量约增加2.5%，高炉产量下降2.2%。

③ 挥发分　挥发分是焦炭成熟度的标志，它与原料煤的煤化程度、炼焦终温有关。一般成熟焦炭的挥发分在1%左右，当挥发分含量＞1.9%时，则为生焦。

④ 硫分　在高炉冶炼过程中，焦炭中的硫转入生铁中，会大大降低生铁的质量。一般硫分每增加0.1%，高炉熔剂和焦炭的用量将会增加2%，高炉的生产能力则降低2%～2.5%。

⑤ 磷分　焦炭中的磷主要以无机盐形式存在，煤中所含的磷几乎全部残留于焦炭中，在高炉炼铁时又转入生铁中。一般要求焦炭的磷含量小于0.02%。

4.2.3 焦炭的反应性及反应后强度

焦炭的反应性是指焦炭与CO_2的碳素熔损反应性，与原料煤的性质、组成、炼焦工艺和高炉冶炼条件等有关。我国对冶金焦的反应性是这样表征的：用200g粒度为5mm的焦炭，在1100℃下通入5L/min的CO_2，反应2h后，焦炭失重的百分比就是其反应性指标（CRI）。

$$CRI=\frac{m_0-m_1}{m_0}\times100\% \tag{4.5}$$

式中　m_0——参加反应的焦炭试样质量，kg；

m_1——反应后残存焦炭质量，kg。

也可用化学反应后气体中CO体积分数$\varphi(0°)$（相当于反应掉的碳）和（CO+CO_2）体积分数$\varphi(CO_2)$之比的百分数表示焦炭反应性，即

$$CRI=\frac{\varphi_{CO}}{\varphi(CO)+\varphi(CO_2)}\times100\% \tag{4.6}$$

式中　$\varphi(CO)$、$\varphi(CO_2)$——反应后气体中CO、CO_2气体的体积分数，%。

经过与CO_2反应的焦炭，充氮冷却后，全部装入转鼓，转鼓实验后，粒径大于某规定值的焦炭质量（m_2）占装入转鼓的反应后焦炭质量（m_1）的百分数，称为反应后强度（CSR）。考虑到焦炭受碳素熔损反应的破坏是不可逆的，故反应后强度的测定在常温下进行，从而大大简化了实验设备和操作。

$$CSR=\frac{m_2}{m_1}\times100\% \tag{4.7}$$

4.2.4 焦炭的用途及其质量指标

焦炭主要应用于高炉炼铁、机械铸造、电石、铁合金生产及化肥化工制气等行业，不同行业对焦炭的质量要求有所不同。

4.2.4.1 冶金焦

（1）冶金焦的作用

焦炭主要应用于高炉炼铁，占其应用的90%以上。高炉炼铁过程中，焦炭的作用主要

有三种，即供热燃料、还原剂和疏松骨架。高炉焦是炼铁过程中的主要供热燃料，不完全燃烧反应生成的 CO 作为高炉冶炼过程的主要还原剂。高炉炼铁示意图如图 4.2 所示。

高炉内的还原反应有两类：一是间接还原反应，在炉子上部，温度低于 800～1000℃，主要发生铁氧化物和 CO 的反应，生成 CO_2 和 Fe，其总的热效应是正的；二是直接还原反应，在料柱中段，温度高于 1100℃，焦炭与矿石仍然保持层层相间，但矿石外缘开始软化，温度较高的内缘已经接近熔化，故这一区段称为软融带。在软融带内，主要发生 FeO 与 C 的直接还原反应生成 CO 和 Fe。此反应分两步进行，第一步是 CO_2 和 C 的反应，称为碳溶反应；第二步是 FeO 与 CO 反应，生成 Fe 和 CO_2。第一步反应吸收大量的热，而且消耗碳而使焦炭的气孔壁削弱、粒度减小、粉末含量增加，会使料柱的透气性显著降低。

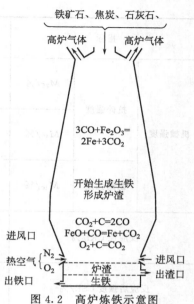

铁矿石、焦炭、石灰石、
高炉气体　高炉气体

$3CO+Fe_2O_3=2Fe+3CO_2$

开始生成生铁
形成炉渣

$CO_2+C=2CO$
$FeO+CO=Fe+CO_2$
$O_2+C=CO_2$

进风口

热空气 $\{\begin{array}{l}N_2\\O_2\end{array}$　　进风口

出铁口　　炉渣　出渣口
生铁

图 4.2　高炉炼铁示意图

间接还原属于气固反应，为扩散控制，可采用富氧鼓风和炉身喷吹高温 CO 和 H_2 等还原性气体，这样既可以提高煤气流和铁矿石表面上的 CO 和 H_2 的浓度差，又可提高煤气流温度，从而提高 CO 和 H_2 的扩散速度，以此提高间接还原速度；同时，可缩小铁矿石的粒度并改善其内部结构。矿石粒度减小，间接还原度增加。

还原反应是发生在上升煤气和下降炉料的相向接触中，整个料柱的透气性是高炉操作的关键，所以高炉焦的重要作用在于它是料柱的疏松骨架。尤其在料柱的下部，固态焦炭是煤气上升和铁水、熔渣下降所必不可少的高温填料。

（2）冶金焦的质量要求

我国冶金焦的技术指标（GB/T 1996—2003）见表 4.1。焦炭在高炉中下降时，受到摩擦和冲击作用，而且高炉越大，此作用也越大，要求焦炭的强度也越高。焦炭和矿石是粒度不均一的散状物料，散料层的相对阻力随着散料的平均当量直径和粒度均匀性的增加而减少。所以，炉料粒度不能太小，矿石应筛除小于 5mm 的矿粉，焦炭应筛除小于 10mm 的焦粉。焦炭粒度不应比矿石粒度大得太多。一般认为，入炉焦炭的平均粒度以 50mm 左右为合适。在软融带及以下区域，为了不使料柱结构恶化而使其透气性差，一般认为风口焦的平均粒度应大于 25mm，并尽可能地减少燃烧区内小于 5mm 的粉焦，以保证高炉料柱具有良好的透气性。

表 4.1　冶金焦的技术指标

指标	等级	粒度/mm		
		＞40	＞25	25～40
灰分 A_d/%	一级		≤12.0	
	二级		≤13.5	
	三级		≤15.0	
硫分 $S_{t,d}$/%	一级		≤0.60	
	二级		≤0.80	
	三级		≤1.00	

指标			等级	粒度/mm		
				>40	>25	25~40
机械强度	抗碎强度	M_{25}/%	一级		≥92.0	按供需双方协议
			二级		≥88.0	
			三级		≥83.0	
		M_{40}/%	一级		≥80.0	
			二级		≥76.0	
			三级		≥72.0	
	耐磨强度	M_{10}/%	一级		M_{25}时:≥7.0;M_{40}时:≥7.5	
			二级		≤8.5	
			三级		≤10.5	
反应性 CRI/%			一级		≤30.0	
			二级		≤35	
			三级		—	
反应后强度 CSR/%			一级		≥55	
			二级		≥50	
			三级		—	
挥发分 V_{daf}/%					≤1.8	
水分含量 M_t/%				4.0±1.0	5.0±2.0	≤12.0
焦末含量/%				≤4.0	≤5.0	≤12.0

注:百分号为质量分数

焦炭反应性是指焦炭与二氧化碳、氧和水蒸气等进行化学反应的能力。高炉冶金焦作为料柱的疏松骨架,最重要的性质是反应性要低。焦炭和矿石带入高炉的碱金属,只有一部分排出炉外,大部分在炉内循环,循环碱量是炉料带入量的6倍,并富集于发生碳素熔损反应的直接还原区,碱金属吸附在焦炭表面,会催化碳素熔损反应。因此,为了降低焦炭反应性,除了提高炉渣带出碱量以外,还应力求控制焦炭和矿石的带入碱量。

矿石中的脉石和焦炭中灰分的主要成分是 SiO_2 和 Al_2O_3,二者的熔点和还原温度都很高(大于1700℃)。为了脱除脉石和灰分,必须加入 CaO 和 MgO 等碱性氧化物或碳酸盐,使之与 SiO_2 和 Al_2O_3 反应生成低熔点化合物,从而在高炉内形成流动性较好的熔融炉渣,利用其密度不同和互不溶性与铁水分离。

高炉炼铁中的硫,60%~80%来自焦炭,其余是矿石和熔剂中的硫。硫的存在形式虽有多种,但在高温下,均生成气态硫及其化合物而进入上升煤气流中,其中的一小部分随煤气排出炉外,大部分被上部炉料中的 CaO、FeO 和金属铁所吸收,并随炉料下降,形成硫循环。高炉内的硫易使生铁铸件脆裂,所以要尽量脱除硫分。

焦炭的灰分、硫分高时,炉渣的碱度就高,这会导致炉渣熔化温度升高,一旦炉温波动就可引起局部凝结而难行或悬料。炉渣黏度增大,降低料柱的透气性。CaO 过剩,使 SiO_2 与之结合,而使碱金属氧化物与 SiO_2 的结合率降低,则炉渣带出的碱金属量减少,高炉内碱循环量增加,碳溶反应加剧。此外,焦炭与灰分的热胀性不同,当焦炭被加热至炼焦温度时,焦炭沿灰分颗粒周围产生并扩大裂纹,使焦炭碎裂或粉化。

4.2.4.2 铸造焦

铸造焦主要用于冲天炉中,以焦炭燃烧放出的热量熔化铁。一般要求铸造焦的粒度为50~100mm。为使冲天炉熔融金属的过热温度足够高,流动性好,应使焦炭粒度不致过小,否则会使碳的燃烧反应区降低，进而使过热区的温度过低。铸造焦粒度过大，燃烧区不集中，也会降低炉气温度。另外，硫是铁中有害元素，通常应控制在 0.1% 以下。冲天炉内焦炭燃烧时，焦炭中部分硫生成 SO_2 随炉气上升，在预热区和熔化区与固态金属炉料反应生成 FeS 和 FeO。铁料熔化后，流经底部焦炭层时，硫含量还会进一步增加。一般在冲天炉内铁水的增硫量为焦炭含硫量的 30%。此外，铸造焦还要有一定的机械强度，灰分尽可能低，气孔率约为 44%。

我国铸造焦的质量标准（GB 8729—88）见表 4.2。

表 4.2 铸造焦质量标准

指标	级别			指标	级别		
	特级	一级	二级		特级	一级	二级
块度/mm		>80		硫分 $S_{t,d}$/%	≤0.6	≤0.8	≤0.8
		80~60		转鼓强度 M_{40}/%	≥85.0	≥81.0	≥77.0
		>60		落下强度 SI_4^{50}/%	≥92.0	≥88.0	≥84.0
水分 M_t/%		≤5.0		显气孔率 P_s/%	≤40	≤45	≤45
灰分 A_d/%	≤8.0	8.0~10.0	10.0~20.0	碎焦率(<40mm)/%		≤4.0	
挥发分 V_{daf}/%		≤1.5					

4.2.4.3 电石焦

电石焦是电石生产的碳素材料，每生产一吨电石约需焦炭 0.5t。电石生产过程是在电炉内将生石灰熔融，并在小于 1200℃ 下，使其与电石焦中的 C 发生反应生成电石（CaC_2）。一般要求电石焦的粒度为 3~20mm，含碳量>80%，灰分<9%，水分小于 6%，以免生石灰消化。

4.2.4.4 气化焦

气化焦是专用于生产煤气的焦炭。主要用于固态排渣的固定床煤气发生炉内，作为气化原料生产以 CO 和 H_2 为可燃成分的煤气。气化焦要求灰分低、灰熔点高、块度适当且均匀。一般要求固定碳>80%，灰分<15%，灰熔点>1254℃，挥发分<3.0%，粒度分为 15~35mm 和>35mm 两级。气化焦一般由高挥发分的气煤生产，这类焦炭气化反应性好，制气效果理想。

4.3 炼焦用煤及其成焦理论

4.3.1 炼焦用煤及其特点

炼焦生产最初仅采用焦煤，即所谓的单煤炼焦。随着炼焦工业的发展，世界范围内焦煤的储量严重短缺，又加上单煤炼焦容易造成推焦操作困难，化学产品产率相对较低等问题。另外，由于近年来高炉大型化和采用高压富氧喷吹燃料（粉煤、油和天然气等）技术，对焦炭的质量要求更加严格。因此，采用配煤炼焦技术是炼焦行业扩大煤源、提高焦炭质量的主要途径。目前，炼焦用煤主要包括气煤、肥煤、焦煤及瘦煤。

（1）气煤

气煤的煤化程度比长焰煤高，煤的分子结构中侧链多且长，含氧量高。在热解过程中，不仅侧链从缩合芳环上断裂，而且侧链本身又在氧键处断裂，所以生成了较多的胶质体，但黏度小，流动性大，其热稳定性差，容易分解。在生成半焦时，分解出大量的挥发性气体，能够固化的部分较少。当半焦转化成焦炭时，收缩性大，产生了很多裂纹，大部分为纵裂纹，所以焦炭细长易碎。

在配煤中，气煤含量多，将使焦炭块度降低，但配以适当的气煤，可以增加焦炭的收缩性，便于推焦，又保护了炉体，同时可以得到较多的化学产品。由于我国气煤贮量大，为了合理利用炼焦煤资源，在炼焦时应尽量多配气煤。

（2）肥煤

肥煤的煤化程度比气煤高，属于中等变质程度的煤。从分子结构看，肥煤所含的侧链较多，但含氧量少，隔绝空气加热时能产生大量的分子量较大的液态产物，因此，肥煤产生的胶质体数量最多，其最大胶质体厚度可达 25mm 以上，并具有良好的流动性能，且热稳定性能也好。肥煤胶质体生成温度为 320℃，固化温度为 460℃，处于胶质体状态的温度间隔为 140℃。如果升温速度为 3℃/min，胶质体的存在时间可达 50min，由此决定了肥煤黏结性最强，是我国炼焦煤的基础煤种之一。由于其挥发分高，半焦的热分解和热缩聚都比较剧烈，最终收缩量很大，所以生成焦炭的裂纹较多，又深又宽，且多以横裂纹出现，故易碎成小块。肥煤单独炼焦时，由于胶质体数量多，又有一定的黏性，膨胀性较大，导致推焦困难。

用肥煤炼焦时，可多加瘦煤等弱黏煤，既可扩大煤源，又可减轻炭化室墙的压力，以利推焦。但是，肥煤的结焦性较差，配合煤中用此煤时，气煤用量应该减少。

（3）焦煤

焦煤的变质程度比肥煤稍高，挥发分比肥煤低，分子结构中大分子侧链比肥煤少，含氧量较低。热分解时生成的液态产物比肥煤少，但热稳定性更高，胶质体数量多，黏性大，固化温度较高，半焦收缩量和收缩速度均较小，所以焦煤炼出的焦炭不仅耐磨强度高、焦块大、裂纹少，而且抗碎强度也好。就结焦性而言，焦煤是最好的能炼制出高质量焦炭的煤。

炼焦时，为提高焦炭强度，调节配合煤半焦的收缩度，可适量配入焦煤，但不宜多用。因为焦煤储量少，膨胀压力大，收缩量小，在炼焦过程中对炉墙极为不利，并且容易造成推焦困难。

（4）瘦煤

瘦煤的煤化程度较高，是低挥发分的中等变质程度的黏结性煤，加热时生成的胶质体少，黏度大。单独炼焦时，能得到块度大、裂纹少、抗碎强度高的焦炭，但焦炭的熔融性很差，焦炭耐磨性能也差。炼焦时，在黏结性较好、收缩量大的煤中适当配入，既可增大焦炭的块度，又能充分利用煤炭资源。

4.3.2 配煤炼焦

4.3.2.1 配煤炼焦的目的、意义及原则

所谓配煤就是将两种或两种以上的单种煤料，按适当比例均匀配合，以求制得满足各种用途要求的优质焦炭。采用配煤炼焦，既可保证焦炭质量符合要求，又可合理利用煤炭资源，节约优质炼焦煤，同时增加炼焦化学产品产量。

配煤方案的制订是焦化厂生产技术管理的重要组成部分，也是焦化厂规划设计的基础，为了保证焦炭质量，又利于生产操作，在确定配煤方案时，应遵循下列原则。

① 配合煤的性质与本厂的煤料预处理工艺以及炼焦条件相适应，保证炼出的焦炭质量符合规定的技术质量指标，满足用户的要求；

② 焦炉生产中，注意不要产生过大的膨胀压力，在结焦末期要有足够的收缩度，避免推焦困难和损坏炉体；

③ 充分利用本地区的煤炭资源，做到运输合理，尽量缩短煤源平均距离，便于车辆调配，降低生产成本；

④ 在可能的情况下，适当多配一些高挥发分的煤，以增加化学产品的产率；

⑤ 在保证焦炭质量的前提下，应多配气煤等弱黏结性煤，尽量少用优质焦煤，努力做到合理利用中国的煤炭资源。

各焦化厂在确定配煤比时，应以配煤原则为依据，结合本地区的实际情况，尽量做到就近取煤，防止南煤北运及对流，避免重复运输，降低炼焦成本。此外应考虑焦炉炉体的具体情况，回收车间的生产能力，备煤车间的设备情况等，如炉体损坏严重时，配煤的膨胀力应小些，回收车间生产能力大时，可多配入高挥发分的煤。

4.3.2.2 配合煤的质量指标

由于配煤的多样性和复杂性，迄今尚未形成普遍适用又精确的配煤理论和实验方法。20世纪 50 年代以来，在预测焦炭的实验方法上，发展得出了一些配煤概念和统计规律，如黏结组分和纤维质组分的配煤概念、挥发分和流动度的配煤概念及煤岩配煤理论等。虽然在一定条件下，有一定的指导作用，但还不完善。所以，实际配煤方案的确定，还需要通过实验来完成。大型焦化厂基本上都有配煤试验炉，以其试验结果来指导配煤。配煤质量是决定焦炭质量的重要因素，一般情况下，配合煤应该满足如下要求。

① 水分　配合煤的水分一般要求在 7%～10% 之间，并保持稳定，以免影响焦炉加热制度的稳定。对生产来说，水分高将延长结焦时间，配合煤的水分每增加 1%，结焦时间需延长 20min，从而降低产量，增加耗热量。配煤中水分大时，会对炼焦过程带来种种不利影响：水的蒸发要吸收大量热，使焦炉升温速度减慢；装煤时使炭化室砌体骤冷，内应力负荷增大，影响炉体寿命；降低煤料堆密度；水分大时，会使焦炭强度降低。配煤水分太低时，在破碎和装煤时造成煤尘飞扬，恶化操作条件，还会使焦油中游离碳含量增加。

② 灰分　不同用途的焦炭对配合煤灰分的要求各不相同，一般认为，炼冶金焦和铸造焦时，配合煤灰分为 7%～8% 比较合适，而对气化焦则为 15% 左右。配煤的灰分指标是按焦炭规定的灰分指标经计算得来的，即

$$配煤灰分(A煤) = 焦炭灰分(A焦) \times 全焦率(K\%) \tag{4.8}$$

配合煤中的灰分在炼焦后全部残留于焦炭中，而焦炭的灰分高，会使炼铁时的焦炭和石灰石消耗量都增高，高炉的生产能力降低；同时，灰分中的大颗粒在焦炭中形成裂纹中心，使焦炭的抗碎强度降低，也使焦炭的耐磨性变差，所以，必须严格控制配煤的灰分。为了降低配煤中的灰分，应适当少配中等煤化度的焦煤、肥煤，多配高挥发分的弱黏煤。

③ 挥发分　配合煤的挥发分是煤中有机质热分解的产物，可按配煤中各单种煤的挥发分含量加权平均计算得到。根据我国煤炭资源的特点，并且为了提高化学产品的产率，应在可能条件下多配气煤。但挥发分高的煤料，其结焦性低于中等挥发分煤，又因收缩系数大，故当配用量过多及温度梯度已经确定时，会使焦炭的平均粒度小，抗碎强度低，所以配煤的挥发分不宜过高。大量生产试验表明，当挥发分在 25%～28% 时，焦炭的气孔率和比表面积最小，当挥发分在 18%～30% 时，焦炭的各向异性程度高，耐磨强度和反应后的强度为最佳。

④ 硫分　配合煤中硫分约有 60%～70% 转入焦炭。一般配合煤的产焦率为 70%～80%，故焦炭硫分约为配合煤硫分的 80%～90%。焦炭硫分一般要求小于 1.0%～1.2%，因此配合煤的硫分应控制在 1% 以下。我国不同地区所产的煤含硫量不同，东北、华北地区的煤含硫较低，中南、西南地区的煤含硫较高。降低配合煤硫分含量的途径，一是通过洗选除掉部分无机硫，二是配合煤料时，适当将高、低硫煤调配使用。

⑤ 黏结性和膨胀压力　黏结性是配煤炼焦中应首先考虑的指标。我国最常用黏结性指标的是胶质层最大厚度 Y 和黏结性指数 G，其值可在胶质层测定仪中测得，也可按加权平均

作近似计算。它们的数值越大，煤的黏结性越好。为了获得熔融性良好、耐磨性强的焦炭，配合煤一般要求 $Y=16\sim18mm$，$G=65\%\sim78\%$。

膨胀压力的大小和煤的黏结性与煤在热解时形成的胶质体性质有关。一般挥发分高的弱黏结性煤，膨胀压力小，胶质体的不透气性强，膨胀压力大。膨胀压力可促进胶质体均匀化，有助于加强煤的黏结。对黏结性弱的煤，可通过提高堆密度的办法来增大膨胀压力，但膨胀压力过大，能损坏炉墙。试验表明，安全膨胀压力应小于 $10\sim15kPa$。

⑥ 粒度　配合煤的粒度也是保证配煤质量的重要因素。由于配煤中各单种煤的性质不同，即使同一种煤的不同岩相组分，其性质也不同，所以配煤炼焦应将煤粉碎混匀，才能炼出熔融性好、质量均一的焦炭。我国大多数焦化厂配煤粒度控制在小于 3mm 的约占 90%。若配煤中大颗粒含量增大，就会造成弱黏结性煤和惰性物质的熔融性不好，出现较多的裂纹中心，影响焦炭质量。若细煤粒的含量增多，则会增加煤粒的表面积，减少煤的堆密度，这不但影响焦炭的质量，而且对装煤操作也不利。

另外，配煤中各种煤的黏结性不同，其粒度要求也不同。对黏结性好的、含活性成分（加热时软化熔融）多的煤应粗碎，反之则细碎。采用选择性破碎可满足此要求。黏结性差的和没有黏结性的煤组分，在粉碎时仍留在大粒级中，将其筛分出来，再进行粉碎。这样，在炼焦过程中，惰性成分被活性成分恰当地润湿、分散和黏结，从而形成组织均一、裂纹少的焦块。同时，惰性成分能使焦炭的气孔壁增厚，提高焦炭强度。

⑦ 配合煤的堆密度　该质量控制指标是指焦炉炭化室中单位容积煤的质量，常以 kg/cm³ 表示。配合煤堆密度大，不仅可以增加焦炭产率，而且有利于改善焦炭质量。但随着堆密度的增加，膨胀压力也增大，而配合煤膨胀压力过大会引起焦炉炉体破坏。因此，提高配合煤堆密度改善焦炭质量的同时，要严格防止膨胀压力超过极限值，其范围波动在 $10\sim24kPa$。提高堆密度主要可通过合理控制煤的水分和粒度分布，采用煤捣固工艺、煤压实工艺、煤干燥工艺、煤预热工艺或配型煤工艺等来实现。

4.3.3　煤的黏结成焦机理

4.3.3.1　煤的成焦过程

煤是组成复杂的高分子有机混合物，基本结构单元是不同缩合程度的芳香核，其核周边带有侧链，结构单元之间以交联键连接。高温炼焦过程可分为以下四个阶段，成焦过程简图如图 4.3 所示。

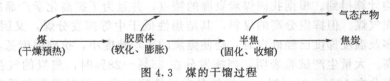

图 4.3　煤的干馏过程

（1）干燥预热阶段

从常温逐渐加热到 200℃，烟煤在炭化室中主要是干燥预热，并放出吸附于煤表面和气孔中的二氧化碳和甲烷气体，煤并没有发生外形上的变化。在此阶段温度上升时间相当于整个结焦时间的一半左右。这是因为供给煤料的热量是由炭化室两侧的炉墙向炭化室中心传导，水的气化潜热大而煤的热导率低，水气不易向炭化室的外层流出，致使大部分水气窜入内层湿煤中，使内层温度更低而冷凝下来，导致内层湿煤水分增加，炭化室中心温度长时间停留在 110℃以下。煤料水分越多，干燥时间越长，炼焦消耗热量越多。

加热到 200～350℃时，煤开始分解，产生气体和液体，主要分解出化合水、二氧化碳、一氧化碳、甲烷、硫化氢等气体。此时焦油蒸出量很少，生成的胶质体是微量的。

（2）胶质体形成阶段

当煤受热到 350～450℃时，一些侧链和交联键断裂，也发生缩聚和重排等反应，形成分子量较小的有机物。黏结性煤转化为胶质状态，分子量较小的以气态形式析出或存在于胶质体中，分子量较大的以固态形式存在于胶质体中，形成了气、液、固三相共存的胶质体。由于液相在煤粒表面形成，将许多粒子汇集在一起，所以，胶质体的形成对煤的黏结成焦非常重要。无黏结性的煤不能形成胶质体；黏结性好的煤热解时，形成的胶质状的液相物质多，且热稳定性好。又因为胶质体透气性差，气体析出不易，故产生一定的膨胀压力。胶质体的形成及转化示意图如图4.4所示。

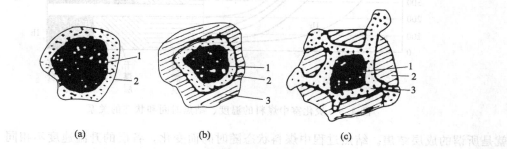

图 4.4 胶质体的形成及转化示意图
（a）软化开始阶段；（b）开始形成半焦阶段；（c）煤粒强烈软化和半焦破裂阶段
1—煤；2—胶质体；3—半焦

（3）半焦形成阶段

当温度超过胶质体固化温度 450～650℃时，液相的热缩聚速度超过其热解速度，增加了气相和固相的生成，胶质体的固化是液相缩聚的结果，这种缩聚产生于液相之间或吸附了液相的固体颗粒表面。煤的胶质体逐渐固化，形成硬壳（半焦），中间仍是胶质体。但这种状态维持时间较短，在半焦壳上会出现裂纹，胶质体从裂纹中流出，这些胶质体又发生固化，形成新的半焦层，一直到煤粒都熔融软化，形成胶质体并全部转化为半焦。

（4）焦炭形成阶段

当温度升高到 650～1000℃时，半焦内的不稳定有机物继续进行热分解和热缩聚，此时热分解的产物主要是气体，前期主要是甲烷和氢，随后产生的气体分子量越来越小，750℃以后主要是氢。随着气体的不断析出，半焦的质量减少较多，体积收缩。由于煤在干馏时是分层结焦的，在同一时刻，煤料内部各层所处的成焦阶段不同，所以收缩速度也不同。又由于煤中有惰性颗粒，故而产生较大的内应力，当此应力大于焦饼强度时，焦饼上形成裂纹，焦饼分裂成焦块。

4.3.3.2 煤的成焦特征

炭化室内煤料结焦具有单向供热、成层结焦的特点，且结焦过程中传热性能随炉料的状态和温度而变化。炭化室内的煤料由两侧的炉墙供热，加煤前炉墙的温度为 1100℃，当将湿煤加入炭化室中时，炉墙温度迅速下降。煤料水分含量越高，炉墙温度下降越多。炭化室中煤料的温度与其结焦过程的状态、位置和加热时间密切相关，如图4.5所示。

当煤料的位置一定时，各层煤料的温度随着结焦时间的延长而逐渐升高。当加热时间一定时，煤料距炉墙越近，温度越高，结焦成熟得越早。在装煤后约 3～7h，在靠近炉墙部位已经形成焦炭，而由炉墙至炭化室中心方向，依次为半焦层、胶质层、干煤层和湿煤层，这

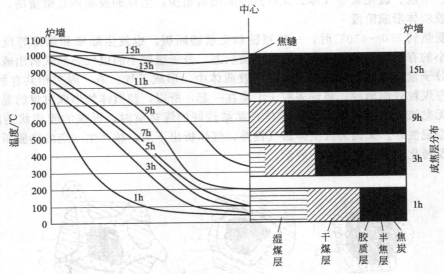

图 4.5 炭化室中煤料的温度、结焦时间和状态的关系

就是所谓的成层结焦。结焦过程中煤料状态随时间而变化，各层的升温速度不相同，处于不同状态的各种中间产物的热容，导热系数，相变热，反应热等也都不同。由于成层结焦，炭化室两侧有大体平行于墙面的两个塑性层，炭化室底部和顶部也各有一个塑性层，四面相连形成一个塑性层膜袋，膜袋内的煤热解产生气态产物使其膨胀，又通过半焦层和焦炭层对炭化室墙施以侧压力，即膨胀压力。

在装煤后约 11h，相当于结焦时间的 2/3，此时，两侧胶质体移至中心处汇合，膨胀压力达到最大，此压力将焦饼从中心推向两侧墙，从而形成焦饼中心上下直通的裂纹，称为焦缝。此时，由于炉料大部分已经形成焦炭，传热系数较大，且煤气直接从中心裂纹通过，因此，这里的升温速度和温度梯度都较大，收缩应力就大，所以炭化室中心部位的裂纹较多；距炉墙越近的煤料，升温速度快，产生的焦炭裂纹多且深，称为焦花；距离炉墙较远的内层，由于升温速度较慢，产生裂纹较少，也较浅。到了结焦末期，焦炭层逐渐移至中心面，整个炭化室全部成焦，因此结焦末期炭化室中心面的温度（焦饼中心温度）可以作为焦饼成熟程度的标志，成为炼焦最终温度。

4.4 炼焦炉及其设备

4.4.1 焦炉结构

现代焦炉炉体最上部是炉顶，炉顶之下为间隔配置的燃烧室和炭化室，再下面有蓄热室和连接蓄热室与燃烧室的斜道区，每个蓄热室下部有小烟道通过交换开闭器（也称废弃盘）与烟道相连。烟道则设在焦炉基础内部或基础两侧，烟道末端最终通向烟囱。因此，一般称焦炉由三室两区一基础组成，即炭化室、燃烧室、蓄热室、斜道区、炉顶区和基础部分组成，基本结构如图 4.6 所示。

4.4.1.1 炭化室

炭化室是煤隔绝空气干馏的地方。煤由炉顶的加煤车加入炭化室。炭化室两端有炉门，炼好的焦炭用推焦车推出，沿导焦车落入熄焦车中，赤热焦炭用水熄灭，置于焦台上。当用干法熄焦时，赤热焦炭用惰性气体冷却，并回收热能。整座焦炉靠推焦车一侧为机侧，另一侧成为焦侧。顶装煤的常规焦炉，为顺利推焦，炭化室水平截面呈梯形，焦侧大于机侧，两侧宽度之差称为锥度（燃烧室的机焦两侧宽度恰好与此相反）。捣固焦炉由于装入炉的捣固煤饼机焦侧宽度相同，锥度为零或很小。

　　为了合理利用焦炉机械，提高劳动生产率，将两座或四座焦炉构成一组，每座焦炉又有若干个炭化室，所以，每个炭化室的产焦量决定了整个炉组的生产能力，炭化室的产焦量与其大小密切相关。增大炭化室的容积是提高焦炉生产能力的主要措施之一，一般大型焦炉的炭化室有效容积为 $21\sim40m^3$，我国 5.5m 高的大型焦炉为 $35.4m^3$，6m 高的大型焦炉为 $38.5m^3$。国外近年来的大型焦炉有效容积已达 $50\sim80m^3$。炭化室尺寸的确定通常受到多种因素的影响，下面分别叙述。

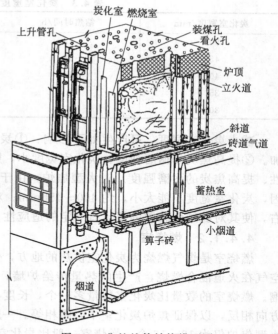

图 4.6　焦炉炉体结构模型图

　　（1）炭化室长度

　　增大炭化室长度，焦炉生产能力成比例地增长，单位产量的设备价格显著下降，基建投资和生产费用大大减少。但是，炭化室长度的增加受长向加热均匀性和推焦杆热强度的限制。

　　大容积焦炉多数与大高炉配合，大高炉要求焦炭反应后强度要高，即要求装炉煤的收缩性要小，这可以通过增加炭化室长度提高锥度来实现。但是随着炭化室长度和锥度的增大，长向加热均匀性不好，产生局部生焦，不仅使焦炭质量和产率降低，还使推焦阻力显著升高。另外，随着炭化室增长，推焦杆在推焦过程中，温升将增大，结构钢的屈服点降低，因而推焦杆不能太长。炭化室长度为 13～16m，从推焦机械性能来看，该长度已接近最大限度。实际上，焦炉大型化主要应该提高炭化室的高度。

　　（2）炭化室高度

　　增加炭化室高度是提高焦炉生产能力的重要措施，而且煤料堆密度的增加也可使焦炭质量有所提高。为保证炉墙有足够的极限负荷，欲增大炭化室高度，须相应提高炭化室的中心距和炭化室与燃烧室的隔墙厚度。此外，为使高向加热均匀，可造成燃烧室结构复杂化，为防止炉体变形和炉门冒烟，应加固护炉设备和增加炉门清扫机械，这些都会使炭化室的基建投资增加。所以，应以单位产品的各项经济技术指标进行综合权衡，选定合适的炭化室高度，目前大型焦炉的高度一般不超过 8m。

　　（3）炭化室宽度

　　增大炭化室宽度可提高操作效率，降低单位产品的生产费用。但对一定的生产能力，需增加炭化室的个数，这又使总体机械投资增大，所以要经过权衡后决定。对一定炉墙和材质的焦炉而言，增大炭化室宽度会使结焦时间延长，如表 4.3 所示。可减少炭化室墙承受的膨胀压力。当炭化室较宽时，结焦速度较小，胶质层内的煤气压力就较小。所以，当装炉煤的膨胀压力偏高时，宜采用宽炭化室。在相同的煤料和焦饼温度下，焦炭的平均粒径随炭化室宽度增大而增大，且焦炭的抗碎强度 M_{40} 也要高一些。

表 4.3　炭化室宽度与结焦速度的关系

炭化室宽度/mm	结焦时间/h	结焦速度/mm·h⁻¹	炭化室容积/m³
500	22	22.7	45
450	18	25	40.5
407	16	25.5	36.63
350	12.5	28	31.5
300	10	30	27

减小炭化室宽度，可产生如下影响：①炭化室宽度减少，每个炭化室的昼夜产焦量增加。②提高焦炭的耐磨强度。炭化室宽度小，则炼焦速度快，可在一定程度上改善煤的黏结性、提高焦炭的耐磨强度。对大型焦炉，由于推焦杆、平煤杆的强度及机械操作频率等原因，炭化室宽度不能太小，约 400~450mm；对小型焦炉，炭化室宽度可减少到 300mm 左右，使其对黏结性较差的煤也有一定的适应性。

4.4.1.2　燃烧室

燃烧室是煤气燃烧为炭化室供热的地方，位于炭化室两侧，其中分成许多火道。煤气和空气在火道混合燃烧，产生的热量传给炉墙，间接加热炭化室中的煤料，对其进行高温干馏。燃烧室的数量比炭化室数量多一个，长度与炭化室相等，燃烧室的锥度与炭化室相等但方向相反，以保证焦炉炭化室中心距相等。一般大型焦炉的燃烧室有 26~32 个立火道，中小型焦炉仅为 12~16 个。燃烧室一般比炭化室稍宽，以利于辐射传热。

（1）燃烧室与炭化室的隔墙

其要求是防止干馏煤气泄漏，尽快传递干馏所需的热量，高温抗腐蚀性强，整体结构强度高。焦炉生产时，燃烧室墙面的温度约为 1300℃，炭化室平均温度为 1100℃。在此温度下，炉墙承受炉顶机械和上部砌体的重力，墙面要经受干馏煤气和灰渣的侵蚀以及炉料的膨胀压力等。为此，炉墙都用带舌槽的异型砖砌筑。燃烧室材质关系到焦炉的生产能力和炉体寿命，一般均用硅砖砌筑。为进一步提高焦炉的生产能力和炉体的结构强度，炉墙有发展为采用高密度硅砖的趋势。

（2）火道及其联结方式

由于炭化室有一定的锥度，焦侧装煤量多一些。为使焦饼同时成熟，应保持燃烧室温度从机侧到焦侧逐渐升高，以适应炭化室焦侧宽、机侧窄的情况。为此，将燃烧室用隔墙分成若干个立火道，以便按温度不同分别供给不同数量的煤气和空气，同时也增加了燃烧室砌体的结构强度。

炭化室越长，燃烧室内的立火道数越多。由于立火道联结方式不同，可分为两分式、四分式、过顶式、双联火道式和四联火道式 5 种，如图 4.7 所示。

① 两分式炭化室下部设有大蓄热室，由中心隔墙分为机焦两侧。当用贫煤气加热时，一侧蓄热室单数进空气，双数进煤气（或相反），燃烧生成的废气汇合于水平集合烟道，由另一侧下降。两分式火道的优点是结构简单，全炉异向气流隔墙少，有利于防止窜漏。但水平结合烟道内气流阻力较大，导致各压力不同，从而使各立火道内的气体分配量和蓄热室长向气流分布不均。我国中小型焦炉多采用两分式结构，而大型焦炉则不采用。但国外有的大型焦炉，为充分利用两分式焦炉同侧气流同向的优点，将水平集合烟道设计成由炉头向中部逐渐扩大，以减少其阻力及对砌体强度的影响，故仍有不少大型焦炉采用两分式火道结构，如德国的斯蒂尔焦炉。

② 过顶式每个燃烧室下设两个蓄热室，当用贫煤气加热时，一个预热贫煤气，另一个预热空气，两者在立火道下部混合燃烧后，经过顶烟道进入炭化室另一侧的立火道，然后下

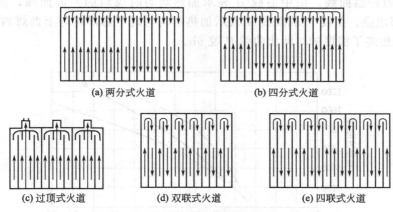

(a) 两分式火道   (b) 四分式火道

(c) 过顶式火道   (d) 双联式火道   (e) 四联式火道

图 4.7 燃烧室火道形式示意图

降至蓄热室。这种焦炉的炉顶温度高，已不再使用。

③ 双联式燃烧室设计成偶数个立火道，每两个火道为一组，一个火道中上升煤气，并在其中燃烧，生成的高温废气从火道中间隔墙跨越孔流入相邻的另一个火道而下降，每隔20～30min 换向一次。双联式火道的特点是调节灵敏，加热系统阻力小，气流在各个火道分布均匀，加热均匀。但是，每一个隔墙均为异向气流接触面，压差较大，焦炉老龄时易窜漏，结构较复杂，砖型多。双联式火道目前被我国大型焦炉广泛采用。

④ 四联式四联式火道的燃烧室中，立火道被分成四个火道或两个为一组，边火道一般两个为一组，中间立火道每四个为一组。这种布置的特点是一组四个立火道中相邻的一对立火道加热，而另一对走废气。在相邻的两个燃烧室中，一个燃烧室中一对立火道与另一燃烧室走废气的一对立火道相对应，或者相反。这样可保证整个炭化室炉墙长向加热均匀。

（3）加热水平高度

燃烧室顶盖高度低于炭化室顶部，二者之差称加热水平高度，这是为了保证使炭化室顶部空间温度不致过高，从而减少化学产品在炉顶空间的热解损失和石墨化程度。加热水平高度由以下三个部分组成：一是煤线距炭化室顶部的距离，即为炉顶空间高度，一般大型焦炉为 300mm，中小型焦炉为 150～200mm；二是煤料结焦后的垂直收缩量，它取决于煤料的收缩性及炭化室的有效高度，一般为有效高度的 5%～7%；三是考虑到燃烧室顶部对焦炭的传热，炭化室中成熟后的焦饼顶面应比燃烧室顶面高出 200～300mm（大焦炉）或 100～150mm（小焦炉）。因此，不同高度的焦炉加热水平是不同的。如 6m 高的焦炉为 900mm（1005mm），58 型焦炉为 600～800mm，66 型焦炉为 524mm。加热水平高度按下列经验式确定

$$H = h + \Delta h + (200 \sim 300)\text{mm} \qquad (4.9)$$

式中 h——煤线距炭化室顶部的距离（炭化室顶部空间高度），mm；

Δh——装炉煤炼焦时产生的垂直收缩量，mm；

200～300——考虑燃烧室的辐射传热允许降低的燃烧室高度，mm。

（4）实现高向加热均匀的方法

在煤料结焦过程中最重要，也是最困难的是沿炭化室高度方向加热均匀性问题。高度越高，加热均匀性越难达到，一般温差在 50～200℃ 之间，这主要取决于火焰长度是否足够长。加热不均匀将会引起结焦时间延长和产品产量、质量降低等不良后果。如图 4.8 所示为

炭化室中煤料的升温曲线。图中曲线 B 表示加热均匀时煤料的升温曲线，当结焦时间达 17h，焦饼全部成熟。曲线 P 和曲线 A 表示加热不均匀时下部煤料与上部煤料的升温曲线。曲线 A 达到结焦终了温度的时间比曲线 P 晚 6h。

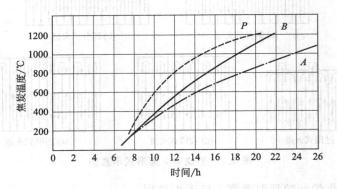

图 4.8　炭化室中煤料升温曲线

近年来，为了实现燃烧室高向加热均匀性，在不同结构的焦炉中，采取了不同的措施。根据结构不同，主要有以下几种方法，如图 4.9 所示。现代大容积焦炉常同时采用几种实现高向加热均匀的方法。

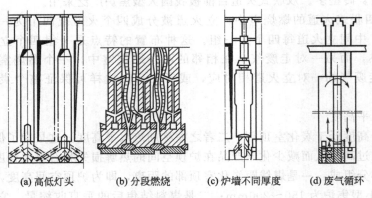

(a) 高低灯头　　(b) 分段燃烧　　(c) 炉墙不同厚度　　(d) 废气循环

图 4.9　各种解决高向加热均匀的方法

① 高低灯头　双联火道中，单数火道为低灯头，双数火道为高灯头（灯头即为热炉煤气喷嘴），火焰在不同的高度燃烧，使炉墙加热有高有低，以改善高向加热均匀性。奥托式、JN60-87 型、JNX60-87 型焦炉即用此法。

② 分段燃烧　分段燃烧是将空气和贫煤气（当用焦炉煤气加热时，煤气则从垂直砖煤气道进入火道底部）沿火道墙上的通道，在不同的高度上通入火道中燃烧，一般分为上、中、下三点，使燃烧分段。这种措施可以使高向加热均匀。但炉墙结构复杂，需强制通风，空气量调节困难，加热系统阻力大。上海宝钢引进的新日铁 M 型焦炉即采用此法。

③ 废气循环　这是使燃烧室高向加热均匀最简单有效的方法，现在被广泛采用。由于废气是惰性气体，将它加入煤气中，可以降低煤气中可燃组分浓度，从而使燃烧反应速率降低，火焰拉长，因而保证高向均匀加热，燃烧室上下温差可降低至 40℃。目前中国的大型焦炉均采用此法。废气循环因燃烧室火道形式的不同可有多种方式（如图 4.10）。

④ 按炭化室高度采用不同厚度的炉墙　即靠近炭化室下部的炉墙加厚，向上逐渐减

薄，以保证加热均匀。由于炉墙加厚，传热阻力增大，结焦时间延长，故此方法现在已不采用。

（5）煤气的入炉方式

焦炉加热煤气有高炉煤气和焦炉煤气。煤气入炉方式可分为下喷式和侧入式，下喷式焦炉都设有地下室，用以安装加热煤气管道和管件。单热式焦炉配备一套加热煤气管系，复热式焦炉配备高炉煤气和焦炉煤气两套管系。不同焦炉供入煤气的管道布置不同。

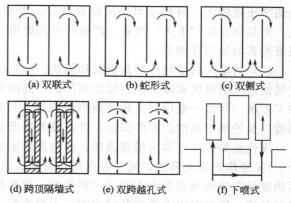

（a）双联式　　（b）蛇形式　　（c）双侧式

（d）跨顶隔墙式　　（e）双跨越孔式　　（f）下喷式

图 4.10　各种废气循环方式

① 侧入式焦炉煤气由总管→预热器→蓄热室走廊里的机焦两侧焦炉煤气主管→各支管（设有调节旋塞和交换旋塞）→水平砖煤气道→分布到各立火道；高炉煤气由总管→煤气混合器，掺入少量焦炉煤气→地下室（或蓄热室走廊里的地下沟）高炉煤气主管→各支管（设有调节旋塞和交换旋塞）→废气盘。国内小型焦炉富煤气入炉多采用侧入式，国外一些大中型焦炉也采用煤气侧入式，如卡尔·斯蒂尔焦炉、ПВР焦炉等。此种煤气入炉方式由于无法调节进入每个立火道的煤气量，且沿砖煤气道长向气流压差大，从而使进入直立砖煤气道的煤气分配不均，不利于焦炉的长向加热，但是焦炉不需设地下室而简化了结构，节省了投资。

② 下喷式焦炉煤气由总管→预热器→地下室的焦炉煤气主管→各煤气支管（设调节和交换旋塞）→各排煤气横管→小横管（设有小孔板和小喷嘴）下喷管→直立砖煤气道→立火道底部的焦炉煤气烧嘴喷出，与斜道来的空气混合燃烧；下喷式焦炉的高炉煤气与下喷式焦炉煤气流向近似，不同的是高炉煤气由小支管（穿过小烟道或位于小烟道隔墙内）直接流入分格蓄热室预热后再去立火道。如 58-Ⅱ型、JN60-82 型等炉型均采用此法。采用下喷式可分别调节进入每个立火道的煤气量，故调节方便，且易调准确，有利于实现焦炉的加热均匀性。但是需设地下室以布置煤气管系，投资相应加大。

4.4.1.3　蓄热室

从燃烧室排出的废气温度常高达 1300℃ 左右，这部分热量必须予以利用。蓄热室的作用就是利用蓄积废气的热量来预热燃烧所需的空气和贫煤气。蓄热室位于炭化室的正下方，其上经斜道同燃烧室相连，其下经废气盘分别同分烟道、贫煤气管道和大气相通。蓄热室构造包括顶部空间、格子砖、箅子砖和小烟道以及主墙、单墙和封墙。下喷式焦炉主墙内还设有直立砖煤气道。

（1）格子砖　蓄热室内，当下降高温废气时，由内装格子砖将大部分热吸收并积蓄，使废气温度由约 1200℃ 降到 400℃ 以下。当上升煤气或空气时，格子砖将蓄热量传给煤气或空气，使气体预热温度达 1000℃ 以上。每座焦炉的蓄热室总是半数处于下降气流，半数处于上升气流，每隔 24～30min 换向一次。为使格子砖传热面积大，阻力小，可采用薄壁异型格子砖，以增大传热面积。为降低阻力、且结构合理，格子砖安装时，上下砖孔要对准，操作时要定期用压缩空气吹扫。蓄热室温度变化大，格子砖应采用黏土砖。

（2）蓄热室隔墙　蓄热室隔墙有中心隔墙、单墙和主墙。中心隔墙将蓄热室分为机焦两侧。通常两个部分的气流方向相同。单墙两侧为同向气流（煤气和空气），压力接近，窜漏可能性小，用标准砖砌筑。主墙两侧为异向气流，一组上升煤气和空气，另一组下降废气，两侧净压差较大，因此主墙要求密封性好。否则，上升煤气漏入下降气流中，不但损失煤气，而且会发生"下火"现象，严重时可烧熔格子砖和蓄热室隔墙，使废气盘变形。主墙多用带沟舌的异型砖砌筑。

（3）封墙　封墙的作用是密封和隔热。炼焦时，蓄热室内始终是负压，为了防止吸入冷空气使边火道温度骤降，故封墙必须严密；同时为了减少热损失，绝热必须良好，从而提高热工效率。封墙一般用黏土砖及隔热砖砌成，总厚度约为 400mm，为此在封墙中砌一层绝热砖以及外部用硅酸铝纤维保温，并在墙外表安装金属外壳。

现代焦炉蓄热室均为横蓄热室，即与炭化室的纵轴平行。横蓄热室有并列式和两分式之分。JN 型焦炉等大型焦炉属于并列式，两分式焦炉的蓄热室一般属于两分式。由于并列式蓄热室异向气流接触面大于两分式蓄热室，故蓄热室窜漏的可能性也大些。有的焦炉采用蓄热室分格，即每对立火道与其对应的下方两格蓄热室形成一个单独的加热系统，方便调节气量控制温度，但存在砌体结构复杂、清扫不便等缺点。

4.4.1.4　斜道区

斜道区从位置来看，既是蓄热室的封顶，又是燃烧室和炭化室的底部。从所起作用看是燃烧室和蓄热室的连通道，用于导入空气和煤气，并将其分配到每个立火道中，同时排出废气。不同类型的焦炉，斜道区的结构有所不同，图 4.11 为 JN 型焦炉斜道区结构图。

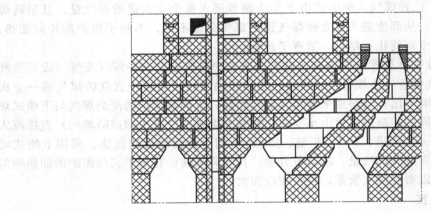

图 4.11　JN 型焦炉斜道区结构图

每个立火道的底部都有两条斜道和一个烧嘴，一条通空气蓄热室，一条通贫煤气蓄热室，复热式焦炉还有一条砖煤气道，通焦炉煤气。当用焦炉煤气加热时，烧嘴走上升焦炉煤气，两个斜道都走上升空气；当用高炉煤气加热时，一个斜道走上升高炉煤气，另一个斜道走上升空气。贫煤气和空气的量，通过改变斜道口处调节砖厚度来调节，而焦炉煤气量则通过改变下喷管内孔板直径进行调节。

斜道内走不同压力的气体，不许窜漏。斜道内设有膨胀缝和滑动缝，以吸收砖体的线膨胀。斜道区的倾斜角应该大于 30°，以免积灰堵塞，斜道的断面收缩角应小于 7°，砌筑时，力求光滑，以免增大阻力。同一个火道内两条斜道出口中心线定角，决定了火焰的高度，应与高向加热均匀相适应，一般约为 20°。

斜道出口收缩，使上升气流的出口阻力增大，约占整个斜道阻力的 75%。当改变调节砖厚度而改变出口截面积时，能有效地调节高炉煤气和空气量。

总之，斜道区通道多，气体纵横交错，异型砖用量大，严密性、准确性要求高，是焦炉中结构最复杂的部位。

4.4.1.5 炉顶区

炭化室盖顶砖以上部位即为炉顶区。炉顶区设有装煤孔、上升管孔、拉条沟及烘炉孔（投产后堵塞不用）。炉顶区的高度关系到炉体结构强度和炉顶操作环境，大型焦炉为 1000～1200mm，并在不受压力的实体部位用隔热砖砌筑。炉顶区的实体部位也需设置平行于抵抗墙（位于焦炉两端，防止焦炉膨胀变形）的膨胀缝。炉顶区用黏土砖和隔热砖砌筑，炉顶表面用耐磨性好的砖砌筑。

4.4.1.6 焦炉基础平台、烟道和烟囱

焦炉基础平台位于焦炉地基之上，炉体的底部支撑整个炉体、炉体设施和机械的重量，并把它传到地基上去。焦炉两端设有钢筋混凝土的抵抗墙，抵抗墙上有纵拉条孔。焦炉砌在基础平台上，依靠抵抗墙和纵拉条来紧固炉体。基础位于炉体的底部，它支撑整个炉体、炉体设施和机械的重量，并把它传到地基上去。焦炉基础的结构型式随炉型和煤气供入方式的不同而异。焦炉基础有下喷式和侧喷式两种。下喷式焦炉基础是一个地下室，由底板、顶板和支柱组成。侧喷式焦炉基础是无地下室的整片基础。

焦炉机、焦侧下部设有分烟道，通过废气盘与各小烟道连接，炉内燃烧产生的废气通过分烟道汇合到总烟道，然后由烟囱排出。烟囱的作用是向高空排放燃烧废气，并产生足够的吸力，以便使燃烧所需的空气进入加热系统。

4.4.2 焦炉炉型

现代焦炉按装煤方式、加热煤气种类、空气及加热用煤气的供入方式和气流调节方式、燃烧式火道结构及实现高向加热均匀性的方法等分成许多型式。每一种焦炉型式均由以上分类合理组合而成。下面介绍几种常见焦炉的结构特点。

4.4.2.1 新日铁 M 型焦炉

上海宝山钢铁总厂从日本引进的新日铁 M 型焦炉是日铁式改良型大容积焦炉，结构示意图如图 4.12 所示。炭化室高 6m，长 15.7m，平均宽 450mm，锥度 60mm，有效容积 37.6m³。该焦炉为双联火道，蓄热室沿长向分格。为了改善高向加热均匀性，采用了三段加热，为调节准确方便，焦炉煤气和贫煤气（混合煤气）均为下喷式。在正常情况下空气用管道强制通风，再经空气下喷管进入分格蓄热室，强制通风有故障时，则由废气盘吸入（自然通风）。

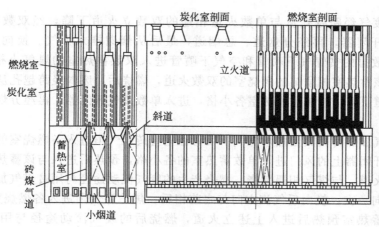

图 4.12　新日铁 M 式焦炉炉体结构图

蓄热室位于炭化室下方，每个蓄热室沿长向分成 16 格，两端各一个小格，中间 14 个大

格，煤气格与空气格相间排列。每个蓄热室下面平行设两个小烟道，一个与煤气格相连，另一个通空气格。沿炉组长向蓄热室的气流方向，相间异向排列。沿燃烧室长向的火道隔墙中有两个孔道，一处走上升气流，另一处下降气流，每个孔道在距炭化室底 1260mm 及 2896mm 处各有一个开孔，与上升火道或下降火道相通，实行分段加热。

新日铁 M 型焦炉加热时的气体流动途径如图 4.13 所示。用贫煤气加热时，贫煤气经下喷管进入单数蓄热室的煤气小格，空气经空气下喷管进入单数蓄热室的空气小格，预热后进入与该蓄热室相联结的燃烧室的单数火道（从焦侧向机侧排列）燃烧。

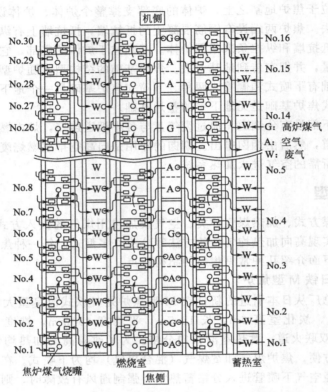

图 4.13　新日铁 M 型焦炉气体流动示意图

燃烧后的废气经跨越孔从与单数火道相连的双数立火道下降，经双数蓄热室各小格进入双数废气开闭器，再经分烟道、总烟道，最后从烟囱排入大气。换向后，贫煤气和空气分别经双数排的贫煤气下喷管和空气下喷管进入双数蓄热室的煤气小格和空气小格，预热后进入与该蓄热室相联结的燃烧室的双数火道，燃烧后，废气经跨越孔从与双数火道相连的单数立火道下降，经单数蓄热室各小格，进入单数废气开闭器，再经分烟道、总烟道和烟囱排出。

用焦炉煤气加热时，其由焦炉煤气下喷管经垂直砖煤气道进入各燃烧室的单数火道，空气经单数废气开闭器上的风门进入单数蓄热室的各小格，预热后进入与该蓄热室相连接的燃烧室的单数立火道，与煤气相遇燃烧，燃烧产生的废气流动途径与用贫煤气加热时相同。间隔约 30min 换向一次，换向后气流方向与之前相反。焦炉煤气则进入各燃烧室的双数火道，空气则经双数蓄热室预热后进入上述立火道，燃烧后的废气流动途径与用贫煤气加热时相同。

新日铁 M 式焦炉炉型加热均匀，调节准确、方便，但砖型复杂，约有 1200 多种。蓄热室分格，隔墙较薄，容易发生短路，且不易检查内部情况。贫煤气和空气的下喷管，穿过小烟道，容易被废气烧损、侵蚀。

4.4.2.2 JN43-58 型焦炉

JN43-58 型焦炉（简称 58 型焦炉）是 1958 年在总结了我国多年炼焦生产实践经验的基础上，吸取了国内外各种现代焦炉的优点，由我国自行设计的，是一种双联火道带废气循环，焦炉煤气下喷，两格蓄热室的复热式焦炉。该焦炉经过长期生产实践，多次改进，现已发展到 58-Ⅱ型，结构如图 4.14 所示。

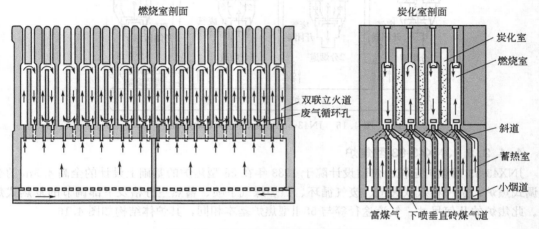

图 4.14 JN43-58-Ⅱ型焦炉结构示意图

58-Ⅱ型焦炉的炭化室尺寸分为两种宽度，即平均宽为 407mm 和 450mm 两种型式，以适宜不同的煤种选用。与其相应的燃烧室宽度为 736mm 和 693mm（包括炉墙）。燃烧室属于双联火道带废气循环式结构，由 28 个立火道组成，成对火道的隔墙上部有跨越孔，下部有循环孔，为防止炉头火道低温或吸力过大等原因而造成短路，机、焦侧两端各一对边火道不设循环孔。灯头砖高于废气循环孔的位置，不仅使焦炉煤气火焰拉长，改善高向加热均匀性，还可防止短路。燃烧室头部采用直缝和高铝砖结构，以适应该处温度的剧烈变化和较重的摩擦。

每个炭化室下面有煤气和空气两个蓄热室，与其上方炭化室两侧的燃烧室相通。面对焦炉的机侧，蓄热室与燃烧室的编号从左到右，立火道的编号由机侧到焦侧时，则每个蓄热室与同号燃烧室的双数火道、前号燃烧室的单数火道相连，即"同双前单"。立火道中的左侧斜道口均为煤气口，右侧均为空气口。同一个燃烧室的相邻火道气流方向相反，相邻燃烧室的同号火道也是气流方向相反。

58-Ⅱ焦炉的气体流动途径如图 4.15 所示。用焦炉煤气加热时，走上升气流的蓄热室全部预热空气，焦炉煤气经地下室的焦炉煤气主管 1-1、2-1、3-1 旋塞，由下排横管经垂直砖煤气道，进入单数燃烧室的双号火道和双数燃烧室的单号火道，空气则由单数蓄热室进入这些火道与煤气混合燃烧。废气在火道内上升经跨越孔由与它相连的火道下降，经双数蓄热室、废气盘、分烟道、总烟道，最后由烟囱排入大气。换向后则气流方向相反。

用高炉煤气加热时，高炉煤气由废气盘的煤气叉部进入蓄热室预热，气流途径与上述相同，只是两个上升蓄热室中，一个走空气，另一个走煤气。

JN43-58-Ⅱ型焦炉是我国设计的优良炉型之一，具有炉型结构严密、炉头不易开裂、高向加热比较均匀、热工效率较高、砖型少、投资低等优点。

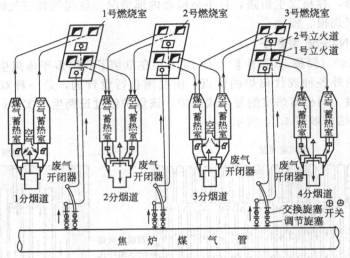

图 4.15　JN43-58-Ⅱ焦炉气体流动途径

4.4.2.3　JNX43-83 型焦炉

JNX43-83 型焦炉是鞍山焦耐设计院于 1983 年在 58 型焦炉的基础上设计的全高 4.3m 的全下调式焦炉，是一种双联火道、废气循环、焦炉煤气下喷、蓄热室分格及下部调节的复热式焦炉。此焦炉的几何尺寸、气流途径等与 58-Ⅱ型焦炉基本相同，其炉体结构如图 4.16。

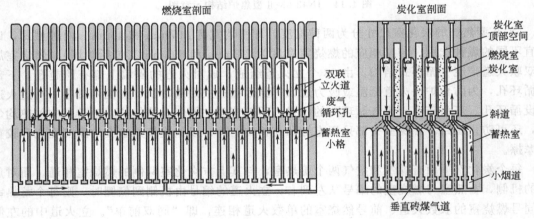

图 4.16　JNX43-84 型焦炉结构示意图

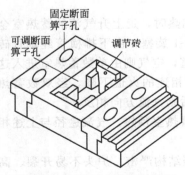

图 4.17　下调式算子砖结构图

JNX43-83 型焦炉是一种全下调式焦炉。过去设计的焦炉对于一个火道的空气量的调节均为上调式，即用较长的工具在炉顶看火孔调节（或更换）调节砖的位置（或厚度），因此调节困难，准确性差。下调式是利用新设计的一种可调断面的新型算子砖（图 4.17）进行调节。每一块算子砖包括四个固定断面的小孔和一个可调断面的大孔。从地下室经基础顶板上的下部调节孔，可以方便地调节此孔的断面，达到调节流量的目的。为此目的，蓄热室应根据对应的立火道数分格，JNX43-83 型焦炉燃烧室设有 28 个立火道，因此蓄热室也对应地分成 28 个单元，小格与立火道一一对应，数目相同，否则无法进行下部调节。

JNX43-83 型焦炉具有下部调节灵敏，加热均匀合理，耗热量低，节能效果好的优点。但同时也存在结构复杂、维修困难等比较突出的缺点。

4.4.2.4　JNX60-87 型焦炉

JNX60-87 型焦炉是鞍山焦耐院为上海宝钢二期工程设计新建的 4×50 孔大容积焦炉。此大容积焦炉为双联火道、废气循环、富煤气设高低灯头、蓄热室分格且为下部调节的复热式焦炉，其外形尺寸与 M 型焦炉基本相同，结构与 JNX43-83 型焦炉相似。此焦炉的主要尺寸及操作指标如表 4.4 所示。

表 4.4　JNX60-87 型焦炉的主要尺寸及操作指标

名称	单位	数值	名称		单位	数值
炭化室高	mm	6000	立火道个数		个	32
炭化室有效高	mm	5650	加热水平高度		mm	900
炭化室全长	mm	15980	炉顶厚度		mm	1250
炭化室有效长	mm	15140	炭化室墙厚度		mm	100
炭化室平均宽	mm	450	立火道隔墙厚度		mm	151
机侧宽	mm	420	蓄热室格子砖厚度		mm	3018
焦侧宽	mm	480	装煤孔直径		mm	410
炭化室有效容积	m³	38.5	装煤孔个数		个	5
炭化室一次装干煤量	t	28.2	上升管孔直径		mm	500
结焦时间	h	19.5	上升管个数		个	2
炭化室中心距		1300	灯头砖出口高度	高灯头	mm	405
立火道中心距		480		低灯头	mm	255

JNX60-87 型焦炉的主要特点如下：蓄热室沿纵长方向共分 32 个格，分隔墙厚度为 60mm，每一小格的箅子砖包括四个固定孔和一个可调断面的大孔。从地下室的基础顶板上的下部调节孔，可以对此孔进行方便的调节；采用废气循环而不用分段加热的办法来拉长火焰，因而大大简化了斜道区的结构，异型砖数仅为 158 个，还不到 M 型焦炉的一半。废气循环在操作条件变化时，有自调的作用，因此焦炉在操作波动大，变化频繁时也有很好的适应性。另外，废气循环还能有效地降低废气中 NO_x 的含量，降低了对环境的污染；再加上高低灯头的采用，可使此焦炉无论是用焦炉煤气加热还是贫煤气加热，都能保证高向加热均匀。

大容积焦炉与一般的焦炉比，具有以下特点：生产能力大，劳动生产率高，投资省。与 JN43 焦炉比，每孔装煤量提高到 1.52 倍，焦炉操作人员的劳动生产率提高约 25%～30%，每座焦炉的耐火材料节约 200 余吨，且砖型简化，仅 338 种；耗热量低，热工效率高；煤的堆密度大，高向加热均匀，用焦炉煤气或高炉煤气加热时，焦饼上下温度都在 100℃ 之内，故而焦炭质量有所提高。大容积焦炉是我国大型焦化厂焦炉发展的方向，但大容积焦炉对设备、机械、材料等要求较高。

4.4.2.5　TJL4350D 型捣固焦炉

由化学工业第二设计院设计的我国第一座 4.3m 捣固焦炉，使我国的捣固炼焦技术提高到了一个新的水平。该焦炉为宽炭化室、双联火道、废气循环、下喷单热式、捣固侧装结构，是在总结多年焦炉设计及生产经验的基础上设计的。自 2002 年投产运行后，经过不断的调试，已达到了设计产量，且焦炭质量符合国家一级冶金焦的指标。

该焦炉的主要结构特点如下：炭化室平均宽度为 500mm，属于宽炭化室焦炉，具有可改善焦炭质量和增大焦炭块度的优点，另外在产量相同时（与炭化室宽 450mm 相比较），还具有减少出焦次数、减少机械磨损、降低劳动强度、改善操作环境和降低无组织排放等优点；采用了单热式和宽蓄热室，适当降低了蓄热室高度，从而减少了用砖量，降低工程投资；小烟道采用扩散型箅子砖，使焦炉长向加热均匀，燃烧室则采用废气循环和高低灯头结构，保证焦炉高向加热均匀；蓄热室主墙用带有三条沟舌的异型砖相互咬合砌筑而成，蓄热室主墙上的砖煤气道与外墙面无直通缝，保证了焦炉的结构强度，提高了气密性；燃烧室炉头为高铝砖砌筑的直缝结构，可防止炉头火道的倒塌，且高铝砖与硅砖之间的接缝采用小咬合结构，砌炉时炉头不易被踩活，烘炉后也不必为两种材质的高向膨胀差而进行特殊的处理；炭化室墙采用宝塔形砖，消除了炭化室与燃烧室间的直通缝，炉体结构严密，荒煤气不易窜漏，同时便于维修；在炉底铺设硅酸铝耐火纤维砖，减少炉底散热，降低地下室温度，从而改善了操作条件。

4.4.2.6　QRD-2000 清洁型热回收捣固焦炉

热回收焦炉是指炼焦煤在炼焦过程中产生焦炭，其化学产品、焦炉煤气和一些有害的物质在炼焦炉内部合理充分燃烧，回收高温废气的热量用来发电或其它用途的一种焦炉。我国的热回收焦炉由于采用了捣固装煤，全部机械化操作，实现了清洁生产，因此也叫清洁型热回收捣固焦炉。2000 年由山西化工设计院研究设计的 QRD-2000 清洁型热回收捣固焦炉主要由炭化室、四联拱燃烧室、主墙下降火道与上升火道、炉底区、炉顶区及炉端墙等构成，其结构如图 4.18 所示。

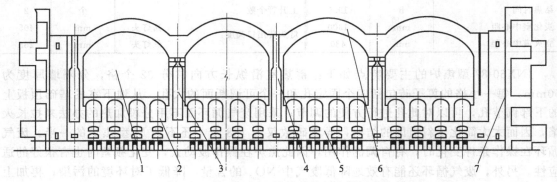

图 4.18　QRD-2000 清洁型热回收捣固焦炉
1—炭化室；2—四联拱燃烧室；3—主墙下降火道；4—上升火道；5—炉底区；6—炉顶区；7—炉端墙

将炼焦煤捣固后装入炭化室，利用炭化室主墙、炉底和炉顶储蓄的热量以及相邻炭化室传入的热量使炼焦煤加热分解，产生荒煤气。荒煤气在自下而上逸出的过程中，覆盖在煤层表面，形成第一层惰性气体保护层，然后向炉顶空间扩散，与由外部引入的空气发生不充分燃烧，生成的废气形成煤焦与空气之间的第二层惰性气体保护层。由于干馏产生的荒煤气不断产生，在煤（焦）层上覆盖和向炉顶的扩散不断进行，使煤（焦）层在整个炼焦周期内始终覆盖着完好的惰性气体保护层，使炼焦煤在隔绝空气的条件下加热得到焦炭。炭化室内燃烧不完全的气体，通过炭化室主墙下降火道到四联拱燃烧室内，在耐火砖的保护下再次与进入的适度过量空气充分燃烧，燃烧后的高温废气送往发电并脱除二氧化硫后排入大气。

由于其独特的炉体结构和工艺技术，热回收焦炉在炼焦过程中炭化室负压操作，不外泄烟尘，也不回收化学产品和净化焦炉煤气，很少产生污染物，解决了炼焦过程中主要污染物的排放问题，基本上实现了清洁生产和环境保护。同时，由于对炼焦煤种适用广泛，焦炭块度大质量高，热回收焦炉在实际应用中已显示了它的优越性。

4.4.2.7　炉型的选择

我国自行设计的焦炉主要有 JN43、JN60 型等，可供不同规模的焦化厂选用，选择炉型时，需考虑以下几个问题。

（1）焦炉的生产能力

焦炉炉组的生产能力可参考表 4.5 中的数据，并按下式进行计算

$$Q = \frac{NMBK \times 8760 \times 0.97}{0.94\tau} \qquad (4.10)$$

式中　　Q——每个炉组生产全焦的能力，t/a；

　　　　N——每座焦炉的炭化室孔数；

　　　　M——每个炉组的焦炉数；

　　　　B——每孔炭化室装干煤量，t；

　　　　K——干煤全焦产率，%；

　　　　τ——周转时间（即结焦时间和炭化室处理时间之和），h；

　　8760——全年操作时间，h/a；

　　0.97——检修炭化室的减产系数；

　　0.94——按湿焦含水百分数计算的湿焦炭换算系数。

注：利用上计算焦炉的最大负荷（估算设备能力）时，应将减产系数换成焦炉加煤的紧张系数，取 1.07。

表 4.5　焦炉生产能力计算定额

项　　　目	标准
年工作日/d	365
焦炉周转时间（炉墙厚 100mm 的硅砖焦炉）/h	
炭化室平均宽 350mm	12
炭化室平均宽 407mm	15
炭化室平均宽 420mm	16
炭化室平均宽 450mm	17
炭化室平均宽 450mm（捣固焦炉）	20
焦炉机械单孔操作时间（不小于）/min	
推焦车	10~11
熄焦车	5~6
推焦车（泥封炉门）	16
推焦车与捣固机（捣固焦炉）	30
第一周转时间内焦炉机械的检修时间（不小于）/min	120
装炉煤堆密度（换算为干煤）/t·m⁻³	
炉顶装煤	0.72~0.75
捣固装煤	0.95
全焦产率（对干煤）/%	73~76
大于 25mm 块焦产率（对干焦）/%	93
大于 40mm 块焦产率（对干焦）/%	86
焦炉煤气产率（对干煤，按 17.9MJ/m³）/Nm³·t⁻¹	
估算产量	300~320
估算设备能力	320~350

由式（4.10）可见，影响焦炉生产能力的主要因素是炭化室的单炉产量、周转时间及每组焦炉的炭化室孔数。单炉产量随装入煤的全焦率和煤料堆密度的不同而不同，应根据新用

煤源的性质来进行核算。每组焦炉的孔数需由周转时间及焦炉机械的操作时间来决定，每座焦炉的最多孔数 n 可按下式计算

$$N_{max} = \frac{60(\tau - \tau_{检})}{nt} \quad\quad (4.11)$$

式中　　τ、$\tau_{检}$——周转和检修时间，h；

　　　　N_{max}——最紧张的焦炉机械所承担操作的焦炉座数；

　　　　t——最紧张的焦炉机械每炉操作时间（上限），min。

（2）原料煤的性质

选择对配煤炼焦有利的炉型，应考虑煤源的性质。若是黏结性较好的煤料，宜用炭化室较宽的焦炉，否则就用炭化室较窄的焦炉。如果煤料中气煤的比例较大，可采用捣固焦炉。

（3）原料的需要量及技术装备等的供应情况

焦化厂生产所需的原料煤量很大，工业水蒸气、电力及辅助原料量也较大，因此，在确定生产规模和炉型时，必须考虑它们的供应情况。

为了正确选定与装备水平相适应的炉型，应考虑地区和国家所能提供的机械设备及其加工能力、耐火砖及其它材料的供应情况。

总之，炉型的选择应因地制宜，具体情况具体处理，对有可能选择的各种方案，进行综合经济比较，最后加以确定。

4.4.3　筑炉材料

4.4.3.1　筑炉材料的性能

常用砌筑焦炉的耐火砖有硅砖、黏土砖、高铝砖和镁砖等。它们的基本性能见表4.6。

表4.6　常用耐火砖的基本性能

砖别		硅砖	黏土砖	高铝砖	镁砖
主要化学成分/%		SiO_2 93～97	SiO_2 52～65	SiO_2 10～52	MgO 82～97
			Al_2O_3 35～48	Al_2O_3 48～90	
耐火度/℃		1690～1710	1610～1730	1750～1790	2000
荷重软化温度/℃		1620～1650	1250～1400	1400～1530	1420～1520
常温耐压强度/MPa		17～50	12～54	24～59	39
体积密度/g·cm⁻³		1.9	2.1～2.2	2.3～2.75	2.6
显气孔率/%		16～25	18～28	18～23	20
高温体积稳定性	温度/℃	1450	1350	1550	
	残余变形/%	+0.8	—0.5	—0.5	
热导率/[W/(m·K)]		$1.05+0.93\times10^{-3}T$	$0.7+0.64\times10^{-3}T$	$2.1+1.86\times10^{-3}T$	T
线膨胀率(1000℃)/%		1.2～1.4	0.35～0.6	0.5～0.6	1.2～1.3
抗急冷急热性		差	好	中等	差

耐火度是材料抵抗熔融性能的指标，指熔融现象发展到软化弯倒时的温度。耐火材料从开始熔融到全部熔化，其间温度差有几百摄氏度，而且升温速度也对熔融现象有影响。

荷重软化温度是一定荷载下，材料产生软化变形时的温度。它是评定耐火材料高温结构强度的重要指标。耐火制品受热后，一般都会发生膨胀，这种性质称为热膨胀性。它可用线膨胀率 α 或体积膨胀率 β 来表示。不同的温度范围内，其膨胀率是不同的。

热导率表示材料导热能力的大小，随温度传导系数的增大而增大，随其密度和热容的增大而减小。温度传导系数表示在传热条件下温度变化的快慢，它影响耐火材料内层温度分布的均匀性。不同的砖，温度传导系数不同。如硅砖的温度传导系数约为黏土砖的 2 倍；不同砖的热导率随温度变化的情况也不同，如硅砖、黏土砖随着温度的升高，热导率上升，而高铝砖和镁砖则下降。

高温体积稳定性是材料在高于使用温度 100℃加热一定的时间，冷却后的体积变化与冷却前体积的比率。残余膨胀为正，收缩为负。这是因耐火材料在烧成过程中，反应及晶型转变不完全所致。如 SiO_2 在不同的温度下能以不同的晶型存在，在晶型转化时会产生体积的变化，并产生内应力。

热稳定性表示材料在温度急剧变化时不开裂和剥落的性质。热稳定性与热膨胀性、温度传导系数等有关。当温度突变时，材料内外或砖内垂直于传热方向两平面间的温度差增大，两平面间线膨胀或收缩量不同而产生应力，且温差越大，应力越大。当应力超过一定值时，发生散裂。硅砖在高于 600℃以上时，其热膨胀率接近常数，故热稳定性比黏土砖好。

抗蚀性是高温下材料抵抗灰分和气体等侵蚀的性能。煤焦灰分主要是 SiO_2 和 Al_2O_3 等酸性氧化物，干馏煤气中主要是 H_2 等酸性气体。所以，硅砖和黏土砖都有良好的抗蚀性。

4.4.3.2 焦炉砖的要求及选择

（1）筑炉砖的要求

筑炉砖必须适应焦炉生产工艺要求。炉体的不同部位，由于承担的任务、温度、所承受的结构负荷、所遭受的机械损伤和介质侵蚀的情况各不相同，因而对耐火砖的要求也就不同。

炭化室（燃烧室）炉墙要求具有良好的高温导热性、高温荷重不变性以及高温抗蚀性等，故采用硅砖。燃烧室的炉头内外侧，温差悬殊，装煤时温度波动大，应具有良好的抗温度急变性能和较高的耐压强度，所以采用高铝砖。斜道区和蓄热室等区域的温度虽较低，但要求气体严密、负重大，故炉墙采用无残余收缩、荷重软化温度高、与炭化室膨胀性一致的硅砖。

格子砖用于蓄热，上下层温差达 1000℃左右，上升和下降气流温差达 300～400℃。因此，对格子砖的要求是体积密度大，抗温度急变性能好。小烟道在上升气流时，温度低于 100℃，下降气流时高于 300℃，砖煤气道则受到常温煤气和水汽的作用，它们对耐火材料的要求是在 300℃以下具有抗温度急变性。而且格子砖、箅子砖及小烟道都应有良好的热稳定性，因此均采用黏土砖。

（2）筑炉砖的选择原则

① 尽可能选择鳞石英含量高的硅砖。硅砖的主要成分是 SiO_2，在不同的温度下，SiO_2 会发生石英、方石英和鳞石英的晶型转变。由于温度不均一，硅砖内的晶型转变需要时间，故总是三种晶型共存的复相组织。由于鳞石英只在 117℃和 163℃有两次晶型转变，而且体积变化最小，即膨胀率最低，在 500～600℃以上几乎不随温度变化。这样，当焦炉升温时，硅砖膨胀平稳、残余膨胀小。当焦炉的硅砖温度高于 163℃而发生温度波动时，不致因晶型转变而产生急剧变形，所以砌体严密性好。

② 尽可能应用高密度的硅砖。随着石英和方石英向鳞石英转化，硅砖的真密度下降，因此，要求真密度低而体积密度高，关键在于气孔率低，气孔率低则热导率和耐压强度均增大（但耐火度和荷重软化温度变化不大）。所以发展高密度硅砖是焦炉高效化和大型化的关键条件之一。但是，通过硅砖致密化来提高其热导率是有限的，所以，若能使用热导率更高、其它性能更优越的硅砖则最好。

③ 尽可能减小炭化室炉墙的厚度。为了提高炭化室炉墙的导热性，在采用致密性硅砖的同时，还可减小炭化室炉墙的厚度。当然这要以保证炉体的强度和结构稳定性为前提。近年来，对非硅质材料进行了研究，半工业试验表明，比较有前途的是刚石砖和氧化镁砖。它们的主要优点是热导率高，在相同火道温度下，可使炭化室墙面温度大大提高，结焦周期明显缩短。

4.4.3.3 焦炉砌筑

焦炉使用寿命即炉龄一般为 20～30 年，也有突破到 40 年的焦炉实例。近年来各国相继建成大容积焦炉，一般使用致密硅砖砌筑，使用效果良好。

焦炉砌筑应在大棚内进行。大棚内应防风防雨以保证水线稳定，避免雨水冲刷灰缝，砌体受潮和标杆变形。棚内温度冬季应高于 5℃，以防泥浆冻结，应有足够均匀的照明。

由于焦炉砖型复杂，砖量多，为保证质量，避免返工，对于蓄热室、斜道、炭化室等有代表性的部位砖层和炉顶的复杂部位，必须在施工前进行预砌，检查耐火砖的外形能否满足砌体的质量要求，以提供耐火砖的加工及大小公差搭配使用的依据，检查耐火泥的砌砖性能，确定泥料的配置方案。

按焦炉结构的要求，焦炉砌砖包括：小烟道、蓄热室、斜道区和炭化室及炉顶 5 个结构单元。对这五个单元的共同要求是：灰缝饱满均匀，墙面横平竖直，垂直度与水平度要达到标准要求，焦炉几何尺寸符合公差要求。

砌体的膨胀缝宽度应适应砌体加热后产生的膨胀量。利用膨胀缝来吸收炉体的膨胀是通过其两侧的砌体相对位移来实现的。因此，必须在膨胀缝上下设滑动层，通常用沥青油毡纸、牛皮纸或马粪纸（以前者为好）干铺在膨胀缝内，以使炉体相对移动。

4.4.3.4 焦炉烘炉

砌好及安装好护炉铁件的焦炉，使用前要进行烘炉，即由冷态加热至操作温度，使炉温达到 900～1000℃以上，为焦炉过渡到生产状态作准备。因此烘炉过程中冷、热态之间的热膨胀冷缩十分突出，烘炉质量的好坏，关键在于焦炉砌体从冷态转化为热态时，对砌体膨胀速度和膨胀量的处理，确保焦炉不致因膨胀而损坏。

根据烘炉燃料的不同，有三种烘炉方法，即气体燃料、液体燃料和固体燃料烘炉，它们各有特点：气体燃料烘炉，升温管理方便，调节灵活准确，节省人力，燃料消耗小，开工操作简便，因此有气体燃料供应时，应力争用气体燃料烘炉。

烘炉过程包括干燥、加热两部分，烘炉曲线如图 4.19 所示。在小于 100℃下，脱去大量水分，大约需 8～12 天。要求烘炉燃料和燃烧后的产物水分要少，而且燃料应便于温度调节和控制，来源容易，价格低廉，一般可用焦炭、煤或煤气。

由于硅砖在升温过程中，会发生晶型转变，发生膨胀。为了防止砌砖破裂，升温应按计划进行，以保证焦炉升温引起的膨胀率在安全限度之内。根据操作经验，烘炉硅砖线膨胀率每天不大于 0.03%～0.04% 是安全的。依照这一指标和实际测的炉砖线膨胀率来制定每天的升温计划，如果实际线膨胀率与烘炉过程的基本符合，则烘炉就是成功的。

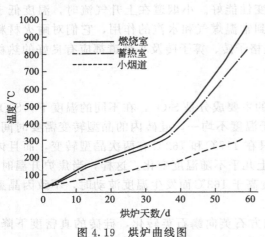

图 4.19　烘炉曲线图

4.4.4 护炉设备

为了使焦炉具有足够的结构强度，保证其完整、严密，就需要在焦炉砌体的外部配置护炉设备。护炉设备的主要作用是利用可调节的弹簧势能，连续不断地向砌体施加数量足够、分布合理的保护性压力，使砌体在自身膨胀和外力作用下，仍保持完整、严密，从而保证焦炉正常生产。

炉体的保护分别沿炉组长向（纵向）和燃烧室长向（横向）分布。纵向有两端的抵抗墙及炉顶的纵拉条，横向有两侧的炉柱、大小弹簧、保护板、炉门框及上下横拉条。

（1）炉体纵向保护

炉体的纵向膨胀，一是靠设在斜道区和炉顶区的膨胀缝加以吸收；二是靠两端抵抗墙和纵拉条的组合结构给砌体的保护性压力，以抵抗砌体膨胀时对抵抗墙的向外推力。抵抗墙所受推力随着膨胀缝所在区域上部负载、膨胀缝层数和滑动面粗糙度的增大而增大。我国焦炉炉体对抵抗墙的水平推力的设计数据如表 4.7 所示。纵拉条失效是抵抗墙向外倾斜的重要原因，这会使炉体严密性下降、炭化室呈扇形向外倾斜。

表 4.7　炉体对抵抗墙的水平推力

部位	35m³ 大容积焦炉	JN43(450)	两分下喷式
炉顶区	3.0	3.0	2.0
斜道区	18.5	15.0	12.5

（2）炉体横向保护

炉体的横向即燃烧室长向伸长，即每个结构单元沿蓄热室墙底层砖与基础平面间的滑动层作整体滑动。在投产两三年以后逐渐趋于稳定，在正常情况下，年伸长量在 5mm 以下。炉体横向不设膨胀缝，横向膨胀全靠机焦两侧炉体设备所施加的保护性压力，以保证炉体的完整、严密。横向护炉设备的组成、装配如图 4.20 所示。

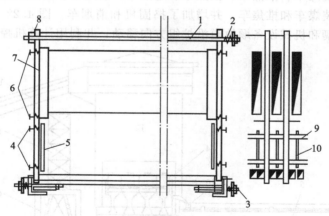

图 4.20　炉柱、横拉条和弹簧装配示意图

1—上部横拉条；2—上部大弹簧；3—下部横拉条；4—下部小弹簧；5—蓄热式保护板；
6—上部小弹簧；7—炉柱；8—木垫；9—小横梁；10—小炉柱

炉体加热时，高向各部位温度不等，致使墙体膨胀量不同。而硅砖又近乎刚体，故砌体升温过程中，就会不可避免地出现砖缝拉裂现象。为了保证砌体的完整、严密，除了在砌筑炉时，充分考虑耐火泥的烧结温度和保证砖缝饱满以外，还要求护炉设备加给砌体沿着高向的保护性侧压力应与各部位的膨胀量相适应。

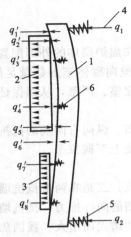

图 4.21 砌体和炉柱沿
高向的受力情况
1—炉柱；2—燃烧室保护板；
3—蓄热式保护板；4—上部
大弹簧；5—下部大弹簧；
6—小弹簧

炉柱装在机、焦两侧的保护板外面。由上下横拉条将机、焦两侧炉柱拉紧。横拉条上有大弹簧，借大弹簧的应变大小调节炉柱曲度和拉条负荷。炉柱内侧有小弹簧，用以传递炉柱压力、压紧燃烧室和蓄热室保护板。每根炉柱的保护性压力大于15t，沿高向分布到各个部位。此外，炉柱还是机、焦侧操作台和集气管等设备的支架。

保护板（采用小保护板时为炉门框）将保护性压力直接施加到炉头砌体肩部，并通过相邻砌体依次作用到全部砌体，砌体和炉柱的受力情况如图 4.21 所示。上部大弹簧通过贯穿炉顶的上部横拉条施加在炉柱上部的力为 q_1，下部大弹簧给炉柱下端以力 q_2。这两个力通过炉柱直接给砌体，或再通过小弹簧，保护板给砌体传递保护性压力。其中 q_1'、q_2'、q_5' 和 q_6' 为刚性力，取决于炉柱与砌体或保护板的直接贴靠；q_3'、q_4'、q_7' 和 q_8' 为弹性力，可通过小弹簧的压紧程度调节。通过对某厂炉柱实际标定，并进行相应的受力计算表明，刚性力约为弹生力的 $1\sim1.4$ 倍，因此保持炉柱有适当曲度、保证炉柱与保护板上、下端及与小炉头、斜道区的贴靠，以稳定刚性力、对炉体保护十分重要。保护板或炉门框必须始终贴靠炉肩，以保证保护性压力连续、有效地作用在炉头上。若受压不足，炉头在温度急降和外力作用下将会裂缝，使保护性压力传递中断，导致内部砌体松散、漏气以致损坏。

4.4.5 焦炉机械

炼焦生产中除了主体的炼焦炉，还有相关的焦炉机械，用以完成炼焦炉的装煤、出焦任务。如顶装焦炉用装煤车、推焦车、拦焦车和熄焦车，就是常说的焦炉四大车。而侧装焦炉用装煤推焦车代替装煤车和推焦车，并增加了捣固机和消烟车。图 4.22 是焦炉及其附属机械示意图。这些车辆和机械设备顺轨道沿炉组方向移动，并利用计算机控制，基本上使焦炉

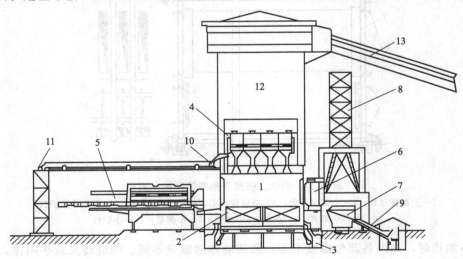

图 4.22 焦炉及其附属机械
1—焦炉；2—蓄热室；3—烟道；4—装煤车；5—推焦车；6—导焦车；7—熄焦车；8—熄焦塔；
9—焦台；10—煤气集气管；11—煤气吸气管；12—储煤室；13—煤料带运机

的操作实现程序化和自动化。除完成上述任务外，这些机械还要完成许多辅助性工作，如有装煤孔盖和炉门的开关，平煤孔盖的开闭；炭化室装煤时的平煤操作；平煤时余煤的回收处理；炉门、炉门框、上升管的清扫；炉顶及机、焦侧操作平台的清扫；装备水平高的车辆还设有消烟除尘的环保设施。

（1）装煤车

装煤车是在焦炉炉顶上由煤塔取煤并往炭化室装煤的焦炉机械。装煤车由钢结构架、走行机构、装煤机构、闸板、导管机构、振煤机构、开关煤塔斗嘴机构、气动（液压）系统、配电系统和司机操作室组成。大型焦炉的装煤车功能较多，机械化、自动化水平较高。为改善环境，一些大型焦炉的装煤车还设置了无烟装煤设施。由鞍山焦耐总院研制的具有国际先进水平的干式除尘装煤车，它将烟尘净化系统直接设置在装煤车上，其除尘采用非燃烧、干式除尘净化和预喷涂技术，装煤采用螺旋给料和球面密封导套等先进技术。

（2）推焦车

推焦车的作用是完成启闭机侧炉门、推焦、平煤等操作。主要由钢结构架、走行机构、开门装置、推焦装置、清除石墨装置、平煤装置、气路系统、润滑系统以及配电系统和司机操作室组成。推焦车在一个工作循环内，操作程序很多，但时间只有 10min 左右，工艺上要求每孔炭化室的实际推焦时间与计划推焦时间相差不得超过 5min。为此，推焦车各机构应动作迅速，安全可靠。为减少操作差错，最好采用程序自动控制或半自动控制。

（3）拦焦车

它是由启门、导焦及走行清扫等部分所组成。其作用是启闭焦侧炉门，将炭化室推出的焦饼通过导焦槽导入熄焦车中，以完成出焦操作。启门机构包括：摘门机构和移门旋转机构。导焦部分设有导焦槽及其移动机构，以引导焦饼到熄焦车上。为防止导焦槽在推焦时后移，还设有导焦槽闭锁装置。

（4）熄焦车

熄焦车由钢架结构、走行台车、电机车牵引和制动系统、耐热铸铁车箱、开门机构和电信号等部位组成。用以接受由炭化室推出的红焦，并送到熄焦塔通过水喷洒而将其熄灭，然后再把焦炭卸至凉焦台上。操作过程中，由于经常在急冷急热的条件下工作，故熄焦车是最容易损坏的焦炉机械。工艺上要求熄焦车材质上能耐温度剧变，耐腐蚀，故车箱内应衬有耐热铸铁（钢）板。一般熄焦车底倾斜度为 28，以保证开门后焦炭能靠自重下滑，但斜底熄焦车上焦炭堆积厚度相差很大，使熄焦不均匀。

（5）捣固站

捣固站是将储煤槽中的煤粉捣实并最终形成煤饼的机械。有可移动式的车式捣固机和固定位置连续成排捣固站两种。可移动式的捣固机上有走行传动机构，每个捣固机上有 2～4 个捣固锤，由人工操作，沿煤饼方向往复移动，分层将煤饼捣实，煤塔给料器采用人工控制分层给料的方式；连续捣固站的捣固锤头多，沿煤饼排开，在加煤时，锤头不必来回移动或在小距离内移动，实现连续捣固，煤塔给料器采用自动控制均匀薄层连续给料。

（6）装煤推焦车

捣固焦炉的装煤推焦车完成的任务除了有顶装焦炉推焦车的摘门、推焦外，还增加了推送煤饼的任务，同时取消了平煤操作。相应地车辆上增加了捣固煤饼用的煤槽以及往炉内送煤饼的托煤板等机构，取消了平煤机构。

通常装煤箱的一侧是固定壁，另一侧是活动壁，煤箱前部有一可张开的前臂板，装煤饼时打开，煤饼由此推出。煤饼箱后部有一顶板，装煤时与托煤板一起运动，装完煤抽托煤板时由煤箱侧壁锁紧机构夹住，顶住煤饼，抽完托煤板后，夹紧机构放开，由卷扬机构拉回。

煤饼箱下有托煤板，由一链式传动机构带动，在装煤时托着煤饼一起进入炭化室，装完煤后抽出。

焦炉的生产操作是在各机械相互配合下完成的。在焦炉机械水平逐步提高的情况下，装煤车、推焦车、拦焦车和熄焦车之间的工作要求操作协调、联系准确，方能使四大车的操作协调一致，为保证焦炉安全正常生产，四大车应实现联锁，主要有有线联锁控制、载波电话联锁和γ射线联锁。

除此外，焦炉机械还设有各种信号装置，有气笛、电铃或打点器、信号灯等，以用来联系、指示行车安全。总之，焦炉机械的发展趋势是逐步实现计算机自动控制，实现焦炉机械远距离或无人操纵的自动化，从而彻底改善焦炉的劳动条件，提高劳动生产率。

4.5 焦炉加热理论

4.5.1 煤气的燃烧与热工评定

4.5.1.1 煤气的燃烧

（1）焦炉加热用煤气

焦炉加热用燃料有多种，最常用是焦炉煤气和高炉煤气，某些焦化厂也采用发生炉煤气。燃料煤气的组成见表4.8。

表 4.8　常用焦炉加热用煤气的组成　　　　　　单位：%

煤气类别	H_2	CO	CH_4	C_mH_n	CO_2	N_2	O_2	低热值/$MJ \cdot m^{-3}$
焦炉煤气	54~60	5~8	22~30	2~4	1.5~3	3~7	0.3~0.8	16.73~19.25
高炉煤气	1.5~3.0	26~30	0.2~0.5	—	9~12	55~60	0.2~0.4	3.35~4.18
发生炉煤气	10~16	23~28	0.5~3	0.3~2	5~8	50~60	0.2~0.5	4.40~6.69

焦炉煤气的主要成分是 H_2 和 CH_4，可用于焦炉本身加热，但由于其热值较高，常用于其它工业炉加热和家用燃料。高炉煤气主要成分是 CO，其产量以每吨生铁计为 3500~4000m^3，主要用于焦炉、热风炉和冶金炉等加热。因高炉煤气热值较低，要想获得高温，必须先将煤气和空气预热。与焦炉煤气相比，高炉煤气因预热和生成的废气密度较大，故在燃烧系统中形成的阻力较大。

（2）煤气燃烧机理

焦炉中煤气燃烧的过程非常复杂，一般可分为三个阶段。煤气和空气混合是一个物理过程，需要一定的时间完成。为使空气中的氧和煤气中的可燃成分发生化学反应，必须将混合物加热至一定温度，即着火温度，才能燃烧出现火焰，空气中的氧和煤气中的可燃成分起化学作用。燃烧反应很快，瞬间即可完成，当一部分煤气燃烧后，产生的热量加热邻近的气层，使燃烧在整个炉内传播开来。

几种可燃气体的着火温度以及它们在空气、氧气中的着火浓度（大气压力下在空气中）见表4.9。

表 4.9　可燃气体的着火温度和浓度

可燃气体	着火温度/℃	空气中着火浓度/%		氧气中着火浓度/%	
		下限	上限	下限	上限
H_2	530~590	4.00	74.20	9.2	91.6
CO	610~658	12.50	74.20	16.7	93.5
CH_4	645~850	5.00	15.00	6.5	51.9

由表 4.9 可见，各种可燃气体的着火温度不等。即使是同一种燃料，燃烧条件不同时，着火温度也不一样。当低于着火温度或超出气体混合物着火浓度上、下限时，都不能着火。着火浓度范围也称爆炸浓度范围，在此浓度范围内的混合物，当遇到火源将会产生爆炸。故一般点燃煤气时，要先点火后给煤气，以防爆炸。另外，当温度提高时，燃料的着火温度范围将加宽。

煤气和空气分别进入燃烧室，进行混合和燃烧过程。由于混合过程是以扩散方式进行的，此过程远慢于燃烧过程，所以整个过程由扩散过程控制，故叫扩散燃烧。又因为扩散燃烧时有火焰出现，故也称有焰燃烧或火炬燃烧。火焰是煤气燃烧析出的游离碳所致。当煤气边燃烧边与空气混合时，在有的煤气流中，只有碳氢化合物而没有氧，由于高温作用热解而生成游离碳，此炭粒受热发光，所以在燃烧颗粒运动的途径上，能看到光亮的火焰。所以，火焰可表示燃烧混合过程。

由于不同的可燃气体扩散速度不同，所以燃烧时速度也不一样。扩散速度大的燃烧速度就大。如 H_2 的扩散速度大于 CO 的，故焦炉煤气因含氢多，燃烧速度快而火焰短，而高炉煤气含 CO 多，燃烧慢而火焰长。

为使焦炉高向加热均匀，希望火焰长，即扩散越慢越好。空气和煤气进入火道时，除了尽量减少气流扰动外，还可采用废气循环，增加火焰中的惰性组分，从而降低扩散速度，拉长燃烧火焰。

（3）煤气燃烧物料衡算

煤气燃烧是可燃成分与氧的反应，可燃成分主要有 H_2、CO、CH_4、C_2H_4、C_6H_6 等。经过燃烧反应，C 生成 CO_2，H_2 生成 H_2O，O_2 来自空气，空气和煤气中还带入惰性成分 N_2、CO_2 和 H_2O。根据反应方程式可以对燃烧过程进行物料衡算，进而确定燃烧需要的空气量、生成废气量及其废气组成。

① 煤气燃烧的理论需氧 V_0 和理论空气 V_K（m^3/m^3 煤气，以下 V 的单位同此）

$$V_0 = 0.01\{0.5[\varphi(H_2) + \varphi(CO)] + 2\varphi(CH_4) + 3\varphi(C_2H_4) + 7.5\varphi(C_6H_6) - \varphi(O_2)\}$$

$$(4.12)$$

式中　φ——该成分在煤气中的体积分数，%。

② 理论空气量 V_K 为

$$V_K = \frac{V_0}{0.21}$$

$$(4.13)$$

为了燃烧充分，煤气燃烧所需的空气量，实际上要供给过量空气。实际空气量与理论需要量之比称为空气过剩系数，用 α 表示，并可按下式计算。

$$\alpha = \frac{实际空气量(V_{K(实)})}{理论空气量(V_K)} = 1 + K \frac{\varphi(O_2) - 0.5\varphi(CO)}{\varphi(CO_2) + \varphi(CO)}$$

$$(4.14)$$

式中　K——随加热煤气组成而异的系数；

　　　φ——煤气燃烧中各组分的体积分数，%；

　　　α——空气过剩系数，随炉型和所用煤气的不同而不同，一般为 1.15～1.25。

则实际空气量 V_K（实）为

$$V_K(实) = \alpha V_K$$

$$(4.15)$$

若估算空气需要量，可按每产生 4184kJ 热量的煤气约需要 $1m^3$ 的空气来进行估算。

③ 燃烧反应生成的应气量 V_F

$$V_F = V(CO_2) + V(H_2O) + V(N_2) + V(O_2)$$

$$(4.16)$$

其中

$$V(O_2)=0.21V_K(\text{实})-V_0 \tag{4.17}$$
$$V(N_2)=0.01\varphi(N_2)+0.97V_K(\text{实}) \tag{4.18}$$
$$V(CO_2)=0.01[\varphi(CO)+\varphi(CO_2)+\varphi(CH_4)+2\varphi(C_2H_4)+6\varphi(C_6H_6)] \tag{4.19}$$
$$V(H_2O)=0.01\{\varphi(H_2)+2[\varphi(CH_4)+\varphi(C_2H_4)]+3\varphi(C_6H_6)+\varphi(H_2O)\} \tag{4.20}$$

4.5.1.2 焦炉物料和热量平衡

(1) 焦炉物料平衡

焦炉物料平衡计算可以检查生产技术经济水平和发现问题,在新的焦化厂设计时,它是重要的原料和产品量的原始数据。

在现代焦炉中,若操作条件基本不变,则炼焦产品的产率主要由原料煤来决定。如焦油和粗苯的产率是煤料挥发分的函数,并有经验公式可以计算;煤气中的氨主要来源于煤中的氮,煤中的氮约14%生成氨。煤气中 H_2S 的产率与煤中的含硫量有关,而煤中硫的23%～24%生成 H_2S。煤热解产生的化合水与煤料的含氧量有关,其中55%的氧生成水。

干煤的全焦产率一般为70%左右,与煤的挥发分有关。冶金焦(大于25mm)、中块焦(10～25mm)和粉焦的产率分别为95%、1.5%～3.5%和2.0%～4.5%。

一般每吨干煤可产出煤气300～420m³、焦油4%左右、180℃前粗苯1.0%～1.3%、氨0.20%～0.30%。表4.10是以1t含水8%的焦煤为基准进行的焦炉物料衡算结果。

表 4.10　焦炉物料衡算

焦炉收入煤料			焦炭支出物料		
名称	质量/kg	质量分数/%	名称	质量/kg	质量分数/%
干煤	920	92	焦炭	689	68.9
水分	80	8	焦油	34.5	3.5
			氨	2.45	0.20
			硫化氢	2.0	0.20
			粗苯	9.85	1.0
			化合水	39.4	3.9
			煤中水分	80	8.0
			煤气	142.88	14.3
合计	1000	100	合计	1000	100

(2) 焦炉热量平衡

焦炉的热量平衡计算,可以了解焦炉的热量分布,提供焦炉的设计数据,确定焦炉炼焦耗热量及为降低耗热量提供依据。

焦炉热量平衡计算,一般以1t湿煤和0℃作为计算基准,设炼焦需要燃烧的煤气量为 V (m³),产焦炭量为 K (t),产煤气量为 V_g (m³)。

① 焦炉入热 $Q_入$　焦炉入热等于煤气燃烧热和入炉煤气焓、空气焓、湿煤焓的总和,即

$$Q_入=Q_1+Q_2+Q_3+Q_4 \tag{4.21}$$

煤气燃烧热:设燃烧 $1m^3$ 的煤气放热为 Q_g,则

$$Q_1=VQ_g \tag{4.22}$$

煤气焓:设 t 为入炉煤气的温度,℃;c_g 为煤气的比热容,kJ/(m³·℃),可由煤气中各成分的比热容,按加和性计算

$$Q_2=c_g tV \tag{4.23}$$

空气焓:设 c_K 为空气的比热容,则

$$Q_3 = c_K t V_K (实)$$
(4.24)

湿煤焓：设 c_d 为干煤的比热容，$kJ/(m^3 \cdot ℃)$；A_d 为干煤中灰分，%；M 为湿煤含水量，%；1.088，0.711 分别为干煤中可燃质和灰分的比热容，$kJ/(m^3 \cdot ℃)$，则

$$c_d = (1 - A_d) \times 1.088 + A_d \times 0.711$$
(4.25)

$$Q_4 = (1000 - M)c_d t + Mc_水 t$$
(4.26)

② 焦炉出热 $Q_出$

焦炉出热有焦炭、化学产品、生成煤气、水汽、废气焓及焦炉散热

$$Q_出 = Q_5 + Q_6 + Q_7 + Q_8 + Q_9 + Q_{10}$$
(4.27)

焦炭焓：设 K 为以湿煤计焦炭的产率，%；c_j 为焦炭的比热容，$kJ/(m^3 \cdot ℃)$；t 为出炉温度，℃，则

$$Q_5 = 10K c_j t$$
(4.28)

化学产品焓：化学产品温度为 750℃，有焦油、粗苯、氨和硫化氢，可由它们的蒸发潜热和比热容，分别计算它们的焓（q_1、q_2、q_3、q_4），则

$$Q_6 = q_1 + q_2 + q_3 + q_4$$
(4.29)

生成煤气的焓：设 c_g 为煤气的平均比热容，$kJ/(m^3 \cdot ℃)$，则

$$Q_7 = 750 c_g V_g$$
(4.30)

水气焓：焦炉出炉煤气中水气为 W_S（kg），水气焓包括显热和潜热，设水气出炉温度为 600℃（水分出炉在结焦前期），其比热容为 $2.00 kJ/(kg \cdot ℃)$，则

$$Q_8 = (2.00 \times 600 + 2490)W_S$$
(4.31)

燃烧废气的焓：设出蓄热室废气温度为 $t_F = 300℃$，比热容为 c_F，废气量为 W_F，则

$$Q_9 = V_F c_F t_F$$
(4.32)

焦炉散热：近代焦炉散热约占焦炉耗热量的 10%，则

$$Q_{10} = 0.1Q$$
(4.33)

计算结果见表 4.11。

表 4.11 焦炉热平衡表

焦炉入热				焦炉出热			
项目	名称	热量/MJ	比例/%	项目	名称	热量/MJ	比例/%
Q_1	煤气燃烧热	2663	98.0	Q_5	焦炭焓	1020	37.5
Q_2	煤气焓	10.4	0.4	Q_6	化学产品焓	101	3.7
Q_3	空气焓	15.1	0.6	Q_7	煤气焓	386	14.2
Q_4	湿煤焓	26.5	1.0	Q_8	水汽焓	435	16.0
				Q_9	燃烧废气焓	506	18.6
				Q_{10}	焦炉散失热量	272	10.0
	合计	2720	100		合计	2720	100

由表 4.11 可见，焦炭带出热约为炼焦耗热量的 38%。若采用干法熄焦可回收这部分热量。我国宝钢采用干法熄焦，每吨赤热焦炭可生产 4.5MPa 蒸汽 0.47～0.5t。煤气带出的热可在上升管处产生蒸汽，回收热能，每吨焦炭可得低压蒸汽 0.1t。

4.5.1.3 焦炉热工评定

（1）焦炉热效率 η 和热工效率 η_T

① 焦炉热效率 η 指焦炉除去废气带走热量外所放出的热量，占供给总热量的百分数。

$$\eta = \frac{Q_1 + Q_2 + Q_3 - Q_9}{Q_1 + Q_2 + Q_3} \times 100\%$$
(4.34)

② 焦炉热工效 η_T 是传入炭化室的炼焦热量，即供给热量减去散热和废气带走的热量占供给总热量的百分数。现代焦炉热工效率为 70%～75%。

$$\eta_T = \frac{Q_1 + Q_2 + Q_3 - Q_9 - Q_{10}}{Q_1 + Q_2 + Q_3} \times 100\% \qquad (4.35)$$

（2）炼焦耗热量

焦炉炼焦耗热量是指 1kg 煤在焦炉炭化室中炼成焦炭所需的热量（kJ/kg）。它是评定炉体结构、热工操作、管理水平和炼焦消耗定额的重要指标，也是确定焦炉加热用煤气量的依据。由于采用的计算基准不同，耗热量有以下几种。

① 湿煤耗热量 q_S

$$q_S = \frac{V_0 Q_D}{G} \qquad (4.36)$$

式中　V_0——标准状态下煤气的消耗量，m³/h；

Q_D——干煤气的低发热量，kJ/m³；

G——焦炉装入的实际湿煤量，kg/h。

由于各焦炉装入的煤水分含量不同，所以湿煤耗热量不能真实反映出焦炉热工操作水平，而且相互之间没有可比性。

② 相当耗热量 q_X

以 1kg 干煤为基准，设 $G_干$ 为干煤装入量，kg/h，则

$$q_X = \frac{V_0 Q_D}{G_干} \qquad (4.37)$$

设 W 为焦炉装入的湿煤水分含量，%，则 q_S 与 q_X 的关系为

$$q_X = \frac{100 q_S}{100 - W} \qquad (4.38)$$

③ 绝对干煤耗热量 $q_干$

$$q_干 = \frac{100(q_S - 50W)}{100 - W} \qquad (4.39)$$

式中，50 为 1kg 湿煤中，1% 水分所消耗的热量。

（3）影响焦炉热效率和炼焦耗热量的因素

① 温度　焦饼中心温度越高，焦炭从炭化室带走的热量越多，从焦炉热平衡数据可知，焦炭带出热量约占总热量的 40%。焦饼中心温度每增加 25℃，炼焦耗热量就增加 1%。在保证焦炭质量和顺利推焦的前提下，应尽量降低焦饼中心温度，为此可适当降低燃烧室的标准温度，但要使炉温均匀稳定。

提高炉顶空间温度，则化学产品和煤气带出热量增加，也使炼焦耗热量增加。炉顶空间温度取决于炉体加热水平的高低和焦饼高向加热的均匀程度。在生产中，改变炭化室中煤的装满程度和炼焦煤的收缩度，也可改变炉顶空间温度。若炭化室装满煤，减少了煤气在炉顶空间的停留时间，降低了炉顶空间温度，从而减少了荒煤气从炭化室带走的热量。当装煤量和结焦时间一定时，炉顶空间温度每降低 10℃，炼焦耗热量可降低 20kJ/kg。

火道温度高，炉表散热大，废气温度高，带出废热量多，故炼焦耗热量也增加。一般情况下，小烟道温度每降低 25℃，炼焦耗热量可减少 25～30kJ/kg。为降低小烟道温度，可采取加强炉顶严密、加大蓄热室单位换热面积等措施。

② 空气过剩系数　即实际燃烧空气量与理论燃烧空气量之比。空气过剩系数大，则多生成废气并多带走热量。

③ 煤的水分　装入煤水分每增加 1%，炼焦耗热量就增加 0.7kJ/kg 左右，故减少装入煤水分是降低炼焦耗热量的有效途径。要想降低配煤水分，主要是加强煤厂管理，搞好防水、排水工作。此外，保持稳定的配煤水分，可确保焦炉正常操作，从而避免因煤水分的波动，造成调火工作跟不上而产生的焦饼过火或不熟，结果使推焦困难而增加炼焦耗热量。

④ 加热煤气种类　使用低热值的煤气，废气带走的热量大。使用高炉煤气比焦炉煤气的炼焦耗热量增加约 15%。

⑤ 周转时间　指某一炭化室从这次推焦（或装煤）到下次推焦（或装煤）的时间间隔，也即结焦时间与炭化室处理时间之和。对大型焦炉，炭化室宽为 450mm 的周转时间为 18～20h；炭化室宽为 407mm 的周转时间为 16～18h，此时的炼焦耗热量最低。周转时间每改变 1h，炼焦耗热量将增加 1.0%～1.5%，所以，要求周转时间要稳定。

4.5.2　焦炉传热

燃料煤气在焦炉火道中燃烧，放出热量，此热量以辐射和对流方式传给炉墙表面，热流再以传导的方式经过炉墙传给炭化室中的煤料。所以焦炉中传热包括传导、辐射和对流传热三种方式，而且相互交替与并存，不同的部位传热情况也不同。

① 火道传热　当煤气在火道中燃烧时，使燃烧火焰温度升高，此热量以辐射、对流的方式（90% 是辐射）由火焰传给炉墙。传出的热量可以用下式计算

$$Q = \alpha(T_g - T_c) \tag{4.40}$$

式中　Q——火焰给炉墙的热流，W/m^2；

　　　α——给热系数，$W/(m^2 \cdot K)$；

　　　T_g——火焰实际温度，K；

　　　T_c——炉墙实际温度，K。

α 值可由下式计算

$$\alpha = \alpha_c + \alpha_r \tag{4.41}$$

式中　α_c——辐射给热系数，$W/(m^2 \cdot K)$；

　　　α_r——传热给热系数，$W/(m^2 \cdot K)$。

其中，对流给热系数和辐射给热系数计算公式如下

$$\alpha_c = 5.7 \frac{W_0^{0.75}}{d^{0.25}} \tag{4.42}$$

$$\alpha_r = \frac{q}{T_g - T_c} \tag{4.43}$$

$$q = \frac{C_0}{\frac{1}{\varepsilon} + \frac{1}{\varepsilon_0} - 1} \left[\frac{\varepsilon_g}{\varepsilon_0} \left(\frac{T_g}{100} \right)^4 - \left(\frac{T_c}{100} \right)^4 \right] \tag{4.44}$$

式中　W_0——火道中气流在标准状态下的流速，m/s；

　　　d——火道当量直径，m；

　　　q——火焰向炉墙辐射的热流，W/m^2；

　　　C_0——常数，等于 5.76，$W/m^2 \cdot K^4$；

　　　ε_g——气体在温度 T_g 时的黑度；

　　　ε_0——气体在温度 T_c 时的黑度。

② 煤料传热　在装煤初期，煤料和炉墙以传导方式传热，当焦饼收缩离开炉墙后，则以辐射、对流为主进行传热。因此炭化室内的煤料在结焦过程中，主要靠传导传热，同时也

伴随着一定的对流和辐射传热。由于炭化室的定期装煤、出焦、加热火道和蓄热室内气流的定期换向，使炭化室内的炉料和加热系统内的气流组成以及各处温度均在不断变化。一般在装煤后 3～5h，立火道温度最低，推焦前最高，相差约 50℃。

通过对煤料在炭化室内不稳定传热的理论推导，可以得到以下表示火道温度、焦饼中心温度、炭化室宽度和结焦时间的关系式

$$\frac{t_c - t}{t_c - t_0} = A_1 e^{-\mu_1^2 F_O} \tag{4.45}$$

$$B_i = \frac{\lambda_c \delta}{\lambda \delta_c} \tag{4.46}$$

$$F_O = \frac{\alpha \tau}{\delta^2} \tag{4.47}$$

$$\alpha = \frac{\lambda}{c \rho} \tag{4.48}$$

式中　t_c、t、t_0——分别表示火道温度、焦饼中心温度和入炉煤料的温度，℃；

A_1、μ_1——取决于 B_i 数（与准数的关系如表 4.12）；

B_i——皮沃数；

λ、λ_c——煤料、炉墙的导热系数，W/(m·℃)；

δ、δ_c——炭化室宽度之半与炉墙的厚度，m；

F_O——导热准数（傅立叶准数），反映时间对传热的影响；

α——煤料的导温系数，m²/h；

τ——结焦时间，h；

c——煤料的比热容；

ρ——煤料的密度；

λ——煤料的热导率。

表 4.12　A_1、μ_1 与 B_i 数的关系

B_1	0	1.0	1.5	2.0	3.0	4.0	5.0	6.0	7.0	8.0	9.0	10.0	15.0	∞
μ_1	0.0000	0.8603	0.9882	1.0769	1.1925	1.2646	1.3138	1.3496	1.3766	1.3978	1.4149	1.4289	1.4729	1.5780
A_1	1.0000	1.1192	1.1537	1.1784	1.2102	1.2228	1.2403	1.2478	1.2532	1.2569	1.2598	1.2612	1.2677	1.2732

③ 蓄热室和焦炉外表面传热　在蓄热室中，下降气流的热废气向格子砖传热，上升气流时，格子砖又把热量传给空气和贫煤气。这些传热主要是以辐射和对流的方式进行的。蓄热室传热虽不同于壁面两侧冷热流体间的换热过程，但如把蓄热室的加热和冷却看成一个周期，在该周期内废气传给格子砖的热量与格子砖传给冷气体的热量相等。故一个周期内的传热过程，可以看成由废气通过格子砖将热量传给冷气体，其传热量可用间壁换热基本方程式类同的公式计算，即

$$Q = KF\Delta t \tag{4.49}$$

式中　Q——废气传给冷气体的热量，kJ/周期；

K——废气至冷气体的总传热系数（蓄热室总传热系数），kJ/(m²·K·周期)；

F——格子砖蓄热表面积，m²；

Δt——废气和冷气体的对数平均温度差，K。

4.5.3　焦炉的流体力学基础及其应用

流体是液体和气体的总称，研究流体流动的宏观规律的学科称流体力学。流体力学是炼

焦生产和焦炉设计的主要基础理论之一。如加热煤气的输送和分配、热废气在炉内的流动和排出、荒煤气的导出等都涉及流体的流动。

4.5.3.1　流体力学基本方程

对于不可压缩的实际流体的运动，符合伯努利方程

$$P_1 + \rho g z_1 + \frac{\rho v_1^2}{2} = P_2 + \rho g z_2 + \frac{\rho v_2^2}{2} + \sum\nolimits_{1-2} \Delta P \tag{4.50}$$

式中　P_1，P_2——1，2 两点的压力，Pa；

$\quad\quad z_1$、z_2——1，2 两截面处的标高，m；

$\quad\quad\quad \rho$——1，2 两点间气体的平均密度，kg/m^3；

$\quad\quad v_1$、v_2——1，2 两截面处操作状态下气体的流速，m/s；

$\quad \sum\nolimits_{1-2} \Delta P$——1，2 两截面间的阻力，Pa。

式（4.50）的适用条件是稳定流动系统。因焦炉中流动的气体，在燃烧前后气体成分有改变，为消除此误差，在焦炉流体力学计算中，可将其分成小段进行。为了消除气体温度变化对其密度的影响，故采用平均密度。焦炉内两截面间的气体平均密度，可用下式计算

$$\rho = \frac{2\rho_1\rho_2}{\rho_1 + \rho_2} \tag{4.51}$$

上述伯努利方程中的压力是绝对压力，而焦炉中应用的是相对压力，为便于应用，将其改为相对压力关系。

设某通道内气体的流动符合伯努利方程。

$$P_1 + \rho g z_1 + \frac{\rho v_1^2}{2} = P_2 + \rho g z_2 + \frac{\rho v_2^2}{2} + \sum\nolimits_{1-2} \Delta P \tag{4.52}$$

而通道外大气视为静止的气体，只有静压和位压

$$P_1' + \rho_K g z_1 = P_2' + \rho_K g z_2 \tag{4.53}$$

两式相减，并令 $P_1 - P_1' = a_1$，$P_2 - P_2' = a_2$，$z_2 - z_1 = H$，得

$$a_1 = a_2 - Hg(\rho_k - \rho) + \frac{\rho(v_2^2 - v_1^2)}{2} + \sum\nolimits_{1-2} \Delta P \tag{4.54}$$

关于上式，说明以下几点。

① 上式可用于上升或下降气流，下标 1、2 分别表示气流的始、终点。对上升气流，即由 1 点流向 2 点，且 $z_2 > z_1$；对下降气流，始点的 z_1 大于终点的 z_2，即 $z_1 > z_2$。

② 式中 $H_g(\rho_K - \rho)$ 为浮力，其方向总向上。当上升气流时，它与阻力的方向相反，是气体流动的动力；当下降气流时，它相当于阻力。

③ 由于焦炉内气体的压力一般都小于大气压，故 a 值是负的，称为吸力，吸力大是指负值大。

④ 在焦炉内，对截面积、流量不变的通道，两截面处的流速变化很小，所以可忽略动能项。这在多数情况下是符合的，误差不大。

4.5.3.2　气体流动的浮力

一般气体流动的动力是鼓风机或抽气机，而焦炉和其它工业炉气体流动的动力是烟囱。在焦炉系统内，炉子燃烧系统与大气相通，形成连通器。烟囱充满废气，因废气的密度小于大气密度，所以被外界大气不断地压出烟囱。当风门打开后，外界的冷空气便进入焦炉加热系统，并与煤气相遇燃烧产生热废气，从而补充了烟囱排出的废气，使烟囱内保持热废气柱的存在，成为焦炉加热系统内气体流动的动力。

浮力是指空气柱和热气柱作用在烟囱根部同一水平上的压力差，即

$$P_{浮} = (p_0 - \rho_K gH) - (p_0 - \rho_F gH) = (\rho_K - \rho_F)gH \tag{4.55}$$

式中　$P_{浮}$——烟囱产生的浮力，Pa；

　　　p_0——大气压，Pa；

　　　H——烟囱的高度，m；

　　　ρ_K、ρ_F——大气和热废气的密度，kg/m^3。

ρ_K、ρ_F 都是工作态一定温度下的气体密度，与标准态的密度 ρ_0 的关系为

$$\rho = \frac{\rho}{1 + t/273} \tag{4.56}$$

气体的流速和流量也有类似的关系：

$$v = \frac{v_0}{1 + t/273} \tag{4.57}$$

$$Q = \frac{Q_0}{1 + t/273} \tag{4.58}$$

由浮力计算公式可见，热废气的高度越大、大气与废气的密度差越大，则浮力越大。浮力是向上定向的力，当上升气流时，是气体的动力；当下降气流时，其与气体流动方向相反，成为需要克服的阻力。

4.5.3.3　气体流动的阻力

（1）气体流动的阻力类型

气体流动的阻力包括摩擦阻力和局部阻力。摩擦阻力是气体在直径和流向都没有变化的管道中流动时产生的阻力；局部阻力是气体在直径或流向变化的管道中流动时产生的阻力。在焦炉加热系统中，局部阻力占全部阻力的大部分，摩擦阻力较小。阻力越大，压力损失越大。

（2）气体阻力的计算

气体阻力计算公式如下

$$\Delta P = \frac{K\rho v_0^2}{2} \tag{4.59}$$

式中　ΔP——气体流动时产生的阻力，Pa；

　　　K——阻力系数；

　　　ρ——气体的密度，kg/m^3；

　　　v_0——气体的流速，m/s。

阻力系数与通道的光滑程度、形状、尺寸及气体的流动状态有关，由实验获得。在计算中，是选择与操作情况相类似条件下的阻力系数。阻力系数分直管和局部两种。

① 直管阻力系数

$$K = \frac{\lambda L}{d} \tag{4.60}$$

式中　λ——摩擦系数，对砌砖烟道，$\lambda = 0.05 \sim 0.06$；对金属管道，$\lambda = 0.03 \sim 0.045$；

　　　L——管道长度，m；

　　　d——管道直径或通道的当量直径，非圆形管的当量直径为

$$d = 4 \times \frac{通道截面积}{通道周边长} \tag{4.61}$$

当流体通过具有分配的直管时，通道内各截面处的流量是变化的。如加热煤气主管、横管、集气管、小烟道、砖煤气道、水平集合烟道等部位的摩擦系数可用下式计算

$$K = \frac{\lambda L}{3d} \tag{4.62}$$

② 局部阻力系数　局部阻力造成的原因是由于气道几何形状的改变，使气流产生大量剧烈的涡流，速度和方向都发生变化，并受到阻碍和干扰，从而使机械能转化为热能损失。局部阻力系数随着气体通道的形状改变而不同。下面介绍最常用的几种，其它一些特殊形状的气道形成的局部阻力，可查阅有关的参考书。

a. 扩大局部阻力系数

$$K = \left(1 - \frac{F_1}{F_2}\right)^2 \tag{4.63}$$

b. 缩小局部阻力系数

$$K = 0.5\left[1 - \left(\frac{F_1}{F_2}\right)^2\right] \tag{4.64}$$

式中　F_1——扩大或缩小前气道的截面积；

　　　F_2——扩大或缩小后气道的截面积。

c. 焦炉格子砖的阻力包括摩擦和局部阻力，属于综合阻力。现代异型格子砖的综合阻力可按下式计算

$$\Delta p = \frac{K H v_0^2 \rho}{d} \tag{4.65}$$

式中　K——常数，异型格子砖为 $0.10 \sim 0.22$；

　　　H——格子砖的高度，m；

　　　d——格子砖的当量直径，m；

　　　v_0——气体的流速，m/s；

　　　ρ——气体的密度，kg/m^3。

4.5.3.4　烟囱计算

烟囱的作用在于使其根部产生足够的吸力，以克服焦炉加热系统及烟道等一系列通道所产生的总阻力，使炉内废气排出，空气吸入。

(1) 烟囱的高度

烟囱根部吸力可按从烟囱根部至顶口的上升气流公式(4.54)确定，因 $a_2 = 0$，$v \approx 0$，则

$$a_{根} = -Hg(\rho_K - \rho) + \frac{\rho v_2^2}{2} \sum_{1-2} \Delta P \tag{4.66}$$

由此可见，烟囱需要的吸力与加热煤气种类、烟囱高度和大气的密度有关。

为简化公式，令 $Z_1 = -a_{根}$；$Z_2 = \frac{\rho v_2^2}{2} + \sum_{1-2} \Delta P$；$Z_3 = (0.05 \sim 0.15)Z_1$ 或 50Pa，Z_3 是储备吸力，故可得计算烟囱高度的公式

$$H = \frac{Z_1 + Z_2 + Z_3}{(\rho_K - \rho)g} \tag{4.67}$$

所以，烟囱造成的浮力，是用于克服气体流动的阻力的，或者说烟囱的高度使其产生的浮力，保证烟囱根部有足够的吸力，并能够克服废气通过烟囱的阻力，还要有必要的备用吸力。

(2) 烟囱的直径

烟囱的直径由废气通过烟囱的阻力和烟囱的投资费用来决定。适当增大烟囱直径，可减

少阻力、增大吸力，但消耗材料多、投资大。一般烟囱出口废气取 $3\sim4m/s$，烟囱底部直径则可根据顶口直径和烟囱的锥度计算，对混凝土烟囱则有

$$d_{顶}=\left(\frac{4V_f}{\pi v_0}\right)^{\frac{1}{2}} \tag{4.68}$$

式中　V_f——焦炉排出的废气量，m^3（标准）$/s$；

　　　v_0——烟囱出口废气在标准状态下的流速，m/s。

烟囱底部直径为

$$d=d_{顶}+0.01H \tag{4.69}$$

对砌砖烟道，烟囱顶部和底部直径的关系为

$$d=1.5d_{顶} \tag{4.70}$$

4.6　炼焦新技术

随着高炉大型化和高压喷吹技术的发展，对焦炭质量的要求日益提高。但是，国内外优质炼焦煤明显短缺，而低变质煤炭资源丰富。为了扩大炼焦煤源，国内外已做了大量的工作，开发了各种用常规焦炉炼焦的新技术。这些技术多数处于小型试验或半工业试验阶段，有的虽已达到工业生产，但还不够完善。

4.6.1　配煤的预处理技术

4.6.1.1　配煤添加物炼焦

（1）添加改制黏结剂炼焦

由于优质炼焦煤短缺，造成炼焦煤料中黏结组分的比例下降，惰性组分相应增加，必然导致焦炭质量下降。若添加适当的黏结剂或人造煤来补充低流动度配煤的黏结性，就可以提高焦炭的质量。配入的黏结剂主要属于沥青类，按原料的不同可分为石油系、煤系以及煤-石油混合系。各种改质黏结剂作为强黏结煤的代用品，在配煤炼焦时都可得到一定的效果。

（2）添加瘦化剂炼焦

高挥发分、高流动度的煤料配入瘦化剂，如配入无烟煤粉、半焦粉或焦粉等含碳的惰性物质炼焦时，瘦化剂可以吸附一定数量煤热解生成的液相物质，使流动度和膨胀度降低，气体产物易于析出，黏结度提高，气孔壁增厚。同时，减慢了结焦过程的收缩速度，减少了焦炭的裂纹（故也称为抗裂剂），提高了焦炭的强度和块度。但胶质体的流动度和膨胀度只能降低到一定限度，否则使黏结性降低，焦炭的耐磨性降低。需要注意的是添加的瘦化剂均应单独细粉碎，以防混合过程形成焦炭的裂纹中心。

（3）配煤掺油

配煤掺油后，由于煤粒吸附碳氢化合物分子，在表面形成单分子层薄膜，产生油润作用，减少了由煤粒表面水分造成的颗粒间附着力，使煤料流动性提高，堆密度增大，而且掺油量增加时，煤料的堆密度也增加。鞍钢曾在配煤中掺入 0.5% 的轻柴油，由于煤料堆密度的提高，使全焦率增加 5.8%，冶金焦产量提高 6%，焦炭耐磨强度也有所改善。

（4）废塑料炼焦

废塑料添加到煤中时，焦炭反应性（CRI）和反应后强度（CSR）下降的程度取决于煤的流动度、分子结构和塑料的组成，不同的塑料对煤的结焦性影响不同。但聚丙烯腈可使煤的热塑性增加，塑料热分解产生的自由基和煤中氢的相互作用是其主要原因。添加塑料时焦炭的孔隙率增加，但孔的尺寸会下降。废塑料配煤炼焦中，聚烯烃和聚芳香烃的比例对配合煤热塑性改变、膨胀压力的产生和焦炭的强度影响非常关键，为了保证膨胀压力在安全范围

内，塑料中聚烯烃的比例必须低于 65%。日本新日铁公司添加 1% 的 20mm 废塑料到焦炉中，已成功运行多年，添加量继续增加时，焦炭强度下降。Nomura 等认为煤和塑料分开装入炭化室中能增加废塑料的处理量，在炭化室底部装塑料要优于顶部，但还有许多基础理论问题需要解决，还未能商业化。

4.6.1.2 捣固炼焦

捣固炼焦是利用弱黏结煤炼焦的最有效的加工方式。将配煤在捣固机内捣实，使其略小于炭化室的煤饼，推入炭化室内炼焦，即捣固炼焦。捣固炼焦装煤工艺流程如图 4.23 所示。煤料捣固后，一般堆密度由散装煤的 $0.72t/m^3$ 提高到 $0.95\sim1.15t/m^3$，这样使煤粒间接触紧密，结焦过程中胶质体充满程度大，并减小气体的析出速度，从而提高膨胀压力和黏结性，焦炭结构致密。但是，随着黏结性的提高，煤料结焦过程中收缩应力加大，黏结性好的煤所得焦炭裂纹增加，块度和强度都要下降。所以，对于气煤用量较多的配煤，在细粉碎、配入适量的瘦化组分（焦粉或瘦煤等）和少量的焦煤、肥煤的条件下，可得到抗碎和耐磨强度都较好的焦炭。

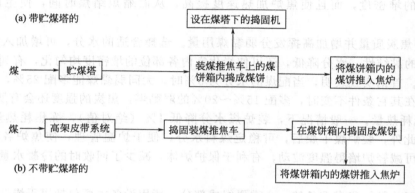

图 4.23 捣固炼焦装煤工艺流程图

在捣固炼焦中，只有细粉碎，才能使煤粒容易结合成坚固的煤饼。装炉时煤饼不塌落。配入适量的瘦化组分，既能减少收缩应力增加焦炭块度，又能使煤料中的黏结组分和瘦化组分达到恰当的比例，增加焦炭气孔壁的强度。实验表明，在一定条件下适当增加瘦化组分，M_{40} 增加，而 M_{10} 则变化不大。配入少量焦煤和肥煤的目的是调整黏结成分的比例，弥补黏结性能的不足。

采用捣固炼焦，可扩大气煤用量、改善焦炭质量，这已经被国内外大量生产实践所证明。为了保证捣固焦的质量，应注意以下几点。

① 控制煤料水分为 10% 为好。水分少，煤饼不容易捣实，装炉时容易塌料；水分过大，对炭化、捣固都不利。

② 为了提高堆密度，改革捣固作业，应该增加锤子个数、提高锤击频率，达到连续加煤薄层捣固。实验表明，捣固焦的强度几乎随配煤密度线性增加。

③ 煤料细度应大于 95%。

④ 配煤的挥发分在 34% 以下。这样焦炭强度可满足要求，否则，随着配煤挥发分的提高，焦炭的强度将变差。

为进一步改善焦炭质量，还可采用预热捣固炼焦。将预热与捣固结合，并添加黏结剂，经过预热的煤料捣固后炼焦。煤预热可以增加弱黏煤的用量，改善焦炭质量。加黏结剂则有利于结焦过程中间相结构的成长，从而改善焦炭的热性质。预热煤捣固炼焦与湿煤捣固炼焦相比，煤料堆密度提高约 7.5％，生产能力提高 35％，焦炭质量进一步改善。

捣固炼焦也有一定的缺点，主要是捣固机比较庞大，操作复杂，由于煤饼尺寸小于炭化室，炭化室的有效利用率低。此外，由于煤饼与炭化室墙面间有空隙，影响传热，使结焦时间延长。捣固炼焦技术具有区域性，这种工艺主要适应在高挥发分煤和弱黏结煤贮量多的地区。但是，从扩大气煤用量的角度考虑，与预热、配型煤等炼焦新技术相比，捣固炼焦具有设备简单、投资少、容易操作等优点。如果进一步改进捣固机械，增加捣固速度和锤头重量，从而增加煤饼的高宽比，提高焦炉生产能力，降低成本，则捣固炼焦将成为扩大弱黏性气煤用量、获得较好焦炭的有效途径。

4.6.1.3 干燥、预热煤炼焦

（1）干燥煤炼焦

将装炉煤预先干燥，使其水分降到 6％以下，然后再装炉炼焦，称为干燥煤炼焦。用干燥煤炼焦可以达到如下效果。

① 提高焦炭质量。水分降低，不仅降低了煤料间水分的表面张力，增加煤料的润滑，提高装炉煤的堆密度，而且使焦炉加热速度提高，从而缩短结焦时间，使生产能力提高约 15％。

② 改善焦炭质量并增加高挥发分弱黏煤用量。选择合适的水分，可增加入炉煤的堆密度，改善煤的黏结性。水分降低，还可使炭化室内各部位的堆密度均匀化，有利于提高焦炭的机械强度。首钢实践表明，当配煤的水分为 3％时，大同弱黏煤能多配 25％，而焦炭强度保持不变；在其它条件不变时，多配 15％～20％的弱黏煤，焦炭的强度还会有所改善。

③ 降低耗热量。一般情况下，装炉煤水分降低 1％（绝对值），炼焦耗热量减少 60～100kJ/kg。此外，装炉煤干燥后，可稳定煤料水分，便于炉温管理，使焦炉各项操作指标稳定。同时可减轻炉墙得温度波动，有利于保护炉体，减少了回收时的冷凝水量，有利于污水处理。

煤干燥工艺是炼焦煤准备的一个重要组成部分，所用设备主要包括煤干燥器、除尘装置和输送装置。该工序可设在炼焦配合煤粉碎之后，即对配合煤进行干燥处理，也可对单种煤进行干燥处理。但是对单种煤进行干燥后再配合、粉碎会有大量粉尘逸出，所以一般很少采用。常用的煤干燥器有转筒干燥器、直立管气流式干燥器和流化床干燥器。

（2）预热煤炼焦

装炉前用气体载热体或固体载热体将装炉煤料预先加热到 150～250℃后，再装入炼焦炉中炼焦，称为预热煤炼焦。预热煤炼焦可以扩大炼焦煤源，增加气煤用量，改善焦炭质量，提高焦炉的生产能力，减轻环境污染。

预热煤炼焦所得的焦炭，与同一煤料的湿煤炼焦所得的焦炭相比，有真密度大、气孔率低、耐磨强度高、反应性低、反应后强度大和平均粒度大等特点。而且，当装炉煤中结焦性较差的高挥发分煤含量大时，改善得幅度较大。对于规定的焦炭质量指标，预热煤炼焦可增加高挥发分弱黏煤的用量，结焦时间比湿煤炼焦大为缩短，从 18.5h 降为 12.5h。预热煤用装煤车把煤装入焦炉，由于是借助重力作用加入，煤的堆密度大于湿煤装炉。热煤流动性好，加煤比较均匀，不需要平煤，可使焦炉生产能力提高约 35％～40％。另外，由于干燥和预热所用设备的传热效率比焦炉大，预热煤炼焦的总热耗低于湿煤炼焦。有数据表明，每千克湿煤在预热和干燥过程中可节约 290kJ 的热，一般认为可降低热耗为 10％左右。此外，煤在预热过程中，还可脱除一部分硫。

预热煤炼焦比较成功的工艺有德国的普列卡邦法、英国西姆卡法及美国的考泰克法。普列卡邦法预热煤炼焦工艺流程见图 4.24。湿煤由料斗下部的转盘给料器定量排出，然后由

旋转布料器把湿煤送入干燥器下部，被来自预热器的约 300℃ 热废气加热干燥后，水分降到 2%，干燥后的煤从旋风分离器内排出，经星形给料器和下降管送到预热管下部。在此被从燃烧炉来的约 600℃ 的热气体流化，加热到 200℃ 后，输送到旋风分离器进行预热煤和热气流的分离。分离后的预热煤由链板运输机运送到热煤仓。被分离的约 300℃ 左右的载热气体进入干燥管下部，用来干燥湿煤。从干燥管出来的废气中的煤尘，经分离器分离后，由埋刮板运输机送到热煤仓，与已预热的煤混合，而废气再经过湿式除尘器进一步除尘，然后往大气放散。

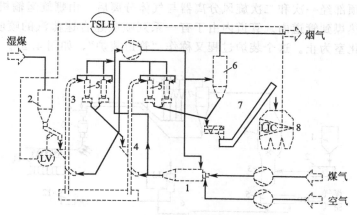

图 4.24 普列卡邦法煤预热流程

1—燃烧室；2—加煤槽；3—干燥管；4—预热器；5—旋风器；7—运煤机；8—装煤车

普列卡邦法法装炉的优点为：工艺简单，炉顶上可无人操作；重力装煤，堆密度大，使焦炭质量得到改善；用两段式预热，热效率高；可装热煤，也可装湿煤，操作灵活；在已有的焦炉上增设煤预热装置较容易。其缺点是要求设备严格密封，以免漏入空气，引起预热煤氧化或热煤粉爆炸。

西姆卡法煤的预热系统与普列卡邦工艺相同，如图 4.25。西姆卡的装煤由装煤车来完成。装煤车包括密封连接、强制给料、抽尘系统、自动称量和取盖等装置。预热煤进入热煤仓后，经过计量槽，再经密封接口放到装煤车煤斗中，从煤斗挤出的气体，除尘后排放。装炉时，煤斗的放煤套管与装煤孔密封连接，并保证煤斗和装煤孔间的严密。装煤车是一次对位式的，有电磁阀、闭炉盖装置，装煤时，不会产生余煤，当装到预定的煤料量时，闸门自动关闭。装炉烟气靠抽尘洗涤系统抽出并点燃后排入大气。这种装煤车可装预热煤也可装湿

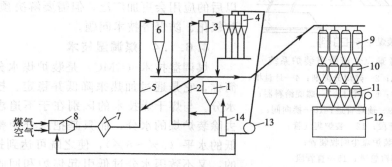

图 4.25 西姆卡预热煤炼焦工艺

1—湿煤斗槽；2—干燥管；3—初次分离器；4—二次分离器；5—预热管；6—旋分器；7—喷洒室；
8—燃烧炉；9—预热煤斗槽；10—计量槽；11—装煤车；12—焦炉；13—循环风机；14—气体洗涤器

煤，但装煤车复杂，体积大，炉顶操作环境较差。

考泰克法煤的预热采用一段气流粉碎式预热器，如图 4.26，它由自下而上的气流式干燥段、粉碎机和流化床预热段三部分组成。湿煤由斗槽经筛分筛出大于 20mm 的煤粒后，由变速螺旋输送机送入预热器的干燥段，此煤料与来自燃烧炉的热气体接触，热气流温度为 800℃左右，气速为 30m/s。煤粒经流化、干燥，被带到上部流化床预热段，在此段煤粒继续与 400℃左右的热气体接触。小于 3mm 的煤粒，被热气体带出预热器，大于 3mm 的在此处悬浮，由于在此段下部装有一锤式粉碎机，可把没有被气流带走的煤粒粉碎至小于 3mm。预热煤从预热器顶部经一次和二次旋风分离器与气体分离后，由螺旋运输机送到分配槽，然后由气力输送预热煤到管道内。管道内由于有一系列喷吹超音速蒸汽的喷吹，使煤粒推进，直到将煤送入炭化室为止。这个装炉过程又称作"管道装炉"，如图 4.27。

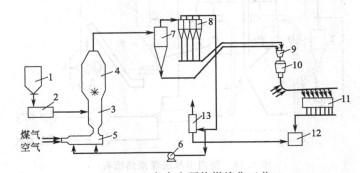

图 4.26 考泰克预热煤炼焦工艺

1—湿煤斗槽；2—粉碎筛分装置；3—气流干燥段；4—流化床预热段；5—燃烧炉；
6—循环风机；7—初分旋分器；8—二次旋分器；9—分配槽；10—计量槽；
11—焦炉；12—煤尘回收装置；13—气体洗涤塔

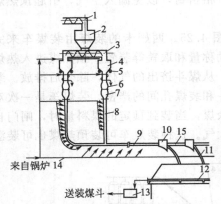

图 4.27 考泰克气流管道装炉系统

1、3—螺旋输送机；2—热煤分配槽；4—计量槽；
5—电子秤元件；6—阀门；7—螺旋给料器；
8—加速器；9—输煤管道；10—换向阀；
11—弯管段；12—装炉集气管；
13—装炉煤尘回收装置；
14—蒸汽管道；15—直管段

管道装炉取消了装煤孔，简化了炉顶结构，无烟装煤，消除了污染；炉内堆密度增加不大，可使用因堆密度增大而产生危险膨胀压力的煤；预热煤不与空气接触，输送安全并且该系统易实现自动化。但是由于此法一段预热，放入空气中的废气温度高，热损失大，仅适用于装热煤。

总之，预热煤炼焦是炼焦新工艺中令人注目的方向之一，在美国等一些国家已经实现工业化生产，以后的应用会更加广泛，但需要解决预热煤的储存、防氧化、防爆等技术问题。

4.6.1.4 煤调湿技术

煤调湿技术（CMC）是装炉煤水分控制工艺的简称，它是通过加热来降低并稳定、控制装炉煤的水分。与煤干燥技术的区别在于不追求最大限度的去除装炉煤的水分，而只是把水分调整稳定在相对低的水平（5%～6%），使之既可达到提高效益的目的，又不致因水分过低引起焦炉和回收系统操作困难。煤调湿技术以其显著的节能、环保和经济效益受到国内外焦化企业的重视，美、德、法、日都进行了不同形式的试验和生产，日本发展最快。目前，世界上共有三种煤调湿工艺。

① 导热油调湿 利用导热油回收焦炉烟道气的余热和焦炉上升管的显热，然后，在多管回转式干燥机中，导热油对煤料进行间接加热，从而使煤料干燥。

② 蒸汽调湿 利用干熄焦蒸汽发电后的背压汽或工厂内的其它低压蒸汽作为热源，在多管回转式干燥机中，蒸汽对煤料间接加热干燥。该工艺最早于 20 世纪 90 年代初在日本君津厂和福山厂投产。目前，在日本运行的绝大多数为此种型式。

③ 焦炉烟道气调湿 1996 年 10 月日本在北海制铁（株）室兰厂投产了采用焦炉烟道气对煤料调湿的流化床装置，设有热风炉。干燥用的热源是焦炉烟道废气，其温度为 180～230℃。抽风机抽吸焦炉烟道废气，送往流化床干燥机。与湿煤料直接换热后的含细煤粉的废气入袋式除尘器过滤，然后由抽风机送至烟囱外排。我国宝钢、太钢、济钢等焦化企业目前也开始利用烟道气调湿技术。

采用煤调湿技术后，煤料含水量每降低 1%，炼焦耗热量就降低 62.0MJ/t（干煤）。当煤料水分从 11% 下降至 6% 时，炼焦耗热量相当于节省了 11%。装炉煤水分降低，还可以提高炼焦速度，缩短结焦时间，改善焦炭质量，其中 DI_{15}^{150} 提高 1%～1.5%，焦炭反应后强度 CSR 提高 1%～3%，在保证焦炭质量不变的情况下，可多配弱黏结煤 8%～10%。煤料水分降低可减少 1/3 的剩余氨水量，相应减少剩余氨水蒸氨用蒸汽 1/3，同时也减轻了废水处理装置的生产负荷。但是，煤调湿后也存在焦油渣量增大、炭化室易结石墨、运煤过程易扬尘等问题。总之，从节能和提高产能的角度而言，煤调湿技术有着其它技术无法取代的优势。

4.6.1.5 配型煤炼焦

以弱黏结煤或不黏结煤为原料加入一定量的有机黏结剂混捏，成型后制成型煤，按一定的比例和粉煤混装炼焦叫配型煤炼焦。此法 1960 年首先由日本研制成功，是提高焦炭质量、扩大弱黏结煤或不黏结煤用量的有效途径之一。

日本某厂以同样的煤料在配型煤的焦炉和无型煤的焦炉上所得到的焦炭质量分析表明（图 4.28），在配型煤为 10%、20%、30% 的条件下，所得焦炭的 DI_{15}^{150}、ASTM 指标及显微强度指标均比不配型煤的高。

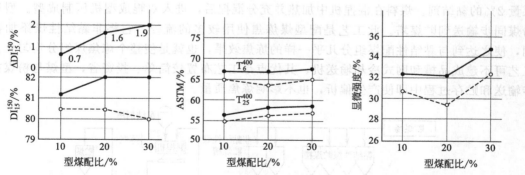

图 4.28 新日铁户烟厂型煤配比与 DI_{15}^{150} 显微强度及 ASTM 转鼓指数的关系

——配型煤，……无型煤

由于配型煤使煤料堆密度增加，型煤内部煤粒间隙小，使煤料在炭化时的塑性阶段黏结组分与惰性组分充分作用，从而显著提高了煤料的黏结性。

型煤的配入量增加，焦炭的强度也随之增加。配比增加 10%，DI_{15}^{150} 升高 0.4%～0.5%，当配比达到 40%～50% 时，DI_{15}^{150} 达到顶点，继续增加则焦炭强度反而降低。生产上考虑到型煤配比增加时推焦电流增加，型煤设备投资和生产成本提高，以及焦炉允许的膨胀压力等因素，实际操作中型煤配入量以30%～40%为宜。

（1）新日铁配型煤工艺

工艺流程如图4.29所示。取30%经过配合、粉碎的煤料，送入成型工段的原料槽，煤从槽下定量放出，在混煤机中与喷入的黏结剂（用量为型煤量的6%～7%）充分混合后，进入混捏机。煤在混捏机中被喷入的蒸汽加热至100℃左右，充分混捏后，进入双辊成型机压制成型。热型煤在网式输送机上冷却后送到成品槽，再转送到贮煤塔内单独贮存，使用时在塔下与粉煤按比例配合装炉。热型煤在网式输送机上输送的同时需要进行强制冷却，因此设备较多，投资相应增加。

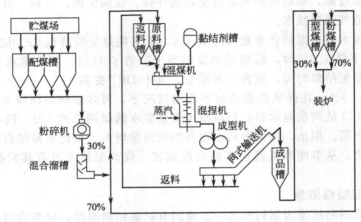

图4.29　新日铁法配型煤炼焦工艺流程

（2）住友配型煤工艺

工艺流程如图4.30所示。黏结性煤经配合、粉碎后，大部分（约占总煤量的70%）直接送到贮煤塔，小部分（约占总煤量的8%）留待与非黏结性煤配合。约占总煤量20%的非黏结性煤在另一粉碎系统处理后，与小部分黏结性煤一同进入混捏机。混捏机中喷入约为总煤量2%的黏结剂。煤料在混捏机中加热并充分混捏后，进入双辊成型机压制成型。型煤与粉煤同步输送到贮煤塔。此工艺是配型煤炼焦使用较多的流程，它将非黏结性煤添加黏结剂，使之达到与黏结性配煤组分几乎一样的炼焦效果，也就是使整个炼焦煤组分均匀化。此工艺可不建成品槽和网式冷却输送机，其优点是工艺布置较简单、投资省，型煤与粉煤在同步输送和贮存过程中即使产生偏析，也不影响炼焦质量。

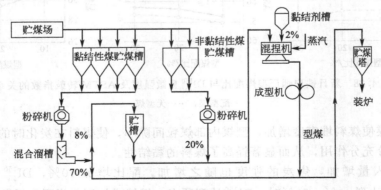

图4.30　住友配型煤流程图

（3）德国 RBS 法

工艺流程如图 4.31 所示。煤料由给料器定量供入直立管内，小于 10mm 的煤粒在此被从热气体发生炉所产生的热废气加热到 90～100℃，干燥到水分小于 5%。从直立管流出的煤分离出粗颗粒，粗颗粒经粉碎机后返回直立管或直接送到混捏机，与 70℃的粗焦油和从分离器下来的煤粒一起混捏。混捏后的煤料进压球机在 70～90℃成型。热型块在运输过程中表面冷却后装入贮槽，最后混入细煤经装煤车装炉。这种配入型煤的煤料入炭化室后，其堆密度达 800～820kg/m³，结焦时间缩短到 13～16h，比湿煤成型的工艺流程的生产能力大 35%。该工艺复杂，技术难度高，基建和生产费用较大。

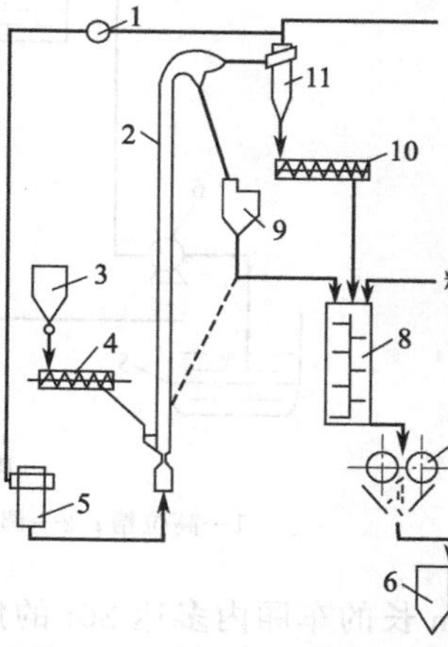

图 4.31　RBS 法工艺流程图
1—风机；2—直立管；3—原料煤仓；4—定量给料机；5—热气发生炉；6—型煤贮槽；7—压球机；8—混捏机；9—破碎机；10—螺旋给料器；11—分离器

4.6.2　熄焦新技术

煤在炭化室炼成焦炭后，应及时从炭化室推出，红焦推出时温度约为 1000℃。为避免焦炭燃烧并适于运输和贮存，必须将红焦温度降低。传统的熄焦方法是采用喷水将红焦温度降低到 300℃以下，熄焦系统由带喷淋水装置的熄焦塔、熄焦泵房、熄焦水沉淀池以及各类配管组成，熄焦产生的蒸汽直接排放到大气中。

传统湿熄焦的优点是工艺较简单，装置占地面积小，基建投资较少，生产操作较方便，但其浪费能源、焦炭质量较低、污染环境的缺点也非常明显。为解决传统湿熄焦存在的问题，各国焦化工作者进行了不懈的努力，除对湿熄焦装置及湿熄焦工艺不断进行改进外，也研究开发出了新型的干熄焦技术。

4.6.2.1　低水分熄焦

低水分熄焦工艺是美钢联开发的一种新型熄焦工艺，它是在传统湿法熄焦的基础上经过深入剖析熄焦原理发展而来的，可以替代目前在工业上广泛使用的常规喷洒熄焦工艺。该技术首先应用于美钢联所属的焦化厂，之后成功应用于多个焦化厂。其中，应用最大的焦炉炭化室高度达 7.3m，每孔焦量达 26t。我国近几年也逐渐采用了该项技术。

低水分熄焦是相对于传统湿法熄焦后焦炭的水分而言的，与传统湿法熄焦相比只是改变了熄焦时的供水方式，焦炭的水分降低了。低水分熄焦在改善焦炭质量、节能等方面比传统湿法熄焦具有更大的优势。低水分熄焦系统主要由工艺管道、水泵、高位水槽、一点定位熄焦车以及控制系统等组成，工艺流程如图 4.32 所示。

低水分熄焦工艺与传统的湿法熄焦工艺相比，最重要的是在控制熄焦的供水方式上有所不同。传统的湿法熄焦是在熄焦过程中等流量喷水熄焦，而低水分熄焦则是在整个熄焦过程中，按流量大小分段进行供水，即变流量喷水熄焦。

焦炭水分在很大程度取决于焦炭粒度分布、水温及水的纯净程度等因素。采用低水分熄焦工艺后，冶金焦水分明显降低，直接给炼铁高炉的操作和节能带来非常可观的效益，按焦炭含水分每降低 1%，可降低炼铁焦比 1%。传统的喷洒熄焦时间需要 120～150s，而低水分熄焦时间只需要 50～85s。这将容许在推焦操作延迟后赶上推焦炉号，恢复正常的推焦工作。在熄焦车操作时间制约焦炭产量的情况下，采用低水分熄焦可以缩短操作时间，吨焦耗水量也随之减少。现已证实，低水分熄焦有利于大容积焦炉的熄焦生产，可有效处理在

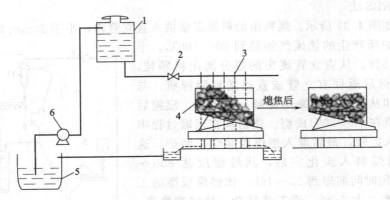

图 4.32　低水分熄焦工艺流程图

1—高位槽；2—调节阀；3—喷头；4—熄焦车；5—循环水池；6—水泵

17～20m 长的车厢内多达 26t 的焦炭，而常规的喷洒熄焦对于较深的焦炭层不可能达到这样的效果。低水分熄焦系统中，经特殊设计的喷嘴可按最适合原有熄焦塔的方式排列，便于更换原有熄焦喷洒管。管道系统由标准管道及管件构成，因此能经济而快捷地安装在原有的熄焦塔内。

4.6.2.2　稳定熄焦

稳定熄焦工艺是德国在传统的湿法熄焦工艺上发展而来的，英文缩写 CSQ。CSQ 工艺同时采用了喷淋熄焦和水仓式熄焦。主要工艺特点是提高了熄焦速度，能快速降低焦炭温度，缩短熄焦时间。水煤气和硫化氢减少，冷却后的焦炭机械强度高，稳定性好，颗粒分布均匀并由此提高焦炭质量。所生产的焦炭转鼓强度和耐磨指标符合优质冶金焦的质量要求。这种熄焦工艺的优势可根据要求调整焦炭温度。

常规式湿熄焦用水从上喷淋焦炭，熄焦时焦炭在车上静止不动，而 CSQ 熄焦过程中，水从下部进入，焦炭剧烈运动并受到机械撞击。焦炭沿着内部结构裂缝破碎，使焦炭颗粒均匀、稳定。这种焦炭颗粒分布比传统湿熄焦更均匀，因此它特别适用于高强度喷煤、喷油的大型高炉。稳定熄焦所用熄焦塔如图 4.33 所示。

稳定熄焦可稳定焦炭的水分。焦炭水分是冶金焦一个重要质量指标。熄焦车进入熄焦塔内停在预定的位置不动，顶部喷洒管即水雾捕集装置开始喷水，顶部熄焦开始几秒钟后，高位水槽的熄焦水通过注水管注入熄焦车接水管，熄焦水从熄焦车厢斜底的出水口喷入熄焦车内，浸泡红焦而熄焦。该工艺避免了常规湿法熄焦因焦炭层厚

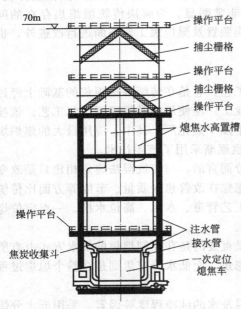

图 4.33　稳定熄焦用熄焦塔

度不均匀和车厢死角喷不到水，而导致局部熄焦不透和焦炭水分不均匀现象。通过熄焦时焦粒强烈的涡旋流动使其均匀冷却。水分可调整到 2%～4% 之间，标准偏差为 0.5%～1%，与低水分熄焦工艺接近。

稳定熄焦可改善焦炭的机械强度和粒度均匀性。稳定熄焦时，焦炭处于跳动状态，因此

其具有整粒功能，可以使焦炭的潜在缺陷提前释放，使焦炭的块度均匀，给高炉生产创造较好的条件。焦炭的抗碎强度 M_{40}、耐磨强度 M_{10} 均明显优于传统湿法熄焦，而 CSR 和 CRI 数值不受影响。

稳定熄焦可减少有害物的排放。①在稳定熄焦过程中，焦炭快速冷却时，H_2S 和 CO 等气体的生成量比常规湿法熄焦有所减少；②采用定点熄焦车熄焦。熄焦车厢中熄焦层较厚（约 4m），所以熄焦时上层焦炭可以抑制底层粉尘向大气逸散；③在熄焦塔顶部，采用喷洒水的方法（所谓水雾捕集），冷却含粉尘的熄焦水蒸气，降低粉尘逸散速度，使之逐步分离，再配合折流板式除尘装置捕集粉尘，降低粉尘排放和含有害物蒸气的逸散量。采用稳定熄焦，每吨焦炭散发的粉尘量可控制在 1～5g。监测表明，稳定熄焦散发的粉尘、H_2S 和 CO 等污染物仅是传统湿法熄焦的 25%，每吨焦污染物的排放量分别为粉尘 5g/t、H_2S 79g/t、SO_2 2g/t、CO 180g/t，SO_2 和 CO 的排放量甚至比干熄焦工艺还要低。

4.6.2.3　干熄焦技术

所谓干熄焦，是指采用惰性气体将红焦降温冷却的一种熄焦方法。干熄焦过程中，红焦从干熄炉顶部装入，低温惰性气体由循环风机鼓入干熄炉冷却段红焦层内，吸收红焦显热，冷却后的焦炭从干熄炉底部排出，从干熄炉环形烟道出来的高温惰性气体流经干熄焦锅炉进行热交换，锅炉产生蒸汽，冷却后的惰性气体由循环风机重新鼓入干熄炉，惰性气体在封闭的系统内循环使用。干熄焦技术在节能、环保和改善焦炭质量等方面均优于湿熄焦，基本工艺流程见图 4.34。

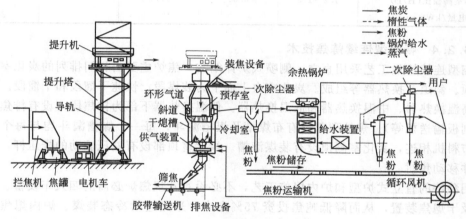

图 4.34　干熄焦工艺流程

出炉红焦显热约占焦炉能耗的 35～40%，干熄焦技术可回收 80% 的红焦显热，平均每熄 1t 焦炭可产生 3.9～4.0MPa、450℃ 的蒸汽 0.45～0.55t。据日本新日铁对其企业内部包括干熄焦、高炉炉顶余压发电等所有节能项目效果分析，结果表明干熄焦装置节能占总节能的 50%。可以说，干熄焦在钢铁企业节能项目中占有举足轻重的地位。

干熄焦与湿熄焦相比，避免了湿熄焦急剧冷却对焦炭结构的不利影响，其机械强度、耐磨性、真相对密度都有所提高。焦炭 M_{40} 提高 3%～6%，M_{10} 降低 0.3%～0.8%，反应性指数 CRI 明显降低。冶金焦炭质量的改善，对降低炼铁成本、提高生铁产量、高炉操作顺行极为有利，尤其对采用喷煤技术的大型高炉效果更加明显。前苏联大高炉冶炼表明，采用干熄焦炭可使焦比降低 2.3%，高炉生产能力提高 1%～1.5%。在保持原焦炭质量不变的条件下，采用干熄焦可扩大弱黏结性煤在炼焦用煤中的用量，降低炼焦成本。

常规的湿熄焦，以规模为年产焦炭 100 万吨的焦化厂为例，酚、氰化物、硫化氢及氨等有毒气体的排放量超过600t，严重污染大气和周边环境。干熄焦技术则由于采用惰性气体在密闭的干熄槽内冷却红焦，并配备良好有效的除尘设施，基本上不污染环境。另一方面，干熄焦产生的生产用汽，可避免生产相同数量蒸汽的锅炉烟气对大气的污染，减少SO_2、CO_2排放，具有良好的社会效益。

宝钢、日本八幡和德国等干熄焦装置的性能和规格见表4.13。

表 4.13   干熄焦装置的性能和规格

	宝钢	八幡	君津	德国	德国带水冷壁
一台处理能力/t·h^{-1}	75	150～175	200	60	60
预存室容积/m^3	200	330	396	200	130
干熄室容积/m^3	300	610	707	320	210
循环风机能力/km^3·h^{-1}	125	210	245	96	60
总压头/kPa	7.85	14.3	1106	7.5	4.5
电机容量/kW		1450		432	174
蒸汽压力/MPa	4.5	9.2	9.5	4.0	
蒸汽温度/℃	450	500	520	440	
蒸汽发生量/t·h^{-1}	39	90	103	35	
蒸汽用途		发电	发电	发电	
风料比/Nm^3·t$_{焦}^{-1}$	1670	1370	1225	1600	1000
熄焦室比容积/m^3·(t·h)$^{-1}$	4.0	3.99	3.54	5.3	3.5
熄焦室高径比(H/D)	1.2～1.3	0.85	0.85		
比耗电量/kWh·t$_{焦}^{-1}$					2.9

4.6.2.4   畅翔型连续炼焦技术

畅翔型连续炼焦工艺采用直立、侧喷式炉体结构，焦炉主要由相间排列的炭化室、燃烧室及炉顶、斜道及换热器等组成。炭化室自上而下为装煤段、快速干馏段和干馏段。炭化室下部为高温换热器、中温换热器和低温换热器。低温换热器下部为排焦段（设有排焦机、接焦箱、刮板输送机等）。焦炉顶部设有布煤槽及煤槽漏斗，每一个煤槽漏斗均与每个炭化室侧边的布料机相连，炭化室侧顶设有装煤溜槽。炭化室顶部设有液压驱动的推压杆，用于推压煤料并移动焦饼。

采用独特的直立式炉型和炉内熄焦工艺，不必设置常规焦炉必需的四大车设备、消烟除尘设备及干熄焦装置，从而降低吨焦投资75%左右。采用连续冷态装煤、炉内熄焦、冷态出焦，充分利用焦炭显热；并将煤气热引出裂解后用余热锅炉回收其显热；又无需频繁开闭炉门，加之燃烧室端墙加厚，减少炉体散热，因而吨煤炼焦综合能耗降低20%以上。可配用达80%的弱黏结性或不黏结性煤，从而使单位生产成本大幅度下降。改善了操作条件，减少了污染，实现了烟尘的零排放。由于炼焦过程操作的连续性，易于实现高度自动化控制，操作人员总量可减少50%左右，明显提高劳动生产率。煤料在炼焦过程中经压实，快速加热处理，又经干法熄焦，因而可明显提高焦炭质量。即使弱黏结性煤的配入量加大时，也可保证生产出优质的冶金焦。畅翔型连续炼焦工艺炉体结构紧凑，炼焦、熄焦合为一体，又无四大车装备，故占地面积小，可比常规焦炉占地面积减少50%左右。

4.6.3   型焦

通过上述各种煤的预处理技术，在常规焦炉内均可适当地增加弱黏结性煤或非黏结性煤的用量，但是，配合煤的主体仍为炼焦煤，而非黏结性煤或弱黏结性煤只能作为辅助煤。根据我国炼焦煤储存量少，弱黏结性煤储存量多的国情，扩大炼焦煤源是当务之急。型煤和型焦（统称为成型燃料）是以非炼焦煤为主体，通过压、挤成型，制成具有一定形状、大小和强度的成型煤料，或进一步炭化制成型焦，用以代替焦炭，所以被认为是广泛使用劣质煤炼焦的最有效措施。型煤和型焦采用连续生产，设备是密闭的，故能有效地控制环境污染，所用机械比一般焦炉生产的简单，有利于实现生产的自动控制。因此，型煤和型焦技术得到了国内外的重视，是我国探索非黏结性煤或弱黏结性煤利用新途径的一个重要方面。

型焦按原料种类可分为两种，一是单种煤型焦，如褐煤、长焰煤和无烟煤等；二是以不黏结性煤、黏结性煤和其它添加物的混合料制得的型焦。按型焦的用途可分为冶金用、非冶金用或民用的无烟燃料。习惯上按成型时煤料的状态可分为冷压和热压型焦，前者是在远低于煤料塑性状态温度下加压成型，有加与不加黏结剂两种。不加黏结剂的多数用于低变质程度的泥煤和软质褐煤。变质程度较高的粉煤，则需加黏结剂，否则成型困难。后者是煤料被加热至热塑性状态下压型的，加热方式有用气体和固体热载体两种。一般热压成型煤料必须具有一定的黏结性，不需要外加黏结剂。

4.6.3.1 冷压型焦

（1）无黏结剂的冷压型焦

无黏结剂的冷压成型主要用于将泥煤、软质褐煤等低变质程度的煤制成成型燃料。因为这类煤可塑性大，煤结构中具有大量氧键，固压型时容易形成"固体搭桥"，型煤强度较高。

如德国每年采用此法将软褐煤压制型煤，作为民用或工业燃料。劳赫曼（Lauchhammer）褐煤生产型焦法，利用软质褐煤（含水约50%），经过粉碎（粒度小于1mm）、干燥（含水约10%）、压型和炭化，制得抗碎强度为17.6～19.6MPa的褐煤型焦。这种焦炭的强度低于冶金焦，与冶金焦混配可用于矮高炉炼铁，也可单独用于有色冶炼、化工和气化等部门。

近年来，我国对年老的硬褐煤采用无黏结剂加压成型的试验获得成功。将褐煤适当干燥，然后在100～200℃下加压成型，制得强度和抗水性能都较好的型煤。褐煤无黏结剂成型，要求压力为100～200MPa。年轻的褐煤结构疏松、可塑性强、弹性差，所用成型压力可低些。

无黏结剂成型由于不需要添加任何黏结剂，不仅节约原材料、简化工艺，而且可提高型焦的含碳量。不过因成型压力较高，使得成型机构造复杂，动力消耗大，对材质要求高并且成型部件磨损快。为此，改善成型方式、降低成型压力、研制有效的成型设备、使无黏结剂冷压成型也能用于其它煤种，并逐步代替目前应用广泛的有黏结剂冷压成型工艺是冷压型焦的发展趋势。

（2）加黏结剂的冷压型焦

有黏结剂的冷压成型是将粉煤或半焦与黏结剂的混合料，在常温或黏结剂热熔温度下，以较低的外压（14.7～49MPa），借助于黏结剂的黏结作用，使颗粒成型的方法。所得到的型煤经过进一步氧化或炭化处理，黏结剂和煤粒进一步热解、叠合，使颗粒间的黏结逐步从物理结合逐渐过渡到化学结合，得到强度高于型煤的氧化型煤或型焦。

有黏结剂冷压型焦的制备，在国内一般以当地单种煤为原料，黏结剂有焦油沥青、焦油等。国外与我国不同的地方是多配加一定数量的黏结性烟煤，所得型焦的强度大为提高，可用于容积大于$500m^3$的高炉。有黏结剂的冷压成型，虽然可降低成型压力，工业上容易实现，但是，由于黏结剂本身需要处理，还要与煤料进行混捏、固结，其工艺比无黏结剂冷压成型要复杂得多，而且黏结剂用量较多，需要解决黏结剂的来源问题。

4.6.3.2 热压型焦

将热压型煤进一步焦化即得热压型焦。该工艺的特点在于能根据不同的煤质和其它条件，分别控制结焦过程的各个阶段，可利用更广范围的煤种制取符合质量要求的型焦。

① 快速加热阶段　将烟煤快速加热至胶质状态，使其中部分液态产物来不及热分解和热缩聚。这就增加了胶质体停留温度范围，改善了胶质体流动性和热稳定性，使单位时间内气体析出量增加，膨胀压力加大，由此改善了变形粒子接触、提高煤的黏结性。由于在几秒钟内，煤被快速加热到塑性温度（430～500℃，随烟煤变质程度的加深而提高），煤粉还没有充分分解和软化，所以仍然呈散粒状。

② 维温分解阶段　煤粒被加热至塑性温度，还进一步热分解和热缩聚，使其软化。并因气体产物的生成，使其膨胀。为了使热解的挥发产物进一步析出，以防热压后型煤膨胀，或炭化时型焦胀裂，应在塑性温度下隔热维温 3min 左右。

③ 挤压成型阶段　煤料经过维温分解，处于胶质状态下，其中含有不熔物质或惰性粒子。为了使这些不熔物质均匀分布在熔融物质中，形成结构均一和强度较高的型煤，煤料用螺旋挤压机进行粉碎、挤压和搅拌。挤压成的塑性黏状煤带被进一步压制成型煤。这使煤粒间空隙减小，胶质体不透气性增加，活性化学键的相互作用加强，煤料的密度及黏结性进一步提高。

试验表明，型煤的密度随着压力的增加而显著增加，但增加到一定程度后，压力再增加，则型煤的密度变化不大，而且会引起型煤变形。当成型压力解除后，由于型煤的透气性较差，分解气体不能迅速析出，而使型煤膨胀，导致致密性下降。所以，成型压力要选择适当。对黏结性好、胶质体透气性差的煤，采用的成型压力要相对小些；对黏结性非常好的煤，为了提高胶质体的透气性，以减轻压型时和压型后的膨胀，还应该在加热时轻度氧化，或配入适量的无烟煤粉、焦粉或矿粉等。

④ 后处理阶段　热压后所得型煤，在热压温度下，隔热和隔空气下，热焖一定的时间。其目的是为给活性化学键的接触和反应、胶质体转化为固态提供足够的时间。除此之外，还可避免型焦急冷而产生不同的收缩应力，导致型煤强度降低。

热压型焦的制备工艺分为气体热载体工艺和固体热载体工艺两种。气体热载体工艺以热废气作为快速加热的载体，使粉煤快速加热，并热压成型煤，其工艺流程如图 4.35 所示。以单种弱黏结性煤或无烟煤粉为主体配有黏结性煤的配煤，经过干燥、预热，用燃烧炉内煤气燃烧生成的热废气，快速加热至塑性温度区间。为控制塑性温度，热废气用 150℃的循环废气调节至 550～600℃。经过快速加热的煤料，用旋风分离器分出，经过维温分解使其充分软化熔融，最后挤压、成型得到热压型煤。由旋风分离器分出的废气，作为煤料干燥、预热的热载体。干燥、预热和快速加热都在流化状态下进行，多采用载流管，也可用旋风加热筒。

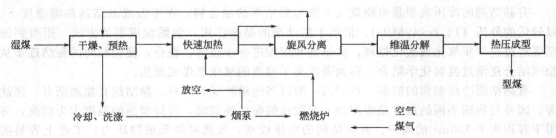

图 4.35　气体热载体热压型煤工艺流程

固体热载体工艺以高温无烟煤粉、矿粉或焦粉作为热载体和配料，在与预热至 $200\sim$ $250℃$ 的烟煤混合的同时，实现快速加热。国内马鞍山钢铁公司等对这种工艺进行了长期的试验，制得 M_{20} 为 $66\%\sim74\%$ ，M_{10} 为 $22\%\sim25\%$ 的热压型焦，基本上可满足 $36m^3$ 小高炉的炼铁要求。

习 题

1. 什么叫炼焦？炼焦炉经历了哪些发展阶段？
2. 简述炼焦的主要产品及其用途？
3. 简述焦炭的性质、用途及冶金焦的质量要求。
4. 煤的成焦过程主要分哪几个阶段？各有何特点？
5. 简述常用于炼焦的煤种及其结焦特点。
6. 配煤的意义及其要求是什么？
7. 焦炉炉体由哪几部分组成？各部分的主要作用是什么？
8. 炭化室的尺寸变化对炼焦生产有何影响？
9. 焦炉有哪些护炉设备，它们的作用是什么？
10. 简述常用的筑炉材料的品种和性能以及焦炉不同部位的用砖要求。
11. 干法熄焦比湿法熄焦有哪些优越性？
12. 简述废气循环的原理及其作用。
13. 焦炉煤气和高炉煤气燃烧有何不同？
14. 什么是炼焦耗热量？降低炼焦耗热量的途径主要有哪些？
15. 简述焦炉传热的方式和各部位传热的特点。
16. 焦炉内气体的浮力和阻力各是怎样产生的？分别如何计算？
17. 炼焦过程中，焦炉烟囱的作用是什么？其尺寸如何计算？
18. 炼焦新技术主要有哪些？分析说明其基本原理与工艺特点。

第5章 炼焦化学产品的回收与精制

炼焦化学产品是医药、农药、染料、塑料、化学纤维及其它合成材料工业所必需的主要原料。炼焦化学产品的回收对扩大煤炭资源的综合利用范畴、改善环境和降低炼焦成本具有重要的意义。本章主要讲述焦炉粗煤气的冷却、净化工艺，从所得的净煤气中进行氨、粗轻吡啶以及粗苯的回收精制。此外，还对焦油的蒸馏、焦油馏分及焦油沥青的加工等进行了相关的介绍。

5.1 炼焦化学产品

煤在炼焦时，约75％转化为焦炭，其余的是粗煤气。粗煤气经过冷却及吸收处理，可以从中提取焦油、氨、萘、硫化氢、氰化氢和粗苯等，同时获得净煤气。焦炉煤气中含有约60％的氢和24％～28％的甲烷，焦油的主要组分是芳香烃化合物和杂环化合物。

5.1.1 炼焦化学产品的产生、组成及产率

5.1.1.1 炼焦化学产品的产生

煤料在焦炉炭化室内进行高温干馏时，发生了一系列物理化学变化，所析出的挥发性产物即为粗煤气。粗煤气经过冷却及吸收等处理，可从中提取多种有用的化学产品，并获得净煤气。

首先，煤料在200℃以下蒸出表面水分，同时析出吸附在煤中的二氧化碳、甲烷等气体；随温度升高至250～300℃，煤的大分子端部含氧化合物开始分解，生成二氧化碳、水和酚类；至约500℃时，煤的大分子芳香族稠环化合物侧链断裂和分解，生成脂肪烃，同时释放出氢。

在600℃前的胶质体形成阶段，从胶质层析出的和部分从半焦中析出的蒸气和气体称为初次分解产物，此时产生的气体因胶质体透气性较差，不易穿过，而只能从胶质层内侧上行进入顶空间，故叫里行气。初次分解产物主要含有甲烷、二氧化碳、一氧化碳、化合水及初焦油，而氢含量很低。初次分解产物在炭化室内沿着如图5.1所示的途径流动，大部分产物是通过赤热的焦炭层和沿温度约为1000℃的炉墙到达炭化室顶部空间的，其余约25％的产物则通过温度一般不超过400℃处在两侧胶质层之间的煤逸出。

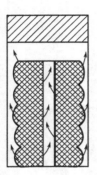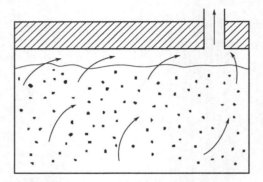

图 5.1 炼焦过程中煤气在炭化室内的流动途径

在半焦的形成和收缩阶段，因胶质体固化和半焦热解产生大量气态产物，这些气体沿着

116

焦饼裂纹及炉墙和焦饼之间的空隙进入顶空间，故称外行气。外行气沿炭化室炉墙向上流动，通过赤热的焦炭，因受高温而发生环烷烃和烷烃的芳构化过程并析出氢气，从而生成二次热裂解产物。这是一个不可逆反应过程，由此生成的化合物在炭化室顶部空间就不再发生变化。而由煤饼中心通过的挥发性产物则与此相反，在炭化室顶部空间因受 800℃ 左右的高温发生芳构化过程，生成大量的芳烃。显然，里、外行气的组成和性质是不同的，而且里行气量少，只有约 10%，外行气量大，约有 90%。

5.1.1.2　炼焦化学产品的组成及产率

不同焦化厂生产的粗煤气组分基本没有什么差别。这是由于二次热解作用导致组分中主要为热稳定的化合物，其中几乎无酮类、醇类、羧酸类和二元酚类物质。每个炭化室内，装入煤后不同的时间，炼焦产品的组成和产率是不同的。但是一座焦炉中有很多炭化室，它们在同一时间处于不同的结焦时期，所以产品的组成和产率是接近均衡的，仅随炼焦煤的质量和炼焦温度的不同而波动。工业生产条件下，炼焦化学产品的产率见表 5.1，表中的化合水是指煤中有机质分解生成的产物。

表 5.1　炼焦化学产品的产率（以干配煤为基准）　　　　　　　　单位：%

产品	焦炭	净煤气	焦油	化合水	粗苯	氨	硫化氢	氰化氢	吡啶类
产率	70~78	15~19	3~4.5	2~4	0.8~1.4	0.25~0.35	0.1~0.5	0.05~0.07	0.015~0.025

粗煤气是刚从炭化室逸出的出炉煤气，其组成见表 5.2。净煤气则是回收化学产品和净化后的煤气，也称回炉煤气，其组成见表 5.3，表中的重烃主要是指乙烯。净煤气密度为 $0.48 \sim 0.52 kg/m^3$（标准），低热值为 $1.76 \sim 1.84 kg/m^3$（标准）。

表 5.2　粗煤气的组成　　　　　　　　单位：g/m^3

水蒸气	焦油气	粗苯	氨	硫化氢	氰化物	轻吡啶碱	萘	氮
250~450	80~120	30~45	8~16	6~30	1.0~2.5	0.4~0.6	10	2~2.5

表 5.3　净煤气的组成

组成	H_2	CH_4	重烃	CO	CO_2	O_2	N_2
体积分数/%	54~59	23~28	2.0~3.0	5.5~7.0	0.50~2.5	0.3~0.7	3.0~5.0

5.1.1.3　炼焦化学产品的影响因素

影响化学产品产率、质量和组成的因素主要有原料煤的性质和炼焦过程的操作条件。

（1）配合煤的性质和组成

配合煤中挥发分、氧、氮、硫等元素的含量对炼焦化学产品的产率影响很大。焦油产率取决于原料煤的挥发分和煤的变质程度。煤挥发分含量越高，软化温度越低，形成胶质体的温度区间越大，则焦油的产率越大，焦油元素组成中氢的比例越大。

粗苯的产率随着煤料中的 C/H 比及挥发分增加而增加。氨来源于煤中的氮，一般配煤含氮约 2%，其中约 60% 转入焦炭中，约 15%~20% 与氢化合生成氨，其余则生成氰化物、吡啶碱等化合物存在于煤气和焦油中。配煤中的氧与氢结合转变为水，其产率随配煤中挥发分含量的减少而增加。

煤气中硫化物大部分为硫化氢，其产率主要取决于煤中的硫含量。一般干煤含全硫 0.5%~1.2%，其中 20%~45% 转入荒煤气中。配煤的挥发分含量越大，炉温越高，转入煤气中的硫就愈多。

变质程度轻的煤干馏时产生的煤气中 CO、CH_4 及重烃 $C_n H_m$ 的含量高，氢的含量低。

而随着变质程度的增加，CO、CH_4 及重烃 C_nH_m 的含量越来越少，氢的含量越来越多。

（2）操作技术条件

粗煤气组成和产率的影响因素主要有炼焦温度和二次热解作用，同时操作压力、挥发物在炉顶空间的停留时间以及焦炉内生成的石墨、焦炭或焦炭灰分中某些成分的催化作用也对其有一定的影响。

提高炼焦温度，增加煤气在高温区停留时间，都会增加粗煤气中气态产物产率及氢的含量，也会增加芳烃的和杂环化合物的含量。由于碳与杂原子之间的键强度顺序为：C-O＜C-S＜C-N。低温（400～450℃）热解时，生成含氧化合物较多。氨、吡啶和喹啉等在高于 600℃时，才开始在粗煤气中出现。

炉墙的温度增高，可导致焦油的密度增加，焦油中高温产物（蒽、萘、沥青和游离碳）的含量增加；酚类及中性油类含量降低；烷烃含量减少，芳香烃和烯烃的含量显著增加；芳烃最适宜的生成温度是 700～800℃。

炉顶空间温度取决于炼焦温度、炉顶空间大小及煤气在其中的停留时间和流动方向等。通常炉顶空间温度不宜超过 800℃。当炉顶空间温度过高时，可导致热分解反应加剧，焦油和粗苯的产率下降，化合水的产率增加。同时，氨发生分解并与赤热的焦炭作用转化为氰化氢，产率也下降。煤气的热解使甲烷及不饱和烃减少，氢含量提高，导致煤气发热量降低，煤气量增大。

5.1.2　炼焦化学产品的用途

焦炉煤气是钢铁等工业的重要燃料，经过深度脱硫后，还可用作民用燃料或送至化工厂作合成原料。从煤气中提取的各种化学产品是重要的化工原料。如氨可制硫酸铵、无水氨或浓氨水；硫化氢是生产单斜硫和硫的原料；氰化氢可以制亚铁氰酸钠或黄血盐（钠），同时回收硫化氢和氰化氢，对减轻大气和水质污染、减少设备腐蚀具有重要意义。

粗苯和粗焦油都是组成复杂的半成品。粗苯精制可得二硫化碳、苯、甲苯、二甲苯、三甲苯、古马隆和溶剂油等。焦油加工处理后，可得酚类、吡啶碱类、萘、蒽、沥青和各种馏分油。焦化工业是萘和蒽的主要来源，它们用于生产塑料、染料和表面活性剂。甲酚和二甲酚可用于生产合成树脂、农药、稳定剂和香料；吡啶和喹啉用于生产生物活性物质；高温焦油含有沥青，是多环芳烃，占焦油量的一半，主要用于生产沥青焦和电极碳等。

5.1.3　炼焦化学产品的回收与精制

自焦炉出来的煤气温度约为 650～800℃，按一定顺序进行处理，在回收和精制焦油、粗苯、氨及苯族烃等化学产品的同时也净化了煤气。

5.1.3.1　正压操作的焦炉煤气处理系统

在钢铁联合企业中，如焦炉煤气只用作本企业冶金燃料时，除回收焦油、氨、苯族烃和硫等外，其余杂质只需清除到满足煤气输送和使用要求的程度即可。多数焦化厂由粗煤气回收化学产品和进行煤气净化，采用冷却冷凝的方式析出焦油和水。用鼓风机抽吸和加压以便输送煤气。回收粗苯、氨和吡啶碱，既得到了有用产品，又防止了氨的危害。

一般钢铁公司焦化厂粗煤气的回收与精制流程见图 5.2。由于鼓风机后煤气温度升至50℃左右，对选用半直接饱和器法或冷弗萨姆法回收氨的系统特别适用。又因在正压下操作，煤气体积小，有关设备及煤气管道尺寸相应较小；吸收氨和苯族烃等的吸收推动力较大，有利于提高吸收速率和回收率。

自煤气中回收各种化学品多用吸收法，优点是单元设备能力大，适合于大规模生产要

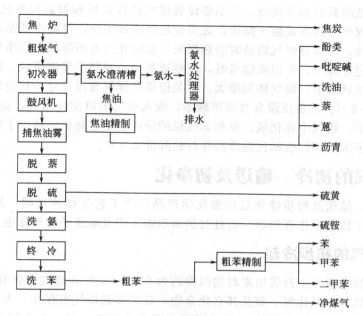

图 5.2　炼焦化学产品回收与精制流程

求。也可以用吸附法或冷冻法，但所需设备多，能量消耗高。粗煤气回收前后组成的变化如表 5.4 所示。

表 5.4　回收前后粗煤气的组成/g·m⁻³

项目	氨	吡啶碱	粗苯	硫化氢	氰化氢
回收前	8～12	0.45～0.55	30～40	4～20	1～1.25
回收后	0.03～0.3	0.05	2～5	0.2～2	0.05～0.5

5.1.3.2　负压操作的焦炉煤气处理系统

为简化工艺和降低能耗，可采用全负压回收净化流程，此种系统发展于德、法等国，我国也有采用，流程见图 5.3。在采用水洗氨的系统中，因洗氨塔操作温度以 25～28℃ 为宜，故鼓风机可设在煤气净化系统的最后面。全负压操作流程，鼓风机入口压力为 −7～ −10kPa，机后压力为 15～17kPa。

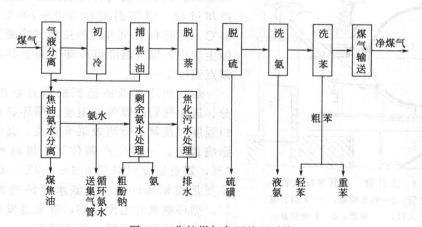

图 5.3　焦炉煤气负压处理系统

全负压处理系统具有如下优点：①不必设置煤气终冷系统和黄血盐系统，故流程较短；②在鼓风机前，煤气一直在低温下操作，无需设最终冷却工序，可减少低温水用量，在鼓风机内产生的压缩热，可弥补煤气输送时的热损失，总能耗亦有所降低；③净煤气经鼓风机压缩升温后，成为过热煤气，远距离输送时，冷凝液甚少，减轻了管道腐蚀。但该系统也存在以下缺点：①负压状态下，煤气体积增大，有关设备及煤气管道尺寸均相应增大，例如洗苯塔直径约增 7%～8%；②负压设备与管道越多，漏入空气的可能性增大，需特别加强密封；③在较大的负压下，煤气中硫化氢、氨和苯族烃的分压也随之降低，减少了吸收推动力。据计算，负压操作下苯族烃回收率比正压操作时约降低 2.4%。

5.2 粗煤气的初冷、输送及初净化

煤气的初冷、输送及初步净化是炼焦化学产品回收工艺过程的基础，其操作运行的好坏，不仅对回收工段的操作有影响，而且对焦油蒸馏工段及炼焦炉的操作也有影响。

5.2.1 粗煤气的初步冷却

焦炉煤气从炭化室经上升管出来时的温度约为 650～700℃，煤气中含有焦油、苯族烃、水蒸气、氨、硫化氢、氰化氢、萘及其它化合物，它们都是以气态存在。为了回收这些化合物，首先应将煤气冷却。这是因为：①从煤气中回收化学产品时，要在较低的温度（25～35℃）下才能保证较高的回收率；②含有大量水蒸气的高温煤气体积大，将增加输送煤气所需要的煤气管道尺寸，增加鼓风机的负荷和功率，这显然是不经济的；③煤气在冷却时有水蒸气被冷凝，大部分焦油和萘也被分离出来，部分硫化物、氰化物也溶于冷凝液中，可减少对回收设备及管道的堵塞和腐蚀，有利于提高硫酸铵质量和减少对循环洗油质量的影响。

为使煤气冷却并冷凝出焦油和氨水，通常分两步进行，首先是在桥管和集气管中用 70～75℃ 的循环氨水喷洒，将煤气冷却到 80～85℃，然后在初冷器中进一步冷却到 25～40℃（生产硫酸铵系统）或低于 25℃（生产浓氨水系统）。

5.2.1.1 煤气在集气管内的冷却

煤气在桥管和集气管内的冷却是用表压为 147～196kPa 的循环氨水通过喷头强烈喷洒进行的，如图 5.4 所示。当细雾状的氨水与煤气充分接触时，由于煤气温度很高，而且远未被水蒸气饱和，所以会放出大量显热，氨水大量蒸发。煤气在集气管中冷却时所放出的热量大部分用于蒸发氨水，约占 75%，其余的热量消耗在加热氨水和集气管的散热损失上。通过上述冷却过程，煤气温度由 650～700℃ 降至 80～85℃，同时有 60% 左右的焦油气冷凝下来。在实际生产中，煤气温度可冷却至高于其最后达到的露点温度 1～3℃。

煤气的冷却及所达到的露点温度与煤的水分、进集气管前煤气的温度、循环氨水量和进出口温度以及氨水喷洒效果等有关，其中煤的水分影响最大。一般生产条件下，煤料水分每降低 1%，露点温度可降低 0.6～0.7℃。煤气的冷却主要是靠氨水的蒸发，氨水喷洒的雾化程度越好，循环氨水的温度越高，氨水蒸发量越大，煤气的冷却效果就越好，反之则差。

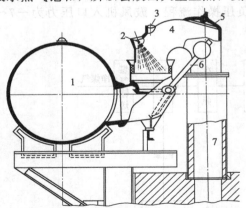

图 5.4 上升管、桥管和集气管

1—集气管；2—氨水喷嘴；3—无烟装煤
用蒸气入口；4—桥管；5—上升管盖；
6—水封阀翻板；7—上升管

集气管操作的主要技术数据：管前煤气温度 650～750℃；离开煤气温度 82～86℃；循环氨水温度 72～78℃；离开集气管氨水的温度 74～80℃；煤气露点温度 80～83℃；循环氨水量 5～6m³/t；蒸发的氨水量（占循环氨水量）2%～3%；冷凝焦油量（占煤气中焦油量）约 60%。

5.2.1.2　煤气在初冷器内的冷却

煤气由集气管沿煤气主管流向煤气初冷器。煤气主管除将煤气由焦炉引向化产回收装置外，还起着空气冷却器的作用，煤气可降温 1～3℃。在进入初冷器前煤气的温度仍很高，且含有大量水蒸气和焦油气。为了减轻煤气鼓风机的负荷，并为化产回收创造有利条件，煤气需在初冷器中进一步冷却到 25～35℃，并将大部分焦油和蒸气冷凝下来。根据采用的初冷主体设备型式的不同，初冷方法可分为间接初冷法、直接初冷法和间直混合初冷法三种。间接冷却采用管壳式冷却器，是一种列管式固定管板换热器，有立管式和横管式两种；直接冷却又分为水冷却式和空气冷却式两种。

（1）立管式间接初冷工艺流程

图 5.5 所示为煤气间接初冷工艺流程。焦炉煤气与喷洒氨水、冷凝焦油等沿煤气主管，首先进入气液分离器，煤气与焦油、氨水、焦油渣等在此分离。分离下来的焦油、氨水和焦油渣一起进入焦油氨水澄清槽，经过澄清分成三层：上层为氨水，中层为焦油，下层为焦油渣。沉淀下来的焦油渣由刮板输送机连续刮送至漏斗处排出槽外。焦油则通过液面调节器流至焦油中间槽，由此泵往焦油贮槽，经初步脱水后泵往焦油车间。氨水则由澄清槽上部满流至氨水中间槽，再用循环氨水泵送回焦炉集气管喷洒冷却粗煤气，这部分氨水称为循环氨水。

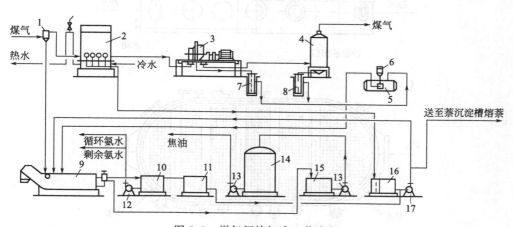

图 5.5　煤气间接初冷工艺流程

1—气液分离器；2—煤气初冷器；3—煤气鼓风机；4—电捕焦油器；5—冷凝液槽；6—冷凝液液下泵；
7—鼓风机水封槽；8—电捕焦油器水封槽；9—机械化氨水澄清槽；10—氨水中间槽；11—事故氨水槽；
12—循环氨水泵；13—焦油泵；14—焦油贮槽；15—焦油中间槽；16—初冷冷凝液中间槽；17—冷凝液泵

经气液分离后的煤气进入数台并联立管式间接冷却器内用水间接冷却，如图 5.6 所示。管间走煤气，管内走冷却水，两者逆向流动。冷却水从煤气出口端底部进入，依次通过各组管束后排出冷却器外。立管式冷却器一般为多台并联操作，采用 φ76×3mm 的钢管，煤气流速为 3～4m/s，煤气通过阻力约为 0.5～1kPa。从各初冷器出来的煤气温度是有差别的，汇集在一起后的煤气温度称为集合温度，一般硫酸铵生产系统中，要求低于 35℃，而浓氨水生产系统中，则要求低于 25℃。立管式冷却器的缺点是金属耗用量大，还必须清除管内的水垢和管外壁上沉积的焦油、萘等沉积物。为克服这些缺点，可在初冷器后几个煤气流道粗苯可能析出的主要在本段进行，冷却后煤气的温度为40～50℃，夏季冷凝气量降至85～88℃，冷凝水温度为72～78℃，前段冷却的冷却水温度为55～60℃，煤气冷却后在85～87℃（冬季低），冷凝水量5～6t/h，冬季低温低温度较高…（压差于中处理均为50%。

5.2.1.3　煤气在管式初冷器中的冷却

煤气由集中管喷塔冷却器以自下向上逆流方式冷却与此同时在喷冷却塔中向下将……超过较多气产量压……超过较大气温度最大……初温度较高，且在冷却水温度…………温度一同和顺气产进入…………，根据采用的……………………………初冷器中据温度………冷却水温和顺……等等使较用较…………回温冷和循环冷却……………设出…使……与循环冷却，直接……………………………………………………………………………………（

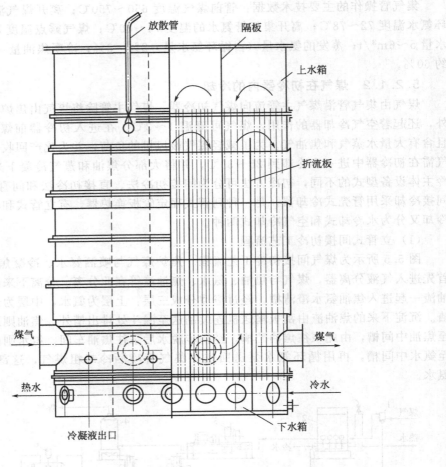

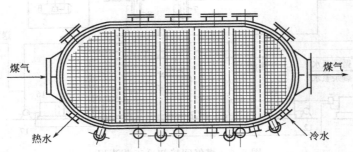

图 5.6　立管式间接煤气冷却器

内，用含萘较低的混合焦油进行喷洒，可解决萘的沉积堵塞问题，还能降低出口煤气中的萘含量，使之低于集合温度下萘在煤气中的饱和浓度。

随着煤气的冷却，煤气中绝大部分焦油气、大部分蒸气和萘在初冷器中被冷凝下来，萘溶解于焦油中。煤气中一定数量的氨、二氧化碳、硫化氢、氰化氢和其它组分溶解于冷凝水中，形成冷凝氨水。焦油和冷凝氨水的混合液称为冷凝液。冷凝氨水中含有较多的挥发铵盐和含量较少的固定铵盐，前者包括 $(NH_4)_2S$、NH_4CN 及 $(NH_4)_2CO_3$ 等，后者包括 NH_4Cl、NH_4CNS、$(NH_4)_2SO_4$ 及 $(NH_4)_2S_2O_3$ 等。循环氨水中主要含有固定铵盐，在其单独循环时，固定铵盐含量可高达 30～40g/L。为了降低循环氨水中固定铵盐的含量，减轻对蒸馏设备的腐蚀和改善焦油的脱水、脱盐操作，大多采用两种氨水混合的流程，混合氨

122

水中固定铵盐含量可降至 1.3~3.5g/L。冷凝液自流入冷凝液槽，再用泵送入机械化氨水澄清槽，循环氨水混合澄清分离，分离后所得剩余氨水送去脱酚和蒸氨。由管式初冷器出来的煤气尚含有 1.5~2.0g/m³ 的雾状焦油，被鼓风机抽送至电捕焦油器除去绝大部分焦油雾后，送往下一道工序。

（2）横管式间接初冷工艺流程

横管式初冷器煤气通道，一般上段用循环氨水喷洒，中段和下段用冷凝液喷洒。上段和中段冷凝液量约占总量的 95%，而下段冷凝液量仅占总量的 5%。从上段和中段流至下段的冷凝液由 45℃ 降至 30℃ 的显热及喷洒的冷凝液冷却显热，约占总热负荷的 60%；下段冷凝液的冷凝潜热及冷却至 30℃ 的显热，约占总热负荷的 20%；下段喷洒冷凝液的冷却显热，约占总热负荷的 20%。由此可见，上段和中段喷洒的氨水和冷凝液全部从下段排出，显著地增加了下段负荷。横管式煤气初冷工艺流程如图 5.7 所示。该流程上段和中段冷凝液从隔断板经水封自流至氨水分离器，下段冷凝液经水封自流至冷凝液槽。下段冷凝液主要是轻质焦油，以此作为中段和下段喷洒液有利于洗萘。喷洒液不足时，可补充焦油或上段和中段的冷凝液。该流程的优点是横管式初冷器的热负荷显著降低，冷却水用量大为减少。

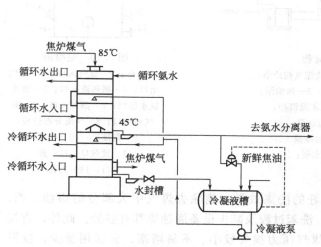

图 5.7　横管式煤气初冷工艺流程

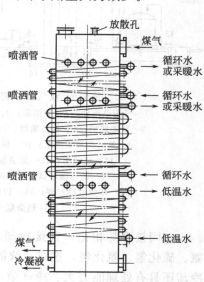

图 5.8　横管式初冷器

横管式初冷器具有直立长方体形的外壳，如图 5.8 所示，冷却水管与水平面成 3° 角横向配置。管板外侧管箱与冷却水管连通，构成冷却水通道，可分两段或三段供水。两段供水是供低温水和循环水，三段供水则供低温水、循环水和采暖水。煤气自上而下通过初冷器。冷却水由每段下部进入，低温水供入最下段，以提高传热温差，降低煤气出口温度。在冷却器壳程各段上部，设置喷洒装置，连续喷洒含煤焦油的氨水，以清洗管外壁沉积的焦油和萘，同时还可以从煤气中吸收一部分的萘。横管冷却器用 Φ54×3mm 的钢管，管径细且管束小，因而水的流速可达 0.5~0.7m/s。又由于冷却水管在冷却器断面上水平密集布设，使与之成错流的煤气产生强烈湍动，从而提高了传热效率，并能实现均匀的冷却，煤气可冷却到出口温度只比进口水温高 2℃。横管冷却器虽然具有上述优点，但水管结垢较难清扫，要求使用水质好或者经过处理的冷却水。

（3）直接初冷工艺流程

煤气的直接初冷是在冷却塔内由煤气和冷却水直接接触传热而完成的，工艺流程如图

5.9 所示。由煤气主管来的 80℃ 左右的荒煤气，经气液分离器进入并联的直接式冷却塔，用氨水喷洒冷却到 28℃，然后由鼓风机送至电捕焦油器除去焦油雾，再送至下一工序。

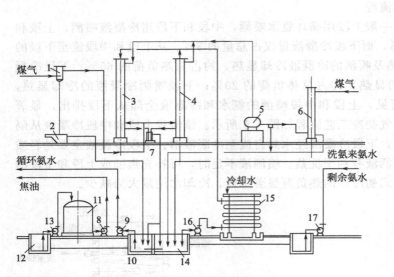

图 5.9　煤气直接初冷工艺流程

1—气液分离器；2—焦油盆；3、4—直接式煤气初冷塔；
5—罗茨风机；6—除焦油器；7—水封槽；8—焦油泵；
9—焦炉循环氨水泵；10—焦炉循环氨水澄清槽；
11—焦油槽；12—焦油池；13—焦油泵；
14—初冷循环氨水澄清槽；15—初冷循
环氨水冷却器；16—初冷循环氨水泵；
17—剩余氨水泵

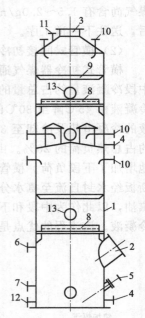

图 5.10　空喷塔

1—塔体；2—煤气入口；3—煤气
出口；4—循环液出口；5—焦油
氨水出口；6—蒸气入口；7—蒸
气清扫口；8—气流分布栅板；
9—集液环；10—喷嘴；
11—放散口；12—放
空口；13—人孔

　　与间接冷却相比，直接冷却具有更好的洗涤效果，能除去煤气中大部分的焦油、萘、氨、硫化氢、氰化氢，这对后续的洗氨、洗苯过程及减少设备腐蚀等都有益处。此外，直接冷却还具有处理能力大、冷却效率高、煤气压力损失较小、不易堵塞、金属用量少、投资少、操作简单等优点，但存在工艺流程复杂、动力消耗大、循环氨水冷却器易堵塞等缺点。目前的大型焦化厂很少单独采用该流程。

　　用于煤气初冷的直接冷却塔有木格填料塔、金属隔板塔和空喷塔等多种形式，其中空喷塔应用较为广泛，如图 5.10 所示。空喷塔为钢板焊制的中空直立塔，在塔的顶段和中段各安设 6 个喷嘴来喷洒循环氨水，所形成的细小液滴在重力作用下于塔内降落，与上升煤气密切接触中，使煤气冷却到 25～28℃，且同时洗除部分焦油、萘、氨和硫化氢等。喷洒液中混有焦油，可将煤气中萘含量脱除到低于煤气出口温度下饱和萘的浓度。该塔的冷却效果主要取决于喷洒液滴的黏度及在全塔截面上分布的均匀性，为此沿塔周围安设 6～8 个喷嘴。为防止喷嘴堵塞，需定时通入蒸汽清扫。

　　(4) 间直混合初冷工艺流程

　　间直混合的煤气初冷工艺综合了直接冷却与间接冷却的优点，广泛应用于目前国内外新建的大型焦化厂，工艺流程见图 5.11。由集气管来的 82℃ 左右的粗煤气，经气、液分离后，进入横管式间接冷却器被冷却到 50～55℃，再进入直冷空喷塔冷却到 25～35℃。在直冷空喷塔内，煤气由下向上流动，与分两段喷淋下来的氨水焦油混合液密切接触而得到冷却。

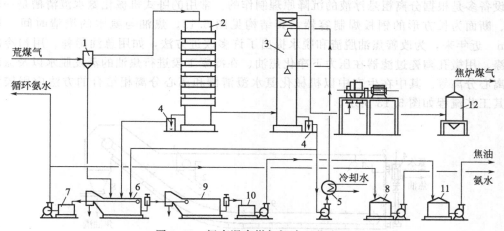

图 5.11　间直混合煤气初冷工艺流程

1—气液分离器；2—横管式间接冷却器；3—直冷空喷塔；4—液封槽；5—螺旋板换热器；

6—机械化氨水澄清槽；7—氨水槽；8—氨水贮槽；9—焦油分离器；10—焦油中间槽；

11—焦油贮槽；12—电捕焦油器

自集气管来的粗煤气几乎为水蒸气所饱和，水蒸气焓约占煤气总焓的 94％，故煤气在高温阶段冷却所放出的热量绝大部分为蒸气冷凝热，冷却效率较高。在温度较高时（高于52℃），萘不会凝结造成设备堵塞。所以，煤气高温冷却阶段宜采用间接冷却。而在低温冷却阶段，由于煤气中蒸气焓虽已大为减少，煤气层将限制蒸气-煤气混合物的冷却，同时萘的凝结也易于造成堵塞，所以此阶段宜采用直接冷却。直冷塔内喷洒用的洗涤液在冷却煤气的同时，还吸收硫化氢、氨及萘等，并逐渐为萘饱和。采用螺旋板式冷却器来冷却闭路循环的洗涤液，可以减轻由于萘的沉积而造成的堵塞。

5.2.2　焦油与氨水的分离

粗煤气初步冷却后，由集气管来的氨水、焦油和焦油渣必须进行分离。一方面，因为氨水循环要到集气管进行喷洒冷却，它应不含有焦油和固体颗粒物，否则堵塞喷嘴使喷洒困难。另一方面，焦油需要精确加工，其中如果含有少量水将增大耗热量和冷却水用量。此外，有水汽存在于设备中，会增大设备容积，阻力增大。

氨水中溶有盐，当加热高于 250℃，将分解析出 HCl 和 SO_2，导致焦油精制车间设备腐蚀。焦油中含有固体颗粒，是焦油灰分的主要来源，而焦油高沸点馏分（沥青）的质量，主要由其灰分含量来评价。热油中含有焦油渣，在导管和设备中逐渐沉积，破坏正常操作。

氨水、焦油和焦油渣的分离是比较困难的，这是因为焦油黏度大，难以沉淀分离；焦油中含有极性化合物（如酚类），使多环芳香化合物容易与水形成稳定的乳化液；焦油渣与焦油的密度差小，粒度也小，易与焦油黏附在一起，所以难以分离。

三者的分离有多种方法。若采用分离温度为 80～85℃，虽然可降低焦油的黏度，沉降分离的性能也有改善，但达不到焦油精制前的质量要求。为此，可采用加压沉降分离或离心分离后再用氨水洗的方法。沉降分离的温度可提高到 120～140℃，水分被蒸发掉，焦油黏度也降低，所以沉降分离效果提高；用氨水多次洗涤焦油后再离心分离，也能改善焦油和焦油渣的分离；若用低沸点油（如粗苯）稀释焦油，再进行溶液与水和焦油的分离，焦油含水可降至 0.05％～0.1％，焦油渣沉出，而且高凝结组分也被分出。

焦油、氨水和焦油渣组成的混合物是一种乳浊液和悬浮液的混合物，因而所采用的澄清分离设备多是根据分离粗悬浮液的沉降原理制作的。常用的卧式机械化氨水澄清槽是一端为斜底、断面为长方形的钢板焊制容器，其结构见图 5.12。焦油与氨水的澄清时间一般为30min。近年来，为改善焦油脱渣和脱水提出了许多改进方法，如用蒽油稀释、用初冷冷凝液洗涤、用微孔陶瓷过滤器在压力下净化焦油、在冷凝工段进行焦油的蒸发脱水以及振动过滤和离心分离等。其中在生产中以机械化氨水澄清槽和离心分离相结合的方法应用较为广泛，其工艺流程如图 5.13 所示。

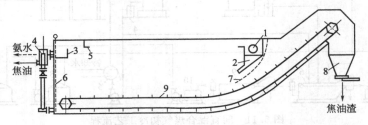

图 5.12　机械化氨水澄清槽

1—入口管；2—承受隔室；3—氨水溢流槽；4—液面调节器；5—浮焦油渣挡板；

6—活动筛板；7—焦油渣挡板；8—放渣漏斗；9—刮扳输送机

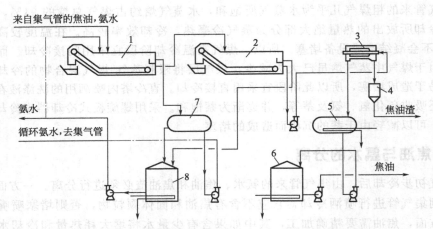

图 5.13　重力沉降和离心分离结合的焦油氨水分离工艺流程

1—氨水澄清槽；2—热油脱水澄清槽；3—卧式离心沉降分离机；4—焦油渣收集槽；

5—热油中间槽；6—焦油贮槽；7—氨水中间槽；8—氨水槽

5.2.3　煤气的输送

5.2.3.1　煤气输送系统

煤气由炭化室出来经集气管、吸气管、冷却及回收设备直到煤气贮罐或送回焦炉，要通过很长的管道及各种设备。为了克服这些设备和管道阻力，并保持足够的煤气剩余压力，需设置煤气鼓风机。同时，在确定化产回收工艺流程及所用设备时，除考虑工艺要求外，还应该使整个系统煤气输送阻力尽可能小，以减少鼓风机的动力消耗。

吸入方（鼓风机前）为负压，压出方（鼓风机后）为正压，鼓风机的机后压力与机前压力差为鼓风机的总压头。国内有些大型焦化厂所采用的较为典型的生产硫酸铵的工艺系统，鼓风机所应具有的总压头为 19.61～25.50kPa。同样是生产硫酸铵的回收工艺系统，有些焦化厂将脱硫工序设在氨回收工序之前，由于多处采用空喷塔式设备，鼓风机所需总压头仅为 13.24～20.10kPa，可以显著降低动力费用。

煤气管道管径的选用和设置是否合理及操作是否正常，也对焦化厂生产具有重要意义。为了确定煤气管道的管径，可按表 5.5 所列数据选用适宜流速。煤气管道应有一定的倾斜度，以保证冷凝液按预定方向自流。由于萘能够沉积于管道中，所以在可能沉积萘的部位，均设有清扫蒸气入口。此外，还设有冷凝液导出口，以便将管内冷凝液放入水封槽。

表 5.5　煤气管道直径与流速

管道直径/mm	≥800	400～700	300	200	100	80
流速/(m/s)	12～18	10～12	8	7	6	4

回炉煤气管道上设有煤气自动放散装置（图 5.14），由带煤气放散管的水封槽和缓冲槽组成。煤气放散会污染大气，随着电子技术的发展，带自动点火的焦炉煤气放散装置，将取代水封式煤气放散装置。煤气放散压力根据鼓风机吸力调节的敏感程度确定，以保持焦炉集气管煤气压力的规定值。

5.2.3.2　鼓风机

鼓风机一般置于初冷器后，这样可使鼓风机吸入的煤气体积小，负压下操作的设备及煤气管道少。有的焦化厂将油洗萘塔及电捕焦油器设在鼓风机前，可防止鼓风机堵塞。全负压回收化学产品系统则将鼓风机置于洗苯塔后。

鼓风机有大型焦炉用的离心式鼓风机和中小型焦炉常用的容积式罗茨风机。离心式鼓风机又称涡轮式鼓风机，由汽轮机或电动机驱动，其构造见图 5.15，主要由固定的机壳和在机壳内高速旋转的转子组成。增加转子的工作叶轮数，会提高煤气排出的压力。

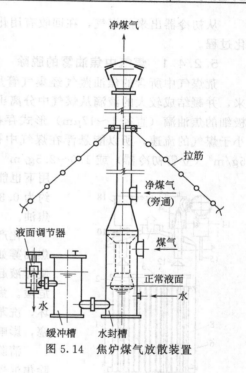

图 5.14　焦炉煤气放散装置

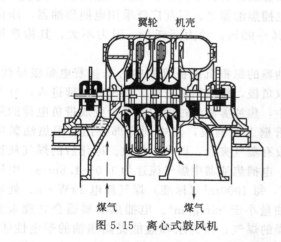

图 5.15　离心式鼓风机

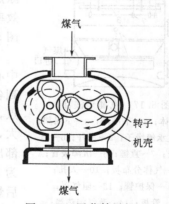

图 5.16　罗茨鼓风机

罗茨鼓风机是利用转子转动时的容积变化来吸入和排出煤气，用电动机驱动。其构造见图 5.16。外壳为铸铁，壳内装有两个"8"字形的用铸铁或铸钢制成的空心转子，并将气缸分成两个工作室。罗茨鼓风机因转子的中心距及转子长度的不同，其输气能力可以在很大范围内变动。罗茨鼓风机结构简单、制造容易、体积小，且在转速一定时，如压头稍有变化，其输气量可保持不变。但长期使用后，间隙因磨损而增大，效率会降低。此种鼓风机必须用循环管调节煤气量，在压出管路上需安装安全阀，以保证安全运转。

鼓风机是焦化厂极其重要的设备，所以要精心操作和维护。鼓风机应在较低的温度下进行工作，轴承入口油温为 25~45℃，出口油温小于 60℃；此外，对鼓风机的冷凝液排出管应按时用水蒸气吹扫，以免焦油黏附到叶轮上。

5.2.4 煤气的初净化

从初冷器出来的煤气，在回收有用化学产品之前，需要进行脱焦油雾、脱萘和脱硫等净化过程。

5.2.4.1 煤气中焦油雾的脱除

荒煤气中所含的焦油蒸气经集气管用氨水喷洒和初步冷却器冷却，绝大部分被冷凝下来，并凝结成较大的液滴从煤气中分离出来，但在冷凝过程中会形成焦油雾，以焦油气泡或极细的焦油滴（直径 $1~17\mu m$）形式存在于煤气中。由于焦油雾滴又轻又小，且沉降速度小于煤气的流速，所以能悬浮在煤气中被带走。初冷器后煤气中焦油雾滴含量一般为 2~5g/m³（立管初冷器）或 1.0~2.5g/m³（横管初冷器或直接初冷塔）。在鼓风机的离心力作用下也能除掉一部分焦油。通常离心式鼓风机后的焦油含量约为 0.3~0.5g/m³，但在罗茨鼓风机中仅能除去很少量的焦油。

化产回收工艺要求煤气中焦油雾的含量低于 0.02g/m³。焦油雾如在饱和器中凝结下来，将使酸焦油量增多，并可能使母液起泡沫，密度减小，有使煤气从饱和器满流槽冲出的危险。焦油雾进入洗苯塔内，会使洗油黏度增大，质量变坏，洗苯效率降低。焦油雾带到洗氨和脱硫设备易引起堵塞，影响吸收效率。

清除焦油雾的设备类型很多，如机械除焦油器、文氏管除焦油器、电捕焦油器等。目前广泛采用电捕焦油器，净化效率可达 98%~99%，动力消耗少，阻力不大，其构造见图 5.17。

电捕焦油器的每根沉降极管的中心悬挂着电晕极导线，中心导线常取负极，管壁则取正极。煤气自底部进入，分布到各沉降管中，焦油雾滴经过管中电场会变成带负电荷的质点，沉积于管壁上被捕集，集中到底部排出。因焦油黏度大，故底部设有蒸气夹套，以利于排放。净化后的煤气从顶部出口逸出。电捕焦油器中煤气流速为 1.0~1.8m/s，电压为 30~80kV，每 1000m³（标准）煤气耗电 1kW·h，处理后煤气含焦油量小于 50mg/m³。电捕焦油器适合处理未经过除尘和干燥的煤气，因为水和盐能提高焦油的带电性能。电捕焦油器可置于鼓风机前或鼓风机后。

除管式电捕焦油器外，还有同心圆板式和蜂窝式电捕焦

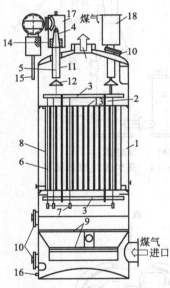

图 5.17 电捕焦油器
1—壳体；2—下吊杆；3—下吊架；
4—支承绝缘子；5—吊杆；6—电
晕线；7—重锤；8—沉降极管；
9—气体分布板；10—人孔；
11—保护管；12—阻气罩；
13—管板；14—蒸气加热器；
15—高压电缆；16—焦油氨
水出口；17—馈电箱；
18—绝缘箱

油器。同心圆板式适用于小型厂；蜂窝式电捕焦油器的沉淀极由许多正六边形组成，沉淀极的极间距略有不同。与管式沉淀极相比，它的拉杆不占据沉淀极管内电晕极位置，整个蜂窝体内没有电场空穴，有效空间利用率高，净化效率可达 99.8%～99.9%。

5.2.4.2　煤气中萘的脱除

焦炉煤气脱萘是非常重要的净化工序。煤气中的萘沉积于设备和管道里，将发生堵塞障碍，严重影响设备生产能力和管道输送能力，甚至导致正常操作被破坏。在煤气净化系统中主要指的是初冷过程的除萘、初冷与终冷过程中的油洗萘、洗苯过程中的脱萘。

（1）煤气初冷过程的除萘

煤气初冷是煤气脱萘的首要工序。初冷器进口煤气含萘约 5～7g/m³，其脱萘程度与初冷器的结构型式和操作制度有关。

在间接立管式初冷器中，出口煤气含萘量仍很高，其含量主要取决于煤气温度。当煤气温度为 25～35℃ 时，煤气含萘约为 1.1～2.5g/m³，大大超过该温度下的饱和含萘量；由于鼓风机后煤气温度升高，萘含量增大，约为 1.3～2.8g/m³。萘析出并沉积于管道和设备，妨碍生产，因此需要除萘。

在间接横管式初冷器中，煤气和冷凝液都是自上而下流动，冲刷着冷却水管外壁，从煤气中冷凝下来的萘被焦油完全溶解而不会析出。为强化从煤气中吸收萘的作用，可采用含焦油的冷凝液循环喷洒。当出口煤气温度为 22～23℃ 时，煤气含萘可降到 0.5g/m³，可以满足氨水法脱硫和水洗氨的操作要求。

在全直接式初冷器中，下两段用氨水循环喷洒煤气，上段用含焦油的冷凝液循环喷洒，当出口煤气温度为 20℃ 时，脱萘效果可以满足后部水洗氨工序的操作要求。

在间直混合冷却过程中，煤气首先在立管式初冷器冷却到 50℃ 左右，然后在直接式初冷器冷却到规定温度。在直接式初冷器内，煤气是以含有少量焦油的大量氨水循环喷洒冷却，冷凝的萘被焦油溶解，不会发生堵塞现象。一般煤气出口含萘接近于出口温度下的饱和含萘。

（2）初冷与终冷过程中的油洗萘

焦炉煤气中含萘 8～12g/m³。在初冷器中大部分萘析出并溶解在焦油中。但萘的挥发性很大，初冷后煤气中含萘仍较高，为 1.1～1.25g/m³。经过鼓风机增压升温后，萘含量变为 1.3～2.8g/m³。为了使煤气终冷塔的循环冷却水系统形成闭路循环，取消凉水架，消除终冷水系统所引起的环境污染，终冷塔前煤气含萘须低于塔内操作温度下的饱和含萘量，否则在初冷器与终冷塔之间应设有煤气脱萘装置，其方法是油洗萘法。

油洗萘可采用洗油、焦油、蒽油和轻柴油等作为吸收剂，属于物理吸收过程。在吸收塔内喷淋吸收油，煤气自塔底向上流过，萘被淋下的油吸收。在 30～40℃ 的条件下，可将煤气中的萘降至 0.5g/m³。为了保证吸收的效率，实际循环洗油的允许含萘量为 7%～10%。焦化厂内焦油洗油可以自给，因此多以此作为洗萘的吸收剂。

初冷与终冷过程中间的油洗萘，依煤气净化工艺不同而异。在水洗氨的工艺中，在洗氨塔前进行油洗萘，所采用的工艺流程有两种，一种是煤气的最终冷却与洗萘同时进行，简称冷法油洗萘；另一种是煤气在终冷前进行洗萘，简称热法油洗萘。冷法油洗萘工艺流程如图 5.18 所示。

捕除焦油雾后的煤气进入终冷洗萘塔，塔下段为由 3 组横管式冷却管束组成的终冷段，上段为由 3 层浮阀塔盘组成的洗萘段。在终冷段，煤气温度约由 45℃ 冷却到 25℃ 左右，然后进入洗萘段净化除萘。自粗苯工序来的 28～30℃ 的贫油，自塔顶进入洗萘段，经 3 层浮阀塔盘吸收煤气中的萘后流入终冷段。在煤气冷却的同时，洗油与煤气在管束外壁接触，并冲洗凝结在管壁上的萘。如最终冷却温度低于初冷后煤气露点温度，则会有水蒸气冷凝进入洗萘油中，需送至脱水槽中脱水。脱水后的洗萘富油送至粗苯工序的富油泵入口，与洗苯富油混合，使在脱苯蒸馏的同时脱萘再生。此流程的特点是可以连续洗萘，洗萘富油连续脱水和再生，煤气终冷和洗萘在同一设备内进行，且洗萘操作在较低温度下进行，因而除萘效果好。

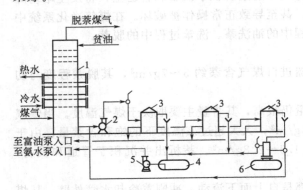

图 5.18　冷法油洗萘工艺流程
1—洗萘塔；2—洗萘油泵；3—脱水槽；
4—氨水槽；5—抽水泵；6—分离槽

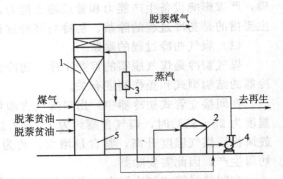

图 5.19　热法油洗萘工艺流程
1—洗萘塔；2—循环油槽；3—加热器；
4—循环油泵；5—贫油槽

　　热法油洗萘工艺流程如图 5.19 所示。捕除焦油雾后的煤气进入填料洗萘塔，与塔顶喷洒下来的循环洗萘油逆流接触。出洗萘塔的煤气温度为 35～40℃。洗萘富油从塔底再送往洗萘塔顶循环喷洒。当循环洗油中萘含量达到一定浓度后，将洗萘富油全部送往专设的间歇精馏装置进行脱萘再生。脱萘后的贫油回送至贫油槽，以供更换循环洗油时用。在循环油入塔前先加热，保持循环油入塔温度高于煤气露点温度，以防止煤气中水蒸气在洗萘塔内冷凝。此流程的特点是能循环洗萘，富油可间歇再生，煤气先洗萘后终冷，故洗萘操作温度较高，在正常操作条件下，塔后煤气含萘量也可降至 $0.5g/m^3$ 以下。

　　（3）洗苯过程的煤气脱萘
　　洗苯塔的作用主要是吸收煤气中的苯族烃，其次就是吸收煤气中的萘，其洗萘效果决定于贫油的含萘量。贫油含萘越低，塔后煤气含萘亦越低。对于管式炉法粗苯蒸馏工艺，由于脱苯塔进料富油温度增高到 180℃ 以上，贫油含萘较低，脱苯塔具有从侧线切取萘油的功能。也可采用将粗苯 180℃ 前馏出量适当降低，使萘基本上从塔顶由粗苯气带出。国外已有成功的经验，当贫油的含萘量约为 1‰ 时，洗苯塔出口煤气含萘量约为 50～100mg/m³，已达到城市煤气民用标准。

5.2.4.3　煤气中硫的脱除

　　焦炉煤气中的硫化物主要来自配煤。高温炼焦时，配煤中的硫约有 35% 转入煤气中。煤气中的硫化物有两类，一类是无机硫化物，主要指硫化氢（H_2S）；另一类是有机硫化物，如 CS_2、COS、C_2H_5SH 和噻吩等。有机硫化物在较高温度下，几乎都转化为 H_2S。所以，煤气中 H_2S 的硫几乎占总硫量的 90%。H_2S 是有毒有害的化合物，要想提高煤气质量，焦炉煤气必须脱除 H_2S，同时还可以变废为宝，用其生产硫黄和硫酸等化工产品。

　　煤气脱硫的方法有干法和湿法两大类，见表 5.6。现代大型炼焦厂多以湿法脱硫为主。最初用的是砷碱法和氧化铁干箱，后来逐步改为改良蒽醌法。

表 5.6　煤气脱硫方法

干法	湿法			
	化学吸收法		物理吸收法	物理化学吸收法
	中和法	氧化法		
氧化铁法 分子筛法 活性炭法 氧化锌法	真空碳酸盐法 醇胺法 有机碱法 低浓度氨水法	萘醌法 苦味酸法 改良蒽醌法 对二苯酚法	低温甲醇法 聚乙二醇二甲醚法	环丁砜法

（1）干法脱硫

煤气的干法脱硫是指用消石灰、氢氧化铁等碱性脱硫剂，通过化学吸附脱除煤气中的 H_2S。我国许多焦化厂采用的是氢氧化铁，反应如下

$$2Fe(OH)_3 + 3H_2S \longrightarrow Fe_2S_3 + 6H_2O \qquad (5.1)$$

$$Fe_2S_3 \longrightarrow 2FeS + S \downarrow \qquad (5.2)$$

$$Fe(OH)_2 + H_2S \longrightarrow FeS + 2H_2O \qquad (5.3)$$

当硫在脱硫剂中富集到一定程度后，使脱硫剂和空气接触，在有足够氧气和水存在的条件下，发生氢氧化铁的再生反应

$$2Fe_2S_3 + 3O_2 + 6H_2O \longrightarrow 4Fe(OH)_3 + 6S \downarrow \qquad (5.4)$$

$$4FeS + 3O_2 + 6H_2O \longrightarrow 4Fe(OH)_3 + 4S \downarrow \qquad (5.5)$$

经过反复地吸附和再生，脱硫剂中的硫黄聚集并逐步包住氢氧化铁颗粒，会导致脱硫能力下降。因此，当脱硫剂上积有 30%～40%（质量分数）的硫黄时，就需要更换新的脱硫剂，以保证脱硫剂的活性。

煤气干法脱硫装置常用的为箱式，也有塔式的。箱式干法脱硫装置的设备较笨重，占地面积大，更换脱硫剂时，劳动强度大。

（2）改良蒽醌法

改良蒽醌法（也称改良 ADA 法），是湿法脱硫中比较成熟的一种，具有脱硫效率高（可达 99.5% 以上）、对硫化氢含量不同的煤气适应性大、脱硫溶液无毒性、对操作温度和压力的适应范围广、对设备腐蚀性小，所得副产品硫黄的质量较好等优点。改良 ADA 法在我国焦化厂已得到较广泛地应用。

改良 ADA 法的脱硫液组成为等比例的 2,6-蒽醌二磺酸钠和 2,7-蒽醌二磺酸钠，均是无毒、能溶于水、稳定性高的组分；0.12%～0.28% 的偏钒酸钠（$NaVO_3$），可大大提高吸收硫的反应速度和液体的硫含量，使溶液循环量和反应槽容积大大减少；少量的酒石酸钾钠，可防止钒沉淀析出；碳酸钠，可使脱硫液形成 pH 为 8.5～9.1 的稀碱液。

脱硫过程（在脱硫塔中进行）的主要反应为

$$H_2S + Na_2CO_3 \longrightarrow NaHS + NaHCO_3 \qquad (5.6)$$

$$2NaHS + 4NaVO_3 + H_2O \longrightarrow Na_2V_4O_9 + 2S \downarrow + 4NaOH \qquad (5.7)$$

$$Na_2V_4O_9 + 2ADA(氧化态) + 2NaOH + H_2O \longrightarrow 4NaVO_3 + 2ADA(还原态) \qquad (5.8)$$

在再生塔中通入空气，使 A. D. A. 由还原态转化为氧化态，同时，Na_2CO_3 也得到再生。

$$ADA(还原态) + O_2 \longrightarrow ADA(氧化态) + NaOH \qquad (5.9)$$

$$NaHCO_3 + NaOH \longrightarrow Na_2CO_3 + H_2O \qquad (5.10)$$

理论上，整个反应过程中所有药品试剂都可得到再生，再生后的 $NaVO_3$、ADA 和 Na_2CO_3 可以循环使用。但实际上存在一系列副反应 [反应式(5.11)～式(5.14)]，过程中

需要经常添加纯碱以补充其在副反应中的消耗。

$$Na_2CO_3 + CO_2 + H_2O \longrightarrow 2NaHCO_3 \tag{5.11}$$

$$Na_2CO_3 + 2HCN \longrightarrow 2NaCN + H_2O + CO_2 \uparrow \tag{5.12}$$

$$NaCN + S \longrightarrow NaCNS \tag{5.13}$$

$$2NaHS + 2O_2 \longrightarrow Na_2S_2O_3 + H_2O \tag{5.14}$$

改良 ADA 法的工艺流程见图 5.20。回收苯族烃后的煤气进入脱硫塔的下部,与从塔顶喷洒的脱硫液逆流接触,脱除少量硫化氢和氰化氢后从塔顶经液沫分离器排出。脱硫液被空气氧化再生后进入脱硫塔循环使用。当脱硫液中硫氰酸钠含量增至 150g/L 以上时,即从放液器抽出部分溶液去提取粗制大苏打和硫氢酸钠,工艺流程见图 5.21。

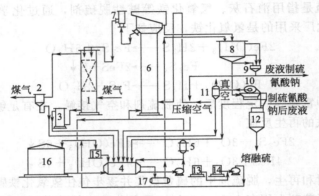

图 5.20 改良 ADA 法脱硫工艺流程

1—脱硫塔;2—液沫分离器;3—液封槽;4—循环槽;5—加热器;6—再生塔;7—液位调节器;
8—硫泡沫槽;9—放液器;10—真空过滤器;11—真空除沫器;12—熔硫釜;13—含 ADA
碱液槽;14—偏钒酸钠溶液槽;15—吸收液高位槽;16—事故槽;17—泡沫收集槽

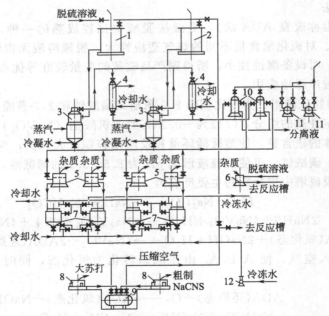

图 5.21 大苏打和粗制硫氰酸钠提取工艺流程

1—大苏打原料高位槽;2—硫酸钠原料高位槽;3—真空蒸发器;4—冷凝冷却器;5—真空过滤器;
6—滤渣溶解槽;7—结晶槽;8—离心机;9—中间槽;10—滤液收集槽;11—真空泵;12—冷水槽

改良 ADA 法的主要设备是脱硫塔和再生塔。我国应用较多的脱硫塔是木格填料塔和塑料花环填料塔。填料塔内气液两相逆流接触进行脱硫反应，同时在塔的下半段，也有析出硫的反应发生。再生塔内装三块筛板，使空气流分散，并与溶液充分接触。塔顶有扩大圈，塔壁与扩大圈形成环形空隙，空气在再生塔鼓泡逸出，使 ADA 被氧化，并使硫以浮沫形式浮在液面上。硫泡沫从再生塔边缘流至环隙中，并由此自流入泡沫槽。此种再生塔具有效率高、操作稳定等优点。但设备高达 40m，一次性投资较大，同时空气压缩机压力较高，电力消耗较大。脱硫液的再生，已有采用喷射再生槽代替再生塔的工艺，主要是利用喷射器对脱硫溶液再生阶段进行强化，从而缩短了再生时间和设备的尺寸。

改良 ADA 法的缺点在于，操作中容易堵塞，且 ADA 价格昂贵，资源量少。而我国的栲胶资源丰富，价格低廉，所以可大力发展栲胶法。栲胶是从含单宁的树皮、根、茎、叶和果壳中提取出来的，主要成分单宁约占 66%。单宁分子含有多元酚基团，酚羟基的活性很强，容易氧化成醌基，即由还原态的羟基单宁氧化成氧化态的醌基单宁，具有与 ADA 类似的氧化还原性质。

（3）萘醌法

萘醌法使用的脱硫液中有催化剂 NQ（1,4-萘醌-2-磺酸铵）和氨（来自焦炉煤气）。焦炉煤气经过电捕焦油器除焦油雾后，进入吸收塔，煤气与吸收液接触。首先是氨溶解生成氨水，然后由氨水吸收煤气中的 H_2S 和 HCN，最后在 NQ 的存在下，用空气中的氧将生成的 NH_4HS 氧化成 S 而析出，反应如下

$$NH_3 + H_2O \longrightarrow NH_4OH \tag{5.15}$$

$$NH_4OH + H_2S \longrightarrow NH_4HS + H_2O \tag{5.16}$$

$$NH_4OH + HCN \longrightarrow NH_4CN + H_2O \tag{5.17}$$

$$NH_4HS + NQ（氧化态）+ H_2O \longrightarrow NH_4OH + S\downarrow + NQ（还原态）\tag{5.18}$$

吸收富液被送入再生塔，同时吹入空气，在催化剂 NQ 作用下进行氧化再生。

$$NH_4HS + \frac{1}{2}O_2 \longrightarrow NH_4OH + S\downarrow \tag{5.19}$$

$$NH_4CN + S \longrightarrow NH_4SCN \tag{5.20}$$

$$NQ（还原态）+ \frac{1}{2}O_2 \longrightarrow NQ（氧化态）+ H_2O \tag{5.21}$$

再生后的吸收液返回吸收塔循环使用。循环过程中吸收液的硫黄、硫氰酸铵及硫代硫酸铵浓度将会逐渐升高。为控制其浓度，需将一部分吸收液引出进行湿式氧化处理，将硫黄及含硫酸铵盐转化为硫酸铵。

$$S + \frac{3}{2}O_2 + H_2O \longrightarrow H_2SO_4 \tag{5.22}$$

$$(NH_4)_2S_2O_3 + 2O_2 + H_2O \longrightarrow (NH_4)_2SO_4 + H_2SO_4 \tag{5.23}$$

$$NH_4SCN + O_2 + H_2O \longrightarrow (NH_4)_2SO_4 + CO_2 \tag{5.24}$$

$$H_2SO_4 + 2NH_3 \longrightarrow (NH_4)_2SO_4 \tag{5.25}$$

经过湿式氧化处理后的脱硫废液，硫代硫酸铵全部分解，硫氰酸铵分解率达 99%，使脱硫液的组成发生很大的变化，如表 5.7 所示。

表 5.7　湿式氧化处理前后废液组成 /g·L^{-1}

项目	pH 值	游离铵	SCN^-	$S_2O_3^{2-}$	SO_4^{2-}
处理前	9.2	12.9	35.2	51.3	12.6
处理后	1.7	0	0.21	0	324

萘醌法脱硫由脱硫（氨型塔卡哈克斯法）和脱硫废液处理（希罗哈克斯法）两部分组成，处理后的脱硫液送至硫酸铵母液系统制硫酸铵。该工艺特点如下：①在 1,4-萘醌-2-磺酸铵存在下，利用焦炉煤气中的 H_2S、HCN 和 NH_3 相互作用进行吸收，经济性较好；②在脱硫循环液中，控制元素硫的生成量，取消硫泡沫处理工序，流程简化，利于操作；③废液经过湿式氧化处理，各种盐转化率达 99.5% 以上，无二次污染；④循环吸收液量比一般脱硫法约大 10 倍。

氨型脱硫的塔卡哈克斯工艺流程，如图 5.22 所示。煤气经除焦油雾后，进入中间煤气冷却器初冷至 36℃。然后进入中部的油洗萘段，使煤气中的萘降至约为 0.36g/m^3，脱萘后的煤气温度上升到 38～39℃，最后进入上部的终冷段，用冷氨水再次冷却至 36℃ 后进入脱硫塔。进入脱硫塔的煤气与从塔顶喷洒的吸收液逆流接触，煤气中的 H_2S 和 HCN 即被吸收。出塔煤气中 H_2S 含量小于 0.2g/m^3，HCN 含量小于 0.15g/m^3。出塔煤气送往硫酸铵工序。

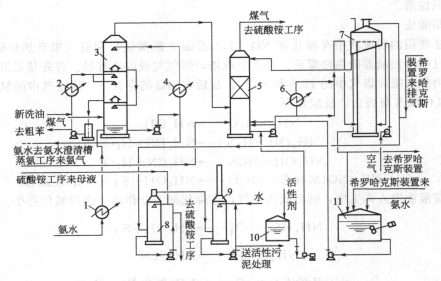

图 5.22　塔卡哈克斯湿法脱硫工艺流程

1—第一冷却器；2—吸收油加热器；3—中间煤气冷却器；4—第二冷却器；5—脱硫塔；6—吸收液冷却器；
7—再生塔；8—第一洗净塔；9—第二洗净塔；10—活性剂槽；11—吸收液槽

脱硫塔底的溶液用泵抽出，部分冷却混合进入再生塔底部，在此用 0.4～0.5MPa 的压缩空气进行氧化再生反应。从再生塔上部出来的溶液绝大部分进入吸收塔循环使用，小部分去希罗哈克斯装置进行湿式氧化处理，工艺流程见图 5.23。小部分脱硫液进入原料槽，在此加入氨水或气化液氨做中和剂，再加入缓蚀剂硝酸防止腐蚀。配制好的原料液经换热升温至 250～260℃ 后，进入反应塔发生氧化反应，生成硫酸和硫酸铵混合液或称氧化液，由反应塔侧线排出，冷却至约 40℃ 后进入氧化液槽。反应液中含有黑色碳粒颗粒，对硫酸铵质量有一定影响，分离后残渣送去配煤，滤液送硫酸铵工段。

（4）氨水法

氨水法由德国科林公司在 20 世纪 40 年代研究开发，到 80 年代已有很大进展。氨水法的吸收液就是焦化厂自产的氨水，不用外加催化剂，所以此法脱硫经济性较好。工业上应用的具有代表性的工艺有德国卡尔-斯蒂尔公司的氨-硫化氢（AS）循环洗涤法（图 5.24）和

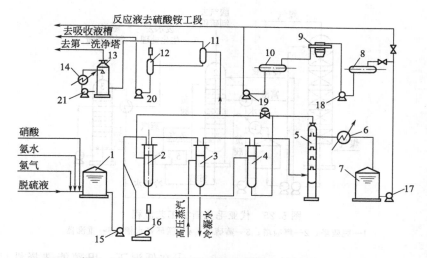

图 5.23 希罗哈克斯湿式氧化法处理废液工艺流程

1—原料槽；2—换热器 A；3—加热器；4—换热器 B；5—反应塔；6—反应液冷却器；7—反应液槽；
8—浆液槽；9—超级离心机；10—滤液槽；11—第一气液分离器；12—第二气液分离器；
13—冷却洗涤塔；14—冷却器；15—原料泵；16—高压空气压缩机；17—反应液泵；
18—浆液泵；19—滤液泵；20—凝缩水泵；21—冷却水泵

日本三菱化工机械公司的代亚毛克斯法（图 5.25）。两者的生产原理相同，都是以焦炉中的氨作为碱源，将煤气中的 H_2S 等酸性气体在脱硫塔内吸收。主要区别在于代亚毛克斯法所用的氨水含氨量低，可从焦炉煤气中选择性吸收 H_2S，少量吸收 CO_2 和 HCN，所得酸气含 HCN 甚低，用于克劳斯炉制硫黄时，操作条件得到改善。

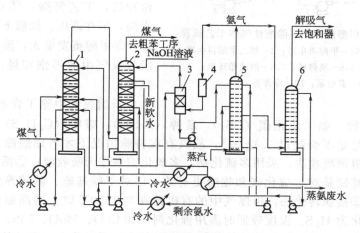

图 5.24 AS 循环洗涤法工艺流程

1—脱硫塔；2—洗氨塔；3—直冷分缩器；4—分缩器；5—蒸氨塔；6—解吸塔

（5）低温甲醇洗涤法

低温甲醇洗涤法是利用低温甲醇洗涤脱除粗煤气中的 H_2S、CO_2 等酸性气体，属物理吸收过程，工艺流程见图 5.26。在 1MPa 以上的高压、低温条件下，粗煤气中的 H_2S、CO_2 等酸性气体极易溶解于甲醇中，减压时又很容易解吸出来。

低温甲醇洗涤法适合于加压气化得到的合成原料气和城市煤气的净化。该法的优点是：

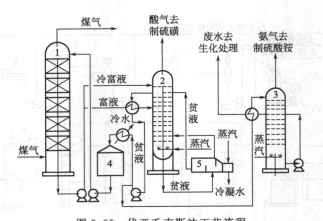

图 5.25　代亚毛克斯法工艺流程

1—脱硫塔；2—解吸塔；3—蒸硫塔；4—循环氨水槽；5—重沸器

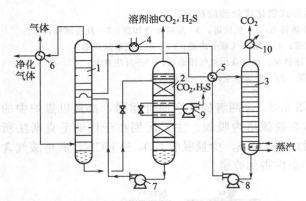

图 5.26　低温甲醇洗涤法脱除酸性气体工艺流程

1—吸收塔；2—第一甲醇再生塔；3—第二甲醇再生塔；
4—冷却器；5,6—换热器；7,8—溶液循环泵；
9—真空泵；10—冷却器

①在低温下，甲醇能选择性地吸收煤气中的杂质组分，而且根据各酸性气体溶解度的不同可分别回收，同时还可脱去煤气中的水分；②粗煤气中的各组分与甲醇不发生副反应，对甲醇的循环利用不产生影响；③过程的能耗低，冷量利用率高；④当操作压力和煤气中的酸性气体浓度增大时，技术经济指标的先进性也增加。该法的缺点是：①设备多，流程长，工艺复杂；②对设备的材质要求高，即在高压、低温下具有抗冷脆的性能；③甲醇蒸发量大，蒸气有毒；④甲醇吸收煤气中的不饱和烃，降低了煤气的热值。

干馏煤气中除了含有 H_2S 外，尚含有多种有机硫化物，如二硫化碳（CS_2），硫醇（R-SH），噻吩（C_4H_4S）等，一般来说，煤气中有机硫的总量不会超过 $0.1g/m^3$，故只有在特殊情况下才考虑脱除。脱除方法大致有以下几种：①溶剂吸收法，采用多硫化钠、多硫化铵等作为吸收液；②活性炭法，活性炭能吸附有机硫，特别是对二硫化碳和噻吩更有效，但对于羰基硫、硫醇等分子较大的硫化物，效果较差；③接触转化法，指煤气中的有机硫在与 $1200℃$ 以上的高温格子砖等耐火材料接触时，可转化为 H_2S。温度较低时需用催化剂，如 CoO、MoO、NiS、MoS 及 FeS 等；④深冷法，利用有机硫是强挥发性液体的特点，用深冷法可以除去一定量的有机硫。

5.2.5　焦炉煤气的利用

每生产 1t 焦炭可产生焦炉煤气约 $350\sim450m^3$，如何对焦炉煤气实现高附加值利用是焦炭工业减排增效的关键问题。我国焦炉煤气资源十分丰富，合理、高效地利用焦炉煤气资源，对提高资源利用效率、发展循环经济、建设节约型社会具有十分重要的意义。焦化企业要充分发掘焦炉煤气的资源潜能，因地制宜，使焦炉煤气的利用向着清洁化、产品高附加值、多联产方向发展，提高焦炉煤气的综合利用效率。

5.2.5.1　作为燃料

焦炉煤气属于中热值煤气，可以作为民用燃料和工业燃料。20 世纪 80 年代，我国曾建设了一批生活焦炉煤气厂，但由于焦炉煤气中的杂质易导致管路堵塞和设备腐蚀，加之焦化企业必须按照城市燃气消耗量的峰谷差来生产焦炉煤气，在一定程度上增加了投资与运行维护的成本。随着"西气东输"等一大批天然气管道输送项目的实施，焦炉煤气已经逐渐退出了城市生活用气。焦炉煤气作为工业燃料，可用于生产水泥、耐火材料和钢铁企业的轧钢加热炉，不仅能够实现可燃废气的利用，还能减少企业的环境污染和运行成本。

5.2.5.2　用于发电

焦炉煤气中的 H_2 含量高，着火速度快，理论燃烧温度高达 $1800 \sim 2200℃$，将其用于发电具有成本低、污染小和经济效益好等优点。焦炉煤气发电主要包括蒸气发电、燃气轮机发电及内燃机发电三种。

5.2.5.3　作为炼铁还原剂

在焦炉煤气转化过程中，煤气中 CH_4 转化成 H_2 和 CO，产品气是以 H_2 和 CO 为主要成分的还原性气体，可作为直接还原生产海绵铁的原料，能大大降低炼铁过程对炼焦煤和焦炭的消耗，经济优势极为明显。

5.2.5.4　提纯制氢

焦炉煤气中 H_2 含量高达 $54\% \sim 59\%$，是非常理想的制氢原料。与水电解法制氢相比，焦炉煤气提纯制氢只需将其中的其它组分除去即可获得高纯度的 H_2，因此经济效益更为显著。目前工业上主要采用变压吸附技术（PSA）来制氢，主要利用焦炉煤气中各组分在吸附剂上吸附特性的差异以及吸附量随压力变化而变化的特性，实现气体的分离。

5.2.5.5　作为化工原料

焦炉煤气中 C、H 组分含量很高，可以用于制备氮肥、甲醇、二甲醚、天然气和燃料油等高附加值的化工产品。

（1）制取合成氨

利用焦炉煤气制取合成氨是焦炉煤气最早的利用途径之一。每生产 1t 合成氨可消耗焦炉煤气 $1720 m^3$。目前，多用高温非催化转化法利用焦炉煤气来合成氨，将焦炉煤气直接送入高温纯氧转化炉，在 $1400 \sim 1500℃$ 高温下可全部转化为 CO、H_2 和 H_2S，经冷却换热后，只需经过脱硫并回收硫黄后，气体即可满足合成氨生产的要求。此种工艺具有流程简单、环保性好、所得合成气 CO 含量高、氢耗低等优点，与天然气和无烟煤为原料相比，成本优势明显，但是对企业的技术和管理水平都要求很高。

（2）制取甲醇

焦炉煤气中含有 20% 以上的甲烷，将甲烷转化成一定比例的一氧化碳和氢气，即可达到制取甲醇工艺所要求的合成气组成。焦炉煤气合成甲醇技术的关键就是将焦炉煤气中的甲烷及少量多碳烃转化为一氧化碳和氢气，转化之前还需对焦炉煤气进行深度净化，以满足甲烷转化催化剂和甲醇合成催化剂的要求，提高其催化效能和使用寿命。

（3）制取天然气

焦炉煤气中 CO 和 CO_2 的含量约为 $7\% \sim 12\%$，可以将焦炉煤气净化脱除硫化物、苯、萘等杂质后进行甲烷化反应，最后将甲烷化后的气体采用 PSA 法、膜分离或低温精馏提纯，生产合成天然气（SNG）、压缩天然气（CNG）及液化天然（LNG）。与发电、制备甲醇相比，焦炉煤制取天然气能量利用率可达 80% 以上，其单位热值水耗仅为 $0.18 \sim 0.23t$。目前，我国甲醇产能过剩，而天然气供需严重不足，将焦炉煤气转化为 CNG 和 LNG 作为民用燃料和车用燃料，在提高能源利用率、保护环境、经济效益等方面具有明显的优势。

（4）制取二甲醚

二甲醚（CH_3OCH_3）具有替代石油和天然气的潜力，是一种新型的清洁能源。焦炉煤气经过净化除去杂质，PSA 法提氢后经精脱硫、转化、合成制取粗甲醇，在二合一生产装置中即可制取二甲醚和精甲醇。

（5）制取燃料油

焦炉煤气生产燃料油是将焦炉煤气裂解深度净化后，利用费托合成法（F-T）生产燃料油、高纯石蜡及其化工产品。1 亿立方焦炉煤气可生产 9000t 零号柴油和 13500t 高纯石蜡。先将焦炉煤气进行纯氧转化，经过两段 PSA 法净化提纯后获得 H_2 和 CO，再从转炉煤气中提纯 CO 进行补碳，以满足 F-T 法的需求。该技术目前仍处于试验阶段，需要进一步提高煤气转化率。

5.3 氨和粗轻吡啶的回收

一般干煤含氮约为 2%，高温炼焦过程中，40%～50% 会转入粗煤气，其余残留于焦炭中。荒煤气中氨氮占煤中氮的 15%～20%，吡啶盐基氮占 1.2%～1.5%。

粗煤气经过集气管和初冷器冷却后，氨和吡啶盐基发生重新分配，一部分氨和轻质吡啶盐基溶于氨水中，而重质吡啶盐基冷凝于焦油中。氨在煤气和冷凝氨水中的分配取决于煤气初冷方式、初冷器型式、冷凝氨水量和煤气冷却程度。当采用直接式初冷工艺时，初冷后煤气含氨为 2～3g/m^3；当采用间接冷却和混合氨水工艺时，初冷后煤气含氨为 6～8g/m^3。轻质吡啶盐基初冷后煤气中的含量为 0.4～0.6g/m^3，在剩余氨水中含量为 0.2～0.5g/L，约占轻吡啶盐基的 25%。

氨可以单独作为肥料或作为其它肥料的原料，但是它对固定氮平衡影响不大。合成氨生产高效肥料的技术出现后，焦化生产的硫酸铵因为肥效低、质量差、产量低已很少作为农业肥料使用。尽管如此，焦化过程中的氨仍然是必须要回收的。原因如下：①残留于煤气中的氨大部分被终冷水吸收，在凉水塔喷洒冷却时又解吸进入到大气，会造成环境污染；②煤气中氨与氰化氢化合，生成溶解度高的复合物，加剧了腐蚀作用；③煤气燃烧时，氨会生成有毒的、有腐蚀性的氧化氮；④氨在粗苯回收中能使油和水形成稳定的乳化液，妨碍油水分离。因此，煤气中的氨含量应小于 0.03g/m^3。

5.3.1 氨的回收

最早焦化工业一般用水吸收氨，进一步生产硫酸铵或者氨水。目前氨的回收主要有两种方法：一是用硫酸吸收煤气中的氨制取硫酸铵，并同时回收轻质吡啶盐基；二是用磷酸吸收煤气中的氨制取无水氨。硫酸铵为无色斜方晶体，除用做肥料外，还用做化工、染织、医药及皮革等工业的原料和化学试剂。无水氨为无色液体，主要用于制造氮肥和复合肥料，还可用于制造硝酸、各种含氮的无机盐、磺胺药、聚氨酯、聚酰胺纤维及丁腈橡胶等，亦常用作制冷剂。

5.3.1.1 硫酸吸氨法

用硫酸吸收煤气中的氨制备硫酸铵是一种不可逆的化学反应，其反应式为

$$2NH_3 + H_2SO_4 \longrightarrow (NH_4)_2SO_4, \Delta H = -275014kJ/kmol \tag{5.26}$$

当过量的硫酸和氨作用时，会生成酸式盐硫酸氢铵，被氨进一步饱和后可转变为硫酸铵。

$$NH_3 + H_2SO_4 \longrightarrow NH_4HSO_4, \Delta H = -165017kJ/kmol \tag{5.27}$$

$$NH_4HSO_4 + NH_3 \longrightarrow (NH_4)_2SO_4 \tag{5.28}$$

溶液中硫酸铵和硫酸氢铵的比例取决于溶液的酸度，当酸度为 1%～2% 时，主要生成中性盐；当溶液的酸度增加时，酸式盐含量增加。硫酸氢铵较硫酸铵易溶于水或稀硫酸，因此当溶解度达到极限时，在酸度不大的前提下，从溶液中首先析出硫酸铵结晶。

在饱和器内形成硫酸铵晶体需经过两个阶段：第一阶段是在母液中细小的结晶中心——晶核的形成；第二阶段是晶核（或小晶体）的长大。通常晶核的形成和长大是同时进行的。在一定的结晶条件下，若晶核形成速率大于晶体成长速率，当达到固液平衡时，得到的硫酸铵晶体粒度较小；反之，则可得到大颗粒结晶体。显然，如能控制这两种速率，便可控制产品硫酸铵的粒度。

（1）鼓泡式饱和器法制取硫酸铵

饱和器法生产的硫酸铵颗粒很小，其工艺流程如图 5.27 所示。煤气经鼓风机和电捕焦油器后进入煤气预热器，预热到 60～70℃，目的是蒸出饱和器中水分，防止母液稀释。预热后的煤气进入饱和器中央煤气管，经泡沸伞穿过母液层鼓泡而出，其中的氨被硫酸吸收，形成硫酸氢铵和硫酸铵，在吸收氨的同时吡啶碱也被吸收下来。脱除氨的煤气进入除酸器，分离出所夹带的酸雾后被送去脱硫或者粗苯回收工段。饱和器后煤气含氨量一般要求低于 0.03g/m³。当不生产粗轻吡啶时，剩余氨水经蒸氨后所得的氨气直接与煤气混合进入饱和器；当生产粗轻吡啶时，则将氨气通入回收吡啶装置的中和器。氨在中和母液中的游离酸和分解硫酸吡啶生成硫酸铵后，随中和器的回流母液返回饱和器系统。煤气中焦油雾与母液中硫酸作用将生成泡沫状酸焦油，被引至酸焦油处理装置。

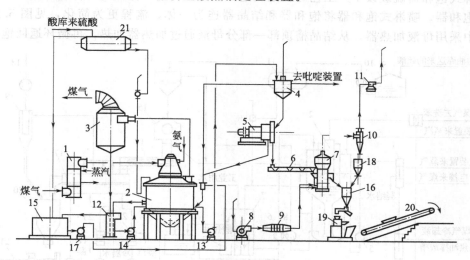

图 5.27　鼓泡式饱和器法生产硫酸铵的工艺流程

1—煤气预热器；2—饱和器；3—除酸器；4—结晶槽；5—离心机；6—螺旋输送机；7—沸腾干燥器；
8—送风机；9—热风机；10—旋风分离器；11—排风机；12—满流槽；13—结晶泵；14—循环泵；
15—母液贮槽；16—硫酸铵贮斗；17—母液泵；18—细粒硫酸铵贮斗；19—硫酸铵包装机；
20—胶带运输机；21—硫酸高置槽

饱和器的构造型式较多，图 5.28（a）是我国大型焦化厂常用的外部除酸式饱和器。饱和器本体用钢板焊制，具有可拆卸的顶盖和锥底，内壁衬以防酸层。在其中央煤气管下铺装有煤气泡沸伞，结构如图 5.28（b）所示，沿泡沸伞整个圆周焊有弯成一定弧度的导向叶片，构成 28 个弧形通道，使煤气均匀分布而出，并泡沸穿过母液，以增大气液两相的接触面积，同时能促使饱和器中的上层母液剧烈旋转。此种饱和器的特点是同时可进行氨与吡啶碱的吸收及硫酸铵结晶。

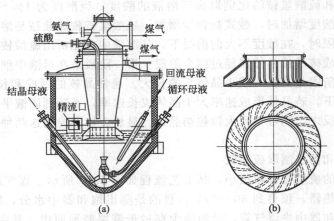

图 5.28　（a）鼓泡式饱和器与（b）煤气泡沸伞

　　饱和器是周期性连续操作设备，为了防止结晶堵塞，定期进行酸洗和水洗，从而破坏了结晶生成的正常条件，加之结晶在饱和器底部停留时间短，因而结晶颗粒较小（平均直径在0.5mm），对煤气的阻力大，这些都是鼓泡式饱和器存在的缺点。

　　（2）喷淋式饱和器法生产硫酸铵

　　喷淋式饱和器硫酸铵生产工艺与鼓泡式饱和器流程基本一样，只是将喷淋式饱和器代替鼓泡式饱和器。喷淋式饱和器将饱和器和结晶器连为一体，流程更为简化，见图5.29。在此流程中采用母液加热器，从结晶槽顶部一部分母液通过加热器加热，再循环返回饱和器喷

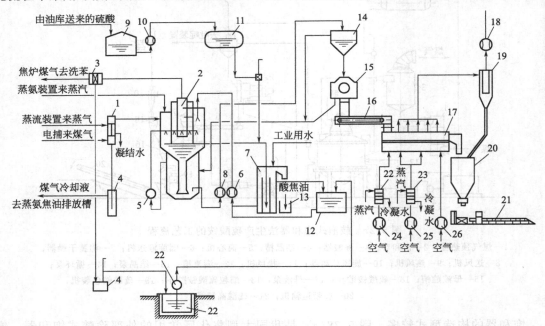

图 5.29　喷淋式饱和器法生产硫酸铵工艺流程

1—煤气预热器；2—喷淋式饱和器；3—捕雾器；4—水封槽；5—母液循环泵；6—小母液循环泵；
7—满流槽；8—结晶泵；9—硫酸贮槽；10—硫酸泵；11—硫酸高位槽；12—母液贮槽；13—渣箱；
14—结晶槽；15—离心机；16—皮带输送机；17—振动式流化床干燥器；18—尾气引风机；
19—旋风除尘器；20—硫酸铵储斗；21—称重包装机；22,23—热风器；24,25—热风机；
26—冷风机；27—自吸泵；28—母液放空槽

淋。在饱和器底部控制一定的母液液位，母液从满流管流入满流槽。在满流槽中除去焦油的母液流入母液贮槽。母液循环泵从结晶槽上部抽出母液，送到喷淋室的环形分配箱进行喷洒。吸收氨后的母液通过中心降液管向下流到结晶槽底部。饱和器内母液酸度控制 20%～30%，结晶段的结晶体积百分比达到 25% 时，启动结晶泵抽取结晶，送往结晶槽提取硫酸铵。

在保证饱和器水平衡的条件下，一般饱和器母液温度保持在 50～55℃，煤气出口温度 44～48℃，饱和器后煤气含氨可达到 30～50mg/m³。

国外引进的喷淋式饱和器均为耐酸不锈钢制造，其结构见图 5.30。喷淋室由本体、外套筒和内套筒组成，煤气进入本体后向下在本体与外套筒的环形室内流动，然后由上流出喷淋室，沿切线方向进入外套筒与内套筒间，再旋转向下进入内套筒，由顶部出去。外套筒与内套筒间形成旋风分离作用，以除去煤气夹带的液滴，起到除酸器的作用。在喷淋室的下部设置母液满流管，控制喷淋室下部的液面，促使煤气由入口向出口在环形室内流动。在煤气入口和煤气出口间分隔成两个弧形分配箱，在弧形分配箱配置多组喷嘴，喷嘴方向朝向煤气流，形成良好的气液接触面。喷淋室的下部为结晶槽，用降液管与结晶槽连通，循环母液通过降液管从结晶槽的底部向上返，不断生成的硫酸铵晶核，穿过向上运动的悬浮硫酸铵母液，促使晶体长大，并引起颗粒分级，小颗粒升向顶部，从上部出口接到循环泵，结晶从下部抽出。

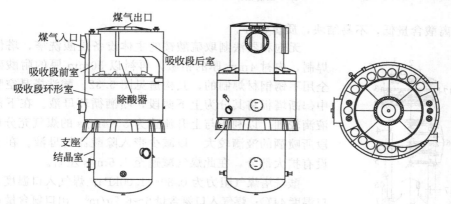

图 5.30　喷淋式饱和器

喷淋式饱和器工艺综合了旧式饱和器法流程简单、酸洗法有大流量母液循环搅拌、结晶颗粒较大（平均直径在 0.7mm）的优点，又解决了煤气系统阻力大、酸洗工艺流程长、设备多的缺点。其工艺流程和操作条件与现有的鼓泡型饱和器相接近，易于掌握，设备材料国内能够解决。不但可以在新建厂采用，而且更适于老厂的大修改造。

（3）无饱和器法制硫酸铵

无饱和器法制硫酸铵又称酸洗塔法制硫酸铵，工艺流程如图 5.31 所示。主要包括不饱和过程吸收氨、不饱和硫酸铵溶液蒸发结晶和分离干燥三个过程。初冷后的煤气被送入酸洗塔，吸收氨和吡啶后进入除酸器脱除酸雾滴，最后含氨约为 0.1g/m³ 的煤气被送至粗苯等回收工序。

该法采用酸洗塔代替饱和器，用含游离酸的硫酸铵母液作为吸收液，空塔阻力小，与传统的饱和器相比，阻力可减少 2.942kPa，从而可降低煤气鼓风机的能耗。为了保证氨的回收率，酸洗塔中可采用高效喷嘴。此外，在酸洗塔内仅进行化学吸收反应，结晶过程是在真空蒸发器内进行的。真空蒸发器内采用大流量的母液循环，加快了结晶成长速度，从而可获得大颗粒硫酸铵结晶（平均直径在 1.0mm 以上），有利于在离心机中的水洗。得到的硫酸

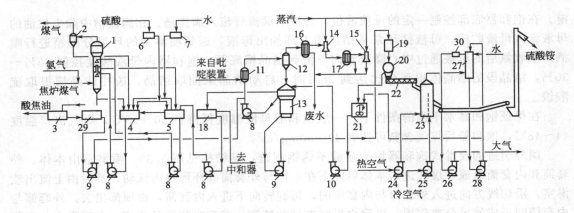

图 5.31　无饱和器法制取硫酸铵工艺流程

1—喷洒酸洗塔；2—旋风除酸器；3—酸焦油分离槽；4—下段母液循环槽；5—上段母液循环槽；
6—硫酸高位槽；7—水高位槽；8—循环母液泵；9—结晶母液泵；10—滤液泵；11—母液加热器；
12—真空蒸发器；13—结晶器；14,15—第一及第二蒸气喷射器；16,17—第一及第二冷凝器；
18—满流槽；19—供料槽；20—连续式离心机；21—滤液槽；22—螺旋输送器；23—干燥
冷却器；24—干燥用送风机；25—冷却用送风机；26—排风机；27—洗净塔；28—泵；
29—澄清槽；30—雾沫分离器

铵产品游离酸含量低，不易结块，质量较好。

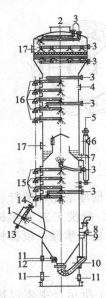

图 5.32　空喷酸洗塔结构图

1—煤气入口；2—煤气出口；
3—水清扫口；4—清扫备用口；
5—放散口；6—上段母液满流口；
7—断塔板；8—下段母液满流；
9—人孔；10—穿管孔；11—通
风孔；12—检液孔；13—压力
计插孔；14—母液喷洒口；
15—下段喷洒液口；16—上
段喷洒液口；17—人孔

　　无饱和器法制取硫酸铵的主体设备是酸洗塔，塔体用钢板焊制，内衬 4mm 厚的铅板，再衬以 50mm 厚的耐酸砖，也有全用不锈钢材焊制的，其构造见图 5.32。酸洗塔是空喷塔，由中部断塔板将其分为上下两段，喷洒循环母液。在下段喷洒的液滴较细，以利于与上升流速为 3～4m/s 的煤气充分接触。上段所喷洒的液滴较大，以减少带入除酸器的母液。在上段顶部设有扩大部分，在此煤气减速至 1.6m/s 左右。

　　酸洗塔煤气阻力为 0.80～1.00kPa；煤气入口温度 83℃，出口温度 44℃；煤气入口氨含量 6～6.2g/m³，出口氨含量 0.1g/m³；煤气入口含吡啶 0.25g/m³，出口含吡啶 0.11g/m³。

5.3.1.2　磷酸吸氨法

　　磷酸吸收氨制取无水氨可分为两种工艺：①用磷酸-铵贫液在吸收塔内直接吸收煤气中的氨形成磷酸二铵富液，该法吸收塔比较大，吸收温度较低，所以也称作大弗萨姆法或冷法弗萨姆。②用磷酸-铵贫液在吸收塔内吸收来自蒸氨装置的氨。该法吸收塔比较小，吸收温度较高，所以也称作小弗萨姆法或热法弗萨姆。

　　以脱除了焦油雾的含氨煤气为原料的无水氨生产工艺流程见图 5.33。生产工艺过程由磷铵吸收煤气中的氨、洗氨富液的解吸和解吸所得氨气冷凝液的精馏工序组成。出塔煤气中的氨几乎全被吸收，最终被送至洗苯工序。

　　与硫酸洗氨工艺相比，用磷酸铵溶液作为吸收剂的洗氨工艺具有产品质量高、无水氨含硫化氢及二氧化碳等杂质少、设备结构简单、能耗少等优点。

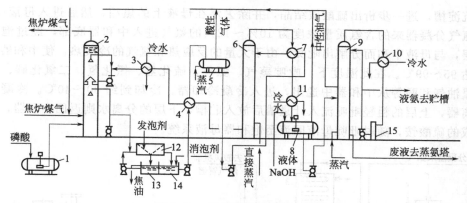

图 5.33　无水氨生产工艺流程

1—磷酸槽；2—吸收塔；3—贫液冷却器；4—贫富液换热器；5—脱气器；6—解吸塔；7—氨气/富液换热器；8—精馏塔原料槽；9—精馏塔；10—无水氨冷凝冷却器；11—氨气冷凝冷却器；12—泡沫浮选除焦油器；13—焦油槽；14—溶液槽；15—液氨中间槽

5.3.2　粗轻吡啶的回收

5.3.2.1　粗轻吡啶的组成及性质

在炼焦过程中，煤中的氮有 1.2%～1.5% 与芳香烃发生化合反应生成吡啶盐基，其生成量主要取决于煤中氮含量及炼焦温度。一般在煤气冷却器后煤气含吡啶盐基约 0.4～0.6g/m³，其中轻吡啶盐基约占 75%～85%。氨水中的吡啶盐基含量约为 0.2～0.5g/L，其中轻吡啶盐基约占 25%。回炉煤气中吡啶盐基约 0.02～0.05g/m³，即回收率达 90%～95%。

粗轻吡啶盐基具有特殊气味，常温下为黄色油状混合液，沸点范围为 115～160℃，呈弱碱性，易溶于水。其组成分为吡啶 40%～45%，α-甲基吡啶 12%～15%，β-甲基吡啶和 γ-甲基吡啶 10%～15%，2,4-二甲基吡啶 5%～10%，中性油 16%～20%。粗轻吡啶盐基一般要求吡啶盐基含量大于 60%，水分小于 15%，酚类为 4%～5%，密度不大于 1.102g/cm³。粗轻吡啶最重要的用途是精制后做医药原料，如生产磺胺药类、维生素、雷米封等。此外，粗轻吡啶类产品还可用做合成纤维的高级溶剂。

5.3.2.2　粗轻吡啶的回收原理

吡啶在粗轻吡啶中含量最多，沸点最小，故以吡啶为例来说明其回收原理。吡啶具有弱碱性，其碱性比氨弱。在饱和器或酸洗塔中，吡啶与母液中的硫酸作用生成酸式盐或中性盐（主要是酸式盐），其反应式如下

$$C_5H_5N + H_2SO_4 \longrightarrow C_5H_5NH \cdot HSO_4 \tag{5.29}$$

$$2C_5H_5N + H_2SO_4 \longrightarrow (C_5H_5NH)_2SO_4 \tag{5.30}$$

提高母液酸度有利于吡啶的回收。在母液中主要含有酸式硫酸吡啶，它是一种不稳定的化合物，升高温度后极易离解，并与硫酸铵反应生成游离吡啶

$$C_5H_5NH \cdot HSO_4 + (NH_4)_2SO_4 \Longleftrightarrow 2NH_4 \cdot HSO_4 + C_5H_5N \tag{5.31}$$

因此，当母液温度提高或母液中硫酸铵含量增多时，将促进酸式硫酸吡啶的离解，使吡啶游离出来。只有当母液液面上的吡啶蒸气分压小于煤气中吡啶分压时，煤气中的吡啶才会不断地被母液吸收，分压压差越大，吸收进行得越彻底，随煤气损失的吡啶越少。

5.3.2.3　粗轻吡啶的制备

（1）中和器法

中和器法制备粗轻吡啶的工艺流程见图 5.34，从硫酸铵生产结晶槽来的母液，连续流

入母液沉淀槽,进一步析出硫酸铵结晶,并除去浮在母液上的焦油,然后进入母液中和器。同时从氨气分凝器来的含氨质量浓度为10%～12%的氨气进入中和器底部,经过泡沸伞穿越母液层,与母液中和而分解出吡啶。由于大量的反应热和氨气的冷凝热,使中和器内母液温度高达95～99℃。在此温度下,吡啶蒸气、氨气、硫化氢、氰化氢、二氧化碳、水蒸气以及少量油气和酚等从中和器中逸出,进入冷凝冷却器,冷却到约30～40℃。冷凝液进入油水分离器,上层的粗轻吡啶流入计量槽后放入贮槽,下层的分离水则返回中和器,中和母液所生成的硫酸铵,随脱吡啶母液回流至饱和器母液系统。

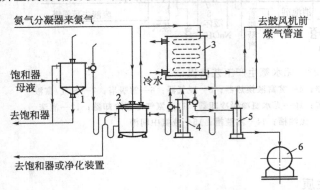

图 5.34　中和器法从母液中制取粗轻吡啶的工艺流程
1—母液沉淀槽;2—母液中和器;3—吡啶冷凝器;
4—吡啶分离器;5—计量槽;6—贮槽

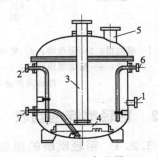

图 5.35　中和器
1—满流口;2—母液引入管;3—氨气
引入管;4—鼓泡伞;5—蒸气逸出口;
6—分离水回流口;7—放空管

母液中和器的结构见图 5.35,其筒体一般用钢板焊制,内衬防腐层,或用硬铅制成。该设备结构比较复杂,加上母液的腐蚀作用,需经常停产检修。目前大多已改为体积小、制作简单、维修方便的文氏管中和器。

(2) 文氏管法

文氏管法制备粗轻吡啶的工艺流程见图 5.36。硫酸铵母液从沉淀槽连续进入文氏管反应器,与由氨气分凝器来的氨气在喉管处混合反应,使吡啶从母液中游离出来。随后气液混合物进入旋风分离器,分出的母液送去脱吡啶母液净化装置,气体进入冷凝冷却器,得到

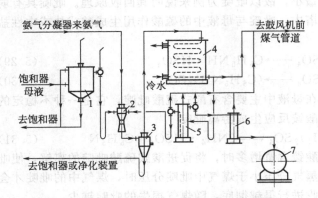

图 5.36　文氏管法制取粗轻吡啶的工艺流程
1—母液沉淀槽;2—文氏管中和器;3—旋风
分离器;4—吡啶冷凝器;5—吡啶分离器;
6—计量槽;7—贮槽

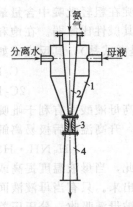

图 5.37　文氏管中和反应器
1—混合室;2—氨气喷嘴;
3—喉管;4—扩大管

的冷凝液进入油水分离器，分离出的粗轻吡啶经计量槽后进入贮槽，分离水则返回反应器。

文氏管中和器结构见图5.37，主要由喷嘴、喉管、扩大管和混合室四部分组成，全部由不锈钢制作。氨气通过喷嘴的速度为80～100m/s。

（3）中和塔法

中和塔法制备粗轻吡啶的工艺流程见图5.38，中和塔的基本结构见图5.39。硫酸铵母液从硫酸铵工序的满流槽送入中和塔，与从气化槽进入的氨气逆流接触，进行中和分解反应。塔底送入蒸气以补充热量。吡啶蒸气从中和塔顶逸出进入冷凝冷却器，在此被冷却至40℃，进入盐析槽。在盐析槽内加入一部分硫酸铵母液，使粗轻吡啶盐析分离。分离水因其中溶解一部分铵盐而排入中和塔，分离出的粗轻吡啶自流入贮槽。中和塔底排出的脱吡啶后的硫酸铵母液自流入贮槽，再用泵送入硫酸铵蒸发器。

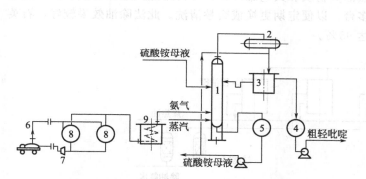

图5.38 中和塔法制备粗轻吡啶的工艺流程

1—中和塔；2—冷凝器；3—盐析槽；
4—中间槽；5—硫酸铵母液槽；6—液
氨卸料槽；7—氨压缩机；8—液氨贮槽；
9—气化槽

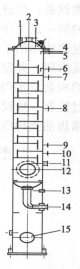

图5.39 吡啶中和塔结构图

1—放散口；2—吡啶蒸气出口；3—压力
计；4—温度计；5,6—盐析槽液入口；
7—母液入口；8,10—温度计；
9,11—氨气入口；12,15—人孔；
13—通风口；14—母液出口

吡啶盐基易溶于水，之所以能与分离水分开，是因为分离水中溶有大量的碳酸盐，产生的盐析作用可使吡啶盐基从水中析出，同时增大了分离水与粗轻吡啶的密度差，有利于二者的分离，故分离水必须返回中和器。

因为吡啶的溶解度比其同系物大得多，分离水中主要含的是吡啶，分离水返回中和器还可减少吡啶的损失。

吡啶蒸气有毒，并且含有硫化氢和氰化氢等有毒气体，故系统应在负压下进行操作。系统的负压是靠冷凝冷却器后各设备的放散管集中一起连接到鼓风机前的负压煤气管道上形成的。

5.3.3 剩余氨水的处理

焦炉煤气初冷过程中形成的大量氨水，大部分用做循环氨水喷洒冷却集气管中的煤气，多余部分称为剩余氨水。剩余氨水量一般为装炉煤量的15%左右。剩余氨水组成与焦炉操作制度、煤气初冷方式、初冷后煤气温度和初冷冷凝液的分离方法有关，其组成见表5.8。

表 5.8 剩余氨水组成和性质

组成/(mg/L)							pH 值	温度/℃
挥发酚	氨	硫化物	氰化物	吡啶	煤焦油	锗		
1300～2500	2500～4000	120～250	40～140	200～500	600～2500	0.15～0.20	7～10	70～75

由表5.8可见剩余氨水是焦化污水的主要来源。根据环境保护的要求，剩余氨水必须加以处理才能外排，其处理过程主要包括除油、脱酚、蒸氨和脱氰。

5.3.3.1 剩余氨水的除油

剩余氨水中的焦油类物质，在溶剂法脱酚时会产生乳化物，降低脱酚效率；在蒸气法脱酚时常堵塞设备；当进入生化装置时，能抑制微生物活性，影响废水处理效果。因此，剩余氨水处理的第一道工序就是除油，主要有澄清过滤法和溶剂萃取法。

澄清过滤法除油工艺流程见图5.40。一般设有两个氨水澄清槽，分别作接受、静置澄清和排放氨水用，并定期轮换使用。剩余氨水静置澄清所需要的时间一般为20～24h。经静置澄清后的剩余氨水仍含有少量焦油类物质和其它悬浮物，可再用焦炭过滤器或石英砂过滤器过滤。过滤器一般设置两台或多台，以便定期更换或交替清洗。此法除油效果较好，石英砂过滤器除焦油类物质的效率可达95%。

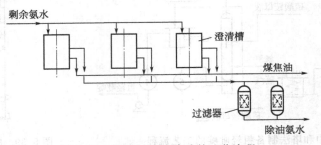

图 5.40　澄清过滤法除油的工艺流程

溶剂萃取法除油是以粗苯作溶剂萃取剩余氨水中煤焦油，其工艺流程见图5.41。剩余氨水经过滤器除油后进入萃取槽与粗苯逆流混合，氨水中的煤焦油全部被粗苯萃取。含焦油的粗苯送入溶剂回收塔用蒸气蒸出粗苯，粗苯冷凝后流入粗苯槽循环使用。

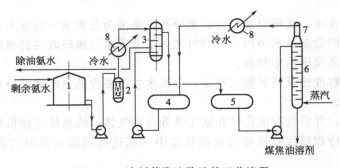

图 5.41　溶剂萃取法除油的工艺流程

1—氨水槽；2—过滤器；3—萃取柱；4—粗苯槽；5—污苯槽；6—溶剂回收塔；7—分凝器；8—冷却器

5.3.3.2 剩余氨水的脱酚

焦化厂含酚污水的来源很多，剩余氨水中的酚约占总酚量的一半以上，属于高浓度酚水。一般应预先初步脱酚,将含酚量降至 300mg/L 以下,再送往蒸氨装置加工。剩余氨水的初步脱酚广泛采用的方法为溶剂萃取法,其脱酚效率可达 90%～95%。要使萃取得到满意的结果,必须选择恰当的萃取剂。焦化厂使用或试用过的萃取剂见表 5.9,N-503 与煤油(或轻柴油)混合液的萃取效果较好。

表 5.9 萃取脱酚用萃取剂

名称	分配系数	相对密度	馏程/℃	说明
重苯溶剂油	2.47	0.885	140～190	萃取效率＞90%,油水易分离,不易乳化,不易挥发,对水质会造成二次污染
重苯	2.34	0.875～0.890	110～270	系煤气厂中温干馏产品,常温下无萘析出,其它同重苯溶剂油
粗苯	2～3	0.875～0.880	180℃前馏出量＞93%	萃取效率 85%～90%,油水易分离,易挥发,对水质会造成二次污染
5%N-503＋95%煤油	8～10	0.85～0.87	煤油:180～250 N-503:155±5 (干点)(133Pa)	萃取效率高,对低浓度酚水也达 90% 以上,操作安全,损耗低;对水质二次污染程度低,不易再生

溶剂萃取法可分为振动萃取、离心萃取和转盘萃取。目前国内常用的是脉冲振动筛板塔对剩余氨水进行溶剂振动萃取脱酚,工艺流程如图 5.42 所示。

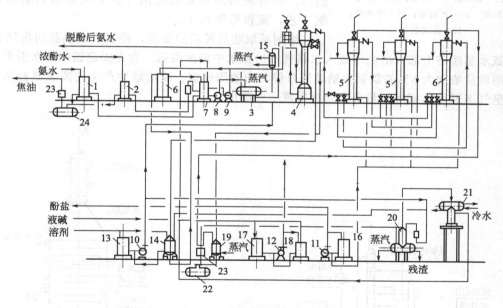

图 5.42 溶剂振动萃取脱酚工艺流程

1—原料氨水槽;2—浓酚水槽;3—氨水加热(冷却)器;4—萃取塔;5—碱洗塔;6—脱酚氨水控制分离器;
7—脱酚氨水中间槽与低位混合槽;8—原料氨水泵;9—脱酚氨水泵;10—循环油泵;11—酚盐泵;
12—碱液泵;13—新溶剂油槽;14—循环油槽;15—循环油加热(冷却)器;16—酚盐槽;
17—浓碱槽;18—配碱槽;19—乳化物槽;20—再生釜和柱;21—带油水分离器的冷凝器;
22—放空槽;23—液下泵;24—焦油接受槽

剩余氨水经澄清脱除焦油和悬浮物后,与其它高浓度酚水(来自精制车间)按比例混合,调温至 55～60℃后进入萃取塔顶部分布器。在振动筛板的分散作用下,油被分散成细小的颗粒(粒径 0.5～3mm)而缓慢上升(称为分散相),氨水则连续缓慢下降(称为连续

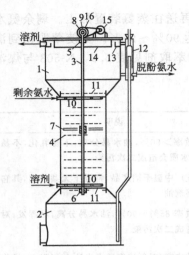

图 5.43 振动筛板萃取塔

1,2—塔上部、下部澄清段；3—立轴；
4—筛板；5,6—导向套；7—空心
装置；8—偏心轴；9—带滑环的曲柄；
10—分配装置；11—固定筛板；
12—套筒液位调节器；13—溶剂
环形室；14—折流器；15—电动机；
16—传动装置

相）。在两相逆流接触中，氨水中的酚即被循环油萃取。脱酚氨水经澄清后自塔底流出，再经控制分离器分离出油滴，然后进入氨水中间槽送去蒸氨。分离出的油回收后定期送去再生，在碱洗塔内，油中的酚同苛性钠反应生成酚钠盐，循环油得到再生。

振动筛板萃取塔的结构如图 5.43 所示。它由上下两个扩大的澄清段和中部工作段组成，内设有固定在立轴上的多层筛板。立轴由装于塔顶的曲柄连杆机构驱动，作上下往复运动，对塔内液体产生搅动作用。工作段的顶部和底部分别设有供通入剩余氨水和萃取溶剂的分配装置。

5.3.3.3 剩余氨水的蒸氨

焦化厂多采用先脱酚后蒸氨的工艺，酚的挥发损失减少，避免了由于酚水量增大，酚水浓度降低，而引起的脱酚设备负荷增大。同时可使氨水中的焦油量减少，从而提高蒸氨塔的效率。氨水中的挥发氨通常采用水蒸气汽提法蒸出，而固定铵则用碱性溶液分解成挥发氨后蒸出。经常采用的是氢氧化钠分解固定铵的剩余氨水蒸氨工艺，流程见图 5.44。

溶剂萃取法脱酚后的氨水，经氨水换热器加热到 90℃进入氨水蒸馏塔上部，塔底部通入水蒸气蒸出氨水中的挥发氨。含有固定铵的氨水引至反应塔，用质量浓度为 5% 的氢氧化钠溶液分解其中的固定铵。反应塔中产生的挥发氨被蒸气加热，呈气态返回蒸氨塔，与塔中的挥发氨一并蒸出。

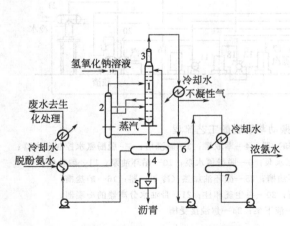

图 5.44 剩余氨水蒸氨工艺流程

1—蒸氨塔；2—反应塔；3—分缩器；
4—沥青分离槽；5—沥青冷却槽；
6—浓氨水中间槽；7—浓氨水槽

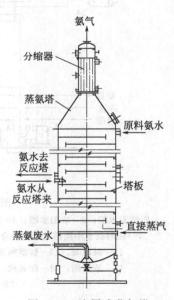

图 5.45 泡罩式蒸氨塔

采用半直接法生产硫酸铵的焦化厂，一般蒸氨塔顶蒸出的氨气在中和器内与硫酸吡啶反应，生成粗吡啶。或者经饱和器前的煤气管和含氨的煤气一并进入饱和器，与硫酸反应生成硫酸铵。固定铵分解率为 88%～89%，挥发氨脱除率达 97% 以上。

蒸氨塔分为泡罩式和栅板式两种。泡罩式蒸氨塔结构见图 5.45。新式泡罩蒸氨塔分为上下两段，用法兰连接，内设 25 层塔盘。上段 5 层和外壳用钛材制造，下段 20 层和外壳用低碳不锈钢制造。栅板式蒸氨塔在塔板上开有条形栅缝，无降液管，故称穿流式栅板塔，又称淋降板塔。栅缝开孔率为 15%～25%，栅板层数通常为 32 层。气液两相逆流穿过栅板，维持动态平衡。塔板液层可呈润湿、鼓泡和液泛三种状态。润湿状态时，板上无液层，传质效率最低；液泛状态时，塔内空间几乎全被液体充斥，为正常操作所不允许；鼓泡状态时，气相鼓泡穿过栅板上液层，传质最好，效率一般在 30% 以上。

通过剩余氨水蒸氨工艺处理后，得到的含氰氨气可用于制取黄血盐钠，工艺流程见图 5.46。黄血盐钠学名为亚铁氰化钠，分子式 $Na_4Fe(CN)_6 \cdot 10H_2O$，是淡黄色半透明单斜晶体。主要用于颜料、油漆、油墨、印刷、制药、鞣革和制造赤血盐的原料，也用于淬火、渗碳和表面防腐。

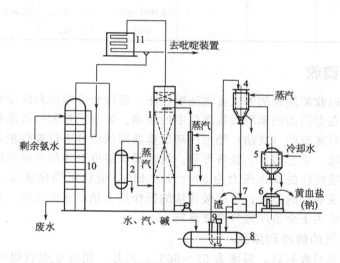

图 5.46　以含氰氨气制取黄血盐钠的工艺流程

1—吸收塔；2—氨气加热器；3—套管加热器；4—沉淀槽；5—结晶槽；6—离心机；7—滤渣槽；
8—配碱槽；9—液下泵；10—蒸氨塔；11—氨气分缩器

自蒸氨塔底排出的废水送去脱酚（当先经脱酚时，则经冷却后送生化脱酚装置）。塔顶逸出的氨气、水汽、二氧化碳、硫化氢和氰化氢等混合蒸气，间接加热至 140～150℃ 后进入氰化氢吸收塔。氰化氢吸收塔内上段为高约 500mm 的木格填料捕雾层，中段为 3～4m 高的铁屑填料层，含碳酸钠约 100g/L，温度 102～105℃ 的碱液由塔顶喷洒而下，氨气由下而上流动，在铁屑层内发生如下主要反应而生成黄血盐钠。

$$Na_2CO_3 + 2HCN \longrightarrow 2NaCN + CO_2 + H_2O \tag{5.32}$$

$$Fe + 2HCN \longrightarrow Fe(CN)_2 + H_2 \tag{5.33}$$

$$4NaCN + Fe(CN)_2 \longrightarrow Na_4Fe(CN)_6 \tag{5.34}$$

上述反应为吸热反应，故氨气需加热到 140～150℃，此时氰化氢与碳酸钠的反应速度最快，黄血盐钠的生成率也最高。在进行主反应的同时，还进行着一系列副反应而生成 FeS、$Fe_7(CN)_{18}$、NaCNS 及 NaHS 等。其中 FeS 是黑色沉淀，$Fe_7(CN)_{18}$ 是蓝绿色沉淀。当氨气加热温度低时，副产物增多，既影响黄血盐钠质量，又增加耗碱量。如加热温度低于 130℃，反应甚至会中止。

5.4　粗苯的回收与精制

脱氨后的焦炉煤气中含有的苯系化合物，以苯含量居多，称为粗苯。虽然石油化工可生产合成苯，但焦化工业生产的粗苯，仍是我国苯类产品的重要来源。一般而言，粗苯产率是炼焦煤的 0.9%～1.1%，在焦炉煤气中含粗苯 30～40g/m³。粗苯的组成如表 5.10 所示，粗苯中酚类含量为 0.1%～1.0%，吡啶碱含量为 0.001%～0.5%。

表 5.10　粗苯的组成/%

苯	甲苯	二甲苯（含乙基苯）	三甲苯和乙基甲苯	不饱和化合物		硫化物（按硫计）	
				7～12		0.3～1.8	
55～75	11～22	2.5～6	1～2	环戊二烯	0.6～1.0	二硫化碳	0.3～1.4
				苯乙烯	0.5～1.0	噻吩	0.2～1.6
				苯并呋喃类	1.0～2.0	饱和化合物	0.6～1.6
				茚类	1.5～2.5		

5.4.1　粗苯的回收

从焦炉煤气中回收苯族烃的方法有洗油吸收法、活性炭吸附法和深冷凝结法。其中洗油吸收法是利用洗油在专门的洗苯塔吸收煤气中的粗苯。吸收了粗苯的洗油富油在脱苯装置中脱出粗苯，脱粗苯后的洗油（贫油）经过冷却后重新回到洗苯塔以吸收粗苯。国内焦化厂大多采用是洗油吸收法，工艺简单，经济可靠。洗油吸收法可分为加压吸收法、常压吸收法和负压吸收法。加压吸收法的操作压力为 800～1200kPa，此法可强化吸收过程，适于煤气远距离输送或作为合成氨厂的原料；常压吸收法的操作压力稍高于大气压，是各国普遍采用的方法。负压吸收法应用于全负压煤气净化系统。

5.4.1.1　煤气的终冷和除萘

煤气经过饱和器回收氨后，温度为 55～60℃，但是，用洗油吸收煤气中的粗苯的适宜温度应为 20～25℃。因此从煤气回收粗苯之前，需要先进行冷却。煤气中含萘约 1.0～1.5g/m³，煤气冷却时不能用一般的管壳式冷却器进行终冷，萘会部分析出造成堵塞，一般需要采用直接式冷却器除萘，最后煤气中含萘量要求小于 0.5g/m³。

目前常采用的煤气除萘流程主要有机械除萘和焦油洗萘。前者是在机械化沉萘槽中把水中悬浮萘除去，此法除萘不净，且洗萘槽庞大。有些焦化厂采用的是热焦油洗涤终冷除萘方法，图 5.47 是热焦油洗萘终冷流程。

5.4.1.2　粗苯的吸收

用洗油吸收煤气中的苯族烃是一个物理吸收过程。苯类化合物能够溶解于洗油，当洗油与煤气充分接触时，苯类化合物即可溶解于洗油中，成为含苯洗油（通称富油），这称为吸苯过程。利用洗油和苯类化合物的沸点不同，采用蒸馏方法蒸出苯类化合物加以回收的过程称为脱苯过程。脱苯后的洗油（通称贫油）可循环使用。

粗苯吸收过程的速率主要影响因素是吸收温度（20～30℃最适宜）、压力（加压能强化苯吸收，见表 5.11）和洗油的性质等。

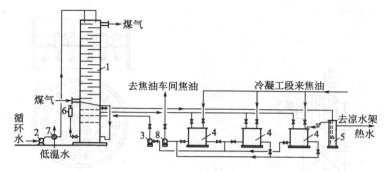

图 5.47　热焦油洗萘终冷流程

1—煤气终冷塔（下部为焦油洗萘器）；2—循环水泵；3—焦油循环泵；4—焦油槽；5—水澄清槽；
6—液位调节器；7—循环水冷却器；8—焦油泵

表 5.11　压力对粗苯吸收的影响/%

指标		吸收压力/MPa			
		0.11	0.4	0.8	1.2
吸收塔容积		100	10	6.9	5.7
金属用量		100	46.5	40.8	37.2
换热表面积		100	32	21.2	12.8
单位消耗	蒸气	100	46.8	35.0	27.6
	冷却水	100	49.4	38.2	29.7
	电	100	32.4	21.6	17.6
富油饱和含苯量		2.0~2.5	8.0	16.0	20.0

　　为满足从煤气中回收和制取粗苯的要求，洗油应具有如下性能：①常温下对苯族烃有良好的吸收能力，在加热时又能使苯族烃很好地分离出来；②具有化学稳定性，即在长期使用中其吸收能力基本稳定；③在吸收操作温度下不应析出固体沉淀物；④易与水分离，且不生成乳化物；⑤有较好的流动性，易于用泵抽送并能在填料上均匀分布。焦化厂用于洗苯的主要有焦油洗油和石油洗油，焦油洗油是高温煤焦油中 230~300℃ 的馏分，容易得到，有良好的苯吸收能力，目前为大多数焦化厂所采用。石油洗油系指轻柴油，为石油精馏时在馏出汽油和煤油后切取的馏分，生产实践表明，用石油洗油洗苯具有洗油消耗低、油水分离容易及操作简便等优点。

　　苯吸收的主要设备是洗苯塔，我国焦化厂所用的洗苯塔有填料塔、板式塔和空喷塔。板式塔虽然操作可靠，但阻力较大，约为 7.5kPa，为此选择阻力较小的填料塔。填料塔应用较早，使用比较多，常用的塔内填料有木格、钢板网和塑料花环等。木格填料制造简单、操作稳定可靠，但由于比表面积小，故生产能力小，设备庞大而笨重，目前已逐渐被高效填料（钢板网和塑料花环等）所取代。空喷塔与填料塔相比具有投资省、处理能力较大、阻力小、不堵塞及制造安装方便等优点，但单段空喷效率低，多段空喷动力消耗大。

　　钢板网填料塔的构造如图 5.48 所示，钢板网填料分段堆砌在塔内，每段高约 1.5m，填料板面垂直于塔的横截面，在板网之间即形成了煤气的曲折通路。为保证洗油在塔的横截面上均匀分布，在塔内每隔一定距离安装一块带有煤气涡流罩的液体再分布板（见图 5.49），可消除洗油沿塔壁下流及分布不均的现象。

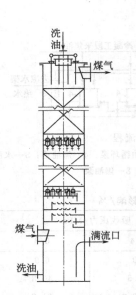

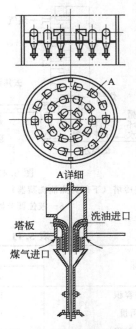

图 5.48　钢板网填料塔

图 5.49　液体再分布板

图 5.50　塑料花环填料

另一种填料是塑料花环，又称泰勒花环填料。它是由聚丙烯塑料制成的，由许多圆环绕结而成，其形状如图 5.50。该填料无死角，有效面积大；线性结构空隙率大、阻力小；填料层中接触点多，结构呈曲线形状，液体分布好；填料的间隙处滞液量较高，气液两相的接触时间长，传质效率高；结构简单，质量轻，制造安装容易。

用洗油吸收煤气中苯族烃的工艺流程基本相同。填料塔吸收苯族烃的工艺流程见图 5.51。将三台洗苯塔串联起来。焦炉煤气经过最终冷却到约 $25\sim27℃$，含粗苯 $32\sim40g/m^3$（标准），依次进入 1-2-3 三台洗苯塔的底部，煤气与洗油逆流接触，其中的粗苯被洗油吸收。出塔煤气中粗苯含量降为小于 2g/

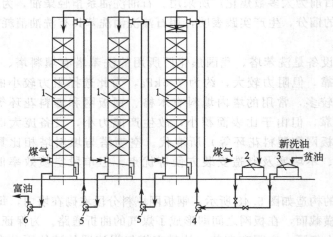

图 5.51　从煤气中吸收苯族烃的工艺流程

1—洗苯塔；2—新洗油槽；3—贫油槽；4—贫油泵；5—半富油泵；6—富油泵

m³（标准），然后送往焦炉或冶金工厂作燃料。含粗苯约 0.4% 的贫油，由洗油槽用泵依次送往 3-2-1 三个洗苯塔的顶部，从而吸收煤气中的粗苯，最后在 1 号洗苯塔底部排出（即富油），含粗苯量依操作条件而异，一般约为 2.5%。富油和脱苯蒸馏所得的分缩油混合后，一起送往脱苯蒸馏系统，脱出粗苯后的洗油（即贫油），经过冷却后又返回到洗油槽循环使用。

5.4.1.3　富油脱苯

富油脱苯用一般蒸馏方法时只有将其加热到 250～300℃，才能达到想要的脱苯程度，但这实际上是不可行的。在如此的高温条件下操作，洗油会发生变化，质量迅速恶化。为了降低脱苯蒸馏的温度，可以采用水蒸气蒸馏。

按其加热方式可分为预热器和管式炉加热富油的脱苯法。前者是利用列管式换热器用蒸气间接加热富油，使其温度达到 135～145℃ 后进入脱苯塔。后者是利用管式炉用煤气间接加热富油，使其温度达到 180～190℃ 后进入脱苯塔。该法由于富油预热温度高，与前者相比具有以下优点：① 脱苯程度高，贫油中苯质量含量可达 0.1% 左右，粗苯回收率高；② 蒸气耗量低，每生产 1 吨 180℃ 前粗苯所耗蒸气量为 1～1.5 吨，仅为预热器加热富油脱苯蒸气耗量的三分之一，且不受蒸气压力波动的影响；③ 产生的污水量少，预热器法每生产 1 吨 180℃ 前粗苯能产生 3～4 吨酚水，而管式炉法一般在 1.5 吨以下；④ 蒸馏和冷凝冷却设备的尺寸小，设备费用低。因此，各国广泛采用管式炉加热富油的常压水蒸气蒸馏法。此外，为了消除脱苯生产的污染废水，也可采用减压蒸馏法脱苯。但此法用得较少，因为粗苯蒸气的冷凝温度低于 10～15℃，需要使用冷冻剂。

管式加热炉的炉型有几十种，按其结构形式可分箱式炉、立式炉和圆筒炉。按燃料燃烧的方式可分为有焰炉和无焰炉。我国焦化厂脱苯蒸馏主要使用的管式加热炉均为有焰燃烧的圆筒炉，其构造如图 5.52 所示。圆筒炉由圆筒体的辐射室、长方体的对流室和烟囱三大部分组成。外壳由钢板制成，内衬耐火砖。

辐射管沿圆筒体的炉墙内壁周围排列（立管）。火嘴设在炉底中央，火焰向上喷射与炉管平行，且与沿圆周排列的各炉管等距离，因此沿圆周方向各炉管的热强度是均匀的。沿炉管的长度方向，热强度的分布是不均匀的。在辐射室上部可设有一个由高铬镍合金钢制成的辐射锥，它的再辐射作用，可使炉管上部的热强度提高，从而使炉管沿长度方向的受热比较均匀。对流室位于辐射室之上，对流管水平排放。紧靠辐射段的两排横管为过热蒸气管，用于将脱苯用的直接蒸气过热至 400℃ 以上。其余各排管用于富油的初步加热。温度为 130℃ 左右的富油先进入对流段，然后再进入辐射段，加热到 180～200℃ 后去脱苯塔。

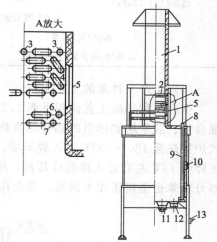

图 5.52　圆筒炉

1—烟囱；2—对流室顶盖；3—对流室富油入口；4—对流室炉管；5—清扫门；6—饱和蒸气入口；7—过热蒸气出口；8—辐射段富油出口；9—辐射段炉管；10—看火门；11—火嘴；12—人孔；13—调节闸板的手摇鼓轮

炉底设有 4 个煤气燃烧器（火嘴），每个燃烧器有 16 个喷嘴，煤气从喷嘴喷入，同时吸入所需要的空气。由于有部分空气先同煤气混合而后燃烧，在较小的过剩空气系数下可达到完全燃烧。

按照蒸馏产品不同，富油脱苯工艺又可分为一种苯（粗苯）、两种苯（轻苯和重苯）以及轻苯、精重苯及萘溶剂油三种产品的生产工艺。各产品的质量指标见表 5.12 和表 5.13。

表 5.12　粗苯和轻苯的质量指标

指标名称		加工用粗苯	溶剂用粗苯	轻苯
外观			黄色透明液体	
密度(20℃)/(g/mL)		0.871～0.900	≤0.900	0.870～0.880
馏程				
	75℃前馏出量(体积)/%		≤3	
	180℃前馏出量(质量)/%	≥93	≥91	
	馏出96%(体积)温度/℃			≤150
水分		室温(18～25℃)下目测无可见不溶解的水		

注：加工用粗苯，如用石油洗油作吸收剂时，密度允许不低于 0.865g/mL。

表 5.13　精重苯的质量指标

指标名称		精重苯	
		一级	二级
密度(20℃)/(g/mL)		0.930～0.980	
馏程(101.33kPa)	初馏点/℃	≥160	
	200℃馏出量(体积)/%	≥85	
水分/%(质量)		≤0.5	
古马隆-茚含量/%(质量)		≥40	≥30

(1) 生产一种苯的工艺流程

生产一种苯的工艺流程见图 5.53。来自洗苯工序的富油依次与脱苯塔顶的油气和水汽混合物、脱苯塔底排出的热贫油换热后温度达 110～130℃进入脱水塔。脱水后的富油经管式炉加热至 180～190℃进入脱苯塔。脱苯塔顶逸出的 90～93℃的粗苯蒸气与富油换热后温度降到 73℃左右进入冷凝冷却器，冷凝液进入油水分离器。分离出水后的粗苯流入回流槽，部分粗苯送至塔顶作为回流，其余作为产品采出。

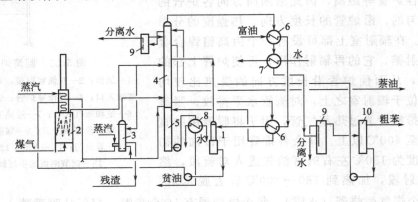

图 5.53　生产一种苯的工艺流程

1—脱水塔；2—管式炉；3—再生器；4—脱苯塔；5—贫油槽；6—换热器；7—冷凝冷却器；
8—冷却器；9—分离器；10—回流槽

脱苯塔底部排出的热贫油经贫富油换热器进入热贫池槽，再用泵送贫油冷却器冷却至 25～30℃后去洗苯工序循环使用。脱水塔顶逸出的含有萘和洗油的蒸气进入脱苯塔精馏段下部，在脱苯塔精馏段切取萘油。从脱苯塔上部断塔板引出液体，送至油水分离器分出水后返回塔内。脱苯塔用的直接蒸气是经管式炉加热至 400～450℃后经由再生器进入的，以保持再生器顶部温度高于脱苯塔底部温度。

脱苯塔多采用泡罩塔，塔盘泡罩为条形或圆形，材质多采用铸铁或不锈钢，其中以条形泡罩塔应用较广。外壳钢板厚 8mm，塔径 2.2～2.3m，塔高约 13.5m，塔内装 4 层带有条形泡罩的塔板，塔间距为 600～750mm，加料在自上数第三层。管式炉加热富油的脱苯塔，多采用 30 层塔盘，其结构见图 5.54。

（2）生产两种苯的工艺流程

生产两种苯的工艺流程见图 5.55。与一种苯生产流程不同的是脱苯塔逸出的粗苯蒸气经分凝器进入两苯塔。两苯塔顶逸出的 73～78℃的轻苯蒸气经冷凝冷却并分离出水后进入轻苯回流槽，部分送至塔顶作回流，其余作为产品采出，塔底引出重苯。

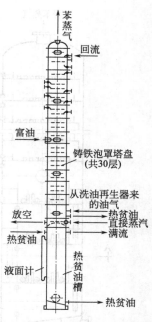

图 5.54　管式炉加热脱苯塔

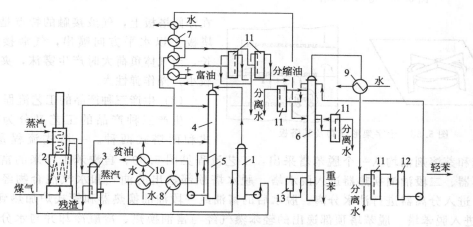

图 5.55　生产两种苯的流程

1—脱水塔；2—管式炉；3—再生器；4—脱苯塔；5—热贫油槽；6—两苯塔；7—分凝器；8—换热器；
9—冷凝冷却器；10—冷却器；11—分离器；12—回流柱；13—加热器

两苯塔主要有泡罩塔和浮阀塔两种。气相进料的 11 层泡罩两苯塔结构见图 5.56。精馏段设有 8 块塔板，每块塔板上有若干个圆形泡罩，板间距为 600mm。精馏段的第二层塔板及最下一层塔板为断塔板，以便将塔板上混有冷凝水的液体引至油水分离器，将水分离后再回到塔内下层塔板，以免塔内因冷凝水聚集而破坏精馏塔的正常操作。提馏段设有 3 块塔板，板间距约 1000mm。每块塔板上有若干个圆形高泡罩及蛇管加热器，在塔板上保持较高的液面，使之能淹没加热器。重苯由提馏段底部排出。

气相进料的 18 层浮阀两苯塔结构见图 5.57。精馏段设有 13 层塔板，提馏段为 5 层，回流比约为 3。每层塔板上装有若干个十字架形浮阀，其构造及在塔板上的装置情况见图 5.58。

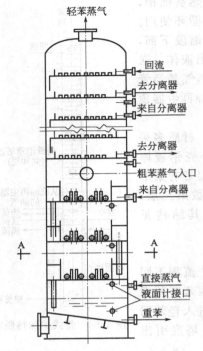

图 5.56　泡罩两苯塔

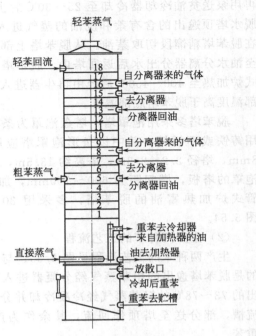

图 5.57　浮阀两苯塔

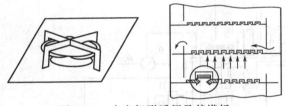

图 5.58　十字架形浮阀及其塔板

在浮阀塔板上，气液接触的特点是气体在塔板上以水平方向喷出，气液接触时间长，当气体负荷大时产生雾沫，夹带量比较小，操作弹性大。

（3）生产三种产品的工艺流程

生产三种产品的工艺又分为有一塔式和两塔式两种。一塔式流程是轻苯、精重苯和萘溶剂油均从一个脱苯塔采出，工艺流程见图 5.59。自洗苯工序来的富油经油气换热器、二段油油换热器进入脱水塔。脱水塔顶部逸出的油气和水汽混合物经冷凝冷却后，进入分离器进行油水分离。脱水后的富油经一段油油换热器和管式炉加热到 180～190℃进入脱苯塔。脱苯塔顶部逸出的轻苯蒸气经与富油换热、冷凝冷却并与水分离后进入回流槽，部分轻苯送至塔顶作回流，其余作为产品采出。精重苯和萘溶剂油分别从脱苯塔侧线引出。从塔上部断塔板上将塔内液体引至分离器与水分离后返回塔内。视情况可将精重苯引至汽提柱利用蒸气蒸吹以提高其初馏点，轻质组分返回塔内。脱苯塔底部热贫油经一段油油换热器进入热贫油槽，再用泵送经二段油油换热器、贫油冷却器冷却后至洗苯工序循环使用。

两塔式流程是轻苯、精重苯和萘溶剂油从两个塔采出，工艺流程见图 5.60。与一塔式流程不同之处是脱苯塔顶逸出的粗苯蒸气经冷凝冷却与水分离后流入粗苯中间槽。部分粗苯送至塔顶作回流，其余粗苯用作两苯塔的原料。塔底排出热贫油，经换热器、贫油冷却器冷却后至洗苯工序循环使用。粗苯经两苯塔分馏，塔顶逸出的轻苯蒸气经冷凝冷却及油水分离后进入轻苯回流槽，部分轻苯送至塔顶作回流，其余作为产品采出。精重苯、萘溶剂油分别从两苯塔侧线和塔底采出。此工艺，在脱苯的同时进行脱萘，可以解决煤气用洗油脱萘的热

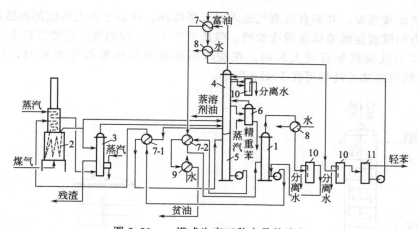

图 5.59　一塔式生产三种产品的流程

1—脱水塔；2—管式炉；3—再生器；4—脱苯塔；5—热贫油槽；6—汽提柱；7—换热器；

8—冷凝冷却器；9—冷却器；10—分离器；11—回流槽

平衡，省掉了富萘洗油的单独脱萘装置，同时又因洗油含萘量低，可进一步降低洗苯塔后煤气中的含萘量。

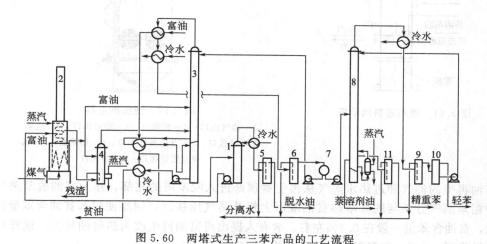

图 5.60　两塔式生产三苯产品的工艺流程

1—脱水塔；2—管式炉；3—脱苯塔；4—洗油再生器；5—脱水塔油水分离器；6—粗苯油水分离器；

7—粗苯中间槽；8—两苯塔；9—轻苯油水分离器；10—轻苯回流槽；11—精重苯油水分离器

液相进料的两苯塔结构见图 5.61。一般设有 35 层塔盘，粗苯用泵送入两苯塔中部。塔体外侧有重沸器，在重沸器内用蒸气间接加热从塔下部引入的粗苯，气化后的粗苯进入塔内。塔顶引出轻苯气体，顶层有轻苯回流入口。塔侧线引出精重苯，底部排出萘溶剂油。

5.4.1.4　洗油再生

在吸收和解吸粗苯的过程中，洗油经过多次加热和冷却，来自煤气中的不饱和化合物进入洗油中，发生聚合反应，洗油的轻馏分损失，高沸点物富集。此外，洗油中还溶有无机物，如硫氰化物和氰化物形成复合物。因此洗油的质量在循环使用过程中将逐渐变坏，其密度、黏度和分子量均会增大，300℃前馏出量降低，循环洗油的吸收能力比新洗油约下降10%，为了保证循环洗油的质量，在生产过程中必须对洗油进行再生处理，脱出重质物。

将循环油量的 1%～1.5% 由富油入塔前的管路或者由脱苯塔进料板下的第一块塔板，引入再生器进行再生。在此处用蒸气间接将洗油加热至 160～180℃，并用蒸气直接蒸吹，其中大部分洗油被蒸发，并随直接蒸气进入脱苯塔底部。残留于再生器底部的残渣油，靠设备内部的压力间歇或连续地排至残渣油槽。残渣油中 300℃前的馏出量要求低于 40%。洗油再生器的操作对洗油耗量有较大影响。在洗苯塔捕雾及再生器操作正常时，每生产 1 吨 180℃前粗苯的焦油洗油耗量可在 100kg 以下。

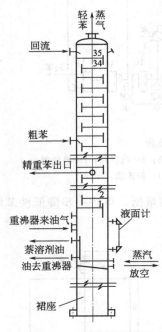

图 5.61　液相进料两苯塔

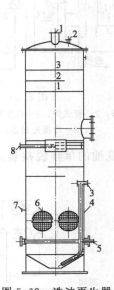

图 5.62　洗油再生器

1—油气出口；2—放散口；3—残渣出口；4—电阻温度计接口；5—直接蒸气入口；6—加热器；7—水银温度计接口；8—油入口

　　富油再生的油气和过热水蒸气从再生器顶部进入脱苯塔的底部，作为富油脱苯蒸气。该蒸气中粗苯蒸气分压与脱苯塔热贫油液面上粗苯蒸气压接近，很难使脱苯贫油含苯量再进一步降低，贫油含苯量一般在 0.4%左右。故有人提出将富油再生改为热贫油再生，这样可使贫油含苯量降到 0.2%，甚至更低，使吸苯效率得以提高。

　　洗油再生器构造见图 5.62，再生器为钢板制的直立圆筒，带有锥形底。中部设有带分布装置的进料管，下部设有残渣排出管。蒸气法加热富油脱苯的再生器下部有加热器，管式炉法加热富油脱苯的再生器不设加热器。为了降低洗油的蒸出温度，再生器底部设有直接蒸气管，通入脱苯蒸馏所需的绝大部分或全部蒸气。在富油入口管下面设两块弓形隔板，以提高再生器内洗油的蒸出程度。在富油入口管的上面设三块弓形隔板，以捕集油滴。

　　由于煤气和洗油中含有氨、氰盐、硫氰盐、氯化铵和水，使得脱苯塔下部腐蚀严重，此处的温度高于 150℃。来自再生器的蒸气中含有氯化铵、硫化氢和氨，在焦油洗油中就溶有这些盐类。为了减轻设备腐蚀和降低蒸气消耗量，可采用管式炉加热洗油再生法，见图 5.63。用管式炉加热时，洗油在管式炉被加热到

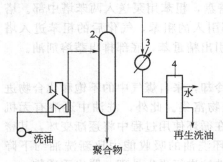

图 5.63　管式炉加热洗油再生法流程

1—管式炉；2—蒸发器；3—冷凝器；4—分离器

300～310℃，在蒸发器内，水气、油气与重的残渣油分开。蒸气在冷凝器内凝结，并在分离器进行油水分离。这就与蒸气法再生不同，洗油不仅分出重的残渣，而且也分出产生腐蚀作用的盐类。所以，管式炉加热法与蒸气加热再生法相比，残渣脱除得干净，而且减轻了设备的腐蚀。关于焦炉煤气脱硫化氢和氰化氢的内容，参见前面煤气净化部分内容。

5.4.2　粗苯的精制

粗苯由上述方法加以回收后产率约为 0.9%～1.1%（以干煤计）。其中，以苯、甲苯和二甲苯的含量最多，约占 90%；环戊二烯、茚、古马隆及苯乙烯等不饱和化合物约占 5%～10%；噻吩、二硫化碳等硫化物占 1%；其余的是饱和烃、洗油的轻馏分、萘、酚和吡啶碱等。

粗苯精制的目的是获得苯、甲苯、二甲苯等纯产品。它们都是有用的化工原料，如苯是有机合成的基础原料，从苯出发可以制成苯乙烯、苯酚和丙酮等化工产品，进一步还可制得合成纤维、橡胶、树脂、合成染料及农药等。

5.4.2.1　粗苯的初步精馏

为了从粗苯中获得各种苯类产品，首先要进行初步精馏，再将所得的各馏分分别进行加工处理。这是因为：①经过初步精馏可将沸点相近的组分集中，便于以后分别处理；②初馏分中的不饱和化合物较多，将它们分出，可避免因为 BTX 混合馏分中 CS_2 的含量高，增加黏稠酸焦油的生成量，而酸焦油是大量苯系物损失的主要原因；③避免在酸洗时，与苯系化合物生成共聚物进入最终精馏的釜液，造成苯系物的损失；④避免不饱和化合物的浓度大，与硫酸作用生成中式酯。中式酯不易溶于硫酸和水，但易溶于苯系物中。中式酯几乎全部转移到已洗的 BTX 混合馏分中，在最终精馏时，会热解产生 SO_2、H_2S、SO_3、CO_2 及某些不饱和化合物和碳渣，而且 SO_2 等酸性气体会引起设备的腐蚀。

粗苯初步精馏可由两个精馏塔完成，其工艺流程见图 5.64。粗苯在初馏塔顶分出初馏分，然后在苯、甲苯和二甲苯的混合馏分（BTX）塔的顶部分出馏分，塔底分出重苯。如果粗苯的回收工段把粗苯已经分成轻苯和重苯，则不再需要第二个塔。

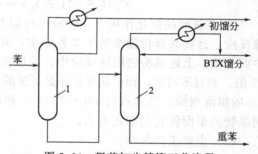

图 5.64　粗苯初步精馏工艺流程
1—初馏塔；2—苯、甲苯、二甲苯（BTX）塔

初馏分塔采用效率足够高的精馏塔，塔板数为 30～50，回流比为 40～60，空塔气速为 0.6～0.9m/s。初馏塔的再沸器易堵塞，是因为低沸点不饱和化合物发生聚合，堵塞物主要是胶状游离碳。应防止进料和回流带水，否则不仅塔操作不稳定，而且会增加堵塞再沸器的可能性。

5.4.2.2　粗苯的精制方法

粗苯精制的方法主要有酸洗精制法和加氢精制法。酸洗精制法工艺简单，但有液体废物产生。该法在我国焦化厂得到了广泛应用，但制取的苯类产品纯度不高，不能满足某些用户的需求。精制回收率较低，同时存在环境污染等问题。近年来，催化加氢的工艺逐渐得到推广和应用。加氢精制法工艺复杂，对设备材质和自动控制要求高，所得产品质量好，没有液体废物产生，有利于环境保护。

5.4.2.2.1　硫酸法精制

硫酸法精制是对经过初步精馏所得的 BTX 混合馏分用硫酸进行洗净处理，以除去其中的不饱和化合物和硫化物，这些不饱和化合物和硫化物的沸点与苯类的沸点相差很小，所以不能用精馏的方法将它们去除。随后将酸洗后的 BTX 用碱中和，再进行最终精馏，制取各种苯类纯产品。

(1) 主要化学反应

① 不饱和化合物在浓硫酸的作用下很容易发生聚合反应，而生成各种复杂的聚合物。首先是通过加成反应生成酸式酯，进一步与不饱和化合物反应生成二聚物

$$R—CH=CH_2+H_2SO_4 \longrightarrow R(CH_3)CHOSO_3H（酸式酯） \qquad (5.35)$$

$$R—CH=CH_2+R'COSO_3H \longrightarrow H_2SO_4+R(CH_3)C=C(CH_3)R（二聚物） \qquad (5.36)$$

上述反应继续进行下去，还可以生成三聚物和深度聚合物。酸式酯易溶于硫酸和水，从而由净化的产品中分离出来。随着聚合程度的增加，聚合物黏度增大，在苯族烃中的溶解度降低，形成结构复杂的酸焦油。酸焦油呈黑褐色，密度较大，可以从混合物中分离出来，不过要防止聚合度过大的问题。随着聚合度的增加，聚合物黏度会增大，其在净化产品中的溶解度降低，出现树脂状物沉积于器壁上。

② 不饱和化合物与硫酸作用还可生成中式酯。中式酯不易溶于硫酸和水，而易溶于苯族烃，在精馏过程中，因温度升高而易分解成二氧化硫、三氧化硫、二氧化碳、硫化氢、某些不饱和化合物及碳渣

$$2R—CH=CH_2+H_2SO_4 \longrightarrow [R(CH_3)CO]_2SO_3（中式酯） \qquad (5.37)$$

③ 噻吩与硫酸发生磺化反应，生成噻吩磺酸溶于硫酸和水中，用洗涤法可从苯中分出。噻吩磺酸的生成速度相当慢，为了加快反应，必须采用浓硫酸（大于93%）。虽然苯类也能发生磺化反应，但其反应速率比噻吩的慢约900倍，因此噻吩可从苯中选择性地分出。

$$C_4H_4S+H_2SO_4 \Longleftrightarrow C_4H_3S-SO_3H（噻吩磺酸） \qquad (5.38)$$

④ 在硫酸的催化作用下，噻吩还可以与不饱和化合物，特别是高沸点不饱和物发生共聚反应。这些共聚物能溶解于苯族烃中，其沸点比苯高约65℃，在精馏时可进入塔底残渣中而去除。上述噻吩的脱除反应中，应以烷基化反应为主，因为烷基化反应比磺化反应快约15倍，而且不可逆，而磺化反应还是可逆的。为了强化烷基化反应，酸洗时可添加约0.5%～2%的粗溶剂油，其沸点约160～250℃，利用粗溶剂油所含的茚等不饱和化合物与噻吩及其同系物共聚而将它们彻底去除。

(2) 主要工艺条件

酸洗操作不仅要求尽可能除去BTX中的不饱和化合物和硫化物，而且要求硫酸耗量低、苯族烃损失小、酸焦油的生成量少，并使反应尽可能向生成能溶于已洗混合馏分BTX的聚合物方向进行。故应适当控制如下酸洗净化的工艺条件。

① 反应温度。适宜的反应温度为35～45℃。温度过低，达不到所需的净化程度；温度过高，由于苯族烃的磺化反应及其与不饱和化合物的共聚反应加剧，而使苯族烃的损失增加。BTX酸洗前的温度为25～32℃，由于酸洗反应是放热反应，酸洗后温度升高约12～20℃左右。

② 硫酸浓度。适宜的硫酸浓度为93%～95%。浓度太低，达不到应有的净化效果；浓度过高，则会加剧磺化反应，增加苯族烃的损失。

③ 搅拌。BTX酸洗时要进行强烈的搅拌，这有利于酸和BTX充分接触反应。

④ 反应时间。一般将反应时间定为10min左右。反应时间不足，要达到一定的洗涤效果，必须要增加酸量，不仅酸耗大，而且酸焦油产量会增加，苯族烃的损失增大。反应时间如果过长，则会加剧磺化反应。反应时间是用加水的方法来控制的，即加水使酸的浓度降低，而停止酸洗反应。被稀释了的酸沉积在洗涤设备的底部，成为再生酸而放出，其浓度为40%～50%。

分离出再生酸与已洗混合馏分的残余物即为酸焦油。它是精苯工艺过程中造成苯族烃损失的重要原因。酸焦油量越高，苯族烃的损失越大，同时再生酸的回收量也增加。酸焦油的生成量与未洗混合馏分的性质及操作条件有关。当混合馏分中二硫化碳含量较高时，会增加

黏稠的酸焦油生成量，反之，则易于生成同酸和苯易分离的烯酸焦油。酸焦油的平均组成为：硫酸 15%～30%；聚合物 40%～60%；苯族烃 5%～30%。为了回收酸焦油中的苯，必须设置酸焦油蒸吹装置。

（3）工艺流程

目前大中型焦化厂多采用连续洗涤装置进行混合馏分的酸洗净化，其工艺流程见图 5.65。

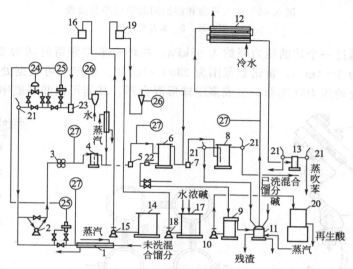

图 5.65　未洗混合馏分连续洗涤工艺流程

1—加热套管；2—连洗泵；3—混合球；4—酸洗反应器；5—加水混合器；6—酸油分离器；7—碱油混合器；
8—碱油分离器；9—再生酸沉降槽；10—再生酸泵；11—焦油蒸吹釜；12—蒸吹苯冷凝冷却器；
13—油水分离器；14—硫酸槽；15—酸泵；16—硫酸高位槽；17—配碱槽；18—碱泵；
19—碱高位槽；20—再生酸贮槽；21—视镜；22—放料槽；23—酸过滤器；
24—流量自动调节；25—流量变送、指示；26—流量指示；27—温度指示

未洗混合馏分经加热套管预热至 25～32℃（视反应温升状况而定），在连洗泵前与浓硫酸混合，进混合球停留约 1min，随后进入酸洗反应器停留约 10min。出反应器后加水停止反应，并再生硫酸，经加水混合器进入酸油分离器静置分离约 1h。混合馏分由分离器上部排出，再加浓度为 12%～16% 的碱液进入碱油混合器进行中和，使混合馏分呈弱碱性，然后进入碱油分离器停留约 1～1.5h，静置分离。碱油分离器上部即为已洗混合馏分，送入已洗混合馏分中间槽，残留碱液可作为吹苯塔的原料，而从底部排出的废碱液用于中和酸焦油。从酸油分离器底部排出的再生酸，经再生酸泵送入再生酸槽。沉淀槽顶部的酸焦油以及酸油分离器中积聚的酸焦油间歇排入酸焦油蒸吹釜，根据需要加碱液中和，再用直接蒸气将其中所含的苯族烃蒸吹出来。蒸吹出的苯蒸气经冷凝冷却，油水分离后进入已洗混合馏分或未洗混合馏分中间槽，釜内残渣排至沉淀槽。

如果酸洗净化噻吩含量高、不饱和化合物含量低的苯、甲苯和二甲苯混合馏分（BTX），或者为了保存苯乙烯等树脂化合物，在酸洗净化苯、甲苯混合馏分（BT）时，应采用加入不饱和添加剂的方法进行酸洗。添加剂的加入方式见图 5.66。

在酸洗过程中，除磺化反应外，其余的反应大都进行得较快，且反应均发生在酸油界面上，故反应速度受传质过程控制。目前较为常用的混合器为球形混合器和锐孔板混合器。

球形混合器的构造见图 5.67，它由两片内衬防酸层钢板或铸铁制的半球用法兰盘连接而成，其内径有 150mm、200mm 和 250mm 等多种规格，视原料处理量选用。实际应用是将混合器按图 5.68 所示方式连接在一起，一般 4 个球为一组，液流在球内成 90°急剧转折，

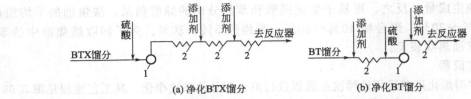

图 5.66　加入不饱和添加剂的硫酸净化流程
1—混合泵；2—水力混合器

达到混匀目的。通过一个球的压力降约为 98kPa，在球中平均滞留时间为 20～30s。物料在连接管中的流速为 3～4m/s，雷诺数范围为 2300～10000。生产中可根据处理的物料量、预期混合效果和系统的压力降选择一组或多组球形混合器，其间可以并联或串联组合。

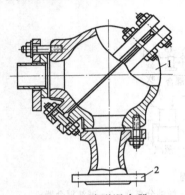

图 5.67　球形混合器
1—铸造半球；2—连接法兰管

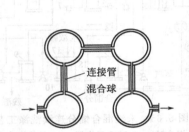

图 5.68　球形混合器的连接方式

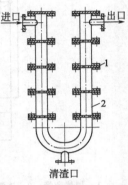

图 5.69　锐孔板混合器
1—锐孔板；2—混合管

锐孔板混合器的构造见图 5.69，主要由锐孔板及混合管组成。锐孔板数可根据所需的总压力降及通过每块板的压力降计算确定。对于酸、碱与油的混合，可选用总压降为 0.08～0.1MPa，每一锐孔板的压降可取为 0.007～0.014MPa。锐孔板混合器立管直径可取为孔板孔径的 2～10 倍，相邻两孔板的间距可按立管内径的 3 倍左右选取。对易混合物料混合接触时间可取 10～30s，难混合物料可取 50s，酸、碱与苯类的混合物料可取 20～30s。

（4）已洗混合馏分的连续吹苯

已洗混合馏分的连续吹苯，实际上属于一次闪蒸分离过程，其目的是将酸洗净化时溶于混合馏分中的各种聚合物作为吹苯残渣排出，以免影响精馏产品的质量和防止设备堵塞。吹苯残渣可以作为生产古马隆树脂的原料。同时，使在酸洗净化时溶于混合馏分中的中式酯在高温作用下分解为二氧化硫、二氧化碳、硫醇及残碳。为了防止酸性气体腐蚀精馏系统，吹出的苯蒸气需用碱液洗涤中和。连续吹苯的工艺流程见图 5.70。

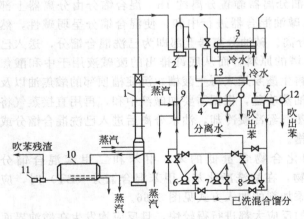

图 5.70　已洗混合馏分连续吹苯工艺流程
1—吹苯塔；2—中和器；3—冷凝冷却器；4—油水分离器；
5—碱油分离器；6—原料泵；7—备用泵；8—环减泵；
9—加热器；10—吹苯残渣槽；11—汽泵；
12—视镜；13—套管冷却器

已洗混合馏分由中间槽用原料泵抽出经加热器加热至 105～130℃，以气液混合物的状态进入吹苯塔上部闪蒸段。闪蒸的苯蒸气上逸，未气化的液体向下流经各层塔板时，其中轻馏分被塔底送入的直接蒸气提出来。从塔顶逸出 100～110℃ 的吹出苯蒸气进入中和器，与顶部喷洒的 12%～16% 的氢氧化钠溶液反应，中和蒸出汽中的酸性物质。中和后的吹出苯类蒸气经冷凝冷却、油水分离后流入中间槽，可分离得苯、甲苯、二甲苯混合馏分。从中和器底部排出的碱液，经套管冷却器冷却后进入碱油分离器，分离出的油进入中间槽。碱液由环碱泵送中和器循环使用，碱液要求温度高于 70℃，以减少苯类蒸气和水蒸气在碱液中的冷凝，同时还有利于中和反应的进行。混合馏分中的各种聚合物从塔底排入吹苯残渣槽，作为生产古马隆的原料。为了使吹苯残渣含油、含水合格，塔底有间接蒸气加热器，同时通入直接蒸气，维持塔底温度在 135℃ 左右。已洗 BTX 混合馏分吹出 BTX 产率为 97.5%，残渣产率为 2.5%。吹苯塔可用 20～22 层塔板的栅板塔，空塔气速取 0.6～1.0m/s。

也有采用带蒸发器的吹苯系统，即入塔原料经加热器加热后，进入蒸发器进行闪蒸，气液分别进入吹苯塔内再分离。

（5）吹出苯的精馏

因生产规模的不同，精馏系统一般有半连续精馏和全连续精馏两种流程。

① 全连续精馏　对于年处理轻苯 2 万吨以上的大规模精苯车间，一般可采用吹出苯的全连续精馏流程。以吹出苯为原料一直连续在精馏装置中提取纯苯、甲苯和二甲苯，甚至在足够大的处理量下，还可从二甲苯残油中再提取三甲苯。全连续精馏工艺中，一般采用热油进料。该工艺减少了中间贮槽及冷却设备，节约了水和蒸气的用量，提高了产品收率和质量，便于自控。但工艺中必须保证各塔的原料组成、进料量、回流比、蒸气压力、塔顶温度及塔底液面等的相对稳定，一旦产品质量不合格，必须进行大循环重蒸（循环至吹出苯槽），同时适当减少吹苯塔进料量或停塔。全连续精馏工艺流程见图 5.71，操作条件见表 5.14。

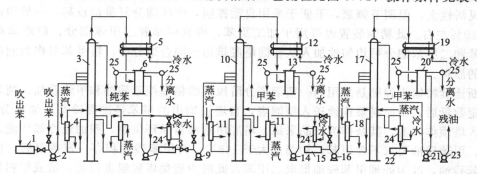

图 5.71　热油连料全连续精馏工艺流程

1—纯苯塔开停工槽；2—纯苯塔原料泵；3—纯苯塔；4—纯苯塔重沸器；5—纯苯冷凝冷却器；6—纯苯油水分离器；7—纯苯回流泵；8—甲苯塔开停工槽；9—甲苯塔热油原料泵；10—甲苯塔；11—甲苯塔重沸器；12—甲苯冷凝冷却器；13—甲苯油水分离器；14—甲苯回流泵；15—二甲苯开停工槽；16—二甲苯塔热油原料泵；17—二甲苯塔；18—二甲苯塔重沸器；19—二甲苯冷凝冷却器；20—二甲苯油水分离器；21—二甲苯回流泵；22—二甲苯残油槽；23—二甲苯残油泵；24—冷却套管；25—视镜

表 5.14　全连续精馏塔操作条件

塔名	纯苯塔	甲苯塔	二甲苯塔
回流比	1～1.5	1.5～2.0	0.8～1.0
塔顶温度/℃	80±0.5	100±0.5	89～96
塔底温度/℃	124～128	150～155	140～150
塔压/kPa	<35	<35	<35

国内有的焦化厂已实现了吹苯塔和纯苯塔之间的气相串联，即从吹苯塔出来的苯蒸气直接进入纯苯塔作为精馏原料。该工艺操作简单、设备少、节省水、电及蒸气消耗。但纯苯塔容易积水、操作不稳。国外也有采用管式炉用煤气加热或用热载体代替蒸气加热塔底残油的工艺，以此来减少蒸气耗量。

② 半连续精馏　对于一般中小型的精苯车间，常采用吹出苯的半连续精馏工艺。以吹出苯为原料，在纯苯精馏装置连续提取纯苯以后，再用半连续精馏的方法从纯苯残油中提取甲苯和二甲苯。根据纯苯残油进料方式的不同，半连续精馏工艺有间歇釜式精馏和间断连续精馏两种工艺流程。

间歇釜式精馏工艺流程见图 5.72。纯苯残油用原料泵一次装入精制釜内，用蒸气间接加热进行全回流。当釜温达到 124～125℃时，开始切取前馏分（苯-甲苯馏分），当塔顶温度达到 110℃ 时，开始切取纯甲苯。当釜内液面下降约三分之一时，开始向精制塔连续送纯苯残油，并连续切取甲苯，直到釜内液面达到控制高度，并在釜内温度约145℃时停止送料。此时往釜中通入适量的直接蒸气进行水蒸气蒸馏，也可用蒸气喷射器造成一定的真空度，进行减压蒸馏，以便降低精馏温度和减少直接蒸气耗量，在釜温 140～160℃时再相继提取甲苯-二甲苯馏分、二甲苯及轻溶剂油。该工艺操作灵活性大，但调节频繁，不便于采用自动控制，中间馏分复蒸量较高，一般约占纯苯残油的 20％左右。此精馏装置也可用于加工重苯，得到甲苯和二甲苯馏分、精重苯和溶剂油。甲苯和二甲苯馏分可均匀地加入从初馏塔底排出的混合馏分中，精重苯可作为制取古马隆树脂的原料。

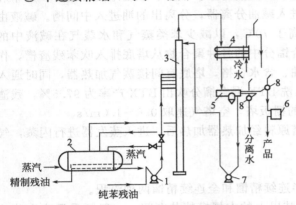

图 5.72　间歇釜式精馏工艺流程

1—原料泵；2—精制釜；3—精制塔；4—冷凝冷却器；
5—油水分离器；6—计量槽；7—精制回流泵；8—视镜

间断连续精馏流程则是采用同一精馏塔分阶段连续精馏纯苯残油和甲苯残油。纯苯残油积存一定数量后，用原料泵连续送入精馏塔，自塔顶馏出的甲苯经冷凝冷却、油水分离后，部分送入塔顶作回流，其余作为产品采出。塔底由重沸器循环供热，残油经冷却后流入甲苯残油槽。甲苯残油要求不含甲苯，初馏点大于138℃。待甲苯残油积存一定数量后，即停止处理纯苯残油，改为处理甲苯残油提取二甲苯，此时为避免塔底温度过高，造成原料聚合以及为了减少蒸气用量，可从塔底通入适量的直接蒸气，塔顶温度控制在 96℃ 左右，塔底温度约为 140～150℃。根据需要也可在提馏段从侧线切取部分轻溶剂油。当甲苯残油处理完毕后，又可以处理纯苯残油。该工艺一塔两用，操作简单，便于自控，中间馏分复蒸量小，约占纯苯残油的 5％左右。

粗苯精制的精馏塔通常采用泡罩塔和浮阀塔，新建厂多用后者。纯苯塔、甲苯塔和二甲苯塔的塔板数一般为 30～35 层。从二甲苯残油提取三甲苯的精馏塔塔板数约为 85 层。

5.4.2.2.2　催化加氢精制

催化加氢法精制粗苯包括两部分：①对轻苯或苯、甲苯、二甲苯的混合馏分进行催化加氢净化；②对加氢油进行精制获得苯。通过此法能得到噻吩含量小于 1mg/kg，结晶点高于 5.45℃ 的纯苯；苯的收率高，并减少了对环境的污染和设备的腐蚀。轻苯加氢净化，早在 20 世纪 50 年代就已采用。在国外焦化工业中，已经普遍采用催化加氢法制苯，如日本、捷克、澳大利亚及法国、英国、美国、德国等国的全部或大部分轻苯用于加氢精制，我国宝钢也引进了苯加氢精制技术。

轻苯加氢精制按加氢反应温度的不同可分为高温加氢、中温加氢和低温加氢。高温加氢反应温度为 $600\sim650℃$，使用 $Cr_2O_3\text{-}Al_2O_3$ 系催化剂。主要进行脱硫、脱氮、脱氧、加氢裂解和脱烷基等反应。裂解和脱烷基所生成的烷烃大多为 $C_1\sim C_4$ 等低分子烷烃，因而在加氢油中沸点接近芳烃的非芳烃含量很少，仅 0.4% 左右。采用高效精馏法处理加氢油即可得到纯产品。莱托法高温催化加氢得到的纯苯，其结晶点可达 5.5℃ 以上，纯度 99.9%。

中温加氢反应温度为 $500\sim550℃$，使用 $Cr_2O_3\text{-}MoO_2\text{-}Al_2O_3$ 系催化剂。由于反应温度比高温加氢约低 100℃，脱烷基反应和芳烃加氢裂解反应弱，因此与高温加氢相比，苯的产率低，苯残油量多，气体量和气体中低分子烃含量低。在加氢油的精制中，提取苯之后的残油可以再精馏提取甲苯。当苯、甲苯中饱和烃含量高时，可以采用萃取精馏分离出饱和烃。我国的中温加氢流程和莱托法相似。

低温加氢反应温度为 $350\sim380℃$，使用 $CoO\text{-}MoO_2\text{-}Fe_2O_3$ 系催化剂，主要进行脱硫、脱氮、脱氧和加氢饱和反应。由于低温加氢反应不够强烈，裂解反应很弱，所以加氢油中含有较多的饱和烃。用普通的精馏方法难以将芳烃中的饱和烃分离出来，需要采用共沸精馏、萃取精馏等方法，才能获得高纯度芳烃产品。代表工艺有德国的鲁奇工艺。

上述方法各有特点，但工艺流程基本相同，下面以莱托法高温催化加氢为例说明其加氢机理及其流程。

（1）加氢机理

催化加氢过程的实质是对轻苯或 BTX 馏分（苯、甲苯和二甲苯的混合馏分）进行气相催化加氢，其作用是将所含的杂质，如不饱和物、噻吩等有机硫化物及吡啶碱等含氮化合物等转化为相应的饱和烃而除去。将苯的同系物加氢脱烷基，转化为苯及低分子烷烃。此法的主反应是加氢脱硫和加氢脱烷基，还有一些副反应，如饱和烃加氢裂解、不饱和烃加氢和脱氢、环烷烃脱氢和生成联苯等。

① 加氢脱硫反应　主要在第一反应器内进行，使噻吩等有机硫化物转化为相应的饱和烃和硫化氢，使苯类产品脱噻吩至 $0.1\sim0.5mg/kg$，不需要预先脱去原料中的硫。

② 脱不饱和烃反应　分为以下三个阶段：a. 预反应加氢阶段。原料油在预反应器内，温度为 $220\sim250℃$，在钴-钼催化剂的存在下，进行选择性加氢处理。使在高温下容易聚合结焦的物质（主要是苯乙烯）转化为乙苯，并在以后的脱烷基反应中转化为苯。这样在以后的工序中，操作温度可保证提高到所需的温度，而不会有沉积物附着在管道和催化剂上，从而延长了催化剂的寿命。b. 主反应加氢和脱氢阶段。经过预处理后的原料油，在温度为 630℃、CrO_3 催化剂的存在下，于主反应器中进行环烯烃的加氢和脱氢反应，生成饱和芳烃。c. 活性黏土处理阶段。从主反应器中出来的加氢油中，仍含有微量的不饱和烃，可使其通过内部填充活性黏土的反应器，不饱和烃可在黏土表面上聚合而被解除。经过黏土处理后的纯苯，几乎没有不饱和物。

③ 加氢裂解反应　主要是脱除环烷烃和烷烃等非芳烃。这些非芳烃经过加氢裂解，转化为低分子烷烃，以气态的形式分离出去。此外，一部分环烷烃还可脱氢，生成苯和氢气。

④ 加氢脱烷基反应　当原料油进入主反应器时，苯的同系物将发生某些加氢脱烷基反应，按 $C_9 \rightarrow C_8 \rightarrow C_7$ 的顺序反应，最终生成苯及甲烷、乙烷等低分子气态烃。

上述各反应是莱托加氢的主要反应。此外，还可发生一些次要反应，如吡啶脱氮生成氨和戊烷，苯酚脱氧生成苯和水，少量芳香烃发生加氢反应生成环烷烃，并在进一步加氢裂解中变成小分子烃而损失等。

（2）工艺流程

以粗苯为原料的莱托法加氢工艺包括粗苯的预备蒸馏、轻苯加氢预处理、莱托加氢和苯精制工序，其工艺流程见图5.73。

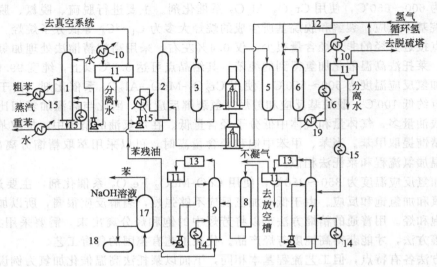

图 5.73　轻苯高温加氢工艺流程

1—预蒸塔；2—蒸发器；3—预反应器；4—管式加热炉；5—第一反应器；6—第二反应器；7—稳定塔；
8—白土塔；9—苯塔；10—冷凝冷却器；11—分离器；12—冷却器；13—凝缩器；14—重沸器；
15—预热器；16—热交换器；17—碱洗槽；18—中和槽；19—蒸气发生器

① 粗苯预备蒸馏　粗苯的预备蒸馏是将粗苯在两苯塔中分馏为轻苯和重苯。轻苯作为加氢原料，一般控制 C_9 以上的化合物质量含量小于 0.15%。这不仅降低了催化剂的负荷，而且还保护了生产古马隆树脂的原料资源。经预热到 90～95℃ 的粗苯进入两苯塔，在绝对压力约 26.7kPa 下进行分馏。塔顶蒸气温度控制不高于 60℃，逸出的油气经冷凝冷却至40℃进入油水分离器，分离出水的轻苯，小部分作为回流，大部分送入加氢装置。塔底重苯冷却至 60℃ 送往贮槽。

② 轻苯加氢预处理　轻苯用高压泵送经预热器预热至 120～150℃ 后进入蒸发器，液位控制在筒体的 1/3～2/3 高度。经过净化的纯度约为 80% 的循环氢气与补充氢气混合后，约有一半氢气进入管式炉，加热至约 400℃ 后送入蒸发器底部喷雾器。蒸发器为钢制立式中空圆筒形设备，两头为球形封头，内有液体，底部装有氢气喷雾器。蒸发器内操作压力为 5.8～5.9MPa，操作温度约为 232℃。在此条件下，轻苯在高温氢气保护下被蒸吹，大大减少了热聚合，器底排出的残油量仅为轻苯质量的 1%～3%，含苯类约 65%，经过滤后，返回预蒸馏塔。

由蒸发器顶部排出的芳烃蒸气和氢气的混合物进入预反应器，在此进行选择性加氢。预反应器为立式圆筒形，内填充圆柱形的 $CoO\text{-}MoO_3\text{-}Al_2O_3$ 催化剂。在催化剂上部和下部均装有瓷球，以使气源分布均匀。预反应器的操作压力为 5.8～5.9MPa，操作温度为 200～250℃，在催化剂作用下油气中的苯乙烯加氢生成乙苯。

轻苯预加氢的目的是通过催化加气脱除约占轻苯质量 2% 的苯乙烯及其同系物。这类不饱和化合物热稳定性差，高温条件下易聚合。这不但能引起设备和管路的堵塞，还会使莱托反应器催化剂比表面积降低，活性下降。

③ 莱托加氢　加氢后的油气经加热炉加热至 600～650℃ 后，进入第一反应器，从反应器底部排出的油气升温约 17℃，通过冷氢急冷，温度降至 620℃ 后，再进入第二反应器，在

此完成最后的加氢反应。

第一和第二莱托反应器结构相似，为立式圆筒形反应器，结构见图 5.74。反应器内部隔热层是耐热的可塑性陶瓷纤维耐火材料，油气自顶部经缓冲器进入反应器内部，内填反应催化剂，主要成分为 Cr_2O_3-Al_2O_3，形状为小圆柱状。反应完的油气自底部排出，为防止固体杂质进入催化剂床层，第一反应器顶部设有油气分布筛，由于进入第二莱托反应器的油气不含有大量的易聚合结焦组分，所以没有设此装置。轻苯催化加氢反应是在较高的温度和压力下进行的，所以反应器的强度应按照压力容器设计。此外，为防止反应器长期使用中的隔热层损坏而引起局部过热造成事故，需要在反应器外壁涂上温度变色漆，以便随时监视。

在主加氢过程中，影响转化率的因素有：a. 反应温度。温度过低，反应速度慢，而温度过高，副反应会加

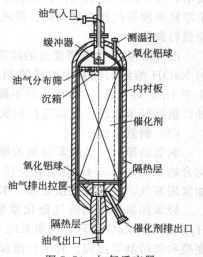

图 5.74　加氢反应器

剧，可通过控制送入的冷氢气量加以控制。b. 反应压力。适当的压力可以使噻吩硫的脱除率达到最高，并且能抑制催化剂床层的积碳，防止出现芳烃加氢裂解反应。c. 进料速度。进料速度决定物料在反应器中的滞留时间。滞留时间与催化剂的性能有密切关系，性能优异的催化剂可以大大缩短物料滞留时间。d. 氢气与轻苯的摩尔比值。操作中此值必须大于化学计量比值，以防止生成高沸点聚合物和结焦。

④ 苯精制　苯精制的目的是使加氢油通过一系列的稳定塔、白土塔、苯蒸馏塔和产品的碱洗涤处理，得到合格的特级苯。

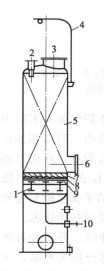

图 5.75　白土吸附塔
1—格栅支撑；2—加氢油入口；3,6—人孔；4—吊柱；5—白土；7—支承白土层；8—金属网；9—格栅；10—加氢油出口

a. 稳定处理。由高压闪蒸器分离出来的加氢油与莱托反应生成物，在预热器换热升温至 120℃ 后入稳定塔。稳定塔顶压力约为 0.81MPa，温度为 155～158℃。加压蒸馏可将在高压闪蒸器中没有闪蒸出去的 H_2、小于 C_4 的烃及少量 H_2S 等组分分离出去，使加氢油得到净化。另外，加压蒸馏可以得到温度（179～182℃）高的塔底馏出物，以此作为白土精制系统的进料，可使白土活性充分发挥。稳定塔顶馏出物经冷凝冷却进入分离器，分离出的油作为塔顶回流，未凝气体再经凝缩，分离出苯后外送处理。

b. 白土吸附处理。经稳定塔处理后的加氢油，尚含有一些痕量烯烃、高沸点芳烃及微量 H_2S。通过白土吸附处理，可进一步除去这些杂质。白土吸附塔的构造见图 5.75，塔体由碳钢制作，塔体内底部设有格栅和金属网，金属网上充填有以 SiO_2 和 Al_2O_3 为主要成分的活性白土。白土塔操作温度为 180℃，操作压力约为 0.15MPa。吸附一定量的聚合物后，白土活性逐渐降低，不饱和化合物带入纯苯产品，严重时能使纯苯呈淡黄色。白土可用水蒸气吹扫的方法进行再生，以恢复其活性。

c. 苯精馏。经过白土塔净化后的加氢油，经调节阀减压后温度约为 104℃ 进入苯塔。纯苯气由塔顶馏出，经冷凝冷却至约 40℃ 后入分离器。分离出的液体苯一部分作回流，其余送入碱处理槽。苯塔底残油除部分由重沸器加热向苯供热外，另一部分送入制氢系统的甲苯净

167

洗塔，用于洗净制氢气体。苯精馏塔为板式塔，塔顶压力控制在 41.2kPa，温度 92～95℃，由塔底再沸器间接蒸气供热。塔底温度保持在 144～147℃，以塔底残油含苯小于 2.5％为根据进行调节。

　　d. 碱洗涤。由苯塔馏出的纯苯仍含有微量 H_2S 等含硫化合物，送入碱处理槽，用 30％的 NaOH 溶液去除其中微量的 H_2S 后，苯产品纯度达 99.9％，凝固点大于 5.45℃，全硫小于 1mg/kg（苯）。分离出的不凝性气体，可以作燃料气使用。苯精馏塔底部排出的苯残油，返回轻苯贮槽，重新进行加氢处理。

　　（3）制氢系统

　　制氢的原料气是轻苯加氢的尾气。一般尾气的组成（体积含量）：硫化氢 0.6％；苯类化合物 10％；$C_1～C_4$ 化合物＞70％；氢气 14％。要使这种原料气转化为 H_2 含量＞99％的加氢用氢气，必须经过预处理、水蒸气重整和一氧化碳转换。

　　轻苯加氢尾气用蒸气催化重整，可得到 H_2 和 CO，生成的 CO 与蒸气变换可得 H_2，H_2S 需要用 ZnO 脱除。制氢系统主要包括 H_2S 的脱除、甲苯洗净苯类、CH_4 的重整、CO 变换和氢精制等过程。其工艺流程见图 5.76。

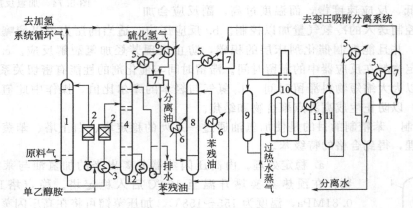

图 5.76　转化制氢工艺流程

1—脱硫塔；2—过滤器；3—换热器；4—解吸塔；5—凝缩器；6—冷却器；7—分离器；8—吸苯塔；
9—脱硫反应器；10—改质炉；11—转换反应器；12—重沸器；13—蒸气发生器

　　经重整和转换后的反应气体，经冷却后进入吸附塔，吸附塔内充填对不同气体有不同吸附能力的吸附剂。很多吸附剂对氢气的吸附能力很弱，加之氢分子的体积又最小，所以在加压吸附时，混合气体中除氢气之外的所有其它气体均被吸附，只有氢气能穿过吸附剂，从而得到高纯氢。吸附塔内填充的吸附剂有吸附水汽的活性氧化铝、吸附 CO 和 CH_4 的分子筛和吸附 CO_2 的活性炭。出吸附塔气体 H_2 的体积含量为 99.9％。吸附剂对某组分的平衡吸附量随被吸附组分分压的升高而增加。减压时，被吸附的组分解吸出来，使吸附剂恢复到初始状态。

　　变压吸附法分离制氢工艺包括吸附、均压、顺向放压、逆向放压、冲洗、升压和最终升压等环节。以上诸环节顺序进行吸附与再生的反复循环，得到的氢气大部分作为产品，少量用于并联操作床层的最终充压。变压吸附法分离制氢的生产装置，有三床式、四床式和多床式（6～12 床）。

5.4.2.3　初馏分加工

　　初馏分的组成与粗苯或轻苯的原料组成、初馏塔工艺操作等条件有关，波动范围较大，组成也较复杂，约有 40 种组分，主要组成如表 5.15 所示。由表可见初馏分中的主要成分是二硫化碳和环戊二烯，由于它们的沸点很接近，环戊二烯又容易发生聚合，所以用精馏的方法很难获得纯度较高的二硫化碳和环戊二烯产品。

表 5.15　初馏分的主要组成

初馏分/%	二硫化碳	环戊二烯及其二聚体	其它不饱和物	苯	饱和烃
粗苯的初馏分	15～25	10～15	10～15	30～50	3～6
轻苯的初馏分	25～40	20～30	15～25	5～15	4～8

初馏分的加工主要采用热聚合法。先使环戊二烯生成二聚体，然后再与二硫化碳等进行分离，最后二聚体解聚得环戊二烯。热聚合法的间歇操作工艺流程见图 5.77。高位槽内的初馏分直接装釜或满流至原料槽后泵入聚合釜。釜内用间接蒸气加热，聚合时间约 16～20h。聚合操作完成后进行精馏，先切取前馏分送入前馏分槽，此时仅少量回流液回塔，然后切取苯馏分，经控制分离器后至轻苯贮槽。精馏结束后，釜内液体即为二聚体，用泵送经冷却套管冷却后至二聚体槽。

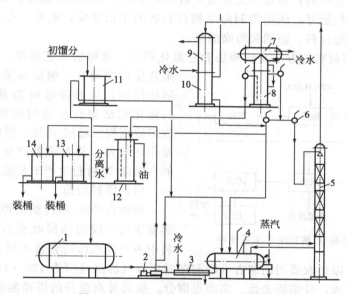

图 5.77　二聚环戊二烯生产工艺流程

1—原料槽；2—汽泵；3—冷却套管；4—聚合釜；5—蒸馏塔；6—视镜；7—冷凝器；8—油水分离器；
9—尾气冷凝器；10—气液分离器；11—高位槽；12—控制分离器；13—前馏分槽；14—二聚体槽

聚合完成后的精馏过程也可提取如表 5.16 所示的各种成分。这些初馏分送至回炉煤气管道，中间馏分和轻质苯可并入粗苯。釜底残液为工业二聚体环戊二烯，含量为 70%～75%，其中还有 3%～5%的沸点低于 100℃的组分、环戊二烯及 C_5 烯烃等。用直接蒸气蒸馏釜底残液，可得含量大于 95%的二聚环戊二烯。对二聚体环戊二烯可采用热解法解聚，即得环戊二烯，它是制备二烯类有机农药和杀虫剂的重要原料。

表 5.16　热聚合后初馏分中提取的产品

馏分名称	主要组分(质量含量)/%		
	二硫化碳	不饱和化合物	苯
初馏分	35～45	25～30	—
工业二硫化碳	70～75	5～15	10～20
中间馏分	25～35	10～15	25～50
动力苯	3～5	10～20	75～85
苯馏分	0.5～1.0	5～10	85～95

5.4.2.4　重苯处理加工

重苯中含有的不饱和化合物主要有苯乙烯、古马隆和茚。古马隆又名苯并呋喃或氧杂茚，沸点175℃，是一种具有芳香气味的白色油状液体，不溶于水，易溶于乙醇、苯、二甲苯、轻溶剂油等有机溶剂，主要存在于煤焦油及粗苯的沸点在168～175℃的馏分中。茚是一种无色油状液体，不溶于水，易溶于苯等有机溶剂，主要存在于煤焦油及粗苯的沸点在176～182℃的馏分中。

古马隆和茚同时存在时，在催化剂（浓硫酸、氯化铝和三氟化硼等）作用下，或在光和热的影响下，能聚合生成古马隆-茚树脂，其相对分子质量为500～2000。高质量的古马隆-茚树脂具有极珍贵的性质，如对酸和碱的化学稳定性、防水性、坚固性、绝缘性、绝热性、黏着性，本身近乎中性以及良好的溶解性。在橡胶中加入适量的古马隆-茚树脂，可以改善橡胶的加工性能，提高橡胶的抗酸、碱和海水浸蚀的能力。由古马隆-茚树脂配制的粘合剂，可以用作砂轮的粘合材料；在建筑工业用于制作防潮层，其隔水性能好；在涂料工业用它配制的船底漆，黏着性能好，还能抑制海生物在船底的生长速度。此外，古马隆-茚树脂还可用来配制喷漆、绝缘材料、防锈和防腐涂料。

生产古马隆-茚树脂的方法有硫酸法和三氟化硼法。硫酸法工艺简单，生产成本低，但聚合反应时间长，树脂易呈暗色，容易产生磺化作用，从而降低树脂及溶剂油的收率。三氟化硼法聚合反应时间短，树脂质量好，收率较硫酸法增加10%，但催化剂不易获得，操作环境差，易对设备产生严重腐蚀。宝钢的古马隆-茚树脂生产工艺流程见图5.78。

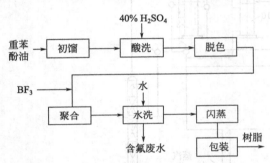

图5.78　古马隆-茚树脂生产工艺流程

（1）原料初馏

制取古马隆-茚树脂的原料是重苯和焦油蒸馏所得的脱酚和脱吡啶后的酚油。这些原料中古马隆和茚的含量不同，沸点范围较宽，所以要进行初馏，以切取适用的制古马隆和茚的馏分（沸点范围为135～195℃）。初馏操作经过两个精馏塔完成，分别脱去低、高沸点馏分。脱低沸点馏分的塔顶温度为130℃，塔底

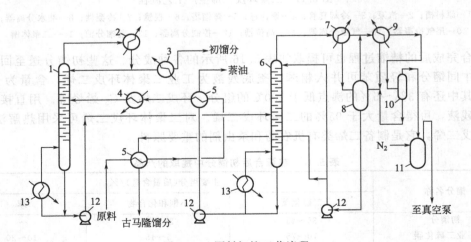

图5.79　原料初馏工艺流程

1—初馏塔；2—初馏凝缩器；3—初馏冷却器；4—初馏原料加热器；5—热交换器；6—减压蒸馏塔；7—古马隆馏分凝缩器；8—回流槽；9—排气冷却器；10—排气捕集器；11—调压槽；12—泵；13—重沸器

为 160℃；脱高沸点馏分的塔采用减压蒸馏，塔顶温度为 110℃，塔底为 163℃。初馏工艺流程见图 5.79。

（2）馏分净化

制树脂的馏分的净化包括酸洗和脱色，工艺流程见图 5.80(a)、(b)、(c)。酸洗的目的是洗掉馏分中 3％的吡啶碱，因为它能与催化剂反应，并混入树脂中恶化树脂颜色。酸洗采用喷射或管道混合器，将 40％的硫酸和上述馏分混合，进行两段酸洗后，用约 3％的 NaOH 溶液中和余酸，然后用水洗去 Na_2SO_4。脱色主要是脱除影响树脂颜色的酸焦油物质。采用减压精馏（塔顶压力为 17.3kPa，温度 110℃；塔底为 26.6kPa，温度 158℃），在塔底脱掉有色杂质。

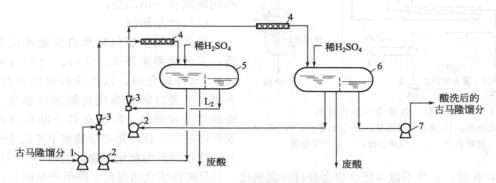

(a) 酸洗工艺流程

1—酸洗原料泵；2—酸洗泵；3—喷射混合器；4—管道混合器；5—第一酸洗槽；
6—第二酸洗槽；7—古马隆馏分泵

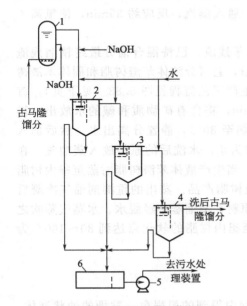

(b) 酸洗馏分中和与水洗工艺流程

1—苛性钠洗涤槽；2,3,4—第1，2，3水洗槽；5—排水泵；6—排水pH调节槽

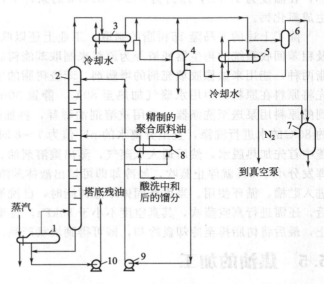

(c) 脱色工艺流程

1—重沸器；2—脱色塔；3—冷凝器；4—回流槽；5—排气凝缩器；
6—分离槽；7—调压槽；8—原料换热器；
9—回流泵；10—塔底油泵

图 5.80　制树脂馏分的净化

（3）连续聚合

在流动状态下，将净化后的上述馏分与催化剂充分混合，连续通过1、2、3段聚合管，进行聚合反应，生成古马隆-茚树脂，工艺流程见图5.81。聚合过程中有聚合热产生，应及时移出，以维持恒定的聚合温度（100±5℃）。聚合反应所用的催化剂为三氟化硼乙酸配合物，1、2、3段聚合管内的流速分别为0.5m/s、0.1m/s、0.06m/s。由于催化剂的腐蚀性强，因此设备和管道都用高镍合金钢制造。

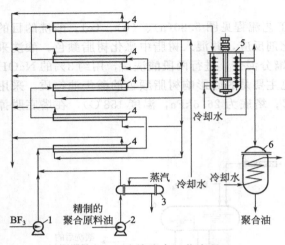

图 5.81　连续聚合工艺流程

1—催化剂泵；2—聚合原料油泵；3—加热器；4—1，2，3段聚合管；5—1号聚合槽；6—2号聚合槽

（4）产品精制

产品精制主要包括聚合油的水洗和闪蒸，工艺流程见图5.82（a）、（b）（见下页）。水洗聚合油，以去除残留的催化剂，否则，放置时间长会使树脂颜色恶化，并腐蚀管道和设备。闪蒸在两个减压薄膜蒸发器内进行，目的是去除残留下来的中性油和一定量的不饱和化合物。闪蒸必须在低温下操作，否则，这些不饱和化合物会经过高温氧化，引起树脂颜色的变化，降低产品的质量。

（5）废水处理

古马隆-茚树脂生产所用的催化剂是三氟化硼乙醚配合物，在聚合和水洗后，经过油水分离，分出的水中含有氟离子，必须经过处理后才能排放。往含氟废水中加入石灰乳和氧化钙，在温度为150℃，压力为392～539kPa的条件下，通入蒸汽，反应约35min，使氟离子生成氟化钙。

除了上述的古马隆-茚树脂的制取，工业上还以吹苯残渣、已洗混合馏分最终精馏残渣及粗苯回收系统的再生器残渣等为原料来制取苯渣树脂，它可分液体苯渣树脂和固体苯渣树脂两种，能用来做橡胶填充剂的增塑剂。苯渣树脂的生产工艺流程见图5.83（见下页）。首先将原料在原料槽中用水蒸气加热至80℃，静置30min，将含有矿物质和碱的水放出，得到的原料用泵送至洗涤器，先用重溶剂油稀释，再加热至80℃，静置分离出水。然后加入约80℃的水进行洗涤，直至分离水的pH值为7～8时为止。水洗后的原料放入蒸馏釜，在釜中首先加热脱水，然后通入水蒸气，蒸出重溶剂油。当生产液体苯渣树脂时蒸至釜内树脂挥发分小于6％就停止蒸吹，经冷却即可排出液体苯渣树脂产品。蒸出的重溶剂油气冷凝后进入贮槽，循环使用。当生产固体苯渣树脂时，已洗原料在蒸馏釜中经脱水、水蒸气蒸吹之后，还需进行真空蒸吹，其真空度不小于80kPa，直至釜内树脂的软化点达到80～100℃为止，最后将树脂排至冷却盘冷却，即可得到块状产品。

5.5　焦油的加工

高温煤焦油（以下简称焦油）是煤在高温炼焦过程中得到的黑褐色、黏稠的油状液体，是低温焦油在高温下经过二次分解的产物，或者说经过深度芳构化过程的产物。

焦油是一种由芳香烃化合物组成的复杂混合物。估计组分在1万种左右，目前已查明的约500种，其中绝大多数组分的含量甚微，超过1％和接近1％的组分仅有10余种，在工业中大多数还没有得到应用。焦油中90％以上是中性化合物，如苯、萘、蒽、菲、茚、苊等；

其余约占最件合量的43,氨占，甾溶占，苯吸化物，苯系化合物，酚〔酚、
甲酚〕与萘占，除苯种类相应含量名级，由于进入油在中的进去，用酯他分及由于在
中间料在油下中，及沉淀一流溶解连进上的处置见。另。从油溶件中间代他的处理
产取设用流前节费5.17。

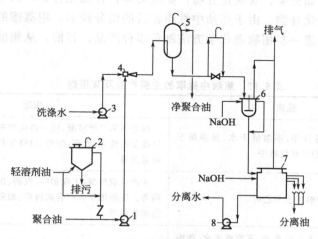

(a) 聚合油的水洗工艺流程
1—油装入泵；2—溶解槽；3—水装入泵；4—喷射混合器；5—水分离槽；
6—分离水pH调整槽；7—油水分离槽；8—排水泵

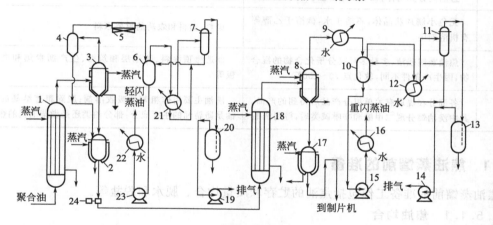

(b) 闪蒸工艺流程
1—第一闪蒸塔；2—中间槽；3,4—分离槽A，B；5,9—凝缩器；6,10—顶部槽；7,11—捕聚器；
8—气液分离槽；12,21—排气冷却器；13,20—调压槽；14,19—真空泵；15—HSN输出泵；
16—HSN冷却器；17—产品中间槽；18—第二闪蒸塔；22—LSN冷却器；
23—LSN输出泵；24—第二闪蒸塔装入泵

图5.82 产品精制工艺流程

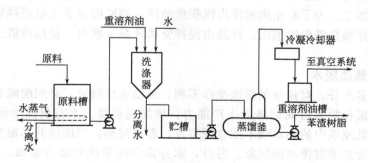

图5.83 苯渣树脂生产工艺流程

173

其余的是含氧化合物，如酚类；含氮化合物，如吡啶等；含硫化合物，如 CS_2、噻吩等。此外，还有少量的不饱和化合物。由于焦油中性质相近的组分较多，用蒸馏的方法可使它们集中到相应馏分中，然后进一步用物理化学方法制备多种产品。目前，从焦油中可提取的主要产品及用途见表 5.17。

表 5.17　焦油中提取的主要产品及其用途

产品	性质	用途
萘	无色晶体，容易升华，不溶解于水，易溶解于醇、醚、三氯甲烷和二硫化碳中	制备邻苯二甲酸酐，进一步生产树脂、工程塑料、染料、油漆及医药等；农药、炸药、植物生长激素、橡胶及塑料的防老剂等
酚及其同系物	无色结晶，可溶解于水和乙醇	生产合成纤维、工程塑料、农药、医药、染料中间体及炸药等。甲酚用于生产合成树脂、增塑剂、防腐剂、炸药、医药及香料等
蒽	无色片状结晶，有蓝色荧光，不溶解于水，能溶于醇、醚等有机溶剂	主要用于制蒽醌染料，也用于制合成鞣剂及油漆
菲	蒽的同分异构体，在焦油中含量仅次于萘	有待于进一步开发利用
咔唑	无色小鳞片状晶体，不溶于水，微溶于乙醇等有机溶剂中	染料、塑料和农药的重要原料
沥青	焦油蒸馏残液，多种多环高分子化合物的混合物，因生产条件不同，软化点 $70\sim150℃$	制造屋顶涂料、防潮层和筑路、生产沥青焦和电炉电极等
各种油类	各馏分在提取有关单组分产品后得到的产品。其中洗油馏分脱二甲酚和喹啉碱类后，得到洗油	洗油主要用作粗苯的吸收溶剂；脱除粗蒽结晶的一蒽油是防腐油的主要成分；部分油类还是做柴油机的燃料

5.5.1　焦油蒸馏前的准备

　　焦油蒸馏前的准备工作包括焦油的贮存和质量均合、脱水和脱盐等。

5.5.1.1　焦油均合

　　在一些大型焦油蒸馏装置中，常处理来自几个加工回收车间和外厂的焦油。此外，还要混入煤气终冷时洗下的萘及萘溶剂油、粗苯精制残油，以及开、停工时各种不合格的馏分等。因此，需将来自质量不同的焦油分置于单独的特殊装置，并于油库进行质量均合、初步脱水及脱渣，以保证焦油质量均匀化。焦油油库通常至少设三个贮槽，一个接收焦油，一个静置脱水，一个向管式炉送油，三槽轮换使用。焦油贮槽多为钢板焊制立式槽，内设有蒸气加热器，使焦油保持一定温度，以利于油水分离。澄清分离水由溢流管排出，流入收集槽后送去与氨水混合加工。为了防止焦油槽内沉积焦油渣，槽底配置了 4 根搅拌管，搅拌管开有两排小孔，由搅拌油泵将焦油抽出，再经由搅拌管循环泵入槽内，使焦油渣呈悬浮状态而不能沉积。

5.5.1.2　焦油脱水

　　焦油中有较多水分，对焦油的蒸馏操作不利。焦油在蒸馏前，必须脱除其中的水分。焦油含水多，会因延长脱水时间而降低生产能力，增加耗热量。水在焦油中形成稳定的乳浊液，在受热时，乳浊液中的小水滴不能立即蒸发，容易过热，当继续升高温度时，这些小水滴会急剧蒸发，会造成突沸冲油现象。另外，水分多会使系统的压力增加，打乱操作制度，此时必须降低焦油处理量，否则会造成高压，有引起管道、设备破裂，而导致火灾的危险。

水分带入的腐蚀性铵盐,会腐蚀管道和设备。

焦油脱水过程可分为初步脱水和最终脱水两步。首先,在焦油槽内加热至 80～90℃,静置 36h 以上,因焦油和水的密度不同而分离,使焦油的水分初步降至 2%～3%。然后,在连续式管式炉焦油蒸馏系统中的管式炉对流段及一段蒸发器内,进行蒸发脱水。当管式炉焦油出口温度达到 120～130℃ 时,焦油的水分最终降至 0.5% 以下。此外,还可在专设的脱水装置中,使焦油在加压(490～980kPa)及加热(130～135℃)条件下进行脱水。加压脱水法的优点是水不气化,分离水以液态排出,节省了水汽化所需的潜热,降低了能耗。

5.5.1.3　焦油脱盐

焦油中所含的水实际上是氨水,脱水后焦油中水分及水中所含挥发铵盐可基本除去,但水中占绝大部分的固定铵盐(氯化铵、硫酸铵、硫氰酸铵等)仍留在脱水焦油中。当加热到 220～250℃ 时,固定铵盐会分解为游离酸和氨,产生的游离酸会严重腐蚀设备和管道。因此必须尽量减少焦油中的固定铵盐,采取措施充分脱盐,这有利于降低沥青中的灰分含量,提高沥青制品质量,同时也减少了设备腐蚀的危险性。

焦油脱盐可采用煤气冷凝水洗涤焦油的办法,进入焦油精制车间的焦油含水应不大于 4%,含灰低于 0.1%。也可在焦油进入管式炉前连续添加碳酸钠溶液,使之与固定铵盐中和生成稳定的钠盐,其产物在焦油加热蒸馏的温度下不会分解。生产上采取的脱盐措施是加入 8%～12% 碳酸钠溶液,使焦油中固定铵含量小于 0.01g/kg,才能保证管式炉的正常操作。需要指出的是,铵盐本身易溶于水而不易溶于焦油,所以焦油在脱盐前应先脱水。

5.5.2　焦油蒸馏

5.5.2.1　焦油蒸馏的馏分

对于液体混合物的分离来说,精馏是较为简便和经济的方法。目前,国内外焦油加工厂均采用精馏法对焦油进行初步加工。煤焦油是极复杂的多组分混合物,不能直接从中提取单组分产品,需先经蒸馏初步分离出各种馏分,将要提取的单组分产品浓缩集中到相应的馏分中。经过精馏,焦油可初步分离为轻油、酚油、萘油、洗油、一蒽油、二蒽油、沥青等馏分,同时还可派生出酚、萘、洗三混馏分,萘、洗两混馏分、酚油和苊油分。焦油蒸馏馏分的质量指标见表 5.18。

表 5.18　焦油蒸馏馏分质量指标

馏分名称	密度/(g/cm³)	蒸馏试验		主要组分	产率/%
		初馏点/℃	干点/℃		
轻油 (<170℃)	0.88～0.90	>80	<370	苯族烃;酚<5%;	0.4～0.8
酚油 (170～210℃)	0.98～1.01	>165	<210	酚和甲酚 20%～30%;萘 5%～20%;吡啶碱 4%～6%;其余为酚油	2.0～2.5
萘油 (210～280℃)	1.01～1.04	>210		萘 70%～80%;酚、甲酚和二甲酚 4%～6%;重吡啶碱 3%～4%;其余为萘油	10～13
洗油 (230～300℃)	1.04～1.06	>230		甲酚、二甲酚和高沸点酚类 3%～5%;重吡啶碱 4%～5%;萘<15%;甲基萘及少量苊、芴、氧芴等;其余为洗油	4.5～7.0
酚萘洗三混馏分	1.028～1.032	>200	<285		

续表

馏分名称	密度/(g/cm³)	蒸馏试验		主要组分	产率/%
		初馏点/℃	干点/℃		
萘洗两混馏分		>217	<270		
一蒽油 （280～360℃）	1.05～1.13	280		蒽 16%～20%；萘 2%～4%；高沸点酚类 1%～3%；重吡啶碱 2%～4%；其余为一 蒽油	16～22
二蒽油 （310～400℃）	1.08～1.18	310		萘<3%	4～8
沥青					50～56

5.5.2.2 焦油蒸馏的工艺流程

焦油精馏工艺可分为连续精馏和间歇精馏两种。间歇式分段蒸发流程是将蒸馏所产生的各馏分蒸气，按各馏分沸点由低到高的次序依次在各塔顶分出。间歇精馏装置比较简单，投资少，易于建成投产，但也存在各馏分产率低、燃料耗用大、劳动条件差及安全性差等缺点。因此，生产规模较大的焦油车间均采用分离效果好、各馏分产率高、酚和萘可高度集中的管式炉连续精馏工艺。

焦油连续精馏工艺是在管式炉装置中以一次气化（或闪蒸）的方式完成的焦油蒸发，闪蒸过程在二段蒸发器中完成。焦油首先在管式炉中预热到一定的温度，使其处于过热状态，然后引入蒸发器中，由于空间突然扩大、压力急剧降低，焦油中沸点较低的组分发生瞬间气化，即闪蒸成为气液相平衡的两相。液相部分（即沥青）由蒸发器底部排出，气相混合物按沸点由高到低依次进入各塔，并在塔底分出各馏分。闪蒸温度的高低对焦油各馏分的产率及质量有着非常重要的影响。通常情况下，闪蒸温度越高，焦油中轻组分的产率也越高。但是，当温度超过一定值后，焦油将剧烈分解，这对提取焦油中低沸点馏分并无好处，只是增加了蒽油馏分中的高沸点组分，同时还会造成部分重组分的结焦。因此，常压蒸馏过程温度应控制在380℃左右，一般管式炉预热温度为400～405℃。

近代焦油加工的基本方向主要有两个：一是对焦油进行分馏，将沸点接近的化合物集中到相应的馏分中，以便进一步加工，分离单体产品。二是以获得电极工业原料（电极焦、电极黏结剂）为目的进行焦油加工。因此，焦油连续蒸馏工艺也有多种流程。

（1）常压两塔流程

常压两塔流程是指焦油连续通过管式炉加热，并在蒽塔和馏分塔中（常压）先后分馏成各种馏分，工艺流程见图5.84。原料焦油用一段焦油泵送入管式炉对流段，加热后进入一段蒸发器。粗焦油中大部分水分和部分轻油在此蒸发出来，混合蒸气自蒸发器顶逸出，经冷凝冷却和油水分离后得到一段轻油和氨水。一段轻油可配入回流洗油中。一段蒸发器排出的无水焦油送入蒸发器底部的无水焦油槽，满流后再送入满流槽，由此引入一段焦油泵前管路中。无水焦油用二段焦油泵送入管式炉辐射段，加热至405℃左右，进入二段蒸发器一次蒸发，分离成各种馏分的混合蒸气和液体沥青。

二段蒸发器排出的沥青被送往沥青冷却浇铸系统。从二段蒸发器顶部逸出的油气进入蒽塔下数第3层塔板，塔顶用洗油馏分打回流，塔底排出二蒽油。自11、13、15层塔板的侧线切取一蒽油。一、二蒽油分别经埋入式冷却器冷却后，送至各自的贮槽，以备后续处理。

自蒽塔顶逸出的油气进入馏分塔下数第5层塔板。洗油馏分自塔底排出，萘油馏分从第

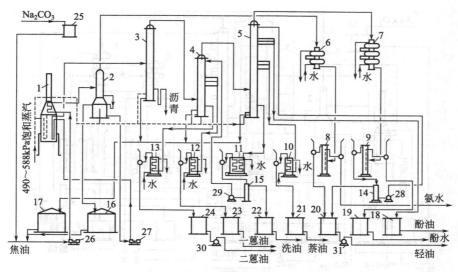

图 5.84　常压两塔式焦油蒸馏工艺流程

1—焦油管式炉；2——段蒸发器及无水焦油槽；3—二段蒸发器；4—蒽塔；5—馏分塔；6——段轻油冷凝冷却器；
7—馏分塔轻油冷凝冷却器；8——段轻油油水分离器；9—馏分塔轻油油水分离器；10—萘油埋入式冷却器；
11—洗油埋入式冷却器；12——蒽油冷却器；13—二蒽油冷却器；14—轻油回流槽；15—洗油回流槽；
16—无水焦油满流槽；17—焦油循环槽；18—酚油接受槽；19—酚水接受槽；20—轻油接受槽；
21—萘油接受槽；22—洗油接受槽；23——蒽油接受槽；24—二蒽油接受槽；25—碳酸钠
高位槽；26——段焦油泵；27—二段焦油泵；28—轻油回流泵；
29—洗油回流泵；30—二蒽油泵；31—轻油泵

18、20、22、24 层塔板侧线采出，酚油馏分从第 36、38、40 层采出。这些馏分经冷却后送至各自贮槽。馏分塔顶逸出的轻油和水的混合蒸气经冷凝冷却和油水分离后，分离水导入酚水槽，用来配制洗涤脱酚时所需的碱液。轻油则送入回流槽，部分用作回流液，剩余部分送粗苯工段处理。

我国有些工厂在馏分塔中将萘油馏分和洗油馏分合并在一起切取，叫做萘、洗两混馏分。此时塔底油称为苊油馏分，含苊量大于 25%。这种操作可使萘较多地集中于两混馏分中，萘的集中度达 93%～96%，提高了工业萘的产率。同时，洗油馏分中的重组分已在切取苊油馏分时除去，洗油质量有所提高。

（2）常压一塔式流程

常压一塔式流程是指焦油连续通过管式加热炉，并在馏分塔中（常压）分馏成各种馏分，工艺流程见图 5.85。一塔式流程取消了蒽塔，二段蒸发器改由两部分组成，上部为精馏段，下部为蒸发段。

原料焦油在管式炉一段加热脱水后进入管式炉二段加热，随后送入二段蒸发器进行蒸发、分馏，沥青由蒸发器底部排出，油气升至其上部精馏段。二蒽油自上数第 4 层塔板侧线引出，经冷却后送入二蒽油接受槽。其余馏分的混合蒸气自顶部逸出进入馏分塔下数第 3 层塔板。自馏分塔底排出一蒽油，经冷却后一部分用于二段蒸发器顶部打回流，其余送去处理。由第 15、17、19 层塔板侧线切取洗油馏分，第 33、35、37 层切取萘油馏分，第 51、53、55 层切取酚油馏分。各种馏分经冷却后导入相应的中间槽，然后送去处理。轻油及水的混合蒸气自塔顶逸出，经冷凝冷却油水分离后，部分轻油打回流，其余送粗苯工段处理。

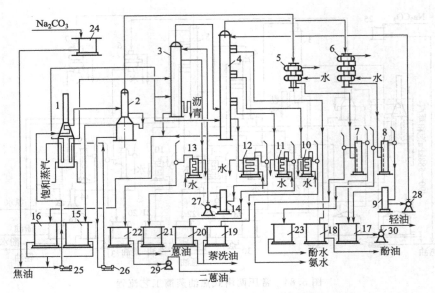

图 5.85　常压—塔式焦油蒸馏工艺流程

1—焦油管式炉；2——段蒸发器及无水焦油槽；3—二段蒸发器；4—馏分塔；5——段轻油冷凝冷却器；6—馏分
塔轻油冷凝冷却器；7——段轻油油水分离器；8—馏分塔轻油油水分离器；9—轻油回流槽；10—萘油埋
入式冷却器；11—洗油埋入式冷却器；12—蒽油冷却器；13—二蒽油冷却器；14——蒽油回流槽；
15—无水焦油满流槽；16—焦油循环槽；17—轻油接受槽；18—酚油接受槽；19—萘油接受槽；
20—洗油接受槽；21——蒽油接受槽；22—二蒽油接受槽；23—酚水接受槽；24—碳酸钠
溶液高位槽；25——段焦油泵；26—二段焦油泵；27——蒽油回流泵；
28—轻油回流泵；29—二蒽油泵；30—轻油泵

国内有些工厂将酚油馏分、萘油馏分和洗油馏分合并在一起作为酚、萘、洗三混馏分切取。这种工艺可使焦油中的萘最大限度地集中到三混馏分中，萘的集中度达 95%～98%，提高了工业萘的产率。同时馏分塔的塔板层数可从 63 层减少到 41 层（提馏段 3 层，精馏段 38 层），三混馏分自下数 25、27、29、31 或 33 层塔板切取。

（3）减压蒸馏流程

减压蒸馏流程是指焦油连续通过管式炉加热，并在蒸馏塔中负压条件下分馏成各种馏分，工艺流程见图 5.86。焦油在负压下蒸馏，可降低各组分的沸点，避免或减少高沸点物质的分解和结焦现象。

经管式炉加热后的焦油在分馏塔内被分馏成各种馏分。塔顶馏出酚油，分馏塔塔顶压力为 13.3KPa，由减压系统通入真空槽的氮气量来调节。从分馏塔侧线顺次切取萘油、洗油和蒽油馏分。塔底得到软沥青，其软化点为 60～65℃，为了制取作为生产延迟焦、成型煤的黏结剂以及高炉炮泥的原料，需加入脱晶蒽油、焦化轻油进行调配，使之软化点降为 35～40℃。为此，由本装置外部送来的脱晶蒽油及焦化轻油，先经加热器加热至 90℃，然后进入温度保持为 130℃的软沥青的输送管道中，两者的加入量应依软沥青流量按比例输入。沥青软化点的调整全部于管道输送过程中完成。

（4）常压-减压蒸馏流程

常压-减压蒸馏流程是指焦油连续通过管式炉加热，并相继在常压馏分塔和减压馏分塔中分馏成各种馏分，吕特格式常压-减压焦油蒸馏流程见图 5.87。该流程的特点是各种馏分能比较精细地分离，减少了高沸点物质的热分解，降低了耗热量。

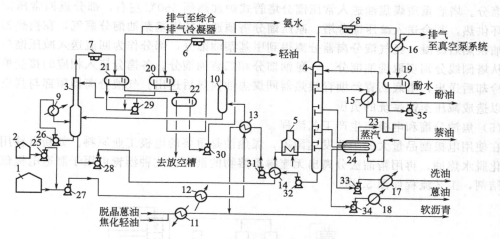

图 5.86　减压焦油蒸馏工艺流程

1—焦油槽；2—碳酸钠槽；3—脱水塔；4—分馏塔；5—加热炉；6—1 号轻油冷凝冷却器；7—2 号轻油冷凝冷却器；
8—酚油冷凝器；9—脱水塔重沸器；10—预脱水塔；11—脱晶蒽油加热器；12—焦油预热器；13—软沥青热
交换器 A；14—软沥青热交换器 B；15—萘油冷却器；16—酚油冷却器；17—洗油冷却器；18—蒽油冷却器；
19—主塔间流槽；20—1 号轻油分离器；21—2 号轻油分离器；22—3 号轻油分离器；23—萘油液封罐；
24—蒸气发生器；25—碳酸钠装入泵；26—脱水塔循环泵；27—焦油装入泵；28—脱水塔底抽出泵；
29—脱水塔回流泵；30—氨水输送泵；31—软沥青升压泵；32—主塔底抽出泵；33—洗油输送泵；

34—蒽油输送泵；35—酚油输送泵（主塔回流泵）

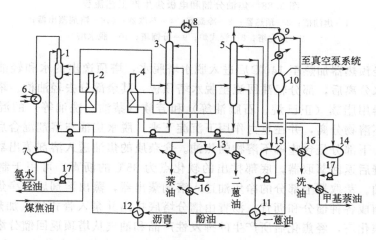

图 5.87　常压-减压焦油蒸馏工艺流程

1—脱水塔；2—脱水塔管式炉；3—常压馏分塔；4—常压馏分塔管式炉；5—减压馏分塔；6—轻油
冷凝冷却器；7—油水分离器；8—蒸气发生器；9—甲基萘油换热器；10—气液分离器；
11——蒽油换热器；12—沥青换热器；13—酚油回流槽；14—甲基萘油回流槽；
15——蒽油中间槽；16—馏分冷却器；17—油泵

焦油与甲基萘油馏分、一蒽油馏分和沥青多次换热到 120～130℃进入脱水塔。煤焦油
中的水分和轻油馏分从塔顶逸出，经冷凝冷却、油水分离后得到氨水和轻油馏分。脱水塔顶
部送入轻油回流，塔底的无水焦油送入管式炉加热到 250℃左右，部分返回脱水塔底循环供
热，其余送入常压馏分塔。酚油蒸气从常压馏分塔顶逸出，进入蒸气发生器，利用其热量产
生 0.3MPa 的蒸气，供本装置加热用。冷凝的酚油馏分部分送回塔顶作回流，从塔侧线切取

179

萘油馏分。塔底重质煤焦油送入常压馏分塔管式炉加热到 360℃左右，部分返回常压馏分塔底循环供热，其余送入减压馏分塔。减压馏分塔顶逸出的甲基萘油馏分蒸气，在换热器中与煤焦油换热后冷凝，经气液分离器分离得到甲基萘油馏分，部分作为回流送入减压馏分塔顶部，从塔侧线分别切取洗油馏分、一蒽油馏分和二蒽油馏分。各馏分流入相应的接受槽，分别经冷却后送出，塔底沥青经沥青换热器同煤焦油换热后送出。气液分离器顶部与真空泵连接，以造成减压蒸馏系统的负压。

(5) 焦油分馏和电极焦生产工艺流程

在使用电极制品量大的工业发达国家，煤焦油是重要的电极工业原料。如新日铁用萃取法净化脱水焦油，再用精馏法分离出无喹啉不溶物的沥青。此种沥青可用于制造电极焦和电极黏结剂，工艺流程如图 5.88。

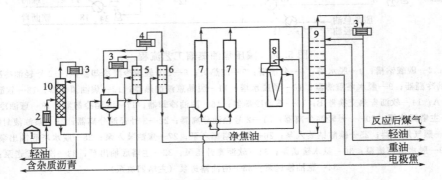

图 5.88　焦油分馏和电极焦生产工艺流程
1—焦油槽；2—预热器；3—冷凝器；4—萃取器；5,6—溶剂蒸出器；
7—焦化塔；8—管式炉；9—分馏塔；10—脱水塔

原料焦油经预热器加热至 140℃后进入脱水塔脱水，塔顶逸出的水和轻油的混合蒸气经冷凝冷却和油水分离后，部分轻油回流至脱水塔顶板，其余部分去轻油槽。塔底排出的脱水焦油进入萃取器用脂族（正己烷、石脑油等）和芳族（萘油、洗油等）的混合溶剂进行萃取，可使喹啉不溶物分离，并在重力作用下沉淀下来。脱水焦油与溶剂混合后分为两相，上部分为净焦油，下部分是含喹啉不溶物的焦油。含杂质的焦油送入溶剂蒸出器，蒸出的溶剂及轻馏分经冷凝后返回萃取器，底部排出的软化点为 35℃ 的沥青，可用于制取筑路焦油和高炉用燃料焦油。萃取器上部分的净焦油送入溶剂蒸出器，蒸出溶剂后的净焦油用泵送入馏分塔底部，分馏成各种馏分和沥青。沥青由馏分塔底排出并泵入管式炉，加热至 500℃后进入并联的延迟焦化塔，经焦化后所产生的挥发性产品和油气从塔顶返回馏分塔内，并供给所需热量。在焦化塔内得到的主要产品为延迟焦，其对软沥青的产率约为 64%。所得延迟焦再经煅烧后即得成品沥青焦，沥青焦对延迟焦的产率约为 86%。馏分塔顶引出的煤气（占焦油 4%），经冷凝后所得冷凝液返回塔顶板。自上段塔板引出的是含酚、萘的轻油，中段塔板切取的为含蒽的重油。

5.5.2.3　焦油蒸馏的主要设备

(1) 管式炉

焦油蒸馏装置有两种管式炉，即圆筒式和方箱式。圆筒式主要由燃烧室、对流室和烟囱三部分组成，应用较为广泛，其构造和前面章节所示管式炉类似。圆筒管式炉因生产能力的不同有多种规格，炉管均为单程，辐射段炉管及对流段炉管的材质为 1Cr5Mo 合金钢。炉管分辐射段和对流段，水平安设。辐射管从入口至出口管径是变化的，可使焦油在管内加热均匀，提高炉子的热效率，避免炉管结焦，延长使用寿命。辐射段炉管沿炉壁圆周等距直立排列，无死角，加热均匀。对流段炉管在燃烧室顶水平排列，兼受对流及辐射两种传热方式作用。

焦油在管内流向是先从对流管的上部接口进入，流经全部对流管后，出对流段，经联络管进入斜顶处的辐射管入口，由下至上流经辐射段一侧的辐射管，再由底部与另一侧的辐射管相连，由下至上流动，最后由斜顶处最后一根辐射管出炉。

（2）蒸发器

焦油蒸馏工艺中使用了一段和二段两种蒸发器。一段蒸发器是快速蒸出煤焦油中所含水分和部分轻油的蒸馏设备，其构造见图 5.89。塔体由碳素钢或灰铸铁制成。焦油从塔中部沿切线方向进入，为保护设备内壁不受冲蚀，在焦油入口处有可拆卸的保护板，入口的下部有 2～3 层分配锥。焦油入口至捕雾层有高为 2.4m 以上的蒸发分离空间，顶部设钢质拉西环捕雾层，塔底为无水焦油槽。气相空塔速度宜采用 0.2m/s。

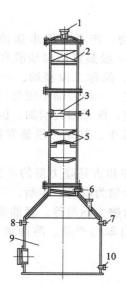

图 5.89　一段蒸发器

1—蒸气出口；2—捕雾层；3—保护板；4—焦油
入口；5—再分配锥；6—无水焦油出口；
7—无水焦油入口；8—满流口；9—无
水焦油槽；10—无水焦油出口

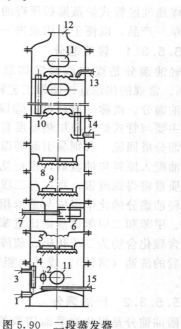

图 5.90　二段蒸发器

1—放空口；2—浮球液面计接口；3—沥青出口；
4,5,8,9—溢流塔板；6—缓冲板；7—焦油入口；
10—泡罩塔板；11—人孔；12—馏分蒸气出口；
13—回流槽入口；14—二蒽油出口；15—蒸气入口

二段蒸发器是将 400～410℃的过热无水焦油闪蒸并使其馏分与沥青分离的蒸馏设备，由若干铸铁塔段组成。两塔式流程中，用的二段蒸发器不带精馏段，构造比较简单，在焦油入口以上有高度大于 4m 的分离空间，顶部有不锈钢或钢质拉西环的捕雾层，馏分蒸气经捕雾层除去夹带的液滴后，全部从塔顶逸出。液相为沥青。气相空塔速度采用 0.2～0.3m/s。一塔式流程中，用的二段蒸发器带有精馏段，其构造如图 5.90 所示。热焦油进入蒸发段上部以切线方向运动，并立即进行闪蒸。为了减缓焦油的冲击力和热腐蚀作用，在油入口部位设有缓冲板，其下设有溢流塔板，焦油由周边汇向中央大溢流口，再沿齿形边缘形成环状油膜流向下层溢流板，在此板上向四周外缘流动，同样沿齿形边缘形成环状油膜落向器底，形成相当大的蒸发面积。

181

所蒸发的油气及所通入的直接蒸气一同上升进入精馏段，沥青聚于器底。蒸发器精馏段设有 4～6 层泡罩塔板，塔顶送入一蒽油做回流。由蒸发段上升的蒸气汇同闪蒸的饱和蒸气，经精馏作用后，于精馏段底部侧线排出二蒽油馏分，一蒽油以前的各饱和蒸气连同水蒸气自器顶逸出去馏分塔。在精馏段与蒸发段之间也设有两层溢流塔板，其作用是阻挡上升蒸气所挟带的焦油液滴，并使液滴中的饱和蒸气充分蒸发出去。

（3）馏分塔

馏分塔是焦油蒸馏工艺中切取各种馏分的设备。馏分塔为条形泡罩或者浮阀塔，内部分为精馏段和提馏段，内设塔板，塔板数约为 41～63 层。塔板间距依塔径确定，一般为 350～500mm，相应的空塔气速可取为 0.35～0.45m/s。进料层的闪蒸空间宜采用板间距的 2 倍。馏分塔底有直接蒸气分布器（减压蒸馏时无），以供通入过热蒸气。

5.5.3　焦油馏分的加工

煤焦油经管式炉蒸馏后所得的各个馏分均为多组分的混合物，需进一步加工才能分离出各种单一产品，以便于利用或进一步加工成精制产品。

5.5.3.1　轻油馏分

轻油馏分是煤焦油蒸馏切取的馏程 170℃ 前的馏出物，产率为无水焦油的 0.4%～0.8%。常规的焦油连续蒸馏工艺轻油馏分来源有两处：①一段蒸发器焦油脱水的同时得到的轻油馏分，简称一段轻油；②馏分塔顶得到的轻油馏分，简称二段轻油。一段轻油质量差，主要与管式炉一段加热温度有关，温度越高，质量越差。一段轻油不应与二段轻油合并作为馏分塔回流，否则易引起塔温的波动，使产品质量变差，酚萘损失增加。因此，可将一段轻油配入原料焦油重蒸，也可兑入洗油回流或一蒽油回流中。如果一段蒸发器设有回流，轻油质量将得到改善，则可与二段轻油合并。

轻油馏分的化学组成与重苯相似，但其中含有较多的茚和古马隆类型的不饱和化合物，而苯、甲苯和二甲苯含量则比重苯少。轻油馏分的含氮化合物为吡咯、苯腈、苯甲腈及吡啶等，含硫化合物为二硫化碳、硫醇、噻吩及硫酚，含氧化合物为酚类等。轻油馏分一般并入吸苯后的洗油（富油），或并入粗苯中进一步加工，分离出苯类产品、溶剂油及古马隆-茚树脂。

5.5.3.2　酚油馏分

酚油馏分是煤焦油蒸馏切取的 170～210℃ 馏出物，产率为无水焦油的 1.4%～2.3%。焦油中的酚 40%～50% 集中在这段馏分中，其它主要组分还有吡啶碱、古马隆和茚等。酚油馏分一般进行酸碱洗涤，提取其中的酚类化合物和吡啶碱。已脱出酚类和吡啶碱的中性酚油则可用于制取古马隆-茚树脂等。

酚油馏分的加工包括分出酚类、吡啶碱、树脂、溶剂油和重质油。从酚油馏分中提取酚类的流程见图 5.91，主要包括酚类（吡啶碱）的脱出、粗酚钠的蒸吹净化和净酚钠的分解。

粗酚是生产精酚的原料，除了来自焦油馏分的脱酚，还有含酚废水的萃取。粗酚的组成为苯酚约 40%，邻甲酚 9%，间、对甲酚约为 34%，其余的是二甲酚。粗酚通过脱水和精馏分离，可得精酚。为了降低操作温度，一般采用减压操作，连续操作的工艺流程见图 5.92。原料粗酚经脱水塔脱水后送入两种酚塔，塔底得二甲酚以上的重组分，进一步间歇蒸馏分离；塔顶为苯酚和甲酚轻组分，部分回流，其余进入苯酚塔，塔顶为苯酚馏分，进一步间歇蒸馏得纯苯酚。塔底再沸器用 2940kPa 的蒸气加热，塔底残油为甲酚馏分，再送入邻甲酚塔内，塔顶分出邻甲酚；而塔底残液则送入间、对甲酚塔，塔顶出间甲酚；塔底残液为

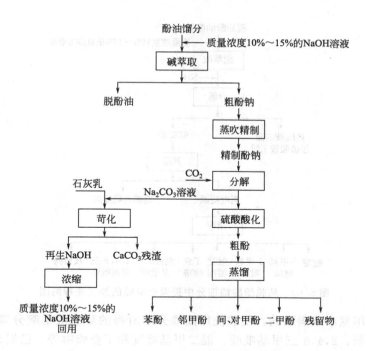

图 5.91　从酚油馏分中提取酚类的流程简图

生产二甲酚的原料，去间歇蒸馏分离。

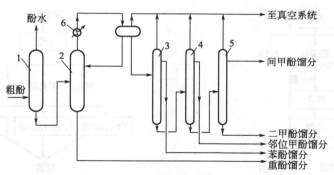

图 5.92　粗酚连续精馏工艺流程

1—脱水塔；2—两种酚塔；3—苯酚塔；4—邻甲酚塔；5—间、对甲酚塔；6—冷凝器

　　从脱酚馏分中提取吡啶碱的加工流程见图 5.93。焦化厂粗吡啶的来源有两个：一是从硫酸铵母液中得到的粗轻吡啶，含水小于 15%，含吡啶碱的盐约占 62%，其余为中性油；二是由焦油馏分进行酸洗得到的粗重吡啶。吡啶碱类产量约为焦油的 0.5%～1.5%，其中大部分是高沸点组分，主要是吡啶和喹啉的衍生物。吡啶碱类能溶于水，温度高时，溶解度也高。若在吡啶的水溶液中加入盐类，吡啶即可析出。轻、重吡啶加工得到的精制产品，不仅是制取医药、染料中间体及树脂中间体的重要原料，而且是重要的溶剂、浮选剂和腐蚀抑制剂。

　　对粗轻吡啶，先用加苯恒沸蒸馏法脱水。粗轻吡啶中有 15% 的水溶于吡啶中，能形成沸点为 94℃ 的共沸溶液，加入苯后，苯与水互相不溶，又能形成沸点为 69℃ 的共沸溶液，从而脱出水分。脱水后的粗轻吡啶，用间歇蒸馏，可得纯吡啶、α,β-甲基吡啶和溶剂油。对

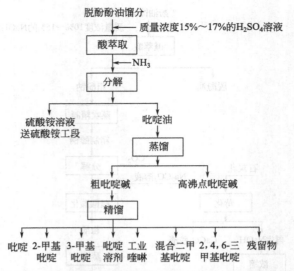

图 5.93 从脱酚酚油馏分中提取吡啶碱的加工流程简图

粗重吡啶，首先用氨水或碳酸钠，使酸洗焦油馏分后所得的重硫酸吡啶分解，再进行脱水、精馏，可得浮选剂、2,4,6-三甲基吡啶、混二甲基吡啶和工业喹啉等。已脱出酚类和吡啶碱的中性酚油加工流程见图 5.94。

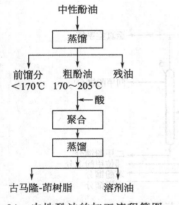

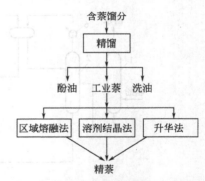

图 5.94　中性酚油的加工流程简图　　　　图 5.95　已洗含萘馏分的加工流程简图

5.5.3.3　萘油馏分

　　萘油馏分是煤焦油蒸馏切取的馏程 210～230℃ 的馏出物，产率为无水焦油的 11％～13％。煤焦油中的萘 80％～85％ 集中在这段馏分中，其它主要组分还有甲基萘、硫茚、酚类和吡啶碱等。萘油馏分加工时，先用酸碱洗涤提取酚类和吡啶碱，然后用蒸馏法生产工业萘，已洗含萘馏分的加工流程见图 5.95。由工业萘还可进一步制取精制萘。

　　我国加工焦油所得的萘主要有 99％ 以上的精萘、96％～98％ 的压榨萘和 95％ 的工业萘。这些萘产品的纯度不同，其结晶点也不同。纯萘的结晶点为 80.28℃，精萘为79.5℃，而工业萘为 78℃。焦油蒸馏所得的各种含萘馏分，脱掉酚和吡啶碱后，都可以作为生产工业萘的原料。工业萘是白色、片状或粉状的结晶，不挥发物小于约 0.05％，灰分小于 0.02％。

　　生产工业萘采用精馏法，主要有间歇和连续两种流程，图 5.96 是连续式生产流程。其中初馏塔是常压操作，萘塔压力为225kPa，温度为276℃。这是为了利用塔顶蒸气有一定的温度，以达到初馏塔再沸器热源的要求。萘油蒸馏塔加热用的是圆筒式管式炉，初馏塔和萘塔都为浮阀式塔板。

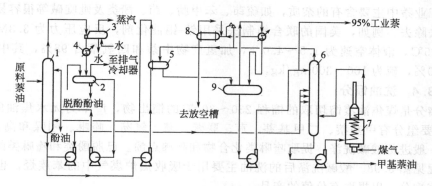

图5.96　连续式生产工业萘蒸馏工艺流程
1—初馏塔；2—初馏塔回流槽；3,4—初馏塔第一、二冷凝器；5—再沸器；6—萘塔；
7—管式炉；8—安全阀喷出汽冷凝器；9—萘塔间流槽

精萘的生产方法有以下几种。

① 压榨法以萘油馏分为原料，萘的结晶温度最高，可通过冷却的方法使萘结晶析出，然后过滤、压榨而得压榨萘。压榨萘的纯度不高，含有油、酚类、吡啶碱类和含硫化合物等，主要用于生产精萘，还可以生产苯酐。

② 硫酸洗涤法以压榨萘饼为原料，将其加热至105℃熔融，然后用93%的硫酸洗涤，去除萘中的不饱和化合物和硫化物等杂质，再通过减压间歇精馏，清除残留的高沸点油，最后将液态的萘在结晶机中冷却结晶，得片状结晶萘。此法萘损失量较大、废液处理比较麻烦，目前应用较少。

③ 区域熔融法萘和杂质属于完全互溶系统，当熔融液态混合物冷却时，结晶出来的固体比原液体的纯度高，将结晶出的固体再熔化、再冷却，则析出的晶体纯度更高，此即区域熔融的原理。工艺流程见图5.97。

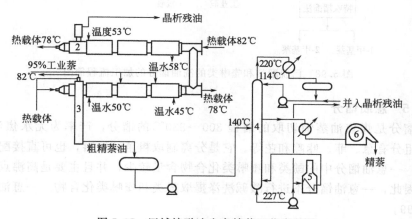

图5.97　区域熔融法生产精萘工艺流程图
1—萘精制机管1；2—萘精制机管2；3—萘精制机管3；4—精馏塔；5—管式炉；6—结晶制片机

④ 分步结晶法由于结晶器是箱形的，故亦称箱式结晶法，是一种间歇区域熔融法。以结晶点78℃的工业萘为原料进行分步结晶，主要设备是结晶箱。分步结晶法的流程、设备

及操作比较简小，操作费用和能耗都比较低，既可生产工业萘，又可生产精萘，在国外应用较多。

⑤ 催化加氢法由于粗萘中有些不饱和化合物的沸点与萘很接近，故用精馏的方法难以分离。但工业萘中主要含有的杂质，如硫茚、苯甲腈、茚、酚类及吡啶碱等很容易通过催化加氢的方法除去。例如，美国的联合精制法采用钴-钼催化剂，反应压力为 3.3MPa，温度为 285～425℃，液体空速为 1.5～4.0/h，加氢产物中萘和四氢萘占 98%，其中四氢萘为 1.0%～6.0%，硫为 100～300mg/kg。

5.5.3.4　洗油馏分

洗油馏分是煤焦油蒸馏切取的馏程 230～300℃的馏出物，产率为无水焦油的 4.5%～6.5%。主要组分有甲基萘、二甲基萘、苊、联苯、芴、氧芴、喹啉、吲哚和高沸点酚等。洗油馏分一般进行酸碱洗涤，提取喹啉类化合物和高沸点酚。已脱酚类和喹啉类的洗油馏分的加工流程见图 5.98。酸碱洗涤后的洗油主要用于吸收焦炉煤气中的苯族烃，也可进一步精馏切取窄馏分，以提取有价值的产品。

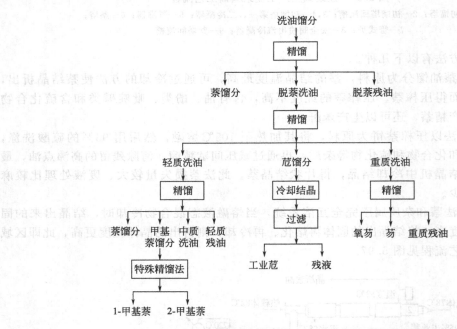

图 5.98　已脱酚类和喹啉类的洗油馏分的加工流程简图

5.5.3.5　蒽油馏分

一蒽油馏分是煤焦油蒸馏切取的馏程 300～330℃的馏分，产率为无水焦油的 14%～20%，主要组分有蒽、菲、咔唑和芘等。它是分离制取粗蒽的原料，也可直接配制作为生产炭黑的原料。一蒽油馏分中的酚类和喹啉类化合物含量较少，并且主要是高沸点酚类和喹啉类化合物。因此，一蒽油馏分不进行酸碱洗涤提取酚类和喹啉类化合物。一蒽油馏分的加工流程见图 5.99。

二蒽油馏分是煤焦油蒸馏切取的馏程 330～360℃的馏出物，产率为无水焦油的 4%～9%，主要组分有苯基萘、荧蒽、芘、苯基芴和䓛等。二蒽油馏分主要用于配制炭黑原料油或筑路沥青等，也可作为提取荧蒽和芘等化工产品的原料。

以一蒽油为原料，采用结晶离心分离的生产流程可得到粗蒽。粗蒽是蒽、菲、咔唑等和少量油类的混合物，呈黄绿色糊状，其中含纯蒽 28%～32%，纯菲 22%～30%，纯咔唑 15%～20%。粗蒽可用于生产炭黑和鞣革剂，是生产蒽、咔唑和菲的原料。精蒽和咔唑又是生产塑料和染料的重要原料，菲的用途还有待开发。

从粗蒽或一蒽油中分离生产出精蒽，工业上用的方法主要有溶剂法和蒸馏溶剂法。溶剂洗涤结晶法在我国应用较多，是用重苯和糠醛为溶剂，先进行加热溶解洗涤，然后再冷却结晶，真空抽滤。洗涤结晶反复进行三次，可得到精蒽产品，纯度为 90%。蒸馏溶剂法在工业发达国家用得较多，以德国昌特格公司焦油加工厂所采用的方法为例，其工艺流程见图 5.100，主要包括减压蒸馏和洗涤结晶两步。此法采用连续减压蒸馏，处理量大，同时可得菲和咔唑的富集馏分；所用的溶剂为苯乙酮，它对菲和咔唑的选择溶解性好，所以，只要洗涤结晶一次，就可得到纯度大于 95% 的精蒽。

5.5.4　焦油沥青的加工

焦油蒸馏的残液即为焦油沥青，占焦油的 55%。主要由三环以上的芳香族化合物，含氧、氮、硫杂环化合物和少量的高分子碳素物质组成。低分子组分具有结晶性，可形成多种组分共溶混合物。沥青的相对分子质量在 200～2000，其物理化学性质与原始焦油性质和蒸馏条件有关。沥青的反应性很高，加热甚至在储存时都能发生聚合反应。

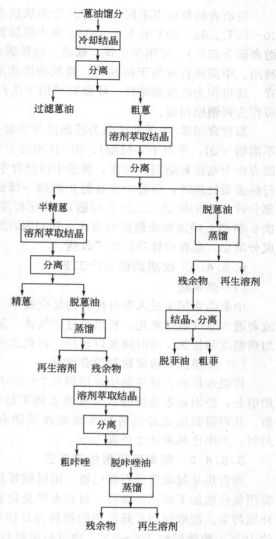

图 5.99　一蒽油馏分的加工流程简图

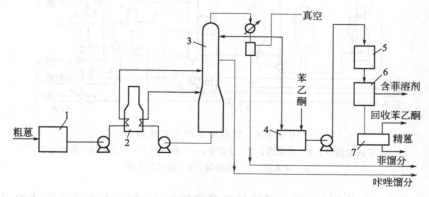

图 5.100　粗蒽蒸馏溶剂法精制工艺流程

1—熔化器；2—管式加热炉；3—蒸馏塔；4—洗涤器；5—卧式结晶器；6—卧式离心机；7—干燥器

按沥青的软化点不同，可将其分为软沥青、中温沥青和硬沥青，它们的软化点分别为40～55℃、65～90℃和大于90℃。将中温沥青回配蒽油可得软沥青（挥发分为55%～70%，游离碳≥25%），可用于建筑、铺路、电极碳素材料和炉衬黏结剂，也可用于制炭黑或作燃料用。中温沥青可用于制油毡、建筑物防水层、高级沥青漆、沥青焦或延迟焦以及改质沥青，还可作为电极黏结剂。硬沥青可用于生产低灰沥青焦、软化点高于200℃的超硬沥青，可作为铸钢模用漆。

沥青常用苯/甲苯和喹啉为溶剂进行萃取，将沥青分为苯溶物、苯不溶物（BI）和喹啉不溶物（QI，相当于α-树脂），BI-QI相当于β-树脂，是表示黏结剂的组分，其数量体现了沥青作为电极黏结剂的性能。普通中温沥青中的BI值为18%，QI值为6%。当对此沥青进行热改质处理时，沥青中原有的β-树脂一部分会转化为α-树脂（二次α-树脂），苯溶物的一部分转化为β-树脂（二次β-树脂），转化程度随加热处理的加深而增大，从而形成更多的二次β-树脂。经加热处理后的沥青，其QI值增至8%～16%，BI值增至25%～37%，黏结性成分增加，沥青的性质得到了改质。

5.5.4.1 改质沥青生产工艺

（1）热聚法

中温沥青用泵送入带有搅拌的反应釜中，通过高温或通入过热蒸气，加热而发生聚合，或者通入空气进行氧化，析出小分子气体，釜液即为电极沥青。电极沥青的规格可通过改变加热温度和加热反应时间加以改变，软化点可通过添加调整油进行控制。

（2）重质残油改质精制综合流程

将脱水焦油在反应釜中加压到0.5～2MPa，加热至350℃，保持约12h，使焦油中的有用组分，特别是重油组分以及低沸点的不稳定杂环组分，在反应釜中经过聚合转化为沥青质，从而得到质量好的各种等级的改质沥青。改质沥青的软化点为80℃左右，β-树脂＞23%，产率比热聚法生产高10%。

5.5.4.2 沥青延迟焦生产工艺

沥青焦是制取普通石墨电极、阳极糊等骨料的基本材料。传统的延迟焦生产是将中温沥青用氧化法加工成高温沥青，再在水平炭化室沥青焦炉内制取沥青焦，但此法会造成严重的环境污染。制取煤沥青延迟焦的原料为软沥青，其配比一般为中温沥青约78%、脱晶蒽油约19%、焦油轻油2%～3%，也可只用脱晶蒽油与中温沥青配合，工艺流程见图5.101。

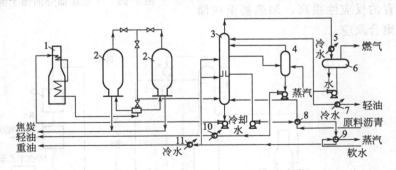

图5.101　延迟焦生产工艺流程

1—管式加热炉；2—焦化塔；3—分馏塔；4—吹气柱；5,7,10,11—冷却器；
6—分离塔；8—换热器；9—蒸气发生器

原料软沥青首先加热到135℃，经换热后温度约为310℃，首先进入管式炉对流段预热，然后转入辐射段，温度约为490℃，出口炉料的气化率约达50%。为避免在炉内结焦，除将油料快速加热到所需温度外，还要在转入辐射端时注入压力为 3MPa 的直接水蒸气，以提高油料在临界分解段的流速。从加热炉出来的高温混相液体从焦化塔底部中心进入塔内，在焦化塔里，操作温度保持在 460℃左右，操作压力为 0.3MPa，油料在此进行裂解和聚合，得到延迟焦。软沥青经延迟焦装置后所得的主要产品为 64％延迟焦，同时还有 11％焦化轻油、21％焦化重油及 4％煤气。

习　题

1. 炼焦过程化学产品是怎样生成的？影响化学产品产率和组成的因素有哪些？
2. 煤气负压净化系统与正压净化系统相比有什么优缺点？
3. 荒煤气为什么首先要进行初步的冷却？初冷器有哪几种类型？
4. 鼓风机的作用是什么？在化产回收工艺系统中的安装位置有几种？各有何特点。
5. 从煤气中回收有用物质和输送利用之前，为什么要先进行除萘、脱焦油雾和脱硫等净化处理？
6. 焦炉煤气脱硫主要有哪几种方法？简述改良 ADA 法脱硫原理及工艺流程。
7. 简述硫铵生产的原理，对比说明无饱和器法与饱和器法制硫铵的优缺点。
8. 简述回收煤气中粗轻吡啶的方法原理和工艺流程。
9. 什么是剩余氨水？为什么要对剩余氨水进行处理？
10. 煤气终冷和洗萘有哪几种方式？简述各自的工艺流程。
11. 简述从煤气回收苯族烃的基本原理和工艺流程。
12. 富油脱苯有哪些主要设备？简述各自的结构及作用。
13. 简述粗苯硫酸洗精制和催化加氢精制的原理和主要工艺过程。
14. 煤焦油蒸馏前应做哪些处理？煤焦油中主要含有哪几类的馏分？
15. 煤焦油蒸馏有哪几种流程？各适用于什么条件？
16. 简述生产工业萘的工艺流程和特点。

第6章 煤的气化

煤炭气化是指煤在气化炉中，在高温条件下与气化剂反应，使固体燃料转化成气体燃料，如工业燃料气、民用煤气和化工原料气。它是洁净、高效利用煤炭的最主要途径之一，是燃料电池、煤气联合循环发电技术等许多能源高新技术的关键技术和重要环节。因此，作为未来洁净煤技术的核心，煤的气化技术对我国煤炭资源的合理利用及节能减排具有重要的现实意义。

煤炭气化包括完全气化和部分气化。部分气化是指煤的高温和低温干馏，低温干馏又称温和气化，是洁净煤技术的一个重要组成部分。煤炭干馏技术受到煤种和产品综合发展的制约，只能满足于局部的需要，我国煤炭资源中有一半以上煤种适合于完全气化技术，煤制合成气技术的立足点应放在完全气化方面。

6.1 概述

6.1.1 煤气化技术分类

煤的气化有多种分类方法，按照煤气的热值、供热途径以及原料煤的运动状态等可分为以下几种。

① 按照制取煤气的热值（标准状态）可分为：低热值煤气（热值低于 $8347kJ/m^3$），中热值煤气（热值 $16747 \sim 33494kJ/m^3$）以及高热值煤气（热值高于 $33494kJ/m^3$）的制备技术。

② 按照供热方式可划分为部分氧化法、间接供热法、加氢气化法和热载体供热法。煤气化的总过程是一个吸热过程，因此必须提供热量，一般需要消耗气化用煤发热量的 $15\% \sim 35\%$。

部分氧化法是一种直接的供热方式，通过煤、残碳和氧（或空气）在气化炉内燃烧供热。间接供热法是指从气化炉外部供热，由于制氧投资运行费用比较高，同时部分煤燃烧生成 CO_2，因此气化效率降低。让煤仅与水蒸气反应，热量通过间壁传给煤或气化介质，也可用电热或核反应热间接加热，这种过程称为配热式水蒸气气化。加氢气化法是指由平行进行的化学反应直接供热，如煤先进行加氢气化，加氢气化后的残焦用部分氧化方法气化，产生的合成气为加氢阶段提供氢源。热载体供热法是指在一个单独的反应器内，用煤或焦炭与空气燃烧加热热载体供热，热载体可以是熔渣、熔盐或熔铁等。

③ 按照固体燃料的运动状态可分为移动床/固定床气化法、流化床气化法、气流床气化法及熔融床气化法。

④ 按煤气用途分类

生产燃料煤气：燃料煤气又可分为工业燃气和城市煤气。工业燃气用于不同的窑炉及装置，因其热强度（主要表现为燃料火焰温度）和热负荷不同，煤气的质量和成分差异很大。城市煤气主要作为服务业和民用燃料，在热值、密度和安全性上，各国都有特定的技术标准。我国城市煤气规范规定，城市煤气热值（低发热值）大于 $14.65MJ/m^3$（标）；华白指数（是表示热负荷的参数，发热指数）波动范围一般不超过 $\pm 5\%$；杂质中焦油及灰尘、硫化氢和萘等都有规定的指标，另外还有为示警的加臭要求。

生产合成气：用作合成氨、合成甲醇等化工产品以及合成液体燃料的原料气。

生产还原气和氢：将煤气化，供给铁矿石直接还原生产海绵铁所需之还原气。近年来，铁矿石直接还原技术发展很快，其中大部分是用气态还原剂（$CO+H_2$）生产的。

联合循环发电：当今世界开采煤炭的大约 50％用于发电，而联合循环发电是正在开发中的新技术，它的开发成功将大幅度提高发电效率。

⑤ 按气化剂分类。气化方法按使用气化剂的不同可分为如下几种。

空气-蒸汽气化以空气（或富氧空气）-蒸汽作为气化剂。其中又有空气-蒸汽内部蓄热的间歇制气和富氧空气-蒸汽自热式的连续制气方法的区别。

氧气-蒸汽气化以工业氧和水蒸气作为气化剂。近代气化技术几乎都是以工业氧和高压蒸汽作为气化剂的。

氢气气化煤气化过程中用 H_2 或富含 H_2 的气体作为气化剂可生成富含 CH_4 的煤气，亦称加氢气化法。

⑥ 按照气化炉的操作压力可分为常压气化和加压气化。加压气化具有生产强度高，对燃气输配和后续化学加工具有明显的经济性等优点。目前，将气化压力在大于 2MPa 情况下的气化统称为加压气化技术。

⑦ 按照残渣的排出形式可分为固态排渣和液态排渣气化。气化残渣以固体形态排出气化炉外的称固态排渣。气化残渣以液态方式排出经急冷后变成熔渣排出气化炉外的称液态排渣。

⑧ 原料的粒度或状态也可成为表征气化技术特征的参数，如粉煤气化技术、水煤浆气化技术等。

6.1.2　煤气化设备

煤气化的整个过程是在气化炉中完成的，因此，煤气化炉是气化工艺中最主要的设备。已经商业化的十几种气化工艺均有几十年的发展历史，并根据其特点适用于不同的场合。气化炉的最早应用是生产城市煤气和化工原料，近年来开始用于整体煤气化联合循环发电系统中。

各种不同结构的气化炉基本上均由三大部分组成，即加煤系统、气化反应部分和排渣系统。气化部分是煤炭气化的主要场所，如何在低消耗的情况下，使煤最大限度地转化为符合用户要求的优质煤气，是首要考虑的问题。当然，由于煤炭气化过程是在非常高的温度下进行的，为了保护炉体（也包括炉内布煤器或搅拌装置），同时可以吸收气化区的热量而生产蒸汽作为气化时需用的蒸汽而进入气化炉内。煤炭气化后的残渣即煤灰，由排渣系统定期地排出气化炉外，这样就保证了炉内料层高度的稳定，同时保证了气化过程连续稳定地进行，对移动床而言，由于炉算（气化剂的分布装置）和排渣系统结合在一起，气化剂均匀分布和排渣操作是生产上较为重要的两个问题。

不论采用何种类型的气化炉，生产哪种煤气，燃料以一定的粒度和气化剂直接接触进行物理和化学变化过程，将燃料中的可燃成分转变为煤气，同时产生的灰渣从炉内排除出去，这一点是不变的。然而采用不同的炉型、不同种类和组成的气化剂，在不同的气化压力下，生产的煤气的组成、热值以及各项经济指标是有很大差异的。气化炉的结构、炉内的气固相反应过程及其各项经济指标，三者之间是紧密联系的。

6.1.2.1　固定床气化炉

固定床气化炉一般以块煤或煤焦为原料。煤由气化炉顶加入，气化剂由炉底送入。流动气体的上升力不致使固体颗粒的相对位置发生变化，即固体颗粒处于相对固定状态，床层高度亦基本上维持不变，因而称为固定床气化。另外，从宏观角度看，由于煤从炉顶加入，含有残炭的灰渣自炉底连续排出，气化过程中煤粒在气化炉内逐渐缓慢的向下移动，因而又称为移动床气化。固定床气化炉内的气化过程原理如图 6.1 所示。

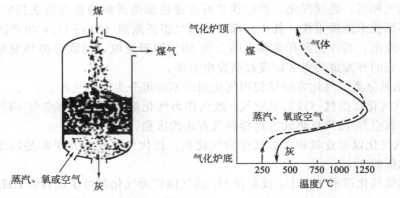

图 6.1　固定床（移动床）气化炉及炉内温度分布

固定床气化炉又分为常压和加压气化炉两种，在运行方式上有连续式和间歇式的区分。固定床气化的特性是简单、可靠，由于气化剂与煤逆流接触，气化过程进行得比较完全，碳转化效率高、耗氧量低、热效率高。出口煤气温度较低，通常无需煤气冷却器。一般采用固态干灰排渣，也可采用液态排渣。原料煤、焦一般为块状，不适合末煤和粉煤。

6.1.2.2　流化床气化炉

流化床煤气化又称为沸腾床气化。气化原料为小颗粒煤，这些细粒煤在自下而上的气化剂作用下，保持着连续不断和无秩序的沸腾和悬浮状态运动，迅速地进行着混合与热交换，整个床层的温度和组成分布是均一的。流化床气化炉是基于气固流态化原理的煤气化反应器，如图 6.2 所示。

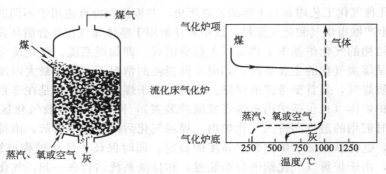

图 6.2　流化床气化炉示意图及炉内温度分布曲线

流化床气化炉中，采用空气、氧气或富氧空气及水蒸气作为气化剂，其中一部分气化剂经过布风板送入流化床中，布风板上的物料处于鼓泡流化状态，气化剂与煤反向送入气化炉，产生的煤气为低或中热值煤气。

气化反应在中温（950℃左右）条件下进行，气化炉的操作温度控制在煤的灰熔融温度以下，既可以在常压也可以在加压条件下进行。可以利用粉煤、细粒煤或水煤浆作为气化原料。适合于活性较高的烟煤及褐煤的气化，对煤中灰分的多少不十分敏感。

流化床气化炉内必须维持一定的含碳量，流化状态下灰渣不易从料层中分离出来，因此，70％左右的灰及部分碳粒被煤气夹带离开气化炉，30％的灰以凝聚熔渣形式排出落入灰斗。排出的飞灰与灰渣中的含碳量均较高，热损失较大，需考虑有效的飞灰回收与循环。由于气化温度的限制，这种气化炉的气化强度受到限制，碳转化率较低，而且不适合于气化黏结性强的煤。

6.1.2.3　气流床气化炉

气流床气化是一种并流式气化技术。气化剂（氧与蒸汽）将煤粉（70%以上的煤粉通过200目筛孔）夹带入气化炉，在 $1500\sim1900℃$ 高温下将煤一步转化成 CO、H_2、CO_2 等气体，残渣以熔渣形式排出气化炉，也可将煤粉制成煤浆，用泵送入气化炉。在气化炉内，煤炭细粉粒与气化剂经特殊喷嘴进入反应室，会在瞬间着火，直接发生火焰反应，同时处于不充分的氧化条件下。因此，其热解、燃烧以及吸热的气化反应，几乎是同时发生的。随着气流的运动，未反应的气化剂、热解挥发物及燃烧产物裹挟着煤焦粒子高速运动，运动过程中进行着煤焦颗粒的气化反应。这种运动形态相当于流化技术领域里对固体颗粒的"气流输送"，习惯上称为气流床气化，亦称喷流床气化。气流床气化炉示意图及炉内温度分布曲线，如图 6.3 所示。

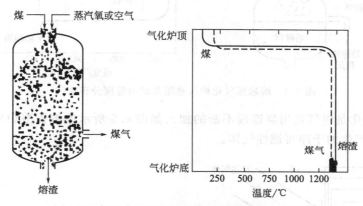

图 6.3　气流床气化炉示意图及炉内温度分布曲线

气化炉内气化区的最高温度达 2000℃ 左右，碳的转化效率也较高，一般可达 98% 以上，出炉煤气温度在 1400℃ 左右，煤气的物理显热很大。煤以干煤粉或水煤浆形式被高速气流（ $80\sim100m/s$ ）携带喷入炉内，在高温（ $1200\sim2000℃$ ）、常压或高压（ $2\sim8MPa$ ）的还原气氛下完成气化反应。

气化炉内化学反应速率极快。煤粒在高温、强湍流的环境下，迅速经历了加热、膨胀、热解释放挥发分的过程，所形成的半焦又立即与氧气和蒸汽进行气化反应，分裂反应生成可燃气体。这一系列反应过程均在 $1\sim2s$ 内迅速完成，而且各过程的反应区域分得不是那么明显。

由于气化反应温度高，有利于一氧化碳的生成反应，出炉煤气中 CO 含量高达 60% 左右，煤气中 CH_4 的含量很低，属于中热值煤气。高温下煤的热解产物会立即燃烧或进一步发生反应而被转化，所以，从气化炉中排出的煤气，不含焦油、酚类等煤气化中间产物，煤气中的 H_2S、COS 和微量碱金属等在煤气净化系统中可以被除去。

气流床气化炉在进料方式上分为湿法（水煤浆）和干法两种。湿法进料的设备及系统简单，但由于制浆过程中掺入的水要消耗一部分热量，因此，煤气化中的碳转化率和煤气热值低于干法进料的气化炉，而且不适用含灰较多的煤种。干法进料中煤的制备、干燥、加压及输送系统复杂，设备较多，但煤气的热值高，气化过程中的碳转化率和煤气热值较高，也可采用含灰较多的煤种。

气流床气化炉均为液态排渣，渣呈熔融状，煤的灰分、灰熔融性及黏温特性（黏度与温度之间关系的特征）等均对其经济性、稳定运行有不同程度的影响。煤的灰熔融性温度不宜太高，当高于 1500℃ 时，为降低灰熔融性温度，同时也为了延长耐火砖的寿命，要加入石灰石作助熔剂，从而需要增加石灰石制备系统。

6.1.2.4 熔融床气化炉

熔融床气化也称熔浴床气化或熔融流态床气化。它的特点是有一温度较高（一般为1600～1700℃）且高度稳定的熔池，粉煤和气化剂以切线方向高速喷入熔池内，池内熔融物保持高速旋转。此时，气、液、固三相密切接触，在高温条件下完成气化反应，生成 H_2 和CO为主要成分的煤气。熔融床可分为熔渣床、熔盐床和熔铁床三类。图6.4为熔融床气化炉示意图及炉内温度分布曲线。

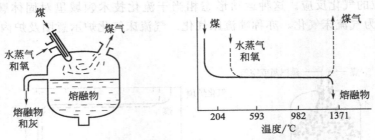

图6.4 熔融床气化炉示意图及炉内温度分布曲线

① 熔铁浴气化是将气化用煤连续不断的加入如图6.5所示的熔铁浴炉内，制得类似于转炉顶吹炼钢所产生的干净可燃性气体。

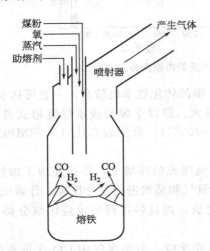

图6.5 熔铁浴气化示意图

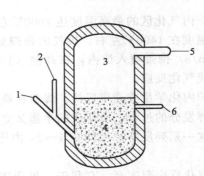

图6.6 熔盐浴气化示意图
1—空气或氧气；2—盐和煤；3—气化室；
4—熔盐浴；5—煤气出口；6—渣液出口

熔铁浴炉内熔铁的温度约为1500℃，含碳量为1%～3%，按一定配比将气化剂（氧）鼓入熔铁浴，可获得主要成分为CO和 H_2 的低硫可燃气体。该技术可实现无焦油气化；熔铁浴具有熔碳能力和溶硫能力，在喷煤量改变的情况下，可以制得成分稳定的气体，可减少气体成分中硫化物的含量；煤种的适应性广；反应速率快，单炉生产能力强。

② 熔盐浴气化主要是通过高温热稳定的熔融盐作为催化介质和热载体，使得固体燃料在熔盐中得到裂解和部分氧化。图6.6是熔盐浴气化的示意图。空气或氧气裹挟着煤粉和补充的盐进入盐浴池内，气化室内的压力约为1～1.9MPa，盐浴的温度为700～1050℃，产生的气体经煤气出口排出，煤中的灰分等熔渣和部分熔盐一起从渣液出口排出。

熔融盐具有高热传导率和高温稳定性、较宽范围内的低压蒸汽、高的热容量以及低黏度等，是一种很好的蓄热介质，可使气化反应连续稳定地进行；熔融盐可以吸收煤在高温热解时释放出来的 H_2S 等有害气体；反应中生成的 Na_2S 等中间产物可以起到催化作用；相对于其它气化反应来讲，盐浴气化反应操作温度比较低。

③ 熔渣气化法利用熔渣池作为热源及主要反应区，兼具供热、蓄热和催化气化的功能，操作温度高达 1500~1700℃。图 6.7 为熔渣池气化原理示意图。粉煤和气化剂以较高的速度（6~7m/s）通过喷嘴沿切线方向喷入床内，带动熔渣做螺旋状的旋转运动。燃料颗粒因为离心力也保持旋转运动，每个颗粒都有一个平衡圆周，小颗粒保持悬浮状态在其平衡圆周上旋转，较大的煤粒或灰粒撞击在气化室壁上，由于高速旋转气固两相即煤粒和气体之间的相对运动很强，气化反应速度很快。

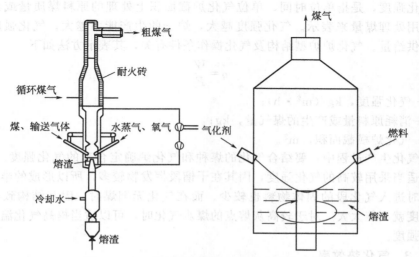

图 6.7　S-O 煤渣浴气化炉及熔渣池气化示意图

煤粒和气化剂在熔渣浴中反应，气、液、固三相接触紧密。由于反应温度很高，传热和反应动力学条件良好，因此煤种适应广，气化强度高，生产能力大，碳转化率高，且煤气中不含焦油、酚类，对环境污染小；气化炉的负荷调节性能好，在 30% 负荷的条件下也能操作，仅受到为使熔渣浴维持旋转所需反应物的最小流量限制；熔渣的黏度是影响气化的一个重要因素，熔渣黏度小则流动性好，进入渣池内的反应物易形成气泡，因此增加了反应面积，加快了反应速率。然而，黏度过小流速过快，会使煤粒的停留时间变短，影响气化效率。

6.1.3　煤的气化评价指标

煤炭气化过程经济性的主要评价指标包括气化强度、单炉生产能力、气化效率、热效率、煤气产率等。

6.1.3.1　气化效率

气化效率（η_G）是指所制得煤气的热值与所使用燃料热值之比，是衡量煤炭气化过程能量合理利用的重要指标。煤炭气化过程实质是燃料形态的转变过程，这一过程通常伴随着能量的转化和转移。首先煤在燃烧部分提供热量（化学能转化为热能），随后在高温条件下，气化剂和炽热的煤进行气化反应，消耗了燃烧过程提供的能量，生成可燃性的一氧化碳、氢气或甲烷等（这实际上是能量的一个转移过程）。即使在理想情况下，煤所能够提供的总能量并不能完全转移到煤气中，这种转化关系可以用气化效率来表示。此种气化效率实际只利用了冷煤气的热能，而未利用煤气的显热，故有时亦称之为冷煤气效率，如式（6.1）所示。

$$\eta_G = \frac{Q_G}{Q_C} \times 100\% = \frac{Q_g V}{Q_C} \times 100\% \qquad (6.1)$$

式中　η_G——气化效率，%；

　　　Q_G——1kg 燃料气化所得煤气的热值，kJ/kg；

　　　Q_C——所用燃料的发热量，kJ/kg；

　　　Q_g——煤气的发热量，标准状态下，kJ/m³；

　　　V——煤气产率，标准状态下，m³/kg。

6.1.3.2　气化强度

所谓气化强度，是指单位时间、单位气化炉截面积上处理的原料煤质量或产生的煤气量，一般常用处理煤量来表示。气化强度越大，炉子的生产能力越大。气化强度与煤的性质、气化剂供给量、气化炉炉型结构及气化操作条件有关，其表示方法如下

$$q = \frac{W}{F} \qquad (6.2)$$

式中　q——气化强度，kg/(m² · h)；

　　　W——消耗原料量或产生的煤气量，kg；

　　　F——气化炉横截面积，m²。

实际的气化生产过程中，要结合气化的煤种和气化炉确定合理的气化强度。对于烟煤，气化时可以适当采用较高的气化强度，因其在干馏段挥发物较多，所以形成的半焦化学反应性较好，同时进入气化段的固体物料也较少。而在气化无烟煤时，因其结构致密，挥发分少，气化强度就不能太大。对于较高灰熔点的煤炭气化时，可以适当提高气化温度，相应也提高了气化强度。

6.1.3.3　气化热效率

气化热效率是指生成物的热值与可回收热量之和除以供给发生炉的总热量，当考虑焦油的利用时，气化过程热效率按下式计算

$$\eta_H = \frac{Q_G + Q_T + K Q_R}{Q_C + Q_A + Q_S} \qquad (6.3)$$

式中　η_H——气化过程的热效率，%；

　　　Q_A——气化 1kg 燃料所需要空气带入的热量，kJ/kg；

　　　Q_S——气化 1kg 燃料所需要蒸汽带入的热量，kJ/kg；

　　　Q_T——气化 1kg 燃料所得煤气的热值，kJ/kg；

　　　Q_R——气化 1kg 燃料可回收的热量总和，kJ/kg；

　　　K——热量有效回收系数，$K = 0 \sim 1$。

理论上制取混合发生炉煤气所得到气化效率为100%，实际上由于各种热损失，气化效率仅为70%～80%。气化过程的热损失主要有通过炉壁散失到大气中的热量、高温煤气的热损失、灰渣热损失、煤气泄漏热损失等。热效率是评价整个煤炭气化过程能量利用的经济技术指标。气化效率侧重于评价能量的转移程度，即煤中的能量有多少转移到煤气中，而热效率则侧重于反应能量的利用程度。

6.1.3.4　单炉生产能力

气化炉的单炉生产能力是指单位时间内，一台炉子能产生的煤气量，是工厂企业综合经济效益中的一项重要考核指标。在生产规模确定的前提下，可以作为选择气化炉类型的依

据，同时也是生产中选用新煤种的参考。它主要与炉子的直径大小、气化强度和原料煤的产气率有关，计算公式如下

$$V = \pi q D^2 V_G / 4 \tag{6.4}$$

式中　V——单炉生产能力，m^3/h；

　　　D——气化炉内径，m；

　　　V_G——煤气产量，是指每千克燃料（煤或焦炭）在气化后转化为煤气的体积，m^3/kg（煤）；

　　　q——气化强度，$kg/(m^2 \cdot h)$。

6.1.3.5　煤气产率

气化 1kg 燃料所得到的煤气（标准状态下）产量称为煤气的产率，通常以 m^3/kg 表示。煤气产率取决于燃料中水分、灰分及挥发分含量。对同一类型的煤来说，惰性组分（灰分与水分）的含量越少，可燃组分含量越高，则煤气产率越高。煤中挥发分越高，其转变为焦油的部分越多，则转变为煤气的部分就越少，煤气产率就越低。

6.1.4　装料和排灰

对于所有的煤气化方法，不管应用何种类型的反应器或采用何种供热方式，均需将固体煤焦加入到气化炉内，同时将气化后剩余的灰渣从炉内顺利地排出，这对气化炉的顺利、连续和稳定运行具有重要意义。

6.1.4.1　装料

煤气发生炉的工作情况、煤气组成及煤气的热值在一定程度上决定于燃料的加入方法，特别是对固定床气化炉，加料有间歇与连续的区别，当间歇加料后煤气温度将有所下降。同时，煤气中的挥发分、水气及二氧化碳的含量都将增加。经过一段时间之后，煤气中的一氧化碳含量增加。当连续自动加料时，则可使气化过程相对稳定。同时，加入炉内的燃料分布均匀性也是影响气化炉正常操作的重要因素。

在常压下运行的气化炉中，装煤方法从开始的自由落下，发展到不同的流槽、螺旋加料器、进煤阀，直至气动喷射。对于在加压下运行的气化炉，外部环境处于大气温度和压力条件下，所以必须克服压力差。成熟的加煤方式有料槽阀门（图 6.8）和泥浆泵。

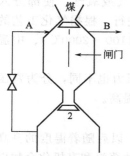

图 6.8　用料槽阀门加煤

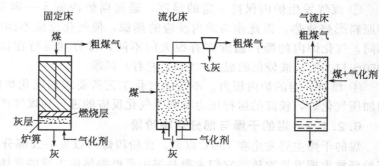

图 6.9　不同类型反应器中的排灰

6.1.4.2　排灰

由于反应器类型不同，必须采用不同的排灰方式。图 6.9 表示了各种排灰方法的原理。

在固定床反应器中，所有的矿物质组分与煤一起自上而下运动，经燃烧层后基本燃尽成为灰渣，并且在合适的排灰装置，如回转式炉栅（或称炉箅）上排出。必须注意在炉栅上应

保持一定厚度的灰层，以保护炉栅，为了保证灰渣成为松碎的固体排出，必须选择合适的蒸汽、氧比，使灰分不致熔化而结渣。在加压固定床气化炉中，用加煤时已提及的料槽阀门的同样原理来执行排灰。

在流化床气化炉中，存在着均匀分布的与煤的有机质聚生的灰以及几乎与煤的有机质成为分离状态的具有较大矸石组分的灰。后者由于密度较大而聚集在流化床底部，能通过底部的开口排出。与煤有机质聚生的矿物质构成前一种灰的骨架，随着气化过程的进行骨架壁越来越薄，又由于机械应力的作用，造成崩溃，富灰部分成为飞灰，其中总带有未气化的碳。

气流床要求停留时间短，因此采用很高的炉温，气化后剩余的灰分被熔化成液态，即成为液态渣排出。液渣一滴一滴经过气化炉的开口淋下，在水浴中迅速冷却，然后成为粒状固体排出。这种排渣的前提是气化温度应高于灰渣的熔化温度。

6.2 煤的气化原理

煤的气化过程是利用气化剂（氧气、空气或水蒸气）与高温煤层或煤粒接触并相互作用，使煤中的有机化合物在氧气不足的条件下进行不完全氧化，尽可能完全地转化成含氢、甲烷和CO等可燃物的混合气体。气化过程可大致分为煤的干燥与部分燃烧和煤的气化两个阶段。

煤的气化过程是一个复杂的物理化学过程。涉及到的化学反应过程包括温度、压力、反应速度的影响和化学反应平衡及移动等问题，物理过程包括物料及气化剂的传质、传热、流体力学等问题。在无外界提供热源的情况下，煤气化炉内的气化热源依靠自身部分煤炭的燃烧，生成CO_2，并放出热量，为煤的气化过程提供必要的热力学反应条件。

6.2.1 煤气化的基本原理和过程

6.2.1.1 煤气化的基本条件

① 气化原料和气化剂。气化原料一般为煤或者焦炭。气化剂可选择空气、空气-蒸汽混合气、富氧空气-蒸汽、氧气-蒸汽、蒸汽或CO_2等。

②反应器。即煤气化炉或煤气发生炉。气化原料和气化剂被连续送入反应器，在其内完成煤的气化反应，输出粗煤气，并排出煤炭气化后的残余灰渣。煤气发生炉的炉体外壳一般由钢板构成，内衬耐火层，装有加煤和排灰渣设备、调节空气（富氧气体）和水蒸气用量的装置、鼓风管道和煤气导出管等。

③ 煤气发生炉内保持一定的温度。通过向炉内鼓入一定量的空气或氧气，使部分入炉原料燃烧放热，以此作为炉内反应的热源，使气化反应不间断地进行。根据气化工艺的不同，气化炉内的操作温度亦有很大的不同，可分别运行在高温（1100～2000℃）、中温（950～1100℃）或较低的温度（900℃左右）区段。

④ 维持一定的炉内压力。不同的气化工艺所要求的气化炉内的压力也不同，分为常压和加压气化炉，较高的运行压力有利于气化反应的进行和煤气产量的提高。

6.2.1.2 煤的干燥与部分燃烧阶段

煤的干燥主要发生在150℃以前，此阶段煤可以失去大部分水分。以后随着温度的升高开始释放出挥发性物质，它们主要是煤中可燃物热解生成的气体、焦油蒸汽和有机化合物以及热分解水所生成的水蒸气等物质。由于少量氧气的存在，部分可燃气体发生燃烧。随温度的升高，煤的干燥和气化产物的释放进程大致如下。

100～200℃放出水分及吸附的CO_2；

200～300℃放出CO_2、CO和热分解水；

300～400℃放出焦油蒸汽、CO和气态碳氢化合物；

400～500℃焦油蒸汽产生达到最多，CO 逸出减少直至终止；

500～600℃放出 H_2、CH_4 和碳氢化合物；

600℃以上碳氢化合物分解为甲烷和氢。

煤干燥与挥发分析出后的产物是半焦或焦炭。不同煤种、不同煤化程度的各种煤热稳定性差别较大，随温度的升高，挥发性气体释放的速率也不尽相同。气化过程中，煤化程度浅的多水分褐煤，干燥与挥发阶段具有重要的作用，而对烟煤、半焦和无烟煤则意义不大，且除两段气化工艺以外，其它气化工艺中的此阶段也不是主要的。

6.2.1.3　煤的气化阶段及基本反应

一般认为，在煤的气化阶段中发生了下述反应。

① 碳的氧化燃烧反应。煤中的部分碳和氢经氧化燃烧放热并生成 CO_2 和水蒸气，由于处于缺氧环境下，该反应仅限于提供气化反应所必需的热量。

$$C+O_2 = CO_2+394.55kJ/mol \qquad (6.5)$$

$$H_2+0.5O_2 = H_2O+21.8kJ/mol \qquad (6.6)$$

② 气化反应。这是气化炉中最重要的还原反应，发生于正在燃烧而未燃烧完的燃料中，碳与 CO_2 反应生成 CO，在有水蒸气参与反应的条件下，碳还与水蒸气反应生成 H_2 和 CO_2（即水煤气反应），这些均为吸热化学反应。

$$CO_2+C = 2CO-73.1kJ/mol \qquad (6.7)$$

$$C+H_2O = CO+H_2-131.0kJ/mol \qquad (6.8)$$

在实际过程中，随着参加反应的水蒸气浓度增大，还可能发生如下反应

$$C+2H_2O = CO_2+2H_2-88.9kJ/mol \qquad (6.9)$$

③ 甲烷生成反应。当炉内反应温度在 700～800℃时，还伴有以下的甲烷生成反应

$$2CO+2H_2 = CH_4+CO_2+247.02kJ/mol \qquad (6.10)$$

对煤化程度浅的煤，还有部分甲烷产生自煤中大分子的裂解反应。

在煤的气化过程中，根据气化工艺的不同，上述各个基本反应过程可以在反应器空间中同时发生，或不同的反应过程限制在反应器的各个不同区域中进行，亦可以在分离的反应器中分别进行。一般情况下，煤的气化过程均设计成使氧化和挥发裂解过程放出的热量与气化反应、还原反应所需的热量加上反应物的显热相抵消。总的热量平衡采用调整输入反应器中的空气量或蒸汽量来进行控制。

6.2.2　煤气化工艺的原则流程

由于煤炭的性质和煤气产品用途的不同，所采用的气化工艺流程也不一样，很难用一种系统流程将如此众多的气化工艺加以概括。为了说明煤气化流程的概念，取气化过程的共性，将主要的工作单元组合成一个原则流程。图 6.10 所示是煤炭气化工艺的原则流程，包

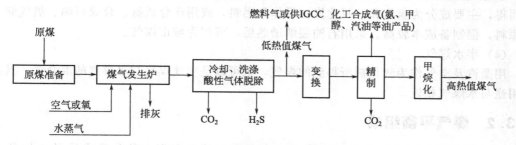

图 6.10　煤炭气化工艺的原则流程

括原料准备、煤气的生产、净化及脱硫、煤气变换、煤气精制以及甲烷合成等 6 个主要单元。

在仅需要生产低热值煤气时，一般只用前三个单元组成气化工艺，即原料准备、煤气的生产和净化。在需要生产高热值煤气时，为了在煤气生产过程中获得富氢和甲烷含量较高的气体产物，还需要煤气变换、精制和甲烷合成等三个环节。在生产合成氨原料时，则无需甲烷化这一转换单元。

6.3 气化过程相关计算及影响因素

6.3.1 煤的气化产物

煤气的有效可燃成分主要是 H_2、CO、CH_4 和其它气态烃类化合物，采用不同的气化剂和气化工艺，所得到的煤气成分和热值会有所不同。通常可将煤气分为以下四类。某些典型的实测煤气组成及其热值范围如表 6.1 所示。

表 6.1 煤气的组成成分

煤气名称	气化剂	煤气组成/%						低位发热量/ $kJ \cdot m^{-3}$
		H_2	CO	CO_2	N_2	CH_4	O_2	
空气煤气	空气	2.6	10	14.7	72	0.5	0.2	3762~4598
混合煤气	空气、蒸汽	13.5	27.5	5.5	52.8	0.5	0.2	5016~5225
水煤气	蒸汽、氧气	48.4	38.5	6	6.4	0.5	0.2	10032~11286
半水煤气	蒸汽、空气	40	30.7	8	14.6	0.5	0.2	8778~9614
合成天然气	氧、蒸汽、氢	1~1.5	0.02	1	1	96~97	0.2	33440~37620

（1）空气煤气

单独以空气作为气化剂得到的煤气，这种煤气的主要成分为一氧化碳和氮气，而且氮气的含量较多，可燃成分较少，热值很低，用管道运输很不经济。除非用于就地燃烧发电，否则，空气煤气的其它用途不大。如果用氧气（全部或部分）代替气化过程中使用的空气，则气化产物中的氮气含量减少，会不同幅度地提高煤气的热值，但并不会改变其可燃气体的组成成分。

（2）混合煤气

用空气及蒸汽作为气化剂得到的煤气，也被称为发生炉煤气，主要成分为一氧化碳、氢气、氮气、二氧化碳等。热值稍高于空气煤气，可以直接作为燃料气使用，也可作为高热值煤气的稀释气。

（3）水煤气

水煤气是采用水蒸气和氧气作为气化剂而得到的煤气，由蒸汽和炽热的无烟煤或焦炭作用而得，主要成分为氢气和一氧化炭。可作为燃料，或用作合成氨、合成石油、氢气制备等的原料，但制备成本较高。采用石油裂解增热后，可作为城市煤气。

（4）半水煤气

用蒸汽及空气作为气化剂所得到的煤气，也可以是空气煤气与水煤气的混合气，其成分和用途与水煤气相近。

6.3.2 煤气平衡组成

进行煤气平衡组成计算时，需建立一方程组，其中方程个数与需求取的未知数的数目相等，然后利用平衡关系将未知数缩减到最少，以简化方程组的数值计算。由于气化过程中反应方程式较多，在进行计算时不可能将所有的反应方程式都列入计算方程组中，只能选择对生成煤气组成起决定性作用的反应方程式，当然对于不同的气化方式所生成的煤气，其选择也是不同的。把主要的反应方程平衡关系式联同物料平衡或热量平衡方程式组成方程组，然后求解。下面就空气-蒸汽鼓风加压气化煤气的平衡组成举例说明计算步骤。

（1）建立联立方程组

当以空气和水蒸气为气化剂时，煤气组分有 CO、H_2、CO_2、CH_4、H_2O 及 N_2 等 6 种。为此需建立 6 个方程的联立方程组，才可求得煤气中的各种组分。选取主要的反应方程式如下列各式所示

$$C + CO_2 === 2CO \tag{6.11}$$
$$C + 2H_2O === CO_2 + 2H_2 \tag{6.12}$$
$$C + 2H_2 === CH_4 \tag{6.13}$$

由此可得到三个化学反应平衡方程式

$$K_{P_1} = P_{CO}^2 / P_{CO_2} \tag{6.14}$$
$$K_{P_2} = P_{CO_2} P_{H_2}^2 / P_{H_2O}^2 \tag{6.15}$$
$$K_{P_3} = P_{CH_4} / P_{H_2}^2 \tag{6.16}$$

第四个方程式由道尔顿定律得出

$$P_{CO} + P_{CO_2} + P_{H_2} + P_{H_2O} + P_{CH_4} + P_{H_2} = P \tag{6.17}$$

第五个方程可由物料平衡得出，即根据气化剂中的氢氧比和煤气中的氢氧比的平衡关系可得

$$A = \frac{P'_{H_2O}}{2P'_{O_2} + P'_{H_2O}} = \frac{2P_{CH_4} + P_{H_2O} + P_{H_2}}{2P_{CO_2} + P_{CO} + P_{H_2O}} \tag{6.18}$$

用类似的方法，根据气化剂中的氮氧比和煤气中氮氧比的平衡关系可得到第六个方程

$$B = \frac{P'_{N_2}}{2P'_{O_2} + P'_{H_2O}} = \frac{P_{N_2}}{P_{CO_2} + P_{CO} + P_{H_2O}} \tag{6.19}$$

式(6.18)、式(6.19) 中，A 表示鼓风中氢和氧的分压比，B 表示氮和氧的分压比；P'_{H_2O}、P'_{O_2} 和 P'_{N_2}，表示气化剂中各组分的分压；P_{CO}、P_{CO_2}、P_{N_2}、P_{CH_4}、P_{H_2O} 和 P_{N_2} 表示煤气中各组分的分压。

（2）联立方程组的求解

由于计算比较繁复，用手工计算既费时间又容易出差错，故可采用电子计算机进行实际运算。计算中，上述各方程式可改写成下式

$$P_{H_2O} = \frac{1}{K_{P_1} K_{P_2}} P_{CO} P_{H_2} \tag{6.20}$$
$$P_{CH_4} = K_{P_3} P_{H_2}^2 \tag{6.21}$$
$$P_{CO_2} = \frac{P_{CO}^2}{K_{P_1}} \tag{6.22}$$
$$P_{N_2} = B(2P_{CO_2} + P_{CO} + P_{H_2O}) \tag{6.23}$$
$$\frac{2A}{K_{P_1}} \cdot P_{CO}^2 + \left[A + (A-1) \frac{P_{H_2}}{K_{P_1} K_{P_2}} \right] P_{CO} + (1 + 2K_{P_3} P_{H_2}) P_{H_2} = 0 \tag{6.24}$$
$$P_{CO} + P_{CO_2} + P_{H_2} + P_{H_2O} + P_{CH_2} + P_{N_2} = P \tag{6.25}$$

采用试差法求解，求解时，先假设一个 P_{H_2} 值，由式（6.24）求出 P_{CO}；再由 P_{CO} 和式（6.20）确定 P_{H_2O}，式（6.21）确定 P_{CH_4}，式（6.22）确定 P_{CO_2}，式（6.23）确定 P_{N_2}。式（6.25）用来验证 P_{H_2} 值的选择是否正确。若不正确，需重新设定。

6.3.3　煤气的热值及计算

6.3.3.1　煤气的热值

煤气的热值是指煤气完全燃烧，生成最稳定的燃烧产物（H_2O、CO_2）时所产生的热量。由于计算的物态基准和温度基准值不同，热值有两个表述值，即低热值（Q_e）和高热值（Q_h），其区别在于高热值是计入了所生成水气及硫化物的凝结热（相变热）的，所以数值大于低热值。一般情况下，应用部门多采用低热值数值作工程设计计算，研究部门和国际商贸谈判中多采用高热值。在有的文献上，低热值也称净热值，普通工具书上，热值的温度基准是按 20℃ 记载的。单一可燃气体的热值可由单一可燃气体的燃烧特性表（表 6.2）中查得。

表 6.2　单一可燃气体的燃烧特性数据表

序号	气体名称	着火温度/℃	热值/kJ·m⁻³(标) /kcal·m⁻³(标)		理论空气或氧气耗量/m³·m⁻³		使用空气时的理论烟气量/m³·m⁻³	爆炸极限(20℃)/%（体积分数）	
			高	低	空气	氧气		上限	下限
1	氢	400	12745/3044	10785/2576	2.38	0.5	2.88	75.9	4.0
2	一氧化碳	605	12635/3018	12635/3018	2.38	0.5	2.88	74.2	12.5
3	甲烷	540	39816.5/9510	35881/8570	9.52	2.0	10.52	15.0	5.0
4	乙炔	335	58464.5/13964	56451/13483	11.90	2.5	12.40	80.0	2.5
5	乙烯	425	63397/15142	59440/14197	14.28	3.0	15.28	34.0	2.7
6	乙烷	515	70305/16792	64355/15371	16.66	3.5	18.16	13.0	2.9
7	丙烯	460	93608.5/22358	87609/20925	21.42	4.5	22.92	11.7	2.0
8	丙烷	450	101203/24172	93182/22256	23.80	5.0	25.80	9.5	2.1
9	丁烯	385	125763/30038	117616/28092	28.56	6.0	30.56	10.0	1.6
10	丁烷	365	133798/31957	123565/29513	30.94	6.5	33.44	8.5	1.5
11	戊烯	290	159107/38002	148736/35525	35.70	7.5	38.20	8.7	1.4
12	戊烷	260	169264/40428	156629/37410	38.08	8.0	41.08	8.5	1.4
13	苯	560	162151/38729	155665/37180	35.70	7.5	37.20	8.0	1.2
14	硫化氢	270	25347/6054	23366.5/5581	7.14	1.5	7.64	45.5	4.3

6.3.3.2　煤气热值的计算方法

（1）混合气体的热值由可燃气体混合组成的煤气，其混合气体的热值可按下式计算

$$Q_{vm} = \sum Q_{vi} V_i / 100 \tag{6.26}$$
$$Q_{gm} = \sum Q_{gi} g_i / 100 \tag{6.27}$$

式中　Q_{vm}、Q_{gm}——混合气体单位体积和单位质量热值，kJ/m³（标）和 kJ/kg；

Q_{vi}、Q_{gi}——混合气体中各组分的单位体积和单位质量热值，kJ/m³（标）和 kJ/kg；

V_i、g_i——混合气体各组分体积分数和质量分数，%。

为简化计算，煤气中种类众多而含量甚微的小分子烃类通常不作分析测试，只作为一个概括量，表达为 C_mH_n。在热值计算中，其组成为加和总量，热值取丙烷的数据进行计算。按煤气组成的分子分布和计算结果统计，误差是工程计算所允许的。

（2）干煤气和湿煤气的热值换算

干煤气和湿煤气的低热值可按下式进行换算

$$Q_e^d = Q_e \frac{0.833}{0.833 + d} \quad 或 \quad Q_e^d = Q_e \left(1 - \frac{\phi P_{sb}}{P}\right)$$ (6.28)

干煤气和湿煤气的高热值可按下式进行换算

$$Q_b^d = (Q_h + 562d) \frac{0.833}{0.833 + d} \quad 或 \quad Q_b^d = Q_h \left(1 - \frac{\phi P_{sb}}{P}\right) + 468 \frac{\phi P_{sb}}{P}$$ (6.29)

式中　　Q_e^d、Q_b^d——湿煤气的低热值和高热值，kcal/m³（标）湿煤气；

　　　　Q_e、Q_h——干煤气的低热值和高热值，kcal/m³（标）干煤气；

　　　　d——煤气的湿含量，kg/m³（标）干煤气；

　　　　ϕ——湿煤气的相对湿度；

　　　　P——煤气的绝对压力，mmHg，1mm Hg＝133.322Pa；

　　　　P_{sb}——在与煤气相同温度下水蒸气的饱和分压力，mmHg。

6.3.4　煤气化过程的物料衡算与热量衡算

由于煤气化是一个复杂的反应过程，在此过程中既有气-固相反应，又有气相反应，而且原料煤的种类、性质、状态和气化方法都会对反应过程产生影响，反应也不可能完全按化学方程式进行。因此，完全根据理论进行计算将是很困难的。目前，经常采用的计算方法大致有综合计算法、实际数据计算法和反应平衡计算法三种。

综合计算法是在一定的理论和经验基础上做一些假设，结合应用原料的元素分析数据综合推算出煤气组成、产气率、气化剂耗量等，再进行热平衡等其它计算。该法将气化过程分为两个阶段，即气化炉上部料层的干馏过程与下部料层的气化过程，生成煤气则是干馏气和气化煤气的总和。

（1）干馏过程计算

干馏过程计算主要根据干馏过程的物料平衡，求得干馏气的组成、数量以及进入气化区的碳量。在计算过程中，需在一定的理论和经验基础上做下列假设。

① 水蒸气来源于煤中的水分和干馏生成的热解水，原料煤中 50％的氧与氢化合成热解水；

② CH_4、C_2H_4 来源于原料煤中的碳和氢，其生成量主要取决于原料的煤化程度和干馏温度；

③ CO_2 来源于原料煤的碳和氧，其生成量随煤化程度的加深而减少；

④ 焦油性质和数量与原料煤的种类、气化炉的结构及操作条件关系很大，生成量主要取决于煤中的氢量，通常假定转入焦油中碳的量等于煤中的氢量；

⑤ 煤中的氮除少量转入焦油中外，几乎全部以 N_2 的形式转入煤气中；

⑥ 除了生成热解水、CH_4、C_2H_4、焦油和 H_2S 以外，煤中剩余的氢都以氢气的形式进入煤气中；

⑦ 煤中的氧，除了生成热解水、CO_2 和焦油外，都以 CO 的形式进入煤气中；

⑧ 在计算时应考虑到自气化炉中被煤气流带出的小颗粒原料。当原料煤中含粉末小于 10％时，带出物约占原料质量的 1％～3％；

⑨ 灰渣含碳为灰渣质量的 5％～15％，除了生成干馏产物以及在灰渣和带出物中的损失以外，其余的碳均进入发生炉下部，参加气化反应，生成气化煤气。生成干馏气时，原料中各元素的消耗量与煤种的关系列于表 6.3，不同煤种干馏所得焦油的组成见表 6.4。

表 6.3　干馏过程原料中各元素的消耗量

煤种	氧的消耗/%		氢的消耗/%	
	生成 CO_2	生成 H_2O	生成 CH_4	生成 C_2H_2
无烟煤	10	50	20	
烟煤	10	50	30~40	4
褐煤	20~25	50	25~30	3
泥煤	40	50	15~20	3

表 6.4　干馏段的焦油组成

煤种	C/%	H/%	O/%	N/%	S/%
烟煤	83.0	7.0	10.0		与煤中含硫量有关
褐煤	78.7	7.9	12.1	1.3	与煤中含硫量有关
泥煤	76.1	9.2	12.8	1.3	与煤中含硫量有关

（2）气化过程计算

气化过程计算系根据气化过程的物料平衡计算，求得气化煤气组成、数量以及气化过程消耗的气化剂（空气、水蒸气）量。碳进入气化区后，与气化剂反应生成 CO、H_2、CO_2 以及一部分未分解的水蒸气和 N_2，一起进入气化煤气，在气化煤气中上述五个组分的含量，可通过下列五个平衡关系计算。

① 碳平衡方程。进入气化区的碳等于生成煤气中 CO 和 CO_2 所含的碳。

$$x(CO)+x(CO_2)=x(C) \tag{6.30}$$

② 氢平衡方程。气化剂带入的水蒸气量等于已分解的蒸汽和未分解的蒸汽量之和。

$$x(H_2)+x(H_2O)=x(W) \tag{6.31}$$

式中　$x(H_2O)$——未分解的蒸汽量，kmol；

$x(W)$——气化剂带入的蒸汽量，kmol。

③ 氧平衡方程。气化剂中空气和蒸汽带入的氧量等于气化煤气中 CO 和 CO_2 所含氧量

$$x(CO_2)+\frac{1}{2}x(CO)=\frac{21}{79}x(N_2)+\frac{1}{2}x(H_2) \tag{6.32}$$

$$即\quad 2x(CO_2)+x(CO)=\frac{1}{1.88}x(N_2)+x(H_2) \tag{6.33}$$

式中　$\frac{21}{79}x(N_2)$——空气带入的氧量，kmol；

$\frac{1}{2}x(H_2)$——已分解水蒸气提供的氧量，kmol。

④ 平衡常数方程。在发生炉条件下，CO 变换反应所达到的平衡情况为

$$K_P=\frac{P_{CO}P_{H_2O}}{P_{CO_2}P_{H_2}} \tag{6.34}$$

⑤ 被气化的碳与空气中的氮气之间存在下述关系

$$\eta=\frac{\varphi(CO+CO_2)}{\varphi(N_2)}\times100\% \tag{6.35}$$

将式（6.30）~式（6.35）联立求解，即可求得气化煤气的组成和数量。式中有关数据可由经验得到。表 6.5 为计算时采用的蒸汽耗量、平衡常数及煤气中的碳氧比。

表 6.5　蒸汽耗量、平衡常数及煤气中的碳氧比

煤种	以原料可燃基计的水蒸气耗量/kg·kg^{-1}	平衡常数 $K_P = \dfrac{P_{CO}P_{H_2O}}{P_{CO_2}P_{H_2}}$	煤气中的碳氧比 η
无烟煤	0.3～0.4	2.00	60
烟煤	0.25～0.35	2.25	61
褐煤	0.20～0.33	2.5	62
泥煤	0.16～0.25	2.5	63

（3）实际数据计算法

本法以原料煤（焦）在试验操作或正式生产时测得的煤气组成等数据为依据进行计算。本法较可靠，在生产工艺评价及设计计算中的应用较为广泛。实际数据计算法的步骤如下：

① 收集和取定基本数据　主要有原料煤的元素分析和热值，干煤气的组成和热值，出口煤气中水汽含量或蒸汽分解率，带出物的数量及其组成，灰渣的组成，气化炉进出物料温度等。

② 基本数据计算　一般以 100kg 入炉煤或焦为基准，计算带出物中各元素的数量，灰渣数量和灰渣中各元素量，原料气化后进入煤气的各元素量。

③ 物料衡算　计算每立方米煤气所含各元素量，由碳平衡计算煤气产量，由氮平衡计算空气耗量，由氢平衡计算煤气中水蒸气含量。

采用实际数据计算法得到的发生炉煤气化过程物料平衡与热量平衡结果分别如表 6.6 与表 6.7 所示。

表 6.6　气化过程物料平衡　　　　　单位：%

项目		$\varphi(C)$	$\varphi(H)$	$\varphi(O)$	$\varphi(N)$	$\varphi(S)$	A	合计
				组成				合计
进入	干原料	78.57	1.69	1.94	0.84	1.44	11.52	96.00
	原料水分	—	0.44	3.56	—	—	—	4.00
	空气	—	—	82.14	270.62	—	—	352.76
	气化用蒸汽	—	5.32	42.58	—	—	—	47.90
	通煤孔气封用蒸汽	—	0.22	1.78	—	—	—	2.0
	合计	78.57	7.67	132.00	271.46	1.44	11.52	502.66
支出	干煤气	75.50	5.79	117.40	271.20	1.19	—	471.08
	送风的未分解煤气	—	1.12	9.0	—	—	—	10.12
	原料水分	—	0.44	3.56	—	—	—	4.00
	分解水	—	0.11	0.87	—	—	—	0.98
	通煤孔气封用蒸汽	—	0.22	1.78	—	—	—	2.00
	带出物	1.6	—	—	—	—	0.4	2.00
	灰渣	2.0	—	—	—	—	11.12	13.13
	误差	−0.53	−0.01	−0.60	+0.27	+0.21	—	−0.65
	合计	78.57	7.67	132.01	271.47	1.40	11.52	502.66

表 6.7　气化过程热平衡

入方	热量/kJ	比例/%	出方	热量/kJ	比例/%
原料煤发热量,Q_1	2883200	94.97	干煤气发热量,Q_1'	2301423	75.80
原料煤物理热,Q_2	2176	0.07	干煤气物理热,Q_2'	286479	9.44
气孔和拨火孔气封			煤气中水分的热焓,Q_3'	59465	1.96

续表

入方	热量/kJ	比例/%	出方	热量/kJ	比例/%
用蒸汽物理热,Q_3	129994	4.28	带出物化学热,Q'_4	54472	1.79
气化用空气物理热,Q_4	20723	0.68	带出物物理热,Q'_5	873	0.03
			灰渣中可燃碳化学热,Q'_6	68090	2.24
			灰渣物理热,Q'_7	4493	0.15
			水套产蒸汽耗热,Q'_8	124502	4.10
			散热损失,Q'_9	136332	4.49
合计	3036093	100.00	合计	3036093	100.00

① 气化效率

$$\eta_G = \frac{Q'_1}{Q_1} \times 100\% = \frac{2301423}{2883200} \times 100\% = 79.82\% \tag{6.36}$$

② 热效率

$$\eta_H = \frac{Q'_1 + Q'_2 + Q'_3 + Q'_8}{Q_1 + Q_2 + Q_3 + Q_4} \times 100\% = 91.3\% \tag{6.37}$$

6.3.5 煤气化过程的影响因素

6.3.5.1 煤种对气化的影响

不同煤种在相同的气化条件下所产生的煤气组分、热值和产率各不相同。煤阶越低,煤气中甲烷和二氧化碳含量越高,一氧化碳含量越低,煤气热值越大。煤种与净煤气发热值的关系如图 6.11 所示。同一操作压力下,煤气发热值由高到低的顺序依次是褐煤、气煤、无烟煤。随着煤中挥发分的增大,煤气中二氧化碳含量逐渐上升,一氧化碳逐渐下降,在脱除二氧化碳后的粗煤气中甲烷含量更高,相应使煤气的发热值提高(图 6.12)。

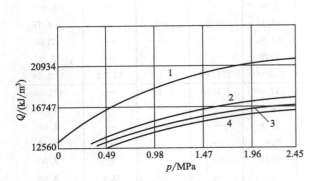

图 6.11 煤种与净煤气发热值的关系
1—热力学平衡态;2—褐煤;3—气煤;4—无烟煤

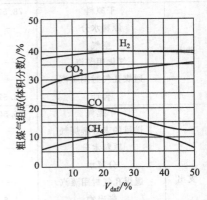

图 6.12 粗煤气组成和挥发分的关系

6.3.5.2 煤质对气化的影响

原料煤的性质对气化过程影响很大,它涉及到气化燃烧效率和气化率。煤的结构、组成以及变质程度之间的差异,会直接影响和决定煤炭气化过程工艺条件的选择,也会影响煤炭的气化结果。

(1) 水分

煤中水分高,会增加气化过程的热损失,降低煤气产率和气化效率,使消耗定额增加。

潮湿状态的煤易形成粉煤黏结和堵塞筛分，使入炉粉煤量增加。入炉煤水分过高，干燥不充分，将导致干馏过程不能正常运行，进而又会降低气化层温度。因此，气化用煤含水量越低越好，一般要求不超过 8%。

对固定床气化炉，煤的水分必须保证气化炉顶部出口煤气温度高于气体露点温度，否则需将入炉煤进行预干燥，煤中含水量过多而加热速度太快时，易导致煤料破裂，使出炉煤气带出大量煤尘。同时，水分含量多的煤在固定床气化炉中气化所产生的煤气冷却后将产生大量废液，增加废水处理量。

流化床和气流床气化时，为了使煤在破碎、输送和加料时能保持自由流动状态，规定原料煤的水分应<5%。特别是使用烟煤的气流床气化法，采用干法加料时，一般要求原料煤的水分最好<2%，以便于粉煤的气动输送。

（2）挥发分

不同用途的气化用煤对挥发分含量有不同的要求。各种煤的挥发分产率如表 6.8 所示。用作燃料时，要求甲烷含量高、热值大，则选择挥发分较高的煤做原料。但挥发分含量高的煤种，生产的煤气中焦油产率高，焦油容易堵塞管道和阀门，给焦油分离带来一定的困难，同时也增加了废水的处理量。用作工业合成气时，一般要求低挥发分和低硫含量的煤种，一般挥发分含量要求小于 10% 最好。此时，甲烷作为一种有害的杂质气体，会对后续工序产生影响。

表 6.8　不同煤种的挥发分产率
单位：%

煤种		挥发分产率 V_{daf}	煤种		挥发分产率 V_{daf}
泥煤		接近 70	烟煤	焦煤	26~18
褐煤		41.0~67.0		瘦煤	18~12
烟煤	长焰煤	>42		贫煤	<17
	气煤	44~35	无烟煤		10~2
	肥煤	35~26			

一般来说，固定床气化制合成气时，煤的挥发分含量以不超过 6% 为宜。挥发分经干馏后进入煤气，焦油和其它烃类凝结后易堵塞管道，处理相当困难。同时，甲烷等不凝性气体会增加压缩工序的功耗，在流化床和气流床气化炉中，当温度高于 800~900℃ 时将裂解成碳和氢。

（3）灰分

虽然灰分中的某些金属离子对气化反应具有催化作用，但不管在固态或液态排渣的气化炉中，灰分的存在往往是影响气化过程正常进行的主要原因之一。

煤中灰分高，不但降低了煤的热值，而且增大了运输费用，并使气化条件变坏。同时，灰渣中的残碳量也增大，使随灰渣排出的碳量增加，增加了碳的损失和排灰设备的磨损，降低了气化效率。灰分越高，随灰带出的显热也越大，热损失越大。在气化过程中由于部分碳表面为灰分所覆盖，减少了气化剂与碳表面的接触面积，影响了气化剂的扩散，降低了燃料的化学活性。随着煤中灰分的增大，加压气化的各项消耗指标如蒸汽、氧气及煤耗等都有所上升，而净煤气的产率下降。一般加压气化用煤的灰分在 19% 以下时较为经济。

（4）硫分

煤在气化时，有 80%~85% 的硫转化为硫化氢和二硫化碳存在于煤气中，对设备会产生腐蚀。煤气用作燃料时，硫含量要达到国家排放标准，否则燃烧后会产生大量的二氧化硫排入大气，污染环境。另外，硫化物会使合成催化剂中毒，并且硫化物含量越高，脱硫工段的负担就越重。因此，气化用煤中的硫含量越低越好，一般应控制在 1% 以下。

（5）黏结性

黏结性强的煤在气化炉上部加热到 300～400℃ 时，会出现黏结和膨胀，使煤变成一种高黏度的液体，使得较小的煤块聚结成大块，从而导致气流分布不均匀和阻碍料层的下移，使气化过程恶化。因此煤的黏结性对煤气化是一个极不利的因素。

一般情况下，不带搅拌装置的固定床气化炉，应使用不黏结性煤或焦炭，带有搅拌装置时可使用弱黏结性煤。固定床两段炉仅能使用自由膨胀指数为 1.5 左右的煤为原料，流化床气化炉一般可使用自由膨胀指数约 2.5～4.0 的煤，而气流床气化炉中煤粉微粒之间互相接触机会很少，整个反应又进行得很快，故可使用弱黏结性的煤。一般加压气化用煤采用自由膨胀指数小于 1 的不黏煤，若气化弱黏煤，则需在炉上部增设破黏的搅拌装置。

（6）煤的灰熔点和结渣性

灰熔点简单地说就是灰分加热至熔融时的温度，一般指的是软化温度（T_2），煤灰的化学组分和灰熔点密切相关。对于固态排渣，要求 $T_2 > 1250℃$，为防止灰分结渣，常采用的措施是通入过量蒸汽。

煤的结渣性能是指煤在气化时是否容易烧结成渣。结渣性能可根据灰熔点来判断，灰熔点越高，其结渣性能越低。对移动床气化炉，大块的炉渣将会破坏床内均匀的透气性，从而影响生成煤气的质量；严重时炉箅不能顺利排渣，需用人力捅渣，甚至被迫停炉。此外炉渣包裹了未气化的原料，使排出炉渣的含碳量增高。对流化床来说，即使少量的结渣，也会破坏正常的流化状态。

（7）煤的化学反应性

煤的反应性主要影响气化过程的起始反应温度，反应性越高，起始反应温度越低。化学活性高，煤的气化反应能力强，有利于气化反应进行，气化后得到的煤气质量好，气化能力大。同时蒸汽分解反应可在较低温度下进行，使氧耗量减小。制造合成天然气时，有利于 CH_4 的生成。当使用具有相同的灰熔点而反应活性较高的原料时，气化反应可在较低的温度下进行，避免结渣现象。

（8）煤的机械强度和热稳定性

机械强度差的煤在运输过程中，会产生许多粉状颗粒，造成燃料损失，不仅增加成本，而且不利于固定床气化过程。在进入气化炉后，粉状燃料的颗粒容易堵塞气道，造成布气不均，严重影响气化效率。一般要求煤的抗碎强度 ≥65%。机械强度较低的煤，可采用流化床或气流床进行气化。

煤的热稳定性与煤的变质程度、成煤过程条件、煤中矿物组成以及加热条件有关。一般烟煤的热稳定性较好，褐煤、无烟煤和贫煤的热稳定性较差。热稳定差的煤在气化时，伴随气化温度的升高，煤易碎裂成煤末和细粒，使床层阻力增加，煤气中带出物增加。一般移动床要求煤的热稳定性 ≥70%。

（9）煤的粒度

煤的粒度在气化过程中占有非常重要的地位，其大小对煤的气化过程影响较大，表 6.9 给出了不同粒径褐煤的气化实验结果。煤的粒度越小，比表面积越大，气化剂和煤接触表面大。在动力学控制区的吸附和扩散速度的加快，有利于气化反应的进行。粒度越大，传热速度越慢，煤粒内部与外表面之间的温差也大，使颗粒内焦油蒸汽扩散阻力和停留时间延长，焦油的热分解增加。原料煤粒度太小，容易被煤气带出炉外，降低气化炉的生产效率，同时水蒸气和氧气的消耗量增加，煤耗也会增加。

表 6.9　不同粒径褐煤的气化实验结果

项目	1	2	3	4
煤粒度/mm	0～40	3～40	6～40	10～40
0～6mm 的煤颗粒(质量分数)/%	28.4	—	—	3.0
灰分含量(质量分数)/%	32.41	28.80	23.62	21.46
水蒸气消耗/kg·m⁻³(粗煤气)	1.26	1.05	0.97	0.94
氧气消耗/m³·m⁻³(粗煤气)	0.159	0.14	0.136	0.128
煤消耗/kg·m⁻³(粗煤气)	1.23	1.022	0.97	0.93

另外，煤的粒度范围大，容易造成炉内局部气流短路或沟流，也可能出现偏析现象，导致气化炉横断面上阻力不均匀，造成燃烧层偏斜或烧穿，严重影响气化炉的运行安全。

6.3.5.3　压力对气化的影响

从热力学平衡上分析，增加压力有利于甲烷化反应，但不利于体积增大的气化反应。随着压力的增加，反应气体浓度增加，气化反应速度随气体浓度的增加近似线性增加，但随着压力的增加，对反应速度的影响越来越小。

压力会影响煤的黏结性和结渣性。实验表明，煤的黏结性随压力的增加而增加。在压力增加到 0.5～1MPa 时，弱黏结性煤的黏结性增加较快，随后逐渐减慢。压力对结渣率的影响，是由于在恒定的空气流量下，实际流速下降，造成燃烧反应速率下降，热量的释放减缓，因而结渣率随系统压力的增加而减少。标准状态下，结渣率与系统压力之间的关系如图 6.13 所示。

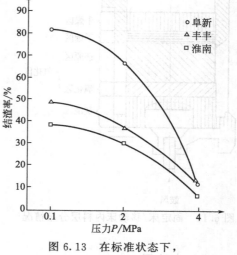

图 6.13　在标准状态下，结渣率与压力的关系

6.3.5.4　温度对气化的影响

气化温度是影响煤气化反应性的最重要因素之一。随着温度的升高，煤中芳香环中的碳键越容易断裂，反应程度也就越深。另外，水蒸气气化反应过程是典型的非均相吸热反应，随着反应温度的升高，反应速度常数增大，进而反应速度增加，反应活性增强。同时，由于温度的升高，气化剂与煤焦的碰撞、接触机会增加等因素也是造成煤焦反应性增加的原因。

6.3.5.5　催化剂对煤气化的影响

煤中的矿物质在气化过程中起着重要的作用：①催化气化中期的热缩聚反应，使气化产物的比表面积降低；②催化气化后期烷基脱氢反应，使气化产物的比表面积增大；③矿物质是一种分散剂，以物理作用形式阻止熔融胶质体的接触并形成气泡中心，使气化产物孔结构增多，比表面积增大；④矿物质在非熔融或熔融性较差的煤气化过程中不具有分散作用，而是起堵孔作用。诸多研究表明，煤中矿物质或灰分中的碱金属、碱土金属和过渡金属元素具有催化作用。

另外，气化过程中加入催化剂也可以提高气体物质的产率和反应速率，并且使气化产物具有选择性，更好地达到气化反应的要求，可显著提高气化速率。

6.4　固定床气化

6.4.1　常压固定床气化

自 1882 年第一台常压固定床煤气发生炉在德国投产以来，常压固定床煤气化技术就不断地得到完善。由于其技术成熟可靠、投资少、建设期短，因此广泛应用于冶金、建材、机械等行业制取燃气以及中小型合成氨厂制取合成气。但是，该技术对原料要求严格，生产能力小，能耗高，难以适应企业生产规模的不断扩大以及装置大型化的发展，已经逐渐被新技术取代。

6.4.1.1　固定床的气化过程以及不同高度料层的气体组成

固定床气化过程中，炉内料层可分为五个层带，自上而下分别为干燥层、干馏层、还原层、氧化层和灰渣层，如图 6.14 所示。气化剂不同，各层带内发生的化学反应有所不同。哈斯拉姆等人以焦炭为原料，从发生炉的不同料层高度取出气体，测定其组成，结果如图 6.15 所示。

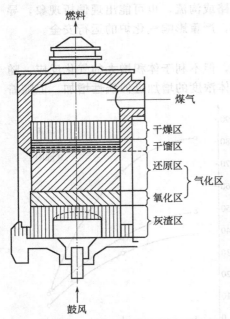

图 6.14　固定床/移动床内料层分布情况

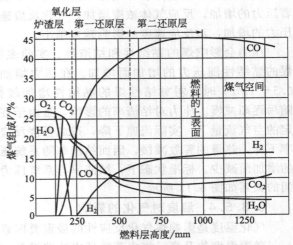

图 6.15　发生炉煤气组成随燃料高度的变化曲线
（以 100kg 氮为基准）

（1）灰渣层

灰渣层中的灰是煤炭气化后的固体残渣，煤灰堆积在炉底的气体分布板上具有以下三个方面的作用：①由于灰渣结构疏松并含有许多孔隙，对气化剂在炉内的均匀分布有一定的好处。②煤灰的温度比刚入炉的气化剂温度高，可使气化剂预热。③灰层上面的氧化层温度很高，有了灰层的保护，避免了和气体分布板的直接接触，故能起到保护分布板的作用。灰渣层温度较低，灰中的残碳较少，所以灰渣层中基本不发生化学反应。可根据煤灰分含量的多少和炉子的气化能力制定合适的清灰操作，灰渣层一般控制在 $100 \sim 400mm$ 较为合适。

（2）氧化层

氧化层也称燃烧层或火层，是煤炭气化的重要反应区域，从灰渣中升上来的预热气化剂与煤接触发生燃烧反应．产生的热量是维持气化炉正常操作的必要条件。氧化层内气化剂浓度最大，发生的化学反应剧烈，主要的反应均为放热反应，因此温度最高。

考虑到灰分的熔点，氧化层的温度太高有烧结的危险，所以一般在不烧结的情况下，氧化层温度越高越好，温度低于灰熔点 $80 \sim 120℃$ 为宜，约为 $1200℃$。氧化层厚度控制在 $150 \sim 300mm$ 左右，一般根据气化强度、燃料块度和反应性能来具体确定。

（3）还原层

氧化层的上面是还原层，赤热的炭具有很强的夺取水蒸气和二氧化碳中的氧而与之化合的能力，水（当气化剂中用蒸汽时）或二氧化碳发生还原反应而生成相应的氧气和一氧化碳。还原反应是吸热反应，其热量来源于氧化层的燃烧反应所放出的热。

常压气化时主要的生成物是一氧化碳、二氧化碳、氢气和少量的甲烷，而加压气化时甲烷和二氧化碳的含量较高。还原层厚度一般控制在 300～500mm 左右。习惯上，把氧化层和还原层统称为气化层。气化层厚度与煤气出口温度有直接的关系，气化层薄，出口温度高，气化层厚，出口温度低。因此，在实际操作中，以煤气出口温度控制气化层厚度，一般煤气出口温度控制在 600℃ 左右。

（4）干馏层

干馏层位于还原层的上部，气体在还原层释放大量的热量，进入干馏层时温度已经不太高了，气化剂中的氧气已基本耗尽，煤在这个过程历经低温干馏，煤中的挥发分发生裂解。产生甲烷、烯烃和焦油等物质，它们受热成为气态而进入干燥层。干馏区生成的煤气中含有较多的甲烷，煤气热值高，但也产生硫化氢和焦油等杂质。

（5）干燥层

干燥层位于干馏层的上面，上升的热煤气与刚入炉的燃料在这一层相遇并进行换热，燃料中的水分受热蒸发。一般地，利用劣质煤时，因其水分含量较大，干燥层高度较大，反之则较小。

6.4.1.2　发生炉煤气

以空气和水蒸气为气化剂与原料煤或焦炭反应制得的煤气称为发生炉煤气（混合煤气）。煤气组成中无效气体约占 60%，热值约为 5.02～5.86MJ/m³（标）。由于其热值低，主要用做工业燃料气，亦可作为民用燃气的掺混气。由于可燃组分为 30% 左右的一氧化碳，一般不单独作为民用煤气使用。

（1）理想发生炉煤气

理想的制取发生炉煤气的过程，应是在气化炉内实现碳与氧所生成的二氧化碳全部还原为一氧化碳。这时，反应过程所释放的热量，正好全部供给碳与水蒸气的分解过程。

假设气化过程在下述理想情况下进行：①气化纯碳，而且碳全部转化为一氧化碳；②按化学计量方程式供给空气和水蒸气，且无过剩；③气化系统为孤立系统，系统内实现热量平衡。此时，得到的煤气为理想发生炉煤气。制气过程的综合反应式为

$$2.2C + 0.6O_2 + H_2O + 2.3N_2 \rightarrow 2.2CO + H_2 + 2.3N_2 \tag{6.38}$$

根据上式可以计算出理想发生炉煤气的组成为 CO40%、H₂ 18.2%、N₂ 41.8%。

实际气化过程与理想情况存在很大差别。首先，气化的原料并非纯碳，而是含有挥发分、灰分等的煤或焦炭。而且气化过程不可能进行到平衡，碳更不可能完全气化，水蒸气不可能完全分解，二氧化碳也不可能全部还原，因而煤气中一氧化碳、氢气含量要比理想发生炉煤气组成低。同时，气化过程存在副反应以及热损失。因此，实际的发生炉煤气组成与理论值有较大差异。部分煤种的实际气化数据见表 6.10。

表 6.10　典型煤种的实际气化数据

项目	典型煤种							
	抚顺长焰煤	阜新洗煤	鹤岗气煤	大同煤	阳泉无烟煤	焦作无烟煤	铜川焦坪煤	淮南气煤
	燃料							
水分/%	3.84	6.46	2.79	4.92	4	4.32	6.66	4.6
灰分/%	9.95	11.54	18.89	3.27	23	19.13	17.7	17.8
挥发分/%	41.02	34	35.22	30.14	9.56	5.62	38	28
粒度/mm	20～70	>20	—	30～60	13～50	13～25	—	13～50
灰熔点/℃	—	—	1340	>1350			1345	>1500
低热值/MJ·kg⁻¹	29.1	24.97	25.36		25.12	26.13	22.63	25.54

续表

项目	典型煤种							
	抚顺长焰煤	阜新洗煤	鹤岗气煤	大同煤	阳泉无烟煤	焦作无烟煤	铜川焦坪煤	淮南气煤
干煤气组成/%								
CO_2	3.75	3.84	4.78	4.7	6.5	6.63	6.6	3.8
CO	28.14	28.71	27.3	29.8	25.5	25.9	28.4	28.5
H_2	10.49	11.78	13.98	14	18	15.3	13.1	11.3
CH_4	3.44	3.4	2.9	2.2	1.3	0.8	2.3	1.7
C_mH_n	0.93	0.84	—	0.6	0.1	—	0.3	0.3
O_2	0.15	0.16	0.1	0.2	0.15	0.1	0.2	0.2
H_2S	0.08	0.09	—	0.1	—	0.04	0.03	—
N_2	53.07	51.16	51.04	48.4	48.45	51.23	48.9	54.2
干煤气低热值 /MJ·m⁻³(标)	6.49	6.67	6.03	6.46	5.69	5.23	6.01	5.74

（2）气化工艺流程

发生炉煤气工艺一般分为热煤气和冷煤气两种流程。冷煤气工艺流程又因原料不同而分为焦炭（无烟煤）冷煤气流程和烟煤冷煤气流程。二者的主要区别在于，烟煤冷煤气流程中需要回收焦油，而焦炭（无烟煤）冷煤气流程则无需此工序。

图 6.16 为回收焦油的冷煤气发生站工艺流程。煤气由发生炉出来，首先进入竖管冷却器，初步除去重质焦油和粉尘，同时根据焦油性质不同冷却至 80～90℃ 左右，经煤气管道进入电捕焦油器，除去焦油雾滴后进入洗涤塔，煤气被冷却到 35℃ 以下，进入净煤气管道，经排送机送至用户。焦炭（无烟煤）冷煤气流程中，煤气出炉后直接冷却、洗涤、除水后送至用户。热煤气流程中，产生的粗煤气经旋风除尘器除去带出物以后（煤粉粒、焦油等），无需冷却，通过煤气管道直接送往用户。

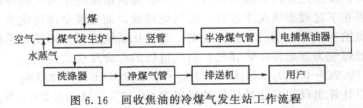

图 6.16　回收焦油的冷煤气发生站工作流程

（3）气化操作条件

对于既定的原料、设备和工艺流程，为了获得质量优良的煤气和足够高的气化强度，就必须选择最佳的气化条件。

① 燃料层温度　合适的燃料层温度对煤气质量、气化强度及气化热效率至关重要。发生炉煤气中的有效成分 CO 和 H_2 的含量主要取决于碳的氧化与还原反应和水蒸气的分解反应。在操作温度下，上述反应处于动力学控制区。所以提高炉温不仅有利于提高 CO 和 H_2 的平衡浓度，而且可以提高反应速度，增加气化强度，从而使气化炉的生产能力提高。但是燃料层的温度受到燃料煤（焦）灰熔点的限制，也与煤的活性和炉体热损失有关。

② 燃料层的运移速度和料层高度　在固定床气化过程中，整个床层高度是相对稳定的。随着加料和排灰的进行，燃料以一定的速度向下移动。这个速度的选择主要依据气化炉的气化强度和燃料灰分含量。在气化强度较大或燃料灰分较高时，应加快料层的移动速度，反之亦然。一般情况下，稍高的原料层高度有利于气化过程。

③ 鼓风量　鼓风量适当提高，既可增大发生炉的生产能力，又有利提高煤气的质量。

若过大则床层阻力增加，煤气出口带出物增加，不利于生产。

④ 饱和温度　在发生炉煤气的生产过程中，蒸汽既参加反应增加煤气中的可燃组分，过量的蒸汽又是调节床层温度的重要手段。正常操作中，水蒸气单耗在 $0.4 \sim 0.6 \mathrm{kg/kg}$（碳）之间，饱和温度在 $50 \sim 65 ℃$ 之间，此时的蒸汽分解率约为 $60\% \sim 70\%$。发生炉的负荷变化时，饱和温度应随之改变，气化强度变高，应调高饱和温度。

（4）气化过程的强化及经济技术指标

气化过程强化的实质是提高气化反应和传质速度。一般可通过提高气化剂中氧浓度、气化温度、燃料反应的表面积、压力和鼓风速度等措施来实现。

以富氧空气-蒸汽为气化剂时，气化剂中的氧浓度对气化指标的影响见表 6.11。从表中可以看出，随着氧浓度的提高，发生炉的生产能力、煤气热值、气化效率、煤气中的可燃成分（$CO + H_2$）含量均相应增大。

表 6.11　气化剂中氧浓度对主要气化指标的影响

气化指标	干鼓风中的氧浓度/%（体积分数）					
	21	30.2	40	49.9	59.9	70.6
煤气组成/%（体积分数）						
CO_2	6	13.2	14.7	15.4	16.4	17.4
CO	26	28.8	30.9	34	34.7	35.2
H_2	13	23.9	28.3	31.7	34.7	37.5
CH_4	0.5	0.5	0.5	0.5	0.5	0.5
N_2	54.5	33.6	25.6	18.4	13.8	9.4
煤气低热值/$MJ \cdot m^{-3}$（标）	4.86	6.45	7.18	8.00	8.33	8.71
每标准立方米干鼓风气的蒸汽消耗/$kg \cdot m^{-3}$（标）	0.25	0.6	0.9	1.3	1.7	2
蒸汽分解率/%	80	66	55	50	—	—
气化效率/%	76	77.4	79	81	82.6	84
气化强度/$kg \cdot m^{-2} \cdot h^{-1}$	200	263	330	405	372	327

提高气化温度是增大气化反应速度，提高生产能力和改善煤气质量的最有效的手段。可通过提高气化剂中的氧浓度和气化剂温度来提高气化温度，提高气化剂的饱和温度或对气化剂进行预热均可改善煤气质量。预热气化剂的温度对煤气热值的影响见图 6.17。

提高气化压力有利于提高反应速度，也可使煤气中甲烷含量增加。适当地提高鼓风速度可以强化气化过程，提高气化炉的生产能力，但将使气化产物的带出物增加。燃料的粒度变小，扩大了气固相反应的接触面积，可以提高气化炉的生产能力，但却使床层阻力增加，因此粒度均匀是保证正常生产的前提。加强原料煤的管理，也是强化气化过程的重要手段之一。

（5）煤气发生炉

常压固定床混合煤气发生炉是我国目前使用最广泛的煤气化设备，主要有 3M13 型与 3M21 型两种。3M21 型发生炉主要用于气化贫煤、无烟煤和焦炭等不黏结性燃料，而 3M13 型发生炉主要用于弱黏结性烟煤。二者均为湿法排灰，亦即灰渣通过具有水封的旋转灰盘排出。3M13 型煤气发生炉如图 6.18 所示。

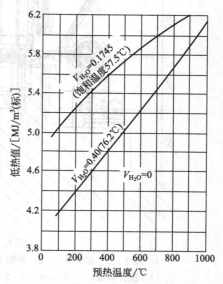

图 6.17　预热气化剂对煤气热值的影响

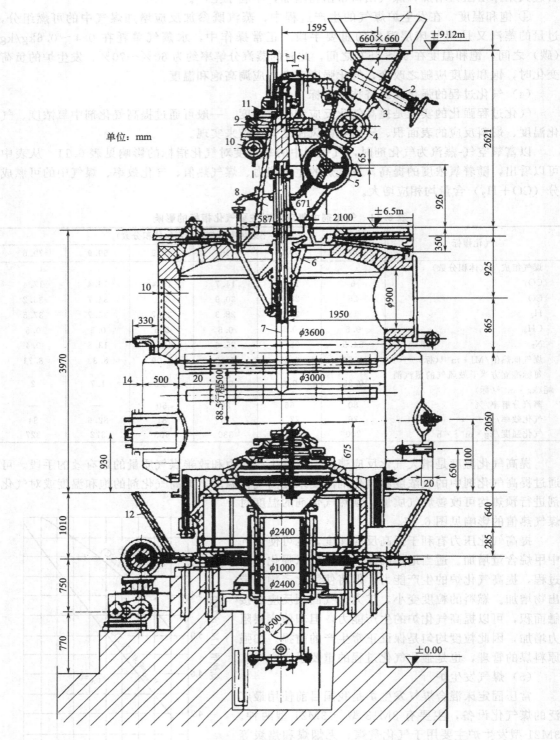

单位：mm

图 6.18　3M13 型煤气发生炉

1—煤斗；2—煤斗闸门；3—伸缩节；4—计量给煤器；5—计量锁气器；6—托盘和三脚架；
7—搅拌装置；8—空心柱；9—蜗杆减速机；10—圆柱减速机；11—四头蜗杆；12—灰盘

　　3M13 是一种带搅拌装置的机械化煤气发生炉，发生炉炉体包括耐火砖砌体和水夹套，水夹套产生蒸汽可做气化剂。在炉盖上设有气封的探火孔，用以探视炉内操作情况或通过"打钎"处理局部高温和破碎渣块。设搅拌装置的目的是搅动煤层，破坏煤的黏结性，并扒平煤层。上部加煤机构为双滚筒加料装置。搅动装置是由电动机通过蜗轮、蜗杆带动在煤层内转动，搅拌耙可根据需要在煤层内上下移动一定距离，搅拌杆内通循环水冷却，防止搅拌耙烧坏。

　　发生炉下部为炉箅及除灰装置，包括炉箅、灰盘、排灰刀及气化剂入口管。灰盘和炉箅固定在铸铁大齿轮上，由电动机通过蜗轮、蜗杆带动大齿轮转动，从而带动炉箅和灰盘转动。带有齿轮的灰盘坐落在滚珠上以减少带动时的摩擦力，排灰刀固定在灰盘边侧，灰盘转动时通过排灰刀将灰渣排出。

　　3MT 型（威尔曼型）混合煤气发生炉也是常用的固定床气化炉型之一。图 6.19 为不带搅拌装置的 W-G 型（威尔曼-格鲁沙）混合煤气发生炉。该炉总体高 17m，加煤部分分为两段，煤料由提升机送入炉子上面的受煤斗，再进入煤箱，然后经煤箱下部四根煤料供给管加入炉内。在煤箱上部设有上阀门，在四根煤料供给管上各设有下阀门，下阀门经常打开，使

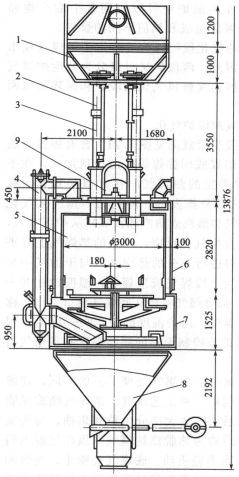

图 6.19　W-G 型煤气发生炉

1—料仓；2—料管；3—加料控制系统；4—饱和
空气管；5—上炉体；6—炉箅；7—下炉体；
8—灰斗；9—探火孔

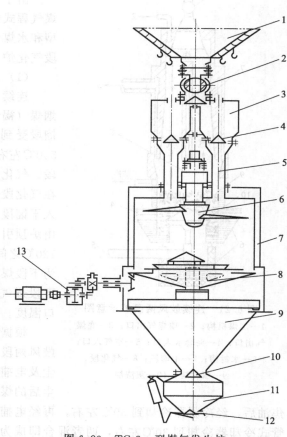

图 6.20　TG-3m 型煤气发生炉

1—煤仓；2—滚筒阀；3—双煤锁；4—煤锁锥形阀；5—加
料管；6—搅拌装置；7—炉体；8—炉箅；9—灰斗；10—灰
斗锥形阀；11—灰箱；12—灰箱锥形阀；13—炉箅传动机构

煤箱中的煤连续不断地加入炉中。当下阀门开启时，关闭上阀门，以防煤气经煤箱逸出。只有当煤箱加煤时，先关闭四根煤料供给管上的下阀门，然后才能开启上阀门加料。当加料完毕后，关闭上阀门，接着开启下阀门，上、下阀门间有联锁装置。炉体较一般发生炉高，煤在炉内停留时间较长，有利于气化进行完全。气化炉炉体为全水套，鼓风空气经炉子顶部夹套空间水面通过，使饱和了水蒸气的空气进入炉子底部灰箱经炉箅缝隙进入炉内，灰盘为三层偏心锥形炉箅，通过齿轮减速传动，炉渣通过炉箅间隙落入炉底灰箱内，定期排出。由于煤层厚，煤气出口压力高，故为干法排灰。

TG 型煤气发生炉是太原重型机器厂在 W-G 型煤气炉基础上，吸收加压气化炉的某些结构特点，采用可编程程序自动控制器实现加煤和排灰的一种新炉型，分为 I 型（无搅拌破黏装置）和 II 型（有搅拌破黏装置），炉体结构见图 6.20。

6.4.1.3　两段炉制气

在常规的固定床气化炉上加装一个干馏段，与原有的固定床气化炉组成一个总的气化装置即成为两段气化炉。煤的干燥干馏在气化炉上段进行，产生的半焦进入下部气化段进行气化反应。煤中挥发物通过干馏段引出，也可以将干馏煤气和气化产物一起由顶部引出。因此，在两段炉中可以得到含干馏产物和不含干馏产物的两股组成和热值不同的煤气。

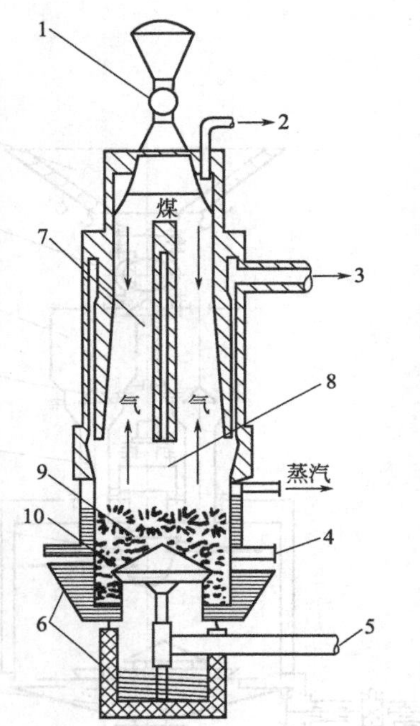

由于两段炉的气化段可以按混合发生炉煤气或水煤气程式操作，因此，两段炉又可以分为发生炉煤气型和水煤气型，即连续鼓风气化两段炉和循环鼓风两段气化炉。

（1）连续鼓风两段炉气化

连续鼓风两段炉示意图见图 6.21。含有挥发分的烟煤（褐煤、长焰煤或弱黏煤等）由炉顶加入，在干馏段受到气化段产生的热煤气间接和直接加热，在 550℃左右脱出大部分挥发分，得到的半焦进入气化段。气化剂（空气和蒸汽或蒸汽和富氧）从炉底吹入，在气化段与半焦发生气化反应，产生的热煤气上升进入干馏段，与原料进行充分的热交换后与干馏气一起由炉顶引出，成为上段煤气或顶煤气，温度约在 90～120℃之间。另一部分煤气直接从底煤气出口引出，称为下段煤气或底煤气，出炉温度约为 500～700℃。用下段煤气出口阀调节控制干馏的终结温度和顶煤气出口温度。

图 6.21　连续鼓风两段炉示意图
1—加煤机构；2—顶煤气出口；3—底煤气出口；4—夹套水入口；5—空气入口；6—水封槽；7—干馏段；8—气化段；9—氧化层；10—灰渣层

根据煤气用途和出炉煤气处理工艺的不同，连续鼓风两段炉可以制得三种工艺煤气。顶煤气经旋风除尘及电捕焦油以后，除去大部分尘粒和焦油，与经除尘后的煤气混合后称为热脱焦油煤气。顶煤气经电捕焦油后，经冷凝器冷却到 30℃左右，再经电捕焦油器除去轻质油。底煤气经除尘、洗涤和管式冷却器冷却到 30℃左右，两者混合即成为冷净煤气。顶煤气仅经旋风除尘器脱除大滴焦油，与经旋风除尘后的下段煤气混合成为热粗煤气。

美国 FW—STOIC 两段炉的煤气热值及制气效率如表 6.12 所示。

表 6.12　FW—STOIC 两段煤气炉的煤气热值及制气热效率

煤气种类	产品气热值/MJ·m⁻³(标)	制气热效率/%
热粗煤气	6.9～7.7	85～95
热脱焦油煤气	6.6～7.3	77～87
冷净煤气	6.0～6.5	67～76

（2）循环鼓风两段炉气化

循环鼓风两段炉属于水煤气型两段炉，其炉型简图示于图 6.22。原料煤自炉顶加入后在干馏段与气化段产生的吹风气、上行水煤气分别进行间接或直接换热后，脱除挥发分和水分后成为半焦进入气化段。气化段的操作方式与水煤气生产过程操作基本相同。

吹风气流经干馏段的隔墙和外墙之间的通气道，与干馏段的煤层间接换热后，由水煤气出口引出经热回收后放空。干馏所产生的纯干馏煤气从顶煤气出口引出。上吹制气阶段产生的上行水煤气与干馏段的煤进行直接换热后，与干馏煤气成为混合煤气，由顶煤气出口引出进入煤气处理系统。下吹制气阶段，经过预热的下吹蒸汽由水煤气出口进入，流经干馏段隔墙和外墙的通气道向下进入气化段，干馏煤气仍由顶煤气出口引出。下行水煤气则由炉底出口引出。一次吹净阶段产生的气体经间接换热后由底煤气出口引出进入吹气系统。二次蒸汽吹净阶段与上吹制气阶段过程相同，得到混合顶煤气。吹风、一次蒸汽吹净、下吹制气阶段三个间接加热阶段，所产生的纯干馏煤气由顶煤气出口引出。

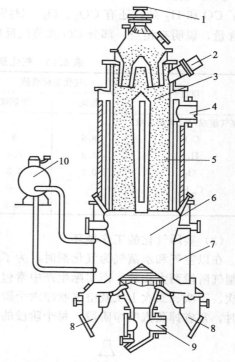

图 6.22　循环制气两段煤气发生炉
1—加煤口；2—顶煤气口；3—干燥段；4—水煤气及鼓风气出口，下吹蒸汽入口；5—干馏段；6—气化段；7—水夹套；8—排渣口；9—鼓风及上吹蒸汽入口，下吹水煤气出口；10—汽包

6.4.1.4　间歇法制备水煤气

向固定床煤气化炉中交替通入空气和水蒸气制得的煤气称为水煤气，是一种低热值煤气，其组成大致为 CO_2 5%、H_2 50%、CO 40%、N_2 5%，主要用作合成氨和合成液体燃料等的原料，或作为工业燃料气的补充来源。水煤气中各组分含量取决于所用原料及气化条件。

工业上，水煤气生产一般采用间歇周期式固定床生产技术。首先向发生炉内送入空气，空气中的氧与炽热的碳发生以下反应放出热量

$$C + 1/2O_2 \longrightarrow CO \tag{6.39}$$

$$C + O_2 \longrightarrow CO_2 \tag{6.40}$$

$$2CO + O_2 \longrightarrow 2CO_2 \tag{6.41}$$

反应所放出的热量蓄存在燃料层与蓄热室里，然后将蒸汽通入灼热燃料层进行反应。气化炉中碳与蒸汽主要发生如下水煤气反应

$$C + H_2O(g) \longrightarrow CO + H_2 \tag{6.42}$$

$$C+2H_2O(g)\Longrightarrow CO_2+2H_2 \tag{6.43}$$

由于以上反应为吸热反应，燃料层及蓄热室温度下降到一定温度时，又重新送空气入炉升温，如此循环。

(1) 水煤气及实际气化的工作循环

理想水煤气：在理想条件下制取的水煤气称为理想水煤气，其所谓的理想条件是指在整个生产水煤气的过程中没有热量损耗。

实际水煤气：在实际生产中由于副反应的存在和热损失，气化指标和理想状态有所不同。实际气化焦炭和无烟煤的水煤气指标如表 6.13 所示。可以看出，实际水煤气组成中，除了 CO 和 H_2 外，还有 CO_2、O_2、H_2S、CH_4 和 N_2 等。水煤气中的 H_2 含量远高于 CO 的含量，说明有相当一部分 CO 和蒸汽反应生成了 H_2 和 CO_2。

表 6.13　气化焦炭和无烟煤的水煤气指标

项目	气化指标数值		项目	气化指标数值	
	焦炭	无烟煤		焦炭	无烟煤
干煤气组成/%(体积分数)			H_2	50	48
CO_2	6.5	6	CH_4	0.5	0.5
H_2S	0.3	0.4	N_2	5.5	6.4
O_2	0.2	0.2	水煤气热值/MJ·m^{-3}(标)		
C_mH_n	—	—	高热值	11430	11304
CO	37	38.5	低热值	10467	10383

(2) 实际气化的工作循环

在以空气和水蒸气为气化剂时，为了维持气化的连续进行，必须有积累热量的吹风阶段和制气阶段两大步骤。而实际生产中常包括一些辅助阶段，通常分为吹风、蒸汽吹净、一次上吹、下吹、二次上吹及空气吹净六个阶段。对于煤气质量要求不严或用于生产合成氨原料气时，常省掉蒸汽吹净阶段。每个阶段的气流方向如图 6.23 所示。

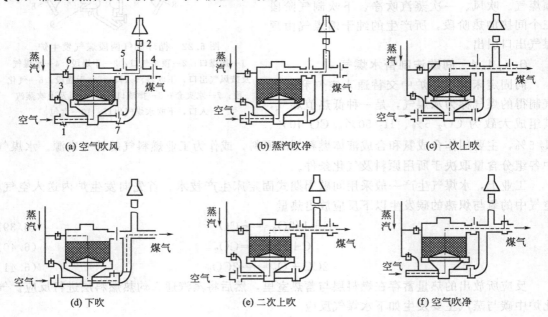

图 6.23　每个循环按六个阶段制水煤气的气体流程

首先是吹风阶段，此时向炉内自下而上吹入空气以使炭层温度上升；在吹风阶段之后将要送入水蒸气前，在炉上部和煤气管道中存有一些残余的吹风煤气，为了避免含有大量氮和二氧化碳的吹风气混入水煤气而影响质量，一般需要一个短时间的蒸汽吹净阶段。倘若生产合成氨的原料气或对水煤气质量要求不严时，可以不设这个阶段；然后送入水蒸气进入上吹制气阶段，此时床层底部逐渐被冷却，但炉子上部温度仍高，因而气化层逐渐上移；当蒸汽上吹了一个阶段后，改将水蒸气由煤气炉上部送入，进行下吹阶段；在下吹制气后，炉底有下行煤气，不可立即吹入空气，以免引起爆炸。为了安全起见，可以在下吹制气以后，再次进行上吹制气称为二次上吹阶段；在二次上吹制气后，本应开始下一轮的循环，但因炉上部和煤气管道中仍有煤气，需由空气吹净阶段将这部分煤气送入煤气系统，再进行下一循环。

（3）工艺流程

间歇法气化工艺由煤气发生炉、煤气除尘降温、余热回收以及原料储存设备所构成，同时流程中还有必要的自控装置。典型的工艺流程有以下几种。

回收吹风气和水煤气显热的工艺流程见图6.24。此流程设废热锅炉回收水煤气和吹风气显热产生蒸汽。采用 $\phi1980$ 和 $\phi2260$ 的水煤气炉均采用此流程。

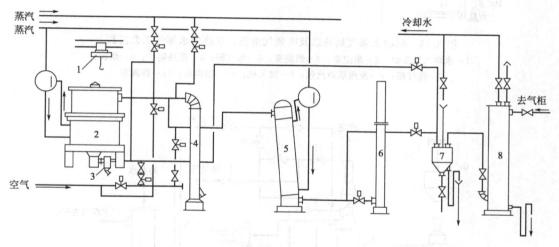

图 6.24　回收吹风气和水煤气显热工艺流程
1—电动葫芦；2—水煤气炉；3—排灰箱；4—集尘器；
5—废热锅炉；6—烟囱；7—洗气箱；8—洗涤塔

回收水煤气显热以及吹风气潜热、显热的水煤气工艺流程见图6.25。该流程除设有废热锅炉外，增设了燃烧室以回收吹风气的潜热。

制取半水煤气的工艺流程见图6.26。其流程和制取水煤气流程大致相同。对于 $\phi3000$ 以下的煤气炉，流程中没有燃烧室，只回收吹风气和煤气的显热。

（4）煤气发生炉

煤气发生炉是固定床制水（半水）煤气的核心设备。国内大致分为三种类型：$\phi2745/\phi3000$ 的 U.G.I炉、$\phi2700$ 和 $\phi3600$ 的煤气炉。

水煤气炉的结构大致相同，均由加煤器、炉体、底盘、机械出灰装置及传动装置（炉条机）组成。炉体由炉盖、水夹套及耐火层组成。水夹套由钢板焊制，具有防止挂渣和副产蒸汽的双重作用。炉算为铸件，固定在灰盘上，随灰盘一起转动，起到破渣出灰作用，有分布

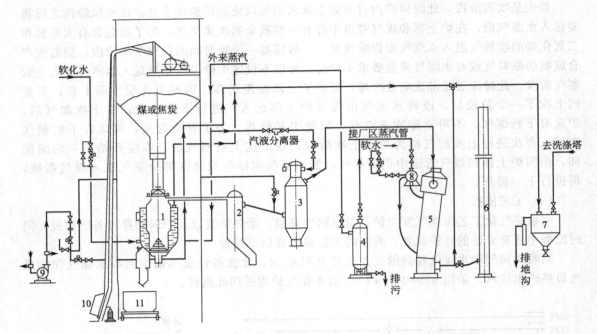

图 6.25　回收水煤气显热以及吹风气潜热、显热的水煤气工艺流程
1—水煤气发生炉；2—集尘器；3—燃烧室；4—蒸汽罐；5—废热锅炉；6—烟囱；
7—洗气箱；8—废热锅炉汽包；9—鼓风机；10—加焦车；11—排灰车

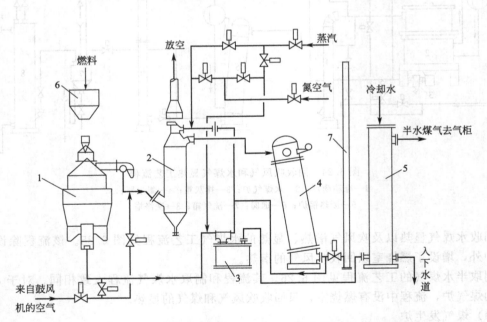

图 6.26　固定层煤气炉（U.G.I 型）制半水煤气的工艺流程
1—煤气炉；2—燃烧室；3—水封槽（洗气箱）；4—废热锅炉；5—洗气塔；6—原料仓；7—烟囱

气化剂的功能。底盘两侧有灰斗。底部中心管与吹风和下吹管线是 Y 形联接。底盘内的轴承轨道用以承托机械出灰装置、灰渣和燃料层的重量。常用水煤气发生炉技术参数如表 6.14 所示。U.G.I 煤气炉结构如图 6.27 所示。

表 6.14　常用水煤气发生炉技术参数汇总表

项目	炉型规格							
	$\phi1980$	$\phi2260$	$\phi2400$	$\phi2600$	$\phi2550$	$\phi3200$	$\phi3000$	$\phi3600$
炉膛直径/mm	1980	2260	2400	2600	2550	3200	3000	3600
炉膛截面积/m²	3.08	4.01	4.52	5.31	5.11	8.04	7.07	10.18
水夹套受热面积/m²		12.8	13.57	17.2	16	22.1	20.7	28
水夹套压力/MPa		0.2		0.2		0.07	0.07	0.07
灰盘电机/kW		3kW/96 (r·min⁻¹)		4kW			7.5kW	
炉算转速/r·h⁻¹							0～2.47	0～1.45
料层有效容积/m³	8.32	10.83	12.2	14.34	13.8		21.21	30.54
水煤气产气量/m³ (标)·h⁻¹	1000	1000～2000		6500	4500～5800	8000～10500	7000～8500	11000～13000

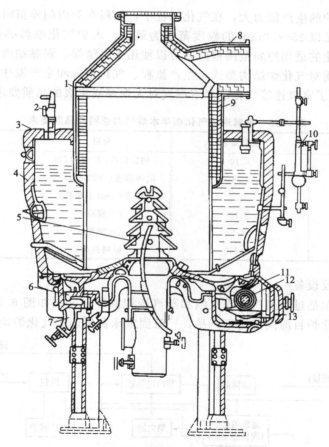

图 6.27　U.G.I 型煤气炉

1—炉壳；2—安全阀；3—保温材料；4—夹套锅炉；5—炉算；6—灰盘接触面；7—底盘；
8—保温砖；9—耐火砖；10—液位计；11—蜗轮；12—蜗杆；13—油箱

6.4.1.5　富氧连续气化

固定床气化制合成氨原料气时，如果能改变空气中的氧、氮比例，提高氧含量，降低氮含量，生产出来的煤气即可满足合成氨生产的需要，这就是采用富氧连续气化的目的。

（1）工艺特点

一般而言，气化剂氧气纯度越高，气化强度就越大，气化效率也就越高，而对纯氧的消耗量也越高。富氧（或纯氧）连续气化较空气连续气化在气化强度（或气化能力）、气化效率、有效气体组成及制氨能耗等方面显示出了巨大的优越性。因此，纯氧连续气化制合成氨原料气一般适宜于大规模的加压气化。近二十年来，随着富氧制备技术的开发研究，特别是变压吸附技术大大降低了工程投资和制氧能耗，可为中小规模的合成氨厂提供廉价、低耗的氧源，使富氧连续气化技术更具有市场竞争潜力。

固定床富氧连续气化属连续上吹制气工艺，固体原料在气化炉内与气化剂呈相反方向运动，固体原料自上而下移动，形成气化层。当气化剂自下而上通过气化层时，进行气化反应。气化层自上而下大致可分为干燥层、干馏层、还原层、氧化层和灰渣层五个区层。各层之间并没有严格的界限，即没有明显的分层，各层的高度除与气化炉结构、气化炉的操作条件有关外，还与燃料的种类及性质有关。

（2）原料要求

富氧连续气化炉的生产能力大，在气化过程中，燃料在炉内的停留时间短，因此原料粒度应尽可能均匀，尤以 25～50mm 的粒度范围为最佳。入炉气化原料必须经过筛分，分级使用。富氧连续气化的适用原料范围很广，可以使用不黏结煤、弱黏结性煤、无烟煤或焦炭等。气化原料的性质对气化炉结构型式、生产流程、气化指标和生产操作等都起着决定性的影响。表 6.15 示出了富氧连续气化制半水煤气对无烟煤或焦炭的品质要求。

表 6.15　富氧连续气化制半水煤气对原料的品质要求

项目	质量要求	项目	质量要求
水分(W_{ar})/%	<10	热稳定性(T_s+6)/%	≥70
挥发分(V_{daf})/%	<8	抗碎强度(>25mm)/%	≥65
灰分(A_d)/%	<20	粒度/mm(小颗粒)	6～25
固定碳(FC_d)/%	≥70	（中颗粒）	25～50
硫(St_d)/%	≤1	（大颗粒）	50～75
灰熔点(ST)/℃	≥1250	原料种类	无烟煤、焦炭

（3）工艺流程及设备

富氧连续气化包括过热蒸汽流程及饱和蒸汽流程两种，分别如图 6.28 与图 6.29 所示。固定床富氧连续气化炉目前尚无定型产品，一般固定床富氧连续气化炉均用常压固定床煤气

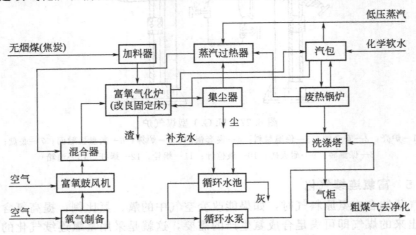

图 6.28　富氧气化制半水煤气工艺流程图（过热蒸汽工艺）

发生炉进行改造。改造的主要内容是：增加自动加料装置；增加自动排灰装置；适当加高水夹套高度和气化炉壳体高度。

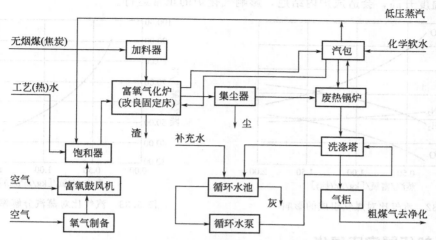

图 6.29　富氧气化制半水煤气工艺流程图（饱和蒸汽工艺）

富氧连续气化与间歇气化相比，降低了原料消耗，但增加了电耗。因此，制氧装置的电耗及选用技术的先进性是影响富氧连续气化的关键。目前，空气分离制氧已工业化的技术有两种：①低温精馏法；②变压吸附法（PSA）；另外膜分离法和化学吸收法尚处于开发阶段。

富氧连续气化的其它设备：洗涤塔、集尘器、蒸汽过热器、气包、废热锅炉、气柜等可参照固定床间歇气化制水煤气、半水煤气工艺过程，进行设备的选择及设计。

（4）主要影响因素

富氧浓度：富氧浓度的选择主要取决于产品煤气的利用场合和原料品质。以焦炭为例，在蒸汽分解率为 $55\% \sim 60\%$ 条件下，富氧浓度对煤气组成及煤气热值的影响如图 6.30 及图 6.31 所示。对于生产合成氨原料气（半水煤气），要满足合成氨生产 $H_2/N_2 = 3.0 \sim 3.3$ 的要求，一般富氧浓度在 50% 左右为宜。对于生产合成甲醇原料气（水煤气），可采用高纯度的富氧或纯氧。对于生产燃料煤气，可根据煤气热值要求适当选择富氧浓度。

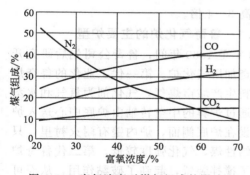

图 6.30　富氧浓度对煤气组成的影响

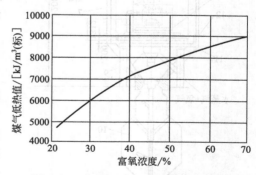

图 6.31　富氧浓度对煤气热值的影响

汽气比：气化剂蒸汽与富氧的比例在富氧连续气化生产操作控制中至关重要。以焦炭为原料时汽气比对煤气组成及蒸汽分解率的影响分别如图 6.32、图 6.33 所示。汽气比例越高，所产出煤气中的 H_2 及 CO_2 也越高，而 CO 则相应降低，这是变换反应因水汽浓度提高而促使向生成 H_2 及 CO_2 方向进行所致。在实际气化过程中，根据气化原料的不同，蒸汽分解率一般控制在 45%~70%。汽气比过高，蒸汽的加入量大，蒸汽分解率低，蒸汽消耗增加，对气化经济运行不利。汽气比过低，蒸汽的加入量小，蒸汽分解率高，蒸汽消耗低，但气化层温度升高，会造成炉内结疤，影响气化炉的正常运行。

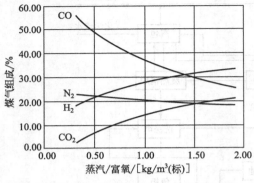

图 6.32　汽气比对煤气组成的影响

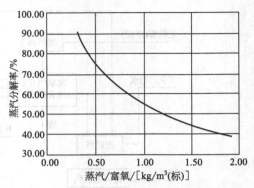

图 6.33　汽气比对蒸汽分解率的影响

6.4.2　加压固定床气化

1927 年，德国鲁奇公司研究发现，在常压下气化炉的产气量有限，而且煤气输送的压缩费用较高，而在压力为 2.0MPa 和温度为 1000K 的平衡气体中，甲烷含量可达到 20% 以上，煤气热值大幅度提高。随后的小型试验结果也证实了加压气化理论的正确性，这种方法就称为鲁奇式加压气化法。1974 年，鲁奇公司与南非萨索尔合作开发的第四代加压气化炉几乎能适应各种煤种，单炉产气量比第三代炉提高了 50%。此外，鲁奇公司开发研制的液态排渣气化炉可以大幅提高气化炉内燃烧区的反应温度，不但减少了蒸汽消耗量，提高了蒸汽分解率，而且气化炉出口煤气有效成分增加，从而使煤气质量提高，单炉生产能力比固态排渣气化炉提高 3~4 倍。

6.4.2.1　鲁奇气化炉的主要炉型

从 1930 年至 1980 年间，鲁奇公司先后研究开发了四代鲁奇加压气化炉。第一代工业化的鲁奇炉以褐煤为原料生产城市煤气，气化剂为氧气和水蒸气，气化剂通过炉箅的中空转轴由炉底中心送入炉内，出灰口设在炉底侧面，炉内壁有耐火衬里，只能气化非黏结性煤，气化强度较低。第二代鲁奇炉在炉内设置了搅拌装置，起到了破黏作用，从而可以气化弱黏结性煤，同时取消了炉内的耐火衬里，设置了水夹套，排灰改为炉底中心排灰，气化剂由炉底侧向进入炉箅下部。

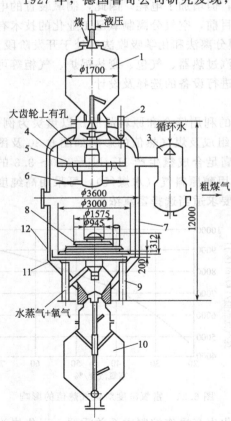

图 6.34　第三代加压气化炉
1—煤箱；2—上部传动装置；3—喷冷器；4—裙板；5—布煤器；6—搅拌器；7—炉体；8—炉箅；9—炉箅传动装置；10—灰箱；11—刮刀；12—保护板

第三代加压气化炉（图 6.34）是在第二代炉基础上改进而成的，是目前世界上使用最为广泛的一种炉型。该炉内径为 $\phi3.8m$，外径 $\phi4.128m$，炉体高 12.5m，气化炉操作压力为 3.05MPa。生产能力高，炉内设有搅拌装置，可气化除强黏结性烟煤外的大部分煤种。第四代加压气化炉是在第三代炉的基础上加大了气化炉的直径（达 $\phi5m$），使单炉生产能力大为提高，其单炉产粗煤气量可达 75000m³（标）/h（干气）以上，目前仅在南非 Sasol 公司投入运行。

从煤锁加入的煤通过布煤器上的两个布煤孔进入炉膛内，平均每转布煤 15～20mm 厚，从煤锁下料口到布煤器之间的空间，约能储存 0.5h 气化炉用煤量，以缓冲煤锁在间歇充、泄压加煤过程中的气化炉连续供煤。在炉内，搅拌器安装在布煤器的下面，其搅拌桨叶一般设上、下两片桨叶。桨叶深入到煤层里的位置与煤的结焦性能有关，其位置深入到气化炉的干馏层，以破除干馏层形成的焦块。桨叶的材质采用耐热钢，其表面堆焊硬质合金，以提高桨叶的耐磨性能。外供锅炉给水通过搅拌器、布煤器的空心轴内中心管，首先进入搅拌器最下底的桨叶进行冷却，然后再依次通过冷却上桨叶、布煤器，最后从空心轴与中心管间的空间返回夹套形成水循环。因为搅拌桨叶处于高温区工作，水的冷却循环不正常将会使搅拌器及桨叶超温烧坏造成漏水，从而造成气化炉运行中断。

鲁奇液态排渣气化炉是传统固态排渣气化炉的进一步发展，其特点是气化温度高，气化后灰渣呈熔融态排出，因而使气化炉的热效率与单炉生产能力提高，煤气的成本降低。液态排渣鲁奇炉如图 6.35 所示。该炉气化压力为 2.0～3.0MPa，气化炉上部设有布煤搅拌器，可气化较强黏结性的烟煤。气化剂（水蒸气＋氧气）由气化炉下部喷嘴喷入，气化时，灰渣在高于煤灰熔点（T_2）温度下呈熔融状态排出，熔渣快速通过气化炉底部出渣口流入急冷器，在此被水急冷而成固态炉渣，然后通过灰锁排出。

液态排渣气化炉有以下特点。

① 由于液态排渣气化剂的汽氧比远低于固态排渣，所以气化层的反应温度高，碳的转化率增大，煤气中的可燃成分增加，气化效率高。煤气中 CO 含量较高，有利于生成合成气。

② 水蒸气耗量大为降低，且配入的水蒸气仅满足于气化反应，蒸汽分解率高，煤气中的剩余水蒸气很少，故而产生的废水远小于固态排渣。

③ 气化强度大。由于液态排渣气化煤气中的水蒸气量很少，气化单位质量的煤所生成的湿粗煤气体积远小于固态排渣，煤气气流速度低，带出物减少，因此在相同带出物条件下，液态排渣气化强度可以有较大提高。

④ 液态排渣的氧气消耗较固态排渣要高，生成煤气中的甲烷含量少，不利于生产城市煤气，但有利于生产化工原料气。

⑤ 液态排渣气化炉的炉体材料在高温下的耐磨、耐腐蚀性能要求高。在高温、高压下如何有效地控制熔渣的排出等问题是液态排渣的技术关键，尚需进一步研究。

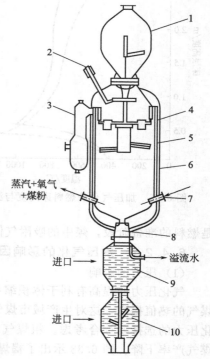

图 6.35　大型液态排渣鲁奇炉

1—煤箱；2—上部传动装置；3—喷冷器；4—布煤器；5—搅拌器；6—炉体；7—喷嘴；8—排渣口；9—熔渣急冷箱；10—灰箱

（图中标注：蒸汽＋氧气＋煤粉；进口；溢流水；进口）

6.4.2.2　原料及特点

目前，在工业应用中较为成熟的技术为鲁奇碎煤加压气化工艺。该工艺原料适应范围广，除黏结性较强的烟煤外，从褐煤到无烟煤均可气化；由于气化压力较高，气流速度低，可气化较小粒度的碎煤；可气化水分、灰分较高的劣质煤。单炉生产能力大，气化过程连续进行，有利于实现自动控制；气化压力高，可缩小设备和管道尺寸，利用气化后的余压可以进行长距离输送。气化较年轻的煤时，可以得到各种有价值的焦油、轻质油及粗酚等多种副产品；通过改变压力和后续工艺流程，可以制得 H_2/CO 各种不同比例的化工合成原料气，拓宽了加压气化的应用范围。

但是，固态排渣气化炉的蒸汽分解率一般约为 40%，蒸汽消耗较大，未分解的蒸汽在后序工段冷却，造成气化废水较多，废水处理工序流程长，投资高；需要配套相应的制氧装置，一次性投资较大。

6.4.2.3 加压气化过程

在一定压力下，煤在高温下受氧、水蒸气、二氧化碳的作用会发生各种气化反应。对加压气化而言，提高压力有利于煤气中甲烷的生成，可提高煤气的热值；提高气化反应温度，有利于 $CO_2+C \Longrightarrow 2CO$ 向生成一氧化碳的方向进行，也有利于 $C+H_2O \Longrightarrow CO+H_2$ 反应，从而可提高煤气中的有效成分，但提高温度不利于生成甲烷的放热反应。

在加压气化炉中，与常压气化炉相同，一般也将床层按其反应特性由下至上划分为灰渣层、燃烧层（氧化层）、气化层（还原层）、干馏层及干燥层，如图 6.36 所示。

灰渣层的主要功能是加热气化剂，以回收灰渣的热量，降低灰渣温度；燃烧层主要是煤焦与氧气的反应，它为其它各层的反应提供了热量；气化层（也称还原层）是煤气产生的主要来源；干馏层及干燥层

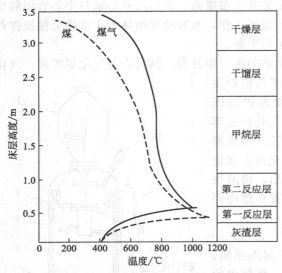

图 6.36 加压气化炉燃料床高度与温度的关系

是燃料的准备阶段，煤中的吸附气体及有机物在干馏层析出。

6.4.2.4 加压气化的影响因素

（1）压力的影响

气化压力的提高有利于体积缩小的气化反应的进行，煤气中的 CH_4 和 CO_2 含量增加，煤气的热值提高，这对生产城市煤气是有利的，而对于生产合成原料气则是不利的，故而气化压力的选择要综合考虑。粗煤气组成随气化压力的变化如图 6.37 所示。随着压力升高，煤气产率下降。图 6.38 示出了褐煤气化时煤气产率与气化压力的关系，煤气产率随压力的升高而下降是由于生成气中甲烷量增多，从而使煤气总体积减小。

随着压力升高，生成甲烷反应速度加快，反应释放出的热量增加，从而减少了碳燃烧反应的耗氧量。氧气消耗量、利用率与气化压力的关系如图 6.39 所示。氧气利用率是指消耗 $1m^3$（标）氧所制得煤气的化学热。水蒸气消耗量与气化压力的关系如图 6.40 所示。随着压力升高水蒸气消耗量增多。因压力升高，生成甲烷所耗氢量增加，则气化系统需要水蒸气分解的绝对量增加，而压力增高却使水蒸气分解反应向左进行的速度增大，即水蒸气分解率下降。如在常压下水蒸气的分解率约为 65%，而在 2.0MPa 下水蒸气分解率降至 36% 左右。由于上述原因，加压气化比常压气化的水蒸气耗量大大增加，$20kg/cm^3$ 时比常压下水蒸气

耗量高一倍以上，由于水蒸气分解率下降，使加压气化的热效率有所降低。

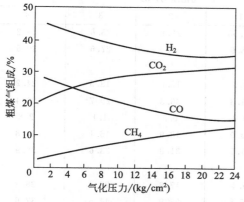

图 6.37 粗煤气组成与气化压力关系

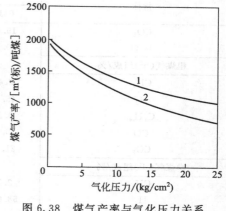

图 6.38 煤气产率与气化压力关系

1—粗煤气；2—净煤气

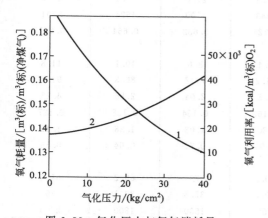

图 6.39 气化压力与氧气消耗量、
氧气利用率的关系

1—氧气消耗量；2—氧气利用率

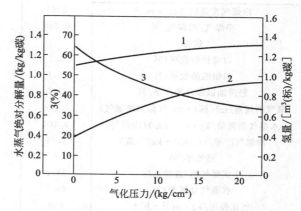

图 6.40 水蒸气耗量与气化压力关系

1—氢量；2—水蒸气绝对分解量；3—水蒸气分解率

  气化炉的生产能力取决于气化反应的化学反应速度和气固相的扩散速度。在加压情况下，同样的温度条件，可以获得较大的生成甲烷的反应速度。因而在相同温度下加压气化的化学反应速度比常压快，对提高气化炉的生产能力有利。炉内气流速度的提高，对提高生产能力亦是重要的措施。气化温度相同，在压力 P 下操作的气化炉内的气流仅为常压气化气流速度的 $1/P$。由此可见，在不增大飞灰的前提下，加压气化的气流速度可以大大提高。表6.16 列出了褐煤在各种压力下气化的实验结果。

表 6.16 褐煤在各种压力下的试验结果

指标	气化压力/MPa				
	0.1	1	2	3	4
粗煤气（湿）组成/%					
CH_4	2.2	5.6	9.4	12.6	16.1
H_2	40.7	33.5	27.2	20.4	15.8
C_nH_m	0.2	0.25	0.4	0.8	2.2
CO	27.1	19.5	14.2	13.1	9.2

指标	气化压力/MPa				
	0.1	1	2	3	4
CO_2	19.3	22.55	23.8	25.6	26.2
H_2O	10.5	18.6	25	27.6	30.5
粗煤气(干)组成/%					
CH_4	2.4	6.5	12.5	18.5	24.2
H_2	45.6	41.3	36.3	29.7	23.4
C_nH_m	0.2	0.3	0.5	1.1	2.8
CO	30.2	23.9	18.9	16.1	13.8
CO_2	21.6	27.7	31.8	33.6	35.9
净煤气(干)组成/%					
CH_4	2.7	9.4	17.8	29.4	38.8
H_2	58.05	56.8	53.9	44.5	37.6
C_nH_m	0.25	0.4	0.7	1.7	3.1
CO	39	33.4	27.6	24.4	20.5
净煤气发热值/kcal·m⁻³	2943	3543	4100	4624	5204
净煤气/粗煤气/%	0.784	0.723	0.682	0.664	0.641
焦油					
以煤计的收率/%	4.3	6.4	8.6	10.1	11.8
对铝甑的收率/%	41.6	51.2	71.2	86.3	94.3
轻质油以煤计的产率/%	0.3	1.3	2.04	2.86	4.23
氧气消耗量/m³(标)·m⁻³(标)(净煤气)	0.186	0.169	0.154	0.138	0.127
水蒸气消耗量/kg·m⁻³(标)(净煤气)	0.464	0.807	1.03	1.28	1.46
净煤气产率/m³(标)·kg⁻¹(煤)	1.45	1.05	0.71	0.64	0.56
热效率/%					
生成煤气热/进炉总热	88.2	79.5	73	68.2	61.5
水蒸气分解率/%	64.7	50.3	37.5	30.1	29
气化强度/kg·m⁻²·h⁻¹	420	750	1500	1800	2200

(2) 气化层温度与气化剂温度的影响

气化层温度降低有利于放热反应的进行，也就是有利于甲烷的生成反应，使煤气热值提高。但温度降低过多，在 650～700℃ 时，无论是甲烷生成反应或其它气化反应的反应速度都非常缓慢。压力为 2.0MPa 下气化褐煤时，气化层温度对粗煤气组成的影响如图 6.41 所示。

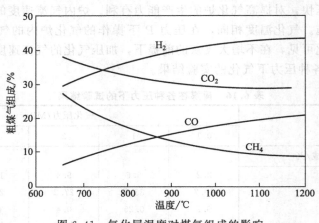

图 6.41　气化层温度对煤气组成的影响

通常，生产城市煤气时，气化层温度一般在 950～1050℃，生产合成原料气时可以提高到 1200～1300℃，气化层温度的提高主要受灰熔点的限制，当温度过高超过灰的软化点时，灰将变为熔融态，这在固态排渣炉是不允许的。气化层温度过低不但降低反应速度，也会使灰中残余碳量增加，增大了原料损失，同时低温还会使灰变细，增大了床层阻力，降低气化炉的生产负荷。一般情况下在气化原料煤种确定后，根据灰熔点来确定气化层温度。另外，提高气化剂入炉前的温度可以减少用于预热气化剂的热量消耗，从而减少氧气消耗量，较高的气化剂温度有利于碳的燃烧反应的进行，使氧的利用率提高。氧气利用率与气化剂温度之间的关系曲线如图 6.42 所示。

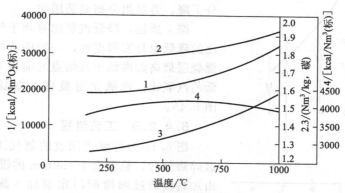

图 6.42　气化剂温度与氧气利用率的关系
1—氧气利用率；2,3—分别为粗煤气和净煤气产率；4—净煤气发热值

（3）汽氧比的影响

在加压气化煤气生产中，汽氧比是一个非常重要的操作条件。在一定的气化温度和煤气组成变化条件下，不同煤种时汽氧比的变动范围也不同。随着煤的碳化度加深，反应活性变差，为提高生产能力，汽氧比应适当降低。在加压气化生产中，各种煤种的汽氧比变动范围一般为：褐煤 6～8，烟煤 5～7，无烟煤 4.5～6。改变汽氧比，实际上是调整与控制气化过程的温度，在固态排渣炉中，首先应保证在燃烧过程中灰不熔融成渣，在此基础上维持足够高的温度以保证煤完全气化。加压气化生产中汽氧比对煤气生产的影响主要有以下几个方面。

① 在一定热负荷条件下，水蒸气的消耗量随汽氧比的提高而增加，氧气的消耗量随汽氧比提高而相对减少，如图 6.43 所示。可以看出，水蒸气量的变化幅度远远大于氧气量的变化幅度。因此在实际生产中，要兼顾气化过程和消耗指标来考虑，在不引起气化炉产生结渣和气质变坏的情况下，尽可能采用较低的汽氧比。

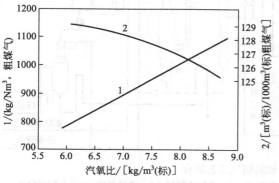

图 6.43　汽氧比与蒸汽、氧气消耗量的关系
1—水蒸气消耗量；2—氧气消耗量

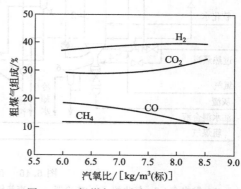

图 6.44　粗煤气组成与汽氧比的关系

② 汽氧比的提高，使水蒸气的分解率显著下降，这将加大煤气废水量。不但浪费了水蒸气，同时还加大了煤气冷却系统的热负荷，会使煤气水废水处理系统的负荷增加。

③ 汽氧比的改变对煤气组成影响较大。随着汽氧比的增加，气化炉内反应温度降低，煤气组成中一氧化碳含量减少，二氧化碳还原减少使煤气中二氧化碳与氢气含量升高。粗煤气组成与汽氧比之间的关系曲线如图 6.44 所示。

④ 汽氧比的改变和炉内温度的变化对副产品焦油的性质也有所影响。提高汽氧比以后，焦油中碱性组分下降，芳烃组分则显著增加。

综上所述，降低汽氧比有利于气化生产，但汽氧比的降低也是有限度的，一般的选择条件是：在保证燃烧层最高温度低于灰熔点的前提下，尽可能维持较低的汽氧比。汽氧比与最高燃烧温度的关系曲线见图 6.45。

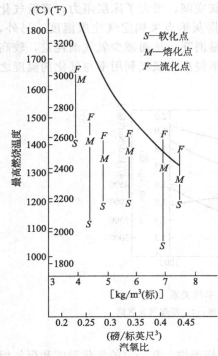

图 6.45　汽氧比与最高燃烧温度的关系

6.4.2.5　工艺流程

图 6.46 为有废热回收的制气工艺流程。原煤经破碎筛分后，粒度为 4～50mm 的煤经上部的储煤斗，由加料槽通过回筒阀门定期加入煤箱，随后加入炉内。原煤与气化剂反应后，灰渣经转动炉算借刮刀连续排入灰箱，灰箱中的灰渣定期排入灰斗，全部操作均通过液压程序系统自动进行（也可切换为半自动或手动）。系统生成的粗煤气由气化炉上侧方引出，出口温度视不同原料约为 350～600℃，经喷冷器喷淋冷却，除去煤气中的焦油及煤尘，再经废热锅炉回收热量后，按不同情况经过洗涤和变换工艺。

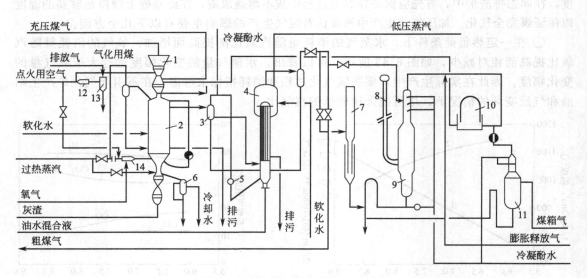

图 6.46　有废热回收的制气工艺流程

1—贮煤仓；2—气化炉；3—喷冷器；4—废热锅炉；5—循环泵；6—膨胀冷凝器；7—放散烟囱；8—火炬烟囱；
9—洗涤器；10—贮气柜；11—煤箱气洗涤器；12—引射器；13—旋风分离器；14—混合器

6.5　流化床气化

　　粉煤流化床气化又称之为沸腾床气化，是一种成熟的气化工艺，在国外应用较多。气化炉内小颗粒煤在自下而上的气化剂作用下，保持着连续不断和无秩序的沸腾和悬浮状态运动，迅速地进行着混合和热交换，在一定温度、压力条件下与气化剂反应生成煤气。该工艺可直接使用 0~6mm 碎煤作为原料，备煤工艺简单，气化剂同时作为流化介质，炉内气化温度均匀，典型的代表有德国温克勒气化技术，山西煤化所的 ICC 灰融聚气化技术和恩德粉煤气化技术。虽然近年来流化床气化技术已有较大发展，相继开发了如高温温柯勒（HTW）、U-Gas 等加压流化床气化新工艺以及循环流化床工艺（CFB），在一定程度上解决了常压流化床气化带出物过多的问题，但仍然存在煤气中带出物含量高、带出物碳含量高且又难分离、碳转化率偏低、煤气中有效成分低、而且要求煤高活性、高灰熔点等多方面问题。

6.5.1　流化床气化的特点

　　所谓"流态化"是一种使固体微粒通过与气体或液体接触而转变成类似流体状态的操作。如图 6.47 所示，当流体以低速向上通过微细颗粒组成的床层时，流体只是穿过静止颗粒之间的空隙，称为固定床。随着流速增加，流体曳力相对于固体重量的比率增加，颗粒互相离开，少量颗粒开始在一定的区间运动，称为膨胀床。当流速增加到使全部颗粒都刚好悬浮在向上流动的流体中，此时颗粒与流体之间的摩擦力与其重量相平衡，床层可认为是刚刚流化，并称为初始流化床，或称为处于临界流化状态的床层。气固系统随着流速增加超过临

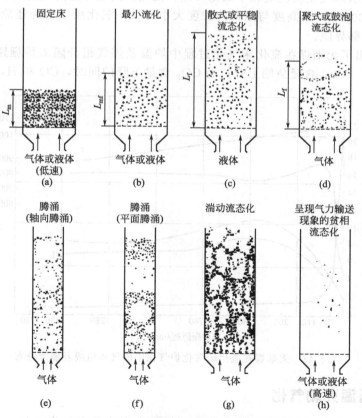

图 6.47　固体颗粒层与流体接触的不同类型

界流态化，会发生鼓泡和气体沟流现象。此时，床层膨胀并不比临界流态化时的体积大很多，这样的床层称为聚式流化床、鼓泡流化床或气体流化床。床层存在清晰上表面的流化床可认为是密相流化床，这类流化床在许多方面表现出类似液体的性能。当气体流速高到足以超过固体颗粒的终端速度时，固体颗粒将被气体夹带，床层界面变得模糊以致消失，这种情况称为贫相流化床。

在流化床气化炉中，气化剂通过粉煤层，使燃料处于悬浮状态，固体颗粒的运动如沸腾的液体一样。气化用煤的粒度一般较小，比表面积大，气固相运动剧烈。整个床层温度和组成一致，所产生的煤气和灰渣都在炉温下排出，因而，导出的煤气中基本不含焦油类物质。采用气化反应性高的燃料（如褐煤），粒度在 3～5mm 左右，由于粒度小，再加上沸腾床较强的传热能力，因而煤料入炉的瞬间即被加热到炉内温度，几乎同时进行着水分的蒸发、挥发分的分解、焦油的裂化、碳的燃烧与气化过程。有的煤粒来不及热解并与气化剂反应就已经开始熔融，熔融的煤粒黏性强，可以与其它粒子接触形成更大粒子，有可能出现结焦而破坏床层的正常流化，因而沸腾床内温度不能太高。由于加入气化炉的燃料粒径分布比较分散，而且随气化反应的进行，燃料颗粒直径不断减小，则其对应的自由沉降速度相应减小。当其对应的自由沉降速度减小到小于操作的气流速度时，燃料颗粒即被带出。

6.5.2 工艺过程

流化床煤气化过程的主要反应包括煤的热解反应、热解气体二次反应、煤焦与二氧化碳及水蒸气反应、水蒸气变换反应和甲烷化反应。流化床内也可分为氧化层和还原层，氧化层高度约为 80～100mm，其高度与原料的粒度大小无关。氧化层以上为还原层，还原层一直延伸到床层的上部界限。

图 6.48 示出了无烟煤在流化床气化过程中炉温及煤气组分随离炉栅距离的变化情况。当氧含量下降时，CO_2 含量急剧上升；而 CO_2 含量下降的同时，CO 和 H_2 的含量上升。

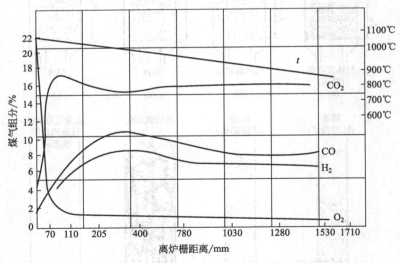

图 6.48　无烟煤在流化床气化炉气化中的气体组成及温度分布

6.5.3 常压温克勒气化

温克勒气化工艺是最早的以褐煤为气化原料的常压流化床气化工艺，由于存在氧耗高、炭损失大（超过 20％）等缺点，至今仍在运转的已不多见。

6.5.3.1　温克勒气化炉

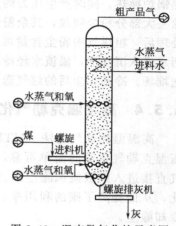

温克勒气化炉为钢制立式圆筒形结构，内衬耐火材料，典型的工业规模气化炉内径为 5.5m，高 23m。图 6.49 为温克勒气化炉示意图。

气化剂由气化炉中部、下部分别喷入炉内，使煤在炉内沸腾流化进行气化反应。早期的温克勒气化炉在炉底部设有炉栅，气化剂通过炉栅进入炉内。后来改为无炉栅结构，气化剂通过 6 个仰角为 10°、切线角为 25°的水冷射流喷嘴喷入炉内，使气化炉结构得到简化，而同样能达到气流分布均匀的目的，同时避免床层内部气体沟流造成局部过热及结渣现象，延长了使用周期，降低了维修费用，但随之而来的问题是出口煤气中粉尘夹带量增多。

图 6.49　温克勒气化炉示意图

温克勒气化炉以粉煤为原料，粒度在 0～10mm 左右。若煤中不含表面水且能自由流动就不必干燥。对于黏结性煤，可能需要气流输送系统，借以克服螺旋给煤机端部容易出现堵塞的问题。粉煤由螺旋加料器加入圆锥部分的腰部，加煤量可以通过调节螺旋给料机的转数来实现。一般沿圆周设置二到三个加料口，互成 180°或 120°的角度有利于煤在整个截面上的均匀分布。

温克勒气化炉的炉算安装在圆锥体部分，蒸汽和氧（或空气）由炉算底侧面送入，形成流化床。通过控制气化剂的组成和流速来调节流化床的温度不超过灰的软化点。粒度较大的富灰颗粒比煤粒的密度大，沉到流化床底部，经过螺旋排灰机排出。大约有 30％的灰从底部排出，另外的 70％被气流带出流化床。

气化炉顶部装有辐射锅炉，是沿着内壁设置的一些水冷管，用以回收出炉煤气的显热，同时，由于温度降低可能被部分熔融的灰颗粒在出气化炉前可被重新固化。

6.5.3.2　温克勒气化工艺流程

温克勒气化工艺流程包括煤的预处理、气化、气化产物显热的利用、煤气的除尘和冷却等，如图 6.50 所示。

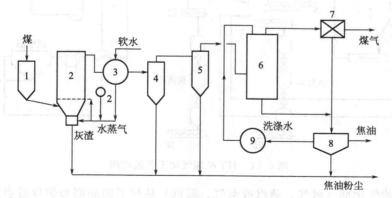

图 6.50　温克勒气化工艺流程

1—料斗；2—气化炉；3—废热锅炉；4,5—旋风除尘器；6—洗涤塔；
7—煤气净化装置；8—焦油水分离器；9—泵

原煤破碎到 0～10mm 并采用烟道气余热干燥到水分含量<8％。黏结性高的煤还需要

进行破黏处理，防止加入气化炉时在螺旋给料器中发生堵塞故障。气化剂总量的60%～75%从炉底部送入，其余25%～40%送入炉上部的二次反应区。反应剩余的灰渣经水冷螺旋输送机排出。粗煤气的出炉温度一般在900℃左右，且含有大量粉尘，一般采用辐射式废热锅炉换热，同时产生压力约为2.2MPa的水蒸气。经热量回收后，煤气通过旋风分离器，除去大部分粉尘颗粒，其余粉尘采用洗涤塔和静电除尘器或高效文丘里洗涤器除去。经上述处理后，粗煤气中粉尘含量可降至6～20mg/m³，煤气温度降至35～40℃。洗涤器排出的污水进入沉降槽，溢流水经冷却器冷却后循环使用，沉降槽排出的灰浆用过滤器除去水分后送堆场。冷却除尘后的煤气送出系统。

6.5.4 高温温克勒气化

高温温克勒气化法（HTW）是采用较高的压力和温度的一项气化技术，除了保持常压温克勒气化炉的简单可靠、运行灵活、氧耗量低和不产生液态烃等优点外，出炉粗煤气直接进入两级旋风除尘器。一级除尘器分离的含碳量较高的颗粒返回到床内进一步气化，从而提高了碳的利用率。二级除尘器流出的气体入废热锅炉回收热量，再经水洗塔冷却除尘。

6.5.4.1 工艺流程

HTW煤气化工艺流程如图6.51所示。整个气化系统是在一个密闭的压力系统中进行的，加煤、气化、除尘均在加压下进行。含水量8%～12%的褐煤进入压力为0.98MPa的密闭料斗系统后，经过螺旋给料机输入炉内。为提高煤的灰熔点而按一定比例配入添加剂（主要是石灰石、石灰或白云石），也经给料机加入炉内。

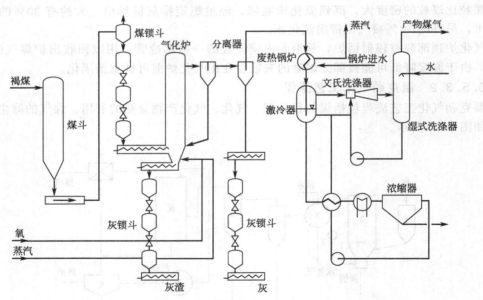

图6.51 HTW煤气化工艺流程图

经过预热的气化剂（氧气、蒸汽或空气、蒸汽）从炉子的底部和炉身适当位置加入气化炉内，与由螺旋给料机加入的煤料并流气化。热煤气夹带细煤粉和灰尘上升，在炉体上部继续反应。从气化炉出来的粗煤气经一级旋风除尘，捕集的细粉循环入炉内，二级旋风捕集的细粉经灰锁斗系统排出。除尘后的煤气进入废热锅炉，被冷却到350℃，同时产生中压蒸汽，然后煤气顺序进入激冷器、文丘里洗涤器和水洗塔，使煤气降温并除尘。炉底灰渣经内冷却螺旋排渣机排入灰锁斗，经由螺旋排渣机排出。煤气洗涤冷却水经浓缩沉淀滤除粉尘，澄清后的水再循环使用。

6.5.4.2　工艺条件和气化指标

（1）气化温度

气化温度根据煤的活性试验数据和灰熔点（ST）而定，当灰分为碱性时，可以添加石灰石、石灰和白云石来提高煤的软化点和熔点。褐煤气化温度为 950～1000℃，长焰煤、烟煤气化温度为 1000～1100℃，生物质（木材、甘蔗渣）气化温度为 600～650℃。提高气化温度有利于二氧化碳的还原反应和水蒸气的分解反应，煤气中一氧化碳和氢气浓度提高，碳转化率和煤气产率也提高。

（2）气化压力

气化压力一般为 1.0MPa，加压气化可以增加炉内反应气体的浓度。流量相同时，气体流速减小，气固接触时间增加，使碳的转化率提高。在生产能力提高的同时，原料的带出损失减小。在同样的生产能力下，设备的体积相应减小。研究表明，加压流化床内气泡含量少，固体颗粒在气相中的分散较常压流态化时均匀，更接近散式流态化，气固相接触良好。此外，加压流化有利于甲烷的生成，提高了煤气的热值。

德国的莱茵褐煤公司用莱茵褐煤为原料，煤的灰分中 CaO＋MgO 占 50％左右，SiO_2 占 8％，灰熔点 $T_1=950℃$，添加 5％的石灰石后提高到 1100℃。在气化压力 0.98MPa 的条件下，以氧气、水蒸气为气化剂，在温度 1000℃下进行的 HTW 气化工艺试验，其结果与常温温克勒气化的比较如表 6.17 所示。

表 6.17　两种温克勒气化方法的比较

项目		常压温克勒	HTW
气化条件	压力/MPa	0.098	0.98
	温度/℃	950	1000
气化剂	氧气耗量/m³·kg⁻¹煤	0.398	0.380
	水蒸气耗量/m³·kg⁻¹煤	0.167	0.410
（CO＋H₂）产率/m³·t⁻¹煤		1396	1483
气化强度（CO＋H₂)/m³·t⁻¹煤		2122	5004
碳转化率/%		91	96

HTW 除保留了传统 Winkler 气化技术的优点外，还具有以下特点：操作温度由原来的 900～950℃提高到 950～1100℃，因而提高了碳转化率，增加了煤气产出率，降低了煤气中 CH_4 含量，氧耗量减少。操作压力由常压提高到 1.0MPa，提高了反应速度和气化炉单位炉膛面积的生产能力，后续工序合成气压缩机能耗有较大降低。粗煤气带出的固体煤粉尘，经分离后返回气化炉循环利用，使排出的灰渣中含碳量降低，碳转化率显著提高，可以气化含灰量高（＞20％）的次烟煤。由于气化压力和气化温度的提高，使气化炉大型化成为可能。

6.5.5　灰熔聚流化床气化

一般的流化床气化炉要保持床层炉料维持较高的炭灰比，而且炭灰必须混合均匀以维持稳定的不结渣操作。气化炉底排出的灰渣组成与炉内混合物料组成基本相同，灰渣含碳量比较高（15％～20％），鉴于此提出了灰熔聚（或称灰团聚、灰黏聚）的排灰方式。在流化床层形成局部高温区，使煤灰在软化而未熔融的状态下，相互碰撞粘结成含碳量较低的灰球，灰球长大到一定程度时靠其重量与煤粒分离，下落到炉底灰渣斗中排出炉外，降低了灰渣的含碳量（5%～10%）。与液态排渣炉相比减少了灰渣带出的热损失，提高了气化过程碳的利用率，这是气化炉排渣技术的一个重大发展。

与一般流化床煤气化炉相比，灰熔聚煤气化炉具有以下特点：①气化炉结构简单，炉内无传动设备，为单段流化床，操作控制方便，运行稳定、可靠。②可以气化包括黏结煤、高灰煤在内的各种等级的煤以及煤粒度为小于6mm碎粉煤。③气化温度高，碳转化率高，气化强度为一般固定床气化炉的3～10倍。④灰团聚排渣含碳量低（<10%），便于作建材利用，煤气化效率达75%以上。⑤煤气中几乎不含焦油和烃类，酚类物质也极少，煤气洗涤冷却水易处理回收利用。⑥煤中含硫可全部转化为H_2S，容易回收，也可用石灰石在炉内脱硫，简化了煤气净化系统，有利于环境保护。⑦与熔渣炉（Shell）相比气化温度低得多，耐火材料使用寿命长达10年以上。⑧煤气夹带的煤灰细粉经除尘设备捕集后返回气化炉内，进一步燃烧、气化，碳利用率高。

6.5.5.1 美国 U-gas 煤气化技术

U-gas 气化工艺由美国煤气工艺研究所（IGT）开发，属于单段流化床粉煤气化工艺，采用灰团聚方式操作。1974 年建立了一个接近常压操作的中间试验装置，气化炉内径 0.9m，高 9m，其结构如图 6.52 所示。

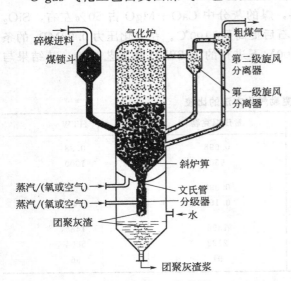

图 6.52 U-gas 气化炉

U-gas 气化炉外壳是用锅炉钢板焊制的压力容器，内衬耐火材料。底部是一个中心开孔的气体分布板，气化剂分两处进入反应器。一部分由分布板进入，维持床内物料流化；另一部分从炉底文丘里管进入，这部分气体氧/蒸汽比较大，气化过程中在文丘里管上方形成温度较高的灰团聚区，温度略高于灰的软化点（ST），灰粒表面在此区域软化而后团聚长大，到不再能被上升气流托起时灰粒从床层中分离出来。控制中心管的气流速度，可控制排灰量多少。煤被粉碎后（6mm 以下），经料斗由螺旋给料器从分布板上方加入炉内。煤在气化炉内停留时间为 45～60min，流化气速为 0.65～1m/s，中心管处的固体分离速度为 10m/s 左右。

1993 年中国上海焦化厂引进 U-gas 煤气化技术及设备，1995 年建成了世界上第一套工业化装置，工艺流程如图 6.53 所示，72h 性能测试数据如表 6.18 所示。以空气蒸汽为气化剂，每台气化炉设计生产能力为煤气 $20000m^3$（标）/h。气化炉下部反应区内径 2600mm，上部扩大段直径为 3600mm，总高 18.5m，内衬由耐火耐磨材料浇注的硬质层和保温隔热层组成。气化炉下部有一漏斗状多孔分布器，通过的蒸汽与空气混合气使床层的煤粒流化。分布器中心有一个同心圆套管，其中心管通空气形成高温反应区。环隙通蒸汽和空气混合气，控制灰渣的排放量。分布器上部为进煤口，每台气化炉有两套加煤系统。气化炉煤气出口串联三级旋风除尘器，一、二级除尘器收集的煤粉尘经直接插入炉内的回料管返回气化炉下部反应区，再次进行气化反应。三级除尘器收集的细粉尘直接排放。气化炉底部排渣斗收集的灰渣，经内冷却螺旋排渣机排出。

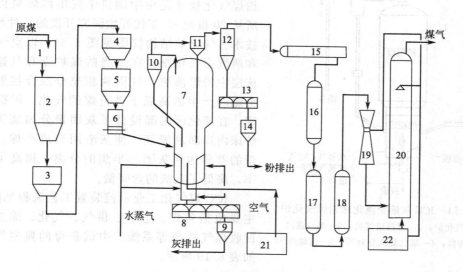

图 6.53　U-gas 煤气化工业装置流程简图

1—煤干燥粉碎部分；2—干煤仓；3—密相输送系统；4—称量斗；5—锁斗；6—进料斗；7—U-gas 气化炉；8—灰冷；9—排灰装置；10—第一级旋风分离器；11—第二级旋风分离器；12—第三级旋风分离器；13—灰冷器；14—排粉装置；15—废热锅炉；16—蒸汽过热器；17—蒸汽预热器；18—脱氧水加热器；19—文丘里洗涤器；20—洗涤器；21—空气压缩机部分；22—废水循环处理部分

表 6.18　U-gas 煤气化 72h 性能测试数据

项目	IGT 设计值	合同指标	性能测试值
气化效率/%	78.8	74	73.6
碳转化率/%	96.8	95	92.1
煤气热值/kJ·m⁻³(标)		4605.46	4869.25
热产量/kJ·d⁻¹	2.9×10^9	2.72×10^9	2.62×10^9
热输入/kJ·d⁻¹	3.73×10^4		3.07×10^9
干气热值/kJ·m⁻³(标)	5828.03		4923.68
干气产率/kg·h⁻¹	23107		21437
干煤加入/kg·h⁻¹	4933		4311
干煤含量/%(质量分数)	77.99		74.38
干煤热值/kJ·kg⁻¹	31467.99		29676.04
氮气输入/kg·h⁻¹	95.4		91.5
蒸汽输入/kg·h⁻¹	1731		2305
空气输入/kg·h⁻¹	17369		17302
其中氧气输入/kg·h⁻¹	4045		4028
蒸汽碳比/kg·kg⁻¹	0.45		0.7159
氧气碳比/kg·kg⁻¹	1.05		1.26
气化温度/℃	1010		933
气化压力/kPa	320		314

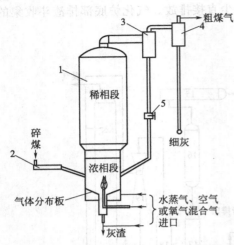

图 6.54　ICC 灰熔聚流化床粉煤气化炉
1—气化炉；2—螺旋给煤机；3—第一旋风
分离器；4—第二旋风分离器；5—温球阀

6.5.5.2　中国 ICC 灰熔聚流化床煤气化技术

ICC（Institute of Chemistry）灰熔聚流化床粉煤气化技术是由中国科学院山西煤炭化学研究所从 20 世纪 80 年代开始研究开发的一种粉煤气化技术。气化炉结构简图见图 6.54。以空气或氧气和蒸汽为气化剂，在适当的煤粒度和气速下，使床层中粉煤沸腾，气固两相充分混合接触，在部分燃烧产生的高温下进行煤的气化。根据射流原理，在流化床底部设计了灰团聚分离装置，形成炉床内局部高温区，使灰渣团聚成小球，借助重量的差异达到灰团与半焦的分离，提高了碳利用率，降低了灰渣的含碳量。

ICC 煤气化工业示范装置工艺流程见图 6.55。主要包括备煤、进料、供气、气化、除尘、余热回收煤气冷却等系统。中试获得的典型气化指标如表 6.19 所示。

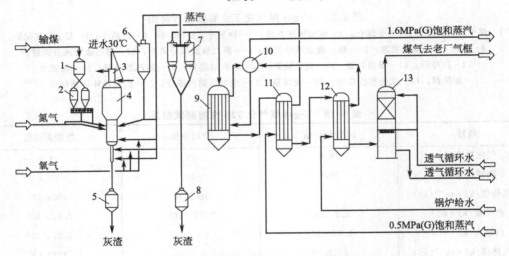

图 6.55　灰熔聚流化床粉煤气化工艺流程简图
1—煤锁；2—中间料仓；3—气体冷却器；4—气化炉；5—灰锁；6—一级旋风；7—二级旋风；8—二旋下灰头；
9—废热回收器；10—汽包；11—蒸汽过热器；12—脱氧水预热器；13—洗气塔

表 6.19　ICC 中试气化炉典型气化指标

项目	原料煤	东山瘦煤	西山焦煤	王封贫瘦煤	焦煤洗中煤	神木烟煤	彬县烟煤	埃塞褐煤
工业分析/%	M_{ad}	1.30	1.49	0.95	1.53	4.42	2.25	13.58
	A_{ad}	18.23	16.91	12.68	41.36	5.99	10.14	29.45
	V_{ad}	13.61	19.51	13.50	18.49	32.15	24.43	30.18
元素分析/%	C_{ad}	70.93	70.58	76.21	45.92	73.98	69.94	36.84
	H_{ad}	3.53	4.15	3.40	2.97	4.46	3.85	2.68
	O_{ad}	2.59	4.89	3.41	7.03	9.70	12.73	15.01
	N_{ad}	1.37	1.16	0.72	0.74	1.24	0.36	1.02
	S_{ad}	2.05	0.82	2.63	0.45	0.21	0.46	1.42

项目		东山瘦煤	西山焦煤	王封贫瘦煤	焦煤洗中煤	神木烟煤	彬县烟煤	埃塞褐煤
灰熔点/℃	DT	1480	>1500	1380	>1500	1200	1160	1300
	ST	>1500	>1500	1440	>1500	1220	1210	1370
	FT	>1500	>1500	1500	>1500	1240	1300	1390
热值/MJ·kg^{-1}		28.06	28.39	20.57		29.2	29.09	15.24
灰分组成/% (质量分数)	SiO_2		47.30		41.91	41.39		62.71
	Al_2O_3		33.38	43.35	39.07	14.25	60.83	17.40
	Fe_2O_3	48.78	6.64	31.30	5.02	4.77	14.92	6.87
	CaO	32.89	6.74	14.82	2.29	29.71	3.78	1.80
	MgO	10.60	0.61	3.58	0.62	2.26	6.98	3.65
	TiO_2	2.43	1.54	2.73	1.59	0.83	4.27	1.36
	SO_3	1.03	1.68	1.19	0.45	3.00	0.97	1.23
	K_2O	1.29	0.95	1.93	1.15	0.88	1.98	0.47
	Na_2O	1.45	0.30	0.45	0.10	1.00		1.55
	P_2O_5		0.20		0.20	0.92		0.21
处理量/kg·h^{-1}		932	780	357	529	480	633.3	1056
反应温度/℃		1097	1078	1075	1088	1058	1084.3	1000
压力/kPa		158	123	119	20	36	22.5	40.0
空气量/m³(标)·h^{-1}		222	427	1222	1104	1221	123.9	102.5
氧气量/m³(标)·h^{-1}		475	320	—	—		334.0	349.3
蒸汽量/kg·h^{-1}		1256	528	228	130	180	625.8	510
氧煤比/m³(标)·kg^{-1}		0.51	0.41	—	—		0.57	0.355
蒸汽煤比/kg·kg^{-1}		1.35	0.68	0.64	0.25	0.38	0.99	0.48
富氧度/%		75	55	—	—	—	79	82
煤气组成/% (体积分数)	CO	26.67	28.36	11.32	11.49	12.71	29.46	21.59
	CO_2	20.98	18.38	13.08	12.23	13.66	21.59	28.09
	CH_4	1.94	1.70	0.68	0.86	1.38	1.7	4.23
	H_2	42.12	31.88	13.07	14.36	15.46	39.73	38.65
	N_2	8.20	19.68	61.85	60.94	56.78	7.42	7.11
煤气热值/kJ·m^{-3}(标)		9497	8318	3370	3619	4119	9468	9372
产气率/m³(标)·kg^{-1}		2.35	2.24	4.38	2.72	3.56	2.12	1.19
碳转化率/%		88.1	89.7	85.48	78.05	81.3	85.7	90.43

　　备煤系统：粒径为 0~30mm 的原料煤（焦），经过皮带输送机、除铁器，进入破碎机，破碎到 0~8mm，而后由输送机送入回转式烘干机，烘干所需的热源由室式加热炉烟道气供给，被烘干的原料，其含水量控制在 5% 以下，由斗提机送入煤仓储存待用。

　　进料系统：储存在煤仓的原料煤经电磁振动给料器、斗式提升机依次进入进煤系统，由螺旋给料器控制，气力输送原料煤进入气化炉下部。

　　供气系统：气化剂（空气/蒸汽或氧气/蒸汽）分三路经计量后由分布板、环形射流管、中心射流管进入气化炉。

　　气化系统：干碎煤在气化炉中与气化剂氧气-蒸汽进行反应，生成 CO、H_2、CH_4、CO_2、H_2S 等气体。气化炉为一不等径的反应器，下部为反应区，上部为分离区。在反应区中，由分布板进入蒸汽和氧气，使煤粒流化。另一部分氧气和蒸汽经计量后从环形射流管、中心射流管进入气化炉，在气化炉中心形成局部高温区使灰团聚形成团粒。生成的灰渣经环形射流管和上、下灰斗定时排出系统，由机动车运往渣场。

原料煤在气化区内进行破黏、脱挥发分、气化、灰渣团聚、焦油裂解等过程，生成的煤气从气化炉上部引出。气化炉上部直径较大，含灰的煤气上升流速降低，大部分灰及未反应完全的半焦回落至气化炉下部流化区内，继续反应，只有少量灰及半焦随煤气带出气化炉进入下一工序。

除尘系统：从气化炉上部导出的高温煤气进入两级旋风分离器。从第一级分离器分离出的热飞灰，由料阀控制，经料腿用水蒸气吹入气化炉下部进一步燃烧、气化，以提高碳转化率。从第二级分离器分出的少量飞灰排出气化系统，这部分细灰含碳量较高（60％～70％），可作为锅炉燃料再利用。

废热回收系统及煤气净化系统：通过旋风除尘的热煤气依次进入废热锅炉、蒸汽过热器和脱氧水预热器，最后进入洗涤冷却系统，所得煤气送至用户。

操作控制系统：气化系统设有流量、压力和温度检测及调节控制系统，由小型集散系统集中到控制室进行操作。

6.5.6 循环流化床气化

循环流化床（Circulating Fluidized Bed，CFB）是指在垂直气固流动系统中，随着通过床层气速的提高，系统相继出现散式流态化、鼓泡流态化、快速流态化及稀相输送等流动状态。当通过气速由湍动流态化进一步提高时，床层界面渐趋弥散。当气速达到输送速度时，颗粒夹带速率达到气体饱和携带能力，在没有物料补入的情况下，床层将很快被吹空。若物料补入速率足够高，并将带出的颗粒回收返回床层底部，则可在高气速下形成一种不同于传统密相流化床的密相状态，即快速流态化。

CFB应用于煤气化过程可克服鼓泡流化床中存在大量气泡造成气固接触不良的缺点，同时可避免气流床所需过高的气化温度，克服大量煤转化为热能而不是化学能的缺点，综合了气流床和鼓泡床的优点。CFB的操作气速介于鼓泡床和气流床之间，煤颗粒与气体之间有很高的滑移速度，使气固两相之间具有更高的传热传质速率。整个反应器系统和产品气的温度均一，不会出现鼓泡床中局部高温造成结渣。可在高温（接近灰熔点温度）下操作，使整个床层都具有很高的反应能力。CFB除外循环以外还存在内部循环，床中心区颗粒向上运动，而靠近炉壁的物料向下运动，形成内循环。新加入的物料和气化剂能与高温循环颗粒迅速而完全混合，加上良好的传质传热，可使新加入的低温原料迅速升温，并在反应器底部就开始气化反应，使整个反应器生产强度增加。另外，由于循环比率高达几十倍，使颗粒在床内停留时间增加，碳转化率也得到提高。

6.5.6.1 气化炉

鲁奇（Lurgi）CFB气化炉如图6.56所示。进煤粒度为0～6mm，也可用4mm以下，气化压力0.16MPa，气化温度960℃，碳转化率达98％，灰中含碳小于2％；煤气中不含焦油、

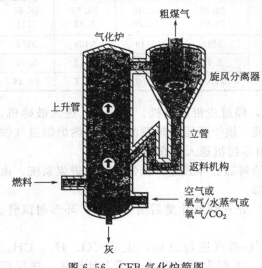

图 6.56 CFB 气化炉简图

酚，粗煤气中甲烷含量约 2%；氧耗相对气流床低，煤气生产成本低；常压操作，固体排渣，设备易于制造，操作易控制。鲁奇 CFB 气化炉的流化速度范围大于传统流化床速度而小于气动提升管速度，根据气化原料的种类，在两者之间选择，以气/固速度差异最大为特征，物料循环量比传统流化床高，可以达 40 倍以上。

6.5.6.2　工艺流程

鲁奇（Lurgi）煤气化工艺流程如图 6.57 所示。干燥后的粉煤经螺旋进料器加入气化炉，与炉下部进入的氧－蒸汽混合气进行气化反应，煤气夹带物料由炉顶引出，进入旋风分离器，固体物料返回气化炉，煤气经废热锅炉回收余热，依次经多级旋风分离器和袋式过滤进一步除尘，煤气经洗涤塔、文丘里管、分离器、冷却器洗涤冷却后，得到干净的煤气送往发电系统。灰渣由炉底经带冷却的螺旋出灰口排出。废热锅炉和多级旋风分离器排出的细灰经细灰仓用喷射器返回气化炉。洗涤器排出的含尘污水经浓缩器，煤泥浆用泵送入气化炉进一步气化。洗涤废水送污水处理系统，处理后的水返回气化装置循环使用。

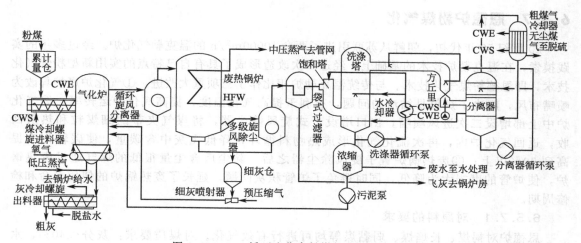

图 6.57　CFB 循环流化床粉煤气化工艺流程

6.5.6.3　气化指标

Lurgi 煤气化炉进煤粒度<6mm，气化炉内流速 5～7m/s，物料循环比 20～40（倍），炉料停留时间 4～6s，气体夹带碳 60～100g/m³。气化原料煤分析及气化指标如表 6.20 所示。

表 6.20　CFB 气化原料煤分析及气化指标

项目	烟煤	无烟煤	树皮	城市垃圾	焦炭
原料煤分析/%（质量分数）					
水分 M_{ad}	11.0	6.36			
灰分 A_{ad}	7.9	18.42			
挥发分 V_{ad}	25.5	7.66			
固定碳	55.6	67.56	39.8	35.4	66.8
发热量	25478	27560			
粗煤气成分/%（体积分数）					
CO	45.2	46.1	14.6	11.7	75.8
H_2	38.4	38.5	14.4	11.9	11.8
CO_2	13.6	13.0	13.6	12.6	9.6

续表

项目	烟煤	无烟煤	树皮	城市垃圾	焦炭
$CH_4+C_nH_m$	2.2	1.1	5.8	2.3	0.2
N_2+Ar	0.6	1.3	35.3	44.4	0.1
$H_2S+COS/mg\cdot m^{-3}$(标)	1565	1250			
气化条件					
气化压力/MPa	0.15～0.20	0.05			
气化温度/℃	950～1000	950～1100	750～800	850～900	1000～1050
气化剂	O_2/蒸汽	O_2/蒸汽	空气	空气	O_2/CO_2
碳转率/%	95～98	89～93	83.0	97.0	90～95
灰渣含碳	2.0～3.0				
产气量/$m^3\cdot kg^{-1}$(燃料)	2.0～2.1	2.0～2.2	1.7	2.18	1.65
流化速度/$m\cdot s^{-1}$	5.0～7.0	5.0-7.0			

6.5.7 恩德炉粉煤气化

20 世纪 50 年代初，朝鲜从苏联引进了两台 $10000m^3/h$ 的温克勒气化炉。经过多年的实践摸索，在温克勒炉技术的基础上，经过多次改造形成了具有自己特点的实用新型粉煤气化技术，即恩德粉煤气化技术。与传统温克勒炉相比作了三项重大改进：①气化炉底炉箅改为喷嘴布风，解决了炉箅易结渣的问题，有利于提高气化温度，提高气化炉运转率；②气化炉中上部增设二次进风喷嘴，出口增设干式旋风除尘器，将煤气夹带的细煤粒和热灰回收，返回气化炉内，再次流化气化形成热物料循环，降低飞灰中含碳量，使碳转化率提高到 90％以上；③废热锅炉置于旋风除尘器之后，除尘后含尘量很低的煤气通过废热锅炉，使炉管的磨损大为降低，同时避免了炉管积灰问题，延长了废热锅炉的使用寿命和检修周期。

6.5.7.1 对原料的要求

恩德炉对褐煤、长焰煤、弱黏煤等均可进行有效气化。对煤质要求：灰分＜40％，水分＜8％，粒度＜10mm。根据所产煤气的用途和要求，气化剂可以有空气加水蒸气、富氧空气加水蒸气、纯氧加水蒸气等几种选择。气化炉生产负荷可在设计负荷的 60％～105％范围内调节。气化炉年运转率可达 90％以上。

6.5.7.2 工艺流程

恩德炉煤气化工艺流程如图 6.58 所示。小于 10mm 合格原料煤经螺旋加煤机由气化炉底部送入炉内，空气或氧气和过热蒸汽混合后，分两路由一次喷嘴和二次喷嘴进入气化炉，使粉煤在炉内沸腾流化气化。气化炉下部为密相段，上部为稀相段，二次喷嘴进入的气化剂与稀相段细煤粒进一步发生气化反应。生产的粗煤气由炉顶引出，温度为 900～950℃，进入旋风分离器除尘后再进入废热锅炉回收余热并副产蒸汽，出废热锅炉的煤气（约 240℃）进入洗涤冷却塔冷却即得产品煤气。旋风分离器分离下来的细煤粒及飞灰通过回流管返回气化炉底部再次气化，从而使灰中含碳量降低。灰渣下落到气化炉底部，由水内冷的螺旋出渣机排入密闭灰渣斗，定期排到渣车运走。

恩德粉煤气化技术是在德国温克勒气化炉基础上经过改进形成的实用新技术。20 世纪 60 年代中国吉林化肥厂和兰州化肥厂曾采用温克勒粉煤气化炉生产合成气，用于生产合成氨和甲醇，后来改用其它原料而停止使用。

6.5.7.3 气化指标

恩德煤气炉消耗指标如表 6.21 所示。

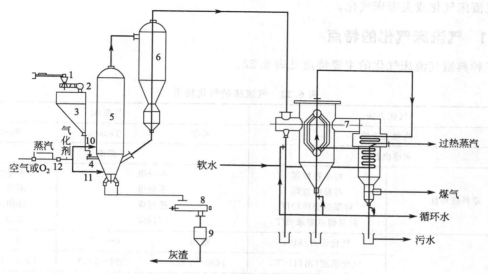

图 6.58　恩德炉煤气化工艺流程

1—受煤斗；2—螺旋送煤机；3—煤仓；4—螺旋给煤机；5—气化炉；6—旋风除尘器；7—煤气冷却器；

8—螺旋除灰机；9—灰斗；10—上层喷嘴；11—下层喷嘴；12—混合器

表 6.21　恩德煤气炉消耗指标

项目		单位	中热值煤气	空气煤气	合成气
热值		kJ/m³	6280	4180	9080
气体 成分	CO+H₂	%	45.5～47.5	29.0～32.2	72.0～74.0
	CH₄	%	1～2	—1	—2.5
煤		kg	395～415	283～287	577～565
电		kW·h	62	18	150
蒸汽		kg	185～208	81.4～92.7	351～400
循环水		t	27～28	22～25	27.5～29.0
氧气		m³(标态)	74～75(纯度 93%)		262～265(纯度 98%)
软水		t	0.55	0.55	0.60
氮气		m³(标态)	25～30	25～30	40
冷却水		t	1.0	1.0	1.0
副产蒸汽		kg	460	450	400
气化效率		%	76	70～72	76
热效率		%	84	86～87	84
装置年运转率		%	91	91	91
炉底灰渣含碳量		%	8～10	8～10	8～10
带出物含碳量		%	13～20	13～20	13～20

注：表 1 中数据以 1000m³（标态）煤气消耗为基准，电耗中包含空分制氧电耗，根据煤种不同，技术经济指标将相应变化。

6.6　气流床气化

气流床气化是煤炭气化的又一种重要形式。原料煤以粉状入炉，粉煤和气化剂经由烧嘴或燃烧器一起夹带、并流送入气化炉，在气化炉内进行充分的混合、燃烧和气化反应。由于在气化炉内气固相对速度很低，气体夹带固体几乎是以相同的速度向相同的方向运动，因此称为气流床气化或夹带床气化。

6.6.1 气流床气化的特点

三种典型气流床气化的主要特点见表 6.22。

表 6.22 气流床的气化特点

气化方法		气流床		
典型工业炉		K-T	Texaco	Shell
灰排出状态		熔渣		
原料煤特性	对小颗粒煤	不受限		不受限
	对黏结性煤	不受限		不受限
	对煤的变质程度	任何煤		任何煤
	对灰熔点要求/FT	<1350		<1350
操作特性	气化压力/MPa	常压	4~6.5	2.0~4.0
	气化温度(出口)/℃	1400~1700	1350~1550	1400~1700
	炉内最高温度/℃	≥2000	≥2000	≥2100
	耗氧量	较低	高	低
	耗蒸汽	低	无	低
	煤在炉内停留时间/s	1	5	10
煤气成分/%	H_2	31	35	22~34
	CO	58	45	54~69
	CO_2	10	15~20	1~10
	CH_4	<0.1	<0.1	<0.01
	N_2	1~2		4~5
煤气含焦油、烃类、酚		无		无

气流床气化是气固并流,气体与固体在炉内的停留时间几乎相同,都比较短,一般在1~10s。煤气化反应温度比较高,气化炉内火焰中心温度一般可高达2000℃以上,出气化炉气固夹带流的温度也高达1400~1700℃,参加反应的各种物质的高温化学活性充分显示出来,因而碳转化率特别高。高温下煤中的挥发分如焦油、氮化物、硫化物、氰化物也可得到充分的转化,其它组分也通过彻底的"内部燃烧"得到钝化,产品煤气比较纯净,煤气洗涤污水比较容易处理。对非燃料用气,如合成氨或甲醇的原料气来说,甲烷是不受欢迎的,随着气化温度的升高其所产生的气体中甲烷含量显著降低,因此适合于生产高 $CO+H_2$ 含量的合成气。高温气化生产合成气的显热可通过废热锅炉回收,生产蒸汽。在某些情况下,所生产的蒸汽除自身生产应用外,还可以和其它的化工企业或发电企业联合一起利用。

在气流床气化过程中,夹带大量灰分的气流,通过熔融灰分颗粒间的相互碰撞,逐渐结团、长大,从气流中得到分离或黏结在气化炉壁上,并沿炉壁向下流动,以熔融状态排出气化炉。经过高温的炉渣,大多为惰性物质,无毒、无害。由于是液态排渣,要保证气化炉的稳定操作,气化炉的操作温度一般在灰的流动温度(FT)以上,原料煤的灰熔点越高,要求气化操作温度也就越高,这样势必会造成气化过程氧气的消耗量增加,影响气化运行的经济性,因此,使用低灰熔点煤是有利的。对于高灰熔点煤,可以通过添加助熔剂,降低灰熔点和灰的黏度,从而提高气化的可操作性,气流床气化对煤的灰熔点要求不是十分严格。

6.6.2　气流床气化原理

气流床气化过程实际上是煤炭在高温下的热化学反应过程。由于在气化炉内高温条件下发生多相反应，反应过程极为复杂，可能进行的化学反应很多。在高温条件下，生成的水煤气中主要含 CO、H_2、CO_2、H_2O、N_2 和少量的 H_2S、COS 及 CH_4 等。

（1）粉煤的干燥及裂解与挥发物的燃烧气化

由于气流床气化反应温度很高，煤粉受热速度极快，可以认为煤粉中的残余水分瞬间快速蒸发，同时发生快速的热分解脱除挥发分，生成半焦和气体产物（CO、H_2、CO_2、H_2S、N_2、CH_4 及其它碳氢化合物 C_mH_n）。生成的气体产物中的可燃成分（CO、H_2、CH_4、C_mH_n），在富含氧气的条件下，迅速与 O_2 发生燃烧反应，并放出大量的热，使粉煤夹带流温度急剧升高，并维持气化反应的进行。

（2）固体颗粒与气化剂（氧气、水蒸气）间的反应

脱除挥发分的粉煤固体颗粒或半焦中的固定碳，在高温条件下，与气化剂进行气化反应。剩余的氧与碳发生燃烧和气化反应，使氧消耗殆尽。炽热的半焦与水蒸气进行还原反应，生成 CO 和 H_2。

（3）生成的气体与固体颗粒间的反应

高温的半焦颗粒，除与气化剂（氧气、水蒸气）进行气化反应外，与反应生成气也存在气化反应。煤中的硫，在高温还原性气体存在的条件下，与 H_2 和 CO 反应生成 H_2S 和 COS。

（4）反应生成气体彼此间进行的反应

气化反应生成的气体，在高温条件下，活性很强。在它们自身被生成的同时，其相互之间也存在着可逆反应。

上述反应都伴随有热效应发生。热效应分两种形式：一是放热反应，包括 C-O_2 反应、CO-O_2 反应、H_2-O_2 反应、水煤气变换反应和甲烷的生成反应；二是吸热反应，包括 C-CO_2 反应及 C-H_2O 反应等。

6.6.3　常压气流床粉煤气化

联邦德国克虏伯-柯柏斯公司和工程师 F. 托策克 1952 年开发了常压粉煤气流床气化炉，简称 K-T 炉，它是第一代干法粉煤气化技术的核心，是最早得到商业应用的气流床气化炉。目前大多数粉煤气化的气流床气化炉都是在其基础上开发的。

K-T 炉采用气-固相并流接触，煤和气化剂在炉内停留时间仅几秒钟，压力为常压，温度大于 1300℃。20 世纪 70 年代开始 Koppers-Totzek 与 Shell 公司合作开发出了加压的 K-T 气化工艺。粉煤（85％通过 200 目）与氧气、水蒸气混合后，从相对炉头并流进入，瞬间着火，进行气化反应，炉头内火焰的温度高达 2000℃，煤料在炉头内的停留时间约 0.1s，在气化炉中部，炉温度约在 1500～1600℃ 的范围内，一般要比煤的灰熔点高 100～150℃，煤气在炉内的停留时间约 1～1.5s。

6.6.3.1　气化炉结构及工艺流程

K-T 煤气化炉结构如图 6.59 所示，为卧式橄榄形。K-T 炉炉身内衬有耐火材料的圆筒体，两端各安装着圆锥形气化炉头为两个炉头，也有四个炉头。炉身用锅炉钢板焊成双壁外壳，在内外壳的环隙间产生的低压蒸汽，同时把内壁冷却到灰熔点以下，使内壁挂渣而起到一定的保护作用。两个稍向下倾斜的喷嘴相对设置，一方面可以使反应区内的反应物形成高度湍流，加速反应，同时火焰对喷而不直接冲刷炉墙，对炉墙有一定的保护作用。另一方面，

在一个反应区未燃尽的喷出颗粒将在对面的火焰中被进一步气化，如果出现一个烧嘴临时堵塞时保证连续安全生产。喷嘴出口气流速度要避免回火而发生爆炸，通常要大于100m/s。

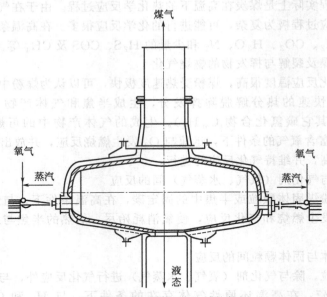

图 6.59　K-T煤气化炉结构简图

K-T煤气化工艺包括煤粉制备、煤粉和气化剂的输送、制气、废热回收和洗涤冷却等部分，如图 6.60 所示。

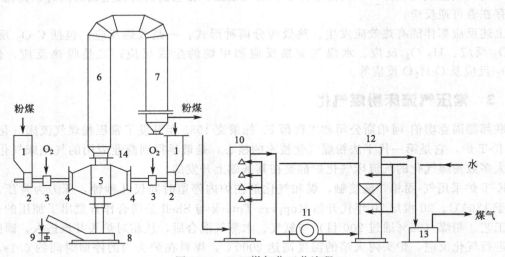

图 6.60　K-T煤气化工艺流程

1—煤斗；2—螺旋给料器；3—氧煤混合器；4—煤粉喷嘴；5—气化炉；6—辐射锅炉；7—废热锅炉；8—除渣机；
9—运渣机；10—冷却洗涤塔；11—泰生洗涤机；12—最终冷却塔；13—水封槽；14—急冷器

（1）煤粉制备

小于 25mm 的原料煤送至球磨机中进行粉碎，从燃烧炉来的热风与循环风、冷风混合成 200℃ 左右（视煤种而定）的温风亦进入球磨机。原煤在球磨机内磨细、干燥，煤粉随 70℃ 左右的气流进入粗粉分离器，进行分选。粗煤粒返回球磨机，合格的煤粉加入充氮的粉煤储仓。煤粉粒度 70%～80% 通过 200 目筛（0.1mm），并干燥到烟煤水分 1%，褐煤水分

8%～10%。

（2）煤粉和气化剂的输入

煤仓中粉煤通过气动输送输入气化炉上部的粉煤料斗。全系统均以氮气充压。螺旋加料器将煤粉送入氧煤混合器，空分工业氧进入氧煤混合器。均匀混合的氧气和煤粉，进入烧嘴，喷入气化炉内，过热蒸汽同时经烧嘴送入气化炉。煤粉的喷射速度必须大于火焰的扩散速度，防止回火。

（3）制气与排渣

由烧嘴进入的煤、氧和水蒸气在气化炉内迅速反应，产生温度约为 1400～1500℃ 的粗煤气。粗煤气在炉出口处用饱和蒸汽急冷，气体温度降至 900℃ 以下，气体中夹带的液态灰渣快速固化，以免粘在炉壁上，堵塞气体通道而影响正常生产。在高温炉膛内生成的液态渣，经排渣口排入水封槽淬冷，灰渣用捞渣机排出。

（4）废热回收

生成气的显热用辐射锅炉或对流火管锅炉加以回收，并副产高压蒸汽。废热锅炉出口煤气温度在 300℃ 以下。辐射式废热锅炉约可回收热量的 70%，由于炉内空腔大，故结渣、结灰等问题均不严重；对流式废热锅炉存在飞灰对炉管较严重的磨损问题。

（5）洗涤冷却

气化炉逸出的粗煤气经废热锅炉回收显热后，进入冷却洗涤塔，直接用水洗涤冷却，再由机械除尘器和最终冷却塔除尘和冷却，用鼓风机将煤气送入气柜。

6.6.3.2　操作条件与气化指标

K-T 煤气化可应用于各种煤，特别是褐煤和年青烟煤更为适用。要求煤的粒度小于 0.1mm，即要求 70%～80% 通过 200 目筛。火焰中心温度为 2000℃，粗煤气在炉出口处未经淬冷前温度约为 1400～1500℃，微正压操作，氧煤比：烟煤 0.85～0.9kg/kg 煤，蒸汽煤比 0.3～0.34kg/kg 煤，气化效率 69%～75%（冷煤气效率），碳转化率 30%～98%。生成气的组成及性质如表 6.23 所示。

表 6.23　K-T 气化生成气的组成及性质

项目		烟煤	褐煤	燃料煤
原料组成/%（质量分数）	W	1.0	8.0	0.05
	A	16.2	18.4	—
	C	68.8	49.5	85.0
	H	4.2	3.3	11.4
	O	8.6	16.1	0.40
	N	1.1	1.8	0.15
	S	0.1	2.9	3.0
生成气组成/%（体积分数）	H_2	33.3	27.2	47.0
	CO	53.0	57.1	46.6
	CH_4	0.2	0.2	0.1
	CO_2	12.0	11.8	4.4
	O_2	痕迹	痕迹	痕迹
	N_2+Ar	1.5	2.2	1.2
	H_2S	<0.1	1.5	0.7
生成气热值/MJ·m^{-3}		10.36	10.22	10.99
产气率/m^3·kg^{-1}		1.87	1.27	2.89

6.6.3.3　K-T 气化技术特点

优点：K-T 气化法的技术成熟，气化炉结构简单，维护方便，单炉生产能力大；煤种适应性广，更换烧嘴还可气化液体燃料和气体燃料；煤气中不含焦油，甲烷含量很少（约0.2%），有效成分（CO+H$_2$）可达85%～90%；蒸汽用量低；不产生含酚废水，大大简化了煤气冷化工艺；生产灵活性大，开、停车容易，负荷调节方便；碳转化率高于流化床。

缺点：庞大的制粉设备，耗电量高；在制煤粉过程中，为防止粉尘污染环境，也需设置高效除尘装置，故操作能耗大，建厂投资高。采用煤粉气力输送能耗大，且管路和设备的磨损比较严重；制得粗煤气中飞灰含量较高，补渣率和负荷调节幅度较低。气化过程中耗氧量较大，需设空分装置和大量电力；为将煤气中含尘量降至0.1mg/m^{3}以下，需有高效除尘设备。

6.6.4 加压气流床粉煤气化

Shell 气化炉是在 K-T 炉的基础上开发的加压气化炉，是20世纪末实现工业化的新型煤气化技术，是21世纪煤炭气化的主要应用炉型。粉煤（90%小于90μm）干燥到湿含量为20%、在3MPa的气流床熔渣条件下气化。气化炉基本上是一个圆柱体，装有若干相互对称的烧嘴。燃烧火焰温度达到1790～1980℃，煤气出口温度为1230～1600℃，得到的灰渣在炉底水池里固化，炉顶的煤气用水洗涤，以便使带出的熔融灰渣固化，避免它在后系统设备上沉积。Shell 煤气化反应原理与 K-T 常压粉煤气化相同。由于反应温度很高，反应速度很快，炉内停留时间较短（1～3s），很快使气化反应达到平衡。

6.6.4.1 原料要求

Shell 煤气化对煤种有广泛的适应性，它几乎可以气化从无烟煤到褐煤的各类煤。由于采用了粉煤进料和高温、加压气化，对煤的活性、黏结性、机械强度、水分、灰分及挥发分等一些关键理化特性的要求显得不十分严格，其对入炉煤的质量要求如表6.24所示。

表 6.24 Shell 煤气化炉对入炉煤的质量要求

项目	质量要求	说明
水分(M_{ar})/%		水分含量应保证粉煤不结团。在制粉过程中可采用热风干燥，一般控制热风露点为80℃左右为宜
褐煤	6～10	
其它	1～6	
灰分 A_d/%	<20	
总硫(S_{td})/%	<20	
灰熔点/℃		
流动温度(FT)/℃	<1350	>1350℃需加入助溶剂
煤粉粒度(<0.15mm)/%	>90	

6.6.4.2 气化炉结构及工艺流程

Shell 煤气化炉采用膜式水冷壁形式，其结构如图6.61所示。它主要由内筒和外筒两部分构成，包括膜式水冷壁、环形空间和高压容器外壳。膜式水冷壁向火侧敷有一层比较薄的耐火材料，一方面为了减少热损失，更主要的是为了挂渣，充分利用渣层的隔热功能，以渣抗渣，以渣护炉壁，可以使气化炉热损失减少到最低，以提高气化炉的可操作性和气化效率。环形空间位于压力容器外壳和膜式水冷壁之间，目的是为了容纳水/蒸汽的输入/输出管和集气管，另外，环形空间还有利于检查和维修。气化炉外壳为压力容器，一般小直径的气化炉用钨合金钢制造，其它用低铬钢制造。对于日产1000t合成氨的生产装置，气化炉壁设计温度一般为350℃，设计压力3.5MPa。

气化炉内筒上部为燃烧室（或气化区），下部为熔渣激冷室。煤粉及氧气在燃烧室反应，温度为1700℃左右。由于采用了膜式水冷壁结构，内壁衬里设有水冷却管，副产部分蒸汽，正常操作时壁内形成渣保护层，用以渣抗渣的方式保护气化炉衬里不受侵蚀，避免了因高温、熔渣腐蚀及开停车产生应力对耐火材料的破坏而导致气化炉无法长周期运行。由于不需要耐火砖绝热层，运转周期长，可单炉运行，不需备用炉，可靠性高。

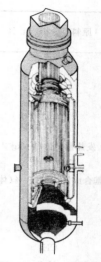

图 6.61　Shell 煤气化炉结构简图

Shell 煤气化工艺流程如图 6.62 所示。来自制粉系统的干燥粉煤由氮气或二氧化碳气经浓相输送至炉前煤粉储仓及煤锁斗，再加压送入周向相对布置的气化烧嘴。气化需要的氧气和水蒸气也送入烧嘴。通过控制加煤量，调节氧量和蒸汽量，使气化炉在 1400～1700℃ 范围内运行。在气化炉内煤中的灰分以熔渣形式排出，绝大部分熔渣从炉底离开气化炉，用水激冷，再经破渣机进入渣锁系统，最终泄压排出系统。出气化炉的粗煤气挟带着飞散的熔渣粒子被循环冷却煤气激冷，使熔渣固化而不致粘在合成气冷却器壁上，然后再从煤气中脱除。合成气冷却器采用水管式废热锅炉，用来产生中压饱和蒸汽或过热蒸汽。粗煤气进一步回收热量后进入陶瓷过滤器除去细灰（＜20mg/m³）。部分煤气加压循环用于出炉煤气的激冷。粗煤气经脱除氯化物、氨、氰化物和硫（H_2S、COS），HCN 转化为 N_2 或 NH_3，硫化物转化为单质硫。工艺过程大部分水循环使用，废水在排放前需经生化处理。如果要将废水排放量减少到零，可用低位热将水蒸发，剩下的残渣只是无害的盐类。

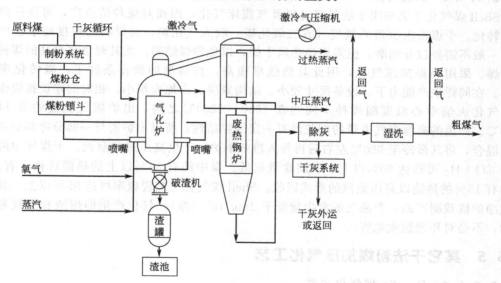

图 6.62　Shell 煤气化工艺（SCGP）流程示意图

6.6.4.3　操作条件与技术指标

三种不同煤种在 Shell 炉中试验得到的有关加料量、耗氧、耗汽量以及粗煤气成分如表 6.25 所示。

表 6.25　Shell 煤气化试验结果

原料煤分析/wt. %	前西德烟煤		Wyodak 褐煤	澳大利亚褐煤 Yallourn
	低灰	高灰		
C	66.5	51.4	44.6	33.0
H	4.3	3.3	3.5	2.3

续表

原料煤分析/wt. %	前西德烟煤		Wyodak 褐煤	澳大利亚褐煤 Yallourn
	低灰	高灰		
O	8.0	6.2	9.9	13.1
N	1.0	0.8	0.6	0.3
S	1.1	0.9	0.4	0.1
灰分	9.1	27.4	6.0	1.2
湿含量	10.0	10.0	35.0	50.0
发热量低位/J·kg^{-1}	26.28×10^5	20.24×10^6	17.21×10^6	11.16×10^6
总热效率/%	77	74	77	76
干基合成煤气组成/%(体积)				
H$_2$	31.3	30.2	30.1	28.6
CO	65.6	66.5	66.1	62.8
CO$_2$	1.5	1.8	2.5	4.7
CH$_4$	0.4	0.3	0.4	0.1
H$_2$S	0.4	0.4	0.2	0.1
N$_2$	0.6	0.6	0.5	0.5
灰分	0.2	0.2	0.2	0.2

6.6.4.4　工艺特点

Shell 煤气化工艺采用干法粉煤进料及气流床气化,因而对煤种适应广,可使任何煤种完全转化。干煤粉由少量的氮气(或二氧化碳)吹入气化炉,对煤粉的粒度要求也比较灵活,一般不需要过分细磨,但需要经热风干燥,以免粉煤结团,尤其对含水量高的煤种更需要干燥。采用高温加压气化,因此其热效率很高,在典型的操作条件下,碳转化率高达99%。在同样生产能力下,设备尺寸较小,结构紧凑,占地面积小,相对的建设投资也比较低。气化火焰中心温度随煤种不同约在 1600～2200℃ 之间,出炉煤气温度约为 1400～1700℃。产生的高温煤气夹带的细灰尚有一定的黏结性,所以出炉需与一部分冷却后的循环煤气混合,将其激冷至 900℃ 左右后再导入废热锅炉,产生高压过热蒸汽。干煤气中的有效成分 CO+H$_2$ 可高达 90% 以上,甲烷含量很低。煤中约有 83% 以上的热能转化为有效气,大约有 15% 的热能以高压蒸汽的形式回收。Shell 煤气化工艺脱硫率可达 95% 以上,并生产出纯净的硫黄副产品,产品气的含尘量低于 2mg/m³(标)。气化产生的熔渣和飞灰是非活性的,不会对环境造成危害。

6.6.5　其它干法粉煤加压气化工艺

6.6.5.1　Prenflo 煤气化工艺

Prenflo 工艺是在 Shell-Koppers 炉试验的基础上,由 Krupp-Uhde 公司独立开发的加压气流床煤气化工艺,是 K-T 炉的加压气化形式。图 6.63 为采用 Prenflo 气化的 IGCC 示范电厂工艺流程,主要包括空气分离、煤炭气化、煤气净化处理及硫回收、废水处理、煤气及蒸汽联合发电等单元。

① 空气分离单元　目的是将来自燃气透平的压缩空气进行分离,得到氧气和氮气,氧气去气化炉做气化剂;氮气一部分用于煤粉气流输送,另一部分用于燃气透平前稀释洁净煤气。

② 粉煤制备和输送系统　采用干法进料系统,煤在喷入气化炉之前,首先需要在干燥和制粉系统中处理。对制粉系统的要求是:对烟煤要求含水量小于 2%,90% 的煤粉小于

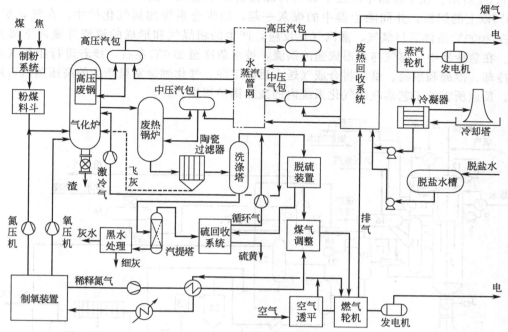

图 6.63　Prenflo 气化 IGCC 示范电厂工艺流程图

$100\mu m$；对于褐煤的含水量小于 6％，75％煤粉小于 $100\mu m$。合格的煤粉用纯氮气进行输送。

③ 气化炉和煤气冷却系统　Prenflo 气化炉有 4 个燃烧器，从给料系统来的煤粉与氧气和水蒸气一起喷入气化炉进行反应。先脱挥发分燃烧，其温度约在 1500℃，火焰中心温度高达 2000℃以上，然后进入半焦反应区。由于气化反应温度很高，因此产生的粗煤气不含高碳氢化合物、焦油及酚。气化炉炉衬采用水冷壁式，生产高压饱和蒸汽。

从气化反应区排出的液态渣，在集渣器的水浴中进行冷却并用碎渣机破碎大渣，经过闸门式锁斗排出，并与水分离，渣被送入渣场，水经处理后循环使用。粗煤气在进入气化炉上部的煤气冷却器之前，采用除尘后的冷煤气对热煤气进行激冷，目的是迫使热煤气中夹带的熔融态灰渣凝固，以免它们黏结在废热锅炉的管壁上。

④ 除尘和飞灰再循环系统　冷却至 250℃左右的粗煤气进入陶瓷过滤器进一步除尘后，再进入文丘里洗涤器冷却除尘，使煤气降至常温及灰尘含量小于 $1mg/m^3$，然后去脱硫系统。陶瓷过滤器收集的飞灰（含有小量未反应的碳）经锁斗，用 N_2 气送回气化炉继续参加气化反应，以提高碳的转化率。

⑤ 煤气脱硫及硫回收系统　降温除尘后的煤气先对有机硫 COS 水解，将其转化成 H_2S，然后用 MEDA 法进行吸收，解吸后的含 H_2S 气进入 Clause 工艺处理并得到硫黄。

⑥ 联合循环发电系统　净化后的煤气用水饱和及氮气稀释，以降低煤气热值，在燃烧时降低火焰温度，减少 NO_x 的生成量。然后去燃气透平，煤气燃烧产生约 1120℃的高温烟气并驱动燃气轮机发电，排出的高温烟气去废热锅炉回收烟气中的显热产生蒸汽，降温后的烟气经烟囱排入大气。气化炉及煤气冷却器、废热锅炉产生的高、中、低压蒸汽去蒸汽轮机发电。

⑦ 废水处理系统　来自煤气净化洗涤器的污水先经汽提，酸性气体去 Clause 工艺处理，水经过滤处理得到的固体物外运处理，水再经臭氧室及脱盐等处理后循环使用。

6.6.5.2　GSP 煤气化工艺

GSP 煤气化工艺为德国黑水泵公司于 1976 年研究开发的一种加压气化工艺，工艺流程如图 6.64 所示。在干燥器中经过干燥的粉煤接着在球磨机中磨碎到小于 0.2mm 粒级含量达 80％以上的煤粉，并同除尘器中的煤灰一起，经煤仓系统加到气化炉中。在气化炉中，粉煤在 2000℃条件下与氧气、蒸汽气化反应，产生的粗煤气和形成的液渣并流向下离开反应器。在急冷器中，煤气与水形成强的涡流，被水急冷至 200℃左右，接着进行粗煤气的变换、冷却、冷凝和脱硫。最后将合成气送入后续工序。气化燃烧室里产生的高压蒸汽可用作动力。反应所需的工艺蒸汽由气化系统内的废热锅炉提供。

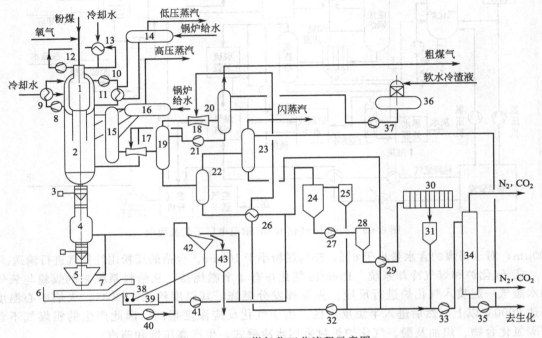

图 6.64　GSP 煤气化工艺流程示意图

1—气化炉；2—辐射锅炉；3—锥体密封阀；4—灰锁；5—灰斗；6—渣池；7—捞渣机；8—夹套水循环泵；9—夹套水循环冷却器；10—冷壁水循环泵；11—废锅；12—循环水泵；13—冷却器；14—低压蒸汽包；15—对流废锅；16—高压蒸汽包；17，18—文丘里洗涤器；19，20—洗涤器；21—循环泵；22—黑水闪蒸罐；23—闪蒸汽洗涤器；24—沉降槽；25—储槽；26—黑水/灰水换热器；27—黑水泵；28—储槽；29—过滤器；30—过滤机；31—滤液槽；32—高压灰水泵；33—滤液泵；34—汽提塔；35—清水泵；36—脱氧水槽；37—高压软水泵；38—破渣机；39—灰水池；40—渣水泵；41—灰水泵；42—渣水过滤器；43—储槽

① 粉煤的制备　原煤首先在备煤装置中破碎成粒度小于 6mm 的碎煤，接着送入烟气干燥器进行干燥。干燥烟气由带有辐射加热面的燃烧室生成，用一小部分破碎成粒度小于 1mm 的煤粉作原料。在燃烧室的加热面设有水冷壁，同时可产生压力约 8MPa、温度为 460℃的蒸汽，将烟气冷却至 700～800℃。烟气进入干燥器，将粉煤干燥至水分小于 10％。烟气和干燥时产生的水蒸气离开干燥器的温度为 120℃，经过滤后放空。当燃烧高硫煤时，烟气排至大气前要进行脱硫。当有足够量的低压蒸汽时，也可以采用管式干燥器进行干燥。经过干燥的碎煤送入球磨机中，磨碎成小于 0.2mm 粒级含量达 80％以上的煤粉。

② 粉煤加料　粉末燃料由载气通过输送管送入储仓，输送物料的气体经过滤后排出系统。两个带球阀的加压锁斗交替装入粉煤燃料，并使压力增至 4MPa。料位由检测装置控制，储仓内的粉末燃料经输送管送入称重加料器和星形加压计量器。压力锁斗交替工作，使称重加料器能连续加料，在称重加料器底部有一气体分配器，粉末燃料呈流化状态，借助于风力输送，粉末燃料以很高的密度进入输送管，并压入气化炉的燃烧室。

③ 气化炉及煤气激冷系统　GSP 煤气化炉结构如图 6.65 所示。粉煤的气化在以氧气和蒸汽为气化剂的火焰反应中进行，气化炉工作压力为 3MPa，物料平均在炉内停留时间约 10s，气化火焰温度约在 1800～2200℃。

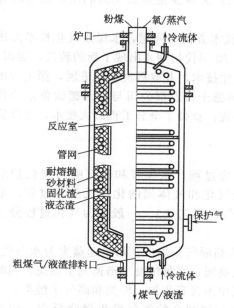

图 6.65　GSP 煤气化炉结构简图

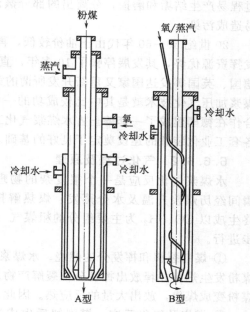

图 6.66　GSP 煤气化炉喷嘴结构示意图

气化炉由一圆柱形反应室组成，其上部有轴向开孔，用于安装燃烧器（或喷嘴）。气化炉底部是液态渣排放口。物料经喷嘴入炉，喷嘴处装有点火及测温装置。粗煤气出口温度比灰渣流动温度（FT）高 100～150℃。煤气和液渣并流向下进入煤气激冷系统。

反应器的四周装有水冷壁管，压力为 4MPa，高于反应室压力，水受热沸腾变成蒸汽，降低炉壁温度。在冷却管靠近炉中心侧有密集的抓钉，用来固定碳化硅耐火层。耐火层厚度约 20mm。因有盘管冷却，耐火层表面温度低于液态的凝固温度，因而会在耐火层表面结一层凝固渣层，最后形成流动渣膜，对耐火层起到保护作用。

④ 粉煤气化喷嘴　两种不同类型的粉煤气化喷嘴如图 6.66 所示，二者均可使粉煤、氧/蒸汽充分混合、运动和反应，使火焰形状、位置及稳定性达到最佳。A 型粉煤沿中心管进料，氧气/蒸汽由侧旁环隙进入。B 型氧气/蒸汽沿中心进入，粉煤沿绕中心管的螺旋管进料。

⑤ 粗煤气变换　被冷却到近 200℃的粗煤气，被蒸汽饱和后离开气化炉下部的激冷器进入变换系统，有效地利用湿煤气的热能，进行低温变换。通常采用镍-钼或钴-钼催化剂。

6.6.6　水煤浆加压气化

水煤浆气化是指煤或石油焦等固体碳氢化合物以水煤浆或水炭浆的形式与气化剂一起通过喷嘴，气化剂高速喷出与料浆并流混合雾化，在气化炉内进行火焰型非催化部分氧化反应的工艺过程。具有代表性的技术有美国德士古水煤浆加压气化技术、两段式水煤浆气化技术、中国自主开发的多喷嘴煤浆气化技术。其中德士古水煤浆加压气化技术开发最早，工业化应用最为广泛。

6.6.6.1　德士古水煤浆气化技术的发展

德士古水煤浆加压气化工艺发展至今已有 50 多年历史。1948 年美国德士古发展公司

(Texaco Development Corporation) 首先创建了水煤浆气化工艺，并建设了第一套中试装置。早期由于未采用添加剂和不掌握粒级配比技术，煤浆浓度只能达到 50% 左右。同时，为了避免过多不必要的水分进入气化炉，入炉前的水煤浆需要进行预热、蒸发和分离，蒸发过程易产生结垢和磨损，分离出的部分蒸汽（约 50%）夹带少量煤粉无法利用，放空时容易造成污染。

20 世纪 50～60 年代由于油价较低，再加上工程技术方面的问题，水煤浆气化技术无法发挥资源优势，其发展停顿了 10 多年，直到 20 世纪 70 年代初期才出现了新的转机。美国、德国、英国等发达国家又重新开发所谓的第二代煤气化技术，并取得突破性进展，德士古水煤浆加压气化技术就是其中比较成功的一个。1978 年德士古发展公司与联邦德国鲁尔公司合作在德国建成了一套德士古水煤浆气化工业试验装置，获得了全套工程放大技术，为以后各套工业化装置的建设奠定了良好的基础。

6.6.6.2 气化过程及原理

水煤浆气化反应是一个很复杂的物理和化学反应过程，水煤浆和氧气喷入气化炉后瞬间经历煤浆升温及水分蒸发、煤热解挥发、残炭气化和气体间的化学反应等过程，最终生成以 CO、H_2 为主要组分的粗煤气（或称合成气、工艺气）。一般认为气化过程分三步进行。

① 煤的裂解和挥发分的燃烧。水煤浆和氧气进入高温气化炉后，水迅速蒸发为水蒸气。煤粉发生热解并释放出挥发分。裂解产物及挥发分在高温、高氧浓度下迅速完全燃烧，同时煤粉变成煤焦，放出大量的反应热。因此，在合成气中不含有焦油、酚类和高分子烃类。

② 燃烧及气化反应。煤裂解后生成的煤焦一方面和剩余的氧气发生燃烧反应，生成 CO、CO_2 等气体，放出反应热；另一方面，煤焦又和水蒸气、CO_2 等发生化学反应，生成 CO、H_2。

③ 气化反应。经过前面两步的反应，气化炉中的氧气已消耗完。这时主要进行的是煤焦、甲烷等与水蒸气、CO_2 的气化反应，生成 CO 和 H_2。

6.6.6.3 气化装置及工艺流程

德士古气化炉的基本结构如图 6.67 所示。气化炉为一直立圆筒形钢制耐压容器，内壁

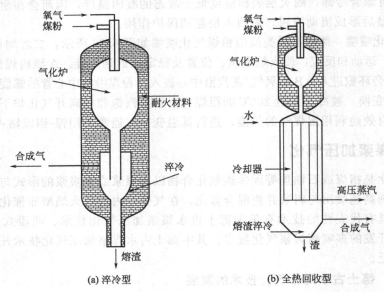

图 6.67　德士古气化炉

衬以高质量的耐火材料，可以防止热渣和粗煤气的侵蚀。根据粗煤气采用的冷却方法不同，可分为淬冷型和全热回收型两种炉型。

两种炉型下部合成气的冷却方式不同，但炉子上部气化段的气化工艺是相同的。德士古加压水煤浆气化过程是并流反应过程，合格的水煤浆原料同氧气从气化炉顶部进入。煤浆由喷嘴导入，在高速氧气的作用下雾化。氧气和雾化后的水煤浆在炉内受到高温衬里的辐射作用，迅速进行着一系列的物理、化学变化，包括预热、水分蒸发、煤的干馏、挥发物的裂解燃烧以及碳的气化等。气化后的煤气中主要是一氧化碳、氢气、二氧化碳和水蒸气。气体夹带灰分并流而下，粗合成气在冷却后，从炉子的底部排出。

在淬冷型气化炉中，粗合成气体经过淬冷管离开气化段底部，淬冷管底端浸没在一水池中。粗气体经过急冷到水的饱和温度，并将煤气中的灰渣分离下来，灰熔渣被淬冷后截留在水中，落入渣罐，经过排渣系统定时排放。冷却后的煤气经过侧壁上的出口离开气化炉的淬冷段。

在全热回收型炉中，粗合成气离开气化段后，在冷却器中从 1400℃冷却至 700℃，回收的热量用来生产高压蒸汽。熔渣向下流到冷却器被淬冷，在经过排渣系统排出，合成气由淬冷段底部送下一工序。

目前大多数德士古气化炉采用淬冷型，优势在于它更廉价，可靠性更高，劣势是热效率较全热回收型的低。德士古气化工艺流程见图 6.68，包括煤浆的制备和输送、气化和废热回收、煤气的冷却和净化等。

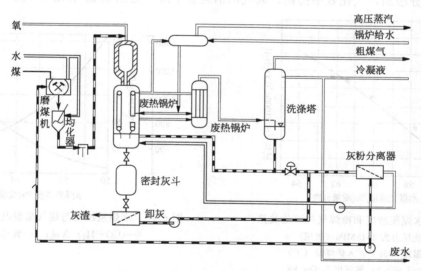

图 6.68　德士古煤炭气化工艺流程

煤浆的制备和输送：煤浆的浓度、黏度、稳定性等对气化过程和物料的输送均有重要的影响，而这些指标与煤的研磨又有着密切的关系。固体物料的研磨分为干法和湿法两大类。制取水煤浆时普遍采用的是湿法，这种方法又分为封闭式和非封闭式两种系统。封闭式湿磨系统中，煤经过研磨后送到分级机中进行分选，过大的颗粒再返回到磨机中进一步研磨。非封闭式湿磨系统，煤一次通过磨机，所制取的煤浆同时能够满足粒度和浓度的要求。煤在磨机中的停留时间相对长一些，这样可以保证较大的颗粒尽可能不太多。为了减少磨矿功耗，磨矿前必须经过破碎，预先破碎到粒度小于 30mm，然后送入磨粉机。研磨好的煤浆首先要进入一均化罐，随后用泵送到气化炉。

气化：气化炉是气化过程的核心，而喷嘴又是气化炉的关键设备。合格的水煤浆在进入气化炉时，首先要被喷嘴雾化，使煤粒均匀地分散在气化剂中，从而保证高的气化效率。满足实际生产要求的喷嘴，应该具有以较少的雾化剂和较少的能量达到较好雾化效果的能力，而且结构要简单，加工要方便，使用寿命长等性能。国外使用的喷嘴结构多用三套管式，中心管导入15％的氧气，内环隙导入煤浆，外环隙导入85％的氧气，并根据煤浆的性质调节两股氧气的比例，以促使氧气和碳的反应。

6.6.6.4 操作条件及气化指标

(1) 主要影响因素

影响德士古气化的主要因素有水煤浆的浓度、粉煤粒度、氧煤比和气化炉操作压力等。从技术角度来看，水煤浆加压气化技术可以适用于大多数褐煤、烟煤及无烟煤的气化，但从经济运行角度来看，煤种的内水以不大于8％为宜、灰分宜小于13％；灰熔点以小于1300℃的煤种为佳，但灰熔点太低对气化采用废锅流程不利，易结焦或积灰；发热量参考指标为25kJ/kg，越高越好；尽可能选择煤中有害物质少、可磨性好、灰渣粘温特性好的煤种；尽可能选择服务年限长、储量大、地质条件相对好、煤层厚的矿点，以保证供煤质量的稳定。

水煤浆浓度：所谓水煤浆的浓度是指煤浆中煤的质量分数，与煤炭的质量、制浆的技术密切相关。水煤浆中的水分含量是指全水分，包括煤的内在水分。通常使用的煤也并不是完全干的，一般含有5％～8％甚至更多的水分。一般情况下，随着水煤浆浓度的提高，煤气中的有效成分增加，气化效率提高，氧气的消耗量下降，见图6.69和图6.70。

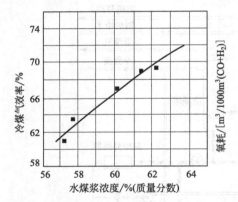

图 6.69 水煤浆浓度和冷煤气效率的关系
气化压力为 2.45MPa（表压）
气化温度 1380℃；入炉煤量（干）
1.00～1.05t/h；氧煤比 1.0kg/kg

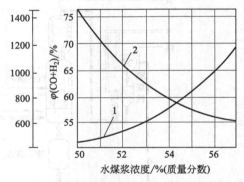

图 6.70 水煤浆浓度与煤气质量及氧耗的关系
1—(CO+H$_2$) 含量；2—氧气耗量

粉煤的粒度：粉煤的粒度对碳的转化率有很大影响。较大的颗粒离开喷嘴后，在反应区的停留时间比小颗粒的停留时间短，而且，颗粒越大，气固相的接触面积减小，导致大颗粒煤的转化率降低，灰渣中的含碳量增大。

就单纯的气化过程而言，似乎水煤浆的浓度越高、煤粉的粒度越小，越有利于气化。但是，煤的粒度越小，煤浆浓度越大，则煤浆的黏度越大，流动性变差，会严重影响煤浆的泵送及煤浆在气化炉中的雾化。为使煤浆易于泵送和提高其浓度，工业上采用添加表面活性剂来降低其黏度。在水煤浆中，表面活性剂的亲水基伸入水中，而疏水端却被煤粒的表面吸引，对煤粒起到很好地分散作用。水煤浆用的表面活性剂多选择芳烃类中与煤结构相近的物质，这样可以在煤的表面更好地吸附。图6.71是煤浆黏度和添加剂浓度的关系曲线。一个日产千吨氨厂按添加 0.5% 计算，每年需表面活性剂约 3000～4000t，这样就可以选择价廉的添加剂以降低生产成本。

氧煤比：氧煤比是德士古气化法的重要指标。在其它条件不变时，氧煤比决定了气化炉的操作温度，如图 6.72 所示。同时，氧煤比增大，碳的转化率也增大，如图 6.73 所示。虽然，氧气比例增大可以提高气化温度，有利于碳的转化，降低灰渣含碳量。但氧气过量会使二氧化碳的含量增加，从而造成煤气中的有效成分降低，气化效率下降。

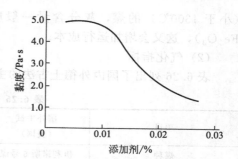

图 6.71　添加剂对煤浆黏度的影响
（煤浆浓度 63%）

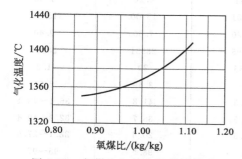

图 6.72　氧煤比与气化温度的关系
气化压力 2.45MPa；入炉煤量（干）
1.00～1.05t/h；煤浆浓度 60%（质量分数）

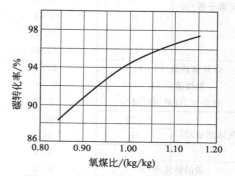

图 6.73　氧煤比与碳转化率的关系
气化压力 2.45MPa（表压）；气化温度
1380℃；入炉煤量（干）1.00～1.05t/h；
煤浆浓度 60%（质量分数）

气化压力：提高气化压力，可以增加反应物的浓度，加快反应速度。同时由于煤粒在炉内的停留时间延长，碳的转化率提高。气化炉的气化强度提高，后续工段压缩煤气的动力消耗相应减少。

煤种的影响：德士古气化的煤种范围较宽，一般情况下不适宜气化褐煤，由于褐煤的内在水分含量高，内孔表面大，吸水能力强，在成浆时，煤粒上吸附的水量多。因此，相同的浓度下自由流动的水相对减少，煤浆的黏度大，成浆困难。德士古法是在煤的灰熔点以上的温度操作，炉内要的热量需燃烧部分煤来提供，因而煤灰分含量增大，氧消耗量会增大，同理煤的消耗量亦增大，如图 6.74 和图 6.75 所示。在选择煤种时，应选择活性好、灰熔点低

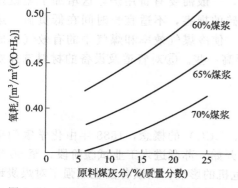

图 6.74　1500℃原料煤灰分与氧耗的关系

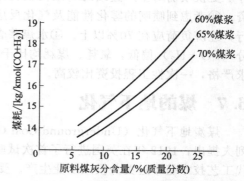

图 6.75　1500℃时原料煤灰分含量和煤耗的关系

（小于 1300℃）的煤，灰分含量一般应低于 10％～15％，否则需加入助熔剂（CaO 或 Fe₂O₃），这又会增加运行成本。

（2）气化指标

表 6.26 列出了国内外德士古法的主要气化指标。

表 6.26　德士古法主要气化指标

项目		国外中试（美国）	国外中试（美国）	宇部工业（美国）	中国中试
煤种		伊利诺斯 6 号煤	伊利诺斯 6 号煤	澳洲煤	铜川煤
元素分析/%	C	65.64	65.64	66.80	69.34
	H	4.72	4.72	5.00	3.92
	N	1.32	1.32	1.70	0.60
	S	3.41	3.41	4.20	1.54
	A	13.01	13.01	15.00	15.17
	O	11.90	11.90	7.30	9.40
煤样高热值/kJ·kg⁻¹		26796	26796	28931	28361
投煤值/t·h⁻¹		0.365	6.35	20	1.2
气化压力(绝压)/MPa		2.58	—	3.49	2.56
气体组成/%	CO	42.2	39.5	41.8	36.1～43.1
	H₂	34.4	37.5	35.7	32.3～42.4
	CO₂	21.7	21.5	20.6	22.1～27.6
碳的转化率/%		99.0	95.0	98.5	95～97
冷煤气效率/%		68.0	69.5	—	65.0～68.0

6.6.6.5　水煤浆气化的技术特点

优点：①原料范围宽。从褐煤到无烟煤的大部分煤种都可进行气化，还可气化石油焦、煤液化残渣、半焦、沥青等原料。②工艺技术成熟，流程简单，过程控制安全可靠，设备布置紧凑，运转率高。③操作弹性大，气化过程碳转化率比较高，一般可达 95％～99％。④由于采用高纯氧气进行部分氧化反应，粗煤气中有效成分（CO＋H₂）可达 80％左右，除含少量甲烷外不含其它烃类、酚类和焦油等物质，粗煤气后续过程无须特殊处理而可采用传统气体净化技术。⑤气化压力可根据工艺需要进行选择，既节省了中间压缩工序，也降低了能耗。⑥气化过程污染少，环保性能好。

缺点：①炉内耐火砖冲刷侵蚀严重，选用的高铬耐火砖寿命为 1～2 年。更换耐火砖费用大，增加了生产运行成本。②喷嘴使用周期短，一般使用 60～90 天就需要更换或修复，停炉更换喷嘴对生产连续运行或高负荷运行有影响，一般需要有备用炉，这增加了建设投资。③考虑到喷嘴的雾化性能及气化反应过程对炉砖的损害，不适宜长时间在低负荷下运行，经济负荷应在 70％以上。④水煤浆含水量太高，使冷煤气效率和煤气中的有效气体成分（CO＋H₂）偏低，氧耗、煤耗均比干法气流床要高一些。⑤对管道及设备的材料选择要求严格，一次性工程投资比较高。

6.7　煤的地下气化

煤炭地下气化（Underground Coal Gasification，UCG）的概念，1888 年由化学家门捷列夫提出，1912 年在英国进行了首次试验。1936 年开始，苏联进入工业试验阶段，至 50 年代工艺技术基本过关并投入工业生产。受世界能源危机的影响，西欧各国也加强了对煤炭地下气化工艺技术的研究。

煤炭地下气化是集建井、采煤、转化工艺为一体的多学科开发清洁能源与化工合成气的新技术。该过程抛弃了庞大、笨重的采煤设备和地面气化设备，变传统的物理采煤为化学采煤，因而具有安全性好、投资少、效益高、污染小等优点，深受世界各国的重视，被誉为第二代采煤方法和煤炭加工及综合利用的最佳途径。早在 1979 年联合国"世界煤炭远景会议"上就明确指出，发展煤炭地下气化是世界煤炭开采的研究方向之一，是从根本上解决传统开采方法存在的一系列技术和环境问题的重要途径。

6.7.1 定义及特点

煤炭地下气化就是将处于地下的煤炭进行可控燃烧，通过对煤的热作用及化学作用产生可燃气体的工艺过程。它以氧、空气、水蒸气为气化剂，将固体燃料转化为以 CO、H_2、CH_4 为主要成分的气体燃料。从化学反应角度来讲，气化不同于焦化，也不同于燃烧。

由于地下气化是在地下煤层中的反应空间进行的，这种反应在很大程度上取决于煤层的赋存条件，这就使煤炭地下气化的过程比地面煤气发生炉复杂得多。与地面气化过程相比，地下气化具有以下基本特征。

① 地下气化过程中由于煤层不规则的冒落，形成了不均匀大尺度煤块的水平渗流床，气化区边界是有质量交换的煤层，因而比地面气化更具有复杂性。

② 地面固定床气化是氧化带、还原带、干馏干燥带相对空间位置不变，通过料层的移动（加煤、排渣）来保持气化过程的连续；地下气化过程中煤层不能移动，而是通过燃烧工作面（气化工作面）的移动来保持气化过程的连续，各反应带的长度在不断改变。

③ 地下气化过程中因煤层及岩层冒落，气化通道截面不断发生变化，同时会与煤层的顶底板发生热量交换，不利于气化过程的进行。

6.7.2 气化原理

煤炭地下气化过程主要是在地下气化炉的气化通道中实现的，其反应原理如图 6.76 所示。整个气化通道沿长度方向可分成三个区，即氧化区（带）、还原区（带）和干馏干燥区（带）。

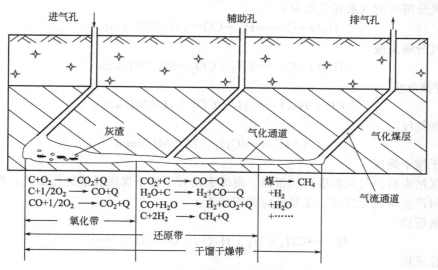

图 6.76 煤炭地下气化原理示意图

氧化区是气化通道初始一段长度，煤中的碳和氢与空气中的氧燃烧生成二氧化碳和水蒸气，产生大量的热，温度可达 2000℃，使煤层炽热与蓄热。还原区内气流继续向前流动，二氧化碳与水蒸气在灼热的煤层表面分别还原成一氧化碳和氢。其反应速度取决于还原区的温度，还原区的温度大约为 1200℃。当无氧的高温气流进入干馏干燥区时，热作用使煤中的挥发物析出，形成焦炉煤气。干馏干燥区的温度大约为 800℃。经过上述三个反应区后，就生成了主要组分是 CO、H_2 和 CH_4 的可燃气体，其温度为 300~500℃。从排气孔输出的气体，经地表冷却、洗涤和脱硫等，变成可燃的气体直接经管道供煤气用户使用，所得动力气体可供涡轮机发电用，所得合成气体经化工厂再处理获得氢、甲醇、硫代硫酸钠等化工原料。

（1）氧化区

由进气孔鼓入气化剂空气、O_2 和水蒸气，并在进气侧点燃煤层，气化剂中的 O_2 遇煤燃烧产生 CO_2，并释放大量的反应热，燃烧区称为氧化区，当气流中 O_2 浓度接近于零时，燃烧反应结束，氧化区结束。氧化区温度可达 2000℃，使煤层炽热与蓄热。主要反应列式如下。

氧化反应（燃烧反应）

$$C+O_2 \Longrightarrow CO_2+393.8MJ/kmol \tag{6.44}$$

碳的部分氧化反应（不完全燃烧反应）

$$2C+O_2 \Longrightarrow 2CO+221.1MJ/kmol \tag{6.45}$$

CO 氧化反应（CO 燃烧反应）

$$2CO+O_2 \Longrightarrow 2CO_2+570.1MJ/kmol \tag{6.46}$$

（2）还原区

氧化区结束后，则进入还原区，氧化区使还原区煤层处于炽热状态，在还原区 CO_2 与炽热的 C 还原成 CO，H_2O（g）与炽热的 C 还原成 CO、H_2 等，由于还原反应是吸热反应，使煤层和气流温度逐渐降低，当温度降低到使还原反应程度较弱时，还原区结束。主要反应列式如下。

CO_2 还原反应（发生炉煤气反应）

$$CO_2+C \Longrightarrow 2CO-162.4MJ/kmol \tag{6.47}$$

水蒸气分解反应（水煤气反应）

$$H_2O+C \Longrightarrow H_2+CO-131.5MJ/kmol \tag{6.48}$$

水蒸气分解反应

$$2H_2O+C \Longrightarrow 2H_2+CO_2-90.0MJ/kmol \tag{6.49}$$

CO 变换反应

$$CO+H_2O \Longrightarrow H_2+CO_2+41.0MJ/kmol \tag{6.50}$$

碳的加氢反应

$$C+2H_2 \Longrightarrow CH_4+74.9MJ/kmol \tag{6.51}$$

（3）干馏干燥区

还原区结束后，气流温度仍然很高，继续流动对干馏干燥区煤层进行加热，释放出热解煤气，同时产生甲烷化反应。主要反应列式如下。

煤热解反应

$$煤 \longrightarrow CH_4+H_2+H_2O+CO+CO_2+\cdots\cdots$$

甲烷化反应

$$CO+3H_2 \Longrightarrow CH_4+H_2O+206.4MJ/kmol \tag{6.52}$$

$$2CO+2H_2 \Longrightarrow CH_4+CO_2+247.4MJ/kmol \tag{6.53}$$

$$CO_2+4H_2 \Longrightarrow CH_4+2H_2O+165.4MJ/kmol \tag{6.54}$$

从化学反应角度来讲，三个区域没有严格的界限，氧化区、还原区也有煤的热解反应，三个区域的划分只是说在气化通道中氧化、还原、热解反应的相对强弱程度。经过这三个反应区以后，生成了含可燃组分主要是 H_2、CO、CH_4 的煤气，气化反应区逐渐向出气口移动，因而保持了气化反应过程的不断进行。由此可见可燃气体的产生主要来源于三个方面：即煤的燃烧热解、CO_2 的还原和水蒸气的分解。这三个方面作用的程度，正比于反应区温度和反应区比表面积，同时也决定了出口煤气组分和热值。

6.7.3　地下气化技术

煤炭地下气化通常分为有井式气化法，又称巷道式地下气化炉技术和无井式气化法，又称钻井式地下气化炉技术及混合式三大类。

6.7.3.1　有井式

有井气化需要预先开掘井筒和平巷等，即首先从地表沿煤层开掘两条倾斜的巷道，然后在煤层中靠下部用一条水平巷道将两条倾斜巷道连接起来，被巷道所包围的整个煤体，就是将要气化的区域，称为气化盘区，亦称地下发生炉。

传统有井式煤炭地下气化即采用爆破松动煤层，用空压机压入高压空气或者富氧的方法进行煤炭地下气化。中国矿业大学开发了具有我国自主知识产权的"长通道、大断面、两阶段"地下气化工艺，如图 6.77 所示。以钻孔或原有井作为气化炉的进、排气孔，以矿井已有的井巷条件施工气化通道。表 6.27 为河北唐山刘庄煤矿两阶段法现场试验所得水煤气组分、热值和产量。

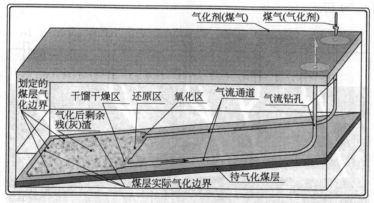

图 6.77　长通道、大断面、两阶段煤炭地下气化原理示意图

表 6.27　水煤气组分、热值和产量测定结果

循环序号	体积分数/%					热值/(MJ·Nm⁻³)	煤气流量/(Nm³·h⁻¹)
	H_2	CO	CH_4	CO_2	N_2		
1	40.66	28.02	7.84	5.51	17.97	11.88	1963
2	43.57	15.68	11.02	6.92	22.81	11.89	2287
3	47.14	13.36	12.38	20.48	6.64	12.59	2263
4	46.69	14.45	10.27	23.55	5.04	11.83	2345
5	47.94	16.63	12.04	18.17	5.22	12.97	2462
6	52.00	11.24	8.65	21.83	6.27	11.45	2430

6.7.3.2　无井式

无井式气化法是用钻孔代替坑道构成气流通道，避免了井下作业。无井式气化法的准备

工作包括两部分，即从地面向煤层打钻孔和在煤层中沟通出气化通道。进、排气孔的贯通（即气化炉的建炉）是无井式气化工艺的关键技术。图 6.78 为煤炭无井式地下气化发生炉示意图。根据气化通道的注气方式，无井式地下气化技术可分为渗透式气化和定向孔气化两类。

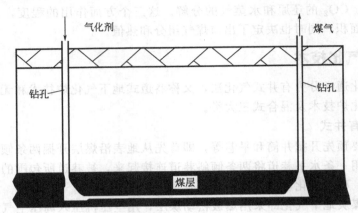

图 6.78　无井式地下气化发生炉（剖面图）

6.7.3.3　混合式

由地面打钻孔揭露煤层或利用井筒铺设管道揭露煤层，人工掘进的煤巷作为气化通道，利用气流通道（人工掘进的煤巷）连接气化通道和钻孔或管道，所构成的气化炉为混合式气化炉，结构如图 6.79 所示。

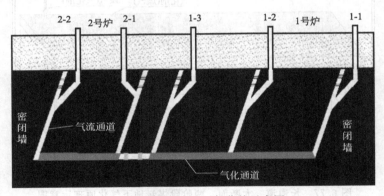

图 6.79　混合式地下气化炉示意图

6.7.4　影响因素

煤的地下气化是一种非常复杂的物理和化学过程，影响煤气质量的因素包括地下气化所采用的工艺条件、煤层自身的特性以及煤层顶、底板的移动状态。主要包括气化炉温度场、鼓风速率、气化通道长度及煤层涌水量等因素。

6.7.4.1　气化炉温度场

在地下气化工艺过程中，温度场不仅是一切反应的基础，同时，它还间接反映气化盘区的燃烧状态。煤炭地下气化过程实际上是一个自热平衡过程，依靠煤燃烧产生的热量使地下气化炉内建立起理想的温度场，进而发生还原反应和分解反应，产生煤气。因此，在地下气化过程中起关键作用的是炉内的温度场，尤其是对于生产高热值水煤气的两阶段地下气化更是如此。两阶段气化是一种循环供给空气和水蒸气的地下气化方法，每个循环由两个阶段组成，第一个阶段为鼓空气燃烧蓄热生产空气煤气，第二个阶段为鼓水蒸气生产地下水煤气，只有第一阶段积蓄足够量的热能以后才能使第二阶段水蒸气的分界反应得以顺利进行，从而产生高热值地下水煤气，同时，煤层热分解的程度以及热解煤气的产量，完全取决于煤层内的温度分布。

6.7.4.2　气化剂

气化剂的类型和气化剂的浓度也是影响气化过程的重要因素。分别以空气、富氧、富氧＋水蒸气作为气化剂时，气化结果有明显不同。气化剂为空气时，提高鼓风速度可以使碳表面气体的质量交换加剧。当然气化过程的改善，并不是随着送入风量的增大而无限地提高。当风量超过一定程度时，反而不利于气化过程的进行，如图 6.80 所示。

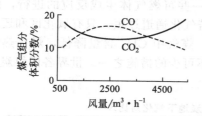 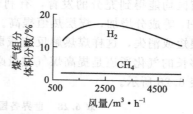

图 6.80　风量与煤气组分的关系

因此，在整个气化过程中，送入的风量不应固定不变，而应随着气化通道的扩大和煤气组成成分的变化，随时调整鼓风量及鼓风速度，使煤气的热值保持稳定。

6.7.4.3　鼓风速率

气化过程的稳定主要决定于单位时间内起反应的碳量，又决定于固体碳和二氧化碳的化学反应速度，决定于二氧化碳向固体碳表面的扩散速度。前者与气化带的温度有关，后者则与送风流的速度（鼓风量）有关。气流运动速度越大，扩散速度也越大，煤的气化强度增加；另外，鼓入风速的增加，初级产物一氧化碳的燃烧可以部分避免，而从氧化区带走，从图 6.81 可以看出，提高鼓风速度可以相应地提高煤气热值。

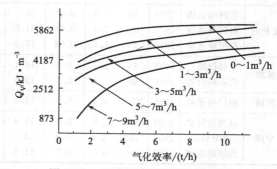

图 6.81　不同鼓风速度下气化效率
与煤气热值的关系

煤层中水的涌入速率很难控制，但可通过改变鼓风速率来抑制水涌入所造成的影响，在相同水涌入速率的情况下，鼓风速率

越高，气化区温度越高，煤气中水含量越少。无论在什么条件下，鼓风速率的增加都是有限的，过高时系统压力增大，煤气热值随着鼓风速率的增加而提高，但超过一定数值，煤气热值反而降低，而二氧化碳含量却增加，这说明部分气化产物被燃烧了，所以应选择适宜的流速和压力，以避免煤气的泄漏和一氧化碳被氧化。

6.7.4.4　水涌入速率

煤层中水的来源主要有煤本身的含水量、在热分解中产生的水分、围岩的含水量、地下水的渗入以及人为注入的水。

煤气含水量反映出地下水从煤层周围涌入气化区域的速率，水涌入速率是由围岩的渗透率和整段地带的静水压力所决定的。通常条件下，静水压力随时间变化缓慢，基本上是稳定的。判明水涌入的实际轴向分布范围一般比较困难，而其分布情况对煤气组成有很大影响。

气化炉中存在少量的水，对气化过程的进行是有利的，在高温下水被分解，使煤气中富含 CO 和 H_2，同时又能适当降低煤的燃烧温度，从而降低了煤灰的熔融温度，保证了良好的析气条件。如果水涌入量比较大，即超过一定的限度，高温气流的冷却作用及 CO/CO_2 平衡转换占优势，可燃组分相对减少，从而使煤气热值降低。此外，水涌入量增加，容易使孔道内形成水层，堵塞狭窄的气流通道。在煤炭地下气化过程中，一般从两个方面来抑制水涌入的影响：一是适当提高鼓风压力，二是在操作系统中始终保持气化通道足够高的温度，以蒸发所涌入的水，使所有涌入的水均以煤气中的水蒸气或水与煤之间的反应物等形式出现。

6.7.4.5 气体通道的长度和断面

可燃气体的产生在气化通道中经历了三个不同的反应区，当气化通道较长时，氧化区、还原区、干馏区均能得到充分的发育，有利于一些可燃气体生成反应的进行，使煤气中的 H_2、CO、CH_4 等成分增加，煤层热值提高。若气化通道过短，只有氧化区和还原区得到发育，干馏区很短或消失，这样煤热解反应减弱，煤气中 CH_4 含量降低，煤气热值降低，因此，建立足够长的气化通道是提高煤气质量必不可少的措施之一。世界各国煤炭地下气化的对比结果如表 6.28 所示。

表 6.28　世界各国煤炭地下气化对比表

国别	实验地点	时间/a	通道长度/m	通道断面/m²	煤气组分/%						热值/MJ·m⁻³	产气量/m³·h⁻¹
					O_2	CO_2	CO	H_2	CH_4	N_2		
美国	高尔加斯	1948	12~90	0.7	12.7	6.0	0.5	0.9	0.4	79.5	0.1~1.9	1870
	高尔加斯	1952	45	0.5	0.6	11.7	7.1	7.62	2.1	70.9	2.7	2110
	汉纳	1978	62	1.1	0.0	44.0	1.9	5.1	10.1	16.1	8.4	2040
	汉纳	1979	47	0.6	0.0	15.0	8.0	12.4	2.9	49.0	4.3	1500
比利时	布阿略达姆	1979	87	1.4	0.07	36.1	18.5	36.1	5.4	0.0	8.5	2500
	布阿略达姆	1979	101	2.1	0.08	31.8	36.2	31.8	3.0	2.0	9.7	1950
	布阿略达姆	1979	93	1.6	0.08	17.6	53.3	17.6	0.7	0.0	9.2	2000
苏联	顿巴斯	1952	85	1.4	0.2	12.1	15.9	14.8	1.8	54.8	4.2	3080
	莫斯科近郊	1956	66	1.5	0.3	19.5	7.1	14.1	1.5	55.9	3.5	2900
英国	纽门斯平尼	1950	27.5			15.5	4.9	7.9	1.0	70.7	2.1	300
中国	徐州新河矿	1994	168	2.6	0.0	15.3	15.7	54.3	10.7	4.1	13.1	3240
	唐山刘庄	1996	120	3.4	0.0	13.1	12.1	60.4	12.5	1.9	14.2	3100
	大同胡家湾	1958	32	0.6	0.7	15.8	7.3	15.9	1.2	58.1	3.8	1270

6.7.4.6 操作压力

在倾斜、缓倾斜或近水平煤层中进行地下气化时，气化剂仅限于在贯通通道内流动，而不能提供有效燃烧气化所需要的大反应表面。实践证明，通过改变操作系统的运作方式，可以得到较大程度的补偿，即通过周期性变化的操作压力可以提高煤气的质量。在压力周期变化条件下，流体主要以对流方式传递给煤层热量，一方面对气化反应带前某一距离内的煤层起到预热作用，有利于煤层的燃烧与气化；另一方面增加了热解的产物，且避免了热解气体的燃烧。

Mohtadi（1981）使用无烟煤在恒压和周期变化的压力下进行的试验结果如表 6.29 所示。从表中可以看出，周期变化压力条件下，热损失减少约 60%，热效率和气化效率分别为恒压时的 1.4 倍和 2 倍，产品煤气的热值约提高 1 倍。由此证明了在压力变化的条件下，气化过程得到了较大程度的改善。

表 6.29　恒定压力和周期变化压力条件对气化过程的影响

项目	热损失/%	热效率/%	气化效率/%	煤气热值/kJ·m⁻³
恒定压力	35.78	58.64	38.19	2208
周期变化压力	12.8	81.80	75.90	4318

6.7.4.7　煤层厚度

在地下气化过程中，燃烧区和煤气不仅因水的涌入而被冷却，而且其中一部分热量散失到煤层和围岩（底板、顶板等）中去。当煤层厚度小于 2m 时，围岩的冷却作用剧烈变化对煤气热值影响甚大。对于较薄煤层，增加鼓风速率或富氧鼓风可以提高煤气热值。

厚煤层进行地下气化不一定经济，一般以 1.3~3.5m 厚的煤层进行地下气化比较经济合理，煤层的倾斜度对其气化难易也有影响，一般说来急倾斜煤层易于气化，但开拓条件钻孔工作较困难。试验证明，煤层倾角为 35℃ 时，便于进行煤的地下气化。

6.7.4.8　煤质对气化的影响

气化反应过程与煤的性质和组成有着密切的关系，又与煤层情况和地质条件有关。如无烟煤由于透气性差，气化活性差，脆性很高，在外力作用下最容易破碎，因此一般不适于地下气化。而褐煤由于机械强度差，易风化，难于保存，且有水分大、热值低等特点，不宜于矿井开采，但其透气性高，热稳定差，没有黏结性，较易开拓气化通道，故有利于地下气化。

影响气化过程稳定性的因素还有许多，如围岩受热变形、塌裂、扩展的影响，煤质煤层赋存条件的影响等。这些因素对气化盘区的选择和气化炉的建立过程影响较大，对于气化过程控制煤气成分和热值的影响不大。煤层顶底板岩石的性质和结构对地下气化有重要影响，要求临近岩层完全覆盖气化煤层。当气化过程进行到一定程度时顶板往往在热力、重力和压力的作用下破碎而垮落，造成煤气大量泄漏，影响到气化过程的有效性和经济性。

与传统的煤炭开采利用技术相比，煤炭地下气化（UCG）在环境保护效益、煤炭资源利用率、经济性及安全性等方面具有明显优势，同时也存在诸如气化过程难以控制、地下水资源污染、产品气组分和热值不稳定、有毒气体排放、温室气体排放等方面的问题。但综合来看，与核能、水能及其它可再生能源相比，UCG 技术的优越性及应用前景是广阔的，是我国煤炭绿色开采技术的重要研究内容和发展方向。

6.8　煤气化联合循环发电

整体煤气化联合循环（IGCC）发电是将煤的气化技术、煤气净化技术、燃气轮机联合循环技术有机集合成一体的发电技术，是指将煤气化产生的燃料气送入燃气透平发电，透平排出的高温燃烧废气由废热回收锅炉产生水蒸气，水蒸气再用于蒸汽轮机发电的工艺过程。IGCC 具有能量转换效率高、污染物排放低、进料灵活性大、节水节能的优点，适合于发展基于煤气化的多联产和多联供技术，是目前世界公认的最有发展潜力的洁净煤技术之一。

6.8.1　煤气化联合循环发电的特点

① 发电效率高。气化炉的碳转化率可达 96%~99%，动力岛中，由于燃气-蒸汽联合循环发电技术的快速发展，其热效率已达到 60%，与其相关的 IGCC 发电效率已有可能从目前的 43%~45% 提高到 50% 以上。

② 环保性能好。由于煤气在送入燃机燃烧之前，已在压力状态下高效净化，IGCC 电厂污染物的排放量仅为常规燃煤电站的 10%，其脱硫效率可达 99%，SO_2 排放浓度在 25mg/m³ 左右，NO_x 排放浓度是常规燃煤电站的 15%~20%，耗水指标是常规燃煤电站

的 30%～50%。

③ 负荷适应性好，调峰能力强。IGCC 电厂可在 35%～100%负荷条件下平稳运行（常规燃煤电站为 50%～100%），负荷变化率可达 7%～15%/min（常规燃煤电站为 2%～5%/min），具有很好的调峰效果。

④ 燃料适应性广。从一般高硫煤种到低品位的劣质煤，甚至生物废料，对 IGCC 气化炉的性能影响不大，具有良好的煤种适应性，进料价格远低于天然气价格。

⑤ 可实现多联产，提高经济效益。合成气中主要成分为 H_2 和 CO，可大量生成氢气等清洁能源，为今后进入氢能经济时代创造条件。此外，还可生成硫酸等副产品。

6.8.2 整体煤气化联合循环发电工艺流程

IGCC 系统由煤的气化与净化部分和燃气-蒸汽联合循环发电两部分组成，其原则工艺流程如图 6.82 所示。第一部分的主要设备有气化炉、空气装置、煤气净化装置（包括硫的回收装置）；第二部分的主要设备有燃气轮机发电系统、余热锅炉、蒸汽轮机发电系统。

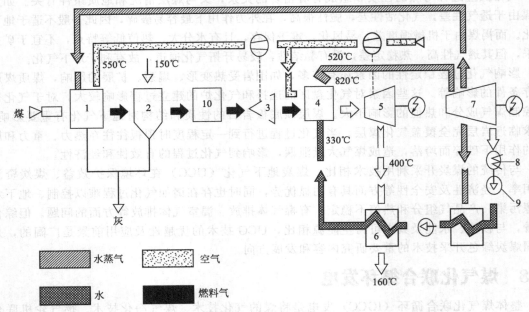

图 6.82　律伦联合循环发电工艺流程

1—加压气化炉；2—洗涤除尘器；3—膨胀透平；4—正压锅炉；5—燃气轮机；
6—加热器；7—蒸汽轮机；8—冷凝器；9—泵；10—脱硫（未建）

IGCC 电站是一个多种设备、多种技术集成的复杂系统，其系统性能主要取决于各子系统的性能及子系统间的匹配。此系统中燃气轮机、余热锅炉、蒸汽轮机等技术都是相当成熟的，所需要解决的主要是煤的大规模气化和合成气的净化问题。因此，气化炉和煤气净化系统是整个煤气化联合循环发电技术的关键。

6.8.3 煤气化联合循环发电技术的发展

IGCC 系统是 20 世纪 70 年代西方国家在石油危机时期开始研究和发展的一种新技术。1973 年在德国建成的 Kellerman 电厂是世界上第一座 IGCC 示范电站，国外先进国家一直在对 IGCC 技术进行研究和探索。自 20 世纪 90 年代以来，国际上先后建设了五座以煤为原料、纯发电大型化的商业示范装置，分别是美国的 Wabash River 和 TECO Tampa、荷兰的 Nuon Buggnum、西班牙的 Puertollano 电站、日本的 Nakoso 电站。除以煤为原料纯发电的 IGCC 示范电站外，国外还配套石化工业建设了一批以石油焦为原料的 IGCC 公用工程岛，由于国外高硫石油焦价格较低，这类项目一般都获得了良好的经济效益。

1994 年，中国开始进行建设 IGCC 示范电站的可行性研究。2012 年 12 月，由华能联合国内多家大型国有企业和美国博地能源公司共同建设的装机容量 265MW 的 IGCC 示范电站在天津建成投产。该电站采用具有华能自主知识产权的世界首台两段式干煤粉加压纯氧燃烧气化炉以及多项新技术新工艺，发电效率高，环保性能好，污染物排放接近天然气电站排放水平，是我国最环保的燃煤电站。

IGCC 目前还是一项新兴的发电技术，在世界上的运行业绩也不多，特别是大容量、燃用煤炭的 IGCC 发电厂业绩更少。其最显著的特点是整体化及各种设备和系统要合理配置和连接，以提高整体循环效率，这种整体化虽然提高了能量的利用效率，但也是系统复杂化，运行过程中各种系统和设备互相牵制，互相影响，非计划停机较频，其运行特性比常规燃煤机组更为复杂多变。根据国际上几个 IGCC 示范电厂强迫停运原因统计分析，来自气化岛方面的原因占了 57%，是造成整套系统被迫停运的主要原因。此外还有煤气净化装置、空气系统方面的原因。因此，作为最有发展潜力的洁净煤技术之一的 IGCC 发电技术还有待于进一步的优化与完善。

6.9　煤气的净化

6.9.1　煤气中的杂质及其危害

无论是以空气、氧气、水蒸气还是其它作为气化剂制得的粗煤气，一般都含有各种杂质。如矿尘、硫化氢、有机硫化物以及砷、镉、汞、铅等有害物质。这些杂质的存在，将给煤气的使用带来危害，必须将之清除干净，才能满足各用户的需求。

煤气中杂质含量、组成与其生产工艺息息相关。气流床气化法，如 K-T 气化法，由于采用高温操作条件，不会产生焦油和酚。而固定床气化法由于粗煤气出口温度低，进料煤升温较慢，煤中的挥发分可能以焦油、石脑油、酚、甲酚等形式被蒸馏出来而存在于粗煤气中。流化床气化法的煤气组成则介于气流气化与固定床气化法之间。

气化过程中，硫大部分转变成了 H_2S (95%)，但也有极少量 COS、SO_2 以及各种硫醇 (C_2H_5SH) 和噻吩 (C_4H_4S)。煤气中的含硫量与燃料中的硫含量以及加工方法有关。以含硫较高的焦炭或无烟煤为原料制得的煤气中，硫化氢可达 $4\sim6g/m^3$，有机硫 $0.5\sim8g/m^3$，以低硫煤或焦为原料时，硫化氢一般为 $1\sim2g/m^3$，有机硫为 $0.05\sim0.2g/m^3$。重油、轻油中的硫含量亦因石油产地不同而有很大差别。

煤中的氮以 NH_3、HCN 和各种硫氰酸盐（酯）的形式出现在气体中。各种卤素转化成它们相应的酸，特别是某些煤矿，矿中含氟较高，因而煤气中含氟也高。另外，煤中还有一些被认为具有潜在危险的元素，如铍、砷、镉、汞和铅等。

煤气中的固体杂质会堵塞设备与管道，从而造成系统阻力增大，甚至使整个生产无法进行。因此，无论生产什么用途的煤气，首先都必须把固体杂质清除干净。硫化氢及其燃烧产物（SO_2）会造成人体中毒，在空气中含有 0.1% 的硫化氢就能致人死命。硫化物的存在还会腐蚀管道和设备，而且给后续的生产带来危害，如造成催化剂中毒、使产品成分不纯或色泽较差等。我国城市煤气中的硫化氢要求低于 $20g/m^3$。用于冶炼优质钢时，煤气中的硫化氢允许含量为 $1\sim2g/m^3$。在煤气进行脱硫净化的同时，还可以生产硫黄或硫酸，也是一种重要的化工原料，应当予以回收。卤化氢及其它卤化物的危害也很大，如腐蚀设备、管道，造成催化剂中毒，若作为城市煤气，燃烧时则污染环境，影响人的健康。煤焦油、酚等是重要的化工原料，有很高的回收价值，但煤气中残存的煤焦油与酚可能在冷却时凝结而造成设备堵塞，同时影响煤气作为化工原料时的纯度。

6.9.2 煤气中杂质的脱除方法

6.9.2.1 煤气除尘

煤气除尘就是从煤气中除去固体颗粒物，主要有机械除尘、电除尘、过滤和洗涤四大类，其主要特点如表 6.30 所示。

表 6.30 工业上常用的除尘设备的特点

分类	机械力分离			电除尘	过滤分离	洗涤分离
图例	(a)	(b)	(c)	(d)	(e)	(f)
主要作用力	重力	惯性力	离心力	库仑力	惯性碰撞拦截，扩散等	惯性碰撞拦截，扩散等
离解面	流动死区	器壁	器壁	沉降电极	滤料层	液滴表面
排料	重力	重力	重力气流曳力	振打	脉冲反吹	液体排走
气速/m·s^{-1}	1.5～2	15～20	20～30	0.8～L_s	0.01～0.3	0.5～100
压降	很小	中等	较大	很小	中等	中等到较大
经济除净粒径/pm	≥100	≥40	≥5～10	≥0.01～0.1	≥0.1	≥0.1～1
使用温度	不限	不限	不限	对温度敏感	取决于滤料	常温
造价	低	低	低	很高	高	中等
操作费	很低	很低	低	中	较高	中等到高

机械除尘的主要设备为重力沉降器和旋风分离器。重力沉降器依靠固体颗粒的重力沉降实现和气体的分离，其结构最简单，造价低，但气速较低，设备庞大，而且一般只能分离 $100\mu m$ 以上的粗颗粒。旋风分离器利用含尘气流做旋转运动时所产生的对尘粒的离心力，将尘粒从气流中分离出来，是工业中应用最为广泛的一种除尘设备，尤其适用于高温、高压、高含尘浓度、一级强腐蚀性环境等苛刻的场合。其具有结构紧凑、简单，造价低，维护方便，除尘效率较高，对进口气流负荷的粉尘浓度适应性强以及操作与管理简单的优点。但是，旋风除尘器的压降一般较高，对于小于 $5\mu m$ 的微细尘粒捕集效率不高。

电除尘是利用含有粉尘颗粒的气体通过高压直流电场时电离产生负电荷，负电荷与尘粒结合后，使尘粒荷以负电。荷电的尘粒到达阳极后，放出所带的电荷，沉积于阳极板上，实现和气体的分离。电除尘对 $0.01～1\mu m$ 微粒有很好的分离效率，阻力小，但要求颗粒的比电阻在 $10^4～(5\times10^{10})\Omega/cm$ 间，所含颗粒浓度一般在 $30g/m^3$ 以下为宜。同时设备造价高，操作管理要求较高。

过滤法可将 $0.1～1\mu m$ 微粒有效地捕集下来，只是滤速不能高，设备庞大，排料清灰较困难，滤料易损坏。常用的设备为袋式过滤器，近年来还发展了各种颗粒层过滤器及陶瓷、金属纤维制的过滤器等，可在高温下应用。

洗涤可用于除去气体中的颗粒物，又可同时脱除气体中的有害化学组分，所以用途十分广泛。但它只能用来处理温度不高的气体，排出的废液或泥浆尚需二次处理。常用的设备为文氏管洗涤器和水洗塔等。

6.9.2.2　焦油、卤化物等有害物质的脱除

煤气中的焦油蒸汽、卤化物、碱金属各化合物、砷化物、NH_3 以及 HCN 等有害物质，目前主要的脱除方法也是利用文氏管洗涤器和水洗塔等进行洗涤处理。

6.9.2.3　煤气脱硫

（1）特点及分类

目前开发的脱硫方法很多，按脱硫剂的状态，一般可将脱硫方法分为干法脱硫和湿法脱硫两大类。

干法脱硫所用的脱硫剂为固体。当含有硫化物的煤气流过固体脱硫剂时，由于选择性吸收、化学反应等原因，使硫化物被脱硫剂截留，而煤气得到净化。干法脱硫方法主要有活性炭法、氧化铁法、氧化锰法、分子筛法、加氢转化法、水解转化法和离子交换树脂法等。

湿法脱硫利用液体吸收剂选择性地吸收煤气中的硫化物，实现了煤气中硫化物的脱除。根据吸收的原理，湿法脱硫可分为物理吸收法、化学吸收法和物理-化学吸收法三大类。

物理吸收法是利用有机溶剂为吸收剂吸收煤气中硫化物，主要依赖于 H_2S 的物理溶解。吸收硫化氢后的富液，当压力降低、温度升高时，即解析出硫化氢，吸收剂复原。目前常用的方法有低温甲醇法、聚乙二醇二甲醚法等。

化学吸收法又可分为湿式氧化法和中和法两类。湿式氧化法利用碱性溶液吸收硫化氢，使硫化氢变成硫氢化物；再生时在催化剂的作用下，空气中的氧将硫氢化物氧化成单质硫。目前常用的方法有改良 ADA 法、氨水液相催化法和栲胶法等。中和法是以碱性溶液吸收原料气中的硫化氢，再生时，使富液温度升高或压力降低，经化学吸收生成的化合物分解，放出硫化氢从而使吸收剂复原。目前常用的有 N-甲基二乙醇醇胺法、碳酸钠法、氨水中和法等。

物理-化学吸收法主要是指环丁砜法，它利用环丁砜和烷基醇胺的混合物作为吸收剂对硫化氢进行吸收。其中，烷基醇胺进行的主要是化学吸收，而环丁砜为物理吸收。

（2）典型方法介绍

蒽醌二磺酸钠法，亦称 ADA 法，国外称为 Stretford 法，由英国 North Western Gas Board 和 Clayton Aniline 两家公司共同开发，1961 年实现工业化。随后在世界各国推广应用，主要应用于煤气、天然气、焦炉气及合成气等多种工艺气体的脱硫。早期的 ADA 法是在碳酸钠稀溶液中加入 2，6 或 2，7 蒽醌二磺酸钠作为催化剂，但由于其析硫反应速度慢，吸收液硫容量低，使该法的应用范围受到限制。但是，当给溶液中添加适量的偏钒酸钠和酒石酸钠钾，可使溶液吸收和再生的反应速度大大增加，同时也提高了吸收液的硫容量，使 ADA 法的脱硫过程及工艺更加趋于完善，称为改良 ADA 法。

氨水对苯二酚催化法最早是由德国开发的，称为 Perox 法。它是在氨水溶液中加入苯二酚作为催化剂，开始主要用于焦炉气脱硫。焦炉气中 CO_2 含量较低（2%～3%左右），且其中含有约 1%的氨可以回收利用，经济性较好。中国结合国情对该法进行了改良与完善，并逐步推广应用于中小型氨厂的半水煤气脱硫。由于氨水来源方便，加入少量苯二酚后又能回收硫黄，目前是国内小型氨厂采用的主要脱硫方法。

栲胶法是中国广西化工研究所等单位于 1977 年研究开发成功的一种湿法脱硫技术。该法的气体净化度、溶液硫容量、硫回收率等主要技术指标均可与改良 ADA 法相媲美。它的突出优点是运行费用低，无硫黄堵塔问题，是目前国内使用比较多的脱硫方法之一。栲胶是由植物的秆、叶、皮及果的水萃取液熬制而成，其主要成分为单宁，它们大都是具有酚式结构

的多羟基化合物，有的还含有醌式结构。脱硫过程中，酚类物质经空气再生氧化成醌态，因其具有较高的电位，故能将低价钒氧化成高价钒，进而使溶液中吸收的硫氢根氧化析出单质硫。

气体中微量硫和有机硫的脱除，以固体干法为主，干法脱硫广泛用于精细脱硫，如近代以天然气、轻油等为原料的大型合成氨厂中，广泛应用活性炭、氧化锌、钴-钼催化剂等干法脱硫，常用的干法脱硫方法如表 6.31 所示。

表 6.31 常用的干法脱硫方法

方法	加氢转化			活性炭法	氧化铁法	氧化锌法	氧化锰法	
脱硫剂	钴-钼	铁-钼	钴-镍-钼	活性炭	氧化铁	氧化锌	氧化锰	铁锰
可处理的硫化物	RSH, CS_2, COS, C_4H_4S	RSH, CS_2, COS	C_nH_{2n}, RSH, CS_2, COS, C_4H_4S	H_2S, RSH, CS_2, COS	H_2S, RSH, COS	H_2S, RSH, CS_2, COS	H_2S, RSH, CS_2, COS	H_2S, RSH, CS_2, COS
脱硫方式	转化	转化	转化，烯烃饱和	转化吸收	转化吸收	吸收	吸收	转化吸收

6.9.2.4 CO、CO_2 的脱除

煤气中 CO 的脱除主要依赖于变换反应，即 CO 和 H_2O（g）反应生成 CO_2 和 H_2。通过此反应既将 CO 转变成了容易脱除的 CO_2，又制得了等体积的 H_2。变换所用的催化剂有三种：高温或中温变换催化剂（Fe-Cr 系，活性温区 350～550℃）、低温变换催化剂（Cu-Zn 系，活性温区 180～280℃）、宽温变换催化剂（Co-Mo 系，活性温区 180～500℃）。根据变换温度的不同，主要可分为纯高温变换、中温变换及中温变换串低温变换的流程。

在合成氨或其它化工生产中把脱除工艺气体中 CO_2 的过程称为"脱碳"，它兼有净化气体和回收纯净 CO_2 两个目的。在化工行业中，尤其是合成氨生产和甲烷生产或制氢工业中，采用的脱碳方法有很多，但无外乎有两大类，即溶液吸收和变压吸附。

溶液吸收法根据不同操作原理可分为化学吸收法、物理吸收法和物理-化学吸收法。化学吸收法的主要优点是吸收速度快、净化度高，按化学式计量反应进行，吸收压力对吸收能力影响不大，其缺点是再生热耗大，如改良热钾碱法。

物理吸收法是利用溶剂分子的官能团对不同分子的亲和能力不同而选择性地吸收气体。其主要优点在于物理溶剂吸附气体遵循亨利定律，吸收能力仅与被溶解气体分压成正比，溶剂的再生比较容易，只要减压闪蒸，或用惰性气体气提即可达到再生效果，再生热耗低。吸收压力或 CO_2 分压是主要的决定因素，要求净化度高时，未必经济合理。典型方法有低温甲醇洗和 NHD 法等。

物理-化学吸收法的特点是将两种不同性能的溶剂混合，使溶剂既有物理吸收功能又有化学吸收功能，其再生热耗比物理吸收法高，但又比化学吸收法低。

变压吸附分离技术广泛应用于石油化工、化学工业、冶金工业、电子、国防等行业。在中国采用变压吸附技术脱碳起步较晚，直到 1989 年才开始将变压吸附技术用于合成氨转换气脱碳研究，1998 年首先将变压吸附技术用于湖北宜北化工股份有限公司年产 12 万吨合成氨变换气脱碳装置中，脱除的 CO_2 供尿素装置使用。

6.10 煤气的甲烷化

煤气化得到的煤气中含有大量的 H_2 和 CO，也有一定数量的 CH_4。为了进一步提高煤气热值，减少煤气中 CO 含量，达到城市煤气的质量要求，必须采用甲烷化工艺来加工煤气。由煤制取的合成气原料气，为了消除 CO 对合成催化剂的影响，也常采用甲烷化工艺来

脱除合成气原料气中的 CO。

煤气的甲烷化工艺，在国外主要目的是用于生产代用天然气（SNG），以轻烃混合物为原料，经催化蒸汽裂解变为合成气，再将合成气中的一氧化碳和氢转化成甲烷。另一种则是将煤气化生产气化煤气，脱除二氧化碳和硫化氢，然后将一氧化碳和氢合成甲烷，其产品气的热值为 $33.5 \sim 35.4 MJ/m^3$。

6.10.1 甲烷化基本原理

煤气甲烷化过程的基本反应主要包括 CO 的加氢、CO 与 H_2O 的反应以及 CO_2 与 H_2 的反应。

$$CO+3H_2 \Longrightarrow CH_4+H_2O \quad \triangle H=-219.3kJ/mol \tag{6.55}$$

$$CO+H_2O \Longrightarrow CO_2+H_2 \quad \triangle H=-38.4kJ/mol \tag{6.56}$$

$$CO_2+4H_2 \Longrightarrow CH_4+2H_2O \quad \triangle H=-162.8kJ/mol \tag{6.57}$$

上述反应的平衡随温度的升高而向左移动，若压力升高则导致平衡向右移动。该过程中发生的副反应主要为 CO 的分解反应与沉积碳的加氢反应。

$$2CO \Longrightarrow CO_2+C \quad \triangle H=-173.3kJ/mol \tag{6.58}$$

$$C+2H_2 \Longrightarrow CH_4 \quad \triangle H=-84.3kJ/mol \tag{6.59}$$

沉积碳的加氢反应在甲烷合成温度下，达到平衡是很慢的。当有碳的沉积产生时会造成催化剂的失活。

离开反应器的气体混合物的热力学平衡决定于原料气的组成、压力和温度。图 6.83 所示为 H_2 与 CO 摩尔比为 3.8 时 CO_2 含量对合成气转化平衡的影响，图 6.84 为温度和压力对合成气平衡组成的影响。由图可以看出，反应气体中 CO_2 含量的增加，将使达到平衡时 CH_4 的含量降低，而 CO 含量升高。随着反应温度的升高，平衡时 CH_4 的含量降低，CO 和 CO_2 含量增加。提高压力将使平衡时的 CH_4 含量增加。

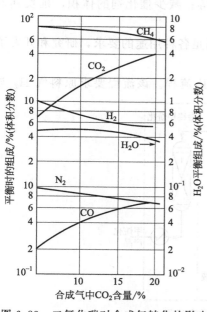

图 6.83 二氧化碳对合成气转化的影响

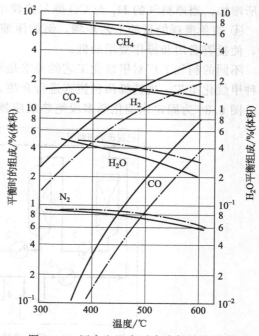

图 6.84 压力和温度对合成气转化影响
—— 0.5MPa；— · — 2MPa

6.10.2 甲烷化催化剂

周期表中第Ⅷ族的所有金属元素都能不同程度地催化 CO 加氢生成 CH_4 的反应。甲烷化催化剂的开发和研究表明，镍是良好的金属催化剂，其它金属通常仅作为助催化剂。甲烷化催化剂常用的反应温度约为 $280 \sim 500 ℃$，压力 $2 \sim 2.5MPa$ 或更高，因此催化剂应有足够大而稳定的比表面积。为了获得寿命长和活性均匀的催化剂，目前较倾向于使用含镍约为 $25\% \sim 30\%$（质量百分数）、含碱性氧化物 $3\% \sim 6\%$ 以及稳定性好的硅酸铝催化剂。镍催化剂对于硫化物，如硫化氢和硫氧化碳等的抗毒能力较差。原料气中总硫含量应限制在 $0.1 \times 10^{-6} g/cm^3$ 以下。在镍催化剂中加入其它金属（钨、钡）或氧化物（MoO、Cr_2O_3、ZnO）能明显地改善镍催化剂的抗毒能力。

6.10.3 甲烷化工艺流程

甲烷化反应是强放热反应，因此必须考虑原料气中 CO 的转化过程和移出反应热的传热过程，以防止催化剂在温度过高时，因烧结和微晶的增大，引起催化活性的降低。同时需考虑的是当原料气中 H_2 与 CO 摩尔比较低时，可能产生的析炭现象。

因此，在甲烷化工艺过程中选择反应条件时，应考虑以下因素。

① 在 $200℃$ 以上，甲烷生成的催化反应能达到足够高的反应速率。

② 当压力不变而反应温度升高时，由于热力学平衡的影响，CH_4 的含量将降低，如要达到使 CO 完全加氢的目标，反应宜分步进行。第一步在尽可能高的合理温度下进行，以便合理利用反应热；第二步残余的 CO 加氢应在低温下进行，以便 CO 最大限度地转化成 CH_4。

③ 在 $450℃$ 以上，CO 分解反应不规则地增加。为了避免碳在催化剂上的沉积，应在原料气中加入蒸汽，使气体的温升减小，以抑制析碳反应。且因化学平衡移动而使 CO 转化率有所增加。当原料气的 H_2 与 CO 摩尔比较小时，也需引入蒸汽。

④ 避免消耗能量的工艺步骤，例如压缩或中间冷却等；减少催化剂的体积，延长其寿命，使投资费用和操作费用最低。

不同的制气工厂对甲烷化工艺的要求是不同的。为满足各种用途的要求，研究和开发了多种甲烷化工艺。现选择两种流程进行介绍。

图 6.85 为固定床催化剂多段绝热反应器的甲烷化反应流程。该流程要求原料气 H_2 与

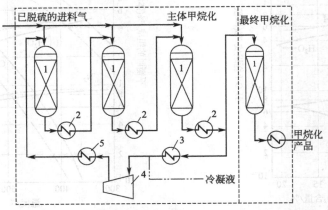

图 6.85 多段绝热反应器甲烷化反应流程
1—反应器；2—废热热交换器；3—循环气冷却器；4—压缩机；5—加热器

CO 摩尔比为 3∶1 左右。在进行甲烷化之前，通常要脱除原料气中的一部分 CO_2。经脱硫的原料气通过多个甲烷化反应器，第一个反应器的温度约为 500℃，逐渐降为最后一个反应器的 250℃。每一段甲烷化反应器之间设有废热热交换器，可有效回收热量生产高压蒸汽。

从上述流程的最终甲烷化反应器之前取出部分气体作为循环气体，经冷却器冷却后，再经压缩机加压通入原料气中，作为吸热载体来限制反应温度，制止反应器积碳反应的发生。

如原料气中含氢量不足，则原料气中应先添加水蒸气，使经过变换后的原料气中氢含量达到要求。在催化剂床层内没有内部冷却装置，而是绝热操作。由于采用废热热交换器，本流程获得了较高的总热效率，而且安全可靠、操作方便。

图 6.86 为液相甲烷化反应工艺流程。该流程为使催化剂在液相存在下进行强放热的甲烷化反应，使传热过程得到改善。片状镍催化剂（粒度 2.5～4.5mm）浸没在轻油中，当合成气通入反应器时，催化剂床层发生膨胀，气速的大小取决于气体、催化剂和有机液体的密度。此时，轻油浮在上层，与催化剂有明显的区别。由于甲烷化反应释放的热量被轻油吸收，将轻油引入外部热交换器进行冷却。反应后的气体经换热器，并在冷却器中除去反应过程蒸发出来的有机组分而循环使用。还可除去水分，再经 CO_2 脱除，即可得到代用天然气。该工艺流程有较高的选择性和较大的灵活性。

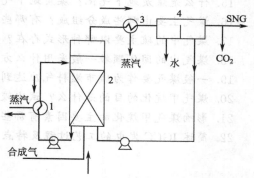

图 6.86 液相甲烷化反应的工艺流程
1，3—热交换器；2—反应器；4—冷却器

目前，中国在常压水煤气部分甲烷化技术的开发中，已在工业化单管放大试验中取得了较好效果，可将 CO 含量约 30%、GH_4 含量约 1% 左右的水煤气转化为 CO 含量约 9%、CH_4 含量约 29%、$H_V = 12979 \sim 14654kJ/m^3$ 的煤气，并已进一步建立了扩大示范装置。同时，还对以 MoS 为主，以 Al_2O_3 为载体并添加适当助催化剂的新型耐硫耐油甲烷化催化剂进行了开发，该项研究和试验工作正在进行之中。

煤气化技术和产业的发展必须以煤资源的高效利用、环境和生态友好为前提，高效和洁净的煤气化技术是当今煤气化技术发展的主流。高压、大容量气流床气化技术具有良好的经济和社会效益，代表着目前煤气化技术的发展趋势，是现在最清洁的煤利用技术之一，是洁净煤技术的龙头和关键。随着科学技术和社会经济的发展，大型煤气化技术也将不断发展，如何提高煤气化整体效率、煤种适应性、气化炉单炉生产能力、装置的可靠性、提高和推进绿色气化工艺、减少污染物排放、降低投资强度、强化煤气化与新型煤化工的技术集成是煤气化技术的发展方向。

习　题

1. 什么是煤的气化？煤的气化技术如何分类？
2. 简述气化炉的类型、特点及其对生产能力的影响因素。
3. 气化炉的装料、排灰的方法主要有哪些？
4. 煤的气化过程发生哪些主要的化学反应？
5. 煤炭的性质对气化过程有何影响？
6. 什么是煤的反应性？煤的反应性对煤炭气化过程有何影响？
7. 气化反应中，影响化学平衡的因素有哪些？加压气化对煤气组成有何影响？

8. 煤气的发热值与煤种及气化压力有什么关系？

9. 煤中的水分有哪几种形态？煤中的水分含量太高，对气化有何影响？

10. 提高气化效率的方法主要有哪些？

11. 简述现代的水煤气发生炉间歇法制造水煤气的工作过程及原理。

12. 试说明固定床的气化过程以及不同高度料层的气体组成。

13. 水煤浆气化典型的方法有哪些？简述德士古气化流程及主要影响因素。

14. 简述水煤浆气化技术的特点、影响因素及工艺流程。

15. 什么是煤炭地下气化？煤炭地下气化过程的影响因素有哪些？

16. 煤气主要由哪些成分组成？有哪些主要有害成分？它们有哪些危害？

17. 煤气中的硫主要以哪种形式存在？硫的存在对煤气有什么影响？

18. 煤气中的固体颗粒一般采用什么方法清除？

19. 一般煤气要作为城市燃料气应达到什么条件？

20. 煤气甲烷化的目的是什么？试比较几种常见的甲烷化催化剂的特性。

21. 影响煤气甲烷化的主要因素有哪些？

22. 简述 IGCC 发电的工艺过程及特点，查阅文献总结出影响过程效率的因素。

第7章　煤间接液化

煤炭经过一系列的化学加工转化为液体燃料及其它化学产品的过程称为煤炭液化，主要包括间接液化与直接液化两种。其中，间接液化又称为一氧化碳加氢法，是将煤首先气化得到合成气（H_2、CO），再经催化合成制取燃料油及其它化学产品的过程，是目前碳一化工的重要发展方向。

目前，属于间接液化技术的费托合成（Fischer-Tropsch Synthesis，简称 F-T）工艺和甲醇转化为汽油（Methanol to Gasoline）的 Mobil 工艺已经实现了工业生产。随着 F-T 合成反应器及工艺技术的不断进步，以 F-T 合成技术为核心的生产液体油品的技术路线已经具有较好的经济性，南非 Sasol 公司（Synthetic Oil Limited）利用该技术分别于 1955 年、1980 年、1982 年建成的三个煤炭间接液化合成油厂，年消耗煤炭 4600 万吨，生产油品 460 万吨、化学品 308 万吨。Mobil 工艺在新西兰建有工业化装置，以天然气为原料制合成气，进一步合成甲醇，最后转化为汽油。

我国在 20 世纪 50～60 年代初曾在锦州运行过规模为 5 万吨/年的煤间接液化工厂。从 20 世纪 80 年代起中科院山西煤炭化学研究所开始对煤炭间接液化技术进行了系统的研究，开发出了固定床两段法合成（MFT）工艺和浆态床-固定床两段合成（SMFT）工艺，同时在催化剂研究和开发方面取得了重大突破，完成了 SMFT 中试规模的设计，并于 2002 年建成了年产油千吨级的中试装置。2009 年，我国首套煤间接液化工业化示范装置在内蒙古伊泰集团正式投产，项目一期工程规模每年 16～18 万吨，主要产品为柴油、石脑油、液化石油气及少量硫。

煤的间接液化具有清洁、环保、燃烧性能优异等优点，产品可作为化石液体燃料的直接替代品，对保障我国能源安全具有重要意义。同时，在生产油品的同时副产大量化工产品，不但延长了产品链，而且增强了市场适应性，已成为当前洁净煤技术的发展热点。

7.1　费托合成

费托合成是以合成气（H_2、CO）为原料，在催化剂的作用下生产各种烃类和含氧化合物的工艺过程，是煤间接液化的主要工艺。F-T 合成反应的产物可达百种以上，主要有气体和液体燃料以及石蜡、乙醇、丙酮和基本有机化工原料，如乙烯、丙烯、丁烯和高级烯烃等。其基本工艺流程如图 7.1 所示。

7.1.1　合成原理

F-T 合成反应是 CO 加氢和碳链增长的反应，在不同的催化剂和操作条件下，产物的分布也各不同。合成压力一般为 0.5～3.0MPa，温度 200～350℃，过程主要反应如式（7.1）～式（7.10）所示。

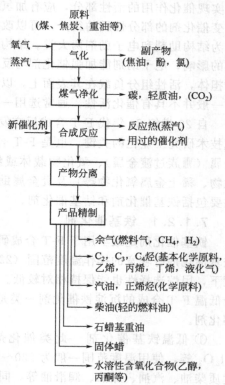

图 7.1　F-T 合成基本工艺流程

275

烷烃生成反应：$nCO+(2n+1)H_2 \longrightarrow C_nH_{2n+2}+nH_2O$ (7.1)

烯烃生成反应：$nCO+2nH_2 \longrightarrow C_nH_{2n}+nH_2O$ (7.2)

醇类生成反应：$nCO+2nH_2 \longrightarrow C_nH_{2n+1}OH+nH_2O$ (7.3)

酸类生成反应：$nCO+(2n-2)H_2 \longrightarrow C_nH_{2n}O_2+(n-2)H_2O$ (7.4)

醛类生成反应：$(n+1)CO+(2n+1)H_2 \longrightarrow C_nH_{2n+1}CHO+nH_2O$ (7.5)

酮类生成反应：$(n+1)CO+(2n+1)H_2 \longrightarrow C_nH_{2n+1}CHO+nH_2O$ (7.6)

脂类生成反应：$nCO+(2n-2)H_2 \longrightarrow C_nH_{2n}O_2+(n-2)H_2O$ (7.7)

变换反应：$CO+H_2O \Longleftrightarrow CO_2+H_2$ (7.8)

积碳反应：$CO+H_2 \longrightarrow H_2O+C$ (7.9)

歧化反应：$2CO \longrightarrow CO_2+C$ (7.10)

式(7.1) 和 (7.2) 为生成直链烷烃和 α 烯烃的主反应，可以认为是烃类水蒸气转化的逆反应，且都是强放热反应；式(7.3)～(7.7) 为生成醇、酸、醛、酮及脂等含氧有机化合物的副反应；式(7.8) 是体系中伴随的水蒸气变换反应，对 F-T 合成反应过程有一定的调节作用；式(7.9) 是积碳反应，能在催化剂表面析出碳单质而导致催化剂失活；式(7.10) 是歧化反应。

可以看出，F-T 合成反应的过程产物种类与数量繁多，是一个非常复杂的反应体系。

7.1.2 催化剂

催化剂对 F-T 合成是非常重要的，它不仅可以加速合成反应，更重要的是决定着反应的方向与产物的组成和产率。

工业催化剂多为多组分固体催化剂，一般由主催化剂、助催化剂和载体构成。主催化剂是实现催化作用的活性部分，应有加氢作用；助催化剂是一种本身不具活性或活性很小但能改变催化剂的部分性质的组分，可以改善催化剂的活性、选择性、抗毒性或稳定性，一般可分为结构助剂和电子助剂两大类。结构助剂对催化剂的结构特别是对活性表面的形成产生稳定的影响；电子助剂能加强催化剂与反应物之间的相互作用，提高反应速率；催化剂载体又称担体，活性组分负载在其表面上，以增大活性金属的分散程度和催化剂的表面积，载体本身一般并不具有催化活性，通常选用一些比表面积较大、导热性较好和熔点较高的物质。

自 20 世纪 20 年代 F-T 合成反应发现以来，高效 F-T 合成催化剂的研究一直是 F-T 合成技术研究工业化的关键，也是 F-T 合成研究的核心技术。F-T 合成催化剂通常包括活性金属（Ⅷ族过渡金属）、氧化物载体或结构助剂（SiO_2、Al_2O_3 等）、化学助剂（碱金属氧化物、稀土金属氧化物等）及贵金属助剂。目前，已经用于大规模生产的 F-T 合成催化剂主要包括铁基催化剂和钴基催化剂。

7.1.2.1 铁基催化剂

铁基催化剂是最早用于 F-T 合成研究的催化剂，因其储量丰富、价格低廉而备受关注。铁基催化剂有较宽的操作温度范围（220～350℃）和灵活的产物选择性，即使在较高反应温度下，甲烷选择性也能保持相对较低。铁基催化剂按其合成目标产物可分成两类：一类是适合低温 F-T 合成的沉淀铁催化剂一类是适用于高温 F-T 合成含助剂的熔铁催化剂或沉淀铁催化剂。

① 低温铁基催化剂　此类催化剂主组分为 $\alpha\text{-}Fe_2O_3$，助剂有 K_2O、CuO、SiO_2 或 Al_2O_3 等，使用温度范围一般为 220～250℃，主要反应产物为长链重质烃，经加工可生产优质柴油、汽油、煤油、润滑油等，同时副产高附加值的硬蜡。

低温铁基催化剂一般采用沉淀法制备，用接近沸腾的硝酸银和硝酸铜混合溶液，在剧烈搅拌下，快速加入到热的碳酸钠溶液里，发生沉淀反应生成水合氧化铁。沉淀物经除杂、成型、干燥后得到管式固定床反应器使用的低温铁基催化剂。

低温铁基催化剂操作温度低，应具有较高的比表面积以确保在低温操作下具有足够的反应活性，但较高的比表面积意味着低的机械强度，所以要求在满足活性的基础上拥有足够的机械强度和耐磨性能。

② 高温铁基催化剂　高温铁基催化剂主要包括熔铁催化剂与沉淀铁催化剂两种，使用温度 310～350℃，反应产物以烯烃、化学品、汽油和柴油为主。

高温熔铁催化剂的原料磁铁矿（Fe_3O_4）与各种助剂（K_2O、MgO、Al_2O_3 或 SiO_2）一起在电弧炉内于 1700℃ 条件下熔融，熔融后的氧化铁水倒入冷却盘中快速冷却。冷却后的铁锭经破碎、碾磨、筛分后制得粒度分布适合流化床反应器使用的高温 F-T 合成反应催化剂。

熔铁催化剂活性受其比表面积制约，选择性受其助剂含量和分布均匀性的影响。由于制备方法的制约以及原料中杂质成分复杂，对准确控制熔铁催化剂中助剂的含量带来一定困难。同时，在原料掺混和熔炼过程中，很难使助剂均匀分布，这会造成催化剂性能的不稳定。采用沉淀法制备高温催化剂可以很好地解决上述问题。

高温沉淀铁催化剂制备的关键在于优化催化剂活性和选择性的同时尽可能提高催化剂的强度，以适应流化床反应器的要求。室温下，将定量的硝酸铁溶液快速加入到剧烈搅拌的碳酸氢铵（氨水或碳酸铵）溶液中，反应结束后用氨水调节反应液的 pH 值达 7 左右，沉淀物经过滤和洗涤，重新加水成浆，然后加入定量的硝酸钾、硝酸铜、硝酸铬和硝酸钠助剂，经喷雾干燥呈球形颗粒，最后经高温煅烧制得成品。

7.1.2.2 钴基催化剂

钴基催化剂活性高、积碳倾向低、寿命相对较长，可最大限度生成重质烃，且以支链饱和烃为主，深加工得到的中间馏分油燃烧性能优良，简单切割后即可用作航空煤油及优质柴油，还可副产高附加值的硬蜡。另外，钴基催化剂具有很低的水煤气变换活性和更高的碳利用率，适用于高 H_2/CO 比的天然气及合成气的转化。

钴基催化剂在活性、寿命及产物选择性等方面的优点，使其成为 F-T 合成催化剂的研究热点。目前，世界各大煤化工企业、石油公司及催化剂厂商均加大投入致力于该催化剂的研发工作。

钴基催化剂的制备方法有浸渍法、共沉淀法和溶胶-胶凝法等。浸渍法是用含活性组分的浸渍液浸渍载体，经干燥、焙烧等过程制取催化剂，此法具有活性组分用量少、催化剂机械强度高及操作简单等优点。金属盐类的混合溶液在 pH 值、温度及溶剂量等因素改变时，会以水合氧化物或氢氧化物的形式析出，然后经洗涤、干燥、焙烧等步骤得到催化剂，这种方法称之为沉淀法。沉淀法制得的催化剂通常分散度高，组分间相互作用较强。与浸渍法相比，沉淀法制备的钴基催化剂经氢气还原后钴的粒径更小，F-T 合成活性更高。不足之处是催化剂的物理结构难以控制，金属用量大，易于造成活性钴的包埋，使得其在反应过程中难以接近反应物分子，活性组分得不到有效利用，催化活性不能进一步提高。钴盐、助剂盐和包含载体组分的醇溶液催化水解后经过溶胶、凝胶过程制备催化剂的方法称为溶胶-胶凝法。这是近年来发展起来的新型可控制备技术，能合理调控催化剂的比表面积、孔隙率及粒子尺寸等结构性质。与沉淀法相同，溶液的 pH 值对催化剂结构及反应性能影响显著。

7.1.3 反应器

F-T 合成反应是在催化剂作用下的强放热反应，反应器是合成过程的关键。目前用于工业生产的 F-T 反应器有固定床反应器、流化床反应器和浆态床反应器等。

7.1.3.1 固定床反应器

固定床反应器是 F-T 合成最早采用的反应器，目前工业上已经应用的有常压平行薄层反应器、套管反应器、高空速 Arge 合成反应器等，其基本特征如表 7.1。

表 7.1 几种典型的固定床反应器

反应器参数	常压平行薄层反应器	套管反应器	高空速 Arge 合成反应器
催化剂层厚/mm	7	10	46
催化剂层长/mm	2500	4550	12000
操作压力/kPa	29.4	686~1176	1960~2940
操作温度/℃	180~195	180~215	220~260
冷却面积/$m^2 \cdot 1000m^{-3}(CO+H_2)$	4000	3500	230
新鲜气给入量/$m^3 \cdot m^{-3}$(催化剂)	70~100	100~110	500~700
生产量/$kg \cdot m^{-3}$(催化剂)$\cdot d^{-1}$(单段)	190	210	1250

(1) 常压平行薄层反应器

常压平行薄层反应器又称箱式固定床反应器，是最早用于工业生产的固定床反应器，通常称为常压钴催化剂合成反应器，结构如图 7.2 所示。由于其结构复杂、钢材消耗量大、生产能力低，工业上已不再应用。

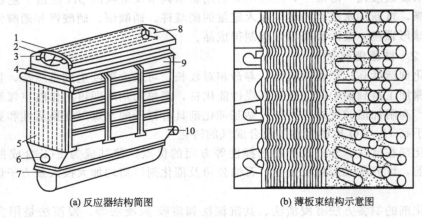

(a) 反应器结构简图　　　　(b) 薄板束结构示意图

图 7.2 常压平行薄层反应器

1—反应器顶盖；2—反应器入口；3—吸油管；4—前配水阀；5—前脱水室；6—合成
油气及残余气出口；7—U 型管；8—方形匣；9—反应器本体；10—后配水筒

常压平行薄层反应器是用铁板制的长方形箱子，为增大散热面积内装有 560 块钢板。钢板上穿过 630 根直径为 $\phi34mm \times 3mm$ 的压力水管，管子与铁板紧密接触，有利于传热。为防止催化剂过热，采用厚度约 7.4mm 的薄层钴基催化剂，合成气在催化床层上反应，放出的热由压力水管内通过恒温散热的循环压力水部分汽化带出，以保持催化剂床层在恒温下反应。压力水管内的沸腾水靠热虹吸作用进入蒸汽收集器，进行汽水分离，分离后的水再次循环于反应器压力水管。通过调节蒸汽收集器的蒸汽压力控制反应温度，蒸汽收集器内的水位应保持 1/3~1/2 高度。

(2) 套管反应器

套管反应器为圆筒形，内装有 2044 根同心套管，结构见图 7.3。催化剂置于管间环隙内，恒温散热压力水在水管内部及水管外部循环，将反应热带出。反应器内沸腾水同样与蒸

汽收集器相连，汽水分离后水循环于反应器内，蒸汽送低压或中压蒸汽管路。反应器能装
10m³催化剂，能用于中压钴催化剂合成和中压铁催化剂合成。与薄层反应器相比，其热传
递和生产能力有一定提高，但仍然较低，工业上也不再使用。

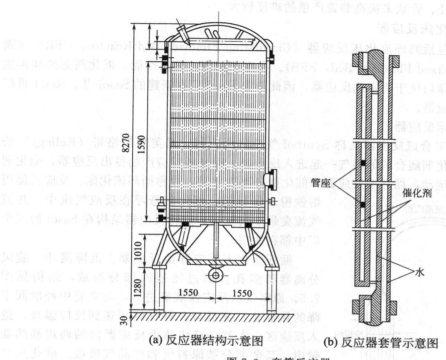

(a) 反应器结构示意图　　　(b) 反应器套管示意图

图 7.3　套管反应器

（3）Arge 反应器

Arge 反应器是由德国 Ruhchemie 和 Lurgi 共同开发的，1955 年投入使用，结构类似于
列管式固定床反应器，结构如图 7.4 所示。反应器内设 2052
根装催化剂的反应管，管间有沸腾水循环，合成时放出反应
热，借水蒸发产生蒸汽被带出反应器。反应器顶部装有一个
蒸汽加热器加热入炉气体。底部设有反应后油气和残余气出
口管、石蜡出口管和二氧化碳入口管。为了降低反应器的进
出口温差，可将部分石蜡冷却后循环回反应器，以提高合成
气的转化率。

Arge 反应器采用 Lurgi 炉气化的原料气，原料气中 $H_2/$
CO 比为 1.7～1.8，甲烷约占 13%，操作温度 220～250℃，
反应压力为 4.5MPa。反应器操作简单，适应性强，无论产物
是气态、液态或混合态，在宽的温度范围内均可使用，不存
在从催化剂上分离液态产品的问题；液态产物容易从出口气
流中分离，适宜蜡的生产，固定床催化剂床层上部可吸附大
部分硫，从而保护其下部床层，使催化剂活性损失不很严重，
因而受合成气净化装置波动影响较小。

相对于常压平行薄层反应器和套管反应器，Arge 反应器
的传热系数大大提高，冷却面积减少，一般只有薄层反应器

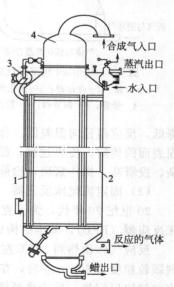

图 7.4　Arge 固定床反应器

1—催化剂管；2—内套；3—蒸汽
集合管；4—蒸汽预热器

的 5%、套管反应器的 7%。同时催化剂床层各方向的温差减小，合成效果明显改善。但是，该反应器需要导出大量反应热，催化剂管直径受到限制；催化剂床层压降大，尾气回收（循环）压缩投资高；催化剂更换困难，且反应器管径越小，越困难，耗时越长；装置产量低，通过增加反应器直径、管数来提高装置产量的难度较大。

7.1.3.2　流化床反应器

流化床反应器包括循环流化床反应器（Circulating Fluidized Bed Reactor，CFB）和固定流化床反应器（Fixed Fluidized Bed，FFB）。在生产能力、移热性能、催化剂更换和再生等方面流化床反应器均优于固定床反应器，因此南非 Sasol 厂在新建的 Sasol-Ⅱ、Sasol-Ⅲ 厂都采用了流化床反应器。

（1）循环流化床反应器

循环流化床 F-T 合成反应器又称 Synthol 气流床反应器，是美国凯洛哥（Kellogg）公司研制开发的。催化剂随合成原料气一起进入反应器，而又随反应产物排出反应器，催化剂在反应器中不停地运动，循环于反应器和催化剂分离器之间，故称循环流化床。反应器使用熔铁粉末催化剂，催化剂悬浮在反应气流中，并被气流夹带至沉降器。这种反应器结构在 Sasol 的三个厂中都在使用。

循环流化床反应器由反应器、沉降漏斗、旋风分离器和多孔金属过滤器四部分组成，结构见图 7.5。原料气从反应器底部进入，与立管中经滑阀下降的热催化剂流混合，将气体预热到反应温度，进入反应区。大部分反应热由反应器内的两组换热器带出，其余部分被原料气和产品气吸收。催化剂在较宽的沉降漏斗中，经旋风分离器与气体分离，由立管向下流动而继续使用。

反应放出的热一部分由催化剂带出，一部分由油冷装置中的油循环带出。由于设备传热系数大、散热面积小，生产能力显著提高。一台 Synthol 反应器生产能力为 7×10^4 t/a，相当于 4～5 台 Arge 反应器，改进后的 Synthol 反应器可达 18×10^4 t/a。反应器初级产物烯烃含量相对固定床反应器较高，催化剂在线装卸容易，装置运转时间长，热效率高，压

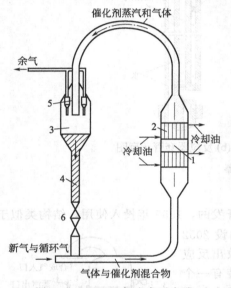

图 7.5　Synthol 气流床反应器

1—反应器；2—冷却器；3—催化剂沉降室；
4—竖管；5—调节阀；6—旋风器

降低，反应器径向温差低。合成时，催化剂和反应气体在反应器中不停地运动，强化了气-固表面的传质、传热过程，故反应器内温度均匀，有利于合成反应。但反应器装置结构复杂，投资高，操作繁琐，检修费用高，进一步放大困难，对原料气的硫含量要求也较高。

（2）固定流化床反应器

20 世纪 70 年代，为了克服循环流化床反应器的缺点，Sasol 公司研究开发了固定流化床反应器（FFB），基本结构如图 7.6 所示。

反应气体预热到 200℃ 左右从反应器底部经气体分布器进入反应层，反应床层内的催化剂颗粒粒度为 60μm 左右，在气体的作用下呈乳相流化状态。反应气体在催化剂颗粒表面反应并放出反应热，反应热经换热移出并产生 4MPa 左右的中压蒸汽，反应后的气体经旋风分离器除去所夹带的催化剂颗粒后，离开反应器进入后续加工过程。旋风分离器底部安装有料腿和滑阀，旋风分离器的安装高度应使其入口在分离区高度（TDH）之上，以避免大量固

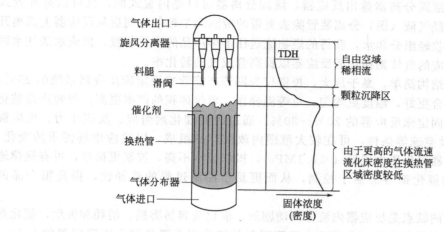

图 7.6　固定流化床反应器

体颗粒进入旋风分离器带来催化剂的大量损失，并造成操作不稳定。此外，固定流化床反应器上还设有催化剂在线卸料与补充添加装置，以实现失活催化剂的在线排出与新鲜催化剂的在线补加。

　　固定流化床反应器适用于高温 F-T 合成反应过程，与循环流化床反应器相比设备体积大为减少，总体积大致与循环流化床反应器的气固分离器大小接近，造价仅为循环流化床反应器的 60% 左右。同时，其支撑结构也大为减小，仅为循环流化床反应器的 5% 左右。固定流化床反应器内，催化剂积碳而密度减小时，只要床层增高，仍可以维持高转化率和生产能力，对催化剂容忍程度大大高于循环流化床反应器，催化剂的移出和补充量相应减少，消耗量大为降低。所有催化剂均停留在反应床层内参与催化反应，因而在同样的催化剂装量下，转化率远远大于循环流化床反应器，同时，由于不再经历复杂的输送、分离、脱气等过程，催化剂磨损率大大降低。此外，循环流化床反应器中存在的设备管道磨蚀现象，在固定流化床反应器中基本不再存在，这大大延长了反应器的在线时间，减少了维修频率和费用。

7.1.3.3　浆态床反应器

　　三相浆态床 F-T 合成反应器在 1938 年由德国研究开发，属于第二代催化反应器。由于具有良好的传热、传质效果和相间接触充分等优点，逐渐受到广泛地重视和应用，是当前国际上重点发展的技术。

　　三相浆态床 F-T 合成反应器是一个三相鼓泡塔，其结构如图 7.7 所示。反应器内装有移热盘管，下部设气体分布器，顶部有气液（固）分离器，外部为液面控制器。反应器在 250℃，2.0～2.5MPa 条件下操作，原料气在由液体石蜡和颗粒状催化剂组成的浆液中鼓泡。经预热的合成气原料从反应器底部进入反应器，反应气体扩散进入由生产的液体石蜡和催化剂组成的浆液中，经液相扩散到悬浮的催化剂颗粒表面进行 F-T 合成反应，生成烃类产物和水。在气泡上升的过程中合成气不断地发生反应，生成更多的石蜡和烃类产物。反应产生的热由内置式冷却盘管取出并生产

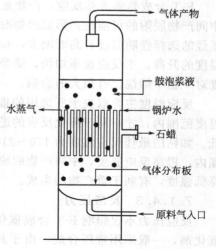

图 7.7　浆态床反应器结构

281

蒸汽。产品石蜡经液固分离器排出反应器，液固分离器可以是内置式的，也可以是外置式的。未反应的气体经气液（固）分离装置除去夹带的液滴和细粒催化剂后从反应器上部离开反应器，冷却后回收轻组分和水，获得的烃物流送往下游产品的改质装置，反应水送往水回收装置处理，未反应的气体则循环回反应器以提高合成气的转化率。

浆态床反应器结构简单，易于放大，投资仅为同等产能管式固定床反应器系统的 25%，反应器内反应物混合更好，温度更均匀，可等温操作，单位体积的产率更高，每吨产品催化剂的消耗仅为管式固定床反应器的 20%～30%。通过改变催化剂组成、反应压力、反应温度、H_2/CO 比以及空速等条件，可在较大范围内改变产品组成，以适应市场需求的变化。另外，浆态床反应器操作压力更低（<0.1MPa），操作成本不高，控制更简单，可有规律地替换催化剂，平均催化剂寿命易于控制，从而更易于控制过程的选择性，提高粗产品的质量。

浆态床反应器的缺点是反应器内流体湍动剧烈，催化剂容易磨损、消耗和失活，催化剂产品分离困难。在同样条件下，由于硫中毒而引起的转化率下降是固定床反应器的 1.5～2 倍，而且催化剂的中毒是整体性的，因此必须对合成气进行有效地脱硫处理。另外，浆态床反应器传质阻力较大，浆态相中 CO 的传递速率比 H_2 慢，存在明显的浓度梯度，可能造成催化剂表面 CO 浓度较低，不利于链增长形成长链烃。

7.1.4　主要影响因素

影响 F-T 合成反应速度、转化率和产品分布的因素很多，主要有原料气的组成、反应温度、反应压力及空速等。

7.1.4.1　原料气组成

原料气中有效成分 H_2、CO 的含量越高，反应速度越快，转化率随之增加，但反应的放热量也随之增大，这容易造成床层超温。同时原料合成气的生产成本较高，一般要求 H_2＋CO 含量为 80%～85%。

原料气中 H_2/CO 比（体积比）也影响反应进行的方向。H_2/CO 比越高，越有利于饱和烃、轻产物及甲烷的生成，反之则有利于链烯烃、重产物和及含氧物的生成。一般 H_2/CO 比在 0.5～3 之间比较适宜。

7.1.4.2　反应温度

F-T 合成是强放热反应，产物是通过中间体参与链增长而形成的。反应温度升高能增加中间产物脱附的可能性，形成产物时的链终止速率加快，导致碳链增长概率减小。因此，低碳烃的选择性随温度升高而增大，长链烃特别是硬蜡产品随温度的升高而减少。另外，随着温度的升高，主反应速率加快，烯烃的二次反应等副反应速率也会加快。研究证明，反应温度对产物中烯烷比有很大的影响。

反应温度主要取决于所选用的催化剂。对每一系列 F-T 合成催化剂，只有处于合适的温度范围内，才有利于催化反应的进行。活性高的催化剂，适合反应的最佳温度范围一般较低。如钴的最佳反应温度为 170～210℃，铁催化剂为 220～340℃。在催化剂的适应温度范围内，提高反应温度，中间产物的脱附增强，限制了链的生长反应，有利于轻产物的生成，降低温度，有利于重产物的生成。

7.1.4.3　反应压力

反应压力不仅影响 F-T 合成催化剂的活性和寿命，还影响产物的组成与产率。对铁基催化剂，一般采用常压合成，由于其活性低、寿命短，反应要求在 0.7～3.0MPa 下进行。而钴基催化剂可以在常压下合成，但在 0.5～1.5MPa 压力下合成效果更好，并且可以延长催化剂的寿命，生产过程中也不需要再生。另外，压力增大，产物重馏分和含氧化合物增多，产物的平均分子量也随之增大。用钴基催化剂合成时，烯烃随压力增加而减少；用铁基催化剂合成时，产物中烯烃含量受压力影响较小。压力增大，反应速度加快，尤其是氢气分压提高，更有利于反应速度的加快，这对铁基催化剂的影响比钴基催化剂更加显著。

7.1.4.4 空速

研究表明，F-T 合成反应重质烃的选择性随空速的降低而升高，即随着空速降低，链增长概率增大，烯/烷比减小。空速对 F-T 合成反应产物分布的影响是通过影响产物中烯烃的二次反应来实现的。在低空速、高转化率的情况下，气体中较高的 H_2O 分压对烯烃二次反应有一定的抑制作用，造成 F-T 合成链增长的概率减小。空速对链增长的影响主要集中在两个方面，一是反应物和产物在反应器中的停留时间；二是反应器进出口的 H_2/CO 比。

7.1.5 F-T 合成的典型工艺

按反应温度的不同，F-T 合成可分为低温（低于 280℃）和高温 F-T 合成（高于 300℃）。低温 F-T 合成一般采用固定床或浆态床反应器，而高温 F-T 合成一般采用流化床（循环流化床、固定流化床）反应器。

7.1.5.1 Arge 固定床合成工艺

Arge 固定床合成工艺流程如图 7.8 所示。原料煤送鲁奇加压气化炉，在 2.45MPa，980℃下气化得粗煤气，粗煤气经过冷却、净化装置，除去 H_2S、CO_2、H_2O 等杂质后，得 H_2/CO 比为 1.7 的精制合成气。合成气和循环气以 1:2.3 的体积比混合后送入 Arge 反应器。在反应器顶部热交换器中被加热到 150～180℃，再进入反应器中进行合成反应。反应管内装沉淀铁催化剂，管外通过沸腾水产生水蒸气带走反应热。开始反应温度 220℃左右，随着催化剂活性的衰退，温度逐渐升高到 245℃左右。

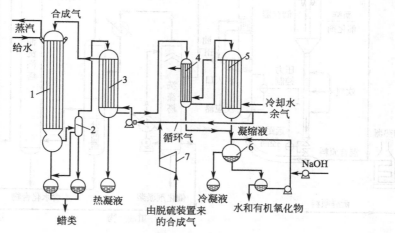

图 7.8 Arge 固定床 F-T 合成工艺

1—反应器；2—蜡分离器；3—换热器；4,5—冷却器；6—分离器；7—压缩机

自反应器出来的产物进入产品回收系统。由于中压铁催化剂固定床合成的产物较重，含蜡较多，故先经分离器脱石蜡烃，然后气态产物进入热交换器与原料气进行热交换，冷却脱去软石蜡，再进入水冷凝器分离出烃类油。为了防止有机酸腐蚀设备，在冷却器中送入碱液中和冷凝油中酸性组分。最后在分离器中分离得到冷凝油和水溶性含氧物及碱液。

冷却器出来的残气，一部分作循环气使用；其余送油洗器回收 C_3 和 C_4 烃类，尾气送甲烷重整作合成原料或直接作工业燃料。

冷凝油和软石蜡一起进行常压蒸馏得到汽油、柴油和底部残渣。Arge 固定床合成油产品的主要组成为直链烷烃，其柴油的十六烷值高达 70～100，点火性能很好，但凝固点较高，可以将它与十六烷值低的石油基柴油混合使用，以提高混合柴油的十六烷值，降低其凝固点。目前我国柴油的十六烷值在 55～79 范围之内，而以烷烃为主要组成的汽油（C_5～C_{12}）馏分，抗爆性能差，辛烷值只有 35 左右，我国各种车用汽油的辛烷值均在 65～85 范围之内，航空汽油辛烷值为 75～100，因此气相固定床 Arge 合成得到汽油馏分需经催化异构化，提高辛烷值。

常压蒸馏残渣和石蜡烃送真空蒸馏，分馏成蜡质油、软蜡混合物、中质蜡和硬蜡。中质蜡可直接作产品出售，也可以进一步加工成各种氧化蜡、结晶蜡和优质硬蜡等。

7.1.5.2　Synthol 气流床合成工艺

Synthol 合成工艺流程如图 7.9 所示。由净制气和重整气组成的新鲜原料气与循环气以 1:2.4 比例混合，经预热器加热至 160℃后，进入反应器的水平进气管，与来自催化剂储罐循环的热催化剂（340℃）混合，合成原料气被加热至 315℃，进入提升管在反应器内进行合成反应，为了防止催化剂被生成的蜡黏结而失去流动性，反应采取较高温度（320～340℃）并使用富氢合成气。所用催化剂为粉末（粒度<74μm）熔铁催化剂，反应放出热被装置中的循环油带出，反应器顶部温度控制在 340℃。

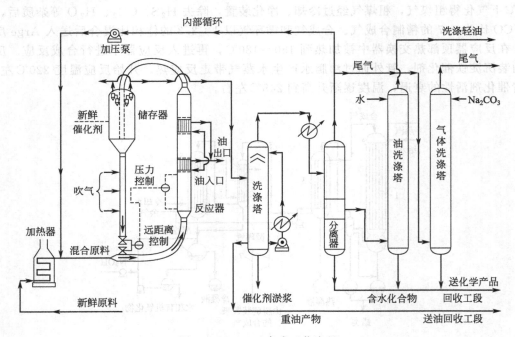

图 7.9　Synthol 合成工艺流程

反应后的气体（包括部分未转化的气体）和催化剂一起排出反应器，经催化剂储罐中的旋风分离器分离，催化剂收集在沉降漏斗中循环使用，气体进入冷凝回收系统，先经油洗涤塔除去重质油和夹带的催化剂，塔顶温度控制在 150℃，由塔顶出来的气体，经冷凝分离得含氧化物的液相产物，轻油和尾气经循环机返回反应器，余下部分经气体洗涤塔进一步除去水溶性物质后，再送入油吸收塔脱去 C_3、C_4 和较重的组分，剩余气体送甲烷重整，重整后气体作气流床合成原料气。C_3 和 C_4 烃在 3726MPa 和 190℃条件下，通过磷酸-硅藻土催化剂床层，其中烯烃迭合为汽油。未反应的丙烷、丁烷从迭合汽油中分离出来做石油液化气用。

　　轻油应经汽油洗涤塔除去部分含氧化合物，其中含有 70% 左右的烯烃和少量含氧化合物，这些物质的存在会影响油气的安定性，容易氧化产生胶质物，为了提高油品的质量，需对轻油进行精制处理。Sasol-Ⅱ 合成厂采用酸性沸石催化剂，在 400℃ 和 98kPa 条件下对轻油进行加工处理，使含氧酸脱羧基，醇脱水变为烯烃，烯烃异构化处理，从而提高了油品质量。最后经蒸馏出来的汽油，辛烷值由原来的 65 提到 86（无铅）。

　　Synthol 合成由于采用高 H_2 含量的合成气和在较高反应温度下操作，使整个产物变轻，重产物很少，基本上不生成蜡，汽油产率达 31.9%，如果将 C_3、C_4 烯烃迭合成汽油，则汽油产率可达 50% 左右，辛烷值很高。因此，Synthol 合成主要以生产汽油为目的。

7.1.5.3　SSPD 浆态床 F-T 合成工艺

　　SSPD 浆态床 F-T 合成工艺是 Sasol 公司基于低温 F-T 合成反应而开发的浆态床合成中间馏分油工艺，其工艺流程见图 7.10。

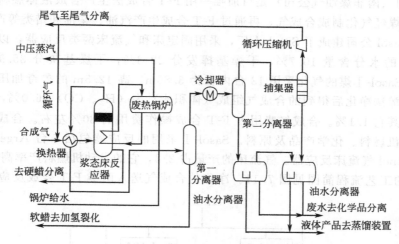

图 7.10　Sasol 浆态床 F-T 合成工艺流程

　　SSPD 反应器为气液固三相鼓泡塔反应器，操作温度为 240℃，反应器内液体石蜡与催化剂颗粒混合成浆体，并维持一定液位。合成气预热后从底部经气体分离进入浆态床反应器，在熔融石蜡和催化剂颗粒组成的浆液中鼓泡，在气泡上升过程中，合成气在催化剂作用下不断发生 F-T 合成反应，生成石蜡等烃类化合物。反应热由内置式冷却盘通过产生蒸汽取出，石蜡采用 Sasol 开发的内置式分离器专利技术进行分离。从反应器上部出来的气体经冷却后回收烃组分和水，获得的烃组分往下游的产品改制装置，水则送往回收装置进行处理

　　上述三种 F-T 合成反应器的操作条件及产品对比结果如表 7.2 所示。可以看出，Synthol 气流床比 Arge 固定床反应器生成更多的烯烃，而浆态床反应器生成较多的丙烯，生成低分子烯烃的选择性更好。

表 7.2　F-T 合成反应器的操作条件及产品产率

反应器类型	固定床 Arge Sasol-Ⅰ	气流床 Synthol Sasol-Ⅰ	浆态床 Rheinpreussen-Koppers
反应温度/℃	220～250	300～350	260～300
反应压力/MPa	2.3～2.5	2.0～2.3	1.2(2.4)
H_2/CO 比（体积比）	0.5～0.8	0.36～0.42	1.5

反应器类型		固定床 Arge Sasol-Ⅰ	气流床 Synthol Sasol-Ⅰ	浆态床 Rheinpreussen-Koppers
	C_2H_4	0.1	4.0	3.6
	C_2H_6	1.8	4.0	2.2
	C_3H_6	2.7	12.0	16.95
$C_2 \sim C_4$ 产率/%	C_3H_8	1.7	2.0	5.65
	C_4H_8	2.8	9.0	3.57
	C_4H_{10}	1.7	2.0	1.53
	$C_2 \sim C_4$ 烯烃总量	5.6	25.0	24.12
	$C_2 \sim C_4$ 烷烃总量	5.2	8.0	9.38

7.1.6 Sasol 的煤间接液化工业化生产

Sasol 公司（南非煤油气公司）是目前唯一用 F-T 合成法生产合成液体燃料的工厂。公司用当地产的煤经气化制成合成气，再通过 F-T 合成生产汽油、柴油和蜡类等产品。

1955 年 Sasol 公司建成了 Sasol-Ⅰ厂，采用固定床和气流床两类反应器，以当地产的烟煤为原料。煤的水分含量 10.7%，干燥基挥发分 22.3%，干燥基灰分 35.9%，热值为 18.1MJ/kg。Sasol-Ⅰ煤的气化采用 13 台内径为 3.85m、高 12.5m 的鲁奇加压气化炉。粗煤气经低温甲醇法净化后得到的合成气组成（体积比）为（H_2、CO）86.0%，CO_2 0.6%，CH_4 12.3%，其它 1.1%。合成气费用占 F-T 合成操作费用的 80% 左右。合成气通过 F-T 合成生产发动机燃料、化学产品及原料。Sasol-Ⅰ采用的反应器包括 5 台 Arge 固定床反应器和 3 台 Synthol 气流床反应器。气流床的产量占 2/3，它的发动机燃料产率高。

Sasol-Ⅰ的工艺流程简图见图 7.11。净化的合成气送入两类 F-T 合成反应器，固定床

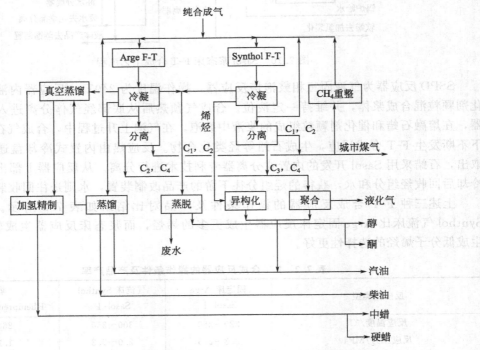

图 7.11　Sasol-Ⅰ工艺流程示意图

反应器生成的蜡较多，气流床反应器生成汽油较多。合成产物冷却至常温后，水和液态烃凝出，剩余大部分气体循环回到反应器。在 F-T 合成原料气中新鲜合成气占 1/3，循环气占 2/3。

冷凝水相中约含 2%～6% 溶于水的低分子含氧化合物，主要是醇和酮。将其用蒸汽在蒸脱塔中处理，塔顶脱出含氧化合物，仅羧酸留于塔底残液中，醇和酮经分离精制，作为产品外送。

余气中含有未凝的烃类，通过吸脱塔脱出的 C_3 及重组分。C_3 和 C_4 作为催化聚合原料，以磷酸硅胶为催化剂，在反应温度为 190℃，压力为 3.8MPa 下进行聚合反应，其中的烯烃聚合成汽油，而 C_3 和 C_4 中含有的烷烃，在聚合时未发生反应，作为液态烃外送。

Synthol 反应器产生的轻油中含烯烃约 75%，采用酸性沸石催化剂，在反应温度约 400℃，压力 0.1MPa 的条件下进行异构化反应。通过异构化可使汽油辛烷值由 65 增至 86，再与催化聚合的汽油相混合，所得汽油的辛烷值为 90。

Arge 反应器产生的油通过蒸馏分离可得到十六烷值约为 75 的柴油，得到的汽油辛烷值为 35，此汽油通过催化异构化，可得辛烷值约为 65 的产品。合成产物中的蜡经减压蒸馏可生产中蜡（370～500℃）和硬蜡（>500℃），可分别进行加氢精制。

煤气化和合成反应两个过程都生成甲烷，鲁奇加压气化炉中含甲烷 10%～13%，甲烷作为反应余气回收。余气中也含有未反应的 CO 和 H_2。余气中的甲烷可通过重整得合成气，在水洗塔中脱除 CO_2 后循环回到合成反应器。重整反应热效率低，仅在余气过剩时采用。

F-T 合成产物为轻油、重油和气体，其组成可以通过改变合成条件加以调变，以生产出较轻或较重的烃类产品。产品的范围包括重蜡、柴油、汽油和气体。F-T 合成产物中一般有烯烃生成，是生产汽油所需的重要产物，通过异构化反应可得高辛烷值汽油。表 7.3 和表 7.4 是 Sasol 合成产品及操作参数。表中数据为正常数值，如果需要改变两种反应器的产品选择性，可改变催化剂组成和性质、气体循环比和反应总压力。通过改变参数可将甲烷含量控制在 2%～80%，在另外的条件下可将硬蜡含量控制在 0～50%。

表 7.3　Sasol 的 F-T 合成条件与产品分布

	项目	SASOL-I Arge Synthol		SASOL-II Synthol
操作条件	加碱助剂-Fe 催化剂	沉淀铁	熔铁	熔铁
	催化剂循环率/mg·h^{-1}	0	8000	
	温度/℃	220～255	320～340	320
	压力/MPa	2.5～2.6	2.3～2.4	2.2
	新原料气 $x(H_2)/x(CO)$	1.7～2.5	2.4～2.8	
	循环比（分子）	1.5～2.5	2.0～3.0	
	转化率/%	60～68	79～85	
	新原料气流量/km³·h^{-1}	20～28	70～125	300～350
	反应器尺寸,直径×高/m	3×17	2.2×36	3×75
产品产率	甲烷/%	5.0	10.1	1.0
	乙烯/%	0.2	4.0	7.5
	乙烷/%	2.4	6.0	
	丙烯/%	2.0	12.0	13.0
	丙烷/%	2.8	2.0	

续表

项目		SASOL-Ⅰ Arge Synthol		SASOL-Ⅱ Synthol
产品产率	丁烯/%	3.0	8.0	11.0
	丁烷/%	2.2	1.0	
	汽油 $C_5 \sim C_{12}$/%	22.5	39.0	37.0($C_5 \leqslant 375℃$)
	柴油 $C_{13} \sim C_{18}$/%	15.0	5.0	11.0(375~750℃)
	重油 $C_{19} \sim C_{21}$/%	6.0	1.0	3.0(750~970℃)
	重油 $C_{22} \sim C_{30}$/%	17.0	3.0	0.5
	蜡 C_{31}^+/%	18.0	2.0	>970℃
	非酸性化合物/%	3.5	6.0	6.0
	酸类/%	0.4	0.4	

表 7.4 $C_5 \sim C_{18}$ 产品组成

产品	固定床		气流床		产品	固定床		气流床	
	$C_5 \sim C_{12}$	$C_{13} \sim C_{18}$	$C_5 \sim C_{10}$	$C_{11} \sim C_{18}$		$C_5 \sim C_{12}$	$C_{13} \sim C_{18}$	$C_5 \sim C_{10}$	$C_{11} \sim C_{18}$
烷烃/%	53	65	13	15	醇类/%	6	6	6	5
烯烃/%	40	28	70	60	醛、酮/%	1	1	6	5
芳烃/%	0	0	5	15	(正构烷烃/烯烃)×100	95	93	55	60

南非 Sasol 公司在 Sasol-Ⅰ 的基础上，分别于 1980、1982 年建成 Sasol-Ⅱ 厂与 Sasol-Ⅲ 厂，Sasol-Ⅲ 厂工艺流程与 Sasol-Ⅱ 厂基本一致。

Sasol-Ⅱ 厂主要是生产南非需要的发动机燃料，即汽油和柴油。工厂选用 Synthol 气流床反应器，其生产能力是 Sasol-Ⅰ 厂的 8 倍。Arge 反应器有 2052 根装催化剂的管子，内径为 50mm，管外有冷却用的沸腾水，由于反应热径向传出，限制了管径尺寸放大，如果选用 Arge 反应器只能放大 2 倍，需 35~40 台反应器，与 Synthol 反应器放大 2 倍相比投资较大。Sasol-Ⅰ 的 Synthol 反应器直径 2m，可放大至 3.5 倍，Sasol-Ⅱ 仅需 7 台反应器。气流床另外的优点是乙烯产率比固定床大几倍，Sasol-Ⅰ 的乙烯量太少，不足以进行回收。

Sasol-Ⅱ 厂选用的气化炉是直径 3.85m 的 4 型鲁奇加压气化炉。其它单元设备都进行了放大，但设计是按 Sasol-Ⅰ 进行的，没有什么变动，只是对 Synthol 反应器的传热部分作了较大的变动，使其效率更高。

Sasol-Ⅱ 与 Sasol-Ⅲ 厂的工艺流程和产品加工流程如图 7.12 和图 7.13 所示。与 Sasol-Ⅰ 流程的相同点是先将反应生成的水和液态油冷凝出来；不同的是，Sasol-Ⅱ 和 Sasol-Ⅲ 流程将余气先脱除 CO_2，然后再进行深冷分离成富甲烷馏分、富氢、C_2 和 $C_3 \sim C_4$ 馏分。虽然此分离过程的费用高，但是可以获得高价值的乙烯和乙烷组分。C_2 烃去乙烯装置，乙烷裂解制乙烯；富甲烷馏分由深冷装置去重整炉，由甲烷转化成合成气。Sasol-Ⅱ 和 Sasol-Ⅲ 余气中的甲烷浓度远高于 Sasol-Ⅰ，故有较高的效率。富氢气体由深冷装置回到 Synthol 合成单元。富氢馏分用变压吸附分离法制取纯氢，满足各加氢精制单元的需要。

$C_3 \sim C_4$ 馏分的处理方法和 Sasol-Ⅰ 相同，也是采用聚合方法，由于有一部分汽油循环，故柴油产率达到最大，柴油选择性可达 75%。对于 F-T 合成油中的沸点高于 90℃ 的馏分进行加氢处理，对更重要的馏分则利用沸石催化剂进行蜡的选择加氢。用于燃料产品生产的装置操作弹性较大，通过改变蜡加氢和烯烃聚合的操作条件以及变动馏分的切取温度，可使生

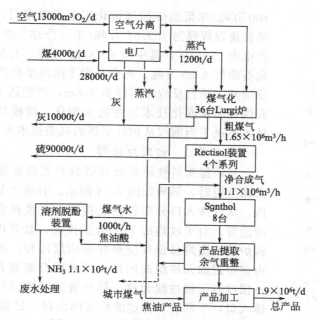

图 7.12　Sasol-Ⅱ 和 Sasol-Ⅲ 工艺流程图

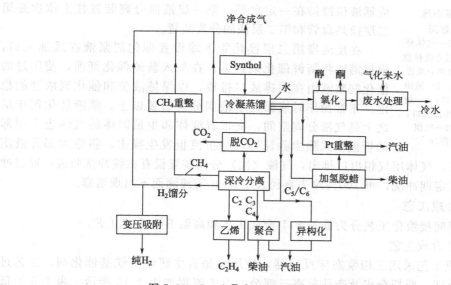

图 7.13　Sasol-Ⅱ 和 Sasol-Ⅲ 产品加工流程示意图

产的汽油与柴油数量在 10∶1 到约 1∶1 的比例范围变化。

　　Sasol-Ⅰ 和 Sasol-Ⅱ 的汽油产量较大，南非已能达到汽油供应自给。对 F-T 合成的 C_7 约 190℃馏分首先加氢精制，使烯烃饱和并脱除含氧化合物，然后进行铂重整。生产的燃料符合质量要求，汽油辛烷值可达到 85～88，柴油十六烷值为 47～65。

7.1.7　兖矿集团 F-T 合成技术

　　兖矿集团自 2002 年开始 F-T 合成煤间接液化的研究开发工作，已成功开发出具有自主知识产权的低温 F-T 合成煤间接液化制油技术，并于 2004 年完成 4500t 粗油品/年低温 F-T 合成、100t/年催化剂中试装置试验。2006 年在陕西省榆林市榆横煤化学工业园开始建设

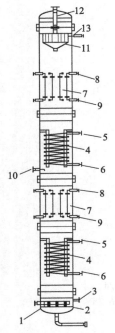

图 7.14 三相浆态床
反应器结构示意图

1—入口气体分布管；2—气体分布管上的喷嘴；3—浆液在线排放口；4—换热管；5—换热介质进口；6—换热介质出口；7—液固分离装置；8—反冲入口；9—过滤出口；10—浆液在线加入口；11—除尘除沫器；12—气相出口；13—冲洗管口

100 万吨/年低温煤间接液化工业示范项目，2009 年建成投产。项目建设规模为 109.57 万吨/年（公称 100 万吨/年）油品，联产电力 110MW，其中柴油 78.08 万吨、石脑油 25.84 万吨、液化石油气 5.65 万吨。配套开发了国内单台产能最大的 F-T 合成反应器，单台反应器直径为 9.8m，产能达 73 万吨/年，可实现我国煤间接液化技术工程的大型化、规模化，使我国的煤制油技术不逊于当前拟从国外引进的同类技术水平。

7.1.7.1 合成反应器

兖矿能源科技研发公司研究开发的连续操作三相气液固浆态床反应器，结构如图 7.14 所示。合成气从分布管进入浆态床内。从气体入口分布管往上是第一层换热盘管，换热管型为螺旋盘管，对于放热的 F-T 合成反应，盘管内走锅炉给水，通过锅炉给水蒸发移走反应热并使床层冷却。第一层换热管向上是由多组过滤元件组成的第一层液固分离装置，每组过滤元件为一根或若干根过滤元件，每个管式过滤元件上部管口为反冲液体入口，下部管口为过滤后液体出口，过滤出口/反冲入口在反应器外配备阀门，由另外专门的过滤/反冲程序来控制，确保反应器液位维持在一定水平。第一层液固分离装置往上依次是第二层换热盘管和第二层液固分离装置。

在反应器第二层换热管下端设置催化剂浆液在线加入口，根据需要将新鲜催化剂加入。在加入新鲜催化剂前，使用过的催化剂浆液由在线排放口排放，以保持液位和催化剂浓度的稳定。正常操作时液面处于液固分离装置以上，浆液催化剂床层之上是气液分离空间，夹带着液体和少量固体的气体进入顶部的折流板式除尘除沫器，与折流板发生撞击，将绝大部分液滴

和固体都捕获下来，气体用气相出口排出，气液（固）分离装置设有在线冲洗装置，通过冲洗管口用高压氮气定期冲洗，可 100%除去直径大于 8μm 的液滴而不出现堵塞。

7.1.7.2 合成工艺

兖矿集团的煤间接液化工艺分为低温 F-T 合成工艺和高温 F-T 合成工艺。

（1）低温 F-T 合成工艺

低温 F-T 合成工艺采用三相浆态床反应器，使用的是自主研制的铁基催化剂，工艺过程分为催化剂前处理、费托合成及产品分离三部分。工艺流程如图 7.15 所示。表 7.5 为低温煤间接液化中试装置产物的选择性分布。

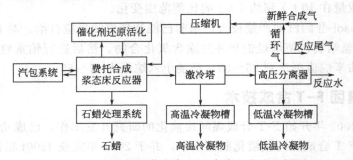

图 7.15 兖矿低温浆态床 F-T 合成工艺流程框图

表 7.5　低温煤间接液化中试装置产物的选择性分布

物质名称	质量选择性/%	物质名称	质量选择性/%
CH_4	3.56	C_4H_{10}	0.86
C_2H_4	0.86	C_5^+	81.57
C_2H_6	1.91	低温冷凝物	22.76
C_3H_6	6.48	高温冷凝物	14.70
C_3H_8	1.36	石蜡	37.80
C_4H_8	0.25	非酸氧化物	3.14

来自净化工段的新鲜合成气和循环尾气混合，经循环压缩机加压后，被预热到160℃进入 F-T 合成反应器，在催化剂的作用下部分转化为烃类物质，反应器出口气体进入激冷塔进行冷却、洗涤，冷凝后，液体经高温冷凝物冷却器冷却进入过滤器过滤，过滤后的液体作为高温冷凝物送入产品贮槽。在激冷塔中未冷凝的气体，经激冷塔冷却器进一步冷却至40℃，然后进入高压分离器，液体和气体在高压分离器中得到分离，液相中的油相作为低温冷凝物送入低温冷凝物储槽。水相送至废水处理系统。高压分离器顶部排出的气体，经过闪蒸槽闪蒸后，一小部分放空进入燃料气系统，其余与新鲜合成气混合，经循环压缩机加压，并经原料气预热器预热后返回反应器。反应产生的石蜡经反应器内置液固分离器与催化剂分离后排放至石蜡收集槽，然后经粗石蜡冷却器冷却至130℃，进入石蜡缓冲槽闪蒸，闪蒸后的石蜡进入石蜡过滤器过滤，过滤后的石蜡送入石蜡储槽。

（2）兖矿高温 F-T 合成工艺

兖矿高温 F-T 合成工艺采用沉淀铁催化剂，工艺流程如图 7.16 所示。经净化后的合成气在 340～360℃温度下，在固定流化床中与催化剂作用，发生 F-T 合成反应，生成一系列的烃类化合物。烃类化合物经激冷、闪蒸、分离、过滤后获得粗产品高温冷凝物和低温冷凝物，反应水进入精馏系统，F-T 合成尾气一部分放空进入燃料气系统，另一部分与新鲜气混合返回反应器。表 7.6 为高温煤间接液化中试装置的烃产品质量选择性分布。

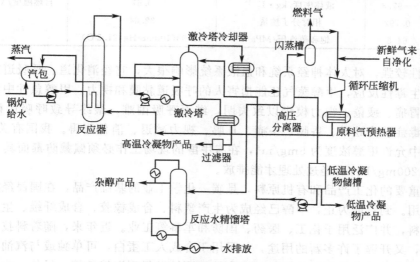

图 7.16　兖矿高温液化中试装置工艺流程

表 7.6　兖矿高温煤间接液化的中试烃产品质量选择性分布

组分	工况 A/%	工况 B/%
CH_4	10.25	10.18
C_2H_4	4.68	5.29

组分	工况 A/%	工况 B/%
C_2H_6	2.24	2.23
C_3H_6	7.22	8.51
C_3H_8	0.85	0.98
C_4H_8	5.44	7.48
C_4H_{10}	0.78	0.98
$C_2 \sim C_4$ 烯烃	17.34	21.67
$C_2 \sim C_4$ 烯烷化	4.48	5.08
高温冷凝物	9.12	10.99
低温冷凝物	35.96	26.14
总含氧化合物	12.96	11.78
总醇	6.88	6.01
总醛	0.55	0.55
总酮	2.57	2.5
总酸	2.96	2.72

7.2 合成甲醇

甲醇又名木醇，化学分子式为 CH_3OH，略有酒精气味，是一种无色、透明、易燃、易挥发的有毒液体，能与水、乙醇、乙醚、苯、酮、卤代烃和许多其它有机溶剂相混溶，遇热、明火或氧化剂易燃烧。甲醇蒸气与空气在一定范围内可形成爆炸性化合物。甲醇的物理化学性质见表 7.7。

表 7.7 甲醇的物理化学性质

分子式	CH_3OH	爆炸极限/%（体积分数）	$6 \sim 36.5$	闪点/℃	11
熔点/℃	-97.8	液体密度/kg·L^{-1}	0.67	自燃温度/℃	463.89
相对密度	0.792	相对分子质量	32.04		
沸点/℃	64.5	饱和蒸汽压/MPa	13.33(100mmHg,21.2℃)		

甲醇毒性较强，对人体神经系统和血液系统影响很大，它经消化道、呼吸道或皮肤摄入人体都会产生毒性反应，甲醇蒸气还能损害人的呼吸道黏膜和视力。甲醇急性中毒症状有头疼、恶心、胃痛、疲倦、视力模糊以致失明，继而呼吸困难，最终导致呼吸中枢麻痹而死亡。慢性中毒症状为眩晕、昏睡、头痛、耳鸣、视力减退、消化障碍。我国有关部门规定，甲醇厂空气中允许甲醇浓度为 $5mg/m^3$，在有甲醇的现场工作必须佩戴防毒面具，废水中允许含量小于 $200mg/L$，要经过处理才能排放。

甲醇是重要的化工产品和有机原料，是碳一化学工业的基础产品，在国民经济中占有十分重要的作用。到目前为止，甲醇已经成为生产塑料、合成橡胶、合成纤维、生产农药等领域的基本原料，并广泛用于化工、医药、国防和军事等工业。近年来，随着科技发展和能源结构的改变，又开辟了许多新的用途，如可用于合成人工蛋白，可单独或与汽油混合作为汽车燃料，可作为直接合成醋酸的原料，可直接还原铁矿得到海绵铁等。另外，为缓解石油资源不足，甲醇可作为代用燃料或进一步合成汽油、二甲醚、聚甲醚等，还可以从甲醇出发合成乙烯和丙烯，以代替石油生产乙烯和丙烯的原料路线。

1923 年，德国苯胺苏打制造厂实现了年产 3000t 甲醇的工业化生产，该工艺使用锌铬催化剂，在 $30 \sim 35MPa$、$300 \sim 400$℃条件下进行反应，被称之为甲醇高压合成法。到 1967

年，无硫合成气的广泛应用，辅之以高活性铜催化剂，使合成甲醇条件发生很大变化（5～10MPa、230～280℃），此法称之为低压甲醇合成法。目前，由于经济优势，低压甲醇合成法已在工业上广泛推广应用。

近年来，我国甲醇产业发展势头迅猛，最大的装置年产量可达上百万吨。通过合理规划甲醇下游产品路线，因地制宜地利用煤炭资源作为甲醇合成的原料，进一步发展有机化学工业和燃料工业，对合理高效利用我国的煤炭资源具有重要的现实意义。

7.2.1　合成原理

合成气合成甲醇，是一个可逆的平衡反应，在一定温度和压力下，其基本反应方程式为

$$CO+2H_2 \Leftrightarrow CH_3OH \quad \Delta H=-90.8kJ/mol(25℃) \tag{7.11}$$

反应气有 CO_2 存在时，还能发生以下反应

$$CO_2+3H_2 \Leftrightarrow CH_3OH+H_2O \quad \Delta H=-49.5kJ/mol(25℃) \tag{7.12}$$

同时发生 CO 的逆变换反应

$$CO_2+H_2 \Leftrightarrow CO+H_2O \quad \Delta H=41.3kJ/mol \tag{7.13}$$

甲醇合成反应为放热的、体积缩小的可逆反应，增大压力或者降低温度均有利于反应朝甲醇合成方向进行。但在实际生产过程中还伴有许多类型的副反应发生，例如生成各种烷烃、生成各种烯烃以及水煤气变换反应等，此外还有醇类产物的异构化、生成醛类、脂类的反应等。

$$2CO+4H_2 \Longrightarrow (CH_3)_2O+H_2O \tag{7.14}$$

$$CO+3H_2 \Longrightarrow CH_4+H_2O \tag{7.15}$$

$$8CO+15H_2 \Longrightarrow 2C_4H_9O+6H_2O \tag{7.16}$$

$$CO_2+4H_2 \Longrightarrow CH_4+2H_2O \tag{7.17}$$

$$2CO \Longrightarrow CO_2+C \tag{7.18}$$

表 7.8 列出了一氧化碳加氢反应的自由焓 ΔG^0 值，通过比较可以看出合成甲醇主反应的 ΔG^0 值较大，说明在热力学上副反应更容易发生。因此，必须采用能抑制副反应的甲醇选择性好的催化剂，才能有利于甲醇的生成。此外，主副反应的分子数均是减少的，而主反应的减少值最大，所以提高反应压力有利于甲醇的合成。

表 7.8　一氧化碳加氢反应标准自由焓 ΔG^0　　　　单位：kJ/mol

反应温度/K	300	400	500	600	700
$CO+2H_2 \to CH_3OH$	−28.35	−33.40	+20.90	+43.50	+69.0
$2CO \to CO_2+C$	−119.5	−100.9	−83.60	−65.80	−47.8
$CO+3H_2 \to CH_4+H_2O$	−142.5	−119.5	−96.62	−72.30	−47.8
$CO+2H_2 \to CH_4+CO_2$	−170.3	−143.5	−116.9	−88.70	−60.7
$nCO+2nH_2 \to C_nH_{2n}+nH_2O(n=2)$	−114.8	−80.8	−46.4	−11.18	+24.7
$nCO+(2n+1)H_2 \to C_nH_{2n+1}+nH_2O(n=2)$	−214.5	−169.5	−125.0	−73.7	−24.58

7.2.2　催化剂

甲醇合成催化剂的作用是使一氧化碳加氢反应向生成甲醇的方向进行，并尽可能减少和抑制副反应产物的生成。甲醇合成工业的发展，很大程度上取决于新型催化剂的研制以及催化剂性能的提高，很多工艺指标和操作条件都由所用催化剂的性质决定。

甲醇合成催化剂有两种，一种是以氧化锌为主体的锌基催化剂，另一种是以氧化铜为主

体的铜基催化剂。最早使用的甲醇合成催化剂是锌基催化剂（Zn_2O_3-Cr_2O_3）。锌基催化剂机械强度高，耐热性好，活性温度高，使用寿命长（一般为2～3年），适宜操作温度为330～400℃，但为了提高在高温下的平衡转化率，反应需在高压（25～32MPa）下进行，适用于高压法合成甲醇。1960年后，活性更高的铜系催化剂投入使用。铜基催化剂低温性能良好，适宜的操作温度是230～310℃，使反应可以在较低压力下（5～15MPa）进行，形成了目前广泛使用的低压法合成甲醇工艺。但是铜基催化剂寿命只有1～2年，对合成原料气中杂质含量要求严格，特别是原料气中的S、Cl、As敏感，易中毒，要求原料气必须精制脱硫，使硫含量<$0.1cm^3/m^3$。表7.9是两种低压法合成甲醇的催化剂组成。

表7.9　典型合成甲醇的催化剂及其组成

成分	ICI 催化剂	Lurgi 催化剂	成分	ICI 催化剂	Lurgi 催化剂
Cu	25%～90%	30%～80%	V		1%～25%
Zn	8%～60%	10%～50%	Mn		10%～50%
Cr	2%～3%				

7.2.3　反应条件

为了减少副反应发生，提高甲醇产率，除了选择适当的催化剂之外，合适的温度、压力、空速及 H_2/CO 比也是很重要的。

温度对甲醇合成过程 CO 和 H_2 转化的影响是显著的。随着温度升高，H_2 的平衡转化率明显下降，而 CO 的平衡转化率则只是略有下降，变化不大。甲醇合成是强放热反应，提高温度不利于反应的进行，而且高温会导致反应能耗增加，催化剂失活加快。通常，温度升高影响反应进行的顺序是：F-T 合成＞低碳醇合成＞甲醇合成。所以，一般将生成烃的起始温度作为甲醇合成的最佳反应温度的上限。另外，提高反应温度甲醇的选择性降低，烃类和 CO_2 等副产物的生成量将会增加。为使催化剂有较长寿命，一般在操作初期采用较低的温度，反应一定时间后再升至适宜温度，其后随着催化剂老化程度加深，相应的提高反应温度。甲醇合成是强放热反应，需及时移除反应热，否则易使催化剂温度升高，不仅影响反应速率，而且增大副反应速率，甚至导致催化剂因过热而活性下降。

空速和接触时间成反比，甲醇合成反应器的空速大小将影响选择性和转化率，直接关系到生产能力和单位时间放热量。提高空速，接触时间缩短，短的接触时间有利于甲醇的生成。低压合成甲醇空速大小一般为 5000～10000h^{-1}。

H_2/CO 比是合成甲醇过程中的一个重要的影响因素，其比例的变化会引起 H_2 和 CO 分压的变化。原料气中 H_2/CO 的化学反应摩尔比为 2∶1，CO 含量高不仅对温度控制不利，而且会引起催化剂上积聚羰基铁，使催化剂失活。而氢气过量，则可改善甲醇质量，提高反应速率，有利于导出反应热，故一般采用过量氢气。低压法用铜系催化剂时，通常 H_2/CO 比为 2.0～3.0。

甲醇合成反应器空速大、接触时间短、单程转化率低，通常只有 10%～15%，反应结束后气体中仍有大量未转化的 H_2 和 CO，必须循环利用。为了避免惰性成分的积累，需将部分循环气由反应系统排出，生产过程中一般控制循环气与原料气量之比为 3.5～6。

7.2.4　反应器

甲醇合成反应是强放热反应，反应过程必须移出大量反应热。反应器根据反应热移出的方式不同，可分为绝热式和等温式两类；按冷却方法不同，可分为直接冷却的激冷式和间接冷却的管壳式反应器两种。

7.2.4.1　激冷式绝热反应器

激冷式绝热反应器结构见图 7.17(a)。反应的床层分为若干绝热段，两段之间加入冷的原料气使反应器冷却。催化剂由惰性材料支撑，反应器的上下部，分别设有催化剂装入口和卸出口。冷激用原料气分数段由催化剂段间的喷嘴喷入，喷嘴分布在反应器的整个横截面上。冷的原料气与热的反应气体相混合，混合后的温度恰好是反应温度的下限，然后进入下一段催化剂床层，继续进行合成反应。两层喷嘴间的催化剂床层在绝热条件下操作，放出的反应热又使反应气体温度升高，但未超过反应温度上限，于下一个段间再用冷的原料气进行冷激，降低温度后继续进入再下一段催化剂床层，其温度分布见图 7.17(b)。这种反应器每段加入冷激用原料气，流量在不断增大，各段反应条件是有差异的，气体的组成和空速都不一样。

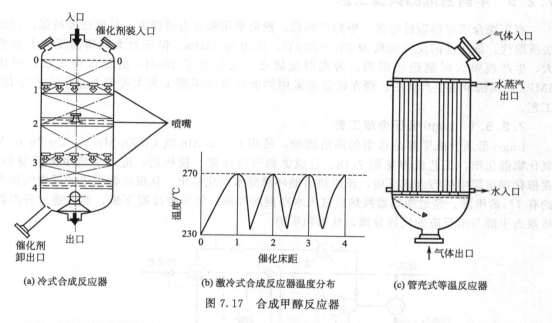

(a) 冷式合成反应器　　　　(b) 激冷式合成反应器温度分布　　　　(c) 管壳式等温反应器

图 7.17　合成甲醇反应器

这类反应器结构简单，单元生产能力大，催化剂装卸方便，但要避免过热现象的发生，反应气和冷激气必需混合均匀。ICI 低压甲醇合成工艺使用的就是此类反应器。

7.2.4.2　管壳式等温反应器

管壳式等温反应器结构如同列管式换热器，见图 7.17(c)。反应器中，催化剂置于管程，壳程走沸腾水。反应热由管外水沸腾气化的蒸汽带出，产生的高压蒸汽可带动透平等机械设备。通过蒸汽压力的调节，可方便地控制反应温度。该反应器列管内轴向温差小，仅比管外水温略高，可避免催化剂过热，可看作等温反应过程，故称为等温反应器。Lurgi 低压甲醇合成工艺采用此类反应器。

管壳式反应器的循环气量较小，特别是煤制合成气，其中 CO_2 含量少，CO 含量为 28%，采用水冷管壳式反应器可降低循环气量，循环比可为 5∶1，能量效率较高。

7.2.4.3　浆态床反应器

甲醇合成属于强放热反应，从热力学的角度，降低温度有利于反应朝着生成甲醇的方向移动。故采用原料气冷激和列管式反应器很难实现等温条件的操作，反应器出口中甲醇含量偏低，使得反应气的循环量增大。受 F-T 浆态床的启发，Sherwin 和 Blum 于 1975 年首先提出甲醇的液相合成方法。液相合成是在反应器中加入碳氢化合物的惰性油介质，把催化剂分散在液相介质中。在反应开始时合成气要溶解并分散在惰性油介质中才能达到催化剂表面，反应后的产物也要经历类似的过程才能被采出。

由于使用了热熔高、热导率大的石蜡类长链烃类化合物作为反应介质，可以使甲醇的合成反应在等温条件下进行。同时，由于分散在液相介质中的催化剂比表面积非常大，加速了反应过程，可以在较低反应温度和压力下进行。

根据气液固三相物料在过程中的流动状态不同，三相反应器主要可分为滴流床、搅拌釜、浆态床、流化床与携带床。目前液相甲醇合成采用最多的主要是滴流床和浆态床。浆态床反应器和三相流化床反应器，由于结构简单、换热效率高、催化活性稳定，正在大力开发中，其结构与 F-T 合成反应器相似。

7.2.5 甲醇合成的典型工艺

高压法合成甲醇副反应多，甲醇产率低，投资费用和动力消耗大，目前已经被低压合成法所取代。低压法的反应温度为 230～280℃，压力为 5MPa，但压力太低所需反应器容积大，生产规模大时制造较困难。为克服此缺点，又发展了 10MPa 的低压合成法，可比 5MPa 低压法节省生产费用。现在较普遍采用的低压合成甲醇工艺主要是 Lugri 工艺与 ICI 工艺。

7.2.5.1 Lugri 低压合成工艺

Lugri 低压合成甲醇是典型的两塔流程，使用 Cu-Zn-Mn 或 Cu-Zn-Mn-V、Cu-Zn-Al-V 氧化物催化剂，工艺流程见图 7.18。合成原料气经压缩、换热后，进入合成甲醇反应器，在催化剂床层中进行合成反应，反应热由循环沸腾水汽化带出。从反应器出来的反应气体中约有 7% 的甲醇，经过换热器换热后进入水冷凝冷却器，使甲醇冷凝下来，然后通过分离器将液态甲醇与未反应的气体分离，获得粗甲醇。

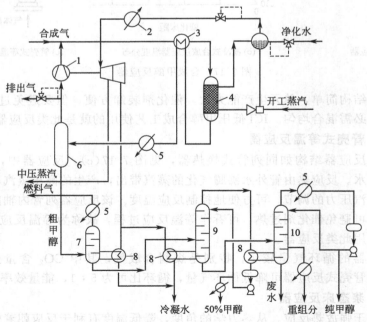

图 7.18 Lugri 低压合成甲醇工艺

粗甲醇送入闪蒸罐，压力降至 0.35MPa 左右，闪蒸出溶解的气体后送去精制。在分离器分离出的气体中还含有大量未反应的 H_2 和 CO，部分排出系统以维持系统内惰性气体在一定浓度范围内。排放的气体可作燃料用，其余气体与合成气混合循环使用。粗甲醇中含有易挥发的低沸点组分（如 H_2、CO、CO_2、二甲醚、乙醛和丙酮等）和难挥发的高沸点组分（如乙醇、高级醇和水等），可用两个塔精制。第一个塔为脱轻组分塔，由塔顶排出的低沸点物中含有甲醇，经冷凝冷却回收甲醇，不凝气体和低沸点物排出系统。该塔一般为 $40\sim50$ 块塔板；第二个塔为脱重组分塔，重组分乙醇、高级醇等杂醇油在塔的加料板下 $6\sim14$ 块板处侧线采出，塔底排出水，塔顶采出纯甲醇。

Lugri 低压合成甲醇有以下特点：①床层内温度平稳，除进口处温度有所升高，一般从 230℃升至 255℃左右，大部分催化床温度均处于 $250\sim255$℃之间操作。温差变化小，对延长催化剂使用寿命有利，并允许原料气中含较高的一氧化碳；②床层温度通过调节蒸汽包压力来控制，灵敏度可达 0.3℃，并能适应系统负荷波动及原料气温度的改变；③以较高位能回收反应热，使沸腾水转化为中压蒸汽，用于驱动透平压缩机，热利用合理；④反应器出口甲醇含量高，反应器的转化率高，对于同样产量催化剂装填量少；⑤设备紧凑，开工方便，开工时可用壳程蒸汽加热。但是合成反应器结构较复杂，装卸催化剂较为麻烦。

7.2.5.2　ICI 低压合成甲醇工艺

ICI 低压合成甲醇工艺流程见图 7.19。合成气经过压缩，压力升至 5.0MPa 或 10MPa，与循环气以 1∶5 的比例混合后进入反应器，在铜催化剂床层中进行合成甲醇反应。由反应器出来的反应气体中含有 4%～7%的甲醇，经过换热器换热后进入水冷凝器，使产物甲醇冷凝，然后将液态的甲醇在气液分离器中分离出来，得到液态粗甲醇。粗甲醇进入轻馏分闪蒸塔，压力降至 0.35MPa 左右，塔顶脱出轻馏分气体。然后把塔底粗甲醇送去精制。在分离器分出的气体中还含有大量未反应的 CO 和 H_2，部分排出系统，以便保持系统惰性气体在一定范围内。部分气体排出系统可作燃料用。其余气体与新合成气混合，用循环气压缩机增压后再进入反应器。

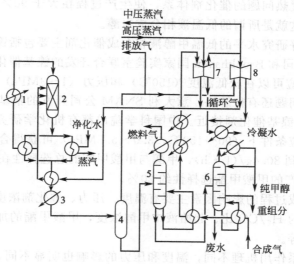

图 7.19　ICI 低压合成甲醇工艺

粗甲醇中除甲醇外，主要含有两类杂质。一类是溶于其中的气体和易挥发的轻组分，如 H_2、CO 及 CO_2，二甲醚、乙醛、丙酮、甲酸甲酯等；另一类杂质是难挥发的重组分，如乙醇、高级醇和水分等。因此，可以采用脱轻馏分和脱重馏分的两类塔达到甲醇精制的目的。

ICI 工艺和 Lurgi 工艺的技术指标见表 7.10。

表 7.10　低压合成甲醇装置的技术指标

项目	ICI 工艺			Lurgi 工艺		
生产能力/t·a⁻¹	100000			1000000		
反应器				管壳式,管数 3199,Φ38mm×2mm,长 6000mm		
反应压力/MPa	5～10			5～10		
反应温度/℃	200～300			240～270		
催化剂	铜系			铜系		
催化剂寿命/年	3～4					
$n(H_2-CO_2)/n(CO+CO_2)$				2.0		
原料类别	重油	石脑油	天然气	煤	渣油	天然气
每吨甲醇消耗						
原料和燃料/GJ	32.6	32.2	30.6	40.8	38.3	29.7
电力/kW·h	88	35	35			
原料水/m³	0.75	1.15	1.15	3.8	2.5	3.1
冷却水/m³	88	64	70			
催化剂化学品费/美元	1.8	1.8	1.5	0.6	0.5	1.0
装置能力范围/t·d⁻¹				150～2500		

7.2.5.3　低温液相合成工艺

国外现有的甲醇合成技术虽然已经达到相当高的水平,但仍存在着三个主要缺点,一是由于受到反应温度下热力学平衡的限制,单程转化率低,在合成塔出口产物中甲醇浓度极少能超过 7%,因此需要多次循环,大大增加了合成气制造工序的投资和合成气成本;二是 ICI 方法要求原料气中必须含有 5% 的 CO_2,从而产生了有害的杂质水,为了使甲醇产品符合燃料及下游化工产品的要求,必须进行甲醇与水的分离,这就增加了能量消耗;三是 ICI 等传统方法的合成气净化成本较高。为了克服上述缺点,国内外 20 世纪 70 年代以来进行了大量的研究,研究表明,必须从根本上改变催化剂体系,开发出具有低温(90～180℃)、高活性、高选择性、无过热问题的催化剂体系,使生产过程在大于 90% 的高单程转化率和高选择性状态下操作,这就是所谓的低温液相合成甲醇。

目前已经取得较好研究水平的低温甲醇液相合成催化剂主要包括镍基催化剂、铜基催化剂等。美国 Amoco 公司和 Brookhaven 国家实验室联合开发的镍基催化剂,其合成气的单程转化率超过 90%,反应可以在较低温度(150℃)和压力(1～3MPa)下进行,但 $Ni(CO)_4$ 易挥发和有毒有害的问题还有待解决。意大利 SNAM 公司开发的铜基催化剂,其活性和选择性与 Amoco 公司的镍基催化剂接近。中国科学院成都有机化学研究所研究的 CuCatE 催化剂,其在温和的反应条件下(90～150℃,3.0～5.5MPa)可获得合成气的单程转化率达到 90%,时空收率达到 80.4g/(L·h),甲醇与甲酸甲酯的总选择性在 98% 以上,其中甲醇选择性达到 80%,联产的甲酸甲酯选择性约 20%。

低温甲醇液相合成过程的影响因素主要有温度、压力、催化剂浓度、催化剂预处理方法以及溶剂、原料气中的 H_2/CO 比、起始液中甲醇浓度,甲酸甲酯的加入量,开工过程、助剂加入量及反应时间等。

不同的催化剂体系作用机理不同,温度和压力的影响也明显不同。在 CuCl 催化剂体系中,低温条件下的催化活性远高于高温条件。而 Cu-Cr-O 催化剂体系,在实验温度范围内,催化活性随着反应温度的升高而增加。CuCl 和 Cu-Cr 催化剂体系中,反应活性均随压力的上升而增加,但反应选择性的变化趋势明显不同。在压力小于 4.0MPa 时,Cu-Cl 体系的甲醇选择性随压力的增加而明显上升,压力上升至 6.0MPa 时则缓慢增加至 78% 左右,而 Cu-Cr 为催化剂的甲醇选择性随压力的增大而下降。

　　浆态床低温液相合成甲醇的工艺流程见图 7.20。反应温度 80～160℃，压力 4.0～6.5MPa，催化剂为 Cu-CrO$_2$/KOCH$_3$ 或 CuO-ZnO/Al$_2$O$_3$。以惰性液态烃为反应介质，催化剂呈极细的粉末状分布在溶剂中。原料合成气经压缩从反应器底以鼓泡方式进入催化剂浆态床中进行甲醇合成反应，反应热被液态烃所吸收。反应后气体和液态烃从塔顶排出，进入初级气液分离器，分离出的液体烃经换热后返回反应器。气体与原料气进行热交换，并在次级气液分离器中进一步分离。甲醇产品经冷却、分离和脱气后送甲醇贮槽。未转化的气体少部分放空，大部分循环使用。

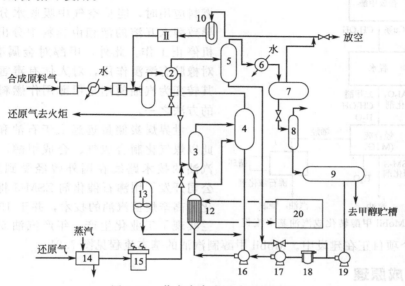

图 7.20　浆态床合成甲醇工艺流程

　　表 7.11 为低温甲醇合成法和传统 ICI 工艺的比较。可以看出，低温甲醇合成法单程转化率高（通常＞90%），不需要循环，故投资与电耗同时降低。甲醇粗产品构成好，不生成水、高级醇和羰基化合物，因而特别容易获得无水甲醇，并使分离能耗大幅降低。低温浆态床系统的特性使低温甲醇合成法可使用 H$_2$ 与 CO 比低（1～1.7）的合成气；对天然气的工艺，可使投资低的甲烷部分氧化造气，而 ICI 法因需使用高氢气体，所以必须使用蒸汽转化法造气，造气总投资大幅上升。可使用 H$_2$/CO（CO 含量高）的煤气对煤制甲醇也特别重要，因新型煤气化炉（如德士古煤气化炉）所制造的煤气均为富 CO 煤气，这一优点使该法被煤化工界所重视。

表 7.11　低温甲醇合成法与 ICI 工艺的比较

指标	低温法	通用 ICI 工艺
操作温度/℃	90～150	230～270
操作压力/MPa	1～5（≥5 时产品以甲酸甲酯为主）	5～10
合成气单程转化率/%	≥90	16（必须大量循环）
合成气	可用含较大量 N$_2$,CH$_4$ 的廉价合成气	需用 N$_2$,CH$_4$ 含量极低的高价合成气
相对电耗	1	4
粗产品构成	甲醇＋甲酸甲酯	甲醇＋水
粗产品用途	优质燃料	难以使用
使用的 $n(H_2)/n(CO)$	1.0～1.7	2.5～3
需配造气工艺	CPO,氧化剂可用空气、富氧或纯氧	水蒸气转化
总结果	投资 65%～75% 成本 70%～80%	投资 100% 成本 100%

注：CPO——甲烷部分氧化。

7.3 甲醇转化为汽油

甲醇转化为汽油（Methanol to Gasonline，MTG）是以甲醇为原料，通过一系列化学反应生产汽油等发动机燃料的工艺。虽然甲醇本身可用作发动机燃料，或能作为混掺入汽油的燃料，但甲醇能量密度低，溶水能力大，单位容积甲醇能量只相当于汽油的50%，故其装载、储存和运输容量都要加倍。再者甲醇作为燃料应用时，能从空气中吸收水分，储存时会导致醇水互溶的液相由燃料中分出，致使发动机停止工作。此外，甲醇对金属有腐蚀作用，对橡胶有溶浸作用，对人体有毒害作用。故将其转变为汽油使用是甲醇用作燃料更具吸引力的方法之一。

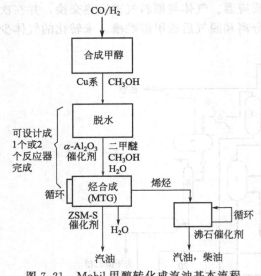

图7.21　Mobil甲醇转化成汽油基本流程

世界煤炭储量远远大于石油和天然气，因此以煤气化制合成气、合成甲醇、进一步制取汽油的技术路线在国外曾经受到重视。Mobil公司开发了用沸石催化剂ZSM-5将甲醇催化转化为高辛烷值汽油的技术，并于1986年在新西兰实现了工业化生产，年产汽油57×10^4 t，国内目前有多个项目正在建设中。Mobil甲醇制汽油的基本流程见图7.21。

7.3.1 合成原理

甲醇转化成汽油的化学反应，可以看作是甲醇的脱水反应

$$n CH_3 OH \longrightarrow (CH_2)_n + n H_2 O \tag{7.19}$$

该反应为放热反应，按化学计量可生成44%烃类和56%的水。目前普遍认为，反应首先生成二甲醚（$CH_3 OCH_3$）和水，二甲醚和水再转化成轻烯烃，然后成为重烯烃。在催化剂的选择作用以及足够量的循环气存在下，烯烃重整为脂肪烃、环烷烃和芳香烃，但烃的碳原子数不大于C_{10}，其反应机理如图7.22所示。

甲醇转化为烯烃的途径如图7.23，图中所示对以上反应机理是一个很好的说明。随着反应时间的增长，甲醇首先转化为二甲醚，在低转化区间烃的分布中，$C_2 \sim C_4$烯烃占78%。这些烯烃经过缩合与重整，最终可形成芳烃产物。

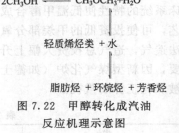

图7.22　甲醇转化成汽油反应机理示意图

7.3.2 催化剂

高效合成沸石分子筛催化剂ZSM-5是Mobil法的关键。ZSM-5催化剂是立体晶型结构，是一种有规则的孔隙结构，结晶中有直线和曲线的两种通道，尺寸为$0.5 \sim 0.6$nm。这一尺寸大小正好与C_{10}分子直径相当，C_{10}以下的分子能通过催化剂。反应过程中生成的C_{10}分子的直径大于ZSM-5催化剂的通道，从而限制了它的链增长，只有向减少尺寸的方向反应才能离开催化剂，这样，催化反应产物主要为$C_5 \sim C_{10}$烃，其沸点范围恰为汽油馏分。

ZSM-5合成沸石分子筛催化剂具有以下特点。

① 选择性好。由于ZSM-5合成沸石具有特定结构和孔道尺寸，所以它只能使汽油沸点

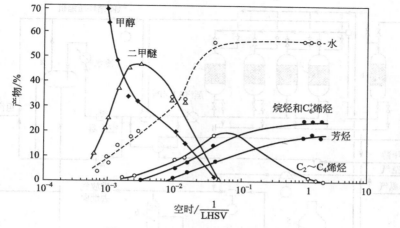

图 7.23　甲醇转化为烯烃的途径

范围内的烃分子通过，基本上不会生成 C_{11} 以上的烃，因而催化剂的选择性好。

② 活性高。在甲醇制汽油的反应中，ZSM-5 沸石与其它沸石相比不仅 C-C 键的形成能力强，而且活性下降也较慢。当加氢裂解时，H-ZSM-5 沸石积炭量仅为丝光沸石的 1/40～1/50。

③ 芳构化能力强。用 Y 型分子筛不能产生芳烃，用丝光沸石时，在 300℃ 时也只能生成少量芳构化产物，但用 H-ZSM-5 沸石在 300℃ 时已经发生明显的芳构化，380℃ 时芳构化程度很高。

④ 多功能。ZSM-5 分子筛除了具有缩合、芳构化的功能之外，还有许多用途，如在石油馏分脱蜡、乙烯和苯制取乙苯以及甲苯歧化为苯和二甲苯等工艺中均可使用。

7.3.3　反应器

甲醇转化成烃和水是强放热反应，在绝热条件下反应温度可达到 590℃，这样的温度升高程度超过了允许的反应温度范围，反应生成热量必须移出。为了解决此问题，在固定床反应器中将反应分为两段。第一段进行甲醇脱水生成二甲醚反应，放出 20% 的热；其余 80% 的反应热在第二段甲醇、二甲醚和水平衡混合物转化成烃的反应中放出。这样的两段安排，减少了为控制温度升高而需要的循环气量。固定床反应器利用两段反应分配热量，并且设计简单，放大容易。因此，在新西兰的第一个工业化装置中就采用了固定床反应器。

Mobil 中试装置中以流化床反应器代替了两段固定床反应器。甲醇与水混合后加入反应器，加料方式可以是液态也可以是气态。反应器上部气态反应产物与催化剂分离，催化剂部分去再生，并用空气烧去催化剂上的积炭，实现连续再生。

7.3.4　典型工艺

7.3.4.1　固定床工艺

固定床 MTG 工艺流程见图 7.24。来自甲醇厂的原料气化加热至 300℃ 后，首先进入二甲醚反应器。在此，部分甲醇在 ZSM-5（或氧化铝）催化剂上转化成二甲醚和水。离开二甲醚反应器的料流与来自分离器的循环气相混合，循环气与原料量之比为（7～9）:1，混合气进入反应器，压力 2.0MPa，温度 340～410℃，在 ZSM-5 催化剂上转化成烯烃、芳烃和烷烃。绝热条件下，温度升高 38℃。

反应体系中设有 4 个转化反应器，其数量取决于工厂的能力和催化剂再生周期长短。催化剂会因积炭失活，需要定期再生，在正常操作条件下，至少有一个反应器处于再生阶段。

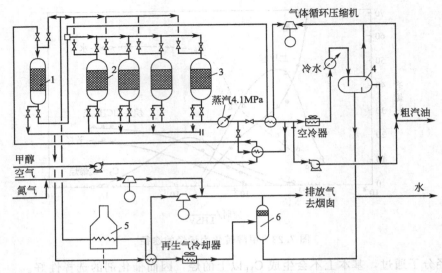

图 7.24 固定床反应器甲醇转化成汽油工艺流程

1—二甲醚反应器；2—转化反应器；3—再生反应器；4—产品分离器；5—开工、再生炉；6—气液分离器

当催化剂需要再生时，反应器与再生系统联结，通入热空气烧去该反应器中的催化剂上的积炭，此周期约 20 天。二甲醚反应器不积炭，操作一年催化剂也无需再生。

离开转化反应器的产品气流，首先产生蒸汽降低自身温度，再去预热原料甲醇，最后用循环气、空气和水冷却。冷却的反应产物去产品分离器将水分离，得到产品粗汽油。分离出的气体循环回到反应器前与原料相混后，再进入反应器。

产品汽油中不含诸如含氧化合物等的杂质，其沸点范围与优质汽油相同。汽油中约含 3%～6% 的均四甲苯（1,2,4,5-四甲基苯，一般汽油中只含 0.2%～0.3%）。汽油的辛烷值高，但冰点只有 80℃。研究表明，均四甲苯浓度小于 5% 时可满足发动机的使用条件。

固定床 MTG 工艺的优点是转化率高。Mobil 公司生产甲醇转化率可达 100%，烃类产物中汽油占 85%，液化石油气占 13.6%，包含加工过程能耗在内的总效率可达 92%～93%，热效率为 88%。

7.3.4.2 流化床工艺

Mobil 公司开发的流化床反应器工艺流程见图 7.25。来自吸收塔的循环气和来自再生器

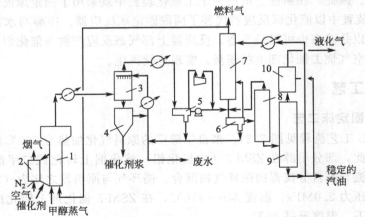

图 7.25 流化床反应器甲醇转化成汽油工艺流程

1—流化床反应器；2—再生器；3—洗涤塔；4—催化剂沉降槽；5—低压分离槽；
6—高压分离槽；7—吸收塔；8—脱气塔；9—脱丁烷塔；10—烷基化装置

的催化剂 ZSM-5 从反应器底部通入，在甲醇蒸汽和循环气的作用下呈流化状态。部分催化剂连续地进入再生器，在再生器中用空气烧去积炭，使其再生，再生后的催化剂又循环回到反应器底部，完成催化剂连续再生，保持催化剂活性稳定。反应产物经过脱除催化剂粉尘、分离、压缩、吸收和气液分离等过程，得到产品汽油和液化气。吸收塔顶分出燃料气，部分用作循环气回到反应器，其余部分外送。

　　流化床与固定床反应器相比有明显的优点。固定床和流化床反应器中甲醇转化成汽油的试验结果如表 7.12 所示。流化床反应器可以低压操作，催化剂可以连续使用和再生，催化剂活性可以保持稳定，反应热多用于产生高压蒸汽。调整催化剂活性，可获得最佳芳烃选择性，操作费用较低。

表 7.12　固定床和流化床 MTG 试验结果

	项目	固定床	流化床		项目	固定床	流化床
操作条件	二甲醚反应器入口温度/℃	299	—		C_1+C_2	1.4	5.6
	MTG 反应器入口温度/℃	360	413		C_4^+	5.6	5.9
	MTG 反应器出口温度/℃	412	413	烃类产品组成（质量分数）/%	C_4^-	0.2	5.0
	循环气比（分子）	9	0		$n\text{-}C_4^*$	3.3	1.7
	催化剂空速（甲醇 WHSV）/h^{-1}	1.6	1.0		$i\text{-}C_4^*$	8.6	14.5
	反应压力/MPa	2.17	0.275		C_4^-	1.1	7.3
产品产率/%	烃类	43.66	43.5		C_4^+＋汽油	79.9	60.0
	水	56.15	56.0	汽油（含烷基化油）	产率（占烃类）/%	85.0	88.0
	CO,CO_2,H_2 及其它	0.19	0.3		辛烷值	95	96
	甲醇＋二甲醚	0.0/100.00	0.2/100.00				

　　Lurgi 公司与 Mobile 公司合作开发了新的甲醇转化汽油工艺，将两段反应改造为了一段反应，使用的反应器也是人们所熟知的管式反应器，内装 ZSM-5 沸石催化剂，工艺流程如图 7.26 所示。该工艺甲醇转化率、汽油产率和产品质量都与 Mobil 的 MTG 基本一致，通过催化剂的特殊冷却方式，可以达到较多的循环次数和较长的寿命。

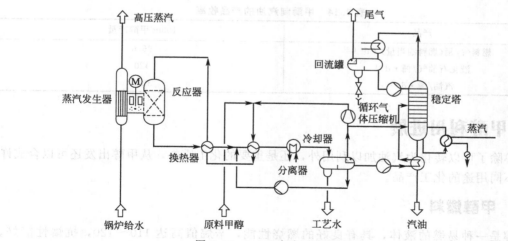

图 7.26　Lurgi 合成工艺流程图

7.3.5　新西兰工业化生产

　　新西兰利用其丰富廉价的天然气资源，投资建设以天然气为原料的大型甲醇合成装置和

Mobil 法合成汽油的装置，已经实现了工业化生产。该厂以天然气为原料生产合成气，用气量为 $12.5 \times 10^4 \, m^3/h$，由合成气生产甲醇，年产量为甲醇 160 万吨，汽油 57 万吨，所产汽油的辛烷值为 93.7，包括烯烃烷基化油在内的合成汽油选择性达到 85%。主体工艺流程如图 7.27 所示。

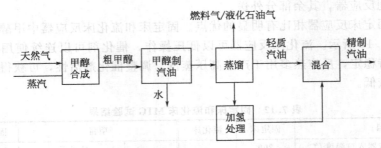

图 7.27　新西兰天然气制汽油联合装置工艺流程

将天然气加热到 350～400℃，用氧化锌脱去痕量硫，然后与饱和水蒸气入重整炉，于 800～900℃在镍催化剂作用下生成合成气（CO、H_2）。再采用两套 2200t/d 的 ICI 低压合成甲醇装置中合成甲醇，所产甲醇在两段固定床反应器中在 ZSM-5 催化剂作用下转化成汽油，同时副产液化石油气和均四甲苯。产品汽油质量和产品收率见表 7.13 和表 7.14。

表 7.13　新西兰联合装置精制汽油质量

项目	平均值	范围	项目	平均值	范围
研究法辛烷值(RON)	92.2	92.0～92.5	蒸馏		
马达法辛烷值(MON)	82.6	82.2～83.0	70℃时馏出物/%	31.5	29.5～34.5
雷德蒸汽压/KPa	85	82～90	100℃时馏出物/%	53.2	51.5～55.5
密度/(kg/m³)	730	728～733	180℃时馏出物/%	94.9	94～96.5
诱导期/min	325	260～370	干点/℃	204.5	196～209
均四甲基苯含量/%	2.0	1.74～2.29			

表 7.14　甲醇制汽油的产品收率

产品	1000t 甲醇产量
燃料气/桶（燃料油当量）·d^{-1}	96.6
液化石油气/桶·d^{-1}	420
汽油/桶·d^{-1}	3200

7.4　甲醇利用进展

甲醇除了可以转化为汽油加以利用外，还是重要的化工原料，从甲醇出发还可以合成许多具有不同用途的化工产品。

7.4.1　甲醇燃料

甲醇是一种易燃的液体，具有良好的燃烧性能，辛烷值高达 110～120，抗爆性能好。因此，在开发代用燃料领域中，甲醇是重点的开发对象。甲醇燃料是利用工业甲醇或燃料甲醇，添加变性醇添加剂后与现有国标汽柴油（或组分油）按一定体积（或重量比）经严格科学工艺调配制成的一种新型清洁燃料，可替代汽柴油，用于各种机动车、锅炉使用。发展煤制甲醇燃料，补充和部分替代石油燃料，是缓解我国能源紧张局势、提高资源综合利用的有效方法。

汽油中掺烧甲醇在国外早已进行，美国、西德用于燃料的甲醇每年有 15～20 万吨。汽油中混入 15% 左右，即可用于汽车。但是，甲醇与汽油互溶性差，受温度影响较大，需要加入乙醇、异丁醇及甲基叔丁基醚（MTBE）等助溶剂。

7.4.1.1 混合醇燃料

意大利改进合成甲醇的 Zn-Cr 催化剂，在反应压力为 10～15MPa、反应温度 410℃ 条件下，获得合成甲醇产品，其组成为：CH_3OH 70%；C_2H_5OH 2.4%～5.0%；C_3H_7OH 5.6%～10%；C_4H_9OH 13%～15%。高碳醇以异丁醇为主，有很强的助溶性。此混合醇产品可直接掺入汽油。

法国合成制得以甲醇为主的混合醇燃料，所用催化剂为 Cr-Fe-V-Mn，反应压力 5.2～12MPa，反应温度 240～300℃，所用合成气组成为：CO 19%，H_2 66%，CO_2 13%，N_2 2%，所得混合醇产品可直接掺入汽油。

鲁奇公司在低压合成甲醇技术的基础上，进一步发展了混合醇工艺，产品中 C_2 以上的醇含量可达 17%。生产工艺中主要控制 H_2/CO 比低于合成甲醇的比值，采用特殊的催化剂可产生出 45% 的高级醇。当反应压力 5.0～10MPa，反应温度 290℃，合成气中 H_2/CO 比为 1.0 时，所生产的燃料醇组成为：CH_3OH 53.5%；C_2H_5OH 3.9%；C_3H_7OH 3.1%；C_4H_9OH 6.2%；$C_5H_{11}OH$ 3.8%；$C_6H_{14}OH$ 14.8%。其它含氧化合物 10.1%，混合醇中含水量低于 1%，可直接作为燃料用。

7.4.1.2 甲基叔丁基醚

甲基叔丁基醚（MTBE）是一种无色、透明、高辛烷值（大于 100）的液体，具有醚的气味，是生产无铅、高辛烷值、含氧汽油的理想调和组分，其作为汽油添加剂已经在全世界范围内普遍使用。当甲醇掺混汽油时，它是良好的助溶剂。甲基叔丁基醚合成工艺是从 C_4 馏分中脱出异烯烃的有效手段，经过脱掉异丁烯的 C_4 馏分可生产丁二烯。由于甲基叔丁基醚的优异特性，生产工艺又是 C_4 馏分的分离手段，故在国外发展迅速，产量大，供不应求。

甲基叔丁基醚由甲醇和异丁烯合成，主反应为

$$CH_3OH+CH_3{-}C{=}CH_2 \xrightarrow{H^+} CH_3{-}O{-}\underset{CH_3}{\overset{CH_3}{C}}{-}CH_3$$
$$\underset{CH_3}{}$$

$$\Delta H = -36.48 kJ/mol(25℃) \tag{7.20}$$

副反应为

$$2CH_3{-}\underset{CH_3}{\overset{}{C}}{=}CH_2 \longrightarrow CH_3{-}\underset{CH_3}{\overset{CH_3}{C}}{-}CH_2{-}\underset{CH_3}{\overset{CH_3}{C}}{=}CH_3$$

$$CH_3{-}\underset{CH_3}{\overset{}{C}}{=}CH_2 + H_2O \longrightarrow CH_3{-}\underset{CH_3}{\overset{CH_3}{C}}{-}OH$$

$$2CH_3OH \longrightarrow (CH_3)_2O + H_2O \tag{7.21}$$

该反应所用催化剂是强酸性大孔离子交换树脂，一般反应温度为 60～80℃，反应压力为 0.5～5.0MPa。生成甲基叔丁基醚的选择性大于 98%，转化率大于 90%，C_4 馏分中异丁基含量在 5%～60% 范围内均可用。采用多组分催化剂，由合成气可得异丁醇 60% 和甲醇 40%，异丁醇脱水得异丁烯，从而完成甲基叔丁基醚的合成。

MTBE 作为汽油的辛烷值改进剂，除了增加汽油含氧量之外，还可以促进清洁燃烧，减少汽车有害物排放的污染。但是，MTBE 极易溶解于水中，比汽油中其它成分会更快地进入水体，造成水质污染。目前，美国多个州已经禁止使用 MTBE，这对 MTBE 的生产和应用前景带来消极影响，尤其对出口美国的汽油将有所限制。

7.4.2　甲醇裂解制烯烃

烯烃作为基本有机化工原料在现代石油和化学工业中具有十分重要的意义。目前 75% 的石油化工产品是以乙烯为原料生产的，故被称之为"合成之王"。世界上大多数国家用石脑油、乙烷、丙烷和瓦斯油等作为原料，通过裂解工艺生产乙烯。但这种工艺有大量的伴生品，乙烯分离纯化过程很复杂，需要庞大昂贵的设备。

由于石油资源的持续短缺以及可持续发展战略的要求，世界上许多石油公司都致力开发非石油资源合成低碳烯烃的技术路线，并已经取得了一些重大进展。其中由煤或天然气生产合成气，经过甲醇转化为烯烃的技术（MTO）已经在中国最先实现了工业化，其主要工艺过程包括甲醇生产、甲醇催化制烯烃及裂解产物分离与精制。国际上一些著名的石油和化学公司如埃克森美孚、鲁奇公司、环球石油公司和海德鲁公司都对此投入了大量的资金和人员进行了多年的研究。具有代表性的 MTO 技术有 UOP、UOP/Hydro，Exxon Mobil 和中国大连物化所的 DMTO，这些技术的应用，开辟了以煤或其它碳资源制取烯烃的新途径，可实现有机化工原料的多样化。

7.4.2.1　基本工艺过程及原理

由煤经甲醇制烯烃的过程包括煤的气化、合成气的净化、甲醇合成及甲醇制烯烃四个部分。目前，煤的气化、合成气的净化及甲醇合成技术均已实现了工业化，有多套大规模装置在运行，而甲醇生产烯烃是煤制烯烃的核心技术，目前已经具备了工业化的条件。

甲醇转化为烯烃的反应是一个十分复杂的反应，甲醇首先转化为二甲醚，然后二甲醚脱水生成烯烃，反应如式(7.22)、(7.23) 所示

$$2CH_3OH \longrightarrow CH_3OCH_3 + H_2O \tag{7.22}$$

$$CH_3OCH_3 \longrightarrow C_2H_4 + H_2O \tag{7.23}$$

甲醇催化脱水转化成乙烯，同时还生成了甲烷、乙烷、丙烷、丙烯、丁烯、芳香烃等。采用逐级低温精馏的方法，就可得到乙烯、丙烯及丁烯等产品。

甲醇生产烯烃主要采用沸石类分子筛催化剂。其中，毛沸石的低碳烯烃选择性最好，而 ZSM-5 和 ZSM-11 的主要产物是烷烃和芳烃，其低碳烯烃选择性远不如丝光沸石。对分子筛催化剂改性后，Molil 公司的 ZSM-34 和 Hoechst 公司的锰改性 13X 效果最好，$C_2 \sim C_4$ 烯烃在烃类产物中的质量比都超过 80%。

为得到高产率的低碳烯烃，应采用较高的温度、空速和尽可能低的压力。在常压、相对较低的空速（$0.6 \sim 7h^{-1}$）条件下，温度逐渐升高时，开始主要是甲醇脱水生成二甲醚，有少量烃类，主要是 $C_2 \sim C_4$ 烯烃。在 $350 \sim 400℃$ 时，甲醇和二甲醚的转化趋于完全，产物中出现芳烃。温度进一步升高时，初次产物发生二次反应，低碳烃和甲烷增加，甚至出现 H_2、CO 和 CO_2。相同条件下，压力越低，低碳烃的生成概率越高。在压力和温度保持不变的情况下，甲醇转化率随空速降低而升高，而芳烃和脂肪烃则呈缓慢上升趋势。

7.4.2.2　典型工艺

（1）UOP/Hydro MTO 工艺

由 UOP 公司和 Norsk 公司合作开发的 MTO 工艺，是以粗甲醇或精制甲醇为原料，采用 UOP 公司开发的新催化剂，选择性生产乙烯和丙烯的技术。以天然气为原料的 UOP/

Hydro甲醇制烯烃流化床工艺示范装置于1995年在挪威建成并连续运转90多天，工艺流程如图7.28所示。

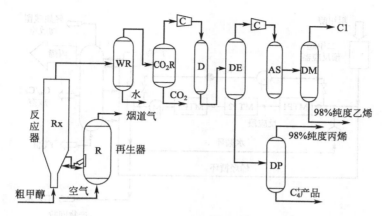

图7.28　UOP/Hydro MTO工艺流程示意图

WR—脱水塔；DE—脱乙烷塔；CO₂R—脱CO₂塔；AS—乙炔饱和器；

DM—脱甲烷塔；C—压缩机；DP—脱丙烷塔；D—干燥塔

该工艺采用一个带有连续流化再生器的流化床反应器，反应温度由回收热量的蒸汽发生系统来控制，而再生器则用空气将废催化剂上的积炭烧除，并通过蒸汽发生器将热量移出。反应出口物料经热量回收后得到冷却，在分离器将冷凝水排出，未冷凝气体压缩后进入碱洗塔以脱除CO_2，之后又在干燥器中脱水，接着在脱甲烷塔、脱乙烷塔、乙烯分离塔、丙烯分离塔中分离出甲烷、乙烷、丙烷和副产C_4等物料后，即可得到聚合级乙烯和聚合级丙烯。当以最大量生产乙烯时，乙烯、丙烯和丁烯的收率分别为46%、30%和9%，其余副产物占15%。

采用粗甲醇作为原料，通过控制反应温度和催化剂组成结构，可直接生产纯度98%以上的聚合级乙烯和丙烯，甲醇转化率可长时间保持在99.8%以上。因其省去甲醇精馏设备，所以投资和成本更低。采用的SAPO-34催化剂选择性好，物理强度高，碳基质量收率可达80%左右。MTO反应系统由流化床反应器和催化剂再生器组成，类似于流化催化裂化装置（FCC），产品分离系统类似于石脑油蒸汽裂解制乙烯，可连续稳定操作且反应条件温和（温度400~500℃，压力为0.1~0.3MPa）。

（2）鲁奇MTP工艺

鲁奇公司2002年在挪威建设了一套MTP模拟装置，到2003年9月连续运行了8000h。该模拟装置采用的德国南方化学公司的MTP催化剂，具有结焦性低、丙烷生成量极低的优点，并已实现工业化生产。目前，MTP技术已经完成了工业化装置的工艺设计，反应器主要有两种形式：固定床反应器（只生产丙烯）和流化床反应器（可联产乙烯/丙烯）。

鲁奇公司开发的固定床MTP工艺流程如图7.29所示。该工艺同样是将甲醇首先脱水为二甲醚，然后将甲醇、水及二甲醚的混合物送入第一个MTP反应器，同时补充水蒸气。反应在400~500℃，0.13~0.16MPa的条件下进行，水蒸气补充量为0.5~1.0kg/kg甲醇，此时甲醇和二甲醚的转化率在99%以上，丙烯为烃类中的主要产物。为获得最大的丙烯收率，还附加了第二和第三MTP反应器。反应出口物料经冷却并将气体、有机液体和水分离，气体首先压缩并通过常用方法将痕量水、CO_2和二甲醚分离，然后清洁气体进一步加工得到纯度大于97%的化学级丙烯。不同烯烃含量的物料返至合成回路作为附加的丙烯来源。为避免惰性物料积累，需将少量轻烃和C_4/C_5馏分适当放空。汽油也是该工艺的副产物，水可用于工艺发生蒸汽，而过量水则可在做专门处理后供其它领域使用。由于采用固定床工艺，催化剂需要再生，大约反应 400～700h 后使用氮气、空气混合物进行就地再生。

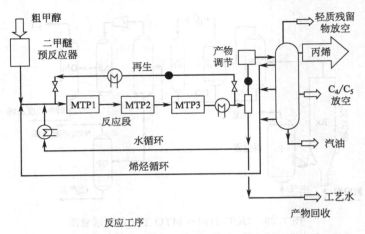

图 7.29　鲁奇的 MTP 工艺流程图

神华宁煤集团建成了世界首套以煤为原料，采用鲁奇 MTP 工艺技术制备丙烯的工业装置，最终产品为聚丙烯。生产能力为甲醇装置 $167×10^4t/a$，MTP 装置 $50×10^4t/a$ 丙烯，聚丙烯装置 $50×10^4t/a$ 聚丙烯，副产汽油 $18×10^4t/a$，液态燃料 $3.9×10^4t/a$，硫黄 $1.4×10^4t/a$。

（3）SDTO 和 DMTO 工艺

中国科学院大连物理化学研究所于 20 世纪 90 年代初开发了合成气经二甲醚制取低碳烯烃新工艺（SDTO）。该工艺由两段反应构成，第一段反应是合成气（H_2、CO）在自行研制的金属-沸石双功能催化剂上高选择性的转化为二甲醚，这一阶段反应温度（$240±5$）℃，压力 3.4～3.7MPa，二甲醚选择性为 95%，CO 单程转化率为 75%～78%；第二段反应是二甲醚在基于 SAOP-34 分子筛的 DO123 催化剂上，高选择性的转化为乙烯、丙烯等低碳烯烃，并利用自主开发的以水为溶剂分离和提浓二甲醚，将两段反应串接成完整的工艺过程。SAOP-34 催化剂是采用三乙胺或二乙胺为模板剂制备，合成的 DO123 催化剂价格仅为 UOP/Hydro 公司的 MTO-100 催化剂的 20%。

二甲醚制低碳烯烃中试装置（15～25t/a）采用上流密相流化床反应器，催化剂为 DO123，在常压下、反应温度 500～560℃时，甲醇转化率始终大于 98%，乙烯和丙烯收率达到 81%，催化剂连续经历 1500 次左右的反应再生，反应性始终未见变化，催化剂损耗与工业用流化催化裂化（FCC）催化剂时相当，中试结果与流化床小试的结果差别不大。总的来说，由于合成气制二甲醚比合成气制甲醇在热力学上更有利，用二甲醚为原料制烯烃比用甲醇作原料更有优势，既可以减少甲醇中大量水对催化剂的影响，又可以减少设备尺寸。

2004 年，由中科院大连物理化学研究所、陕西新兴煤化工科技发展有限公司和洛阳石化工程公司合作进行的甲醇制烯烃（DMTO）工业化试验取得实质性进展，年处理 $1.67×10^4t$ 甲醇的工业性试验装置已于 2005 年建成并完成了运行试验。2011 年，神华包头 $60×10^4t/a$ 煤制烯烃示范工程正式开始商业化运行，并实现稳定运行。该工程以煤为原料生产甲醇，规模为 $180×10^4t/a$ 甲醇；通过 DMTO 装置将甲醇转化为烯烃，经聚合装置各生产 $30×10^4t/a$ 聚乙烯和 $30×10^4t/a$ 聚丙烯，同时副产硫黄、丁烯、丙烷和乙烷以及 C_5^+ 等。该项目是世界上对煤制烯烃进行工业化、商业化运营的首次成功试验，核心技术为具有中国自主知识产权的 DMTO 工艺及催化剂。

7.4.3　合成二甲醚

二甲醚简称 DME，又称甲醚，分子式 CH_3OCH_3，相对分子质量 46.69，在常温常压下为无色有轻微醚香味的气体，不刺激皮肤，不致癌，不会对大气臭氧层造成破坏作用。其物理化学性质见表 7.15。

表 7.15　二甲醚的物理化学性质

分子式	CH_3OCH_3	爆炸极限/%(体积分数)	3%～17%	蒸发热/MJ·kg^{-1}	410
熔点/℃	−138.5	液体密度/kg·L^{-1}	0.67	热值/MJ·kg^{-1}	34150
临界温度/℃	127	相对分子质量	46.69	闪点/℃	−41
气体燃烧热/MJ·kg^{-1}	28.84	沸点/℃	−24.9	蒸汽压/MPa	0.51
自然温度/℃	235	临界压力/MPa	5.37		

二甲醚具有优良的混溶性，可以同大多数极性或非极性的有机溶剂混溶，例如汽油、四氯化碳、丙酮、氯苯和乙酸乙酯等，但对于醇类溶解度不佳。常压下在 100mL 水中可以溶解 3700mL 二甲醚，但加入少量助溶剂后就可以与水以任意比例互溶。长期储存或添加少量助溶剂后可以形成不稳定过氧化物，易自发爆炸或受热爆炸。二甲醚气体有刺激及麻醉作用，通过吸入或皮肤吸收过量的二甲醚，会使人麻醉，失去知觉和损伤呼吸器官。

二甲醚作为一种基本化工原料，由于良好的易压缩、冷凝、汽化特性，使其在燃料、制药等化学工业中有广泛的用途。如二甲醚可以直接作为柴油的替代品，可直接作为柴油发动机燃料，燃烧尾气无需催化转化处理即能满足汽车尾气超低排放标准。还可以作为航空煤油添加剂，使飞机发动机的工作效率提高。化学工业方面，高纯度的二甲醚可代替氟利昂用作气溶胶喷射剂和制冷剂，可减少对大气环境的污染和臭氧层的破坏。还可以作为烷基化剂合成 N,N-二甲基苯胺、硫酸二甲酯、烷基卤化物、二甲基硫醚等物质，作为偶联剂合成有机硅化合物和高纯度陶瓷材料，可以转化为低碳烯烃，可以代替甲醇作为甲醛生产的新原料。

由于石油资源短缺、煤炭资源丰富及人们环保意识的增强，二甲醚作为从煤转化成的清洁燃料而日益受到重视，近年来成为国内外竞相开发的性能优越的碳一化工产品，被称之为"21 世纪的洁净燃料"。

7.4.3.1　合成过程及原理

二甲醚的生产分为一步法和两步法。一步法是指由合成气一次合成二甲醚。煤气化产生的合成气进入合成反应器，在反应器内同时完成甲醇合成与甲醇脱水两个过程和变换反应，产物为甲醇与二甲醚的混合物，混合物经蒸馏得到二甲醚，未反应的甲醇返回反应器循环利用。此法多采用双功能催化剂，一般由两类催化剂物理混合而成，一类为甲醇合成催化剂，如 Cu-Zn-Al（O）基催化剂、BASF S3-85 和 ICI-512 催化剂等；另一类是甲醇脱水催化剂，如氧化铝、多孔 SiO_2-Al_2O_3、Y 型分子筛、ZSM-5 分子筛及丝光沸石等。一步法合成二甲醚的主要反应如 (7.24)～(7.26) 所示，总反应式如 (7.27) 所示。

$$CO+2H_2 \longrightarrow CH_3OH - \Delta H = 90.7 kJ/mol \tag{7.24}$$

$$2CH_3OH \longrightarrow CH_3OCH_3 + H_2O - \Delta H = 23.5 kJ/mol \tag{7.25}$$

$$CO+H_2O \longrightarrow CO_2 + H_2 - \Delta H = 41.2 kJ/mol \tag{7.26}$$

$$3CO+3H_2 \longrightarrow CH_3OCH_3 + CO_2 - \Delta H = 246.1 kJ/mol \tag{7.27}$$

两步法合成二甲醚是分两步进行的，先由合成气合成甲醇，甲醇再在固体催化剂下脱水生成二甲醚。主要有液相法和气相法两种。

甲醇脱水制二甲醚最早采用硫酸作催化剂，反应在液相中进行，因此叫做液相甲醇脱水法，也称硫酸法。生产的二甲醚纯度为 99.6%，适用于对纯度要求不高的场合。该法具有反应条件温和、甲醇单程转化率高、可间歇也可连续生产等优点，但仍存在设备腐蚀及环境污染严重、产品后续处理困难等问题。

气相脱水法是甲醇蒸汽通过分子筛催化剂催化脱水制备二甲醚的方法，工艺过程主要包括甲醇加热、蒸发、甲醇脱水、甲醚冷却、冷凝及粗醚精馏等，是目前国内外广泛应用的方法。该工艺操作简单，自动化程度高，废水废气产量少。采用含 $\gamma\text{-}Al_2O_3/SiO_2$ 制成的 ZSM-5 分子筛作为脱水催化剂。反应温度控制在 280～340℃，压力 0.5～0.8MPa。甲醇的单程转化率在 70%～85%，二甲醚的选择性大于 98%，产品质量分数 ≥99.9%。

一步法合成二甲醚没有甲醇合成的中间过程，与两步法相比工艺流程简单、设备少、投资小、操作费用低。因此，一步法是目前国内外研究开发的热点。丹麦 Topsoe 工艺、美国 Air Products 工艺及日本 NKK 工艺都属于一步法，均处于研发阶段。

7.4.3.2　合成催化剂

二甲醚合成的催化剂主要有复合催化剂与单一催化剂两大类。根据合成气直接合成二甲醚反应的特点，催化剂应该兼有甲醇合成、甲醇脱水和水煤气变换的多重功能，在催化剂上应同时含有这三种活性中心。

（1）复合催化剂

复合催化剂是将两种或三种催化剂研磨，按照一定比例进行机械混合，配制成机械混合式的催化剂。合成过程中的甲醇合成、甲醇脱水反应可以看成是连续反应步骤，其对应的催化剂活性组分若一种效果不好，都会成为限制整个反应的控制步骤，因此复合催化剂如何产生最好的协同作用是提高反应速率的关键。

最常用的混合方法是机械混合法，此法操作简单，避免了两种或三种催化剂制备时处理条件的不同和相互干扰等问题，并可随意调节催化剂之间的比例，使得几种催化剂之间达到一种平衡。

（2）单一催化剂

将两种或多种催化剂组分通过特定方法，使其充分的接触，获得一种单一的复合固体状态称之为单一催化剂。单一催化剂优点是能使组分间更紧密的接触，减少扩散影响，能进一步的提高组分的混合程度，并且一般都能相应的提高整体反应的转化率和二甲醚的反应选择性。目前国内外二甲醚单一催化剂的制备技术可分为共沉淀法、载体法和胶体沉积法。

7.4.3.3　二甲醚的合成工艺

（1）一步法

合成气一步法生产二甲醚的工艺流程见图 7.30。含硫量小于 $1.5 \times 10^4\,mol$ 的合成气经压缩机升压后，由油水分离器进入催化反应器，在压力 2～4MPa、温度 230～300℃条件下进行反应，反应产物进入水洗塔。其中二甲醚被水吸收，部分不溶于水的组分得以分离，溶于水后的二甲醚进入精馏塔，在 120～140℃、0.5～0.6MPa 条件下进行产品分离，二甲醚在塔顶经冷却分离产出。

一步法制二甲醚的关键是催化系统。催化系统分二相法和三相法两种。二相法又称气相法，合成气在固体催化剂表面进行反应。当使用小于 50% 的贫氢合成气为原料时，催化剂表面会因迅速积炭而失活，因而该法只能在低转化率情况下操作，并且使用富氢合成气（$H_2/CO>2$）为原料。三相法又称液相法，CO、H_2、二甲醚为气相，惰性溶剂为液相，悬浮在溶剂中的催化剂为固相。合成气扩散到悬浮于惰性溶剂的催化剂表面进行反应。由于 H_2 在溶剂中的溶解度大于 CO 的溶解度，因此液相法便可以使用贫氢合成气为原料。

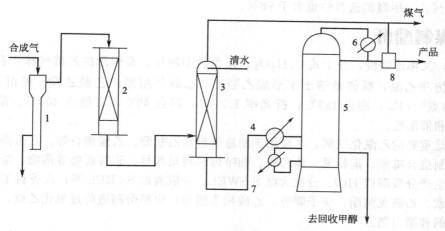

图 7.30　合成气一步法制二甲醚工艺流程图
1—油水分离器；2—催化反应器；3—吸收塔；4—热交换器；5—精馏塔；6—冷凝器；
7—再沸器；8—分离器

液相合成二甲醚的工艺是在液相合成甲醇的基础上发展起来的。液相二甲醚合成反应使用甲醇合成和甲醇脱水的双功能催化剂的机械混合物，即铜系催化剂 $CuO\text{-}ZnO\text{-}Al_2O_3$ 和 $\gamma\text{-}Al_2O_3$。所用反应器主要有四种形式：机械搅拌釜反应器、鼓泡塔式淤浆床反应器、浆液循环鼓泡反应器和三相流化床反应器。由于催化剂可借机械搅拌作用悬浮于溶剂中，传热、传质效率较高，催化剂分布均匀。但仍存在催化剂容易结团，有可能被带走并消耗更多动力等问题。

（2）两步法

两步法甲醇脱水生产二甲醚的工艺流程见图 7.31。甲醇由泵送至热交换器并气化成蒸汽，进入激冷式二甲醚合成反应器。反应在常压和 150℃ 条件下进行，产物全部进入精馏塔，在 10～60kPa 下精馏。二甲醚由塔顶馏出，塔底甲醇和水进入汽提塔，在常压下分离，回收的甲醇循环使用。

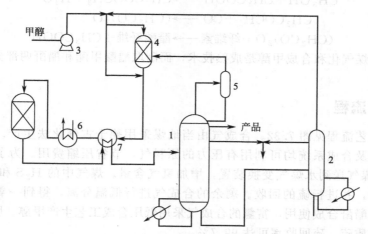

图 7.31　甲醇脱水制二甲醚工艺流程
1—精馏塔；2—汽提塔；3—甲醇泵；4—洗涤塔；5—冷凝器；6,7—热交换器

反应使用的催化剂有氧化铝和 ZSM-5 等。Mobil 公司采用 ZSM-5 催化剂可使甲醇转化

率达到80%，二甲醚的选择性也大于98%。

7.5 煤制醋酐

醋酐，又称乙酸酐，分子式 $C_4H_6O_3$，无色透明液体，有强烈的乙酸气味，有吸湿性，能溶于氯仿和乙醚，缓慢地溶于水形成乙酸，与乙醇作用形成乙酸乙酯。醋酐相对密度1.080，熔点-73℃，沸点139℃，折光率1.3904，闪点49℃，自燃点400℃。醋酸易燃，有腐蚀性和催泪性。

醋酐是重要的乙酰化试剂，主要用于制造纤维素乙酸酯、乙酸塑料等。在医药工业中醋酐可用于制造合霉素、痢特灵、地巴唑、咖啡因和阿司匹林、磺胺药物等药物。染料工业中主要用于生产分散深蓝 HCl、分散大红 S-SWEL、分散黄棕 S-2REL 等；在香料工业中用于生产香豆素、乙酸龙脑酯、葵子麝香、乙酸柏木酯等；由醋酐制造的过氧化乙酰，是聚合反应的引发剂和漂白剂。

煤制醋酐技术是合成气制取煤化工产品的又一种创新工艺，是20世纪80年代煤化工科学技术领域中煤化工利用的成功范例。1983年美国伊斯特曼（Eastman）公司在金斯堡（Kingsport）建成了由煤制取醋酐的工业生产厂，每天把900t煤转化成几乎是等量的醋酐。

Kingsport 煤质醋酐化工厂由制合成气的煤气化车间，粗煤气净化与分离车间，硫回收车间，合成甲醇、醋酸甲酯和醋酐的化工车间，以煤为燃料的蒸汽车间组成。Eastman 公司用醋酐乙酰化制造照相底片、纤维素塑料、香烟滤嘴丝束和人造丝用的醋酸酯以及涂料用的原料。

7.5.1 合成原理

煤制醋酐主要有合成气的生产、粗煤气的净化与分离、甲醇合成、醋酸甲酯和醋酐的合成等过程，过程反应如（7.28）～（7.32）所示。

$$C+H_2O \longrightarrow CO+H_2 \tag{7.28}$$
$$CO+2H_2 \longrightarrow CH_3OH \tag{7.29}$$
$$CH_3OH+CH_3COOH \longrightarrow CH_3COOCH_3+H_2O \tag{7.30}$$
$$CH_3COCH_3+CO \longrightarrow (CH_3CO)_2O \tag{7.31}$$
$$(CH_3CO)_2O+纤维素 \longrightarrow 醋酸纤维+CH_3COOH \tag{7.32}$$

以上过程中煤气化和合成甲醇是成熟技术，而制取醋酸甲酯和醋酐两部分为开发的新工艺新技术。

7.5.2 工艺流程

煤制醋酐工艺流程见图7.32。合成气由当地煤采用德士古气化法生产。由于是高压气化，净化、分离及合成系统均可利用有压力的原料气，节省压缩费用。为了提高合成气中 H_2 含量，部分煤气送到水煤气变换装置，增加氢气含量。煤气中的 H_2S 和 CO_2 采用低温甲醇洗方法脱除，并进行硫的回收。剩余的合成气进行低温分离，得到一氧化碳和富氢气体。一氧化碳供醋酐合成使用，富氢的合成气采用低压合成工艺生产甲醇。脱硫装置脱出的硫化物转化成单质硫，硫回收率可达99.7%。

甲醇合成采用 Lurgi 合成技术。甲醇与醋酸反应生成醋酸甲酯。醋酸和甲醇在反应蒸馏塔中逆向流动，沸点低的醋酸甲酯和甲醇上升，沸点高的醋酸下流，二者同时在塔内逐级地进行反应和闪蒸过程。醋酸是反应物，又是萃取剂，醋酸把水和甲醇从它们与醋酸甲酯形成

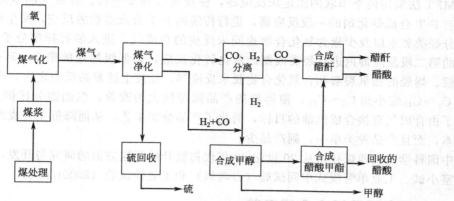

图 7.32　煤制醋酐工艺流程

的共沸混合物中脱除。该装置除了反应蒸馏塔之外，有两个侧线馏分提馏塔和一个甲醇回收塔，提馏塔用来脱除中间沸点的杂质。

逆流反应蒸馏是一项创新技术，把反应和精制合为一步完成，无需进行产品精制，也无需进行未转化物的回收。由于采用了此项新技术，无需用过剩反应物即可达到较高的平衡转化率。通过反应混合物闪蒸，从液相移走产物醋酸甲酯，从而降低液相中产物浓度，促使反应向生成产品方向进行，提高了转化率。另外，反应物在塔中逆向流动，甲醇由下向上，醋酸由上向下，塔的上下两端反应物浓度大，也提高了转化率。

最后一步是一氧化碳与醋酸甲酯反应生成醋酐，使用 Eastman 催化剂。有一部分醋酐与甲醇反应联产醋酸，醋酸和醋酐在蒸馏工段提纯。反应器的排出液为高分子副产物和催化剂，催化剂回收并再生。

煤制醋酐利用当地廉价原料煤，可用电厂不能用的高硫煤，故能量利用效率高，所得醋酐产品价值高。

7.6　合成气两段直接合成汽油

7.6.1　两段固定床合成工艺

为了克服 F-T 合成产物复杂和选择性差的不足，中国科学院山西煤炭化学研究所提出了将传统的 F-T 合成与沸石分子筛择型作用相结合的两段固定床合成工艺（MFT）。该工艺可免去复杂的 F-T 合成产物改质过程，直接制取汽油，工艺流程见图 7.33。

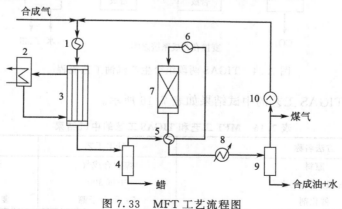

图 7.33　MFT 工艺流程图

MFT 法采用两个串联的固定床反应器，使反应分两步进行。合成气经净化后，首先进入装有 F-T 合成催化剂的一段反应器，进行传统的 F-T 合成烃类的反应，所生成的 $C_1 \sim C_{40}$ 宽馏分烃类和水以及少量含氧化合物连同未反应的合成气，进入装有择型分子筛 ZSM-5 催化剂的第二段反应器内进行烃类改制的催化转化反应，如低级烯烃的聚合、环化与芳构化，高级烷、烯烃的加氢裂解和含氧化合物脱水反应等。经过上述复杂反应之后，产物分布由原来的 $C_1 \sim C_{40}$ 缩小到 $C_5 \sim C_{11}$，使得到的产品选择性大为改善，汽油馏分比例大幅度提高，实现了由合成气直接合成汽油的目标，简化了产品分离工艺，从而降低了合成汽油的生产投资成本，而且产品种类单一，副产品少。

中国科学院山西煤化所从 20 世纪 80 年代初就开始了这方面的研究与开发，先后完成了实验室小试、工业单管模式中间试验（百吨级）和工业性试验（2000t/d）。

7.6.2 丹麦两段组合合成工艺

对于 Mobil 公司的 MTG 合成技术，丹麦托普索（Topsoe）公司认为尚有不足之处：一是合成甲醇和甲醇转化汽油在两个独立的单元中进行，投资和能耗有所增加；二是 CO 和 H_2 合成甲醇由于受热力学限制，单程转化率不高；三是现代大型气化炉生产的煤气 H_2/CO 比小于 1，必须经过变换。

为了解决上述问题，Topsoe 公司开发了合成甲醇与甲醇合成汽油两段组合的一种新的合成方法，即 TIGAS 工艺，工艺流程见图 7.34。TIGAS 工艺中，第一段合成甲醇之后不再进行甲醇分离，而是把甲醇作为中间产物紧接着进行甲醇转化汽油的反应过程，如此处理的结果是工艺流程得以简化，节省了投资，降低了能耗。TIGAS 法已于 1984 年完成中间试验，装置能力为 1t/d。

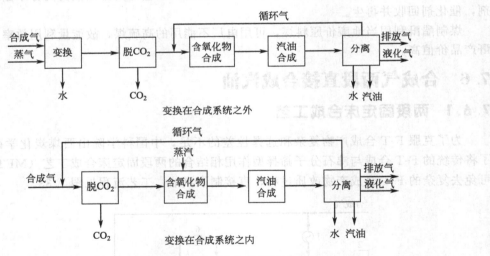

图 7.34　TIGAS 两段组合生产汽油工艺流程

MFT 工艺和 TIGAS 工艺的中试结果如表 7.16 所示。

表 7.16　MFT 工艺和 TIGAS 工艺的中试结果

方法名称	MFT 工艺	TIGAS 工艺
原料	煤制合成气	天然气制合成气
装置能力/$kg \cdot d^{-1}$	中试 300	1000
催化剂	Fe 系-分子筛	复合催化剂-分子筛

续表

方法名称		MFT 工艺	TIGAS 工艺
反应温度/℃		Ⅰ 250～270	240
		Ⅱ 315～320	380
反应压力/MPa		Ⅰ 2.5～3.0	4.6
		Ⅱ 2.5～3.0	6.0
H_2/CO 比		1.3～1.4	约 2
循环气比		3～4	约 3
空速/h^{-1}		350～500	—
CO 转化率/%		85.4	98.0
烃类选择性/%		79.0	74.1
产品烃分布/%	CH_4	6.8	4.8
	C_2	3.3	3.8
	$C_3～C_4$	13.6	16.3
	$C_5～C_{11}$（汽油）	76.3	75.1
总烃收率 $C_1{}^+$/g·m^{-3}(CO+H_2)		139.8	151.2
汽油收率 $C_5～C_{11}$/g·m^{-3}(CO+H_2)		110.0	113.4
汽油辛烷值		＞80	—

7.6.3　浆态床 F-T 与 Mobil 法组合工艺

另外一种两段直接合成汽油工艺是采用浆态床 F-T 合成反应器与 Mobil 转化法组合，由合成气直接生产高辛烷值汽油。原料合成气 H_2/CO 比一般为 0.5～1.5，一段 F-T 合成采用浆态床鼓泡式反应器，二段采用 Mobil 固定床反应器，内装择型分子筛 ZSM-5 催化剂。该工艺已完成小试，F-T 合成生成的蜡和轻烷烃未加入 Mobil 反应器，汽油产率可达 87%。工艺流程见图 7.35。

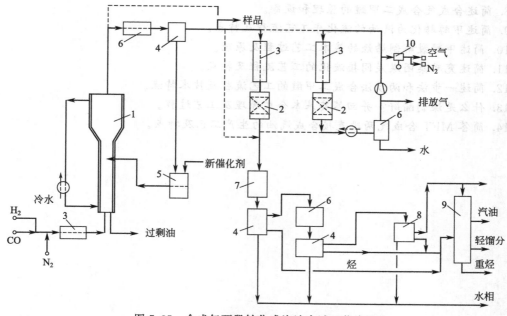

图 7.35　合成气两段转化成汽油中试工艺流程

该工艺的特点是采用了浆态床反应器，结构简单，投资较少；在合成系统内进行变换反应，热效率高；浆态床反应器可调节催化剂和反应参数，产品有较大的弹性。研究表明，催化剂 Fe-Cu-K_2O，反应温度 258～268℃，反应压力 1.1～2.2MPa，反应空速 1.6～3.4NL/gFe·h，H_2/CO 比 0.67～0.72，活性（CO+H_2 转化率）71%～89%，选择性（C_6～C_{12}）40%～53%（质量分数），产率（烃）170～220g/Nm^3。但催化剂逐渐失活问题有待进一步解决。

我国是一个富煤、贫油、少气的国家，目前，大多数石油化工产品和油品均可通过煤间接液化获得。随着煤炭间接液化技术与产业的发展，煤间接液化产品作为石油替代品将发挥举足轻重的作用。除此之外，煤间接液化在生产油品的同时，还可以生产高附加值的精细化工产品，如石油化工生产中不易得到的高品质润滑油、长链 α 烯烃、高凝点石蜡等。

煤间接液化的发展趋势和方向是提高过程资源、能源利用效率，提高技术经济型，走产品多元化道路，加强过程的环境控制和管理，实现污染物零排放和无害化处理，减少温室气体的排放。实现以上技术创新趋势的关键在于高效煤液化催化剂的开发、新型煤液化反应器关键技术及设备的研发、先进生产工艺的开发和过程的集成与优化以及联产技术的应用。毫无疑问，煤间接液化技术的发展，对减少我国的石油供应紧张局面，保障能源供应安全，实现能源多元化供应和石油替代策略，具有重要的现实意义。

习　题

1. 什么是煤的间接液化，其与直接液化有何异同？
2. 简述 F-T 合成的合成原理、基本工艺及典型设备。
3. 简述原料气组成、温度、压力及空速对 F-T 合成的影响。
4. 简述气流床 Synthol 合成工艺流程及其特点。
5. 简述煤制甲醇的合成原理、典型设备及合成条件。
6. ZSM-5 合成沸石分子筛催化剂有哪些特点？
7. 简述 Lugri 低压合成甲醇工艺流程及主要特点。
8. 简述合成气合成二甲醚的原理和设备。
9. 简述甲醇转化为汽油的流化床工艺流程及特点。
10. 简述甲醇裂解制烯烃的基本工艺过程及原理。
11. 简述兖矿集团煤炭间接液化的工艺流程及特点。
12. 简述一步法和两步法合成二甲醚的工艺流程及技术特点。
13. 什么是煤制醋酐？并回答其基本合成原理及工艺过程。
14. 简答 MFT 合成气两段直接合成汽油的生产工艺及特点。

第8章 煤直接液化

煤直接液化也称加氢液化，是指煤在高温高压的条件下与氢反应，并在催化剂和溶剂作用下进行裂解、加氢，从而将煤直接转化为小分子的液体燃料和化工原料的过程。由于自然界煤炭资源远比石油丰富，石油的发现量逐年下降而开采量不断上升，世界范围内石油供应短缺业已显现，中国的状况则更为严峻。利用液化技术将煤转化为发动机燃料和化工原料的工艺在中国的成功运用，为大规模替代石油提供了一条有效的途径。煤直接液化技术和对液化产品深加工技术的研究和开发，对提高煤的利用价值，增加煤液化产品与石油产品的竞争力，具有重要意义。

8.1 发展历程

1913 年，德国 Berguis 首先研究了煤高温高压加氢技术，并从中获得了液体燃料，为煤的直接液化奠定了基础。1927 年，I. G. arben 公司在德国 Leuna 建成了第一座 10×10^4 t/a 褐煤液化厂。1935 年，英国 I. C. I 公司在 Bilingham 建成烟煤加氢液化厂。1936～1943 年间，德国有 11 套煤直接液化装置投产，到 1944 年，生产能力达到 4.23×10^6 t/a，由此为发动第二次世界大战的德国提供了约 66% 的航空燃料和 50% 的汽车和装甲车燃料。第二次世界大战前后，法国、意大利、朝鲜和我国东北也相继建设了煤或煤焦油加氢工厂。但后来，特别是 20 世纪 50 年代，中东国家廉价石油的大量开采及石油炼制技术的快速发展，使煤液化制油技术在经济上很难与石油燃料竞争，德国也关闭了煤加氢液化工厂。

1973 年全球爆发石油危机，为解决能源短缺和对石油的依赖，又重新开始重视煤液化制液体燃料的研究工作，并开发出了大量的煤直接液化制油新工艺。进入 21 世纪，基于国际市场石油价格大幅上涨和剧烈波动，油品的稳定供给涉及国家的经济和政治安全，由于原油资源的枯竭和原油的劣质化，原油开采和加工的成本也不断增加，煤制油的经济优势也进一步凸显，世界各国又纷纷开启煤制油技术的研究开发。表 8.1 列出了国内外煤直接液化技术的开发状况。

表 8.1 各国煤直接液化技术开发情况

国别	工艺名称	规模	试验年份	地点	开发机构	现状
美国	SRC1/2	50	1974—1981	Tacoma	GULF	拆除
	EDS	250	1979—1983	Baytown	EXXOH	拆除
	H-COAL	600	1979—1982	Catlettsburg	HRI	转存
德国	IGOR	200	1981—1987	Bottrop	RAG/VEBA	改工艺
	PYROSOL	6	1977—1988	SAAR		拆除
日本	NEDOL	150	1996—1998	日本鹿岛	NEDO	
英国	BCL	50	1986—1990	澳大利亚	NEDO	拆除
	LSE	2.5	1988—1992		British Coal	拆除
俄罗斯	CT-5	7.0	1983—1990	图拉市		拆除
中国	日本装置	0.1	1983	北京	煤科总院	运行
	德国装置	0.12	1986	北京	煤科总院	运行
	神华	6	2004	上海	神华	运行
	神华	6000	2008	内蒙古	神华	运行

8.2 煤直接液化原理

煤是固体，主要由 C、H、O 三种元素组成，与石油相比煤的氢含量更低，氧含量更高，H/C 原子比低，O/C 原子比高。从分子结构来看，煤的分子结构极其复杂，其结构主要是以几个芳香环为主，环上含有 S、N、O 的官能团，由非芳香部分（—CH₂—、—CH₂—CH₂—或氧化芳香环）或醚键连接起来的数个结构单元所组成，呈空间立体结构的高分子化合物。另外，在高分子立体结构中还嵌有一些低分子化合物，如树脂树蜡等。随着煤化程度的加深，结构单元的芳烃性增加，侧链与官能团数目减少。从分子量来看，煤的分子量很大，可达到 5000～10000，或者更大。煤和石油的元素组成对比如表 8.2 所示。

表 8.2　煤和石油的元素组成对比/%

元素组成	无烟煤	中挥发分烟煤	低挥发分烟煤	褐煤	石油	汽油
C	93.7	88.4	80.8	71.0	83～87	86
H	2.4	5.4	5.5	5.4	11～14	14
O	2.4	4.1	11.1	21.0	0.3～0.9	—
N	0.9	1.7	1.9	1.4	0.2	—
S	0.6	0.8	1.2	1.2	—	—
H/C	0.31	0.67	0.82	0.87	1.76	约 2.0

如果能创造适宜的条件，使煤的分子量变小，提高产物 H/C 原子比，那就有可能将煤转化为液体燃料油。为了将煤中有机质高分子化合物转化成低分子化合物，就必须切断煤化学结构中的 C-C 化学键，这就必须供给一定的能量，同时必须在煤中加入足够的氢。煤在高温下热分解得到自由基碎片，如果外界不向煤中加入充分的氢，那么这些自由基碎片就只能靠自身的氢发生分配作用，而生成很少量 H/C 原子比较高、分子量较小的物质（油和气），绝大部分自由基碎片则发生缩合反应而生成 H/C 原子比更高的物质——半焦或焦炭。如果外部能供给充分的氢，使热解过程中断裂下来的自由基碎片立刻与氢结合，生成稳定的、H/C 原子比较高的、分子量较小的物质，这样就可能在较大程度上抑制缩合反应，使煤中的有机质全部或大部分转化为液体油。

8.2.1 过程反应

（1）煤热裂解反应

煤在液化过程中，加热到一定温度（300℃）时，煤的化学结构中键能最弱的部位开始断裂呈自由基碎片。随着温度的升高，煤中一些键能较弱和较高的部位也相继断裂呈自由基碎片，其反应式可表示为

$$煤 \xrightarrow{\text{热裂解}} 自由基碎片 \sum R^0 \tag{8.1}$$

研究表明，煤结构中苯基醚 C—O 键、C—S 键和连接芳环 C—C 键的解离能较小，容易断裂；芳香核中的 C—C 键和次乙基苯环之间相连结构的 C—C 键解离能大，难于断裂；侧链上的 C—O 键、C—S 键和 C—C 键比较容易断裂。

煤结构中的化学键断裂处用氢来弥补，化学键断裂必须在适当的阶段就停止，如果切断进行的过分，生成气体太多；如果切断进行的不足，液体油产率较低，所以必须严格控制反应条件。煤热解产生自由基以及溶剂向自由基供氢、溶剂和前沥青烯、沥青烯催化加氢的过

程如图 8.1 所示。

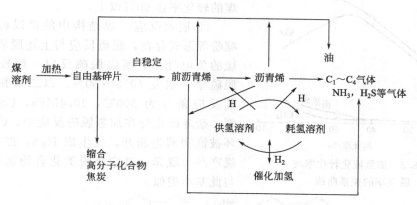

图 8.1　煤液化自由基产生和反应过程

（2）加氢反应

煤热解产生的自由基"碎片"是不稳定的，它只有与氢结合后才能变得稳定，成为分子量比原料煤要低得多的初级加氢产物。其反应式为

$$\sum R^0 + H = \sum RH \tag{8.2}$$

供给自由基的氢源主要来自以下几个方面。

① 溶解于溶剂油中的氢在催化剂作用下变为活性氢；

② 溶剂油可供给的或传递的氢；

③ 煤本身可供应的氢（煤分子内部重排，部分结构裂解或缩聚放出的氢）；

④ 化学反应生成的氢；

研究表明，烃类的相对加氢速度，随催化剂和反应温度的不同而不同；烯烃加氢速度远比芳烃大；一些多环芳烃比单环芳烃的加氢速度快；芳环上取代基对芳环的加氢速度有影响。加氢液化中一些溶剂也同样发生加氢反应，如四氢萘溶剂在反应时，它能供给煤质变化时所需的氢原子，它本身变成萘，萘又能与系统中的氢原子反应生成甲氢萘。

加氢反应关系着煤热解自由基碎片的稳定性和油收率的高低，如果不能很好地加氢，那么自由基碎片就有可能生成半焦，其油收率降低，影响煤加氢难易程度的因素是煤本身稠环芳烃结构，稠环芳烃结构越密和分子强越大，加氢越难。煤呈固态也阻碍与氢相互作用。

提高供氢能力的主要措施有：①增加溶剂的供氢性能；②提高液化系统的氢压力；③使用高活性催化剂；④在气相中保持一定的 H_2S 浓度等。

（3）脱氧、硫、氮杂原子反应

加氢液化过程，煤结构中的一些氧、硫、氮会生成 H_2O 或 CO、CO_2、H_2S 和 NH_3 气体而脱除。煤中杂原子脱出的难易程度与其存在形式有关，一般侧链上的杂原子较环上的杂原子容易脱除。

① 脱氧反应　煤结构中的氧存在形式主要有：①含氧官能团，如羧基（—COOH）、羟基（—OH）、羟基（—OH）和醌基等；②醚键和杂环（如呋喃类）。羧基最不稳定，加热到 200℃ 以上即发生明显的脱羧反应，析出 CO_2。酚羟基在比较缓和的加热条件下相当稳定，故一般不会被破坏，只有在高活性催化剂作用下才能脱除。羰基和醌基在加氢裂解中，既可生成 CO 也可生成 H_2O。脂肪醚容易脱除，而芳香醚与杂环氧一样不易脱除。

煤加氢液化过程转化率与脱氧率的关系如图 8.2 所示。脱氧率在 0～60% 范围内，煤的

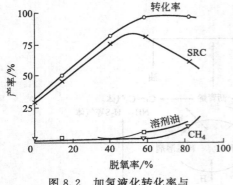

图 8.2　加氢液化转化率与
脱氧率的关系曲线

转化率和脱氧率呈直线关系，当脱氧率为 60％ 时，煤的转化率达 90％ 以上。

② 脱硫反应　煤结构中的硫以硫醚、硫醇、噻吩等形式存在，脱硫反应与上述脱氧反应类似。硫的负电性弱，所以脱硫反应一般较容易进行，脱硫率一般在 40％～50％。以二苯并噻吩为例，其反应条件为 300℃，10.4MPa，Co—Mo 催化剂。杂环硫化物在加氢脱硫反应中，C—S 键在碳环被饱和前先断开，硫生成 H_2S，加氢生成的初级产品为联苯；其它噻吩类化合物加氢脱硫机理与此基本类似。

$$ \text{(8.3)} $$

③ 脱氮反应　煤中的氮大多存在于杂环中，少数为氨基，与脱硫和脱氧相比，脱氮要困难得多。在轻度加氢中，氮含量几乎没有减少，一般脱氮需要激烈的反应条件和有催化剂存在时才能进行，而且是先被氢化后再进行脱氮，耗氢量很大。例如，喹啉在 210～220℃，氢压 10～11MPa 和有 MoS_2 催化剂存在的条件下，容易加氢为四氢化喹啉，然后在 420～450℃ 加氢分解成 NH_3 和中性烃。

$$ \text{(8.4)} $$

④ 缩合反应　在加氢液化的过程中，由于温度过高或者供氢不足，煤的自由基碎片或反应物分子会发生缩合反应，生成半焦或焦炭。缩合反应将使液化产率降低，它是煤加氢液化中不希望进行的反应。为了提高液化效率，必须严格控制反应条件和采取有效措施，抑制缩合反应，加速裂解、加氢反应。多环芳烃在高温下有自发缩聚成焦的倾向，如蒽可能发生以下反应

$$ \text{(8.5)} $$

为了提高煤液化过程的液化效率，常采用下列措施来防止结焦：①提高系统的氢分压；②提高供氢溶剂的浓度；③反应温度不应过高；④降低循环油中沥青烯含量；⑤缩短反应时间。

除上述反应外，煤的直接液化过程还可能产生异构化、脱氢等反应。

8.2.2　反应历程

煤在溶剂、催化剂和高压氢气下，随着温度的升高，煤开始在溶剂中膨胀形成胶体系统，有机质进行局部溶解，发生煤质的分裂解体破坏，同时在煤质与溶剂间进行分配，$350\sim400℃$左右生成沥青质含量很多的高分子物质，在煤质分裂的同时，存在分解、加氢、解聚、聚合以及脱氧、脱硫、脱碳等一系列平行和相继的反应发生，从而生成 H_2O、CO、CO_2、H_2S 和 NH_3 气体。随着温度逐渐升高（$450\sim480℃$），溶剂中的氢饱和程度增加，使氢重新分配程度也相应增加，即煤加氢液化过程逐步加深，主要发生分解加氢作用，同时也存在一些异构化作用，从而使高分子物质（沥青质）转化为低分子产物——油和气。

关于煤加氢液化的反应机理，一般认为有以下几点。

① 组成不均一。即存在少量的易液化组分，例如嵌存在高分子立体结构中的低分子化合物；也有一些极难液化的惰性组分。但是，如果煤的岩相组成比较均一，为简化起见，也可将煤当做组成均一的反应物来看。

② 虽然在反应初期有少量气体和轻质油生成，不过数量有限。在比较温和的条件下少，所以反应以顺序进行为主。

③ 沥青质是主要的中间产物。

④ 逆反应可能发生。当反应温度过高或氢压不足，以及反应时间过长，已生成的前沥青烯、沥青烯以及煤裂解生成的自由基碎片可能缩聚成不溶于任何有机溶剂的焦；油亦可裂解、聚合生成气态烃和分子量更大的产物。

根据上述认识，可将煤加氢液化的反应历程表示如图 8.3 所示。

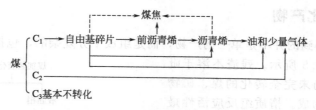

图 8.3　煤加氢液化的反应历程示意图

图 8.3 中，C_1 为煤有机质的主体，C_2 为存在于煤中的低分子化合物，C_3 为惰性成分。

当反应温度过高或氢压不足，以及反应时间过长，已生成的前沥青稀、沥青烯以及煤裂解生成的自由基碎片可能缩聚成不溶于任何有机溶剂的焦；油亦可裂解、聚合生成气态烃和分子量更大的产物。

8.3　工艺过程及产物

8.3.1　基本工艺流程

直接液化工艺旨在向煤的有机结构中加氢，破坏煤的结构产生可蒸馏液体。目前已经开发出了多种直接液化工艺，但就基本化学反应而言，它们非常接近，基本都是在高温和高压的条件下在溶剂中将较高比例的煤溶解，然后加入氢气和催化剂进行加氢裂化过程。煤直接

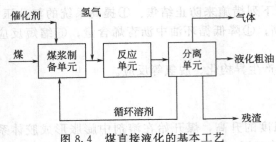

图 8.4　煤直接液化的基本工艺

液化的基本工艺流程如图 8.4 所示。

将煤先磨成粉，与工艺过程产生的液化重油（循环溶剂）配成煤浆，在高温（450℃）和高压（20～30MPa）条件下直接加氢，将煤转化为液体产品。整个过程分为三个主要工艺单元。①煤浆制备单元：将煤破碎至 0.2mm 以下与溶剂、催化剂一起制备成煤浆；②反应单元：在反应器内高温高压下进行加氢反应，生成液体物；③分离单元：分离反应生成的残渣液化油及反应气，重油作为循环溶剂配煤浆用。

直接液化工艺的液体产品比热解工艺的产品质量要好得多，可以不与其它产品混合直接用作燃料。但是，直接液化产品在被直接用作燃料之前需要进行提质加工，采用标准的石油工业技术，让从液化厂生产出来的产品与石油冶炼厂的原料混合进行处理。

一般情况下，根据将煤转化成可蒸馏的液体产品的过程，可将煤直接液化工艺分为单段液化和两段液化两大类。

（1）单段液化工艺

通过一个主反应器或一系列的反应器生产液体产品。这种工艺可能包含一个合在一起的在线加氢反应器，对液体产品提质但不能直接提高总转化率。溶剂精炼煤法（SRC-Ⅰ和 SRC-Ⅱ工艺）、氢煤法（H-Coal）与埃克森供氢溶剂法（EDS工艺）均属此类。

（2）两段液化工艺

通过两个反应器或两系列反应器生产液体产品。第一段的主要功能是煤的热解，在此段中不加催化剂或加入低活性可弃性催化剂。第一段的反应产物进入第二段反应器中，在高活性催化剂存在下加氢生产出液态产品。主要包括催化两段液化工艺、HTI 工艺、Kerr-McGee 工艺与液体溶剂萃取工艺等。

8.3.2　直接液化产物

煤加氢液化后得到的并不是单一的产物，而是组成十分复杂的，包括气、液、固三相的混合物，组成如图 8.5 所示。残渣不溶于吡啶或四氢呋喃，由尚未完全转化的煤、矿物质和外加的催化剂构成。惰质组反应活性最差，主要富集于残渣中。前沥青烯是指不溶于苯但可溶于吡啶或四氢呋喃的重质煤液化产物，平均分子量约 1000，杂原子含量较高。沥青烯是指可溶于苯但不溶于正己烷或环己烷的、类似于石油沥青质的重质煤液化产物，与前者一样也是混合物，平均分子量约为 500。油是指可溶于正己烷或环己烷的轻质煤液化产物，除少量树脂外，一般可以蒸馏，沸点有高有低，分子量大致在 300 以下。

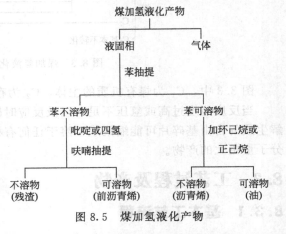

图 8.5　煤加氢液化产物

旨在得到轻质油品时，可以采用蒸馏法分离，沸点＜200℃者为轻油或称石脑油，沸点为 200～350℃者为中油。一般来说，轻油中含有较多的酚类，中性油中苯族烃含量较高，经过重整可以比原油的石脑油得到更多的苯类，中油含有较多的萘系和蒽系化合物，另外酚类和喹啉类化合物也较多。煤液化轻油和中油的组成如表 8.3 所示。

表 8.3 煤液化轻油和中油的组成

馏分		含量/%	主要成分
轻油	酸性油	20.0	90%为苯酚和甲酚、10%为二甲酚
	碱性油	0.5	吡啶及同系物、苯胺
	中性油	79.5	芳烃40%、烯烃5%、环烷烃55%
中油	酸性油	15	二甲酚、三甲酚、乙基酚、萘酚
	碱性油	5	喹啉、异喹啉
	中性油	80	2~3环烷烃69%、环烷烃30%、烷烃1%

另外，煤液化过程中还有一定量的气体生成。主要包括两部分：①含杂原子的气体，如 H_2O、H_2S、NH_3、CO_2 和 CO 等；②气态烃，$C_1 \sim C_3$（有时包括 C_4）。气体产率与煤种和工艺条件有关，例如伊利诺斯 6 号煤采用 SRC-II 法得到的气体组成为 $C_1 \sim C_2$ 11.6%，$C_3 \sim C_4$ 2.2%，H_2O 6.0%，H_2S 2.8%，CO_2 1.0%，CO 0.3%。气态烃的生成要消耗大量的氢，其产率增加将导致氢耗量提高。

8.4 直接液化过程影响因素

8.4.1 原料煤

（1）煤的变质程度与液化特性的关系

一般说来，除无烟煤不能直接液化外，其它煤均可被不同程度地液化。煤炭加氢液化的难度随着煤变质程度的增加而增加，即泥炭＜年轻褐煤＜褐煤＜高挥发分烟煤＜中等挥发性烟煤＜低挥发性烟煤。煤中挥发分的高低是煤阶高低的一种表征指标，越年轻的煤挥发分越高，越易液化，通常选择挥发分大于 35% 的煤作为直接液化煤种。另外，变质程度低的煤 H/C 原子比相对较高，易于加氢液化，并且 H/C 原子比越高，液化时消耗的氢越少，通常 H/C 原子比大于 0.8 的煤作为直接液化用煤。还有，煤的含氧量高，直接液化过程氢耗量就大，水的产率就高，油的产率相对偏低。因此适宜的加氢液化原料是高挥发分烟煤和褐煤。图 8.6 是煤阶按 O/C 比和 H/C 比的分类图。表 8.4 为煤的煤化程度与其加氢液化转化率的关系。

（2）煤的化学组成、岩相组成与液化特性关系

除了煤的煤化程度之外，煤的化学组成和岩相组成对煤液化也有很大影响。研究表明，多环芳烃比单环芳烃加氢更快，其中多环链状烃（如蒽）比角状烃或中心状烃更快；杂环化合物比碳环化合物更容易加氢，因为环中存在的杂原子破坏了环的对称性，一般来讲优先在杂环中加氢。

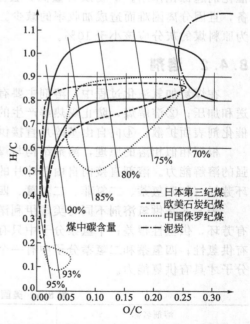

图 8.6 煤阶按 O/C 比和 H/C 比的分类图

表 8.4 煤的煤化程度与其加氢液化转化率的关系

煤种	液体收率/%	气体收率/%	总转化率/%	煤种	液体收率/%	气体收率/%	总转化率/%
中等挥发分烟煤	62	28	90	次烟煤 B	66.5	26	92.5
高挥发分烟煤 A	71.5	20	91.5	次烟煤 C	58	29	87
高挥发分烟煤 B	74	17	91	褐煤	57	30	87
高挥发分烟煤 C	73	21.5	94.5	泥炭	44	40	84

　　同一煤化程度的煤，由于形成煤的原始植物种类和成分不同和成煤初期沉积环境的差异，导致煤的岩相组成也有所不同，其加氢液化的难易程度也不相同。研究证实，煤中惰质组（主要是丝炭）在通常的液化反应条件下难于加氢液化，而镜质组、半镜质组和壳质组较容易加氢液化。煤岩相组分的元素组成和加氢液化转化率的关系如表 8.5 所示。

表 8.5 煤岩相组分的元素组成和加氢液化转化率的关系

岩相组分	元素组成%			H/C 原子比	加氢液化转化率/%
	C	H	O		
丝炭	93	2.9	0.6	0.37	11.7
暗煤	85.4	4.7	8.1	0.66	59.8
亮煤	83.0	5.8	8.8	0.84	93.0
镜煤	81.5	5.6	8.3	0.82	98

　　(3) 煤中矿物质与液化特性的关系

　　煤中矿物质对液化效率有一定的影响。煤中 Fe、S、Cl 等元素尤其是黄铁矿对煤的液化过程起催化作用，而含有碱金属元素（K、Na）和碱土金属元素（Ca）的矿物质对某些催化剂起毒化作用。矿物质含量高，会增加反应设备的非生产性负荷，同时灰渣易磨损设备，且因分离困难而造成油收率的减少。因此，加氢液化原料煤的灰分低一些较好，一般认为原料煤的灰分应该小于 10%。

8.4.2 溶剂

　　在煤炭加氢液化过程中，溶剂主要有以下几个方面作用：①与煤配成煤浆，便于煤的输送和加压；②溶解煤，防止煤热解产生的自由基碎片缩聚；③溶解气相氢，使氢分子向煤或催化剂表面扩散；④向自由基碎片直接供氢或传递氢。

　　根据相似相溶的原理，溶剂结构与煤分子近似的多环芳香烃对煤热解的自由基碎片有较强的溶解能力。溶剂直接向自由基碎片的供氢是煤液化过程中溶剂的特殊功能，部分氢化多环芳烃（如四氢萘、二氢菲、二氢蒽、四氢蒽）具有很强的供氢能力。

　　表 8.6 是供氢溶剂不同时美国伊利诺伊煤的液化实验结果。从表中可以看出萘分子中只有芳环，供氢性很差；十氢萘分子中只有饱和环，十个碳原子已全部氢化，这样的分子也没有供氢性；四氢萘和二氢萘分子中有一个芳环，还有一个六元环被氢原子部分饱和，这样的分子才具有供氢能力。

表 8.6 美国伊利诺伊煤液化实验结果

溶剂名称	分子式	煤转化率/%
萘	$C_{10}H_8$	29.7
十氢萘	$C_{10}H_{18}$	32.5
四氢萘	$C_{10}H_{12}$	70.2
1,2-二氢萘	$C_{10}H_{10}$	71.3
1,4-二氢萘	$C_{10}H_{10}$	81.4

在煤加氢液化装置连续运转过程中，实际使用的溶剂是煤直接液化产生的中质油和重质油的混合物，称作循环溶剂，其主要组成是 2～4 环的芳烃和氢化芳烃。循环溶剂经过预先加氢，提高了溶剂中氢化芳烃的含量，可以提高溶剂的供氢能力。

煤液化装置开车时，没有循环溶剂，则需采用外来的其它油品作为起始溶剂。起始溶剂可以选择高温煤焦油中的脱晶蒽油，也可以采用石油重油催化裂化装置产出的澄清油或石油渣油。

8.4.3　工业催化剂

（1）催化剂的作用

煤加氢液化过程中催化剂的作用主要体现在两个方面。一是促进煤大分子的裂解，二是促进自由基的加氢。

首先，催化剂活化反应物，加快加氢反应速度，提高煤炭液化的转化率和油收率。煤炭加氢液化是煤热解成自由基碎片，再加氢稳定呈较低分子物的过程。由于分子氢的键合能较高，系统中的氢难以直接与煤热解产生的自由基碎片产生反应，因此，需要通过催化剂的催化作用，降低氢分子的键合能使之活化，从而加速加氢反应。

其次，促进溶剂的再氢化和氢源与煤之间的氢传递。催化剂在供氢溶剂液化中的主要作用是促进溶剂的再氢化，维持或增大氢化芳烃化合物的含量和供体的活性，有利于氢源与煤之间的氢传递，提高液化反应速度。

第三，催化剂具有选择性。为提高油收率和油品质量，减少残渣和气体产率，要求催化剂能加速热裂解、加氢、脱氢、氮、硫等杂原子及异构化反应，而抑制缩合反应，一般应根据加工工艺目的不同来选择相适应的催化剂。

（2）工业催化剂的性能要求

① 催化剂应具有良好的催化性能；

② 催化剂应具有高的反应选择性；

③ 催化剂应具有较长的寿命。主要包括高的化学稳定性、结构稳定性、机械稳定性及良好的传热性；

④ 催化剂应来源广，价格便宜。在第一段加氢时因为有煤的存在，催化剂回收困难，故多用工业废渣（如赤泥）和廉价铁系催化剂。

（3）煤加氢液化催化剂的种类

煤加氢液化催化剂种类很多，很多金属如钴、钼、镍、钨等及其氧化物、硫化物、卤化物均可作为煤加氢液化的催化剂。主要有工业价值的加氢液化催化剂包括：①金属催化剂，主要是镍、钼催化剂；②铁系催化剂，含氧化铁的矿物或铁盐，也包括煤中含有或伴生的含铁矿物；③金属卤化物，由于其回收和对设备有腐蚀性，工业上很少应用。

煤直接液化一般选用铁系催化剂或镍钼钴类催化剂。$Co\text{-}Mo/Al_2O_3$、$Ni\text{-}Mo/Al_2O_3$ 和 $(NH_4)_2MoO_4$ 等催化剂活性高，用量少，但是因其价格高，必须再生反复使用。而 Fe_2O_3、FeS_2、$FeSO_4$ 等铁系催化剂活性低，用量较大，但来源广且便宜，可不用再生，称之为"廉价可弃催化剂"。氧化铁和硫黄或硫化钠组成的铁硫系催化剂，也具有较高的活性。在煤加氢液化反应条件下，硫黄转变成 H_2S，它使氧化铁转变成活性较高的硫化铁，具有供氢和传递氢的作用。中国煤炭科学研究总院北京煤化所以脱晶蒽油为溶剂液化依兰煤，在氢压10MPa、反应温度450℃的条件下，初步选出 5 种催化活性较好的廉价矿物，研究结果如表8.7 所示。

表 8.7　不同廉价催化剂液化性能对比试验结果

催化剂	催化剂用量/%	粒度/mm	THF转化率/%	油产率/%
闪速炉渣	3	≤6.2×10⁻²	92.5	57.0
闪速炉渣	3	约1.0×10⁻³	96.2	63.6
铁矿	3	≤6.2×10⁻²	96.6	59.0
铁矿	3	约1.0×10⁻³	97.5	67.0
天然黄铁矿	3	≤6.2×10⁻²	95.3	55.7
天然黄铁矿	3	约1.0×10⁻³	98.5	70.0
伴生黄铁矿	3	≤6.2×10⁻²	93.6	61.3
伴生黄铁矿	3	约1.0×10⁻³	98.0	68.7
铁精矿	3	≤6.2×10⁻²	97.6	61.7
铁精矿	3	约1.0×10⁻³	98.7	72.5
合成硫化铁	3	约1.0×10⁻²	97.4	70.0
空白试验	0	0	79.1	29.4

高价可再生催化剂（Mo，Ni-Mo 等）一般是以多孔氧化铝或分子筛为载体，以钼和镍为活性组分的颗粒状催化剂。此种催化剂活性很高，可在反应器内停留较长的时间。随着使用时间的延长，活性会不断下降，因此必须不断地排出失活后的催化剂，同时补充新的催化剂。使用过的催化剂经过再生（主要是除去表面的积炭和重新活化）或者重新制备，再加入反应器内。由于煤的直接液化反应器是在高温高压下操作，催化剂的加入和排出必须有一套技术难度较高的进料、出料装置。

近年来，美国、日本和中国的煤液化专家，先后开发了纳米级粒度、高分散的铁系催化剂。用铁盐的水溶液处理液化原料煤粉，再通过化学反应就地生成高分散催化剂粒子。通常是用硫酸亚铁或硝酸铁溶剂处理煤粉并和氨水反应制成 FeOOH，再添加硫，分步制备煤浆。把铁系催化剂制成纳米级（10～100nm）粒子，加入煤浆可以使其高度分散。研究表明，液化催化剂的用量可以由原来的 3% 左右降到 0.5% 左右，并有助于提高液化油收率。

8.4.4　反应温度

反应温度是煤加氢液化的一个非常重要的条件。在氢气压、催化剂和溶剂存在条件下，适宜液化的煤加热到最合适的反应温度，就可以获得理想的转化率和油收率。

通常煤浆加热时，首先煤在溶剂中发生膨胀和部分溶解，此时不消耗氢气，说明煤尚未加氢液化。随着温度升高，煤大分子结构发生解聚、分解和加氢等反应，未溶解的煤继续热熔接，转化率和氢耗量同时增加；当温度升到最佳值（420～450℃）范围，镜质组含量较高的煤转化率和油收率最高。温度再升高，分解反应超过加氢反应，缩合反应也随之加强，因此转化率和油收率减少，气体产率和半焦产率增加，对液化不利。

液化反应对反应温度最为敏感，一方面温度的升高使氢气在溶剂中的溶解度增加、氢传递加快；另一方面，反应速度随温度增加而成指数增加，因而转化率、油产率、气体产率和氢耗量也随之增加，沥青烯和前沥青烯的产率下降，这对煤加氢液化是有利的。

提高反应温度可有效提高反应速率，但反应温度并非越高越好，若温度偏高，可使部分反应生成的液体产物缩合或裂解生成气体产物，造成气体产率增加，还有可能出现结焦，不但可能使液化油的产率降低，而且会使反应器的温度控制非常困难，严重影响液化过程进行。

8.4.5 反应压力

反应压力对煤液化反应的影响主要是指氢气分压。大量实验研究证明，煤液化反应速率与氢气分压的一次方成正比，氢气分压越高越有利于煤的液化反应。反应系统中的氢气可以直接参与煤大分子结构中的桥键断裂，高氢压可以导致一些仅靠热裂解不能断裂的 C-C 键加氢裂解。在德国老液化工艺的 70MPa 条件下，一部分沥青烯或前沥青烯都可能裂解成低分子油、气产物。系统中过高的氢分压也会导致烷基芳香环的脱烷基反应和氢化芳香物的开环，有的反应在煤液化过程中并不希望发生。

要使氢气分压提高，可以提高系统总压或提高氢气在循环气体中的浓度。提高系统总压使整个液化装置的压力等级提高，反应器和其它高压容器以及工艺配管的壁厚就需增加，投资成本随之增加。另外，压力的增加使氢气压缩和煤浆加压消耗的能量也增加，因此选择煤液化装置的压力需综合各方面因素慎重考虑。提高循环气中氢气浓度是在系统总压不变的条件下提高反应速度的有限措施，但对于煤液化反应也有一定效果。提高循环气中氢气浓度的方法是增加新氢气流量，或通过水洗脱除 CO_2，再通过油洗脱除烃类气体。但不管采用哪种措施，都要增加能量的消耗。循环气中氢气浓度选择多高，也要权衡利弊综合考虑。

8.4.6 反应时间

在适合的反应温度和足够氢供应下进行煤加氢液化，随着反应时间的延长，液化转化率开始增加很快，以后逐渐减慢，而沥青烯收率和油收率相应增加，并依次出现最高点。气体产率开始很少，随着反应时间的延长，后来增加很快，同时氢耗量也随之增加。Westerholt 煤加氢液化转化率与反应时间的研究结果如表 8.8 所示。

表 8.8 Westerholt 煤加氢液化转化率与反应时间的关系

反应温度/℃	反应时间/min	转化率/%	沥青烯收率/%	油收率/%
410	0	33	31	2
	10	55	40	14
	30	64	46	18
	60	74	47	26
	120	76	48	27
435	0	46	41	5
	10	66	40	26
	30	79	50	28
	60	79	39	36
455	0	47	32	15
	10	67	43	23
	30	73	51	20
	60	77	44	26

从生产角度出发，一般要求反应时间越短越好，因为反应时间短意味着高空速、高处理量。但反应时间短可能会使反应深度不够，合适的反应时间与煤种、催化剂、反应温度、溶剂以及对产品的质量要求等因素有关，应通过实验来确定。

8.4.7 气液比

气液比通常用气体标准状态下的体积流量与煤浆体积流量之比来表示，是一个无量纲的参数。当气液比提高时，液相的较小分子更多地进入气相中，而气体在反应器内的停留时间远低于液相停留时间，这样就减少了小分子液化油继续发生裂化反应的可能性，却增加了液相中大分子的沥青烯和前沥青烯在反应器内的停留时间，从而提高了它们的转化率。另外，气液比的提高会增加液相的返混程度，这对反应是有利的。但是提高气液比也会使反应器内气含率增加，使液相所占空间减小，使液相停留时间缩短，反而对反应不利。另外，气液比的提高还会增加循环压缩机的负荷，增加能量消耗。

8.5 主要设备

煤直接液化是在高压和比较高的温度下的加氢过程，所以工艺设备及材料必须具有耐高压以及临氢条件下耐氢腐蚀等性能。另外，直接液化处理的物料含有煤及催化剂等固体颗粒，因此，还要解决由于处理固体颗粒所带来的沉积、磨损、密封等技术问题。以下对一些关键设备进行简单介绍。

8.5.1 高压煤浆泵

高压煤浆泵的作用是把煤浆从常压环境送入高压系统内，除了有压力要求外，还必须达到所要求的流量。煤浆泵一般选用往复式高压柱塞泵，小流量可用单柱塞或双柱塞，大流量情况下要用多柱塞并联。柱塞材料必须选用高硬度的耐磨材料。

柱塞泵的进出口煤浆止逆阀的结构形式必须适应煤浆中固体颗粒的沉积和磨损，这是必须解决的技术问题。由于柱塞在往复运动时内部为高压而外部为常压，因此密封问题也要得以解决，一般采用中间有油压保护的填料密封。

8.5.2 煤浆预热器与煤浆加热炉

在煤浆预热器内，大部分煤发生溶胀、溶解，对于活性高的低阶煤还可能已经开始了加氢液化反应。煤浆预热器的作用是在煤浆（或煤浆＋氢气）进入反应器前，把煤浆（或煤浆＋氢气）加热到反应器入口的温度，即接近反应温度。小型装置的煤浆预热器采用电加热模式，大型装置则采用煤浆加热炉。煤浆在升温过程中的黏度变化很大（尤其是烟煤煤浆）。对于大规模生产装置，煤浆加热炉的炉管需要并联，此时，为了保证每一支路中的流量一致，最好每一路炉管配一台高压煤浆泵。还有一种解决预热器结焦堵塞的办法是取消单独的预热器，煤浆仅通过高压换热器升温至300℃就进入反应器，靠加氢反应放热和对循环气体加热使煤浆在反应器内升至反应所需的温度。

煤浆加热炉是为油煤浆和氢气进料提供热源的关键设备。它在使用上具有如下一些特点：

① 管内被加热的是易燃、易爆的氢气和烃类物质，危险性大；

② 它的加热方式为直接受火式，使用条件更为苛刻；

③ 必须不间断地提供工艺过程所要求的热源；

④ 所需热源是依靠燃料（气体或流体）在炉膛内燃烧时所产生的高火焰和烟气来获得。

因此，对于加热炉来说，一般应该满足下面的基本要求：①满足工艺过程所需的条件；②能耗省，投资合理；③操作容易，且不易误操作；④安装、维护方便，使用寿命长。

用于煤浆加热的主要炉型有箱式炉、圆筒炉和阶梯炉等，且以箱式炉居多。箱式炉中，对于辐射炉管布置方式有立管式和卧管式排列两类。对于氢气和油煤浆混合料进入加热炉加热的混相流情况，大都采用卧管排列方式。图 8.7 是典型的卧管式加热炉。

在炉型选择时，还应注意到加热炉的管内介质中存在着高温氢气，有时物流中还含有较高浓度的氨和硫化氢，将会对炉管产生腐蚀，在这种情况下，炉管往往选用比较昂贵的高合金炉管。为了能充分利用高合金炉管表面积，应优先选用双面辐射的炉型。

8.5.3　液化反应器

煤加氢液化反应器是煤液化的核心设备。它操作于高温高压、临氢环境下，且进入反应器内的物料中往往含有硫、氮等杂质，将与氢反应分别形成具有腐蚀性的硫化氢和氨。另外，由于加氢液化反应是个放热反应，在反应过程中，其反应热较大，会使床层温度升高，但

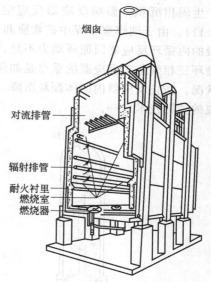

图 8.7　典型卧管式加热炉

又不应出现局部过热现象，同时也要保证液、固、气三相传热、传质。如此苛刻的使用条件给加氢液化反应器的设计、制造带来很大难度。

煤直接液化反应器实际上是能耐高温（470℃左右）、耐氢腐蚀的高压容器。在商业化的液化厂，一台反应器可以是有数百立方米体积、上千吨重量的庞然大物。工业化生产装置反应器的最大尺寸取决于制造商的加工能力和运输条件。

早期的煤液化反应器都是柱塞流鼓泡反应器，油煤浆和氢气三相之间缺少相互作用，液化效果欠佳。从 20 世纪 70 年代开始，液化反应器的研究主要集中于美国，如 H-Coal 工艺采用固、液、气三相沸腾床催化反应器（图 8.8），增加了反应物与催化剂之间的接触，使反应器内物料分布均衡，温度均匀，反应过程处于最佳状态，有利于加氢反应的进行，并可以克服鼓泡床反应器液相流速低、煤的固体颗粒在反应器内沉积问题。HTI 工艺的全返混浆态反应器（图 8.9）采用外循环方式加大油煤浆混合程度，促使固、液、气三相充分接触，加速煤加氢液化反应过程，提高煤液化反应转化率。

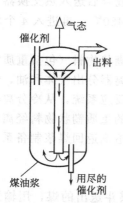

图 8.8　H-Coal 三相沸腾床结构示意图

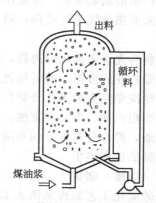

图 8.9　HTI 外循环三相反应器结构示意图

德国和日本开发的煤加氢液化新工艺的反应器仍采用三相鼓泡床反应器（图 8.10）。由于氢气与油煤浆在反应器内流动基本处于柱塞流，即平推流，混合程度较低，在反应器中易

产生固相沉积,影响反应器反应空间。当前研究的热点是内循环三相浆态床反应器(图8.11)。由于油煤浆中煤中矿物质和未转化的煤的密度远远大于液化溶剂油和液化粗油,一般的内循环反应器因循环动力不足,难以避免出现反应器内固体颗粒沉降问题。因此研究内循环三相浆态床反应器的重点是如何提高反应器内循环动力,改善浆态床反应器内固液循环状况,防止反应器内固体颗粒沉降,增加加氢反应能力等,这是现代煤直接液化技术所要研究的关键技术之一。

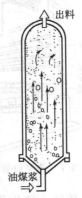

图 8.10　柱塞流反应器示意图

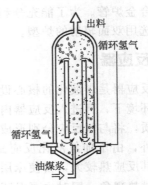

图 8.11　内循环三项浆态床反应器示意图

8.6　德国煤加氢液化老工艺

德国是第一个将煤直接液化工艺用于工业化生产的国家,最初采用的工艺是德国人柏吉乌斯(Bergius)在 1913 年发明的柏吉乌斯法,由德国 I. G. Farbenindustrie(燃料公司)在 1927 年建成第一套生产装置,所以也称 IG 工艺。德国煤加氢液化老工艺是后来各种新工艺的基础。该工艺主要可分为两段,第一段为液相加氢(又称"糊相加氢"),将固体煤初步转化为粗汽油和中油;第二段为气相加氢,将前段的中间产物加工成商品油。

8.6.1　第一段液相加氢

第一段液相加氢工艺流程如图 8.12 所示。由备煤、干燥工序来的煤与催化剂和循环油一起在球磨机内湿磨制成煤浆,煤浆用高压泵输送并与氢气混合后送入热交换器,与从高温分离器顶部出来的热油气进行换热,随后送入预热器预热到 450℃,再进入 4 个串联的加氢反应器。

反应后的物料先进入高温分离器,气体和油蒸汽与重质糊状物料(包括重质油、未反应的煤和催化剂等)在此分离。前者经过热交换器后再到冷分离器分出气体和油,气体的主要成分为氢气,经洗涤除去烃类化合物后作为循环气再返回到反应系统,从冷分离器底部获得的油经蒸馏得到粗汽油、中油和重油。高温分离器底部排出的重质糊状物料经离心过滤分离为重质油和残渣,离心分离重质油与蒸馏重油混合作为循环溶剂返回煤浆制备系统;残渣采用干馏方法得到焦油和半焦。

(1)煤浆(煤糊)制备

煤浆制备的简化工艺流程见图 8.13。从备煤车间的盛煤斗送出的煤,用输送机送入锤式破碎机,在破碎机中被破碎到粒径为 20~30cm 的碎煤。加入催化剂(其量为煤的 3%~5%)后细碎到颗粒大小约 1cm 左右。干燥后由卸料器和螺旋给料器送出,经风力提升管送入中间料斗,然后在振动筛中分成小于 1cm 和大于 1cm 的两种煤料。小于 1cm 的过筛细煤

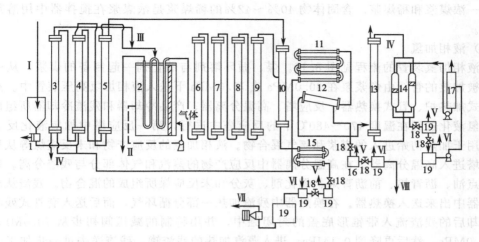

图 8.12　煤的液相加氢装置

1—煤浆泵；2—管式加热炉；3,4,5—管束式换热器；6,7,8,9—反应塔；10—高温气体分离器；11—高压
产品冷却器；12—产品（冷却）分离器；13—洗涤塔；14—膨胀机；15—残渣冷却器；
16—残渣罐；17—泡罩塔；18—减压阀；19—中间罐

物料流：Ⅰ—稀煤浆；Ⅱ—浓煤浆；Ⅲ—循环气；Ⅳ—吸收油；Ⅴ—加氢所得贫气；

Ⅵ—加氢所得富气；Ⅶ—去加工的残渣；Ⅷ—去精馏的加氢物

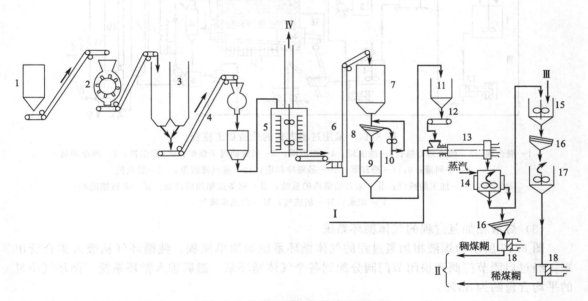

图 8.13　煤浆制备的简化工艺流程图

1—盛煤斗；2—锤式破碎机；3—料斗；4—锤式破碎机；5—桨叶式干燥器；6—风力提升管；7—中间料斗；
8—振动筛；9—料斗；10—锤式破碎机；11—配料装置；12—皮带秤；13—煤浆球磨机；
14—中间罐；15—透平式搅拌器；16—振动筛；17—带有搅拌器的煤浆管；18—煤浆泵

物料流：Ⅰ—循环油；Ⅱ—去高压室；Ⅲ—溶剂油；Ⅳ—烟气

粉加入料斗，而颗粒较大的煤料重新送回锤式破碎机破碎并重新过筛。

从料斗出来的煤，经配料装置、皮带秤送往煤浆制备装置，即用卸料螺旋给料器通过空心端轴送入煤糊球磨机。来自加氢液化油蒸馏装置和残渣加工装置的循环油进入球磨机。煤在球磨机中进一步磨碎，并与循环油在温度为 100～120℃下混合约 40min。通常制造两种煤浆——浓煤浆和稀煤浆。含固体物 40%～42% 的稀煤浆是浓煤浆在搅拌器中用溶剂油稀释而得。

（2）液相加氢

煤液相加氢装置的流程见图 8.12。煤、循环溶剂与催化剂一起制备的煤浆，从中间罐出来沿被加热的管线由煤浆泵在 30.0MPa 或 70.0MPa 下送入液相加氢高压装置中。高压装置由管式加热炉、管式换热器、反应塔、高温分离器、产品冷却器和残渣冷却器所组成。

加氢液化过程在温度 470～480℃ 下的反应塔中进行，第一反应塔中加氢液化反应放出的热量用于加热初始进入的煤浆和氧气混合物。液相加氢的反应产物和未反应煤等从最后一个反应塔进入高温分离器。在高温分离器中反应产物的蒸汽和气体部分与残渣分离。残渣是由高沸点油、沥青烯、前沥青烯、催化剂、灰分和未反应煤所组成的混合物。残渣从高温气体分离器中出来送入换热器。在换热器中残渣加热一部分循环气，而后送入套管式残渣冷却器。冷却后的残渣流入带锥形底盖的封闭罐中，并用特制的减压阀初步从 70.0MPa 降到 2.0～3.0MPa，然后再降到 0.1MPa，进入蒸汽加热的残渣罐，残渣送去进一步加工以回收夹带的液体产物。图 8.14 是采用过滤方式的残渣加工流程。

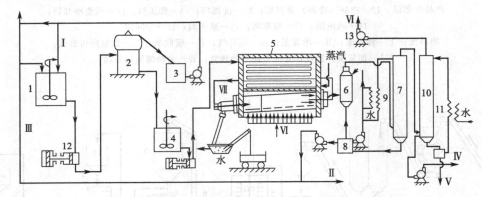

图 8.14　采用过滤方式的残渣加工流程

1—混合罐；2—残渣离心机；3—滤油罐；4—滤渣罐；5—回转圆筒干馏炉；6—除尘器；7—预冷却塔；
8—中间罐；9,11—冷却器；10—最终冷却塔；12—蒸汽残渣泵；13—鼓风机

物料流：Ⅰ—加工的残渣；Ⅱ—来自精馏塔的重油；Ⅲ—制备煤糊用的重油；Ⅳ—去精馏的油；
Ⅴ—配水；Ⅵ—加热气；Ⅶ—过热水蒸气

（3）煤液相加氢过程的气体循环系统

图 8.15 所示为煤液相加氢过程的气体循环系统的简单流程。纯循环气从吸入集合管出来，经过启闭节门阀和快闭节门阀分配到各个气体循环泵，然后进入循环系统。循环气中氢的平均含量约为 85%。

在每个循环泵的进出口处设有溅沫分离器，溅沫分离器配有控制积聚液体液面的指示器，分离器中液体由人工通过减压阀放出。在泵的气体出口处液滴分离器的后面设有冷却器，可以保证进入系统中气体的温度不超过 55℃。循环气通过冷却器和补充的新氢混合后，分成两股。一股送去与煤浆混合，另一股送去冷却反应塔和高温分离器。

由于整个加氢段的正常运转主要取决于循环系统是否能无间断地操作，故一般安装具有很大储备能力的气体循环泵，并在操作时至少应该有两个备用泵，其中应有一台可随时启动。回到循环系统的循环气中含有大量气态加氢产物——气体烃，因此循环气体要在高压洗涤塔中用油洗涤除去气态烃。图 8.16 所示为循环气油洗装置的流程图。

循环气在进入油洗系统以前，经冷却器冷却到 35℃，通过液滴分离器，然后进入洗涤

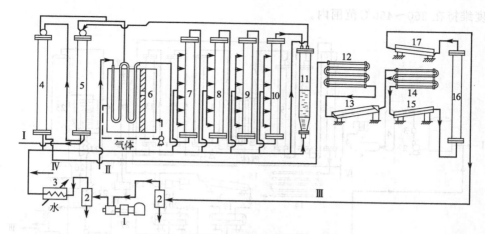

图 8.15 液相加氢过程气体循环系统流程

1—气体循环泵；2—溅沫分离器；3—冷却器；4，5—高压管束式换热器；6—管式炉；7，8，9，10—反应塔；

11—高温分离器；12—高压冷却器；13—产品（冷的）分离器；14—中间高压冷却器；

15—液滴分离器；16—洗涤塔；17—分离器

物料流：Ⅰ—稀煤浆；Ⅱ—浓煤浆；Ⅲ—来自洗涤塔的循环气；Ⅳ—氢气

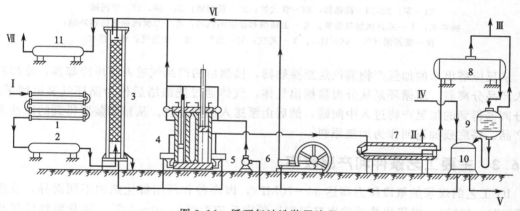

图 8.16 循环气油洗装置流程

1—冷却器；2—液滴分离器；3—洗涤塔；4—膨胀机；5—多级离心泵；6—三柱塞高压泵；

7，8—储罐；9—板式塔；10—新鲜油罐；11—分离器

物料流：Ⅰ—来自高压室的气体；Ⅱ—贫气；Ⅲ—富气；Ⅳ—新鲜油；

Ⅴ—废油；Ⅵ—洗涤油；Ⅶ—去循环的气体

塔。从高压洗涤塔中出来的洗涤油的能量在膨胀机回收。用过的油经膨胀机后在圆筒罐降压到 3.5～3.8MPa。从该罐中分出的贫气送到贫气网的气柜，以便进一步加工；而油减压到 0.1MPa 后进入储罐从中分出富气，然后油送入板式塔再进一步驱除油中气体，富气进一步加工得到气态烃产品。

8.6.2 第二段气相加氢

第二段气相加氢工艺流程如图 8.17 所示。蒸馏得到的粗汽油和中油作为气相加氢原料，从储罐中泵出，通过初步计量器、硫化氢或氯化氢饱和塔和过滤器后与循环气混合后进入顺次排列的高压换热器换热，再进入管式气体加热炉预热。从加热炉出来的原料蒸汽混合物进入 3 个或 4 个顺次排列的固定床催化加氢反应塔。催化加氢装置的操作压力为 32.5MPa，

反应温度维持在 360~460℃范围内。

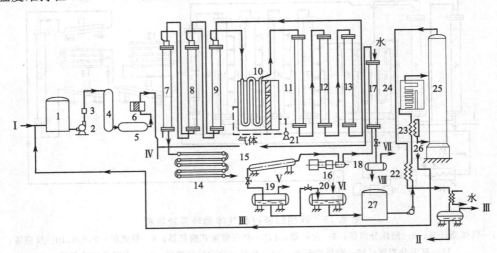

图 8.17　气相加氢过程的汽油化装置流程

1—罐；2—离心泵；3—计量器；4—硫化氢饱和塔；5—过滤器；6—高压泵；7,8,9—高压换热器；10—管式炉；
11,12,13—反应塔；14—高温冷却器；15—产品分离器；16—循环泵；17—洗涤塔；18,19,20—罐；
21—泵；22,23—换热器；24—管式炉；25—精馏塔；26—泵；27—中间罐
物料流：Ⅰ—来自预加氢装置；Ⅱ—去精制和稳定的汽油；Ⅲ—二次汽油化的循环油；
Ⅳ—新鲜循环气（98%H₂）；Ⅴ—贫气；Ⅵ—富气；Ⅶ—加氢气；Ⅷ—排水

从反应塔出来的加氢产物蒸汽送至换热器，换热后的产品气进入高压冷却器，冷却后再进入产品分离器，用循环泵从分离器抽出气体，气体通过洗涤塔后作为循环气又返回系统。从分离器得到的加氢产物进入中间罐，然后由泵送入精馏装置。从精馏装置得到的汽油为主要产品，塔底残油返回作为加氢原料。

8.6.3　主要工艺条件和产品收率

IG 工艺的煤浆加氢段压力高达 30~70MPa，因煤种和所用催化剂的不同而异，反应塔温度 470~480℃，煤浆预热器的出口温度比预定反应温度低 20~60℃。液化粗油的气相加氢段反应温度为 360~450℃，催化加氢反应系统压力大约为 32MPa。该工艺使用的催化剂种类汇总于表 8.9。

表 8.9　德国煤直接加氢液化老工艺所使用的催化剂种类

阶段	原料	反应压力/MPa	催化剂
糊相	烟煤	70	≥1.5%FeSO₄·7H₂O+0.3%Na₂S
	烟煤	30	6%赤泥+0.06%草酸锡+1.15%NH₄Cl
	褐煤	30 或 70	6%赤泥或其它含铁化合物
液相	焦油	20 或 30	钼、铁载于活性炭上，0.3%~1.5%
气相	中油	70	0.6%Mo，2%Cr，5%Zn 和 5%S 载于 HF 洗过的白土
气相(二段)预热	中油	30	27%WS₂，3%NiS，70%Al₂O₃
预热后		30	10%WS₂，90%HF 洗过的白土

IG 工艺采用过滤分离，从热分离器底部流出的淤浆在 140~160℃温度下直接进入离心过滤机分离。对 1000kg 干燥无灰基烟煤而言，当液化转化率为 70%时，淤浆总质量为

1130kg，固体残渣质量为 340kg；而液化转化率为 96% 时，淤浆和固体残渣质量分别减少 270kg 和 80kg。过滤分离得到的滤液，即重质油，含有较多的沥青烯和 2%～12% 的固体，作为煤浆加氢循环溶剂，其供氢能力较差，沥青烯积累会使煤浆黏度上升，这正是 IG 工艺需要 70MPa 反应压力的主要原因之一。滤饼固体含量为 38%～40%，通过干馏可回收滤饼中约 30% 的油。

IG 工艺每生产 1t 汽油和液化气需要用煤约 3.6t，其中 38% 用于制氢、27% 用于动力和约 35% 用于液化本身，液化效率仅为 44%，再加上反应条件苛刻，因而缺乏竞争力。

8.7　直接液化的其它典型工艺

8.7.1　溶剂精炼煤法

溶剂精炼煤（Solvent Refined Coal）工艺简称 SRC 法，属于一段液化技术，是煤在较高压力和温度下，在有氢气存在的条件下进行溶剂萃取加氢，生产低灰、低硫的清洁固体燃料和液体燃料的过程。反应过程不加催化剂，反应条件比较温和，反应压力为 14MPa，根据生产目的可分为 SRC-Ⅰ 和 SRC-Ⅱ 工艺。

SRC-Ⅰ 工艺是由美国匹兹堡密德威煤炭矿业公司于 20 世纪 60 年代初根据第二次世界大战前德国的 Pott-Broche 工艺原理开发出来的，其目的是由煤生产洁净的固体燃料。其工艺流程如图 8.18 所示。

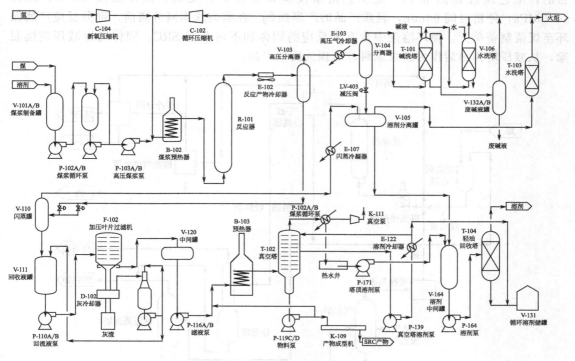

图 8.18　SRC-Ⅰ 工艺装置流程

煤与来自装置减压蒸馏生产的循环溶剂配成煤浆，与循环气和补偿氢混合后，经预热器预热，进入反应器。反应产物冷却到 260～316℃ 后，在高温分离器分离出富氢气体和轻质液体。富氢气体经气液分离、洗涤、循环压缩机压缩后与新鲜氢至预热器。高温分离器的重质部分经加压过滤后分离出灰渣滤饼。滤液预热后进行减压蒸馏，回收少量轻质产品和循环溶剂，减压塔塔底产品经固化后即得到固体溶剂精炼煤（SCR）产品。SCR 熔点约为175℃，灰分质量分数低于 0.18%，硫含量 0.2%～0.8%。大规模实验证明，SCR 适合作为锅炉燃料，可作为碳弧炉电极的生产原料。

SRC-Ⅰ工艺的特点：不用外加催化剂，利用煤中矿物质自身的催化作用；反应条件温和，反应温度 400～500℃，反应压力 10～15MPa。主要产品 SRC 的产率约为 60%。美国威尔逊镇建成的 6t/d 的 SRC-Ⅰ工艺装置运行结果如表 8.10 所示。

表 8.10　威尔逊镇 6t/d 的 SRC-Ⅰ工艺装置运转结果

煤种　　工艺条件	科洛尼尔矿肯塔基 9 号	洛韦里奇矿匹兹堡 8 号	伯恩宁斯塔尔矿伊利诺斯 6 号	蒙特利矿伊利诺斯 6 号	贝尔埃尔矿怀俄明州
煤中硫/%	3.1	2.6	3.1	4.4	0.7
温度/℃	424～457	457	438	457	457
压力/MPa	10.34～16.55	11.72	12.41	16.55	16.55
流量/kg·h⁻¹	400～800	400	368	400	400
煤转化率/%	91～95	91	90	95	85
SRC 产率/%	55～65	69	63	54	45
SRC 硫含量/%	0.8	0.9	0.9	0.95	0.1

SRC-Ⅱ工艺是在 SRC-Ⅰ基础上改进得到的一种新工艺，主要以生产全馏分低硫燃料为目的，工艺流程如图 8.19。此工艺溶解反应器操作条件更高，操作温度 460℃，压力14.0MPa，停留时间 60min，轻质产品的产率提高。在蒸馏或固液分离前，部分反应产物循环至煤浆制备单元，循环溶剂中含有未反应的固体和不可蒸馏 SRC。固体通过减压蒸馏脱除，从减压塔排出后作为制氢原料，塔顶为固体产品。

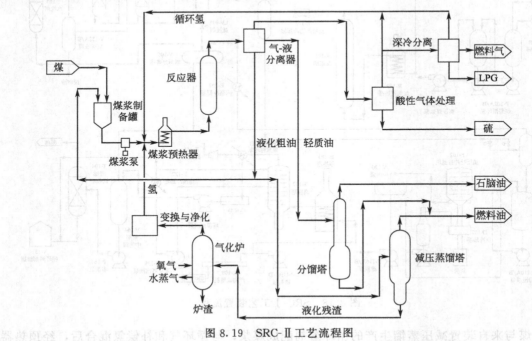

图 8.19　SRC-Ⅱ工艺流程图

煤破碎干燥后与来自装置生产的循环物料混合成煤浆，用高压煤浆泵加压至 14.0MPa左右，与循环氢和补偿氢混合后一起预热到 371～399℃，进入反应器，在反应器内由于反应放热，使反应温度升高，通过通入冷氢控制反应温度维持在 438～466℃的范围。

反应器产物经高温分离器分离成蒸汽和液相两部分，蒸汽进行换热分离冷却后，液体产物进入蒸馏单元。气体净化后富氢气与补充氢气混合，一起进入反应器循环使用。从高温分离器出来的含有固体的液相产物，一部分返回作为循环溶剂用于煤浆制备，剩余部分进入蒸馏单元回收产物。馏出物的一部分可以返回作为循环溶剂用于煤浆制备。蒸馏单元减压塔釜底物含有未转化的固体煤和灰，可进入制氢单元作为制氢原料使用。

SRC-Ⅱ工艺由美国海湾石油公司（Gulf Oil Corporation）开发，并在华盛顿州塔科马建设了 50t/d 的实验装置，其运行结果如表 8.11 所示。

表 8.11　肯塔基烟煤在 SRC-Ⅱ工艺实验装置的实验结果

项目	产率/%	项目	产率/%
$C_1 \sim C_4$	16.6	灰	9.9
总液体油	43.7	H_2S	2.3
其中 C_5 至 195℃	11.4	$CO+CO_2+NH_3$	1.1
195～250℃	9.5	H_2O	8.2
250～454℃	22.8	合计	104.7
SRC（＞454℃）	20.2	氢耗量	4.7
未反应煤	3.7		

8.7.2　氢煤法

氢煤法工艺（H-Coal）是 1963 年由美国 HRI 公司研究开发的，其许多基本概念都来源于 HRI 重油提质加工的 H-Oil 工艺。HRI 从 1955 年开始研究 H-Oil 工艺，1962 年 H-Oil 工艺实现工业化，1976 年又投产了两套大型 H-Oil 工艺装置，总处理量为 $12719m^3/d$。

H-Coal 工艺采用沸腾床催化反应器（图 8.20），反应器中物料充分混合，因此在温度检测和控制以及产品性质的稳定性上具有较大优势。分布板上方的反应器圆筒为颗粒催化剂床，催化剂为以氧化铝为载体的钼酸钴挤条，直径 1.6mm。颗粒催化剂床层的流化主要靠由反应器底部的循环泵泵出的向上流动的循环油。循环油达到反应器顶部后，部分通过反应器中的溢流盘回到底部的循环泵，与进料煤浆和氢气混合后进入反应器底部的送气室，经过分布板产生分布均匀的向上流动的空速，使催化剂流化但不冲塔。流化的催化剂床层体积比初始填装的催化剂床层体积大 40%，催化剂颗粒之间产生的空隙，可以使煤浆中的固体灰和未反应煤顺利通过。反应器中的循环油量相对于煤浆进料量是比较大的，因此可以使反应器内部温度保

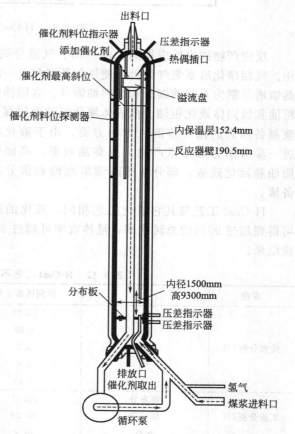

图 8.20　H-Coal 工艺沸腾床催化反应器结构图

持均匀。但是，由于煤的加氢是强放热反应，反应器进出口之间还会存在 66～149℃ 的温差。反应器可以定期取出定量催化剂和添加等量新鲜催化剂，使催化剂活性稳定在所需水平之上，保证产品质量和产率分布，同时简化操作。

H-Coal 工艺流程如图 8.21 所示。煤与含有固体的液化粗油和循环溶剂配成煤浆，与氢气混合后经预热加入到沸腾床反应器，反应温度 425～455℃，反应压力为 20MPa。通过泵使流体内循环而使催化剂流化，循环物进口位于催化剂流态化区的上半部，但仍在反应器的液相区。循环流中含有未反应的煤固体。

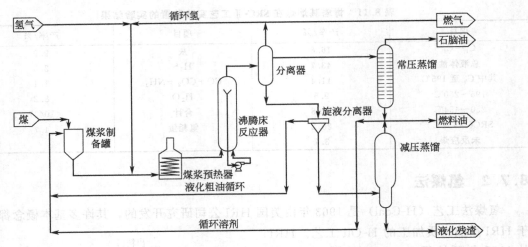

图 8.21　H-Coal 工艺流程

反应产物排出反应器后，经冷却、气液分离后，分成气相、不含固体液相和含固体液相。气相净化后富氢气体循环使用与新鲜氢气一起进入煤浆预热器。不含固体液相进入常压蒸馏塔分割为石脑油馏分和燃料油馏分。含固体的液相进入旋液分离器，分离成高固体液化粗油和低固体液化粗油。低固体液化粗油返回煤浆制备罐作为溶剂来制备煤浆，以减少煤浆制备所需的循环溶剂。另一方面，由于液化粗油返回反应器，可以使粗油中的重质油进一步分解为低沸点产物，提高油收率。高固体液化粗油进入减压蒸馏装置，分离成重质油和液化残渣。部分常压蒸馏塔底油和部分减压蒸馏塔顶油作为循环溶剂返回煤浆制备罐。

H-Coal 工艺与其它液化工艺相同，液化油产率与煤种有很大关系。利用适宜的煤种，可得到超过 95% 的总转化率，液体收率可超过 50%。表 8.12 为 H-Coal 工艺不同煤种的试验结果。

表 8.12　H-Coal 工艺不同煤种的试验结果

煤种		伊利诺斯 6 号	怀俄明次烟煤	澳大利亚褐煤
元素分析/%	C_d	70.28	68.9	62.3
	H_d	4.89	4.3	4.5
	O_d	9.2	16.5	23.2
	N_d	0.9	1.0	0.5
	S_d	3.13	0.6	1.2
工业分析/%	挥发分	38.11	44.0	49.0
	固定碳	50.29	48.3	42.7
	灰分	11.6	8.7	8.3

续表

煤种		伊利诺斯 6 号	怀俄明次烟煤	澳大利亚褐煤
液化结果 (daf)/%	H_2	—5.9	—5.0	—5.1
	H_2O、NH_3、H_2S 等	14.0	12.9	19.0
	$C_1 \sim C_3$	10.2	10.8	8.2
	C_4 至 524℃馏分	58.7	45.1	53.3
	转化率	89.3	81.4	92.9

8.7.3　埃克森供氢溶剂法

埃克森供氢溶剂法（Exxon Donor Solvent，EDS）是美国开发的一种煤炭直接液化工艺，1975 年中试装置投入运行，工艺流程如图 8.22 所示。该工艺利用间接催化加氢液化技术使煤转化为液体产品，即通过对产自工艺本身的作为循环溶剂的馏分，采用类似普通催化加氢的方法进行加氢，向反应系统提供"氢"的载体。加氢后的循环溶剂在反应过程中释放出活性氢提供给煤的热解自由基碎片。释放出活性氢的循环溶剂馏分通过再加氢恢复供氢能力，制成煤浆后又进入反应系统，向系统提供活性氢。通过对循环溶剂的加氢提高溶剂的供氢能力，是该工艺的关键特征。

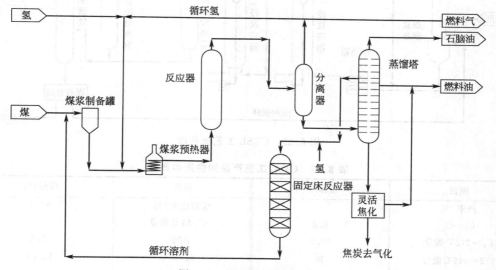

图 8.22　EDS 工艺流程图

煤与加氢后的溶剂制成煤浆后，与氢气混合，预热后进入上流式管式液化反应器，反应温度 425~450℃，反应压力 17.5MPa。不需要另加催化剂。反应产物进入气液分离器，分出气体产物和液体产物。气体产物通过分离后，富氢气体与新鲜气体混合使用。液体产物进入常、减压蒸馏系统，分离成气体燃料、石脑油、循环溶剂馏分和其它液体产品及含固体的减压塔釜底残渣。

循环溶剂馏分（中、重馏分）进入溶剂加氢单元，通过催化加氢恢复循环溶剂的供氢能力。循环溶剂的加氢在固定床催化反应器中进行，使用的催化剂是石油工业传统的镍-铝或钴-钼氧化铝氢催化剂。反应器操作温度 370℃，操作压力 11MPa，改变条件可以控制溶剂的加氢深度和质量。溶剂加氢装置可在普通的石油加氢装置上进行，加氢后的循环溶剂用于煤浆制备。

含固体的减压塔釜底残渣在流化焦化装置中进行焦化，以获得更多的液体产物，产生的焦在气化装置中气化制取燃料气。流化焦化和气化被组合在一套装置中联合操作，被称为灵活焦化法（Flexicoking）。灵活焦化法的焦化部分反应温度为 485～650℃，气化部分的反应温度为 800～900℃，停留时间为 0.5～1h。

EDS 工艺采用供氢溶剂来制备煤浆，液化反应条件温和，但由于液化反应为非催化反应，液化油收率低，这是非催化反应的特征。虽然将减压蒸馏的塔底物部分循环送回反应器，提高了液体收率，但同时带来煤中矿物质在反应器中的积聚问题。

8.7.4　催化两段液化工艺

催化两段液化工艺（Catalytic Two-Stage Liquefaction，CTSL）是 H-Coal 单段工艺的发展。工艺采用了紧密串联结构，每段都使用活性载体催化剂，称之为催化两段液化工艺，工艺流程如图 8.23 所示。表 8.13 列出了 CTSL 工艺液化烟煤时产品的典型性质和产率。

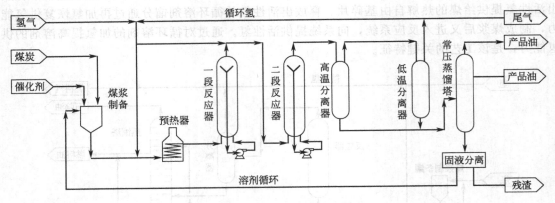

图 8.23　CTSL 工艺流程图

表 8.13　CTSL 工艺产品的性质和产率

项目	指标/%	项目	指标/%
产率/%		煤转化率/%	96.8
C_1～C_4	8.6	＞C_4 馏分质量	
C_4～272℃馏分	19.7	API	27.6
272～346℃馏分	36	H/%	11.73
346～402℃馏分	22.2	N/%	0.25
氢耗/%	7.9		

煤与循环溶剂配成煤浆，预热后，与氢气混合加入到沸腾床反应器的底部。反应器内填装载体催化剂，通常为镍-钼/氧化铝催化剂，催化剂被反应器内部循环流流态化，因此反应器具有连续搅拌釜式反应器的均一温度特征。溶剂具有供氢能力，在第一反应器中，通过将煤的结构打碎到一定程度而将煤溶解，同时也对溶剂进行再加氢，操作压力是 17.0MPa，操作温度在 400～420℃。

反应产物进入第二段沸腾床反应器中，操作压力与第一段相同但温度要高。反应器也装有载体催化剂，操作温度通常达至 420～400℃。

第二反应器的产物经分离和减压后，进入常压蒸馏塔，蒸馏切割出沸点小于 400℃的馏分。常压蒸馏塔塔底物含有溶剂、未反应的煤和矿物质，经固液分离脱除固体，溶剂循环至煤浆段。

8.7.5 液体溶剂萃取工艺

液体溶剂萃取工艺（Liquid Solvent Extraction，LSE）是英国在 1973—1995 年间开发的，建立了 2.5t/d 的试验装置。工艺流程如图 8.24 所示。试验阶段获得的主要产品数据列于表 8.14 中。馏分总产率可以达到 60％～65％（干基无灰煤），大部分馏分的沸点低于 300℃，滤饼中包括 7％的不能被蒸馏的沥青。

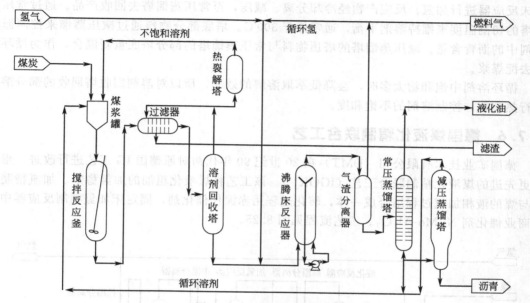

图 8.24 LSE 工艺流程图

表 8.14 利用艾尔岬煤进行 LSE 液化时的工艺条件、产率和产品组成

	溶剂与煤的比率	2.2
	溶解压力/bar	15
	溶解温度/℃	431
工艺条件	标称滞留时间/min	50
	加氢裂化压力/bar	200
	加氢裂化温度/℃	434
	空速/kg(加料量)·kg^{-1}(催化剂)·h^{-1}	0.76
	C$_1$～C$_4$ 烃类气体/%(干基无灰煤)	15.4
	C$_5$～300℃馏分/%(干基无灰煤)300～450℃	49.9
产品收率	过量溶剂/%(干基无灰煤)	12.4
	沥青(>450℃)/%(干基无灰煤)	0.8
	滤饼有机物/%(干基无灰煤)	23.9
	氢/%(质量)	12.14
产品分析	氮/%(质量)	0.14
	硫/%(质量)	0.04

煤与循环溶剂、不饱和溶剂配成煤浆，预热后，进入连续搅拌釜式反应器进行非催化萃取溶解反应。操作温度为 410～440℃，压力 1～2MPa，加压主要是为了减少溶剂的挥发。

该段反应不通氢气，但溶剂具有供氢能力，在萃取溶解反应过程中，溶剂中约有 2% 的氢向煤转移。

连续搅拌釜式反应器的产物部分冷却后在垂直叶片式压力过滤器中过滤，分离出未反应煤和灰等固体物。滤饼用轻质溶剂洗涤后，在真空下干燥。干燥后的滤饼只含少量残留重质液体。LSE 工艺由于采用过滤的方法进行固液分离，因此本工艺对原料煤的灰含量或煤的溶解程度不太敏感。在商业化运转中，滤饼作为制氢原料。

滤液进入轻质溶剂回收塔回收溶剂。除去轻质溶剂后的滤液与氢气混合，预热后进入沸腾床反应器进行加氢。反应产物经冷却分离、减压，至常压蒸馏塔去回收产品。通过常压蒸馏塔的切割温度来维持溶剂平衡，通常低于 300℃。塔底部分物料通过减压蒸馏来控制循环溶剂中的沥青含量。减压蒸馏塔的塔顶物料与常压蒸馏塔的部分塔底重新混合，作为循环溶剂去配煤浆。

循环溶剂中饱和物太多时，会降低萃取溶解的效率。所以对溶剂回收塔回收的部分溶剂进行热裂解，控制溶剂的不饱和度。

8.7.6　德国煤液化精制联合工艺

德国矿业技术有限公司（DMT）在 20 世纪 90 年代初对原德国 IG 工艺进行改进，形成了更先进的煤液化精制联合工艺（IGOR$^+$）。该工艺将煤液化粗油的加氢稳定、加氢精制过程与煤的液相加氢过程结合成一体，转化过程用赤泥作催化剂，固定床加氢精制反应器中使用商业催化剂 Ni-Mo-Al$_2$O$_3$。工艺流程见图 8.25。

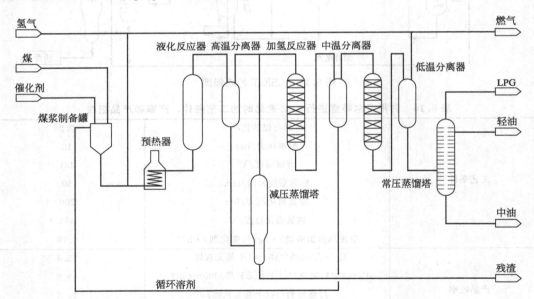

图 8.25　IGOR$^+$ 工艺流程图

煤与循环溶剂及"赤泥"可弃性铁系催化剂配成煤浆，与氢气混合后预热。预热后的混合物一起进入液化反应器，操作温度 470℃，压力 30.0MPa。反应产物进入高温分离器，高温分离器底部液化粗油进入减压闪蒸塔，减压闪蒸塔底部产物为液化残渣，顶部闪蒸油与高温分离器的顶部产物一起进入第一固定床加氢反应器。第一固定床反应器产物进入中温分离器，中温分离器底部重油为循环溶剂，用于煤浆制备。中温分离器顶部产物进入第二固定床加氢反应器。第二固定床反应器产物进入低温分离器，低温分离器顶部富氢气循环使用。低温分离器底部产物进入常压蒸馏塔，在常压蒸馏塔中分馏为汽油和柴油组分。

IGOR⁺工艺将循环溶剂加氢和液化油提质加工与煤的直接液化串联在一套高压系统中，工艺简单，总投资可节约 20% 左右；产出的煤液化油中 N 和 S 含量已降到 10^{-5} 数量级，煤液化油不仅收率高，而且质量好；循环油量、气体烃的生成和废水处理量减少，降低了成本。

IGOR⁺工艺的操作条件在现代液化工艺中最为苛刻，所以适合烟煤的液化，可得到大于 90% 的转化率，液体收率以无水无灰煤计算为 50%～60%。表 8.15 和表 8.16 为德国 Prosper 烟煤在 IGOR 工艺中的产品产率和产品性质。

表 8.15　德国 Prosper 烟煤 IGOR⁺ 工艺产品产率

产品	产率/%	产品	产率/%
烃类气体(C_1～C_4)	19.0	中油(200～325℃)	32.6
轻油(C_5～200℃)	25.3	未反应煤和沥青	22.1

表 8.16　德国 Prosper 烟煤 IGOR⁺ 工艺产品性质

组分	轻油	中油
氢/%	13.6	11.9
氮/10^{-6}g	39	174
氧/10^{-6}g	153	84
硫/10^{-6}g	12	<5
密度/kg·m⁻³	772	912

8.7.7　我国神华煤直接液化工艺

神华直接液化工艺采用供氢性循环溶剂制备煤浆、强制循环悬浮床反应器、减压蒸馏分离沥青和固体，强制悬浮床加氢反应器等成熟单元组合，采用的催化剂是煤炭科学总院北京煤化工研究分院研制成功的催化剂，其工艺流程如图 8.26 所示。2007 年建成的第一条年产 100 万吨油品的具有自主知识产权的生产线使我国成为世界上唯一掌握百万吨级煤直接液化技术的国家，对解决我国石油短缺、保证能源安全稳定供给都具有重大现实意义和战略意义。

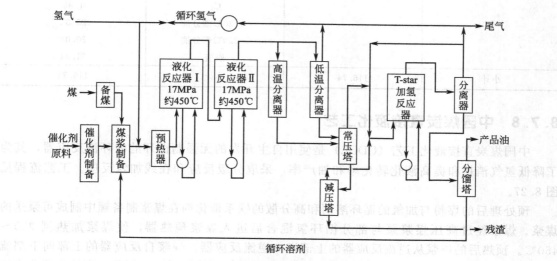

图 8.26　神华煤直接液化工艺流程图

该工艺采用超细水合氧化铁（FeOOH）作为液化催化剂。煤浆制备全部采用经过一定条件加氢的供氢性循环溶剂。由于循环溶剂采用预加氢，溶剂性质稳定，成浆性好，可以制备成含固体浓度45%～55%的高浓度煤浆，而且煤浆流动性好，煤浆黏度低；由于循环溶剂采用预加氢，溶剂供氢性能好，加上高活性液化催化剂，液化反应条件温和，反应压力19MPa，反应温度455℃；由于循环溶剂采用预加氢，溶剂具有供氢性能，在煤浆预热和换热过程中，能阻止煤热分解过程中自由基碎片的缩合，防止结焦，延长操作周期，提高了热利用率。

采用两个强制循环的悬浮床反应器，反应器内为全混流，轴向温度分布均匀，反应温度控制容易，通过进料温度即可控制反应温度，不需要采用反应器侧线急冷氢控制，产品性质稳定。

采用减压蒸馏的方法进行沥青和固体物的脱除。减压蒸馏是一种成熟和有效的脱除沥青和固体的分离方法，减压蒸馏的馏出物不含沥青，可为循环溶剂的加氢增加供氢性提供合格原料，减压蒸馏的残渣含固体50%～55%；使用高活性的液化催化剂，添加量少，残渣中含油量少，产品中柴油馏分多。

循环溶剂和产品采用强制循环悬浮床加氢反应器进行加氢。由于强制循环悬浮床加氢反应器采用上流式，催化剂可以定期更新，加氢后的供氢性溶剂供氢性能好，产品性质稳定，操作周期可以无限延长，而且也避免了固定床反应由于催化剂积炭压差增大的风险。表8.17列出了神华煤直接液化工艺的物料平衡。

表8.17 神华煤直接液化工艺的物料平衡（以 daf 煤计为100）

原料	数值/%	产品	数值/%
干燥无灰基煤	100.00	C_1	4.17
煤中灰	5.15	C_2	2.82
合成催化剂	1.65	CO	0.99
硫黄	1.20	CO_2	1.46
氢气	6.81	H_2S	2.13
DMDS	1.93	NH_3	0.57
		H_2O	12.73
		C_3	3.35
		C_4	1.86
		<220℃馏分油	25.33
		>220℃馏分油	30.02
		残渣	31.31
小计	116.74	小计	116.74

8.7.8 中国煤炭直接液化工艺

中国煤炭直接液化工艺（CDCL）是使用自主开发的无强制循环的内环流反应器，其为了降低氢气消耗和提高液化转化率和油产率，采取分级反应和在线加氢反应。工艺流程见图8.27。

预处理后的煤粉与加氢的循环溶剂和高分散的铁系催化剂在煤浆制备罐中制成可泵送的煤浆。煤浆经过高压煤浆泵与部分循环氢混合后进入煤浆预热器，使煤浆加热到350～450℃。预热后的煤浆从逆流反应器的上部进入逆流反应器，煤浆自反应器的上部向下部流动。来自第一高温分离器的循环氢，经过第一循环气体压缩机后，一部分去高压煤浆泵出口

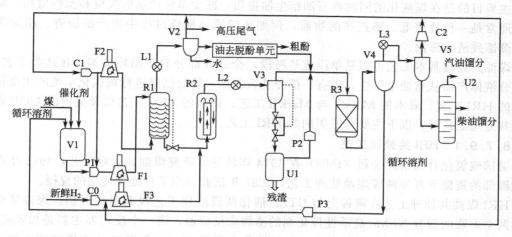

图 8.27　中国煤炭直接液化工艺（CDCL）流程图

V1—煤浆制备器；P1—高压煤浆泵；F1—煤浆预热器；C0、C1、C2—氢气压缩机；F2、F3—氢气预热器；
R1—逆流反应器；L1—冷却器；V2—第一高温分离器；R2—环流反应器；L2—冷却器；V3—第二
高温分离器；U1—减压闪蒸单元；P2—闪蒸油泵；R3—在线加氢反应器；V4—中温分离器；
P3—循环溶剂泵；V5—低温分离器；U2—常压蒸馏单元

与煤浆混合防止煤浆在预热器中结焦，大部分循环气体从第一反应器底部进入反应器与来自反应器上部的煤浆形成逆流。逆流反应器中反应温度在 $400 \sim 450 \degree C$，煤中比较容易液化的部分首先加氢液化，尤其是煤中含氧官能团首先加氢生成水和酚类产品，这一部分液化产品随循环气体一道通过冷却器进入第一高温分离器。

在第一高温分离器，经过气液分离，气体循环使用。液体中的油和水进一步分离，水送往废水处理单元处理。油送到脱酚单元脱掉粗酚后与减压蒸馏单元的塔顶油和第二高温分离器顶流物料一道进入在线加氢反应器进行催化加氢。催化加氢反应的目的是使循环溶剂馏分加氢得到供氢性能好的循环溶剂，在溶剂催化加氢的同时液化产品油也进行了催化加氢，油中的 N、S、O 等杂原子的含量也降低了许多，为液化油后续加工成符合市场销售要求的成品油提供了基本原料。一种年轻烟煤及褐煤在 CDCL 工艺和传统工艺液化试验的对比见表 8.18。

表 8.18　一种中国年轻烟煤及褐煤的液化实验结果

煤种	液化工艺	R1/℃	R2/℃	氢耗/%	油收率/%	气体产率/%	水产率/%
烟煤	CDCL	430	455	9.5	56.5	18.5	8.6
	传统	450	455	8.1	51.6	22.4	8.9
褐煤	CDCL	440	460	7.0	60.5	18.5	20.1
	传统	450	460	8.7	54.3	22.0	22.7

CDCL 工艺将逆流反应器和环流反应器串联用于煤加氢液化工艺，同时将溶剂加氢和液化油稳定加氢串联到煤加氢液化过程中。在比较缓和的逆流反应器中，生成的油直接进入在线加氢反应器，比较难于液化的煤和重质液化油进入环流反应器，油收率较高。

8.7.9　煤油共处理技术

煤油共处理是国外 20 世纪 80 年代开发的一项新的煤炭液化技术，是煤直接加氢液化和石油重油加氢裂化相结合的工艺，又称为煤-油共炼。该技术同时对煤和非煤衍生油进行加工，主要目的是在煤液化的同时将石油衍生油提质，减少单位产品的投资和操作费用。使用的油通常是一种价值低、沸点高的物质，例如传统原油提炼过程中生产的沥青、超重质原油、蒸馏残渣或焦油。

煤油共处理基本工艺可以是单段或是两段，全部或部分取消循环溶剂。在这类工艺中，大部分液体产品从重油中衍生，也有一部分从煤制得。目前已经进行规模化示范的主要包括美国的 HRI 工艺、日本的 Mark Ⅰ 与 Mark Ⅱ 工艺、德国的 TUC 工艺以及美国的 UOP 煤浆催化共处理工艺等。以下主要介绍美国的 HRI 工艺。

8.7.9.1 HRI 共处理工艺

美国碳氢化合物研究公司（HRI）在 1974 年就开始研究煤油共处理工艺，1985 年在美国能源部的资助下开发两段煤油处理工艺，1987 年试验达到了日处理吨级的规模。

HRI 煤油共处理工艺在流程上与 CTSL 催化两段液化工艺没有明显区别，煤油浆依次通过两个串联的装有 Ni-Mo 高活性催化剂的沸腾床反应器，第一个反应器主要是加氢裂解，第二个反应器主要是加氢脱除杂原子。煤的转化率可达 91%，石油渣油重质物质的转化率在 80%～90% 之间，总蒸馏油收率是总原料质量的 77%～86%。表 8.19 列出了德克萨斯褐煤和玛依常压重油共处理的试验结果，数据表明 HRI 煤油共处理工艺煤的转化率达到 90%，渣油转化率接近 90%，渣油脱金属率 98%。

表 8.19　HRI 德克萨斯褐煤和玛依常压重油共处理试验结果

条件	试验编号			
	1	2	3	4
油/煤比(t/t)	2/1	1/1	1/1	2/1
一反温度/℃	435	435	445	445
二反温度/℃	435	435	445	445
空速/h^{-1}	1.0	1.0	1.6	1.6
催化剂	NiMo	NiMo	NiMo	NiMo
循环油/原料重油(t/t)	0	0.5	0	0
试验结果				
氢耗/%	4.75	5.39	4.74	4.02
产率/%				
C_1～C_3	7.94	7.55	7.77	7.14
C_4～178℃	15.55	14.79	15.47	14.96
178～346℃	35.98	38.41	33.37	33.18
346～525℃	23.93	16.90	19.66	23.80
＞525℃	3.82	3.67	6.08	6.93
H_2O、CO_x、NH_3、H_2S	11.56	15.42	13.28	11.50
＞525℃转化率/%	92.0	91.2	87.7	87.6
C_4 至 525℃馏分油转化率/%	78.1	73.8	72.1	74.4
煤转化率/%	91.6	92.0	91.0	90.2
脱硫率/%	95.2	92.2	89.8	90.2
脱金属率/%	99.83	99.63	98.50	98.15
氢利用率/%	16.4	13.7	15.2	18.6

国内煤炭科学研究总院利用高压釜对辽河渣油和兖州北宿煤进行煤油共炼实验，以赤泥

和钼酸铵为催化剂，在反应压力 27.5MPa 条件下，油收率高达 76%。煤油共炼与煤直接液化得到的同样沸程油的对比结果如表 8.20 所示。可以看出，煤油共炼得到的油具有饱和物含量高、极性物含量低和芳香度低的特点，这主要归因于石油以饱和直链烃为主，而煤以缩合芳环的结构单元为主。

表 8.20　煤油共炼与煤直接液化得到的油品的比较

项目	内容	单位	轻油		中油		重油
			液化	共炼	液化	共炼	共炼
	密度	kg/cm³	0.8370	0.7936	0.9739	0.9019	0.9561
元素分析	C	%	80.53	79.72	83.94	83.37	86.26
	H	%	11.59	12.49	9.82	11.47	10.64
	N	%	1.47	1.16	1.92	1.48	1.58
	S	%	0.36	0.23	0.18	0.24	0.18
	O	%	6.05	6.40	4.14	3.44	1.34
化合物	饱和物	%	41.64	58.18	23.96	57.29	51.37
	一环芳烃	%	13.35	12.21	23.69	23.68	11.06
	二环芳烃	%	1.84	1.20	14.65	6.99	15.37
	三环芳烃	%			1.30		4.10
	四环芳烃	%					1.75
	极性物	%	43.17	28.41	36.40	12.04	16.35
	酚含量	%	27.39	11.83			

延长石油集团 2014 年采用悬浮床加氢裂化技术（VCC 工艺）建成了 45 万吨/年的煤油共炼示范装置。利用褐煤或烟煤与炼油厂减压渣油共炼时的良好协同效应，降低了直接液化技术的反应条件要求水平，具有氢耗低、投资低、转化率高和利润高等优势，同时解决了煤炭和炼油两大行业的技术难题。

8.7.9.2　煤油共炼的技术特点

① 相配适宜的煤和石油重油之间存在协同效应，生成油总量比单独加工煤或重油要多；

② 由于煤的存在，重油中的金属元素可吸附在未反应煤上，促进了金属元素的脱除，同时重油在高温下少量的结焦仅在煤颗粒上发生，而不会在反应器内壁上产生；

③ 与煤的直接液化相比，用 H/C 原子比较高的渣油作为供氢溶剂取代煤液化的循环溶剂，生产装置的处理能力大大增加；

④ 氢耗降低，氢利用率大幅度提高；

⑤ 产品油与液化油相比，油品质量有很大提高，氢含量大为增加，芳烃含量显著降低，更容易加工成合格汽油、柴油；

⑥ 生产成本也大为降低，因而具有较强的竞争力。

8.7.9.3　主要影响因素

（1）重质油种类和性质

煤油共处理中所用溶剂通常是石油渣油、稠油或其它重质油，这些重质油中主要含有长链烷烃或环烷烃，不论其是否带支链都不具备良好的溶煤能力和供氢能力，这从相似者相溶原则和烷烃的结构上很容易理解。环烷烃用作煤液化溶剂时比长链烷烃效果要好一些，但也不具有供氢能力，煤在其中的转化率也不高；饱和芳烃的供氢能力比环烷烃高得多，不同的饱和芳烃也有差别；过氢芘、过氢菲等具有好的供氢能力；而十氢萘的供氢能力就很差，甚至还不如甲基萘。在有甲基萘的煤液化系统中氢从气相通过甲基萘到煤的交换转移是很快的。因此，对煤油共处理所用重质油要有选择。

煤油共处理工艺中，当不用催化剂时，煤的转化率受重油黏度和残炭值的影响，采用黏度和残炭值都较低的重油时，煤的转化率较高；当用催化剂时，重油性质对煤转化率的影响不明显。重油中芳香烃含量高、α氢含量高，对煤转化率呈现有利影响。表8.21是伊利诺伊煤和三种不同类型重油在催化两段煤油共处理的试验结果。可以看出，重质油类型对馏分油产率和耗氢有一定影响，转化率均可达到84%～89%。

表 8.21　在煤油共处理中重质油种类对煤转化率的影响

指标	单位	克恩原油	阿拉拜因常压原油	博斯坎原油
重质油性质				
密度	kg/m³	973	993	999
H/C 比		1.58	1.50	1.57
<360℃馏分	%	18	2.0	14
346～542℃馏分	%	45	41	28
>542℃馏分	%	37	57	58
>542℃馏分渣油转化率	%	62	65	78
煤转化率		87	84	89
氢耗(对馏分油)	%	7.66	6.94	9.34
馏分油密度	kg/m³	928	949	958
脱金属率	%			
Ni		95	82	90
V		94	88	98
脱硫率		94	86	89

(2) 原料煤煤化程度

在煤油共处理工艺中，适宜的煤种也是年轻的烟煤和褐煤。表8.22是克恩原油与3种不同变质程度的煤油共处理的试验结果。从表中数据可看出，尽管煤的性质和转化率不同，但焦油转化率基本一样，馏分油的质量差别也很小。由此可见，煤油共处理对原料煤的适应性较强，煤的性质主要影响煤自身的转化率，对渣油转化率和馏分油性质影响不大。对脱金属率，伊利诺伊烟煤最高，怀俄明次烟煤稍差，西弗吉尼亚次烟煤脱钒率约低10个百分点。

表 8.22　不同煤种的煤油共处理试验结果

指标	单位	怀俄明次烟煤	伊利诺伊烟煤	西弗吉尼亚次烟煤
煤性质				
镜煤反射率	%	0.40	0.50	0.8
H/C原子比		0.87	0.83	0.83
渣油转化率	%	67	62	66
脱金属率	%			
Ni		92	95	91
V		91	94	82
馏分油密度	kg/m³	928	931	934
氢耗(对馏分油)	%	7.66	7.63	6.20
煤转化率	%	70	87	88

（3）原料配比

煤油浆中煤的浓度（原料配比）主要影响馏分油的产率。图8.28是CANMAT煤油共处理工艺在不同煤浓度时的试验结果。在很低浓度时共处理馏分油产率比渣油单独加工高9％，表明煤和渣油之间的确存在协同效应。随着煤浓度的增加，馏分油产率降低，但在很大范围内油产量保持不变，且高于渣油单独加氢裂化和煤液化加权平均计算值（图中虚线），在更高浓度煤浆时产率明显降低。所以，一般煤油共处理的煤浆浓度在30％～35％为宜。

（4）煤油共处理过程中的逆反应

煤油共处理中的逆反应（缩聚反应）在某些情况下是非常显著的，许多人认为这是和煤中羟基的多少相关联的，特别是在羟基含量比

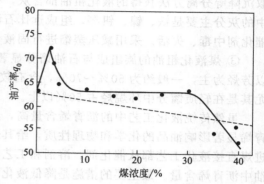

图8.28 CANMAT煤油共处理工艺中不同煤浆浓度下的馏分油产率

较高的低阶煤中。一些含羟基的模型化合物如二羟基苯、二羟基萘、萘酚等在液化条件下可形成难溶的呋喃型结构产物。添加供氢体可以显著抑制逆反应，Owens和Curtis在煤和萘的反应系统中，添加过氢菲（PHP）使煤的转化率从13％提高到73％，同时蒽发生了显著的加氢反应，生成19.2％的二氢蒽、24.7％的蒽。申峻等在470℃下进行的煤和石油渣油共处理中，添加四氢萘也有效地抑制了高温缩聚反应，添加量越大，抑制效果越明显。

煤油共炼技术目前面临的主要问题是溶剂油的选择。并不是所有的重油都适合与原料煤共炼，一些饱和多环芳烃、范系化合物和芴系化合物等作为理想的供氢组分，质量分数应大于50％，这样的重油才是适宜煤油共炼技术的油品，一般主要来源是环烷基的重油和炼油厂的重芳烃。石蜡基的重油由于成分的影响不作为主要重油选择对象，否则会导致原料煤的转化率和轻质油品收率降低，同时降低原料煤浆的稳定性。

8.8 煤液化油的提质加工

煤炭直接液化得到的初始液体产物即液化粗油，保留了液化原料煤的一些性质特点，芳烃含量高，氮、氧杂原子含量高，色相及储藏稳定性差等，不能直接使用，与石油原油一样，必须要进行提质加工才能得到合格的汽、柴油等产品。但是，由于液化油的性质与石油有很大的差异，因此其提质加工需要更为苛刻的条件，也需要开发针对液化油特性的催化剂和加工工艺。

8.8.1 液化油的组成及特点

煤直接液化粗油的组成与原料煤的种类、液化工艺和条件有很大的关系。虽然对其进行系统描述尚有一定的困难，但是可以根据现有的文献数据概括出一些共同特性，作为进一步加工工艺选择的依据。

① 煤液化粗油中杂原子含量非常高。硫含量范围从0.05％～2.5％，大多在0.3％～0.7％，低于石油的平均含硫量。硫的存在形态大部分是苯并噻吩及其衍生物，且比较均匀地分布于整个液化馏分中。氮含量范围为0.2％～2.0％，典型值在0.9％～1.1％，远高于石油的平均氮含量。杂原子氮可能存在形式有吡啶、咔唑、喹啉、苯并喹啉、吖啶和苯并吖啶等。氧含量范围可从1.5％～7％，大多在4％～5％，液化粗油提质加工过程中氧会增加

加氢处理操作中的氢消耗量，导致成本增加。

② 煤液化粗油中的灰含量主要取决于液化产物的分离方法。采用过滤、旋流和溶剂萃取沉降等分离方法获得的液化粗油都含灰，有些可高达 3%以上，高于石油重油。液化粗油中的灰分主要是铁、镍、钒等，组成远比石油重油复杂。这些灰分容易导致提质加工过程的催化剂中毒、失活。采用减压蒸馏进行固液分离获得的液化粗油一般不含灰。

③ 煤液化粗油的族组成与石油馏分显著不同，沥青烯含量高。液化粗油的中、重馏分以芳烃为主，一般约为 50%～70%，含有较多的氢化芳烃；饱和烷烃组分中以环烷烃为主，尤其是在轻质馏分中环烷烃占 50%以上。

虽然传统液化工艺中的沥青烯含量高，且与液化工艺密切相关，考虑到液化粗油中的沥青烯显著影响油品的化学和物理性质，给其进一步的提质加工造成严重的困难，所以现代先进煤直接液化工艺都从催化剂、溶剂和工艺参数与工艺组合等方面采取措施，尽量降低液化油中沥青烯含量。最主要的措施是降低液化油的终馏点和在线加氢。

8.8.2 液化粗油提质加工化学品

从煤生产液体油燃料的大规模工业化生产始自 20 世纪 30 年代，来自煤的液体除了液化粗油外，还有热解加工过程中产生的中、低温焦油和来自焦炉的富苯轻质油等。重点研究内容包括加氢脱除杂原子以及适度加氢、加氢裂化、重整、催化裂化脱烷基化、脱离氢和蒸汽裂解等，目标产物是合成原油、汽油、柴油、喷气燃料、燃气透平燃料和化工产品，目前对煤液化粗油的提质加工主要目标是汽油、柴油和航空燃料。

8.8.2.1 加氢脱杂原子

传统的液化粗油中含有较多的氧、硫和氮等杂原子，尤其是硫和氮杂原子严重影响燃料油品的使用性能，且燃烧时会产生 SO_x 和 NO_x 等大气污染物，是当前清洁燃料行动中特别关注的问题。液化粗油加氢脱杂原子与石油炼制技术中的加氢精制类似，主要反应包括加氢脱硫、加氢脱氮、加氢脱氧、加氢脱金属，还包括烯烃和芳烃的饱和加氢。

(1) 加氢脱硫

与含氮化合物不同，一般煤液化油中的硫化合物含量低于石油馏分，硫醇通常富集于低沸点馏分中，随沸点上升，硫醇含量显著下降；杂环硫化物普遍存在于各馏分中，随沸点升高，多苯并噻吩和芳烃缩合噻吩及其衍生物含量增加。加氢脱硫在石油工业一直受到重视，随着更严格的环保法规的出台，对柴油的硫含量提出了更苛刻的要求。

各种有机化合物在加氢脱硫中的反应活性与分子大小和分子结构有关，一般烷基硫化物大于环状硫化物，环状硫化物又随着环上取代基的增加而下降。在同类硫化物中，分子量较大，分子结构较复杂的，反应活性一般降低。烷基侧链的存在影响噻吩类的脱硫活性，与硫原子相邻位置的取代基由于空间位阻而抑制加氢脱硫活性，而远离硫原子的取代基反而有助于加氢脱硫活性。

通常以噻吩或硫芴代表硫化物进行加氢脱硫反应历程的研究。硫芴加氢脱硫反应存在两条平行路线：①C-S 键直接氢解，生成 H_2S 和环己基苯（反应速度常数高，为主导路线）。②其中一个苯环先加氢，然后 C-S 键断裂生成 H_2S 和环己基苯。

(2) 加氢脱氮

煤液化粗油中的氮可能存在形式有咔唑、喹啉、苯并喹啉、吖啶和苯并吖啶等。和石油馏分一样，液化粗油中的氮含量也是随馏分沸点升高而增加，在较轻的馏分中，单环、双环杂环氮化物（如吡啶、喹啉、吡咯、吲哚等）占主导地位，而稠环含氮化合物（如吖啶、咔唑、苯并吖啶等）则浓缩在较重的馏分中。

氮化物又分为碱性化合物和非碱性化合物两类，一般将五元氮杂环的化合物（吡咯及其衍生物）定义为非碱性化合物，其余为碱性化合物。研究脱氮一方面是由于氮化物是馏分油加氢反应尤其是裂化、异构化和氢解反应的强阻滞剂；另一方面是由于油品的使用性能，特别是油品的安定性与油品加氢脱氮深度和氮含量密切相关。

一般认为脱氮反应是所有脱杂原子反应中最难的。氮化物的加氢脱氮反应活性，也随着分子结构不同而有很大差异。杂环氮化物在 C-N 键氢解之前，必须进行杂环的加氢饱和，即使是苯胺类非杂环氮化物在 C-N 键氢解之前，芳环也要先行饱和。氮杂环加氢脱氮反应必须经过 C=N 键加氢成 C-N 键，然后断裂。喹啉加氢脱氮反应首先是环加氢，加氢在苯环和氮杂环上同时进行，以氮杂环为主。

（3）加氢脱氧

液化粗油中氧化物含量远高于石油馏分，石油馏分中的有机氧化物——羧酸（如环烷酸）和酚类为主，液化粗油中含氧化物主要是酚类和呋喃类。不同类型氧化物的加氢脱氧活性变化很大，一般认为，醚类的加氢脱氧相对容易，呋喃类最难，酚类介于二者之间，而醇和酮是最容易转化的。

8.8.2.2　烃类的加氢反应

一般根据反应条件的不同把烃类的加氢反应分为两类：一类是加氢饱和反应，主要是烯烃和芳烃的加氢反应，通常这类反应与杂原子的脱除反应同时进行，基本上不涉及碳数的变化；另一类是涉及 C—C 键的断裂或骨架异构和二者兼而有之的加氢裂化反应。

（1）不饱和烃的加氢饱和反应

煤液化粗油中的不饱和烃以芳烃为主，烯烃含量相对较低，由于烯烃加氢反应很快，以下主要讨论芳烃加氢。煤液化粗油中的芳烃主要有 4 类：①单环芳烃，包括苯和烷基苯、苯基（或苯并）环烷烃；②双环芳烃，包括萘和烷基萘、联苯和萘并环烷烃；③三环芳烃，如蒽、菲及芴及其烷基化物；④多环芳烃，如芘、荧蒽以及五环以上。

芳烃加氢的目的是生产芳烃含量满足产品规格的汽油、柴油，特别是新的环保标准对油品中的芳烃含量有更加严格的要求。此外，芳烃特别是多环芳烃在催化剂表面的强吸附，易进一步缩聚，最终形成焦炭，导致催化剂失活，因此芳烃饱和加氢反应对延长加氢装置的操作周期也是十分重要的。

从反应历程可知，稠环芳烃加氢有两个特点：①每个环加氢脱氢都处于平衡状态；②加氢逐环依次进行。从稠环芳烃的分子结构考虑，当稠环芳烃中一个环引进一个分子氢后，其苯核共振能的稳定化作用便受到破坏，因而生成的环烯比较容易加氢生成环己烷。

（2）烃类的加氢裂化反应

从化学角度看，加氢裂化反应是催化裂化反应叠加加氢反应，其反应机理是正碳离子机理。烃类最初在酸性位上被催化的异构化和裂化的反应规律与催化裂化反应是一致的，所不同的是由于大量氢和催化剂中加氢组分的存在而生成加氢产物，并随催化剂两种功能的不同匹配而在不同程度上抑制二次反应（如二次裂化和生焦反应）的进行，这正是导致加氢裂化与催化裂化两种工艺过程在设备、操作条件、产品分布和产品质量等诸方面不同的原因所在。

（3）烃类的异构化反应

烷烃正碳离子的先异构化后裂化、环烷烃加氢裂化过程中环大小的互变、环烷烃侧链大小和异构化程度的改变等均属于加氢裂化条件下烃类的异构化反应。由于异构烃可明显改善汽油的辛烷和柴油、润滑油的低温稳定性，所以异构化反应对煤液化馏分的加工十分重要，它直接影响煤液化燃料的最终产品质量。研究表明，异构化反应主要是通过质子化环丙烷机理进行，因而异构产物中以单甲基异构物为主。

8.8.3　液化粗油提质加工工艺

煤液化油按其馏程可分为轻油（初馏点至 220℃）和中油（220～350℃），轻油和中油约分别占液化油的 1/3 和 2/3。通常，液化油的加工路线如下所示：

煤液化粗油全馏分→脱酚→加氢稳定→蒸馏→分出轻油、中油和重油再分别加工
煤液化粗油全馏分→蒸馏→分出轻油、中油和重油再分别加工
轻油→加氢精制→重整→汽油或 BTX
中油→加氢精制→加氢裂化→柴油、煤油或喷气燃料

我国神华煤液化粗油加氢改质工艺流程如图 8.29 所示。设计处理量为 340kg/h，加氢改质单元有 2 台绝热反应器，分别为 R303 加氢精制反应器。2 台反应器均设置 3 个床层，床层间有用于控制温升的循环氢注入口。反应器出口物流通过热高分、热低分、冷高分和冷低分 4 台分离器的流程进行气、液、水三相分离和氢气循环，油相经分馏塔切割成石油脑和柴油馏分。

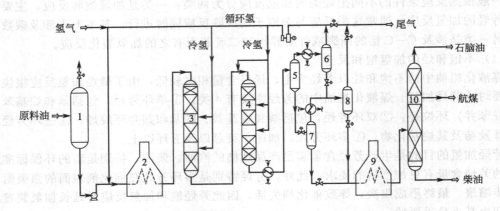

图 8.29　神华煤液化粗油加氢改质工艺流程

1—原料罐；2—进料加热炉；3—加氢精制反应器；4—加氢改质反应器；5—热高压分离器；
6—冷高压分离器；7—热低压分离器；8—冷低压分离器；9—分馏加热炉；10—分馏塔

煤直接液化油经过加氢改质的产品分布和化学氢耗的数据见表 8.23。表中数据表明，经过加氢精制和加氢改质后，煤直接液化油产品中约 25% 为石脑油，75% 为柴油，在加氢改质过程中生成的 C_1～C_4 烃类气体很少。

表 8.23　煤液化油加氢改质产品分布及氢耗

水产率/%	0.65	石油脑/%	24.87
C_1～C_4/%	0.06	柴油/%	75.34
H_2S/%	0.01	氢耗/%	1.45
NH_3/%	0.65		

表 8.24 列出了煤液化油加氢改质后柴油馏分的性质。由表可知，柴油馏分的凝点满足 GB 19147—2009 国家车用柴油标准-35 号车用柴油的要求，其冷滤点可满足-20 号车用柴油

的要求。从其它性质来看，该柴油馏分的氧化安定性、铜片腐蚀、灰分、10％蒸余物残炭、机械杂质及水分等均满足 GB/T 19147—2009 国家车用柴油标准要求。

表 8.24　加氢改质后柴油馏分的性质

项目		数据
密度(20℃)/kg·m^{-3}		866.8
折射率(20℃)		1.4697
黏度(20℃)/mPa·s		3.215
元素分析	C/％	86.66
	H/％	13.34
	S/μg·g^{-1}	1.8
	N/μg·g^{-1}	0.4
溴价/(gBr/100g)		0.13
馏程	IBP/5％	182.0/195.0
	10％/30％	197.5/209.0
	50％/70％	223.5/245.0
	90％/95％	279.5/300.0
	FBP	312.0
苯胺点/℃		54.0
实际胶质/(mg/100mL)		6
氧化安定性/(mg/100mL)		<0.3
10％残炭/％		0.05
腐蚀试验(50℃,3h)/级		1a
机械杂质/％		0
水分/％		0
凝点/℃		−50
冷凝点/℃		−25
十六烷值		43.3

液化油加氢改质后的柴油馏分的芳烃含量低，硫的质量分数小于 5mg/m^3，添加改进剂后十六烷值可超过 50，是优良的超清洁柴油产品。

我国具有丰富的煤炭资源，能源结构以煤为主的状况在相当长的一段时间内不会有大的改变。但从长远发展来看，我国以煤为主的能源消费结构正面临着严峻挑战。为从根本上解决中国能源战略安全问题，以国内丰富的煤炭资源为基础，大力发展煤炭直接液化技术，尽快实现大规模商业化生产，并最终形成新的煤炭能源转化产业，对于平衡我国能源结构、解决石油短缺具有重大战略意义，其产业化前景非常乐观。

习　题

1. 什么是煤的直接液化？
2. 简述煤直接液化过程的主要反应及机理。
3. 简述直接液化过程中氢的来源及对供氢有利的措施。
4. 煤直接液化过程的主要影响因素有哪些？分别叙述之。
5. 简述德国煤加氢液化老工艺的工艺流程及主要特点。

6. 简述 SRC-Ⅰ和 SRC-Ⅱ工艺的工艺流程及二者的主要区别。

7. 简述 H-Coal 法的工艺流程及主要特点。

8. 简述煤液化精制联合工艺（IGOR+）的流程及主要特点。

9. 简述我国神华煤直接液化工艺流程及主要特点。

10. 简述煤油共处理技术的定义及其主要特点、意义。

11. 简述直接液化油的组成及特点。

12. 分析说明液化粗油的提质加工工艺及特点。

第9章 煤的碳素制品

碳素制品又称碳素材料，它们具有许多不同于金属和其它非金属材料的特性，已经成为工业生产和科技发展中不可缺少的一类重要非金属材料。目前，碳素工业不管在国外还是在国内都已成为具有相当规模和水平的重要工业部门。

9.1 概述

9.1.1 碳素制品的性质

（1）热性能

耐热性：在非氧化性气氛中，碳是耐热性最强的材料。在大气压力下，碳的升华温度高达 $3350\pm25℃$。它的机械强度也随温度的增加不断提高，如室温时平均抗拉强度约为 196kPa，2500℃时则增加到 392kPa。一般来说，碳在 2800℃以上才会失去强度。

导热性：石墨的导热能力很强，它在平行于层面方向的热导率可和铝相比，而在垂直方向的热导率可和黄铜相比。

热膨胀率：碳素材料膨胀系数为 $3\times10^{-6}\sim8\times10^{-6}/℃$，有的甚至只有 $1\times10^{-6}\sim3\times10^{-6}/℃$，故能耐急热急冷。

（2）电性能

人造石墨的电阻介于金属和半导体之间，电阻的各向异性很明显，平行于层面方向的电阻为 $5\times10^{-5}\Omega\cdot cm$，垂直方向则比其大 $100\sim1000$ 倍。

（3）化学稳定性

石墨具有出色的化学稳定性，除了不能长期浸泡在硝酸、硫酸、氢氟酸和其它强氧化性介质中外，不受一般酸、碱和盐的影响，是优良的耐腐蚀材料。

（4）自润滑性和耐磨性

石墨对各种表面都有很高的附着性，沿解离面易于滑动，故有很好的自润滑性。同时由于石墨滑移面上的碳原子六方网状结构形成了保护层，所以它又具有较高的耐磨性。

（5）减速性和反射性

石墨对中子有减速性和反射性。利用减速性可使慢中子变为热中子，后者最易使 U^{235} 和 U^{233} 裂变。反射性是指能将中子反射回反应堆活性区，可防止其泄漏。每个碳原子对中子的俘获截面为 $3.7\times10^{-27}cm^2$，而散射截面为 $4.7\times10^{-24}cm^2$，后者是前者的 1270 倍，因此中子的利用率很高。

9.1.2 碳素制品的种类和用途

碳素制品按产品用途可分为石墨电极类、炭块类、石墨阳极类、炭电极类、糊类、电炭类、碳素纤维类、特种石墨类、石墨热交换器类等；石墨电极类根据允许使用电流密度大小，可分为普通功率石墨电极、高功率电极、超高功率电极等；炭块按用途可分为高炉炭块、铝用炭块、电炉块等；碳素制品按原料和生产工艺不同，可分为石墨制品、炭制品、碳素纤维、特种石墨制品等；碳素制品按其所含灰分大小，又可分为多灰制品和少灰制品（含灰分低于1%）。

我国碳素制品的国家技术标准和部颁技术标准是按产品不同的用途和不同的生产工艺过

程进行分类的。这种分类方法，基本上反映了产品的不同用途和不同生产过程，也便于进行核算，因此其计算方法也采用这种分类标准。

9.1.2.1 炭和石墨制品

(1) 石墨电极类

主要以石油焦、针状焦为原料，煤沥青作黏结剂，经煅烧、配料、混捏、压型、焙烧、石墨化与机加工而制成，是在电弧炉中以电弧形式释放电能对炉料进行加热熔化的导体。根据其质量指标高低，可分为普通功率、高功率和超高功率石墨电极。普通功率石墨电极允许使用电流密度低于 $17A/m^2$，主要用于炼钢、炼硅、炼黄磷等的普通功率电炉。表面涂覆一层抗氧化保护层的石墨电极，形成既能导电又耐高温氧化的保护层，可降低炼钢时的电极消耗。高功率石墨电极允许使用电流密度为 $18\sim25A/m^2$，主要用于炼钢的高功率电弧炉。超高功率石墨电极允许使用电流密度大于 $25A/m^2$，主要用于超高功率炼钢电弧炉。

(2) 石墨阳极类

主要以石油焦为原料，煤沥青作黏结剂，经煅烧、配料、混捏、压型、焙烧、浸渍、石墨化与机加工而制成。一般用于电化学工业中电解设备的导电阳极。包括各种化工用阳极板与各种阳极棒。

(3) 特种石墨类

主要以优质石油焦为原料，煤沥青或合成树脂为黏结剂，经原料制备、配料、混捏、压片、粉碎、再混捏、成型、多次焙烧、多次浸渍、纯化及石墨化、机加工而制成。主要包括光谱纯石墨，高纯、高强、高密以及热解石墨等，一般用于航天、电子、核工业部门。

(4) 石墨热交换器

将人造石墨加工成所需要的形状，再用树脂浸渍和固化而制成的用于热交换的不透性石墨制品，它是以人造不透性石墨为基体加工而成的换热设备，包括块孔式热交换器、径向式热交换器、降膜式热交换器、列管式热交换器，主要用于化学工业。

(5) 炭电极类

以炭质材料如无烟煤和冶金焦（或石油焦）为原料、煤沥青为黏结剂，不经过石墨化，经压制成型而烧成的导电电极。它不适合熔炼高级合金钢的电炉。主要包括多灰电极（用无烟煤、冶金焦、沥青焦生产的电极）；再生电极（用人造石墨、天然石墨生产的电极）；炭电阻棒（即碳素格子砖）；炭阳极（用石油焦生产的预焙阳极）；焙烧电极毛坯。

(6) 炭块类

以无烟煤、冶金焦为主要原料，煤沥青为黏结剂，经原料制备、配料、混捏、成型、焙烧、机加工而制成。包括高炉炭块、铝槽炭块（底部炭块及侧部炭块）及电炉炭块。高炉炭块作为耐高温抗腐蚀材料用于砌筑高炉内衬；而底部炭块、侧部炭块、电炉块则用于铝电解槽和铁合金电炉等。

(7) 炭糊类

以石油焦、无烟煤、冶金焦为主要原料，煤沥青为黏结剂而制成。有的用于各种连续自焙电炉作为导电电极使用的电极糊；有的用于连续自焙式铝槽作为导电阳极使用的阳极糊；有的用于高炉砌筑的填料和耐火泥浆的粗缝糊和细缝糊。高炉用自焙炭块虽用途不同，但和糊类制品的生产工艺相仿，暂归在糊类制品内。

(8) 非标准炭、石墨制品类

指用炭、石墨制品经过进一步加工而改制成的各种异型炭、石墨制品。包括铲型阳极、制氟阳极以及各种规格的坩埚、板、棒、块等异型品。

9.1.2.2 碳素纤维

碳素纤维又称碳纤维（Carbon Fiber，CF），是由碳元素组成的一种特种纤维，在国际上被誉为"黑色黄金"，被国际上称之为"第三代材料"。碳素纤维包括各种碳纤维、石墨纤维、预氧丝、炭布、炭带、炭绳、炭毡及其复合材料。碳纤维具有一般碳素材料的特性，如耐高温、耐摩擦、导电、导热及耐腐蚀等，但与一般碳素材料不同的是，其外形有显著的各向异性，柔软，可加工成各种织物，沿纤维轴方向表现出很高的强度。碳纤维除用作绝热保温材料外，一般不单独使用，多作为增强材料加入到树脂、金属、陶瓷、混凝土等材料中，构成复合材料。碳纤维增强的复合材料可用作飞机结构材料、电磁屏蔽除电材料、人工韧带等身体代用材料以及用于制造火箭外壳、机动船、工业机器人、汽车板簧和驱动轴等。

9.1.2.3 富勒烯

富勒烯（Fullerene，C_{60}）是一种完全由碳组成的中空分子，形状呈球型、椭球型、柱型或管状。球型富勒烯也叫做足球烯，或音译为巴基球，中国大陆通译为富勒烯，管状的叫做碳纳米管或巴基管。富勒烯在结构上与石墨很相似，石墨是由六元环组成的石墨烯层堆积而成，而富勒烯不仅含有六元环还有五元环，偶尔还有七元环。

在富勒烯被发现之前，碳的同素异形体只有石墨、钻石、无定形碳（如炭黑和炭），它的发现极大地拓展了碳的同素异形体数目。巴基球和巴基管独特的化学和物理性质以及在技术方面潜在的应用，引起了科学家们强烈的兴趣，尤其是在材料科学、电子学和纳米技术方面。

目前较为成熟的富勒烯制备方法主要有电弧法、热蒸发法、燃烧法和化学气相沉积法等。电弧法一般将电弧室抽成高真空，然后通入惰性气体如氦气。电弧室中安置有制备富勒烯的阴极和阳极，电极阴极材料通常为光谱级石墨棒，阳极材料一般为石墨棒，通常在阳极电极中添加铁、镍、铜或碳化钨等作为催化剂。当两根高纯石墨电极靠近进行电弧放电时，炭棒气化形成等离子体，在惰性气氛下小碳分子经多次碰撞、合并、闭合而形成稳定的 C_{60} 及高碳富勒烯分子，它们存在于大量颗粒状烟灰中，沉积在反应器内壁上，收集烟灰提取。电弧法非常耗电、成本高，是实验室中制备空心富勒烯和金属富勒烯常用的方法。燃烧法是指将苯、甲苯在氧气作用下不完全燃烧的炭黑中存在 C_{60} 或 C_{70}，通过调整压强、气体比例等可以控制 C_{60} 与 C_{70} 的比例，这是工业中生产富勒烯的主要方法。

9.2　电极炭

电极炭是碳素工业最主要的产品，主要应用于冶金和化工行业。

9.2.1　原材料及其质量要求

制备电极炭的原材料主要包括用作骨料的固体原料，如沥青焦、石油焦、冶金焦，无烟煤和天然石墨等以及用作黏结剂的液体原料，如煤沥青和煤焦油等。另外，还有一些辅助材料，如焦粉、焦粒和石英砂等。

9.2.1.1 骨料

（1）沥青焦

沥青焦是生产各种石墨化电极和石墨化块等石墨制品以及预熔阳极和阳极糊等炭制品的主要原料，它是用高温焦油的沥青焦化而成的。焦化方法有焦炉法和延迟焦化法两种。它的特点是含灰和硫少、气孔率低、机械强度高、容易石墨化。

（2）石油焦

石油焦与沥青焦一样，也是生产石墨电极的主要原料，它是石油渣油经延迟焦化得到的固体产物。石油焦的质量与渣油组成和焦化条件有关。渣油中芳烃含量高，苯不溶物少，硫含量低，炼出的焦质量好，反之则差。含硫高的石油焦在石墨化时会发生异常膨胀，使制品开裂。为防止这种现象发生，可在粉料混合时加入约 2% 的 Fe_2O_3 作抑制剂。

（3）针状焦

不管用煤焦油沥青还是石油渣油，如果在延迟焦化前进行合适的预处理，提高中间相前驱体的含量，同时控制适宜的焦化条件，则可得到具有特殊结构的针状焦。它有明显的针状乃至层状结构，在电子显微镜下观察有很好的光学各向异性，强度高，电阻率低（见表9.1）。主要用于生产高功率和超高功率电炉炼钢用的石墨电极。

表 9.1　针状焦和普通焦的比较

名称	电阻系数 /$10^{-5} \cdot \Omega \cdot cm$	弹性模量 /MPa	室温下膨胀系数/(10^{-6}/℃)			$\alpha_{垂直}/\alpha_{平行}$
			$\alpha_{平行}$	$\alpha_{垂直}$	β	
针状焦1	650	850	0.85	2.00	4.85	2.35
针状焦2	730	760	1.12	2.16	5.44	1.93
普通焦	900	650	2.90	3.61	10.12	1.24

注：α—线性系数；$\alpha_{平行}$—挤压成型方向；$\alpha_{垂直}$—与前一垂直方向；β—体涨系数。

（4）无烟煤

经 1100~1350℃ 热处理的无烟煤是生产高炉炭块和碳素电极等制品的主要原料之一。要求灰分≤10%，含硫少，耐磨性好。使用时用块煤而不用煤粉，要与冶金焦或沥青焦掺合使用。

（5）天然石墨

天然非金属矿物，有显晶质石墨（鳞片状和块状）和隐晶质石墨（土状）之分，前者常用于制造电刷、石墨坩埚和柔性石墨制品等，后者则用于生产电池炭棒和轴承材料等。还有一种石墨化碎屑，它是碳素制品工厂生产各种石墨化制品时在石墨化后或加工后的废品和碎污，可以以一定比例，如 10%~20% 返回到配料中。

（6）冶金焦

焦块和焦粉，要求灰分<15%，主要用于生产炭块、碳素电极和电极糊等多灰制品。

9.2.1.2　黏合剂

黏合剂的作用是将固体骨料黏合成整体，以便加工成有较高强度和各种形状的制品。对黏合剂的要求一般是：①炭化后焦的产率高，对煤沥青通常为 40%~60%；②对固体骨料有较好的润湿性和黏着性；③在混合和成型温度下有适度的软化性能；④灰和硫的含量尽量少；⑤来源充沛、价格便宜。

常用的黏合剂有煤沥青、煤焦油和合成树脂等，其中煤沥青应用最广，每生产 1t 用于炼铝的石墨电极约需 0.4t 中温沥青。煤沥青的质量标准见表9.2。

表 9.2　煤沥青的质量标准

指标名称	中温沥青		改制沥青	
	电极用	一般用	一级	二级
软化点(环球法)/℃	>75.0~90.0	75.0~95.0	75.0~90.0	100~120
甲苯不溶物含量/%	15~25	<25	28~34	>26
喹啉不溶物含量/%	10		8~14	6~15

指标名称	中温沥青		改制沥青	
	电极用	一般用	一级	二级
β-树脂含量/%			≥18	≥16
结焦值/%			≥54	≥50
灰分/%	≤0.3	≤0.5	≤0.3	≤0.3
水分/%	≤5	≤5	≤5	≤5

用石油醚和苯（或甲苯）可将沥青分为三个成分，即石油醚可溶的成分（γ 树脂）、苯可溶的 β 成分（β 树脂）和苯不溶的 α 成分（α 树脂或游离碳）。用喹啉可将后者进一步分为苯不溶喹啉可溶成分和喹啉不溶成分。它们在沥青作为黏合剂时具有不同的作用，一般认为 γ 成分有稀释以及降低黏度和软化点的作用，使配料润滑和增塑，但结焦率低。β 成分有良好的黏结性，易生成中间相，容易石墨化。α 成分结焦率高，聚结力强，能增加机械强度和硬度。喹啉不溶成分有不良影响，故应控制在规定范围内。

为了生产优质碳素制品，还可对普通的煤沥青进行改质处理。所用方法有氧化热聚法：340～350℃下通入适量压缩空气；加热聚合法：400℃左右加热 5h。加压热聚处理法：压力 1～1.2MPa，温度 385～425℃，连续处理 3～6h。

用作碳素制品黏合剂的一般是预先蒸馏至 270℃的高温焦油。而合成树脂主要用于生产不透性石墨制品，用作黏合剂及浸渍剂。常用的合成树脂有酚醛树脂、环氧树脂和呋喃树脂三种。

9.2.2 石墨化过程

广义讲，石墨化是指固体炭进行 2000℃以上高温处理，使炭的乱层结构部分或全部转变为石墨结构的一种结晶化过程。但不同于一般结晶化时所看到的晶核生成和成长过程，而是通过结构缺陷的缓解而实现的。

石墨化的目的是提高制品的导热性和导电性；提高制品的热稳定性和化学稳定性；提高制品的润滑性和耐磨性；去除杂质，提高纯度；降低硬度，便于机械加工。

9.2.2.1 石墨化的三个阶段

第一阶段（1000～1500℃）：通过高温热解反应，进一步析出挥发分。残留的脂肪链 C—H、C≡O 等结构均断裂，乱层结构层间的碳原子及其它杂原子也在这一阶段排出，但碳网的基本单元没有明显增大。

第二阶段（1500～2100℃）：碳网层间距缩小，逐渐向石墨结构过渡，晶体平面上的位错线和晶界逐渐消失。

第三阶段（2100℃以上）：碳网层面尺寸激增，三维有序结构趋于完善。

9.2.2.2 石墨化过程的影响因素

（1）原始物料的结构

原始物料的结构有易石墨化炭和难石墨化炭之分（见图 9.1）。前者亦称软炭，有沥青焦、石油焦和黏结性煤炼出的焦炭等，后者又称硬炭，有木炭、炭黑等。

（2）温度

2000℃以下，无定形碳的石墨化速度很慢，只有在 2200℃以上时才明显加快。这说明在石墨化过程中活化能不是恒定值而是逐渐增加的。从微晶成长理论看，开始时一两个碳网平面转动一定角度就可产生一个小的六方石墨晶体。当层面增加和质量增大后，它们与相邻

 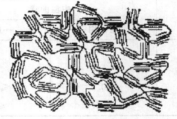

| (a) 易石墨化碳 | (b) 难石墨化碳 |

图 9.1　富兰克林结构模型

的晶体重叠或接合自然就需要更大的活化能。

（3）压力

加压对石墨化有利，在1500℃左右就能明显发生石墨化。相反，在真空下进行石墨化的，效果较差。

（4）催化剂

加入合适的催化剂可降低石墨化过程的活化能，节约能耗。催化剂有两类：一类属于熔解——再析出机理，另一类属于碳化物形成——分解机理。前者如 Fe、Co、Ni 等，它们能熔解无定形的碳，形成熔合物，然后又从过饱和溶液中析出形成石墨，后者如 B、Ti、Cr、V 和 Mn 等，它们先与碳反应生成碳化物，然后在更高温度下分解为石墨和金属蒸汽。其中，B 及其化合物的催化作用最为突出，它们可以在 2000℃下使无定形碳（包括难石墨化碳）石墨化。

9.2.2.3　石墨化程度的测定

（1）测定碳质材料石墨化后的真相对密度

越接近理想石墨的真相对密度值（2.266），石墨化程度越高，如超高功率石墨电极的真相对密度为 2.222。

（2）测定材料的比电阻值

单晶石墨在室温时沿层面方向比电阻值约为 $5 \times 10^{-5} \Omega \cdot cm$。多数人造石墨的比电阻约为上述数值的 20 倍。

（3）利用 X 射线测定晶格参数 C_0 和 α_0

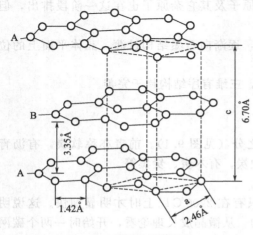

C_0 为层面距离，为层面上菱形的边长。理想石墨 0.5，$C_0 = 0.035$，$\alpha_0 = 0.246$（见图9.2）。人造石墨的 C_0 和 α_0 与其越接近，表示其石墨化程度越高。

图 9.2　石墨的晶体结构

9.2.3　电极炭生产工艺过程

包括电极炭在内的碳素制品生产的一般工艺流程如图9.3所示。

9.2.3.1　原料的煅烧

（1）煅烧的作用

煅烧是将骨料加热到1100℃的热处理过程。除天然石墨、炭黑和单独使用沥青焦时不必煅烧外，其它骨料如石油焦和无烟煤都要煅烧。

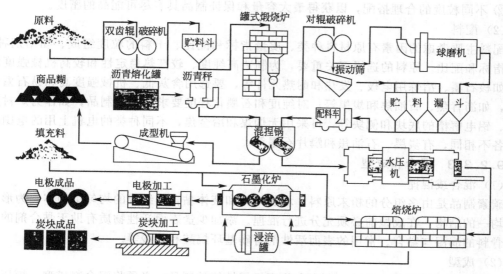

图 9.3　碳素制品的生产工艺流程

其作用为：①析出挥发分，物料体积收缩，密度增大，减少成品的开裂和变形；②物料的机械强度提高；③煅烧后便于破碎、磨粉和筛分；④焦的导电性和导热性提高；⑤抗氧化性提高。

（2）煅烧温度

煅烧温度不低于 1100℃，特别不应在 700～800℃ 时停止升温或延长时间。为了脱除大部分的硫，煅烧温度需控制在 1400℃ 以上。

（3）煅烧炉

罐式煅烧炉：用硅砖和黏土砌成，外部用火焰间接加热，适用于生产量大和产品纯度高的场合。煅烧时间 24h 左右。挥发分高的石油焦易在炉内结块，故应掺入 20%～25% 沥青焦，使混合焦的挥发分保持在 5%～6%。

回转炉：回转炉是一种连续生产的旋转式高温炉，也称回转窑。炉身为衬有耐火材料的钢制圆桶，斜卧在钢制的托轮上，绕轴缓慢旋转。煤粉、气体燃料或液体燃料自低的一端与空气一同喷入燃烧，废气自另一端排出。原料则沿着相反方向缓慢移动，煅烧停留时间不少于 30min。物料体积占炉内空间总容积的 6%～15%，料层最厚处为 20～30cm。炉身可分三个区域：预热干燥区，温度 800～900℃；煅烧区，长 5～8m，最高温度约 1300℃；冷却区，位于炉头附近，长 2～5m。回转炉的优点是连续操作、自动化程度高、基建费用少，缺点是物料损失大（10% 左右）、焦炭强度较低、灰分较高。

电热炉：电热炉是一种电阻炉，以受煅烧物料本身为电阻，耗电量大，只适用于小批量生产。

9.2.3.2　粉碎、筛分和配料

（1）粉碎、筛分

煅烧后的物料接着进行粉碎和筛分，以便得到合适的干料粒度组成：

① 组成某一给定尺寸制品的最大粒度，可用下面经验式确定

$$d = 10 \times 10^{-3} D \tag{9.1}$$

式中　d——最大颗粒直径，mm；

　　　D——制品直径，mm。

② 不同粒度的合理搭配，以获得最大容量和保证制品具有尽可能高的密度。

（2）配料

配料主要考虑的因素有原材料种类、质量指标和配比、干料的粒度组成、黏结剂种类、质量指标和配比。原料的选择至关重要，为制造高纯度、较高热稳定性和较高机械强度的产品，如核石墨、冶炼用电极、发热和耐热元件等，要选用含灰低、机械强度高和易石墨化的原料，如沥青焦、石油焦和炭黑等；对纯度和石墨化程度要求不高的制品，如作为炉衬用的炭砖、铝电解槽的底块和侧块等，可采用无烟煤和冶金焦，不同种类的电机上用的电刷的原料也各不相同，有炭黑、石油焦和鳞片石墨等。

9.2.3.3 混合和成型

（1）混合或混捏

碳素制品是由多组分的粉末原料、块状原料和液体黏合剂组成的均匀结构体，为形成宏观上均一的结构，在成型前必须充分进行混捏。添加少量表面活性物质有助于黏合剂的分散和对骨料的润湿与黏合。常用的表面活性剂有磺基环烷酸和油酸等。

（2）成型

为了制得不同形状、尺寸、密度和物理机械性能的制品，必须将混合料成型。模压成型可分为冷模压、热模压和温模压三种类型，适用于三个方向尺寸相差不大、密度较均匀、结构致密的制品，如电刷、密封材料等。挤压成型用于压制棒材、板材和管材，如炼钢用的电极和电解槽用的炭板。振动成型用于大型制品的生产。等静压成型用于核石墨和宇航用石墨制品的生产。爆炸成型用于高密度的特殊石墨制品的生产。

9.2.3.4 焙烧和石墨化

（1）焙烧

焙烧是将成型的毛坯加热到1300℃时的热处理过程。通过焙烧使黏合剂炭化为黏合焦，后者与骨料间形成物理的和化学的结合。毛坯的体积缩小，强度提高，热导率和电导率则大大增加。

焙烧炉主要分为连续多室环式焙烧炉、隧道炉和倒焰炉三种炉型。焙烧时一要掌握最终温度，二要控制升温速度。不需要石墨化的炭块制品的焙烧温度一般不要低于1100℃，需石墨化的制品该温度不要低于1000℃。升温速度与炉子大小和制品尺寸等许多因素有关，炉子容积大和制品尺寸大应采用较低的升温速度，以降低炉内和毛坯内外的温度差。对同一炉型和同一种毛坯讲，在不同的温度区，升温速度也不同。煤沥青的分解和缩聚反应在370～420℃达到最高峰，所以在350～600℃之间升温速度要慢，在前一温度范围更要注意。对多空环式焙烧炉，从开始加热到升温至1300℃一般要300～600h。

（2）石墨化

这是石墨化制品生产十分关键的一道工序。目前，工业石墨化炉都是电热炉，有直接加热法和间接加热法两种。直接加热是以焙烧后的半成品为电阻，通电加热；间接加热是以焦粒作电阻，用高温焦粒加热上述半成品。

石墨化温度与原料性质和产品的质量要求有关，普通石墨电极的最高温度为2100～2300℃。而特殊高纯石墨制品则需2500～3000℃。

9.2.3.5 浸渍

经过石墨化的制品属于多孔固体，易渗透气体和液体，在高温和酸性介质中耐氧化性差，质地较脆，所以在石墨化后还有一道浸渍工序。

浸渍的目的是降低孔隙率，提高视比重和机械强度，提高导热和导电性，制取不透性材料，赋予制品特殊性能。浸渍时制品应预热至规定温度以除去吸附在微孔中的气体和水分，抽真空以进一步减少微孔中的气体，在外压力下将浸渍剂压入制品的气孔中并保持一段时间，然后将浸渍品迅速冷却。

浸渍剂合成树脂主要用于生产不透性石墨，用作化工设备结构材料和机械密封材料，而合金（Pb95%，Sn5%）和巴氏合金（Sn85%，Sb10%，Cu5%）等金属浸渍剂用于活塞环、轴密封和滑动电接触点。煤沥青主要用于各种电极的浸渍，溶有石蜡的煤油和硬脂酸铅的机油溶液主要用来提高制品的抗磨性能。

9.2.4 碳电极和不透性石墨材料

9.2.4.1 碳电极

碳电极广泛用于生产合金钢、铝、铁合金、电石、黄磷以及氯碱工业。我国石墨电极和高功率石墨电极的主要技术指标列于表 9.3，并附有国外标准以供比较。

表 9.3 石墨电极的主要技术指标

项目			中国 GB 3072—82 ϕ400—500mm		日本 JISR7021—1979 ϕ300—500mm	苏联 ГОСТ4426—80 ϕ450—550mm
			优级	一级		
电阻率 /$\Omega \cdot mm^2 \cdot m^{-1}$	$\leqslant$	电极	9.0	11.0	13.0	9.1~12.5
		接头	8.5		11.0	8.0
抗折强度/MPa	$\geqslant$	电极	6.4		(4.9)	6.4
		接头	10.74		10.8	11.8
弹性模量 /10^4MPa	$\leqslant$	电极	0.93		1.30	—
		接头	1.30		1.20	—
灰分/%	$\leqslant$		0.5		(0.1)	—
真密度/g·cm^{-3}	$>$		2.18			—
体积密度/g·cm^{-3}	$\geqslant$	电极	1.52		—	—
		接头	1.68		—	—
抗压强度/MPa	$\geqslant$	电极	17.6		—	2.9
		接头	29.4		—	5.8

电炉炼钢技术发展的一个重要方向是提高电炉的生产能力，包括扩大电炉容积和缩短冶炼时间两个方面，而这些都离不开电功率的提高。因此，一种超高功率电极已应运而生，超高功率电极的主要骨料是针状焦，用硬沥青作黏合剂，石墨化温度控制在 2500℃ 以上。它的特点是：①比电阻低，普通电极的比电阻一般为 8~11$\mu\Omega \cdot$m，而超高功率电极的比电阻只有 5~6$\mu\Omega \cdot$m。②机械强度高，普通电极的抗折强度为 8MPa 左右，超高功率电极的抗折强度则达到 13~14MPa。③允许的电流密度高，对 ϕ300~400mm 电极，前一种为 19A/cm^2，后一种为 28~30A/cm^2。

9.2.4.2 不透性石墨

不透性石墨（Impervious graphite）是指对气体、蒸汽、液体等流体介质具有不渗透性的石墨制品，可分为浸渍石墨、压型石墨、浇铸石墨和复合（增强）石墨等。其耐腐蚀性除强氧化性介质如硝酸、浓硫酸、铬酸、次氯酸、双氧水、强氧化性盐类溶液及某些卤素外，可耐绝大多数酸、碱、盐类溶液、有机溶剂等的腐蚀。除添加有氟塑料的材料外，其耐腐蚀性主要取决于添加成分。例如，应用最广的酚醛树脂浸渍石墨和挤压石墨耐酸不耐碱，呋喃树脂浸渍石墨耐非强氧化性酸又耐碱，水玻璃浸渍石墨耐碱不耐稀酸等。浸渍酚醛树脂后的石墨的耐腐蚀性见表9.4。

表 9.4　酚醛树脂浸渍石墨的耐腐蚀性

液体介质	温度/℃	耐腐蚀性	液体介质	温度/℃	耐腐蚀性
70%硫酸,萘	90	稳定	氢氧化钠＜40%	常温	稳定
苯、氯化铝烃化液、盐酸	80～110	稳定	次氯酸、氯乙醇	50～55	稳定
97%乙酸、3%苯	40	稳定	乳酸、盐酸	60	稳定
三甲苯	140	稳定			

不透性石墨广泛应用于化工过程中腐蚀严重的环节，绝大多数用于需要对腐蚀性物料进行加热或冷却（冷凝）的场合，也用于腐蚀性物料的洗涤、吸收、反应、焚烧等单元操作。主要用它们制造各种类型的石墨设备，也用于制造管道、管件、密封元件或衬里砖、板等零部件。在化工、冶金、轻工、机械、电子、纺织、航天等工业部门及众多行业的"三废"治理中，不透性石墨制品正发挥着愈来愈重要的作用。

9.3　活性炭

9.3.1　概述

活性炭是用煤炭、木材、果壳等含碳物质通过适当的方法成型，在高温和缺氧条件下活化制成的一种黑色粉末状或颗粒状、片状、柱状的炭质材料。活性炭中 80%～90% 是碳，除此之外，还包括由未完全炭化而残留在炭中、或者在活化过程中外来的非碳元素与活性炭表面化学结合的氧和氢。活性炭具有非常多的微孔和巨大的比表面积，通常 1g 活性炭的表面积达 500～1500m²，因而具有很强的物理吸附能力，能有效地吸附废水中的有机污染物。在活化过程中活性炭表面的非结晶部位上形成一些含氧官能团，如羧基（—COOH）、羟基（—OH）等，使活性炭具有化学吸附和催化氧化、还原的性能，能有效地去除废水中一些金属离子。

活性炭最早是在木炭应用的基础上发展起来的。公元前 550 年，埃及就把木炭用于医药。李时珍《本草纲目》中也介绍用果核炭治疗腹泻和肠胃疾病。中国长沙马王堆出土的汉墓棺椁中也利用了木炭的吸附和防腐作用。制糖工业中，最早用木炭和骨炭进行脱色精制，19 世纪中叶以后，为了提高脱色效果，寻找比木炭更好的吸附材料，开始对其它炭质材料的活化进行研究。1862 年，F. Lipscombe 制成了净化饮用水的活性炭；1856～1872 年，J. Hunter 制得了吸附气体用的椰壳炭；1868 年，F. Winser 和 J. Swindells 用造纸厂的废物为原料加磷酸盐进行活化，制成脱色炭。

活性炭的工业化生产可认为起始于 1900～1901 年的 Ostrejko R. Von 的两项专利。他发明了两种活化方法使现代商品活性炭得到了发展。一种方法是金属氯化物与含碳原料混合进行高温炭化；另一种方法是用二氧化碳在高温下进行选择性氧化。

20 世纪 20 年代以后，活性炭的应用范围不断扩大，从最初的制糖工业应用的脱色炭，扩大到其它产品的净化和精制，如化学制药、植物油、矿物油等。活性炭的原料已扩大到果壳、果核、泥炭、煤等。美国自二次世界大战后取代欧洲成为世界上生产和使用活性炭最多的国家，紧跟其后的是俄罗斯和日本。随着活性炭技术的发展，新产品、新工艺也在不断出现。

近年来，开发、生产了活性炭纤维、球形活性炭、碳分子筛等新产品，传统产品的品位不断提高，高苯、高 CCl_4 活性炭和低灰活性炭相继投入使用。总之，活性炭工业的道路已经越走越宽，产量越来越大，质量越来越好。

9.3.2　活性炭的种类

活性炭产品种类繁多，按原料不同可分为木质活性炭、果壳类活性炭（椰壳、杏核、核桃壳、橄榄壳等）、煤基活性炭、石油焦活性炭和其它活性炭（如纸浆废液炭、合成树脂炭、有机废液炭、骨炭、血炭等）。按外观形状可分为粉状活性炭、颗粒活性炭和其它形状活性炭（如活性炭纤维、活性炭布、蜂窝状活性炭等），颗粒活性炭又分为破碎活性炭、柱状炭、压块炭、球形炭、空心球形炭、微球炭等；根据用途不同分为气相吸附炭、液相吸附炭、工业炭、催化剂和催化剂载体炭等；按制造方法可分为气体活化法炭、化学活化法炭、化学物理法活性炭。

其中，煤基活性炭以合适的煤种或配煤为原料，相对于木质和果壳活性炭原料来源更加广泛，价格也更为低廉，因而成为目前国内外产量最大的活性炭产品。随着生产技术的进步，煤基活性炭的产品性能有了很大的提高，应用领域越来越广，产量也逐年增加。由于我国煤炭资源丰富，具有活性炭生产的天然优势，且随着工业技术的进步和我国森林资源的逐步减少，煤基活性炭将显示其更强的生命力，是未来最有发展前途的一种活性炭产品，具有广阔的发展前景。

9.3.3　活性炭的结构与性质

活性炭不同于一般的木炭和焦炭，它具有非常好的吸附能力，原因就在于它的比表面积大，孔隙结构发达，同时表面还含有多种官能团。

9.3.3.1　孔结构

（1）孔的大小和形状

活性炭的孔隙包括从零点几纳米的微孔到肉眼可见的大孔，基本上呈连续分布。杜比宁把半径小于 2nm 的称为微孔，2～100nm 的称过渡孔，大于 100nm 的孔称大孔。为了测定方便，一般规定半径的上限到 $7.5\mu m$ 为止。

孔隙形状多种多样，有近于圆形的、裂口状、沟槽状、狭缝状和瓶颈状等。大小不同孔隙之间的相互关系一般设想为：大孔上分叉地连接有许多过渡孔，过渡孔上又分叉连接着许多微孔。大孔的内表面可发生多层吸附，但是它在比表面积中所占比例很小。过渡孔一方面和大孔一样是吸附质分子的通道，另一方面在一定相对压力下会产生毛细管凝结。有些不能进入微孔的大分子，则在过渡孔中被吸附。吸附作用最大的是微孔，它对活性炭的吸附量起决定性作用。

（2）比表面积

比表面积用 m^2/g 表示，测定方法很多，有气体吸附法、液相吸附法、润湿热法和 X 射线小角度散射法等。对活性炭讲，用得较多的是气体吸附法中的 BET 法（Brunauer-Emmett-Teller）。

根据郎格缪尔单分子层吸附理论，知道了单分子层吸附容量 a_m 就可求出吸附剂的比表面积

$$S = a_m N \omega_m \tag{9.2}$$

式中　S——比表面积，m^2/g；

　　a_m——单分子容量，mol/g；

　　N——阿伏伽德罗常数，6.02×10^{23}，mol；

　　ω_m——个吸附质分子以密实层在吸附剂表面上所占据的面积，m^2。

把单分子吸附理论引伸到多分子层吸附中，并且假定从第一层直至无限多层为止的各吸附层全部和气相建立吸附平衡。于是，就能推导出吸附气体在临界温度的吸附过程中能够适用的BET方程

$$a = \frac{a_m c P}{(P_0 - P)\left[1 + (c-1)\dfrac{P}{P_0}\right]} \tag{9.3}$$

式中　a——总吸附容量，mol/g；

　　　c——与吸附能力有关的常数；

　　　P——吸附平衡压力，Pa；

　　　P_0——吸附质的饱和蒸汽压力，Pa。

以 $x = \dfrac{P}{P_0}$ 带入上式，则得

$$\frac{x}{a(1-x)} = \frac{1}{a_m c} + \frac{c-1}{a_m c} - x \tag{9.4}$$

以 $a(1-x)$ 为纵坐标，x 为横坐标作图，为一直线。其斜率为 $a_m c$，截距为 $a_m c$，由此可求出单分子层吸附容量 a_m。

BET法所用的吸附气体有 N_2、Ar、CO_2 和 CH_4 等。对同一样品用不同气体测定时，所得比表面积数据常常不同。

另外，用碘吸附法和润湿热法可大致估计比表面积的大小，因为从大量对比试验中发现，它们的测定结果和BET比表面积基本呈直线关系，每 1mg I_2/g 大致相当于 1m²/g，约等于 1m²/g。

（3）孔径分布

两种相同比表面积和孔容的活性炭，常常有明显不同的吸附特性，其原因主要是它们的孔径分布不同。

测定孔径分布的方法很多，有压汞法和毛细管凝结法。这是至今常用的方法，最近国外还用X射线小角散射法。

9.3.3.2 吸附特性

活性炭可以使水中一种或多种物质被吸附在表面而从溶液中去除，其去除对象包括溶解性的有机物质、微生物、病毒和一定量的重金属离子，并能够脱色、除臭。活性炭经过活化后，碳晶格形成形状和大小不一的发达细孔，大大增大了比表面积，提高了吸附能力。活性炭的表面形貌如图9.4所示。

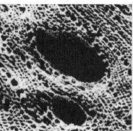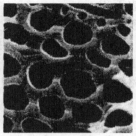

图 9.4　活性炭表面形貌及孔结构

活性炭的吸附特性不仅取决于它的孔隙结构，而且取决于其表面化学性质。化学性质主要由表面的化学官能团的种类与数量、表面杂原子和化合物确定，不同的表面官能团、杂原

子和化合物对不同吸附质的吸附有明显差别。

活性炭的制备过程中，孔隙表面一部分被烧掉，化学结构出现缺陷或不完整。由于灰分及其它杂原子的存在，使活性炭的基本结构产生缺陷和不饱和价键，使氧和其它杂原子吸附于这些缺陷上与层面和边缘上的碳反应形成各种键，最终形成各种表面功能基团，使活性炭具备了各种各样的吸附性能。对活性炭吸附性质产生重要影响的化学基团主要是含氧官能团和含氮官能团。Boehm 等又把活性炭表面官能团分成三组：酸性、碱性和中性。酸性基团为羧基（—COOH）、羟基（—OH）和羰基（—C＝O），碱性基团为—CH_2 或—CHR 基，能与强酸和氧反应，中性基团为醌型羰基。

9.3.3.3　催化性能

活性炭作为接触催化剂可用于各种聚合、异构化、卤化和氧化反应中。它的催化效果是由于活性炭特殊的表面结构和表面性质以及灰分等共同决定的。一般活性炭都具有较大的比表面积，在化学工业中常用作催化剂载体，并将有催化活性的物质沉积其上面，来实现催化作用的。球形活性炭不但具有独特形状，在各种装填状态下均具有良好的流动力学性能，而且又有良好的吸附性，特别适合于作催化剂载体。此时，它的作用不仅仅局限催化剂的负载，它对催化剂的活性、选择性和使用寿命都有重大影响，同时它也实现了助催化的作用。

9.3.4　活性炭的制备

9.3.4.1　原料

常用的原料有煤、木材与果壳、石油焦和合成树脂等。各类煤都可作为活性炭的原料。煤化程度较高的煤（从气煤到无烟煤）制得的活性炭微孔发达，适用于气相吸附、净化水和作为催化剂载体。煤化程度较低的煤（褐煤和长焰煤）制成的活性炭，过渡孔比较发达，适用于液相吸附（脱色）、气体脱硫以及需要较大孔径的催化剂载体。因为在炭化和活化中，煤的重量大幅度降低，灰分成倍浓缩，所以原料煤的灰分越低越好，最好低于 10%。另外，煤的黏结性对生产工艺也至关重要，应该区别对待。各种木材、锯屑和果壳（椰子壳和核桃壳等）、果核都是生产活性炭的优质原料。石油焦、泥炭、合成树脂（酚醛树脂和聚氯乙烯树脂等）、废橡胶和废塑料等。它们可制得低灰分的产品。

9.3.4.2　炭化

炭化是活性炭制造过程中的主要热处理工序之一，是指在低温下（500℃左右）煤及煤沥青的热分解、固化以及煤焦油中低分子物质的挥发。炭化过程中大部分非碳元素，如氢、氧等因原料的高温分解首先以气体形式被排除，而获释的碳原子则组合成通称为基本石墨微晶的有序结晶生成物。严格地说，炭化应是在隔绝空气的条件下进行。炭化炉是最主要的炭化设备，主要有立式移动床窑炉、外热型卧式螺旋炉、耙式炉、回转炭化炉等。

回转炭化炉是目前我国煤基活性炭生产中使用最广泛的炭化设备，根据加热方式的不同可以分为外热式和内热式。内热式回转炭化炉中，物料直接与加热介质接触，主要通过燃烧室中的温度来控制物料的炭化终温，而物料入口（炉尾）温度和炉体的轴向温度梯度分布则主要依靠加料速度、炉体长度、转速及烟道抽力来调节，因而物料氧化程度较高，但其热效率高，产品具有较高的收率和强度。国内的活性炭生产企业大多采用此炉型。外热式回转炭化炉主要是通过辐射加热物料，物料氧化损失较小，设备自动化程度高，维护及操作简单，温度控制稳定，活化反应速率稳定，尾气产生量少且易于处理回收，连续化生产运行稳定。内热式回转炉炭化的工艺流程如图 9.5 所示。

物料流程：成型颗粒经运输机提升直接加入回转炉的加料室内，借助重力作用落入滚筒内，沿着滚筒内螺旋运动被带到抄板上，靠筒体的坡度和转动物料由炉尾向炉头方向移动。

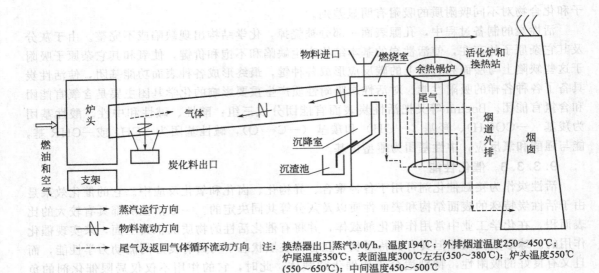

注：换热器出口蒸汽3.0t/h，温度194℃；外排烟道温度250～450℃；
炉尾温度350℃；表面温度300℃左右（350～380℃）；炉头温度550℃
（550～650℃）；中间温度450～500℃

图9.5　内热式回转炉炭化工艺流程

物料首先经过温度为200℃的预热干燥阶段，进入350～550℃的炭化阶段，在这个过程中，炭粒与热气流接触而进行炭化，排出水分及挥发分，最后经卸料口卸出。

气体流程：尾气在燃烧室中燃烧后，一部分返回到炉头，进入滚筒与逆流而来的炭粒直接接触进行炭化；另外一部分进入余热锅炉进行换热，换热后的烟道气从烟筒排出。余热锅炉产生的蒸汽部分送到活化工序和换热站，部分返回炉头与尾气混合后进入炭化炉。

9.3.4.3　活化

（1）活化方法

活性炭的活化按其活化方法的不同可分为物理活化法、化学活化法和物理化学联合活化法。

化学活化法：化学活化法是把化学药品加入原料中，然后在惰性气体介质中加热，同时进行炭化和活化的一种方法，通常采用 $ZnCl_2$、KOH 及 H_3PO_4 等试剂进行活化。相对于物理活化，化学活化需要的温度较低、产率较高，通过选择合适的活化剂控制反应条件可制得高比表面积活性炭。但化学活化法对设备腐蚀性很大，污染环境，活性炭中残留有化学药品活化剂，应用受到限制。

$ZnCl_2$ 与 H_3PO_4 活化法可促进热解反应过程，形成基于乱层石墨结构的初始孔隙；活化剂充满在形成的孔内，避免了焦油的形成，清洗后可除去活化剂得到孔结构发达的活性炭。通过控制活化剂的用量及活化温度，可控制活性炭的孔结构。KOH 活化法是 20 世纪 70 年代发展起来的一种活化方法，将煤焦与 KOH 混合，在氩气流中进行低温、高温二次热处理，由此法制备的活性炭比表面积更高，微孔分布集中，孔隙结构可以控制，吸附性能优良，因此常用来制备高性能活性炭或超级活性炭。

物理活化法：物理活化法是指原料先进行炭化，然后在 600～1200℃下对炭化物进行活化，利用二氧化碳、水蒸气等氧化性气体与含碳材料内部的碳原子反应，通过开孔、扩孔和创造新孔的途径形成丰富微孔的方法。它的主要工序为炭化和活化，炭化就是将原料加热，预先除去其中的挥发成分，制成适合于下一步活化用的炭化料。炭化过程分为 400℃以下的一次分解反应，400～700℃的氧键断裂反应，700～1000℃的脱氧反应等三个反应阶段，原料无论是链状分子物质还是芳香族分子物质，经过上述三个反应阶段获得缩合苯环平面状分子而形成三向网状结构的炭化物。活化阶段通常在 900℃ 左右将炭暴露于氧化性气体介质中，第一阶段是除去吸附质并使被阻塞的细孔开放；进一步活化使原来的细孔和通路扩大；最后由于炭质结构反应性能高的部分的选择性氧化，而形成了微孔组织。

物理化学联合活化法：物理化学联合活化法是将化学活化法和物理活化法相结合制造活性炭的一种两步活化方法，一般先进行化学活化后再进行物理活化。选用不同的原料和采用不同化学法和物理法的组合对活性炭的孔隙结构进行调控，从而可制得性能不同的活性炭，这是目前活性炭工作者研究的重点。

（2）活化工艺及设备

活化反应一般通过以下三个阶段达到活化造孔的目的。

第一阶段，开放原来的闭塞孔。即高温下，活化气体首先与无序碳原子及杂原子发生反应，将炭化时已经形成但却被无序的碳原子及杂原子所堵塞的孔隙打开，将基本微晶表面暴露出来；

第二阶段，扩大原有孔隙。在此阶段暴露出来的基本微晶表面上的碳原子与活化气体发生氧化反应被烧失，使得打开的孔隙不断扩大、贯通及向纵深发展；

第三阶段，形成新的孔隙。微晶表面上的碳原子的烧失是不均匀的，同炭层平行方向的烧失速率高于垂直方向，微晶边角和缺陷位置的碳原子即活性位更易与活化气体反应。同时，随着活化反应的不断进行，新的活性位暴露于微晶表面，于是这些新的活性点又能同活化气体进行反应，这种不均匀的燃烧不断地导致新孔隙的形成。

活化设备是煤质活性炭生产过程中的核心设备，目前应用较多的活化炉有耙式炉、斯列谱炉和回转活化炉。我国煤基活性炭生产采用的主要是斯列谱炉，如图 9.6 所示。该炉型于 20 世纪 50 年代从前苏联引进，经过国内几代科研人员的不断改进和完善，工艺技术已非常成熟，具有投资低、产品调整方便等特点。

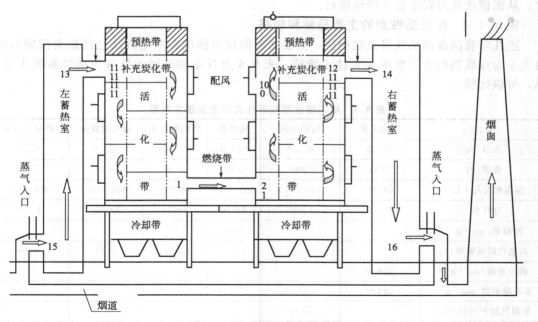

图 9.6　斯列谱活化炉示意图

斯列谱活化炉本体自上而下分为四个带，分别为预热带、补充炭化带、活化带和冷却带。

预热带由普通耐火黏土砖砌成，高为 1632mm 左右。卸料容积 35m³，可装炭化料 22t 左右。预热带的作用有：①装入足够的炭化料，以便活化炉的定时加料操作；②预热炭化料，使其缓慢升温。

补充炭化带由特异形耐火砖砌成，高 1230mm。在这里炭化料与活化剂不直接接触，靠高温气流加热异形砖而将热量辐射给炭化料，使其补充炭化。

活化带由 60 层特异形耐火黏土砖叠成，高 6.0m。在活化带炭化料与活化剂直接接触活化，活化剂通过气道扩散渗入炭层中，与炭发生一系列化学反应，使炭形成发达的孔隙结构和巨大的比表面积。

冷却带也是由特异形耐火黏土砖叠成，高为 1330mm。在冷却带炭不再与炉气接触，而是高温炭材料逐步降温冷却，以免卸出炉外的炭料在高温下与空气发生燃烧反应而影响炭的质量和活化收率。

物料流程：物料进入加料槽后，借重力作用沿着产品道缓慢下行，依次经过预热带、补充炭化带、活化带、冷却带，完成全部活化过程，最后由下部卸料器卸出。炭化预热段利用炉内热量预热除去水分。在补充炭化段，炭化料被高温活化气体间接加热使炭的温度不断提高进行补充炭化。在活化段，活化道与活化气体道垂直方向相通，炭与活化气体直接接触进行活化。在冷却段，用循环水对活化料进行冷却（或采用风冷），这样所得到的活化料温度可以降到 60℃ 以下，便于物料运输和直接进行筛分包装。

气体流程：左半炉烟道闸阀关闭，右半炉烟道闸阀开启，水蒸气从左半炉蓄热室底部进入，经格子砖加热到变成高温蒸汽，从上连烟道进入，蒸汽与物料反应后产生的水煤气与残余蒸汽依次经过左半炉上、中下烟道进入右半炉。在右半炉内混合气体经过下、中部及上烟道及上连烟道进入右半炉蓄热室顶部，然后通过格子砖往下流动，同时加热格子砖，尾气冷却，进入烟道排出完成循环。第二次循环与上述循环相反。第一、二次循环每半小时切换一次，从而使活化过程连续不断地进行。

9.3.4.4　煤质活性炭的主要品种和规格

近几年我国煤制活性炭发展很快，主要品种的技术标准和测定方法已经定为国家标准。表 9.5 为煤质颗粒活性炭的主要技术指标。表 9.6 为日本和美国水处理用活性炭的主要指标，可供比较。

表 9.5　我国煤质颗粒活性炭的主要技术指标

项目	净化水炭	防护用炭	脱硫炭	回收溶剂炭	催化剂载体	净化空气炭
水分/%	≤5.0	≤5.0	≤5.0	≤5.0	≤5.0	≤5.0
强度/%	≥85	≥85	≥90	≥90	≥90	≥90
装填密度/g·L⁻¹	≥380	430~530	400~550	≥350	360~600	450~600
pH 值	6~10	6~10	8~10	8~10	8~10	8~10
硫容量/mg·g⁻¹			≥800			
四氯化碳吸附率/%				≥54	≥54	≥50
碘吸附质/mg·g⁻¹	≥800					
苯酚吸附值/mg·g⁻¹	≥140					
苯蒸气防护时间/min		≥40				
氯乙烷蒸汽防护时间/min		≥25				
着火点/℃				≥350		
水容量/%			≥62		≥66	

续表

项目		净化水炭	防护用炭	脱硫炭	回收溶剂炭	催化剂载体	净化空气炭
粒度/mm		>2.50,≤2%	>2.50,≤2%	>5.60,≤5%		>6.30,≤5%	>6.30,≤5%
		1.25~2.50,≥83%	1.25~2.50,≥87%	2.50~5.60,≥79%		3.15~6.30,≥80%	3.15~6.30,≥90%
		1.00~1.25,≤14%	1.00~1.25,≤10%	1.00~2.50,≤15%		2.50~3.15,<20%	<3.15,≤5%
		<1.00,≤1%	<1.00,≤1%	<1.00,≤1%		<2.50,≤5%	

注：摘自 GB/T 7701.1~3—2008。

表 9.6　日本和美国水处理炭的主要指标

项目	日本	美国 CalgonF	
	X-7000	F 100	F 400
比表面积/m² · g⁻¹	1110	850~900	1050~1200
堆积密度/g · cm⁻³	0.458	0.5~0.6	0.4
碘吸附值/mg · g⁻¹	1010	850~900	≥1000
亚甲蓝吸附/mL · g⁻¹	200	180~200	—
灰分/%	—	8	8
强度/%	98	80~85	

9.3.5　活性炭的再生

活性炭的再生就是用物理或化学方法在不破坏其原有结构的前提下，去除吸附于活性炭微孔中的吸附质，恢复其吸附性能，以便重复使用的过程。

（1）加热再生法

活性炭的加热再生是通过加热对活性炭进行热处理，使其吸附的有机物在高温下炭化分解，最终成为气体逸出，使活性炭得到再生的一种方法。在除去有机物的同时，还可以除去沉积在炭表面的无机盐，使炭表面有新微孔生成，活性得到根本的恢复。热再生法是目前工艺最成熟、工业应用最多的活性炭再生方法。

（2）湿式氧化再生法

湿式氧化再生法是指在高温高压的条件下，用氧气或空气作为氧化剂，在液相状态下将活性炭上吸附的有机物氧化分解成小分子的一种处理方法。该技术在高温高压的条件下进行，再生条件一般为 200~250℃，3~7MPa，再生时间大多在 60min 以内。湿式氧化法再生活性炭是指吸附在活性炭表面上的有机、无机污染物在水热环境中脱附，然后从活性炭内部向外部扩散，进入溶液；而氧从气相传输进入液相，通过产生羟基自由基氧化脱附出来的物质。由于湿式氧化高温高压条件较为苛刻，为此，人们考虑引入高效催化剂，采用催化湿式氧化法再生活性炭，以提高氧化反应的效率。

（3）溶剂再生法

溶剂再生法是利用活性炭、溶剂与被吸附质三者之间的相平衡关系，通过改变温度、溶剂的 pH 值等条件，打破吸附平衡，将吸附质从活性炭上脱附下来的方法。根据所用溶剂的不同可分为无机溶剂再生法和有机溶剂再生法。一般采用无机酸（H_2SO_4、HNO_3、HCl等）或碱（NaOH）等作为再生溶剂。再生操作可在吸附塔内进行，活性炭损失较小，但是再生不太彻底，微孔易堵塞，影响吸附性能的恢复，多次再生后吸附性能明显降低。

（4）电化学再生法

电化学再生法是一种正在研究的新型活性炭再生技术。该法是将活性炭填充在 2 个主电极之间，在电解液中，加以直流电场，活性炭在电场作用下极化，一端呈阳性，另一端呈阴性，形成微电解槽，在活性炭的阴极部位和阳极部位可分别发生还原反应和氧化反应，吸附在活性炭上的物质大部分因此而分解，小部分因电泳力的作用发生脱附。此方法操作方便且效率高、能耗低，其处理对象所受局限性较少，若处理工艺完善，可以避免二次污染。

（5）超临界流体再生法

许多物质在常压常温下对某些物质的溶解能力极小，而在亚临界状态或超临界状态下却具有异常大的溶解能力。在超临界状态下，稍改变压力，溶解度会产生数量级的变化。利用这种性质，可以把超临界流体作为萃取剂，通过调节操作压力来实现溶质的分离，即超临界流体萃取技术。超临界流体（Supercritical fluid/SCF）的特殊性质和其技术原理确定了它用于再生活性炭的可能性。二氧化碳的临界温度 31℃，近于常温，临界压力 7.2MPa，不是很高，具有无毒、不可燃、不污染环境以及易获得超临界状态等优点，是超临界流体萃取技术应用中首选的萃取剂。SCF 再生法温度低，吸附操作不改变污染物的化学性质和活性炭的原有结构，在吸附性能方面可以保持与新鲜活性炭一样；活性炭无任何损耗，可以方便地收集污染物，利于重新利用或集中焚烧，切断了二次污染；SCF 再生可以将干燥、脱除有机物连续操作，一步完成。

9.3.6　活性炭的应用及发展

活性炭作为一种优质吸附剂，广泛用于食品、化工、石油、纺织、冶金、造纸、印染等工业部门以及农业、医药、环保、国防等诸多领域中，被大量应用于脱色、精制、回收、分离、废水及废气处理、饮用水深度净化、催化剂、催化剂载体以及防护等各个方面。其需求量随着社会发展和人民生活水平的提高，呈逐年上升趋势，尤其是近年来随着环境保护要求的日益提高，使得国内外活性炭的需求量越来越大。

中国有丰富的煤炭资源，为发展煤质活性炭提供了先决条件，同时还有大量的石油焦、工业有机废物和林产品可以应用。活性炭的国内市场潜力很大，随着社会主义建设事业的发展和人民生活水平的提高，随着环境保护法的贯彻实施，活性炭在水处理及其它方面的应用将会不断扩大。

除了传统的粉末和颗粒活性炭外，新品种开发的进展也很快，如珠球状活性炭、纤维状活性炭、活性炭毡、活性炭布和具有特殊表面性质的活性炭等。另外，在煤加工过程中得到的固体产品或残渣，如热解半焦、超临界抽提残煤、褐煤液化残渣也可以加工成活性炭或其代用品，它们生产成本低，用于煤加工过程的"三废"也更加适宜。

9.4　碳分子筛

碳分子筛是（CMS）一种孔径分布比较均一、含有接近分子大小的超微孔结构的特种活性炭，具有筛分分子的作用，可用于分离某些气体混合物，如 N_2 和 O_2，H_2 和 CH_4 等。碳分子筛的工业生产和实际应用只有 30 多年的历史，近几年发展尤其较快，它的出现使微分子筛系列产品增加了一个新品种。目前国内外已将碳分子筛应用于空气分离制氮气，回收、精制氢气和其它工业气体，气相和液相色谱分析，微量杂质的净化及催化剂载体等领域。

9.4.1　碳分子筛分离原理

碳分子筛用于空气分离，不是它对氧和氮的分子直径或平衡吸附量不同，而是由于它们的扩散速度不同。部分气体的分子直径见表 9.7。

表 9.7　部分气体的分子直径

气体	分子直径/Å	气体	分子直径/Å
氢	2.4	氩	3.84
氧	2.8[①]	甲烷	4.0
氮	3.0[①]	乙烷	4.0
一氧化碳	2.8	丙烷	4.89
二氧化碳	2.8	正丁烷	4.89
水	2.8	苯	6.8

① 分子的动力学直径：O_2：3.43Å，N_2：3.68Å。

氧和氮在碳分子筛中的扩散系数的比值随温度的升高而降低，如 0℃时，比值为 54；35℃时，降为 31。这种扩散属于活性扩散，其活化能分别为 $(19.6\pm1.3)kJ/mol$ 和 $(28\pm1.7)kJ/mol$。碳分子筛正是利用了氧的扩散速度远高于氮的扩散速度的条件，在远离平衡条件下使氮得到富集。碳分子筛对氧和氮的平衡吸附曲线和吸附速率曲线见图 9.7 和图 9.8。

碳分子筛从焦炉煤气中分离氢与上述分离氧和氮的原理不同。焦炉煤气总的成分都在可被吸附之列，由于氢的分子量最小，其吸附量最低，故直接穿过吸附塔，而其它成分，如 CH_4、CO、CO_2 等则被吸附。随着碳分子筛应用范围的扩大，不同成分的分离机理还需进一步研究。

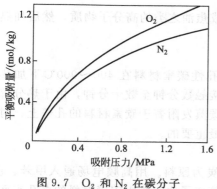

图 9.7　O_2 和 N_2 在碳分子筛上的吸附等温线

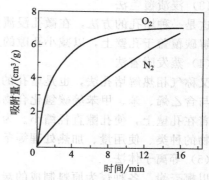

图 9.8　碳分子筛对 O_2 和 N_2 的吸附量与吸附时间的关系

9.4.2　碳分子筛的特点

碳分子筛与活性炭在化学组成上无本质区别，主要区别是孔径分布和孔隙率不同，如图 9.9。理想的碳分子筛孔径全部为微孔，孔径全部集中在 $0.4\sim0.5nm$，孔隙率低于活性炭，而活性炭的孔径分布宽，从微孔到大孔都有。

9.4.3　碳分子筛的制备

9.4.2.1　制备方法

碳分子筛常用的制备方法有以下几种。

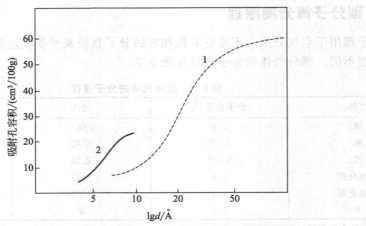

图 9.9　碳分子筛和活性炭的吸附孔容积和孔径的关系

1—活性炭；2—碳分子筛

（1）热分解法

热分解法是指将活性炭、焦炭和萨冉炭等含有细孔的炭材在惰性气氛中用 1200～1800℃ 的高温煅烧，使孔隙收缩。如偏二氯乙烯炭化物经过 1400℃ 煅烧，对分子直径 5Å 的异丁烷有分子筛作用。

（2）气体活化法

这是一种扩孔的方法，利用某些活化剂（如二氧化碳，水蒸气）与碳反应，使孔径扩大到所需范围。活化方法同活性炭活化，关键是控制好活化程度。

（3）浸渍覆盖法

这是一种堵孔的方法，在微孔浸渍含合成树脂或焦油之类的高分子物质，然后加热，使热分解碳覆盖于孔壁上，以减小孔隙的直径。

（4）蒸发附着法

又称气相热解堵孔法，也是堵孔的方法。将多孔性碳素材料在 400～900℃ 下加热，并使其与含乙烯、苯、甲苯等碳氢化合物的惰性气体接触数分钟至数十分钟，由于热分解碳蒸发附着在孔壁上，使孔隙直径缩小。为了使热分解碳蒸发附着于碳素材料的孔壁上，对碳氢化合物的种类、使用量、加热处理等条件的控制是最重要的。

（5）等离子体法

以椰壳炭、各种煤为原料制成的炭化料及活性炭为原料。用高频电场通入甲苯、己烷、木焦油等碳氢化合物来产生等离子体。高速运动的等离子体，撞击碳素材料的多孔表面，改善表面的孔结构特征，并在表面聚合，形成一层固体薄膜结构，从而达到改善原料孔隙结构、制取碳分子筛的目的。

（6）液化抽提法

这是不同于以上热分解造孔的新方法。借用煤的加氢液化原理，把煤在高温高压及催化剂存在的条件下，进行适度的加氢反应，使煤分子骨架上的某些结合键发生断裂，使某些侧链和官能团与氢作用生成小分子化合物。然后，用溶剂抽提的方法把这些小分子抽提出来，使原来小分子所占的空间成为孔隙。抽余煤的骨架再通过热收缩法或其它调整孔径的方法，制成碳分子筛。

9.4.2.2　制备工艺

碳分子筛制备工艺和活性炭大致相近，主要包括原料煤粉碎、加黏结剂捏合、成型、炭化。根据原料煤的不同，有的只要炭化，不需活化，有的炭化后则要轻微活化（扩孔），而有些煤在炭化、活化后还要适当堵孔。德国煤矿研究公司用黏结性烟煤生产碳分子筛的流程如图 9.10 所示。

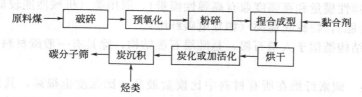

图 9.10　以黏结性烟煤为原料生产碳分子筛的流程

预氧化：黏结性烟煤需要预氧化，一方面可以破除黏结性，另一方面对形成均一微孔有利。一般用流化床空气氧化法，温度 200℃ 左右，时间数小时。实践证明，煤化程度较高的煤经预氧化后，最终产物的性能也有所提高，但对高挥发分不黏煤进行预氧化反而有害。

捏和、成型：乳合剂有煤焦油和纸浆等，添加量与生产活性炭基本相同。经验表明，捏和好坏对产品的质量影响很大。另外也可用挤条法和成球法成型。

炭化：这是关键的工序，最终温度和升温速度都有影响。炭化温度一般比生产活性炭时高，大多在 700～900℃，温度高有利于生成微孔。因为通过高温反应一方面形成新微孔，另一方面原来较大的孔也可能收缩而变为微孔。升温速度总的讲应该慢一些，有利挥发分均匀地逸出，一般控制在 3～50℃/min。另外，温度分段上升比一次直线上升效果要好。在炭化时通入少量惰性气体，有利于带出挥发分，可提高产品质量。

孔径调整：为了使产品的孔径均一，并保持在适当的孔径范围内，常常需在加工工艺中对孔径做必要的调整。

9.4.4 碳分子筛的应用

目前，碳分子筛主要作为变压吸附（Pressure Swing Adsorption，PSA）的吸附剂，用于工业气体的分离提纯中。气体组分在升压时吸附，降压时解吸，不同组分由于其吸附和解吸特性不同，在压力周期性的变化过程中实现分离，这一过程称之为变压吸附分离过程。

与其它气体分离技术相比，变压吸附技术具有能耗低、装置压力损失小、工艺流程简单、无需复杂的预处理系统、一步或两步可实现多种气体的分离等特点。目前，已经推广应用到了氢气的提纯、二氧化碳的提纯，可直接生产食品级二氧化碳、一氧化碳的提纯、变换气脱除二氧化碳、天然气的净化、空气分离制氧、空气分离制氮、瓦斯气浓缩甲烷以及浓缩和提纯乙烯九个主要领域。

9.5 碳素纤维

碳素纤维，又称碳纤维，是一种含碳量大于 90% 的具有很高强度和模量的纤维，主要用于生产高级复合材料。全世界目前各种碳素纤维的年产量之和约 4×10^4 t 左右，虽然产量不大，但由于它具有许多独特的性能，故受到广泛的重视，并有良好的发展前景。目前生产碳纤维的原料有三种，即人造丝、聚丙烯腈和沥青。其中沥青基碳纤维具有原料丰富、价格便宜、纤维的产率高和加工工艺简单等优点，发展较快。

9.5.1 碳素纤维的种类和性能

按生产原料的不同，碳素纤维主要可分为聚丙烯腈碳纤维（原料为聚丙烯腈纤维）、沥青基碳纤维（原料为石油沥青和煤焦油沥青）及以纤维素、人造纤维、聚乙烯醇纤维和聚酰亚胺纤维等为原料加工而成的碳纤维以及气相裂解碳纤维等。

按石墨化程度不同可分为石墨化碳纤维和非石墨化碳纤维。按使用性能又可分为高性能类（高强度、高弹性模量和高强度兼有高弹性模量），通用类（机械性能较低），活性炭纤维（具有活性炭的性能），特殊功能类（如导电碳纤维）。

碳素纤维的结构类似于人造石墨，是乱层石墨结构，除具有一般碳材料的共性外，还具有以下特性。

① 力学性能　碳素纤维在所有材料中比模量最高，比强度也很高，其抗拉强度和玻璃纤维相近，而弹性模量都比后者高 4~5 倍，高温强度尤其突出。用碳纤维制成的增强复合材料密度比铝合金和玻璃钢轻，它是钢的密度的 1/5，是钛合金密度的 1/3，而其比强度则是玻璃钢的 2 倍，是高强度钢的 4 倍，比模量则是后面二者的 3 倍。

② 形成层间化合物　碳素纤维在高温下能和许多金属氧化物、卤素等反应生成层间化合物。引入金属可使碳素纤维的导电性增加 20~28 倍，而纤维的形态和力学性能基本上保持不变。

③ 化学稳定性　不经任何处理的碳纤维在空气中的安全使用温度为 300~350℃，浸渍某种化合物或经气相沉积了热解石墨或其它化合物后，其耐氧化性大增，安全使用温度可提高到 600℃，在惰性气氛中加热到 2000℃以上也没有什么变化，所以它的热稳定性超过其它任何材料；在大多数腐蚀性介质中非常稳定，沥青基各向同性碳纤维除对 60% 的硝酸（60℃）和铬酸（常温）外，对其它酸和碱都很稳定。

④ 热性质　比热容不大，但随温度升高而增加。270℃ 时比热容为 0.67J/g·K，2000℃ 时增加到 2.09J/g·K，故可作为高温烧蚀材料。

9.5.2　工艺流程

沥青基碳素纤维有高性能和低性能之分，前者由中间相沥青纤维相加工而成，后者则由各向同性沥青纤维制得。其制备工艺流程如图 9.11 所示。

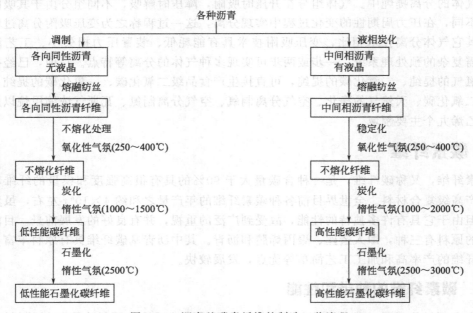

图 9.11　沥青基碳素纤维的制造工艺流程

（1）沥青预处理

生产碳素纤维的沥青主要是煤焦油沥青、石油沥青和合成沥青（如以聚氯乙烯热聚合制得的沥青）等。煤沥青在 N_2 中于 384℃下加热 1h，然后在 270℃减压蒸馏出低沸点馏分。向减压残渣加入 6.7％的过氧化二异丙苯，最后再在 280℃下和 N_2 气氛中加热 4h，所得沥青即可纺丝生产低性能碳素纤维。

（2）熔融纺丝

采用合成纤维工业中常用的纺丝法，如挤压式、喷射式和离心式等进行纺丝，纺丝出后立即进入下一道工序，即不熔化处理。

（3）不熔化处理

目的在于消除沥青原纤维的可熔性和黏性。方法有气相氧化、液相氧化和混合氧化三种。气相氧化剂有空气、氧气、臭氧和三氧化硫等，一般多用空气。液相氧化剂为硝酸、硫酸和高锰酸钾溶液等。气相氧化温度一般为 250～400℃，它应低于沥青纤维的热变形温度和软化点。氧化时在热反应性差的芳香结构中引入反应活性高的含氧官能团，从而形成氧桥键使缩合环相互交联结合，在纤维表面形成不熔化的皮膜。一般，随着纤维中氧含量的增加，纤维的力学性能逐渐提高。

（4）炭化

炭化温度很高，通常为 1000～2000℃，为防止高温氧化，需要在高纯 N_2 的保护下进行。炭化时，芳烃大分子间发生脱氢、脱水、缩合和交联反应。由于非碳原子不断地被脱除，故炭化后纤维中的 C 含量可达 95％以上。炭化停留时间为 0.5～25min。不同原料纤维的炭化收率见表 9.8。

表 9.8　不同原料纤维的炭化收率

原料	C/%	炭化收率/%	碳纤维中 C/原料中 C
聚丙烯腈纤维	68	49～69	60～85
沥青基纤维	95	80～90	85～95
纤维素纤维	45	21～40	45～55
木质素纤维	71	40～50	55～70

（5）石墨化

在高纯 N_2 保护下，将上面所得到的碳纤维加热至 2500℃或更高温度，停留时间约几十秒，炭化纤维就转化为具有类似石墨结构的纤维。对同种原料讲，纤维的力学性能与处理温度高低关系很大，温度低时，强度高而弹性模量低；温度高时，则相反。

在对纤维进行不熔化、炭化和石墨化处理时，对 PAN 基纤维还要施加一定的牵伸力，以防止纤维收缩，这有利于石墨微晶的轴向取向，增加碳纤维的强度和弹性模量。

（6）后处理

高性能的碳纤维和石墨纤维主要用于生产复合材料，为提高纤维和基体之间的黏结力，还必须进行表面处理。其作用主要是：①消除表面杂质；②在纤维表面形成微孔或刻蚀沟槽，以增加表面能；③引入具有极性的活性官能团以及形成和树脂作用的中间层等。主要的处理方法有表面清洁法、空气氧化法、液相氧化法和表面涂层法等。

9.5.3　碳素纤维的应用

碳素纤维的生产规模虽然很小，但是以碳素纤维为原料生产的各种增强复合材料品种却很多，应用范围也很广，具有广阔的发展前景和相当大的市场潜力。

(1) 航空和航天

1kg 碳纤维增强塑料可以代替 3kg 铝合金。若用它代替军用飞机的金属结构材料，据估计飞机质量可以减轻 15％，用同样的燃料可增加 10％的航程，多载 30％的武器，飞行高度可增加约 10％，在跑道上滑行的距离可减少 15％。预计这种材料将占整个飞机质量的 45％。目前，波音-757、波音-767 和空客 A-320 上都用了相当多的碳纤维增强塑料。另外，在宇宙飞船、航天飞机、人造卫星和导弹上也有应用。

(2) 汽车

汽车工业是消耗材料的大户，全世界汽车产量一直保持着增长的势头。减轻质量、降低油耗是汽车工业技术革新的主要方向之一。美国福特公司早在 1979 年就试制出碳纤维复合材料试验车，车体仅重 32kg，而用玻璃纤维增强复合材料制成的车体重 64kg，用钢材制得的车体则重达 227kg。

(3) 工程加固

碳素纤维复合增强材料在工程加固领域的应用，较为常见的是利用树脂类黏结材料将碳素纤维布（Carbon Fiber Sheet）粘贴在结构或构件表面，与原结构协同工作，共同受力，达到对结构构件补强加固的目的。与传统的加固方法相比具有对原结构影响小、施工方便、施工质量和受力性能好等优点。此法目前主要应用于混凝土结构补强、混凝土结构裂缝、砌体结构裂缝等的处理，加固效果良好。

(4) 其它

造船（游艇、桨和舵等）、体育用品（高尔夫球棒、网球拍、撑杆跳高杆和羽毛球拍等）、建筑（增强混凝土）、医疗（人造适应性插入物与医疗设备）和电子音响等。

总之，煤制碳素材料是煤作为能源和化工材料之后的第三个应用领域，与煤的传统加工相比，技术上有不少突破。它发挥了煤含碳量高的优势，可带来较高的经济效益，所以日益受到各方面的重视。

习 题

1. 简述碳素制品的定义、分类及性质。
2. 简述电极炭的制备工艺及技术特点。
3. 什么是石墨化过程，石墨化过程包括哪几个阶段？
4. 简述活性炭的结构特点及其应用。
5. 简述煤制活性炭的制备工艺过程及其活化、碳化与再生的方法特点。
6. 简述碳分子筛的结构特点及其应用。
7. 碳素纤维有哪些优良性能？其主要可应用于哪些行业或部门。

第 10 章 煤化工生产过程污染与防治

煤炭是中国的主要化石能源，也是许多重要化工产品的原料，而它又是一种高污染的能源。煤在加工过程中产生的污染物比碳氢化合物（石油、天然气）要高得多，所以煤化工只能在环境容量容许的条件下发展，即在生态、环境可承载能力的基础上发展。为改善环境和经济社会的可持续发展，应该全力推进以低能耗、低污染、低排放为基础的低碳经济发展模式，同时大力解决煤化工生产过程的污染问题，确保我国煤化工行业的可持续发展。

10.1 概述

10.1.1 环境污染

环境污染是指有害物质进入生态系统的数量超过生态系统的自净能力，即能够降解它们的能力，因而打破生态平衡，使自然环境发生恶化。环境污染的原因是多方面的，有自然因素，也有人为因素，目前后者是主要原因。环境污染种类很多，有大气污染、水体污染、土壤污染、噪声污染、生物污染和核污染等。下面简单介绍前面三种污染。

（1）大气污染

大气污染是指空气中某些物质的含量超过正常含量，对人体、动物、植物和物体产生不良影响的大气状况。造成大气污染的有害物质包括气体状和气溶胶状污染物。

气体状污染物主要有含硫化合物（SO_2 和 H_2S）、含氮化合物（NO_x 和 NH_3）、碳氢化合物（$C_1 \sim C_6$ 烃类）、碳的氧化物（CO 和 CO_2）及卤素化合物（HCl 和 HF）等。它们大多为酸性和刺激性气体，参与形成酸雨和烟雾，对人类、动植物和建筑物有直接和间接的危害。在这一方面，煤炭燃烧是主要污染源之一。

气溶胶状污染物主要是烟尘和烟雾。一般粒径在 $0.1 \sim 10 \mu m$ 的烟尘，他们能在大气中能长期飘浮，称之为飘尘，而粒径大于 $10 \mu m$ 的烟尘由于重力作用能够沉降到地面，称为降尘。烟雾是由液珠和固体微粒形成的气体非均一系统，它们不但具有上述气体状污染物的破坏作用，而且还降低大气能见度，造成城市交通瘫痪，典型的烟雾污染事故有因燃煤引起的伦敦型烟雾和汽车尾气引起的洛杉矶型烟雾等。

近期我国各城市频繁发生的雾霾天气也属于典型的大气污染。雾和霾的区别很大，雾是由大量悬浮在近地面空气中的微小水滴或冰晶组成的气溶胶系统；霾是空气中的灰尘、硫酸、硝酸等颗粒组成的气溶胶系统，二者的组合称之为雾霾。二氧化硫、氮氧化物以及可吸入颗粒物是雾霾的主要组成，前两者为气态污染物，颗粒物是重雾霾天气污染的罪魁祸首。尤其是空气动力学当量直径小于等于 $2.5 \mu m$ 的颗粒物（PM2.5）被认为是造成雾霾的元凶。随着空气质量的恶化，雾霾天气现象出现增多，危害加重。

（2）水体污染

水体污染是指进入水体（江、河、湖、海）的有害物质超过了水体的自净能力，使水体的生态平衡遭到破坏。水体污染物分有机化合物和无机化合物两大类。与煤化工生产有关的污染物主要有酚类、氰化物、氨、废酸碱、油和多环芳烃等。水体污染如果波及人类的生活用水，将会立即危害人体健康。水体污染如果波及农业灌溉用水，将造成农作物的污染，从而间接危害人体健康。另外，水体污染还会严重破坏水产资源，甚至造成鱼虾绝迹。

(3) 土壤污染

土壤污染是指人们在生产和生活中产生的废弃物进入土壤，当其数量超过土壤的自净能力时，土壤即受到了污染，从而影响植物的正常生长和发育，以致造成有毒物质在植物体内的积累，使作物的产量和质量下降，最终影响人体健康。利用工业废水和城市污水进行灌溉，堆放废渣和固体废物，使用大量化肥和农药，都有可能使土壤遭到污染。

10.1.2 环境污染的严重性

环境污染已成为世界范围的普遍问题，早已超出国家的界限。我国对保护环境、防治污染工作非常重视，但随着工业的发展、科技的进步也出现了不少薄弱环节，防污形势不容乐观。国家统计局数据显示，截止 2013 年全国废气中主要污染物二氧化硫排放量 2043 万吨，氮氧化物 2227 万吨，烟（粉）尘 1278 万吨。我国局部地区和行业的部分环境指标有所下降，环境恶化状况尚未得到根本遏制，环境形势依然十分严峻，未来的环境压力将会继续加大。

10.2 煤化工主要污染物

煤是由有机质和无机质两部分构成的复杂混合物，要将其经过物理、化学加工转化为清洁能源与化工产品，过程中必然会产生一些不同形态的污染物。按照污染物的赋存形态划分，煤化工过程主要污染物一般可分为大气污染物、液态污染物与固态污染物。

10.2.1 大气污染物

大气污染物一般可分为颗粒污染物和气体污染物两大类。颗粒状污染物通常可按其产生过程和状态分为烟尘、粉尘和烟雾；气体污染物通常按其组成分为含硫化合物、含氮化合物、碳氧化物、卤素化合物和有机化合物。

10.2.1.1 烟尘

烟尘是燃料燃烧与物料加热过程中产生的混合气体中所含颗粒物的总称。含有烟尘的混合气体通常称为烟气。烟尘由未燃烧尽的炭微粒、燃料中灰分的小颗粒、挥发性有机物凝集在一起的微粒、凝集的水滴和硫酸雾滴等组成，有些烟气中也会含有生产原料或成品的微粒。

煤炭燃烧、煤的气化和液化过程均会产生大量烟气；煤气制造、合成氨造气工序、锅炉烟气、焦炉煤气、电石炉烟气中均含有较多烟尘。烟尘通常都和二氧化硫、氮氧化物或一氧化碳、二氧化碳等气体状态污染物同时存在烟气中。

10.2.1.2 粉尘

物料机械输送、储存及物理加工过程产生的固体微粒称为粉尘。煤和其它固体的破碎、筛分、碾磨、混合、输送、装卸、储存过程中均会产生粉尘，此外煤的干燥、肥料的造粒、炭黑与石墨生产等过程也会产生粉尘。粉尘按其主要组成分别称为煤尘、电石粉尘、含碳粉尘、尿素粉尘等。含有粉尘的气流或废气通常称为含尘气流或含尘废气。

10.2.1.3 雾和烟雾

气体中悬浮的小液体粒子称为雾，雾是由蒸汽的凝结、液体的雾化和化学反应等过程形成的，如水雾、酸雾、碱雾等。烟是气态物质凝结汇集在一起形成的固体微粒。气体中同时含有雾和烟时通常称为烟雾，如焦油烟雾、沥青烟雾、光化学烟雾等。单纯的雾是某些物质的液体微粒与空气的混合物，而烟雾则大多数是多种物质的液滴、固体颗粒与空气的混合体。

10.2.1.4 硫化合物

煤的气化、液化和炼焦过程均在还原性气氛中进行，煤中的硫主要转变为 H_2S，同时也会产生 COS、CS_2 等硫化合物。在加工与硫回收过程中，也会产生一部分 SO_2。煤炭、石油产品和天然气燃烧是在氧化条件下进行的，燃料中的可燃硫在燃烧时主要生成 SO_2。SO_2 是我国最主要的大气污染物，SO_2 可在空气中部分氧化为 SO_3，并与空气中的水生成硫酸与亚硫酸，除直接污染大气外，还会随降水落到土壤、湖泊中，对农作物和其它生物造成危害。

10.2.1.5　氮化合物

氮化合物主要包括 NO、NO_2 等氮氧化物和 NH_3、HCN 等含氮物质。人为活动产生的 NO 和 NO_2 主要来自煤等燃料的燃烧，硝酸生产和硝酸使用过程中也会产生以 NO_2 为主的氮化合物。煤气化过程、炼焦生产、合成氨及其它含氮肥料的生产过程会产生 NH_3、HCN 等氮化合物。丙烯腈生产、丁腈橡胶生产、ABS 塑料生产及以内酰胺生产过程中会产生 HCN、$CH_2{=}CHCN$ 等氮化合物。另外，汽车尾气排出的 NO 与 NO_2 已成为世界各大城市空气中的主要污染物，我国也越来越重视氮氧化物的污染。

过去人们对于 NO_x 认识不够，实际它的危害也是很大的。1943 年发生的洛杉矶烟雾事件就是以 NO_x 为主的大气污染形成的光化学烟雾。燃煤产生的 NO_x，部分来自空气中氮和氧的化合，部分来自煤中的氮，其数量和燃烧温度有很大关系。据调查，一个年燃煤 $300{\times}10^4 t$ 的电厂向大气排放的 NO_x 约有 $2.7{\times}10^4 t$。

10.2.1.6　碳的氧化物

碳的氧化物主要指 CO 和 CO_2。煤和其它燃料燃烧时主要产生 CO_2，煤的气化、液化和炼焦过程主要产生 CO，合成氨生产和其它含氮肥料的生产，电石生产均产生较多的 CO。大气中 CO_2 浓度急剧增加，引起全球性气候变暖的"温室效应"已得到普遍地重视。不管烧煤还是烧油或者天然气，都不可避免地产生 CO_2，而在释出同样能量的条件下，烧煤放出的 CO_2 比烧油或天然气要多得多。

10.2.1.7　有机化合物

有机废气是煤化工生产中常见的一类废气，它是以碳氢为主要成分的化合物的总称，按组成和结构的不同分为烃、醇、醚、醛、酚、酯、胺、腈、卤代烃、有机磷及有机氯等。煤化工中的气化与煤炭燃烧、炼焦过程、煤焦油加工、乙炔及其下游产品氯乙烯等的生产、合成氨及其下游产品丙烯腈等的生产、甲醇及其下游产品醋酸等的生产、碳基合成产品丙醇等的生产、光气及丙烯酸等的生产都产生不同数量的含有机化合物废气。前苏联的一个日产干焦 9500t 的炼焦厂排入大气污染物的统计数据如表 10.1。

表 10.1　前苏联某炼焦厂排入大气的污染物

污染物类型	数量/kg·h⁻¹	污染物类型	数量/kg·h⁻¹
煤尘和焦炭粉尘	190	氨	60
一氧化碳	2700	硫化氢	50
二氧化硫	250	酚类	60
芳香烃	80	吡啶类	8
氰化氢	190	合计	3588

10.2.2　液态污染物

10.2.2.1　焦化废水

焦化废水是煤炼焦、煤气净化、化工产品回收和化工产品精制过程中产生的难降解的有机废水。焦化废水成分复杂多变，除含氨氮、氰及硫氰根等无机污染物外，还含有酚类、萘、吡啶、喹啉等杂环及多环芳香族化合物。

（1）焦化废水的来源

焦化废水主要来源有：①煤高温干馏和荒煤气冷却过程中产生的剩余氨水；②煤气净化过程中产生的煤气终冷水及粗苯分离水；③粗焦油加工、苯精制、精酚生产及古马隆生产等过程产生的污水；④接触煤、焦粉尘等物质的废水。其中剩余氨水占废水总量的 $50\%\sim70\%$，是焦化废水处理的主要来源。

（2）焦化废水水质特点及危害

焦化废水的特点有：①成分复杂。焦化废水所含的污染物可分为无机污染物和有机污染物。无机污染物一般以铵盐的形式存在，有机污染物除酚类化合物以外，还包括脂肪族化合物、杂环类化合物和多环芳烃等。其中酚类化合物占总有机物的 85% 左右，主要成分有苯酚、邻甲酚、对甲酚、邻对甲酚、二甲酚、邻苯二甲苯及其同系物等；杂环类化合物包括二氮杂苯、氮杂联苯、吡啶等；多环类化合物包括蒽、菲等；②含有大量的难降解物质，可生化性较差。焦化废水中有机物（以 COD 计）多为芳香族化合物和稠环化合物及吲哚、吡啶等杂环化合物，其 BOD_5/COD 值低（一般为 $0.3\sim0.4$），性质稳定，微生物难以利用，导致废水的可生化性较差；③毒性大。焦化废水中的氰化物、芳环、稠环、杂环化合物都对微生物有毒害作用，有些甚至在废水中的浓度已超过微生物可耐受的极限；④含有危害生物和人体的剧毒及致癌物质。环链有机化合物、叠氮化合物以及氨氮等都会对生态环境以及人体健康造成危害，如果人直接饮用了含一定浓度这类物质的水或长时间吸入含该类物质的空气，将会危害身体健康，严重者可以致癌。

焦化废水如果不加处理或处理不彻底，所造成的后果将是十分严重的。焦化厂废水的水量和水质情况可见表 10.2。

表 10.2 焦化厂废水的水量和水质

废水名称	水量 /m³·d⁻¹	水质						
		总 NH₃	酚	总 CN⁻	SCN⁻	S²⁻	油	COD
氨水	830	4000	2000	150	700	75	320	6300
粗苯废水	100	4500	400	150	600		140	5700
焦油废水	20	5500	3500	300	145	1600	110	15000
苯加氢废水	55	2500	30	20	20	3800	1000	3000
酚精制	65		2690				85	12700
古马隆废水	5		6000				140	1100
吡啶精制废水							5	600
沥青焦废水	195	1340	1200	120	120	960	210	5540
混合氨水	1265	3370	1750	10	530	370	300	6450
溶剂脱酚后废水	1265	3370	75	13	530	370	90	2250
蒸氨后废水	1385	270	64	36	480	7	58	1750

10.2.2.2 煤气发生站废水

煤气发生站废水主要来自发生炉煤气的洗涤和冷却过程。这一废水的数量和组成随原料煤、操作条件和废水系统的不同而变化，水质情况见表 10.3。可以看出，用烟煤和褐煤作原料时，废水的水质相当恶劣，含有大量的酚、焦油和氨等物质。

表 10.3 冷煤气发生站废水水质

污染物浓度 /mg·L⁻¹	无烟煤		烟煤		褐煤
	水不循环	水循环	水不循环	水循环	
悬浮物		1200	<100	200~3000	400~1500
总固体	150~500	5000~10000	700~1000	1700~15000	1500~11000

续表

污染物浓度 /mg·L^{-1}	无烟煤		烟煤		褐煤
	水不循环	水循环	水不循环	水循环	
酚类	10~100	250~1800	90~3500	1300~6300	500~6000
焦油		痕迹	70~300	200~3200	多
氨	5~250	50~1000	10~480	500~2600	700~10000
硫化物	20~40	<200			少量
氰化物和硫	5~10	50~500	<10	<25	<10
COD	20~150	500~3500	400~700	2800~20000	1200~23000

10.2.2.3　气化废水

气化废水是在制造煤气的过程中所产生的废水,主要来源于煤气洗涤、冷凝和分馏工段。这类废水外观呈深褐色,黏度较大,pH 在 7~11 之间,泡沫较多,而且组成也十分复杂,主要包括酚类、氨氮、焦油、氰化物、多环芳烃、含氧多环和杂环化合物等多种难降解的有毒、有害物质。

气化工艺不同,随之产生的污染物数量和种类也不同。例如,鲁奇气化工艺对环境的污染负荷远大于德士古气化工艺,以褐煤和烟煤为原料产生的污染程度远远高于以无烟煤和焦炭为原料产生的污染物。固定床、流化床和气流床三种气化工艺的废水情况如表 10.4 所示。与固定床相比,流化床和气流床工艺产生的废水水质相对较好。

表 10.4　三种气化工艺废水水质

废水中杂质/mg·L^{-1}	固定床(鲁奇炉)	流化床(温克勒炉)	气流床(德士古炉)
焦油	<500	10~20	无
苯酚	1500~5500	20	<10
甲酸化合物	无	无	100~1200
氨	3500~9000	9000	1300~2700
氰化物	1~40	5	10~30
COD	3500~23000	200~300	200~760

10.2.3　固态污染物

煤中一般或多或少的含有一定量的灰分,因此加工过程中不可避免的会产生固体的灰渣。以煤炭发电为例,我国目前每 1kW 的发电容量,年排灰量约 1t 左右。全年煤灰渣量达几千万吨,其中仅有 20% 左右得到利用,大部分储入堆灰场,不但占用土地,还会污染水源和大气环境。焦化过程产生的废渣数量不多,但种类不少,主要有焦油渣、酸焦油(酸渣)和洗油再生残渣等。另外,生化脱酚工段有过剩的活性污泥附带洗煤车间时有矸石产生,这些废渣都需要进行处理。

10.3　废气处理技术

对含有污染物的废气,采用的处理方法主要有分离法和转化法两大类。分离法是利用物理方法将污染物从废气中分离出来,而转化法是使废气中的大气污染物发生某些化学反应,然后分离或转化成其它物质,再用其它方法进行处理。常见的废气处理方法如表 10.5 所示。

表 10.5　常见废气处理方法表

废气处理方法			可处理污染物	处理废气举例
分离法	气固分离	重力除尘、惯性除尘、旋风除尘、湿式除尘、过滤除尘、静电除尘	粉尘、烟尘等颗粒状污染物	煤气粉尘、尿素粉尘、锅炉烟尘、电石炉烟尘
	气液分离	惯性除雾静电除雾	雾滴状污染物	焦油烟雾、酸雾、碱雾、沥青烟雾
	气气分离	冷凝法吸收法、吸附法	蒸气状污染物、气态污染物	焦油蒸气、萘蒸气、SO_2、NO_2、苯、甲苯
转化法	气相反应	直接燃烧法气相反应法	可燃气体、气态污染物	CH_4、CO、NO_2
	气液反应	吸收氧化法吸收还原法	气态污染物	H_2S、NO_2
	气固反应	催化还原法催化氧化法	气态污染物	NO_2、NO、CO、CH_4、苯、甲苯

10.3.1　烟尘治理

10.3.1.1　烟尘处理技术

从废气中将固体颗粒物分离出来并加以捕集的过程称为除尘,分离捕集尘粒的设备装置被称为除尘器。常见的除尘方法及设备见表 10.6。

表 10.6　常见的除尘器及其特性

除尘方法	典型设备	工作原理	特点
重力除尘	沉降室	利用尘粒与气体的密度差,使尘粒靠自身重力从气流中沉降	结构简单、阻力小、投资不大,可处理高温气体;但效率较低
离心除尘	旋风分离器	使含尘气体在除尘装置内沿某一定方向作连续的旋转运动,尘粒在随气流的旋转中获得离心力从而从气流中分离	适用于非纤维性粉尘和高温烟气,属中效除尘器
洗涤除尘	文丘里除尘器	液体(一般为水)洗涤含尘气体,利用液体形成的液膜、液滴或气泡捕获气流中的尘粒,尘粒被液体排出	效率高,安全性好,尤其适用高温、高湿、易燃、易爆的气体,还能通过液体的吸收作用除去废气中的气态污染物
过滤除尘	袋滤器	利用织物制作的袋装过滤主件来捕集含尘气体中的固体颗粒物	效率高,处理能力大,结构简单,造价低廉,操作维护方便,受粉尘物性影响较小;体积和占地面积较大,本体压力损失大,滤袋破损率高,使用寿命短,运行费用高
电除尘	静电除尘器	利用高压电场产生的静电力(库仑力)的作用实现固体粒子与气流分离	阻力小,能耗低,允许高温操作,对细微粉尘捕集性能优良,除尘效率弹性大;但设备体积、占地面积、设备投资较高

10.3.1.2　评价烟尘处理的性能指标

选择除尘装置一方面要了解烟尘的特性,如颗粒大小与分布、密度和浓度等,另一方面还要掌握不同除尘装置的性能。除尘装置的性能一般可用处理量 q_V、效率 η 和阻力降 Δp 这三个主要指标来表示。

(1) 处理量 q_V

单位时间内所能处理的烟尘量,用 m^3/s 表示。它是由除尘装置的结构形式决定的。

（2）除尘效率 η

$$\eta = \frac{q_{m1} - q_{m2}}{q_{m1}} \times 100\% \tag{10.1}$$

式中　q_{m1}——装置进口烟尘流入量，g/s；

　　　q_{m2}——装置进口烟尘流出量，g/s；

一般来说，进出口气体流量相等，故上式也可以表示为

$$\eta = \frac{c_1 - c_2}{c_1} \times 100\% \tag{10.2}$$

式中　c_1——进口烟气的含尘浓度，g/m³；

　　　c_2——出口烟气的含尘浓度，g/m³；

另外还有分级效率，即对一定粒径范围烟尘的脱除效率。

（3）除尘装置的阻力 Δp

$$\Delta p = \varepsilon \frac{\rho v^2}{2} \tag{10.3}$$

式中　ε——阻力系数，由实验和经验公式确定；

　　　ρ——烟气的密度，kg/m³；

　　　Δp——阻力，Pa；

　　　v——烟气进口速度，m/s。

典型除尘器的主要性能比较见表 10.7。

表 10.7　主要除尘装置性能比较

装置类别	处理粉尘		除尘效率/%	Δp/Pa
	浓度	粒度/μm		
重力除尘	高	＞50	40～70	100～150
离心除尘	高	3～100	85～96	500～1500
洗涤除尘	高	0.1～100	80～99	＞3000
过滤除尘	高	0.1～20	90～99	1000～2000
电除尘	低	0.05～20	80～99.9	100～200

10.3.1.3　焦炉装煤和出焦的消烟除尘

（1）装煤烟尘的净化

当焦炉装煤时，从机侧炉门、上升管和装煤孔等处会逸出大量的荒煤气和烟尘，其中含有较多的多环芳烃，严重污染环境，影响工人操作的健康，处理方法如下。

① 无烟装煤在上升管喷蒸汽形成负压，将荒煤气抽入集气管，这样做有一定效果，但易使煤粉也带入集气管。

② 装煤车附带消除烟尘装置主要包括燃烧室、旋流板洗涤塔、排风机和给排水设施等。某厂处理效果如表 10.8 所示。采用消烟除尘装置后，在焦炉炉顶和机侧的苯并芘浓度可降低 100 倍以上。

表 10.8　装煤烟气净化装置的处理效果

气体	组成/%						
	CO_2	C_nH_m	CO	CH_4	H_2	N_2	O_2
处理前	6.5	4.7	11.05	19.6	30.9	26.9	0.35
处理后	12.55	0.04	2.13	0.57	3.2	80.2	1.49

（2）出焦烟尘的净化

出焦是焦炉操作中的一个重要污染源，有废气也有烟尘，特别是炉温不正常时会形成滚滚黄烟。宝钢焦化厂在拦焦车上装有除尘设施，烟气流向如下

吸尘罩⟹连接管⟹固定管⟹预除尘器⟹空气冷却器⟹

布袋除尘器⟹抽风机⟹消声器⟹烟囱

进口含尘量最大为 $12g/m^3$，出口为 $50mg/m^3$。

（3）熄焦过程的污染防治

熄焦是继装煤、出焦后的又一个主要污染源。防止措施主要有：①严格禁止采用含酚废水熄焦；②熄焦塔顶安装铁丝网、挡板或捕尘器，减少焦粉排入大气；③将普通熄焦车改为走行熄焦车；④干法熄焦。这是目前最好的熄焦方法，1t 焦炭可产生 420～450kg 蒸汽，压力为 4.6MPa，可用于发电。循环惰性气体的主要成分为 N_2，约占 85％，其次为 CO_2 含量 5％～20％，CO 等含量＜5％。它在密闭系统内循环流动，多余部分经除尘系统后排放。

10.3.2 烟气脱硫

降低和脱除烟气中 SO_2 的方法主要有炉前脱硫、炉内脱硫和炉后脱硫三种。炉前脱硫是针对原料煤的脱硫，炉内脱硫是燃烧时同时向炉内喷入石灰石或者白云石脱硫，炉后脱硫就是烟气脱硫。

煤燃烧过程中产生的烟气中 SO_2 浓度一般在 2％以下，称为低浓度 SO_2 废气，对其脱硫称为烟气脱硫或废气脱硫。典型的烟气脱硫方法列于图 10.1。工业上应用较多方法有氨法、石灰乳法及金属氧化物法等。

（1）氨法脱硫

氨法脱硫是指用氨水为脱硫剂，SO_2 吸收率可达到 93％～97％，得到的产物是高浓度 SO_2 和 $(NH_4)_2SO_4$。其基本反应如下

$$SO_2 + 2NH_3 + H_2O \longrightarrow (NH_4)_2SO_3 \tag{10.4}$$

$$(NH_4)_2SO_3 + SO_2 + H_2O \longrightarrow 2NH_4HSO_3 \tag{10.5}$$

$$NH_4HSO_3 + NH_3 \longrightarrow (NH_4)_2SO_3 \tag{10.6}$$

吸收过程中要控制氨的加入量，以便保持 $(NH_4)_2SO_3$ 和 NH_4HSO_3 之间的合适比例。用 93％的浓硫酸分解上述铵盐，分解塔中发生以下反应

$$NH_4HSO_3 + H_2SO_4 \longrightarrow 2SO_2 + 2H_2O + (NH_4)_2SO_4 \tag{10.7}$$

$$(NH_4)_2SO_3 + H_2SO_4 \longrightarrow SO_2 + H_2O + (NH_4)_2SO_4 \tag{10.8}$$

分解后 SO_2 含量可达 95％以上，用于生产硫酸或液体 SO_2。此法对有 NH_3 和 H_2SO_4 供应、$(NH_4)_2SO_4$ 又有销路的工厂特别适宜。

（2）石灰乳法

以石灰乳作为吸收剂，石灰乳含量 5％～10％时，脱硫效率 95％～98％。得到的石膏用于生产水泥。此法已有不少工业化装置，但是存在一定问题，有待改进。过程基本反应如下

$$Ca(OH)_2 + SO_2 + H_2O \longrightarrow CaSO_3 + 2H_2O \tag{10.9}$$

$$CaSO_3 + SO_2 + H_2O \longrightarrow Ca(HSO_3)_2 \tag{10.10}$$

$$Ca(HSO_3)_2 + \frac{1}{2}O_2 + H_2O \longrightarrow CaSO_4 + 2H_2O + SO_2 \tag{10.11}$$

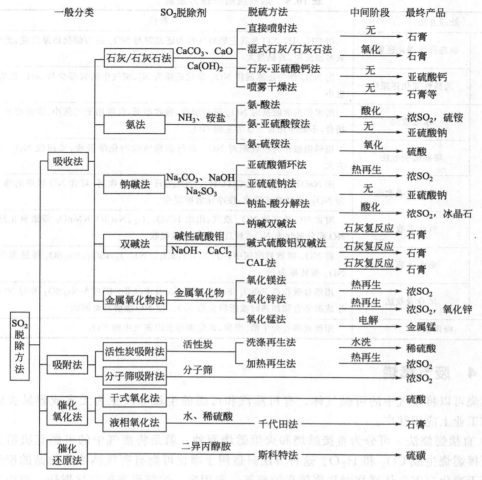

图 10.1　常用 SO_2 脱除方法

$$CaSO_3 + \frac{1}{2}O_2 + 2H_2O \longrightarrow CaSO_4 + 2H_2O \tag{10.12}$$

（3）氧化镁法

MgO 首先溶于水得到 $Mg(OH)_2$，随后与烟气中的 SO_2 反应得到 $MgSO_3$，$MgSO_3$ 与水反应又得到 MgO，循环使用，同时释放出 SO_2。此法可得到高浓度的 SO_2，同时 MgO 原则上不会发生消耗，只需补充损失，故这种方法值得重视。处理过程基本反应如下

$$MgO + H_2O \longrightarrow Mg(OH)_2 \tag{10.13}$$

$$Mg(OH)_2 + SO_2 + 2H_2O \longrightarrow MgSO_3 + 3H_2O \tag{10.14}$$

$$MgSO_3 + 3H_2O \longrightarrow MgO + SO_2 + 3H_2O \tag{10.15}$$

10.3.3　烟气脱硝

煤以及其它燃料燃烧产生的烟气中大多含有 NO 和少量 NO_2，统称为氮氧化物（NO_x）。目前，我国对燃烧烟气中的氮氧化物基本不作处理，主要对化工生产和酸洗过程中产生的含氮氧化物废气进行处理。处理方法如表 10.9 所示。

表 10.9　烟气脱硝处理方法表

处理方法		特点
催化还原法	非选择性催化还原法	用 CH_4、H_2、CO 及其它燃料气作为还原剂与 NO_x 进行催化还原反应,废气中的氧参加反应,放热量大
	选择性催化还原法	用 NH_3 作为还原剂将 NO_x 催化还原为 N_2,废气中的氧很少与 NH_3 反应,放热量小
液体吸收法	水吸收法	用水作为吸收剂对 NO_x 进行吸收,吸收率低,仅可用于气量小、净化要求不高的场合,不能净化含 NO 为主的 NO_x
	稀硝酸吸收法	用稀硝酸作为吸收剂对 NO_x 进行物理吸收与化学吸收,可回收 NO_x,消耗动力大
	碱性溶液吸收法	用 NaOH、Na_2SO_3、$Ca(OH)_2$、NH_4OH 等做吸收剂,对含 NO 较多的部分氧化为 NO_2,用碱溶液吸收,使净化效率提高
	氧化吸收法	对含 NO 较多的 NO_x 废气,用浓 HNO_3、O_2、NaClO、$KMnO_4$ 等做氧化剂,先将 NO 部分氧化为 NO_2,然后再用碱溶液吸收
	吸收还原法	将 NO_x 吸收到溶剂中,与 $(NH_4)_2SO_3$、$(NH_4)HSO_3$、Na_2SO_3 等还原剂反应,NO_x 被还原为 N_2
	结合吸收法	用络合吸收剂 $FeSO_4$、Fe(Ⅱ)-EDTA 及 Fe(Ⅱ)-EDTA-Na_2SO_3 等与 NO 反应,生成的络合物加热时重新释放出 NO_x,使 NO 能够富集回收
吸附法		用丝光沸石分子筛、泥煤、风化煤等吸附废气中的 NO_x

10.3.4　废气燃烧

燃烧可以将废气中的可燃气体、有机蒸汽和可燃的尘粒等转变为无害或容易去除的物质,在工业上应用甚广。

① 直接燃烧法　可分为直接燃烧和火炬燃烧两种,就是将废气中的可燃有机组分当作燃料直接燃烧生成 CO_2 和 H_2O。这种方法只适用于净化可燃有害气体浓度较高的废气,或者是用于净化有害气体燃烧时热值较高的废气。采用窑、炉等设备的直接燃烧,可以采用一般的燃烧炉或是燃烧窑,或通过一定废气处理设备将废气导入锅炉作为燃料气进行燃烧。火炬燃烧法内设火炬燃烧器,是将可燃性废气引致地面一定高度处,在大气中进行明火燃烧的装置,焦炉装煤的消烟除尘装置就使用此法,一般要求废气的发热量在 $3350 \sim 3725 kJ/m^3$ 以上。

② 焚烧法　焚烧法是利用燃料燃烧产生的高温,使废气中的危害物分解和氧化,转化为无害物。为此必须保证燃烧完全,避免形成燃烧中间物,否则其危害性可能比原来的污染物还要大。保证完全燃烧的条件是有过量氧存在、有足够高的温度、足够长的停留时间和高度的湍流。

③ 催化燃烧法　近几年,催化燃烧法在消除空气污染方面的应用日益广泛,适宜于去除低浓度有机蒸汽和恶臭物质,如含油漆溶剂的废气和汽车尾气等。所用催化剂一般为贵金属或稀土元素。此法不适用于处理有机含氯化合物或硫化物的废气,也不适用于处理含高沸点或高分子化合物的废气。

10.4　废水处理技术

煤化工废水污染物种类多、浓度高,属于难处理的有机工业废水。废水中除含有大量的萘、胺、联苯、喹啉等杂环或多环芳香族有机化合物外,还含有氨氮、氰化物、硫氰化物、悬浮物等无机化合物。如果不进行处理后达标排放，焦化废水对人体、水产物、农作物都会造成严重的危害。

10.4.1　废水处理概述

10.4.1.1　主要污染指标

水质污染的常规分析项目有化学需氧量（COD）、生化需氧量（BOD）、色度、pH、酚类、氰化物、油分和悬浮物质等。以下重点介绍前两项。

（1）化学需氧量

化学需氧量（COD）表示在强酸条件下 1L 水中还原性物质进行化学氧化时所需要的氧量，是表示水中还原性物质多少的一个指标，以 mg/L 表示。水中的还原性物质包括各种有机物、亚硝酸盐、硫化物及亚铁盐等，但主要是有机物。因此，COD 往往作为衡量水中有机物质含量的多少，是表示水体有机污染物的一项重要指标，能够反映出水体污染的程度。COD 越大，说明水体受有机物污染越严重。

（2）生化需氧量

许多有机物在水体可成为微生物的营养源而被消化分解，在分解过程中要消耗水中的溶解氧。生化需氧量（BOD）就是表示能发生生物降解的有机污染物浓度的指标。因为不同有机化合物的稳定性不同，所以完全降解需要的时间也不等。通常实验室测定 BOD 时，是在 20℃下培养 5d，即测定的是 5d 的生化需氧量 BOD_5，也以 mg/L 表示。

10.4.1.2　主要污染指标的检测

（1）pH 值

pH 值由测量电池的电动势而得，通常以玻璃电极为指示电极、饱和甘汞电极为参比电极组成电池。在 25℃时，溶液中每变化一个 pH 单位，电位差改变 59.16mV，在仪器上直接以 pH 的读数表示。

（2）氨氮

氨氮通常以游离的氨或铵离子等形式存在于水体中。它来源于进水体的含氮化合物或者复杂的有机氮化合物经微生物分解后的最终产物，在有氧存在的条件下，可进一步转变为亚硝酸盐和硝酸盐。天然水体中氨氮的存在，表示有机物正处在分解的过程中。

氨氮是水体中的营养素，可导致水富营养化，是水体中的主要耗氧污染物。其含量可作为判断水体近期是否遇到污染的标志。对天然水体中各类含氮化合物进行检测，了解其变化规律，有利于掌握水体被污染的程度和自净能力。

废水中氨氮的测定可采用气相分子吸收光谱法，此法是根据物质对不同波长的光具有选择性吸收而建立起来的一种分析方法，既可以对物质进行定性分析，也可以测量物质的含量。气相分子吸收光谱是在规定的分析条件下，将待测成分转变成气体分子载入测量系统，测定其对特征光谱吸收的方法。

水样在 2%～3% 酸性介质中，加入无水乙醇，煮沸，除去亚硝酸盐等的干扰，用次溴酸盐氧化剂将氨及铵盐（0～50μg）氧化成等量亚硝酸盐，以亚硝酸盐氮的形式采用气相分析吸收光谱法测定氨氮含量。

（3）COD

焦化废水中的化学需氧量的测定用重铬酸盐法，该方法适用于测定各种类型 COD 值大于 30mg/L 的水样，对未经稀释的水样测定上限为 700mg/L，不适用含氯化物浓度大于 1000mg/L（稀释后）的含盐水。

在水样中加入过量的重铬酸钾溶液，并在强酸介质下以银盐作为催化剂，经沸腾回流后，以试亚铁灵为指示剂，用硫酸亚铁铵滴定水样中未被还原的重铬酸钾，根据水样中的溶解性物质和悬浮物所消耗的重铬酸钾标准溶液的量计算相对应的化学需氧量。

（4）挥发酚

挥发酚类通常指沸点在230℃以下的酚类物质，属一元酚，是高毒物质。测定挥发酚类的方法有4-氨基安替比林分光光度法、蒸馏后溴化容量法、气相色谱法等。4-氨基安替比林分光光度法测定范围为0.002～6mg/L。浓度低于0.5mg/L时，采用氯仿萃取法，浓度高于0.5mg/L时，采用直接分光光度法。4-氨基安替比林分光光度法测定的是能随水蒸气蒸馏蒸出的并可与其反应生成有色化合物的挥发性酚类化合物，结果以苯酚计。

10.4.1.3　废水处理的基本方法

工业废水的基本处理方法可分为三类：物理法、化学法和生物法。三种方法的对比如表10.10所示。在实际的污水处理中，常常是几种方法混合使用，形成了多级的处理流程。另外，不同种类的污水应尽可能分别处理。

表 10.10　三种污染物处理方法的比较结果

处理方法	欲除去的污染物			
	悬浮物	无机物	有机物	灭菌
物理法	筛滤法 自然沉降 自然浮上 粒状介质过滤 超滤 微滤	电渗析 反渗曝气析	曝气 萃取 活性炭吸附 吹脱	超滤
化学法	混凝沉降 混凝上浮	酸碱中和 萃取 离子交换 螯合吸附 氧化还原		通臭氧 通氯
生物法	甲烷发酵法 活性污泥法 生物过滤法	生物硝化 生物反硝化	活性污泥法 甲烷发酵法 生物过滤法	

10.4.1.4　工业废水的多级处理

根据处理深度的不同，废水处理一般分为三级。一级处理，即初级处理，实际上是二级处理（生物处理）的预处理。主要是除去废水中的固体悬浮物和油类等污染物，并调节其酸碱度。二级处理是目前化工污水处理中的主体部分，一般都用生物处理法。含高浓度的酚类、氰化物和氨的废水不宜直接用生物处理法，需要进行预处理。三级处理属于污水的深度处理，主要是用来处理那些微生物难以降解的污染物，从而使水质达到回用或排放的要求。一般多用活性炭吸附法，污水量不大时可用臭氧氧化法。

10.4.2　焦化废水处理

焦化废水主要来自炼焦、煤气净化及化工产品的精制过程。焦化废水所含污染物包括酚类、多环芳香族化合物以及含氮、氧、硫的杂环化合物等，是一种典型的难降解有机废水。焦化废水原水水量与水质波动较大，废水中含有较多的油类、硫化物等，对后续生化十分不利，因此生化处理之前一般需要进行预处理。一般先经隔油池去除大量的油类污染物，然后通过吹脱或汽提等方法去除和回收挥发酚和氨氮，随后进行生化处理。对于生化处理效果不够理想或排放标准比较严格的地区，在生化处理之后可进一步进行深度处理，使废水达到排放或回用标准。

10.4.2.1　常用处理方法

焦化废水的生化处理主要有活性污泥法、生物膜法、A/O（缺氧-好氧）及 A/A/O（厌氧-缺氧-好氧）工艺等，其中活性污泥法应用最为广泛。该工艺利用活性污泥中好氧菌及其它原生物对废水中的酚、氰等有机质进行吸附和分解以满足自身生存的特点，向废水中连续通入一段时间空气后，好氧微生物繁殖形成污泥絮凝物。在此基础上，近年来又衍生出生物铁法和粉炭活性污泥法等新方法。A/O 和 A/A/O 工艺作为新型、高效脱氮的废水处理技术在焦化废水处理中具有广泛的应用前景，均已在实际工程中得到了应用，并取得了较好的处理效果。图 10.2 为 A/O 法处理某焦化废水的工艺流程图。

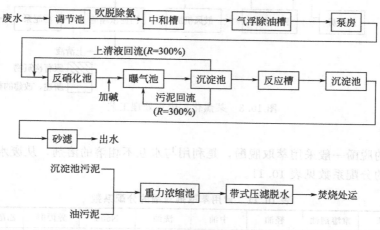

图 10.2　A/O 法处理某焦化废水的工艺流程图

A/O（Anoxic/Oxic）工艺是硝化与反硝化的应用，属单级活性污泥脱氮工艺，只有一个污泥回流系统。硝化是指在污水处理中，氨氮在好氧的条件下，通过好氧菌的作用被氧化分解。反硝化是指在缺氧条件下，反硝化菌利用硝化反应产生的亚硝酸盐和硝酸盐来代替氧进行有机物的氧化分解，将硝酸氮（NO_3^--N）还原为气态氮（N_2、NO 或 N_2O）的过程。在 O 段好氧池中，硝化作用使得氨氮浓度迅速下降，而硝酸氮浓度上升，COD 和 BOD 持续下降。在 A 段缺氧池中，由于反硝化菌微生物细胞的合成，氨氮浓度有所下降，COD 和 BOD 有所下降。该工艺过程中，混合液以一定的回流比送至反硝化系统，反硝化所需的碳源可直接从入流污水中获得，同时减轻硝化段的有机负荷，减少了停留时间，节省了曝气量和碱的投加量。

与传统的活性污泥法相比，A/O 工艺有效改善了活性污泥的沉降性能，有利于污泥膨胀的控制，具有流程简单、投资小、占地面积小、运行稳定、管理方便等优点，但该工艺的单效率不高，一般为 30%～40%。

A/A/O（Anaerobic/Anoxic/Oxic）工艺是在 A/O 工艺基础上增设了一个厌氧池，利用厌氧作用先降解水中难生化降解有机物，改善系统对 COD 的去除效率，同时具有除磷和脱氨的功能，是目前较为理想的处理工艺。

10.4.2.2　典型处理流程

焦化含酚废水处理一般先一级处理实现脱酚、脱氨和除油，后采用生化法进行二级处理。某焦化厂废水处理工艺如图 10.3 所示。

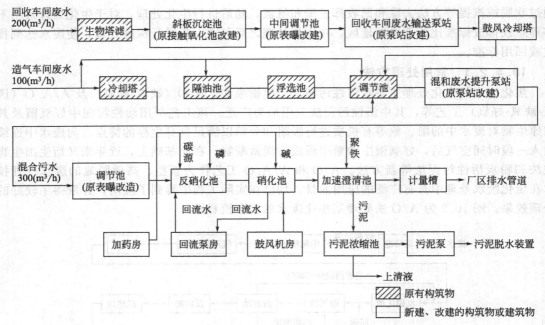

图 10.3 某焦化厂废水处理工艺

（1）脱酚

焦化废水的脱酚一般采用萃取脱酚，是利用与水互不相溶的溶剂，从废水中回收酚，常用萃取剂对酚的分配系数见表 10.11。

表 10.11 常用萃取剂对酚的分配系数

溶剂	重苯	重溶剂油	轻油	中油	洗油	N503	异丙醚	乙酸丁酯	异丙酯
分配系数	2.34	2.47	2～3	4.8	14～16	8～34	20	49	45

N503 同煤油混合使用效果好，损耗低、毒性较小。乙酸丁酯不仅能去除一元酚，对不挥发酚也有较好的选择性，效率高。异丙醚相对而言，价格较便宜。

应用较多的脱酚装置是填料塔与筛板塔。其中脉冲筛板塔的传质效率高，其设计参数见表 10.12。

表 10.12 脉冲筛板塔设计参数表

项目	推荐值	项目	推荐值
脉冲塔体积流量/$m^3 \cdot m^{-2} \cdot h^{-1}$	14～30	筛板块数/块	10～25
筛板间距/mm	200～600	脉冲频率/（次·min^{-1}）	180～400
筛板间距/mm	5～8	脉冲振幅/mm	3～8
筛板开孔率/%	20～25	分离段时间/min	20～30

（2）脱氮

氨氮含量高是焦化废水的一个重要特点。高浓度氨氮会抑制生物降解过程，降低生物处理的效果，因此必须进行回收处理。脱氮一般采用蒸氨法，以回收液氨或硫酸铵。常用的设备为泡罩塔和栅板塔，废水在进入蒸氨塔之前，应经预热分解去除 CO_2、H_2S 等酸性气体。

（3）除油

焦化废水脱酚脱氨后，经调节池调节水质后进入隔油池去除废水中所含的大量焦油以减轻后续生化处理的负荷。其中调节池的容积一般按 HRT（水力停留时间）为 8～24h 计算。隔油池有平流式、平板式、波纹板式和倾斜板式，对于乳化油和胶状油可采用溶气气浮法去除，如需进一步提高除油效率，可投加混凝剂。

（4）生化处理

废水经除油处理后，进入生化处理单元，焦化含酚废水生化处理主要利用好氧微生物的作用使污水中的有机物分解。

为保证微生物的生长繁殖应创造以下条件。污水中有机物浓度不能太高，BOD 不宜超过 500～1000mg/L。否则会造成水中缺氧。有毒物质浓度控制在允许范围内，如苯酚 <300mg/L，氰化氢<20mg/L，二甲苯<7mg/L，铬<2mg/L，砷<0.2mg/L 等。保证足够的营养物质，一般按照 BOD:N:P=100:5:1，当磷不足时，需要向池水中投加。温度保持在 20～35℃，冬季一般不低于 10℃。pH 应在 6～9 之间，最好 7～8。保证氧气的供应，通过曝气设备实现。保证水质均匀，避免变化幅度过大。

此外，为了改进活性污泥法的处理效果，可在活性污泥池中设置填料，把污泥浓度提高到 7～12g/L，或投加粉末活性炭，改善污泥的沉降性能。当采用吸附再生法时，吸附和再生的时间可都取 4～6h，池的长宽比大于 5。

10.4.3　气化废水处理

煤气化废水的组成主要以剩余氨水为主，同时含有产品加工过程中产生的含酚废水、含粗苯冷却废水、低温甲醇废水以及地面冲洗水等。废水中所含有机物主要有苯酚、喹啉、苯类、吡啶、吲哚及萘等，种类众多而且含量差别很大，总体性质表现为酚类及油浓度高、有毒及抑制性物质多，对环境构成严重污染，是一种典型的高浓度、高污染、有毒、难降解的工业有机废水。

目前国内煤气化技术主要有三种：一是德士古气化工艺，采用水煤浆气化技术，废水特点为高氨氮，由于采用高温气化工艺，水质相对洁净，有机污染程度较低；二是壳牌气化工艺，采用粉煤气化技术，废水特点为高氨氮、高氰化物，采用高温气化工艺，水质相对洁净，有机污染程度较低；三为鲁奇气化工艺，采用碎煤加压气化技术，气化温度相对较低，废水成分复杂，污染程度高，特点为高氨氮、高 COD、高酚。上述三种技术所产生的废水以碎煤加压气化废水成分最为复杂，处理难度最大。

目前，国内采用的煤气化废水处理技术主要有生化法和物化法。生化法是利用微生物新陈代谢作用，使废水中的有机物被降解并转化为无害物质，生化法应用广泛、处理能力大、高效、容易操作，但对水质要求严格，pH 值和含酚量对处理效果影响较大。物化法是通过物理方法或化学氧化法将污染物去除，该方法工艺简单、处理效率高，但成本和处理费用较高。

10.4.3.1　生化法

① A/A/O 工艺即厌氧-缺氧-好氧组合工艺，由三段生物处理装置组成，与传统活性污泥法相比，A/A/O 系统耐毒物及负荷冲击能力增强，脱氮效率提高，缺氧池设置在好氧池前，不仅起到了生物选择器的作用，改善了污泥沉降性能，而且产生的碱度可补偿硝化过程的碱度消耗，同时利用了原水中的碳源，减轻了好氧池的有机负荷。

② SBR 工艺序批式活性污泥法是近年来开发的一种活性污泥新工艺，该工艺通过程序化操作控制充水、曝气、沉淀、排水、排泥等五个阶段实现对废水的生化处理。整个操作通过自动控制完成，运行周期内各个阶段的控制时间及总水力停留时间根据试验确定。在反应阶段曝气时间决定生化反应的性质，当完全曝气时，反应器内发生的是好氧反应，但在限量曝气条件下，可使反应器内产生厌氧和缺氧环境。

10.4.3.2 物化法

① 萃取法 由于煤气化废水中除了含有高浓度的酚类以外，还含有大量的氨、脂肪酸、各种有机物和粉尘等，若对废水直接进行生化处理，则酚类物质得不到有效降解，难以满足排放要求，且造成资源浪费。因此，生化处理前应先回收废水中的酚、氨以及脂肪酸等，萃取法是目前常用的回收酚的方法。

② 化学氧化法 化学氧化法也是处理高浓度含酚煤气化废水常用的预处理方法，利用预氧化技术可将难降解有机物转化为易降解的中间产物。可采用混凝-Fenton 氧化-混凝联合工艺处理高浓度煤气化废水，当酚：铁比为 1：4、双氧水（30%）投加量为 10ml/L、聚合氯化铝投加量为 1g/L 时，挥发酚和 COD 的去除率分别达 96% 和 94% 以上。若在氧化后利用剩余活性污泥进行吸附处理，挥发酚和 COD 的去除率分别可达到 99% 和 97% 以上。

③ 膜分离法 当煤气化废水经过生化和物化处理后，废水含盐量有所增加，不能满足回用水标准，则需进行膜分离处理。由于膜技术的截留粒径范围为 $0.001 \sim 0.025 \mu m$，可去除中水中的大部分 COD、BOD、浊度、胶体、大颗粒物质及细菌等，完全可满足工艺要求。为除去中水中的含盐量，可考虑先用超滤过滤再进行脱盐处理，其出水可满足工业用水要求，从而实现回用。

10.4.3.3 典型工艺

如果对煤加压气化废水直接进行生化处理，由于酚类和氨氮浓度过高，会抑制生化处理中微生物的生长，降低处理效果，很难使处理后的水达到排放标准。因此，对于煤气化废水均先回收酚和氨，然后再进入预处理，进行水量、水质调节和去除油类污染物后进入生化处理单元。经过酚、氨回收、预处理及生化处理后的煤加压气化废水，其中大部分的污染物质已得到去除，但某些污染指标仍不能达到排放标准，经过两段活性污泥法处理后，废水中 BOD_5 可降至 60mg/L 左右，COD 可降至 $350 \sim 450mg/L$ 左右，因此需要进一步的深度处理。一般常用的深度处理方法有活性炭吸附、混凝沉淀及臭氧氧化等。煤加压气化废水处理工艺流程均比较复杂，典型的煤加压气化废水处理工艺流程见图 10.4。

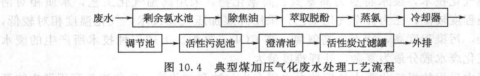

图 10.4 典型煤加压气化废水处理工艺流程

某化肥厂煤加压气化废水处理工艺流程见图 10.5。经脱酚蒸氨后的废水进入斜管隔油池，废水中大部分油类物质可被去除，经调节池后进入生化段处理，然后由机械加速澄清池去除悬浮状和胶态物质。生化段采用低氧、好氧曝气及接触氧化三级生化处理工艺。该工艺

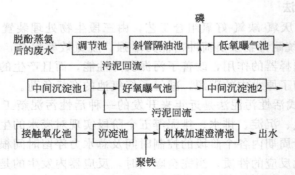

图 10.5 某化肥厂煤加压气化废水处理工艺流程

的主要特点是利用低氧与好氧活性污泥法与生物膜法合理组合和搭配，以此来强化生化段的处理效果。

10.5　二氧化碳减排和利用

目前全球每年 CO_2 排放量达 $300\times10^8\,t$，其中 $100\times10^8\,t$ 成为污染环境的主要废气，危及人类的生存环境。以 CO_2 为主的温室气体引发的厄尔尼诺、拉尼娜等全球气候异常以及由此引发的世界粮食减产、沙漠化等问题已经引起全世界的关注。

CO_2 在工业、农业、食品、医药和消防领域都有广泛的用途，其下游产品的开发也日益受到重视。作为化石燃料燃烧的副产物，对 CO_2 进行回收和综合利用，不仅可提高原料总利用率，降低生产成本，提高产品市场竞争力，而且可改善工厂生产环境，为社会提供优质而丰富的 CO_2 产品，具有良好的社会效益和经济效益。因此除了采取减排的措施外，CO_2 的回收及利用也是有效途径之一。

10.5.1　提高能源利用率，实现 CO_2 减排

中国能源结构以煤为主，燃煤二氧化碳的减排是关键。首先，通过选煤达到节煤的同时，可提高煤炭的燃烧效率进而减少二氧化碳的排放；其次，发展洁净煤技术和煤炭转化技术，如循环流化床锅炉、煤炭气化和液化技术以及整体煤气化联合循环发电技术（IGCC）等，都是提高能源利用率实现二氧化碳减排的方法。此外，用天然气替代固体燃料和液体燃料有利于减少二氧化碳的排放。因为天然气的二氧化碳排放量仅为固体燃料的 55%。天然气替代石油作为运输燃料可使二氧化碳排放量减少 15%～25%。

10.5.2　CO_2 捕集与分离技术

根据 CO_2 捕集系统的技术基础和适用性，CO_2 捕集分离技术通常分为燃烧前捕集技术、燃烧后捕集技术、富氧燃烧技术以及其它新兴碳捕集技术等。降低捕集能耗和成本是目前这些技术面临的共性问题。

（1）燃烧前捕集技术

燃烧前捕集技术主要是指燃料燃烧前，将碳从燃料中分离出去，参与燃烧的燃料主要是 H_2，从而使燃料在燃烧过程中不产生 CO_2。该技术应用的典型案例是整体煤气化联合循环系统（IGCC）。固态燃料（煤、石油焦等）首先进入气化炉气化，产生粗煤气，经除尘、脱硫等净化工艺后与水发生重整反应，使绝大部分煤气转化为 H_2 和 CO_2，重整后的煤气中 CO_2 浓度较高，可采用低温精馏等技术进行分离，分离 CO_2 后的气体主要是 H_2。该技术在国内外已有较多工业应用，主要优点是 CO_2 浓度较高，捕集系统小、能耗低；缺点是系统复杂，富氧燃气发电等关键技术还不成熟。

（2）燃烧后捕集技术

燃烧后捕集技术主要是指采用溶剂吸收、变压吸附等分离方法，将燃烧后产生的 CO_2 与其它烟气成分进行分离，达到富集 CO_2 的目的。该技术省去了对现有燃烧过程和设施的改造，可应用于化石燃料发电、天然气净化、合成氨、合成甲醇及制氢等工艺过程。主要优点是技术相对较为成熟、应用广泛，其中液氨法 CO_2 捕集技术成熟度较高；主要缺点是能耗较高、成本较高。

目前，燃烧后 CO_2 的分离主要有化学吸收法和物理吸收法。化学吸收法是指 CO_2 与吸收剂进行化学反应而形成一种弱联结的化合物。典型的吸收剂有单乙醇胺、N-甲基二乙醇胺等，适合于中等或较低 CO_2 分压的烟气。采用氨水作为吸收剂脱除燃煤烟气中二氧化碳

也是普遍采用的二氧化碳固定方法。

物理吸收法可以分为吸收分离、膜分离和低温分离。吸收分离即采用吸收的方法达到提纯二氧化碳的目的，主要包括液体吸收剂和固体吸收剂。液体吸收剂有甲醇等，适合于高 CO_2 分压的烟气。固体吸附剂一般为沸石、活性炭和分子筛等。膜分离法在二氧化碳分离方面还处于试验阶段，其分离膜材质主要有醋酸纤维、乙基纤维素和聚苯醚及聚砜等。低温分离法是利用二氧化碳在 $31℃$ 和 $7.39MPa$，或在 $1\sim23℃$ 和 $1.59\sim2.38MPa$ 下液化的特性，对烟气进行多级压缩和冷却，使 CO_2 液化，从而实现分离。

（3）富氧燃烧技术

富氧燃烧技术（oxygen enriched combustion）是 Horne 和 Steinburg1981 年提出的，利用空气分离系统获得富氧甚至纯氧，与燃烧后产生的部分烟气混合后送入炉膛与燃料混合燃烧。由于在分离过程中除去了绝大部分的氮，就可以在排放气体中产生高浓度的 CO_2 （一般 85% 以上），通过烟气再循环装置与富氧气体混合，重新回注燃烧炉。含氧量很高的富氧燃烧反应燃烧比较完全，提高了理论燃烧温度，强化炉内热交换，同时大大降低了烟气黑度，又减少了排出炉外的烟气量，在同样的排烟温度条件下，烟气带走的热量也相应减少，从而减少了热损失，节约了燃料。它是一项高效节能的燃烧技术，在玻璃工业、冶金工业及热能工程领域均有应用。该技术主要优点是回收 CO_2 成本低、NO_x 排放低、脱硫效率高；主要缺点是制氧成本高，国内外现处于示范和研究阶段。

现今 CO_2 捕集技术较多，各种 CO_2 捕集技术因其反应原理等条件的差异而具有不同的捕集特点。表 10.13 是不同气源 CO_2 捕集技术对比表。

表 10.13 CO_2 捕集技术特点及未来发展趋势

	技术	适用气源	工作压力	存在问题	发展趋势
吸收法	化学法	天然气烟气	分压 3.5~17kPa	再生能耗大	开发高效低耗吸附剂,高效反应器
	物理法	天然气烟气	分压大于 525kPa	再生优化	
吸附法	变压吸附	制氢天然气烟气	高压	吸附容量低,选择性差,受低温限制,产品纯度不高,压力低	开发能在水蒸气存在情况下吸附 CO_2 的吸附剂;能产生 CO_2 纯度更高的吸附剂
	变温吸附	天然气制氢	高压	再生能耗高,调温速度慢	
膜法	无机膜(陶瓷、钯)	天然气制氢	高压	比聚合体膜单位面积具有少得多的表面积	开发能同时进行 H_2/CO_2 分离和燃料重整的膜合成方法
	聚合体膜	天然气制氢	高压	CO_2 的选择性差,膜降解	
	低温法	天然气	高压	能耗高,CO_2 回收率低,设备投资大	系统集成,减少能耗

10.5.3   二氧化碳埋存技术

二氧化碳的埋存是减少排放的另一个重要途径。二氧化碳以微观残余形式存在于油或者水中，或者存于构造中，溶解在油和水中，与储层矿物发生化学反应生成新矿物。从理论上讲，海洋和地层可以贮藏人类在几千年间产生的二氧化碳。

二氧化碳地质埋存包括三个环节：①分离提纯，在二氧化碳排放源头利用一定技术分离出纯净的二氧化碳；②运输，将分离出的二氧化碳输送到使用或埋存二氧化碳的地质埋存场所；③埋存，将输送的二氧化碳埋存到地质储集层/构造或海洋中。二氧化碳地下埋存主要的选择是枯竭的油气藏、深部的盐水储层、不能开采的煤层和深海埋存等方式。

许多地下的含水层中含有盐水，不能作为饮用水但二氧化碳可以溶解在水中，部分与矿物慢慢发生反应，形成碳酸盐，实现二氧化碳的永久埋存。

油气藏是封闭良好的地下储气库，可以实现二氧化碳的长期埋存。其埋存机理主要是二氧化碳溶解于剩余油水中，或者独立滞留在孔隙中。枯竭油气藏在埋存二氧化碳的同时提高其采收率，可实现经济开发与环境保护的双赢。因此，将二氧化碳埋存于油气藏中是减少二氧化碳排放极具潜力的有效方法。

目前已采用减压法开采煤气层，但采收率只有 50%，注入二氧化碳后，二氧化碳可置换出煤气层，煤气层可吸附 2 倍于甲烷的二氧化碳。

深海埋存二氧化碳通过两种方式：一是使用陆上的管线或移动的船把二氧化碳注入 1500m 深度，这是二氧化碳具有浮力的临界深度，在这个深度二氧化碳能有效地被溶解和被驱散；二是使用垂直的管线将二氧化碳注入到 3000m 深度，由于二氧化碳的密度比海水大，二氧化碳不能溶解，只能沉入海底，形成二氧化碳液体湖。

10.5.4　气驱采油技术

在二次采油结束时，由于毛细作用，不少原油残留在岩石缝隙间，而不能流向生产井。不论用水或烃类气体驱油都是一种非均相驱，油与水（或气体）均不能相溶形成均一相，而是在两相之间形成界面，必须具有足够大的驱动力才能将原油从岩石缝隙间挤出，否则一部分原油就停留下来。如果能注入一种同油相混溶的物质，即与原油形成均匀的一相，孔隙中滞留油的毛细作用力就会降低和消失，原油就能被驱向生产井。

大量的 CO_2 溶于原油中，具有溶解气驱作用。降压采油机理与溶解气驱相似，随着压力下降，CO_2 从液体中逸出，液体内产生气体驱动力，提高了驱油效果，这就是所谓的气驱采油 EOR（Enhance Oil Recover）。将二氧化碳作为驱油剂可提高采收率 10%～15%。

CO_2 溶于原油后，降低了原油黏度，原油黏度越高，黏度降低程度越大。原油黏度降低时，原油流动能力增加，从而提高了原油产量。CO_2 溶于原油和水，将使原油和水碳酸化。水碳酸化后，水的黏度将提高 20% 以上，同时也降低了水的流度。CO_2 溶于原油，使原油体积膨胀，也增加了液体内的动能，从而提高了驱油效率。当压力超过一定值时，CO_2 混合物能使原油中不同组分的轻质烃萃取和汽化，降低原油相对密度，从而提高采收率。CO_2 与原油混相后，不仅能萃取和汽化原油中轻质烃，而且还能形成 CO_2 和轻质烃混合的油带（oil banking）。油带的移动是最有效的驱油过程，可使采收率达到 90% 以上。大量的烃与 CO_2 混合，大大降低了油水界面张力，也大大降低了残余油饱和度，从而提高了原油采收率。

10.5.5　二氧化碳利用技术

以 CO_2 为原料还可生产一些低能耗、高附加值、使用量大和能永久储存 CO_2 的化工产品。例如，利用 CO_2 制造全降解塑料，将极大地促进我国塑料原料来源的多元化，降低对塑料进口的依赖，节省大量的外汇。由于其生产成本大大低于传统塑料产品，该技术将可能形成大规模的产业化生产线。另外，根据煤化工生产过程的物料平衡，以煤气化空分装置放空的 N_2 与变换产生的部分氢气为原料生产合成氨，合成氨再与 CO_2 生产尿素，可形成一个完整的煤化工综合利用产业链。

目前正在研究开发的 CO_2 利用技术还包括：①催化加氢（合成甲醇、甲烷和甲酸）；②高分子合成（合成聚碳酸酯、橡胶等）；③有机合成（合成尿素衍生物）等。

10.6 洁净煤技术的推广应用

无论从眼前利益出发还是为子孙后代的幸福着想，大力治理并减少工业活动尤其是燃煤对环境的污染已经迫在眉睫。洁净煤技术（Clean Coal Technology, CCT）最初是由美国在20世纪80年代提出的，是指煤炭从开发到利用的全过程中，旨在减少污染排放和提高利用效率的加工、转化、燃烧和污染控制等高新技术的总称，它是使煤炭作为一种能源应达到最大限度潜能的利用，而释放出的污染控制在最低水平，达到煤炭的清洁利用的技术。我国洁净煤技术主要包括以下四个领域。

① 煤炭加工——指洗煤、选煤、型煤以及水煤浆技术等；

② 煤炭高效洁净燃烧——指整体煤气化联合循环发电技术（IGCC），增压流化床联合循环发电技术（PFBC-CC）等；

③ 煤炭转化——指煤炭气化、液化和燃料电池等；

④ 污染排放控制与废弃物处理——指烟气净化、煤层气开发利用及煤矸石的综合利用等。

洁净煤技术的大力推广和应用可以大幅度提高煤炭的综合利用效率，减少污染物的排放，并且可以有效地把煤炭转化为液体、气体燃料，保障我国的能源安全。大力开发、研究、推广和应用洁净煤技术是当前我国煤炭工业可持续发展的必然选择，也是国民经济可持续发展的必然选择，具有极其重要的现实意义。

习　题

1. 简述环境污染的概念及其所包含的主要范畴。

2. 煤化工生产过程所产生的主要污染物有哪些？

3. 简述烟气治理技术及所包含的主要内容。

4. 简述焦化废水处理的原理及方法。

5. 简述气化废水处理的原理及方法。

6. 我国的洁净煤技术主要包含哪些领域？

7. 简述煤化工行业中二氧化碳的来源及其减排与利用技术，结合实际说明哪些方法更有利于我国社会经济的发展。

参 考 文 献

[1] 郭树才, 胡浩权. 煤化工工艺学 (第三版) [M]. 北京: 化学工业出版社. 2012.

[2] 张德祥. 煤化工工艺学 [M]. 北京: 煤炭工业出版社. 1999.

[3] 孙鸿, 张子峰, 黄健. 煤化工工艺学 [M]. 北京: 化学工业出版社. 2015.

[4] 鄂永胜, 刘通. 煤化工工艺学 [M]. 北京: 化学工业出版社. 2015.

[5] 廖汉湘. 现代煤炭转化与煤化工新技术新工艺实用全书 [M]. 安徽文化音像出版社. 2004.

[6] 贺永德. 现代煤化工技术手册 [M]. 北京: 化学工业出版社. 2003.

[7] 谢克昌. 煤的结构与反应性 [M]. 北京: 科学出版社. 2002.

[8] 吴春来. 煤炭直接液化 [M]. 北京: 化学工业出版社. 2010.

[9] 吴占松, 马润田, 赵满成等. 煤炭清洁有效利用技术 [M]. 北京: 化学工业出版社. 2007.

[10] 吴志泉, 涂晋林, 徐汛. 化工工艺计算 [M]. 上海: 华东化工学院出版社. 1992.

[11] 陈文敏. 煤的发热量和计算公式 [M]. 北京: 煤炭工业出版社. 1993.

[12] 丁浩, 蔡德瑾, 王育琪. 化工工艺设计 [M]. 上海: 上海科学出版社. 1989.

[13] 郑国舟, 杨开莲, 杨厚斌. 焦炉的物料平衡与热平衡 [M]. 北京: 冶金工业出版社. 1988.

[14] 肖瑞华, 白金锋. 煤化学产品工艺学 [M]. 北京: 冶金工业出版社. 2003.

[15] 李玉林, 胡瑞生, 白雅琴. 煤化工基础 [M]. 北京: 化学工业出版社. 2006.

[16] 水恒福, 张德祥, 张超群. 煤焦油分离与精制 [M]. 北京: 化学工业出版社. 2007.

[17] 薛新科, 陈启文. 煤焦油加工技术 [M]. 北京: 化学工业出版社. 2007.

[18] 陈文敏. 煤的发热量和计算公式 [M]. 北京: 煤炭工业出版社. 1993.

[19] 许世森, 李春虎等. 煤气净化技术 [M]. 北京: 化学工业出版社. 2006.

[20] 许祥静, 刘军. 煤炭气化工艺 [M]. 北京: 化学工业出版社. 2005.

[21] 钟秦. 燃煤烟气脱硫脱硝技术及工程实例 [M]. 北京: 工业出版社. 2002.

[22] 郝吉明, 马广大. 大气污染控制工程 [M]. 北京: 高等教育出版社. 2002.

[23] 杨飏. 二氧化硫减排技术与烟气脱硫工程 [M]. 北京: 冶金工业出版社. 2004.

[24] 张仁俊, 曾福吾. 煤的低温干馏 [M]. 北京: 当代中国出版社. 2004.

[25] 王建龙. 生物固定化技术与水污染控制 [M]. 北京: 科学出版社. 2002..

[26] 邹家庆. 工业废水处理技术 [M]. 北京: 化学工业出版社, 2003.

[27] 房鼎业, 姚佩芳, 朱炳辰. 甲醇生产技术及进展 [M]. 上海: 华东化工学院出版社, 1990.

[28] 艾保全, 马富泉, 杨扬等. 榆林市兰炭产业发展调研报告 [J]. 中国经贸导刊, 2010, 18: 20-23.

[29] 汪应宏, 郭达志, 张海荣, 申宝刚. 我国煤炭资源的空间分布及其应用 [J]. 自然资源学报, 2006, 21 (2): 225-230.

[30] 刘晨明, 王波, 曹宏斌, 等. 焦炉煤气 HPE 脱硫工艺废液处理新技术 [J]. 煤化工, 2011, 1: 11-14.

[31] 兰新哲, 杨勇, 宋永辉, 张秋利, 尚文智, 罗万江. 陕北半焦炭化过程能耗分析 [J]. 煤炭转化, 2009, 32 (2): 18-21.

[32] 陈昔明, 彭宏, 林可泓. 煤焦油加工技术及产业化的现状与发展趋势 [J]. 煤化工, 2005, 33 (6): 26-29.

[33] 张晔, 赵亮富. 中/低温煤焦油催化加氢制备清洁燃料油研究 [J]. 煤炭转化, 2009, 32 (3): 48-51.

[34] 孙会青, 曲思建, 王利斌. 低温煤焦油生产加工利用的现状 [J]. 洁净煤技术, 2008, 14 (5): 34-38.

[35] Ren Deyi, Zhao Fenghua, Wang Yunquan, et al. Distributions of minor and trace elements in Chinese coals [J]. International Journal of Coal Geology, 1999, 40 (7): 109-118.

[36] Xiuli Zhan, Jia Jia. Influence of blending methods on the co-gasification reactivity of petroleum coke and lignite [J]. Energy Conversion and Management, 52 (2011): 1810-1814.

[37] 步学朋, 任相坤, 崔永君. 煤炭气化技术对煤质的选择及适应性分析 [J]. 神华科技, 2009, 7 (5): 73-77.

[38] 朱铭, 徐道一, 孙文鹏, 等. 21 世纪煤炭地下气化技术发展新趋势 [J]. 神华科技, 2011, 9 (3): 9-12.

[39] Roberto Andreozzi, Vincenzo Caprio, Amedeo Insola, Raffaele Marotta Adcanced oxidation process (AOP) for water pufification and recovery [J]. Catalysis Today. 1999, 53: 51-59.

[40] Marco Panizza, et al. Electrochemical treatment of wastewater containing polyaromatic organic pollutants [J]. Water Research. 2000, 34 (9): 2601-2605.

[41] Maria Rothrman. Operaation with biological nutrient remocal with stable nitrification and control of filamentous growth [J]. Water Sinence and Technology. 1988, 37 (4-5): 549-554.

［42］ 孙启文，吴建民，张宗森，庞利峰．煤间接液化技术及其研究进展［J］.化工进展，2013，32（1）：1-11.

［43］ Hirano K. Outline of NEDOL coal liquefaction process development（pilot plant program）［J］.Fuel processing Technology，2000，62：109-118.

［44］ 李克健．煤直接液化是中国能源可持续发展有效途径［J］.煤炭科学技术．2001，29（3）：1-3.

［45］ 舒歌平．中国应加快煤炭直接液化技术产业化步伐［J］.洁净煤技术．2000，6（4）：21-24.

［46］ Schulz H. Short history and present trends of Fischer-Tropsch synthesis［J］.Applied Catalysis A：General，1999，186：3-12.

［47］ Anmin Zhao, Weiyong Ying, Haitao Zhang, Hongfang Ma, Dingye Fang. Ni/Al$_2$O$_3$ catalysts for syngas methanation：Effect of Mn promoter［J］.Journal of Natural Gas Chemistry，2012，21：170-177.

［48］ Qingjie G, Youmei H, Fengyan Q, etal. Bifunctional catalysts for conversion of synthesis gas to dimethy lether［J］.Appl Catal. A：General，1998，167（1）：23-30.

［49］ 刘红星，谢在库，张成芳等．甲醇制烯烃（MTO）研究新进展［J］.天然气化工，2002，27（3）：49-56.

［50］ 田宇红，兰新哲，马红周，赵西成．焦粉活性炭的制备及应用研究进展［J］.煤炭技术，2010，22（7）：133-135.

［51］ 叶少丹，马前，李义久，倪亚明．焦化废水生化处理研究进展［J］.工业水处理，2005.2，25（2）：9-12.

［52］ 徐杰峰，王敏，卓悦．新型兰炭企业生产污水零排放工艺研究［J］.地下水，2009.9，31（5）：143-146.